AMELIA CARR

Die Pilotin

Über die Autorin:

Amelia Carr wuchs im englischen Somerset auf. Sie hat bereits zahlreiche Kurzgeschichten und Romane verfasst, die unter verschiedenen Pseudonymen erschienen sind. Heute lebt sie mit ihrem Ehemann in der Nähe von Bath. Sie hat zwei Töchter und vier Enkelkinder, die sie ebenso in Bewegung halten wie ihre zahlreichen Hobbys. Mit der Heldin ihres Romans DIE PILOTIN teilt sie die Leidenschaft für das Fliegen, denn sie besitzt einen Pilotenschein.

AMELIA CARR

Die Pilotin

ROMAN

Aus dem Englischen von Ute Leibmann

lübbe

Dieser Titel ist auch als E-Book erschienen

MIX
Papier aus verantwortungsvollen Quellen
FSC® C014496

Neuausgabe der bei Bastei Lübbe unter dem Titel
»Ein kleines Stück vom Himmel nur« erschienenen Ausgabe

Titel der englischen Originalausgabe: »Dance with Wings«
Originalverlag: Headline Review, an imprint of Headline Publishing Group

Lektorat: Regina Maria Hartig
Titelillustration: ©peepy / shutterstock.com; I AM NIKOM / shutterstock.com;
© Rekha Arcangel / Arcangel; © Stephan Mulcahey / Arcangel
Umschlaggestaltung: ZERO Werbegantur, München
Satz: Dörlemann Satz, Lemförde
Gesetzt aus der Adobe Caslon
Druck und Verarbeitung: GGP Media GmbH, Pößneck
Printed in Germany
ISBN 978-3404-18389-0

2 4 5 3

Sie finden uns im Internet unter luebbe.de
Bitte beachten Sie auch: www.lesejury.de

Den tapferen Männern und Frauen der
Air Transport Auxiliary

Erster Teil

Gegenwart

Sarah

Wie gut kennt man seine Familie eigentlich wirklich – wie gut kann man andere überhaupt kennen? So nahe wir einem anderen Menschen auch stehen mögen, es gibt immer tief verborgene Geheimnisse, von denen wir nichts wissen – Träume und Ängste, Leidenschaften und Hass. Die Erinnerungen, die man nur hervorkramt und betrachtet, wenn man ganz allein ist; die düsteren Gedanken, die einen in schlaflosen Nächten plagen; die Angst vor der eigenen Unzulänglichkeit, die wir niemals offen zugeben würden; die Momente, in denen uns vor der Zukunft graut. Wir sehen nur das, was die anderen uns zu sehen gestatten. Ihr Handeln und ihre Einstellungen beurteilen wir auf der Basis unserer eigenen Werte und Erfahrungen. Und auch wir selbst hüten Geheimnisse.

Ja, sogar ich habe genug eigene Geheimnisse, und dabei würde mich wohl kaum jemand als besonders verschwiegen bezeichnen. Als Kind hatte ich den Ruf, eine Quasselstrippe zu sein. »Die kleine Plaudertasche«, so nannte mein Vater mich zu meinem großen Ärger – nach einer Figur aus den Comic-Heften, die ich mir jeden Sonntag beim Zeitschriftenhändler kaufte, zusammen mit einem Schokoladenriegel oder einer Tüte Bonbons. »Das dürft ihr auf keinen Fall jemandem erzählen«, sagte er immer, wenn meine Schwester Belinda und ich beim sonntäglichen Mittagessen Zeuge irgendeiner Diskussion zwischen ihm und meiner Mutter wurden, und dabei richtete er seinen Blick vor allem auf mich. Als ob ich irgendetwas davon weitererzählt hätte! Meistens ging es sowieso nur um irgendwelchen langweiligen Kram, zum Beispiel, ob sie sich eine Renovierung der Küche leisten könnten oder welcher der Nachbarn was im Wohltätigkeitsladen abgegeben hatte, in dem meine Mutter ehrenamtlich arbeitete. Ich verdrehte dann immer die Augen in Richtung Belinda, die sich natürlich wie immer mustergültig benahm, und schaute meinen Vater mit beleidigter Miene an. Ich würde wohl kaum mit meinen Freundinnen über die Finanzierung einer Küche reden und konnte mir auch nicht vorstellen, dass sie sich dafür interessieren würden, in welchem Zustand die Kleidung war, die Mrs. Waite, Mitglied in unserem Stadtrat, im Laden des Hospizes abgeben hatte – Pullover mit Kaffeeflecken und schlecht gewaschene Unterwäsche, wie meine Mutter sagte. Aber so war es nun mal – ich hatte den Ruf weg, zu viel zu reden und Geheimnisse nicht für mich behalten zu können.

Vielleicht wurde ich deshalb später so gut darin …

Meine Mutter dagegen konnte schon immer gut Geheimnisse bewahren. So gut, dass ich noch nicht mal ahnte, dass es überhaupt Geheimnisse gab, die gehütet werden mussten, dass es Menschen gab, die es zu schützen galt. Eine Fassade der Wohlanständigkeit, die aufrechterhalten werden musste. Und Schuld, die man einem anderen Menschen nur insgeheim zuschreibt. In der dunklen Welt zwischen Abend- und Morgendämmerung, wenn man schlaflos daliegt und alle Gedanken ungeheure Ausmaße annehmen, die erst das Tageslicht wieder auf die richtige Größe zurechtstutzt. Die sprichwörtlichen Leichen im Keller.

Heutzutage gibt es wahrscheinlich weniger solcher Leichen im Keller. Eine Scheidung oder ein uneheliches Kind sind kein gesellschaftlicher Makel mehr. »Vom Karren gefallen«, nannte man das früher. Entzückend altmodisch, oder? Und dennoch ist es uns auch heute noch wichtig, dass die anderen uns in einem ganz bestimmten Licht sehen. Wir machen uns immer noch Sorgen darüber, ob andere die Wahrheit vertragen können – wie würde die Welt auch aussehen, wenn wir das nicht täten? Unangenehme Wahrheiten, die man gedankenlos oder aus eigennützigen Gründen äußert, können ein Leben zerstören, wenn sie von erwachsenen »Plappertaschen« ausgesprochen werden.

Doch die Kehrseite kann genauso gefährlich sein. Geheimnisse, die in bester Absicht gehütet werden, können auf äußerst heimtückische Weise Probleme verursachen, die noch jahrelang nachwirken. Eine Familiengeschichte kann ihre schleimigen Tentakel bis in die nächste und übernächste Generation ausstrecken. Offen ausgesprochen würden manche Dinge ihre bedrohliche Macht verlieren, statt aus Angst vor Entdeckung immer weiter zu gären. Hätte es in meiner Familie keine »Leichen im Keller« gegeben, wären ein paar Menschen wohl unweigerlich verletzt worden. Doch andere wären durch die Wahrheit anstelle von Halbwahrheiten, durch Gewissheit anstelle eines heimlichen Verdachts von einer schweren Last befreit worden.

Mir war immer klar, dass es in meiner Familie Dinge gab, über die nicht geredet wurde. Spannungen, die ich nicht verstand. Jedenfalls wurde mir schon zu einem recht frühen Zeitpunkt bewusst, dass manches seltsam war: Meine Mutter reiste kaum je in ihre eigentliche Heimat Florida zurück, die sie mit neunzehn verlassen hatte, um in England meinen Vater zu heiraten. Sie erzählte nur selten von ihrer Mutter Nancy, meiner Großmutter, und praktisch nie von ihrem Bruder Ritchie. Und wenn ich alljährlich in den Ferien ins sonnige Florida reiste, um meine Großmutter zu besuchen – zunächst noch unter der Obhut des Kabinenpersonals, später dann allein –, war meine Mutter immer besonders gereizt und schlecht gelaunt. Ich fragte mich natürlich schon manchmal, woran das lag, und versuchte mir aus Fotos, Daten und bruchstückhaften Informationen die Gründe zusammenzureimen. Aber mit meinen Vermutungen habe ich die Ursachen nicht einmal annähernd erraten. Erst jetzt, im letzten Jahr, ist die Wahrheit ans Licht gekommen.

Und dabei musste ich erfahren, dass ich meine Familie überhaupt nicht richtig kannte.

Florida, Sommer 2006

Wenn es etwas gibt, was ich liebe und was mich vom Stress und den selbstauferlegten Zwängen des Lebens befreien kann, dann ist es das Fliegen. Man könnte durchaus sagen, dass ich es im Blut habe.

Meine Urgroßeltern, die Eltern von Grandma Nancy, waren Flugartisten, die mit einem der damals so beliebten Flugzirkusse durch die Lande zogen; ihr Vater war Kunstflieger, ihre Mutter eine Flugakrobatin. Nancy erzählte, dass sie selbst in einer Scheune irgendwo im Mittleren Westen das Licht der Welt erblickte und bereits im zarten Alter von vier Jahren als Hilfe bei einem Kunststück eingesetzt wurde: Sie musste sich hinter einem Stapel Flaschen verstecken und diesen genau in dem Moment umschmeißen, in dem ihr Vater darüber hinwegflog und vorgab, darauf zu schießen. Nancy hatte fliegen gelernt, noch ehe sie Auto fahren konnte; dann hatte sie für Grandpa Joe gearbeitet, der Streuflugzeuge geflogen hatte und sein Geschäft ausbauen wollte. Die beiden hatten geheiratet und gemeinsam Varna Aviation aufgebaut. Ach ja, und natürlich nicht zu vergessen: Beide waren sie im Zweiten Weltkrieg geflogen – Grandpa Joe für die USAAF[1] und Grandma Nancy bei der Air Transport Auxiliary in England, die im Zubringerdienst Flugzeuge von Fabriken zu den Flugplätzen oder von einem Stützpunkt zum anderen brachte.

[1] United States Army Airforces; von 1941 bis 1947 der offizielle Name der Luftstreitkräfte der US Army.

Ja, folglich kann man wohl sagen, dass ich das Fliegen im Blut habe, und nirgendwo fühle ich mich mehr zu Hause als in der Luft. Besonders in Florida. Hier habe ich mit siebzehn bei einem ausgedehnten Ferienaufenthalt das Fliegen gelernt – und als ich nach meinen Sommerferien wieder nach Hause zurückkehrte, hatte ich nicht nur alle theoretischen und praktischen Prüfungen bestanden, sondern sogar genügend Alleinflüge absolviert, um den Privatpilotenschein zu bekommen.

Meine Mutter war nicht gerade begeistert. »Die haben doch ganz genau gewusst, dass ich nicht wollte, dass du dich mit Flugzeugen abgibst!«, sagte sie missbilligend. Und: »Denk bloß nicht, dass du damit hier weitermachen kannst. Du musst dich auf die Uni konzentrieren, und außerdem ist es viel zu teuer.«

Da hatte sie leider Recht, ich hatte keine Ahnung, wie ich neunzig Pfund pro Stunde auftreiben sollte, um eine Cessna oder eine PA28 zu chartern, und sie würde mich auf keinen Fall dabei unterstützen.

»Schließlich ist dein Onkel John so ums Leben gekommen«, sagte sie, als ob ich das nicht längst wüsste. »Ich möchte auf keinen Fall, dass dir das Gleiche passiert.«

John, ihr älterer Bruder. Noch einer aus der Familie der fliegenden Costellos. Ich verkniff mir, sie darauf hinzuweisen, dass der ganze Rest der Familie das Fliegen bis ins hohe Alter überlebt hatte. Mir war klar, dass es keinen Sinn hatte, mit meiner Mutter zu diskutieren. Doch trotzdem fragte ich mich, warum ausgerechnet sie nicht von dem Fieber gepackt worden war, das alle anderen ergriffen hatte. Soviel ich weiß, war sie nie geflogen und hatte es auch nie gewollt. Es gibt eine Familienanekdote, dass Grandpa Joe einmal versucht hat, sie für eine Flugstunde ins Cockpit zu kriegen, doch sie schrie und kreischte, weigerte sich rundweg und lief schließlich fast fünf Kilometer zu Fuß nach Hause, um deutlich zu machen, wie ernst es ihr war. Sie wollte nicht fliegen lernen, und nichts und niemand konnte sie dazu bewegen.

Ich kann mir das sehr gut vorstellen. Meine Mutter ist die störrischste Person, die mir je begegnet ist. Aber ich kann trotzdem nicht verstehen, warum sie nicht fliegen wollte. Nie werde ich das aufregende Gefühl vergessen, das ich hatte, als ich um das Flugzeug herumging, die Tragfläche in Brusthöhe und der Propeller nur ein paar Zentimeter von meiner Nase entfernt. Wie ich auf den Pilotensitz geklettert bin und der Startfreigabe vom Tower gelauscht habe. Wie das ganze Flugzeug dröhnte und zitterte, während der Motor hochlief, der plötzliche Schub nach vorn, als Grandpa Joe die Bremse löste und wir über die Startbahn sausten und immer schneller wurden, das Gefühl der Schwerelosigkeit, als die Räder vom Boden abhoben, das Gras sich unter uns entfernte und die Bäume zu einem lebendigen, schwankenden Mosaik wurden.

Und vor allem nicht den Augenblick, etwa zehn Tage später, als ich genügend halbwegs ordentliche Starts und Landungen hingelegt hatte – so genannte Platzrunden – und Grandpa Joe in seinem langsamen, gedehnten Akzent sagte: »Okay, willst du dann mal allein eine Runde drehen?« Und ich nickte, denn es hatte mir die Sprache verschlagen. Er benachrichtigte den Tower, stieg aus dem Flugzeug und ließ mich allein zurück. Mein erster Alleinflug. Mir klopfte das Herz wie wild und pumpte mir das Blut durch die Adern, doch gleichzeitig war ich seltsam gelassen, und meine Hände lagen ruhig und entschlossen auf dem Steuerhorn. Mir war klar, dass ich jetzt alles hundertprozentig richtig machen musste. Wenn ich erst einmal gestartet war, konnte mir keiner mehr helfen. Ich musste eine Platzrunde fliegen und wieder landen, ganz allein.

Und ich schaffte es. Keine perfekte Landung, aber auch nicht schlecht. Damit gewann meine Liebe zum Himmel eine neue Dimension. Ich war nun keine Jungfrau mehr, ich hatte die Initiationszeremonie hinter mich gebracht.

Grandpa Joe versuchte sich die Erleichterung nicht anmerken zu lassen, als ich wieder auf festen Boden zurückgekehrt war. Auf seiner Stirn glänzten Schweißperlen, sie reichten bis in die breiten Geheimratsecken, und als er die Tür aufriss und sich ins Flugzeug beugte, um mir durchs Haar zu fahren, waren seine Handflächen ebenfalls ganz feucht und klebrig.

»Gut gemacht, Sarah.« Sachlich, aber mit einem rauen, gerührten Unterton in der Stimme. »Du bist jetzt eine echte Costello.«

Ich wies ihn nicht darauf hin, dass ich Sarah Lintern hieß und deshalb keineswegs eine Costello war und auch keine Amerikanerin, sondern Engländerin. In diesem Moment glühte ich vor Stolz und überschwänglicher Freude und hatte das Gefühl, gleich ausbrechen zu müssen wie der Vesuv. Und Grandpa Joes Lob war nur das Tüpfelchen auf dem i.

So war es immer: Ich bewunderte ihn, ich liebte ihn beinahe abgöttisch. Ein Lob aus seinem Munde war mir Ansporn genug.

»Du fliegst wie ein Engel, Sarah.«

Ich kann ihn jetzt hören, während ich eine Kurve über die smaragdgrünen und saphirblauen Flächen der Everglades fliege und Kurs zurück auf Varna nehme.

»Du fliegst wie ein Engel, Sarah.«

Zu meiner Rechten, am Rande meines Gesichtsfelds, ist eine schemenhafte Gestalt; hochgewachsen wie Grandpa Joe. Ich kann ihn beinahe spüren, neben mir auf dem Copilotensitz, die großen Hände ruhen entspannt auf seinen Knien, den scharfen Blick hat er aufmerksam in die Ferne gerichtet. Ich habe heute noch den süßen, würzigen Duft seiner Bruyère-Pfeife in der Nase, die er ausklopft und in seine Tasche steckt, ehe wir abheben. Er ist jetzt seit fünf Jahren tot, er starb genauso ruhig und rücksichtsvoll, wie er gelebt hat – er schlief einfach in seinem Sessel ein und wachte nicht mehr auf –, doch wenn ich fliege, begleitet mich seine Stimme immer noch. Er ist immer noch da und lässt mich an seiner Weisheit teilhaben; manchmal schilt er mich, manchmal lobt er. Er sitzt auf meiner Schulter und flüstert mir ins Ohr: »Du solltest immer Achtung vor dem Himmel haben, Sarah. Wenn du ihn nicht ernst nimmst, Mädchen, dann zahlt er es dir heim.«

Er war bei mir, als ich unerwartet in ein Gewitter geriet, der Regen sturzbachartig über die Windschutzscheibe lief und die Luftturbulenzen mich hin und her warfen wie einen verletzten Schmetterling. Und auch damals, als sich irgendetwas überhitzte. Ich spürte die Wärme an meinen Füßen und konnte den verbrannten Geruch sogar noch über Grandpa Joes Tabak hinweg riechen. Ich musste einen Notruf absetzen und schnell zum Flugplatz zurückfliegen, wo mir ein Feuerwehrwagen die Landebahn entlang folgte. Und dabei war das in England passiert – das muss man sich mal vorstellen! Grandpa Joe ist wirklich nicht wählerisch. Wo ich auch fliege, er ist immer bei mir.

In diesem Moment genießt er gerade, genau wie ich, die Freiheit, die man spürt, wenn man in beinahe absoluter Ruhe über den saftig grünen Mangrovenwäldern dahinschwebt. Natürlich hört man das gleichmäßige Dröhnen des Motors und gelegentlich das Klappern der Türen und Fenster in ihren Rahmen oder das sanfte Rütteln des Windes, der über die Tragflächen gleitet. Doch das sind angenehme Geräusche, sie tragen ihr Teil zu dem Gefühl von Ruhe und Frieden bei, ähnlich wie das leise Schnarchen eines Menschen, der tief und fest schläft. Ich vermute, dass Grandpa ebenso den scharfen Blick in die Ferne richtet und nach allem Ausschau hält, was unseren Luftraum stören könnte. Genau wie ich würde er am liebsten nicht in die Wirklichkeit zurückkehren. Doch leider müssen wir das, Grandpa Joe. Wir können uns nicht die ganze Zeit hier oben herumdrücken.

Ich drossele die Leistung und senke die Nase der Cessna. Eine schnurgerade Straße glänzt silbrig in der Mittagshitze, und vor mir liegen die ersten der Ten Thousand Islands, verstreut wie die Perlen einer gerissenen Kette im glitzernden Blau des Golfs von Mexiko. Ich steuere auf die Brücke zu, diesen erstaunlich grellweißen Bogen, der Varna mit dem Festland verbindet. Ich sinke auf ein paar Tausend Fuß, während ich das ruhige Wasser in der kreisförmigen Bucht unter mir absuche und hoffe, ein Manatee zu entdecken. Aber heute habe ich kein Glück. Die Manatees halten sich versteckt.

Plötzlich spüre ich einen schmerzhaften Stich im Herzen. Als ich klein war, hat Grandpa Joe mir immer die Manatees gezeigt: dunkle Erhebungen, die aussehen wie rutschige Felsen. Doch diesmal gilt mein Schmerz nicht der Vergangenheit, die für immer verschwunden ist, sondern ich trauere um etwas, was vielleicht niemals sein wird.

Ich würde die Manatees so gern meinem eigenen Kind zeigen. Ich würde so gern hören, wie es vor Begeisterung die Luft einzieht, und sein staunendes kleines Gesicht sehen, wenn es die Augen weit aufreißt und den Mund zu einem atemlosen »O« formt. Sogar hier oben, in einer von Grandma Nancys Cessnas, kann ich der Sehnsucht nicht entfliehen, die von Tag zu Tag, von Woche zu Woche und Monat zu Monat wächst und sich zu einer regelrechten Besessenheit entwickelt.

Ich bin sechsunddreißig. Wenn ich nicht bald ein Kind bekomme, wird es irgendwann zu spät sein. Durch meine eigene Dummheit habe ich die fruchtbaren Jahre verstreichen lassen. Ich habe sie mit einem Mann vergeudet, der niemals mir gehören oder der Vater meiner Kinder sein wird – wie ich mir schließlich eingestehen musste. Und die Männer, die sich vielleicht als Vater geeignet hätten, sind inzwischen alle mit anderen Frauen verheiratet und haben sich hinter Hypotheken, Windelbergen und gemütlicher Häuslichkeit verschanzt. Vor zehn Jahren wimmelte es in meinem Umkreis nur so von verfügbaren Männern, auch wenn sie ebenso wenig bereit zu sein schienen, sich häuslich niederzulassen, wie ich es damals war. Inzwischen gibt es nur noch Fergus, und ich bin mir ganz und gar nicht sicher, ob ich den Rest meines Lebens mit ihm verbringen will, obwohl er mich ständig zu überzeugen versucht, dass genau das mein innigster Wunsch sei. Er ist ein guter Freund, aber mehr nicht – und ursprünglich war er noch nicht mal mein Freund, sondern der meiner Schwester. Ihr Verlobter sogar. Selbst wenn ich in Fergus verliebt wäre, was ich nicht bin, müsste ich mir sagen, dass ich im Laufe meines Lebens bereits weiß Gott genug abgelegte Sachen von Belinda geerbt habe.

Doch was habe ich für eine Wahl? Möglichkeit Nummer eins: Ich heirate Fergus, der mich bestimmt gut behandeln wird – sicher wäre er ein großzügiger, verlässlicher Ehemann und großartiger Vater. Möglichkeit Nummer zwei: Ich schlage mich als alleinerziehende Mutter durch, aber dann käme Fergus als Vater nicht in Frage. Es wäre nicht fair, ihn so zu benutzen. Wenn ich es als alleinerziehende Mutter versuchen wollte, müsste ich jemanden finden, der mir nicht so nahesteht, oder mir sogar einen »anonymen Spender« suchen. Keine dieser beiden Möglichkeiten gefällt mir wirklich. Jedes Mal, wenn ich über eine davon ernsthaft nachdenke, schreckt ein Teil von mir innerlich zurück, so wie man sich vor einer Nacktschnecke ekelt, die durch die Türritze hereingekrochen ist und sich am Katzenfutter gemästet hat.

Beide Möglichkeiten sind allerdings immer noch besser als die dritte und letzte Alternative, die da hieße, mich damit abzufinden, dass ich niemals Mutter werde. Dass ich niemals erfahren werde, wie es ist, ein Kind auf die Welt zu bringen, niemals spüren werde, wie sich ein kleiner Körper an meine Brust schmiegt und eine Woge bedingungsloser Liebe mich überrollt. Niemals würde ich spüren, wie sich winzige Finger um meine Finger schlingen, oder mein Gesicht in einen weichen Haarflaum versenken, der nach Frühling riecht, und wissen, dass dieses kleine eigenständige Leben einmal ein Teil von mir war und immer ein Teil von mir sein wird. Tatsächlich wünsche ich mir schlaflose Nächte und klebrige Essensreste auf dem Fußboden und Berge von Socken, T-Shirts und Unterhosen, die ich waschen muss. Und ich möchte einen Zwerg in den Schlaf singen und Fußabdrücke aus Schlamm auf der Fensterbank hinterlassen, um meinem Kind weiszumachen, dass der Weihnachtsmann auf diesem Weg hereingekommen ist. Ich möchte frühmorgens geweckt werden und dabei zuschauen, wie der Weihnachtsstrumpf auf meinem Bett ausgeleert wird. Und ich möchte das ungläubige Staunen im Gesicht meines Kindes sehen, wenn es zum ersten Mal eine Seifenblase, ein frisch geschlüpftes Küken oder eben ein Manatee erblickt.

Aber nun bleibt mir keine Zeit mehr für trübe Gedanken. Ich kann bereits den Flugplatz von Varna sehen, eine Ansammlung weiß gestrichener Bürogebäude und Hallen am Rand einer großen Grünfläche. Ich gehe auf eintausend Fuß runter, greife nach dem Mikro und bitte den Tower um Landeerlaubnis. Ich erkenne Gus Hadfields Stimme wieder. Er sitzt schon im Tower von Varna, so lange ich denken kann. Gus begrüßt mich wie üblich unter Missachtung der korrekten Fachsprache.

»Bist du's, Sarah? Hab ich mir doch gedacht. Okay, dann komm mal runter, Herzchen.«

Auf dem grasbewachsenen Vorfeld vor den Bürogebäuden parkt noch eine weitere Cessna in den blau-weißen Firmenfarben von Varna Aviation. Während ich darauf zurolle, taucht Ritchie, der Bruder meiner Mutter, hinter der Nase der Cessna auf. Ein Mädchen folgt ihm wie ein eifriges Hündchen, eine Schülerin auf dem Wege zu ihrer ersten Flugstunde oder vielleicht zu einem Schnupperflug, denn Ritchie macht mit ihr einen Außencheck und prüft die Flugtauglichkeit der Cessna. Sie ist vielleicht achtzehn oder neunzehn. So jung noch! Sie hat jedenfalls noch viel Zeit zum Kinderkriegen.

Ritchie, in leichter schwarzer Hose und weißem Hemd mit Kapitänsstreifen auf den Schulterklappen, hebt lässig eine Hand, um mich zu grüßen. Die meisten Piloten hier kleiden sich lieber leger in Jeans oder Shorts und T-Shirt, doch Grandma Nancy nimmt es mit dem Protokoll genau. Ein Pilot solle wie ein Pilot aussehen und nicht wie ein Gammler, der gerade vom Strand kommt, sagt sie. Das vermittle den Leuten Vertrauen. Obwohl Ritchie inzwischen angeblich die Firma führt, ist ihm schon lange klar, dass Diskussionen mit seiner Mutter nur Zeit- und Energieverschwendung sind. Bei einer Krawatte zieht er allerdings die Grenze.

Ich winke zurück, doch Ritchie schaut schon gar nicht mehr herüber. Er versetzt dem Propeller einen Schwung und sagt etwas zu dem Mädchen, das ihn aufmerksam und offensichtlich bewundernd anstarrt. Ich muss grinsen. Komisch, dass die jungen Flugschülerinnen immer so für Ritchie schwärmen, obwohl er ihr Vater, ja fast ihr Großvater sein könnte. Doch man muss schon sagen, dass er eine ziemlich schnittige Figur abgibt; er wirkt immer noch jugendlich, obwohl er seinen fünfzigsten Geburtstag schon hinter sich hat. Er hat die verwegene Ausstrahlung eines Mannes, der auf drei gescheiterte Ehen zurückblicken kann und nun ein überzeugter Single ist, und nutzt das glamouröse Flair, das sein Beruf mit sich bringt, voll aus. Ich kann nur hoffen, dass er nicht auch die Mädchen ausnutzt, denen er Flugunterricht gibt, doch wenn ich seine bisherigen Erfolge bei Frauen betrachte, möchte ich darauf lieber nicht wetten.

Ehefrau Nummer drei, Mary-Lyn, war nämlich eine ehemalige Flugschülerin, obwohl sie ihren Schein nie bekam und, soviel ich weiß, noch nicht mal einen Alleinflug machte. Sie hatte eigentlich nur Interesse am Fliegen, wenn Ritchie auf dem Sitz neben ihr saß und ihr vermutlich einredete, wie toll sie sich doch anstellte, während er alle schwierigen Manöver selbst flog. Als sie erst mal einen Verlobungsring am Finger hatte, einen Klunker, der ihn ein Jahresgehalt gekostet haben musste, tröpfelten die Stunden nur noch dahin und versiegten schließlich ganz, nachdem er sie zur Little Chapel in Las Vegas geflogen und zur dritten Mrs. Richard Costello gemacht hatte.

Doch zumindest dieser Teil der Geschichte wird sich wohl kaum wiederholen. Wie vernarrt die neue Schülerin auch sein und wie geschmeichelt sich Ritchie durch ihre Bewunderung fühlen mag, mit drei Unterhaltszahlungen an der Backe und einer Firma, die zurzeit nicht besonders prosperiert, wenn man Grandma Nancy glauben darf, wird Ritchie keinesfalls in der Lage sein, sich Diamanten, Weißgold und romantische Hochzeitsreisen nach Mexiko zu leisten.

Ich parke das Flugzeug, schließe ab und gehe auf das gemauerte Gebäude zu, in dem sich die Büros von Varna Aviation befinden.

Heutzutage strahlt das Foyer mit seinem blauen Teppichboden, der gedämpften Beleuchtung, einem Getränkeautomaten und einer Reihe Computern Wohlstand aus. Als ich klein war, bestand die Geschäftsstelle von Varna Aviation lediglich aus einer baufälligen Hütte am Rande des Flugplatzes. Doch vor etwa zehn Jahren entschloss sich die Stadt, in brandneue Gebäude und Einrichtungen zu investieren, und Varna Aviation profitierte davon. Der eindrucksvolle Rahmen mag zwar wirkungsvoll für Geschäftsabschlüsse sein, doch nach allem, was Grandma Nancy gesagt hat, tragen die gestiegenen Mietkosten nicht unwesentlich zu den Finanzproblemen bei, mit denen Ritchie in der Firma zu kämpfen hat.

Ein junger Mechaniker in einem Overall geht mit einem Stapel Papiere in der Hand an mir vorbei. Wir tauschen ein paar Belanglosigkeiten aus, bevor ich das Foyer betrete und zu dem Schreibtisch in Kiefernoptik gehe, hinter dem Monica Rivers am Computer arbeitet.

Monica ist mollig, hübsch und adrett zurechtgemacht. Sie trägt ihr blondes Haar immer noch so voluminös wie in den Achtzigern, und sie verfügt über eines dieser erstaunlich faltenfreien Gesichter, wie es füllige Frauen oft haben. Die Fingernägel hat sie in einem grellen Pinkton lackiert. Monica ist eine Institution bei Varna Aviation; ich habe meine Zweifel, ob die Firma ohne sie überhaupt funktionieren würde. Sie hat hier auf Teilzeitbasis angefangen, als Grandpa Joe noch die Firma leitete. Sie machte die Buchführung und Terminplanung und kümmerte sich um den Empfang. Ihr Mann, ein Flugzeugmechaniker, war plötzlich und unerwartet gestorben, so dass sie mit drei kleinen Söhnen und einer mageren Rente dasaß, und Grandpa Joe hatte Mitleid mit ihr.

Doch tatsächlich hat er von Monicas Einstellung nur profitiert. Binnen kürzester Zeit wurde Monica unentbehrlich, und seit ihre erwachsenen Söhne zu Hause ausgezogen sind, bildet Varna Aviation ihren Lebensinhalt. Jeden Morgen um neun sitzt sie an ihrem Schreibtisch, und dort sitzt sie auch oft noch abends um neun und verabschiedet den letzten Flugschüler. Ich habe mich schon gefragt, ob sie vielleicht eine Schwäche für Ritchie hat und deshalb der Firma all die Jahre treu geblieben ist. Ich hoffe es nicht, denn was Frauen angeht, ist Ritchie wirklich eine Katastrophe, und ich sage mir, dass Monica dafür viel zu vernünftig ist. Doch wann hätte die Vernunft schon mal über die Launen des Herzens gesiegt?

Als Monica mich erblickt, schiebt sie die Maus weg, schaltet den Computer in den Ruhemodus und lehnt sich in ihren bequemen Drehstuhl zurück.

»Wieder zurück, Sarah? Hattest du einen guten Flug?«

»Ja, ganz toll.«

»Magst du einen Kaffee?«

»Oh ja, gern. Ich hol ihn mir, wenn ich den Papierkram erledigt habe.«

»Nein, lass mal. Ein bisschen Bewegung tut mir gut.« Monica erhebt sich schwerfällig von ihrem Stuhl und macht sich auf den Weg zum Kaffeeautomaten, während ich mich über den Tisch beuge und das Bordbuch ausfülle.

Ehe ich fertig bin, ist sie schon wieder zurück, stellt einen dampfenden Pappbecher neben mich und trägt den anderen zu ihrem Platz auf der anderen Seite des Tisches.

»Und, wie lange dauert's noch, bis du wieder nach Hause fliegst?«, erkundigt sie sich.

»Nur noch ein paar Tage.« Während ich das sage, wird mir ein wenig schwer ums Herz. Die drei Wochen hier sind wie im Fluge vergangen. So ist das immer: Wenn ich ankomme, scheinen noch unzählige Tage vor mir zu liegen, dann sind sie plötzlich verstrichen, und ich kann an einer Hand abzählen, wie viele Mahlzeiten mir noch mit Grandma Nancy bleiben und wie oft ich noch in der Cessna über die Everglades oder hinunter zu den Keys fliegen kann, ehe ich meine Koffer packen muss.

Doch eigentlich sollten drei Wochen lange genug sein. Man kann sein normales Leben nicht bis in alle Ewigkeit warten lassen, wie sehr man es sich auch wünschen mag.

»Du solltest mal darüber nachdenken, für immer hierherzuziehen«, meint Monica, als hätte sie in meinen Gedanken gelesen, wie ungern ich heimkehren möchte. »Komm doch her und hilf Ritchie mit der Firma. Fliegen ist doch bestimmt allemal besser als … als das, was du da zu Hause in deinem Büro machst.«

»Bilanzen. Ich bin Wirtschaftsprüferin.«

»Ziemlich stressiger Job, was?«

»Das kann man wohl sagen.«

»Und das Wetter hier bei uns ist bestimmt auch viel besser als in England.«

»Ob du's glaubst oder nicht: Mir gefallen die Jahreszeiten in England. Und ich kann auch nicht einfach so eine gute Stelle hinschmeißen, mein Haus verkaufen und hierherziehen. Außerdem glaube ich kaum, dass sich die Firma ein weiteres Gehalt leisten könnte. Und ich bin mir nicht mal sicher, ob sie mich hier überhaupt die ganze Zeit haben wollten.«

»Deine Großmutter bestimmt«, sagt Monica voller Überzeugung. »Sie hält große Stücke auf dich. Und meiner Meinung nach ist sie einsam. Ich glaube, sie ist nie richtig über den Tod deines Großvaters hinweggekommen. Deine Mutter lebt in England, die sieht sie auch nicht. Und … Dann auch noch der andere Verlust, den sie erlitten hat …« Sie bricht ihren Satz ab, ein wenig verlegen, so als hätte sie eine unsichtbare Grenze überquert und verbotenes Gebiet betreten. »John«, schließt sie ohne weitere Erklärung, zieht eine Schreibtischschublade auf und holt eine Schachtel mit Krispy Kreme Doughnuts heraus. »Magst du einen?«

»Nein, danke.« Ich schüttele den Kopf.

»Aber ich gönn mir einen.« Monica beißt ein Stück ab und besprenkelt sich dabei das Kinn mit Puderzucker. »Was wäre mein Tag ohne Krispy Kreme Doughnuts!«

Kein Wunder, dass sie so zugenommen hat, denke ich mir. Laut sage ich: »Sie hat doch Ritchie.«

Monica schnaubt verächtlich, und eine weitere Puderzuckerwolke staubt empor und setzt sich wie Pulverschnee auf die Computertastatur. »Wenn er mal zu Hause ist. Was nicht besonders oft vorkommt, wenn du mich fragst. Und wenn er dann da ist …«

»Ich weiß«, seufze ich. »Sie sind nicht wirklich auf einer Wellenlänge.«

»Das kannst du wohl laut sagen.« Das letzte Stückchen Doughnut verschwindet in Monicas Mund, und sie leckt sich die Finger und die glänzenden Lippen. »Zwei nette Menschen – und trotzdem haben sie ständig Auseinandersetzungen. Aber wenn du hier wärst …«

Ich muss über ihre Hartnäckigkeit lachen. »Ich werde nicht hier sein. In den Ferien ja. Aber immer hier leben – nein.«

»Man kann nie wissen – vielleicht begegnest du ja noch dem Mann deiner Träume. Ich wette, der würde dich dann schon überreden, hierzubleiben.«

Ich lache wieder, doch es klingt hohl. Ohne sich dessen bewusst zu sein, hat Monica einen wunden Punkt getroffen und Gefühle aufgewühlt, die ich nicht gern eingestehe – nicht einmal mir selbst. Ich bin eine unabhängige Karrierefrau. Ich träume nicht von irgendwelchen Männern. Nicht mehr. Die Sehnsucht, die mich überfällt, wenn ich ein Paar sehe, das ein kleines Kind an den klebrigen Händen festhält und hin- und herschwingt, hat nichts mit romantischen Illusionen zu tun.

Einmal habe ich Mark und seine Frau Claire gesehen, als sie genau das taten. Sie liefen neben der Straße entlang, den zweijährigen Freddy in der Mitte, zählten die Pflastersteine und schwangen ihn immer wieder hoch, sein Gewicht gleichmäßig zwischen beiden Armen verteilt. Sie lächelten zu ihm herab und lachten, während er vor Vergnügen quiekte. Freddy trug eine leuchtend rote Jacke und rote Gummistiefel, und sein Gesicht glänzte rosig unter der Kapuze hervor. Die sechsjährige Molly hielt sich an der anderen Hand ihres Vaters fest, blickte zu ihm empor und sagte etwas. Mich sahen sie natürlich nicht. Für sie war ich bloß ein vorbeifahrendes Auto. Wenn Mark in meine Richtung geblickt hätte, hätte er mein Auto erkannt, doch er schaute nicht herüber. Und für Claire war ich eine Fremde. Sie hatte keine Ahnung, wie viel ich über sie wusste.

In diesem Augenblick wurde mir klar, dass Mark sie und die Kinder niemals verlassen würde, obwohl er es mir oft versprochen hatte, und mir wurde auch klar, dass ich das gar nicht wollen würde. Ich konnte mir mein Glück nicht auf Kosten dieser Kinder stehlen. Wie hätte ich das mit meinem Gewissen vereinbaren sollen? Das war's, sagte ich mir, aus und vorbei. So einfach war es dann natürlich nicht. Sich vorzunehmen, eine Affäre zu beenden, und es dann auch wirklich zu tun, sind zwei verschiedene Dinge, wenn man verliebt ist. Doch es war der Anfang vom Ende.

Ich will mich nicht mehr verlieben. Ich will nicht die Kontrolle über mein Leben und meine Gefühle verlieren. Mein Verstand jedenfalls will das nicht. Was mein Herz angeht, bin ich mir da nicht so sicher. Wenn es mir wirklich ernst damit wäre, gefühlsmäßig unbeteiligt zu bleiben, warum treffe ich dann keine Abmachung mit Fergus? Und bekomme ein Kind von ihm, das wir dann zwischen uns über den Bürgersteig schwingen können?

»Monica«, sage ich und trinke meinen Kaffee aus. »Ich kann mir kaum vorstellen, dass innerhalb der nächsten achtundvierzig Stunden irgendein toller Typ auftaucht, der mich vom Hocker reißt. Und selbst wenn – ich muss trotzdem nach England zurück.«

Monica betrachtet mich mit wissendem Blick. Ich glaube, sie weiß genau, wie verletzlich ich trotz meiner Flapsigkeit bin. Dass ich nur nach außen hin den Eindruck erwecke, ich sei mit meinem anspruchsvollen Beruf und all den materiellen Dingen, die ich mir von meinem guten Gehalt leisten kann, vollauf zufrieden, tatsächlich aber manchmal eine schmerzende Leere in mir spüre. Dass ich mein Leben keineswegs so gut unter Kontrolle habe, wie ich es gern vorgebe. Sie kennt mich schon zu lange.

»Du wirst schon sehen – eines Tages passiert es«, sagt sie. »Und zwar dann, wenn du am wenigsten damit rechnest.«

Ich lächle sie schief an. »Darauf möchte ich lieber nicht wetten.«

»Ich auch nicht.«

Ich betrachte sie, diese hübsch zurechtgemachte Frau, die nun schon seit beinahe zwanzig Jahren verwitwet ist und die Leerstellen in ihrem Leben mit der Arbeit für Varna Aviation und mit Krispy Kreme Doughnuts füllt, und ich frage mich, ob sie insgeheim ebenfalls auf etwas wartet – oder auf jemanden. Falls ja, hat sie schon furchtbar lange warten müssen.

Varna besteht aus einem Gitternetz von Straßen, rechtwinklig wie das Muster eines karierten Papiers. Die Straßen werden von Bäumen und einzelnen Shopping Malls und Cafés gesäumt. Die Häuser dagegen sehen alle unterschiedlich aus, als wollten sie gegen diese Einförmigkeit protestieren. Manche imitieren den Kolonialstil, andere sind weitläufige Bungalows und wieder andere mehrstöckige Gebäude mit Wohnungen. Fast alle jedoch verfügen über einen Pool, der sich in einem schattigen Garten versteckt.

Grandma Nancys Haus befindet sich an einer der gleichförmigen Avenues, die auf das Stadtzentrum zuführen – ein weißes, stuckverziertes Gebäude hinter einem ordentlich gepflegten Rasen, hübsch und geräumig, doch ohne jeden Protz. Varna Aviation hat nie so viel Geld abgeworfen, dass Grandpa Joe es sich leisten konnte, in eines der ranchähnlichen Anwesen zu ziehen, die sich außerhalb der Stadt hinter riesigen, mit Sträuchern und Büschen bewachsenen Grundstücken verbergen und von den Touristen in ihren Rundfahrtbussen neugierig beäugt werden. Ich glaube auch nicht, dass sie das gewollt hätten. Ich fahre mit meinem Mietwagen in die Auffahrt und gehe ins Haus.

»Grandma – ich bin wieder da!«

»Ich bin hier!« Grandma Nancys Stimme dringt aus dem Wohnzimmer. Sie klingt heiter und energisch, so dass man kaum glauben kann, dass die Frau, der diese Stimme gehört, schon weit in den Achtzigern ist.

Grandma Nancy ist überhaupt ziemlich erstaunlich für ihr Alter. Sie ist immer noch rüstig, obwohl sie ein bisschen mit Arthritis in Händen und Knien zu kämpfen hat. Immer noch ist sie entschieden auf ihre Selbständigkeit bedacht: Sie hat darauf bestanden zu fliegen, bis sie vierundsiebzig Jahre alt war, und sich erst aus dem Pilotensitz drängen lassen, als sie eine ärztliche Tauglichkeitsuntersuchung nicht bestand, weil ihr Gehör nicht mehr so gut war. Und sie sieht immer noch gut aus – ihre hohen Wangenknochen machen mühelos die unvermeidlichen Falten und Fältchen wett. Ihr schneeweißes, gewelltes Haar erscheint mir so dicht wie eh und je, obwohl sie schwört, dass es ihr büschelweise ausfalle, und sie ist immer noch beneidenswert gut frisiert. Bei meiner Ankunft vor zweieinhalb Wochen hatte ich jedoch den Eindruck, dass sie ein wenig gebrechlicher ist als im letzten Jahr. Ich hätte nicht genau sagen können, wieso, doch es war nicht zu übersehen, und plötzlich hatte ich ein flaues Gefühl im Bauch. Grandma Nancy alterte allmählich. Ja –

sie *ist* alt, nach gängigen Maßstäben jedenfalls. Und das finde ich schwer zu ertragen.

Jetzt sitzt sie am Tisch. Vor ihr aufgeschlagen liegt ein Buch von der Größe eines Tischkalenders, neben ihrem Ellbogen befinden sich ein Fotoalbum und ein eckiges Lederkästchen. Sie klappt das Buch zu und lächelt mich an mit diesem wunderbaren Lächeln, das ihre Wangen hebt und ihre Augen so saphirblau glitzern lässt wie das Meer zur Mittagszeit.

»Hattest du einen schönen Flug?«

»Ja, ganz toll«, erwidere ich. »Du hättest mich begleiten sollen.«

Sie legt das Fotoalbum und das lederne Kästchen auf das Buch. Jetzt sehe ich, dass das Buch ein vergilbtes Etikett trägt, das sich an einer Ecke emporwellt.

»Vielleicht komme ich ja noch mal mit, bevor du nach Hause fährst«, sagt sie.

»Hast du denn wirklich Vertrauen in meine Flugkünste?«

»Ich bin schon mit weitaus schlechteren Piloten geflogen.« Sie begegnet meinem Blick mit einer Spur Schalk in den Augen. »Würdest du mich denn auch mal steuern lassen?«

Ich tue so, als lasse ich mir ihren Vorschlag durch den Kopf gehen. »Ich denke schon. Solange du mir versprichst, einfach geradeaus zu fliegen – ohne eines deiner Flugkunststücke!«

»Ich glaube, dafür bin ich inzwischen ein bisschen zu alt«, sagt Nancy trocken.

»Das hoffe ich. Und du musst mir versprechen, Ritchie nichts davon zu erzählen. Ich glaube kaum, dass er das gutheißen würde.«

Ein weiteres verschmitztes Zwinkern. »Als ob ich das tun würde. Okay, abgemacht!« Dann wird ihre Miene wieder weich. »Ich bin ja so froh, dass du mir nachschlägst, Sarah. Deine Mutter hatte nie auch nur das geringste Interesse am Fliegen. Du weißt ja, dass sie immer einen weiten Bogen darum gemacht hat. Ich schiebe es immer darauf, dass sie als kleines Kind mal einen furchtbaren Schock erlitten hat. Sie war mit uns am Flugplatz, als eine Cessna beim Start abstürzte – irgend so ein junger Kerl, der angeben wollte, wenn ich mich recht erinnere. Hat die Maschine viel zu stark hochgezogen, schmierte ab und schlug auf wie ein Pfannkuchen. Ellen war völlig hysterisch. Wir dachten, sie wäre viel zu klein, um zu verstehen, was da passiert war, und hätten auch nicht damit gerechnet, dass sie sich später noch daran erinnern würde. Doch leider hat sie das wohl für den Rest ihres Lebens vom Fliegen abgehalten.«

»Sie kann sich nicht daran erinnern«, sage ich. Ich habe die Geschichte schon mal gehört und meine Mutter danach gefragt. »Ich glaube, wenn sie sich erinnern würde, hätte es gar nicht solche nachhaltigen Auswirkungen auf sie. Sie wäre in der Lage, das Ereignis als Erwachsene zu rationalisieren, statt es immer noch wie ein Kind in sich zu spüren, wenn du verstehst, was ich meine.«

»Vielleicht.« Nancy hatte noch nie viel für psychologische Betrachtungen übrig. »Ich bin jedenfalls froh, dass sie ihre Angst nicht auf dich übertragen hat. Es ist ein schönes Gefühl zu wissen, dass meine Enkelin immer noch in den Wolken schweben wird, wenn ich mir schon längst das Gras von unten anschaue.«

Mir läuft ein Schauer über den Rücken. »Sag doch nicht so was, Grandma. Du wirst uns noch alle überleben!«

»Das will ich doch nicht hoffen!« Ihr Gesicht wird ernst. »Sarah, ich möchte mit dir über etwas reden.«

»Aber nicht über deinen Tod.«

Grandma Nancy lächelt schwach. »Nein. Jedenfalls nicht streng genommen. Doch ich werde immer älter, und dann fallen einem die Dinge ein, die man gerne noch erledigen möchte, bevor es zu spät ist. Ich möchte dich bitten, etwas für mich zu tun, wenn du nach England zurückkehrst. Ich möchte, dass du jemanden für mich ausfindig machst.« Ihre Finger, die von der Arthritis ein bisschen geschwollen sind, wandern zu dem Stapel mit dem Buch und den anderen Gegenständen und halten alles zusammen, so gut es ihre steifen Gelenke erlauben. »Lass uns etwas trinken.«

»Ich habe gerade am Flugplatz einen Kaffee mit Monica getrunken«, erwidere ich.

»Ich rede auch nicht von Kaffee. Ich werde mir einen Sherry genehmigen. Die Sonne steht über den Rahen, jetzt darf man sich einen genehmigen, wie man in England zu sagen pflegte. Warum trinkst du nicht auch einen mit?«

»Ich hätte lieber ein Glas Wein.«

»Bedien dich, du weißt ja, wo er steht.«

Ich gieße ihr einen Sherry ein, hole eine Flasche kalifornischen Rosé aus dem Kühlschrank in der Küche und gieße mir ein Glas über einen Berg Eiswürfel ein. Der Eiswürfelbereiter quillt praktisch schon wieder über und schiebt knirschend Nachschub in den Spender.

»Komm, wir nehmen die Getränke mit nach draußen.« Grandma Nancy steht hinter mir in der Küchentür, eine winzige Gestalt in ihren gerade geschnittenen Leinenhosen und der bedruckten Seidenbluse. Das blau gebundene Buch hat sie unter einen Arm geklemmt, das Kästchen und das Fotoalbum hält sie in der Hand. »Könntest du vielleicht meinen Drink tragen? Ich möchte nicht, dass er mir hinfällt. Das wäre doch eine Verschwendung von gutem Sherry, und mein bestes Kristall wäre auch hin!«

Ich gehe ins Wohnzimmer, hole Nancys Sherry und folge ihr ins Freie. Ein Tisch und Stühle stehen im Schatten eines großen, geblümten Sonnenschirms; jenseits der Holzterrasse schimmert der obligatorische Pool azurblau im hellen Sonnenlicht. Wir setzen uns.

»Also, was kann ich für dich tun?«, erkundige ich mich und trinke einen Schluck Wein.

Grandma Nancy schweigt einen Moment lang, als sei sie sich nicht ganz sicher, wie sie anfangen soll. Dann sagt sie: »Du weißt doch, dass ich während des Krieges in England war.«

»Als du für die Air Transport Auxiliary geflogen bist. Ja, natürlich.«

Aber viel mehr als das weiß ich auch nicht. Dass Jacqueline Cochran, eine der berühmtesten Pilotinnen ihrer Zeit, mit Nancy Kontakt aufgenommen hat und ihr angeboten hat, bei der kleinen, ausgesuchten Gruppe von amerikanischen Pilotinnen mitzumachen und ihr nach England zu folgen. Dass sie dort etwas länger als ein Jahr verbrachte und im Zubringerdienst Kampfflugzeuge für die RAF flog und dann wieder nach Hause zurückkehrte. Sie hatte von den Flugzeugen erzählt und davon, wie viel Spaß es ihr gemacht hatte, sie zu fliegen – doch an dieser Stelle endeten ihre Erinnerungen immer. Nie erzählte sie von den Menschen, die sie dort kennengelernt hatte, oder von den Freundschaften, die sie geschlossen haben muss, und ich hatte mich schon oft gefragt, ob sie vielleicht Dinge für sich behielt, die zu schmerzlich für sie waren, um sie anderen mitzuteilen. Grandma Nancy kann sehr verschlossen sein. So auch, wenn das Thema auf John kommt, ihren ältesten Sohn. Sie hat ihn vergöttert und spricht dennoch kaum je über ihn. Sie hat die Erinnerung an ihn in ihrem Herzen begraben.

Jetzt warte ich, während die Neugier in mir brennt, sage aber nichts aus lauter Angst, dass sich das Fenster gleich wieder schließen und die Jalousien heruntergelassen werden könnten.

»Damals haben wir ein paar sehr enge Freundschaften geschlossen«, sagt Grandma Nancy endlich. »Komisch eigentlich – diese Menschen haben einem die ganze Welt bedeutet, und dann … sind sie plötzlich nicht mehr da. Die Mädels haben sich noch regelmäßig wiedergetroffen – das letzte Treffen, von dem ich gehört habe, war in Boston, und Anfang der Achtziger wollten sie auch, dass ich zur Eröffnung des ATA-Museums nach England komme, doch ich bin nicht hingefahren. Zu weit. Zu viele Erinnerungen. Und ich hatte viel zu viel zu tun. Aber jetzt … Es gibt da jemanden, mit dem ich gern wieder Kontakt aufnehmen würde. Ich möchte ihm etwas zurückgeben –

vorausgesetzt, er lebt noch. Und falls nicht, sollte seine Familie es bekommen.«

Ihm. Ich fahre mit dem Finger über den Rand aus Kondenswasser, der sich auf der Tischplatte unter meinem Glas gebildet hat. Das kommt doch ziemlich überraschend für mich. Bisher war ich immer davon ausgegangen, dass Grandma Nancy und Grandpa Joe schon seit Ewigkeiten zusammen waren. Ich weiß genau, dass sie schon vor dem Krieg für ihn gearbeitet hat, und nach dem Krieg waren sie beinahe sechzig Jahre verheiratet.

»Wer ist es denn, Grandma?«

Plötzlich hat sie einen ganz merkwürdigen Gesichtsausdruck; den Blick in die Ferne gerichtet, lächelt sie vor sich hin. Doch es ist ein wehmütiges Lächeln.

Sie zieht das Fotoalbum zu sich heran, holt ein Foto heraus und gibt es mir. Es ist ein bisschen grobkörnig und verschwommen, ein wenig ausgeblichen. Doch ich kann darauf unschwer einen jungen, gutaussehenden Mann erkennen. Er ist hochgewachsen und trägt eine Fliegerjacke aus Leder.

»Das ist er. Das ist Mac.«

Ich betrachte das Foto, und alle möglichen Fragen sprudeln empor wie Kohlensäure in einem Glas Sekt. Doch obwohl ich ziemlich überrascht und neugierig bin, kommt mir nicht einen Augenblick lang in den Sinn, dass ich nicht nur das Foto eines jungen Piloten betrachte, der mal irgendeine Rolle in Grandma Nancys Vergangenheit gespielt hat, sondern dass ich gleichzeitig in das Gesicht eines Mannes blicke, der das Leben unserer ganzen Familie prägte und veränderte. Und der auch heute noch einen Schatten auf uns wirft und uns beeinflusst.

Ritchie

Heute bin ich ausnahmsweise mal ganz optimistisch. Die Kleine – Jodie Polanski stand auf dem Anmeldeformular – hat bei dem Schnupperflug ihren Spaß gehabt. Dafür habe ich schon gesorgt. Während wir über die Everglades flogen, habe ich sie eine Zeit lang steuern lassen, und als ich selbst gesteuert habe, habe ich ihr ein paar Kunststückchen vorgemacht. Das hat schon gereicht, dass sie vor Vergnügen kreischte wie auf einer Achterbahn in Orlando. Auf dem Rückflug Richtung Varna betrachte ich sie unauffällig von der Seite. Sie ist ganz rosa vor lauter Aufregung, kaut voller Konzentration mit den kleinen perlweißen Zähnen auf der Unterlippe herum und hält das Steuerhorn umklammert, als gelte es ihr Leben. Ich glaube, mein Einsatz hat sich gelohnt; sie wird bestimmt einen ganzen Kurs buchen. Ich überschlage schon mal im Kopf, wie viel Geld uns das einbringen wird. Pi mal Daumen dreißig Flugstunden, bevor sie ihren Schein bekommt – vielleicht noch ein paar mehr, wenn ich die Stundenzahl ein wenig erhöhe, ehe ich sie allein fliegen lasse –, und dann natürlich noch die Miete für das Flugzeug.

»Sie sind ein Naturtalent«, lobe ich sie. »Sie fliegen wie ein Vogel!«

Sie kichert. »Es ist einfach super. Ganz toll.«

»Und – wollen Sie's mal probieren? Ein paar Stunden pro Woche, und Sie könnten den Schein noch vor Thanksgiving in der Tasche haben!«

Sie seufzt tief. »Ich würde ja zu gern. Aber diese Schnupperstunde war ein Geburtstagsgeschenk von meinem Freund. Ich könnte mir das gar nicht leisten. Ich gehe ja noch zur Schule.«

Ich greife nach dem Trimmrad, dabei streife ich ihren Arm ganz leicht mit meinem.

»Dann überreden Sie ihn doch, dass er Ihnen die Flugstunden bezahlt. Sagen Sie ihm, wie toll es ist, wenn er später mal seine eigene Privatpilotin hat, wenn er ein reicher Businessman ist, der schnell von hier nach da kommen muss.«

Sie lacht und schüttelt den Kopf. »Das wird er mir kaum abnehmen. Er ist genauso pleite wie ich. Diese halbe Stunde hat schon das ganze Geld aufgebraucht, das er sich zwei Wochen lang beim Regale einräumen im Supermarkt verdient hat.«

»Das ist ja wirklich ein Jammer.« Obwohl ich innerlich fluche, lasse ich mir nichts anmerken und bleibe freundlich. Es soll schließlich auf keinen Fall so wirken, als hätten wir Kundschaft dringend nötig. Vielleicht ändert sie ihre Meinung ja noch und kann ihren alten Herrn überzeugen, dass er ihr die Stunden bezahlt. Aber mir ist klar, dass ich meine Zeit vertue. Ich erleide einen Rückschlag nach dem anderen. Nie ist mir etwas einfach so zugefallen. Manche Leute behaupten ja von sich, sie wären unter einem Glücksstern geboren. Ich kann bloß sagen, dass es verdammt dunkel gewesen sein muss, als ich das Licht der Welt erblickte.

Während ich eine Runde über den Flugplatz von Varna drehe, sehe ich auf dem Parkplatz schon das nächste Problem auf mich warten. Dieses weiße Cabrio würde ich überall wiedererkennen. Es gehört Mary-Lyn, meiner dritten und anspruchsvollsten Exfrau. Jedenfalls ist es auf sie zugelassen. Bezahlen tue ich dafür. Was zum Teufel will sie denn jetzt schon wieder von mir? Weiß sie denn nicht, dass sie mir schon das letzte Hemd ausgezogen hat? Aber sie ist ganz bestimmt nicht bloß vorbeigekommen, um mal Hallo zu sagen. Nein, nicht Mary-Lyn. Die will was von mir. Das will sie immer.

Warum zum Teufel musste ich sie bloß heiraten? Man sollte

meinen, ich hätte es besser wissen müssen. Zwei gescheiterte Ehen hatte ich schließlich schon hinter mir – da sollte man doch meinen, ich hätte meine Lektion gelernt. Aber nein – ich war genauso blöd wie immer. Bin sehenden Auges in mein Unglück gerannt und habe gehofft, dass es diesmal schon klappen würde.

Das hatte ich auch vorher schon zweimal gehofft. Das erste Mal kann man wahrscheinlich noch irgendwie entschuldigen. Diane und ich sind miteinander gegangen, seit wir beide vierzehn waren. Ich wollte sie so sehr, dass es schon wehtat. Und die einzige Möglichkeit, wie ich sie haben konnte – und damit meine ich »haben« im wahrsten Sinne des Wortes –, war, sie zu heiraten. Und wenn ich ganz ehrlich bin, wollte ich vielleicht auch meinen Bruder John endlich einmal bei etwas übertrumpfen. Ich hatte schon alles mögliche andere versucht – und war jedes Mal kläglich gescheitert. So konnte ich wenigstens der Erste von uns sein, der vor dem Altar stand. Allerdings ist es nicht ganz so gelaufen, wie ich es mir vorgestellt hatte. Ja, eine Zeit lang war es prima, aber dann wurden wir erwachsen und entwickelten uns auseinander. Wir hatten nichts, aber auch gar nichts mehr gemeinsam – noch nicht mal den Sex. Und dann waren wir eigentlich beide erleichtert, als wir uns dazu durchgerungen hatten, die Sache zu beenden.

Chrissie, Gattin Nummer zwei, hat mich regelrecht erstickt. Sie war total eifersüchtig und besitzergreifend. Ich konnte nicht mal pinkeln gehen, ohne sie vorher um Erlaubnis zu bitten. Sie hatte diese fixe Idee, dass man als Ehepaar aneinander hängen muss wie siamesische Zwillinge. Dass wir alles gemeinsam unternehmen müssten, am besten noch im Partnerlook gekleidet, dass wir ständig Händchen halten und den Satz des anderen beenden müssten. Dauernd fummelte sie an mir rum, streichelte mir die Hand, das Knie oder den Nacken, sogar wenn andere dabei waren. Sie machte meine Post auf. Sie lieh sich mein Handy und loggte sich auf meinem PC ein. Sie ließ mich keine

Sekunde in Ruhe. Das machte mich wahnsinnig. Ich ließ mich mit anderen Frauen ein in der Hoffnung, dass sie mich in den Wind schießen würde, wenn sie herausfand, was ich für ein mieser Typ war – aber sie klammerte bloß noch mehr. Schließlich zog ich aus, verfolgt von ihren Selbstmorddrohungen. Ich hatte eine Scheißangst, dass sie sie wahrmachen würde, aber noch mehr fürchtete ich, dass ich ihr etwas antun könnte, wenn ich noch länger bliebe. Nicht lange danach lernte sie einen Makler aus New England kennen, der seinen Urlaub in Florida verbrachte, und heiratete ihn. Soviel ich weiß, haben die beiden inzwischen drei Kinder, und ich habe Chrissie seit mehr als zehn Jahren nicht mehr gesehen.

Man sollte meinen, dass ich nach diesen Erfahrungen so viel Verstand gehabt hätte, mich nicht noch einmal an eine Frau zu binden. Doch ich bin einfach zu blöd, ich kann wohl nicht anders. Ich habe immer noch diese bescheuerte Vorstellung, dass es schon eines Tages klappen wird, wenn ich mich nur ordentlich anstrenge. Dass ich dann ein bisschen mehr werde wie John und ein bisschen weniger wie ich. Trotzdem sollte man meinen, dass ich Mary-Lyn hätte richtig einschätzen müssen. Glamourös, zwanzig Jahre jünger als ich und mit einem anspruchsvollen Geschmack, der sich nicht nur auf schnelle Autos, sondern auf den ganzen Lebensstil erstreckt. Und man kann auch nicht sagen, dass mich meine Familie und Freunde nicht vorgewarnt hätten.

Monica zum Beispiel hatte mich zu warnen versucht.

»Also, wenn du mich fragst: Diese Frau ist total geldgeil«, hatte sie mir unverblümt gesagt. Wir saßen nach einem langen Arbeitstag in Vinny's Bar und führten ein vertrauliches Gespräch bei einer Flasche Wein. »Die ist doch bloß hinter deinem Geld her.«

Darüber musste ich lachen. »Ich habe doch gar kein Geld.«

»Das weiß sie aber nicht«, wandte Monica ein. »Sie sieht bloß den Chef einer Flugfirma vor sich und hält dich für einen wohlhabenden Mann. Und so, wie du sie mit Blumen und Geschenken überhäufst, glaubt sie, sie hat das große Los gezogen.«

»Aber nicht doch! Sie ist einzig und allein meinem Charme erlegen, Monica«, witzelte ich. »Du weißt doch, ich bin unwiderstehlich – gib's doch zu!«

»Wenn du meinst.« Monica drehte ihr Glas zwischen den Händen und klopfte mit ihren langen Fingernägeln dagegen. Das Geräusch ging mir auf die Nerven; vielleicht war mir auch bloß bewusst, wie nahe sie der Wahrheit gekommen war. »Ich will nur nicht noch mal mit ansehen, wie du verletzt wirst, Ritchie.«

»Hey – vergiss nicht, ich bin schon ein großer Junge! Ich kann auf mich selbst aufpassen.«

»Amüsier dich, wenn's unbedingt sein muss. Aber, um Himmels willen, heirate bloß nicht noch mal!«

Sie klang genau wie meine Mutter, und das sagte ich ihr auch. Sie schien es als Kompliment zu betrachten.

Doch trotz aller Warnungen – oder vielleicht gerade deswegen – heiratete ich Mary-Lyn. Und genau wie es alle vorausgesagt hatten, ging auch diese Ehe wie die beiden ersten den Bach runter. Vor gut einem Jahr haben wir uns getrennt, und ich bin wieder bei meiner Mutter eingezogen. Ich habe mir eingeredet, dass sie in ihrem Alter nicht mehr allein leben sollte, dabei war mir eigentlich ziemlich klar, dass der wirkliche Grund ein anderer war: Ich hätte es mir gar nicht leisten können, irgendwo anders zu wohnen. Mehr als ein Jahr ist das jetzt her, aber Mary-Lyn meint immer noch, ich müsse ihren Lebensstil finanzieren. Ich zahle ihr einen großzügigen Unterhalt, bezahle die Hypotheken für unser ehemals gemeinsames Haus und die Raten für ihr Auto, ebenso wie alle anfallenden Rechnungen. Sie ruiniert nicht nur mich, sondern auch die Firma, und entweder merkt sie es gar nicht, oder es ist ihr egal.

Ich bringe Jodie ins Büro, um sie zu verabschieden, und gebe Monica mit einem leichten Kopfschütteln zu verstehen, dass wir mit weiteren Buchungen von Flugstunden wohl nicht zu rechnen haben. Der Freund wartet schon auf sie, er sitzt auf einem der gepolsterten Stühle und hält eine leere Kaffeetasse in der Hand, vor ihm auf dem Tisch liegt ein Stapel Flugzeitschriften. Zusammen verlassen sie das Gebäude, Jodie hängt an seinem Arm und plappert aufgeregt von ihrem Flug, und ich gehe nach draußen zum Parkplatz, um herauszufinden, was Mary-Lyn diesmal von mir will.

Sie lehnt an der Motorhaube des Cabrios und raucht eine Zigarette. Sie lässt den Stummel auf den Asphalt fallen und tritt ihn mit dem Vorderteil ihrer Sandale aus, als ich näher komme. Sie ist eine üppige Frau, groß und braun gebrannt, und trägt die typische Uniform Floridas – Shorts und T-Shirt. Doch die Sonne lässt das Gold an ihrem Hals, den Handgelenken und Knöcheln glitzern, alles Schmuckstücke, die ich ihr gekauft habe, als ich sie noch beeindrucken wollte.

»Hallo«, begrüßt sie mich. »Immer noch hinter den Blondinen her, wie ich sehe.«

Ich ignoriere ihre spitze Bemerkung. »Was machst du denn hier?«

»Na, ich bin bestimmt nicht gekommen, um mir die Flugzeuge anzuschauen.« Im Laufe der Jahre hat Mary-Lyn eine gewisse Perfektion darin entwickelt, mir mit einem schnippischen Einzeiler zu antworten, genau wie sie früher perfekt in den Schmeicheleien war, mit denen sie mich um den Finger gewickelt hat.

»Also, was gibt's?«

»Die Klimaanlage ist kaputt. Kannst du jemanden schicken, der sie mir repariert?«

Jemanden schicken, der sie repariert – und die Rechnung bezahlen.

»Hat das nicht noch Zeit?«, frage ich ohne viel Hoffnung.

»Bei dieser Hitze? Ist das dein Ernst? Ich bin kurz vor dem Verschmoren. Letzte Nacht habe ich kaum ein Auge zugekriegt!«

Ich stoße einen Seufzer aus. »Okay, ich kümmere mich drum.«

»Du rufst jetzt gleich jemanden an?«

»Ja, klar.«

»Aber bitte wirklich! Wir wollen uns doch nicht überwerfen, Schatz, oder?« Sie lächelt mich zuckersüß an, und ich erhasche einen Blick auf das Mädchen, in das ich mich damals verliebt habe und das leider ziemlich schnell verschwand, als ich Mary-Lyns großzügigen Umgang mit Geld, das ich nicht besaß, einschränken musste.

Wir hatten eine schöne Zeit, Mary-Lyn und ich, ab und zu jedenfalls. Manchmal wünschte ich mir fast, wir könnten noch mal von vorn anfangen, unter anderen Voraussetzungen.

Sie steigt in ihr Auto, lässt den Motor an und braust in einer Staubwolke davon. Ich hole eine Zigarette heraus und zünde sie mir an.

Rauchen ist eines der letzten großen Tabus unserer Zeit. Extrem unsozial. Man kann ruhig einen Mord begehen, irgendjemand wird schon eine Entschuldigung dafür finden. Aber steck dir eine Zigarette an – und sofort gehörst du zu den Unberührbaren. Aber das ist mir egal, verdammt. Wenn ich auf meinem eigenen Flugplatz eine Zigarette rauchen will, dann tue ich das auch. Und jetzt habe ich wirklich eine nötig, denn Mary-Lyn hat mich mal wieder auf die Palme gebracht.

Wo zum Teufel soll ich bloß das Geld hernehmen, um ihre Klimaanlage zu reparieren? Aus der Firma kann ich nicht noch mehr rausholen – das Geld ist einfach nicht da. Wenn ich mich noch weiter aus dem Fenster lehne, sitzen mir die Gläubiger auf den Fersen und wir gehen bankrott. Ach, verdammt, wahrscheinlich gehen wir sowieso bankrott. Obwohl es nicht meine Schuld ist, wirft Varna Aviation einfach keinen Gewinn mehr ab. Mir ist klar, dass ich trotzdem wieder derjenige sein werde, der sich dafür verantworten muss. Meine Mutter wird zwar vielleicht nicht laut aussprechen, dass die Firma niemals den

Bach runtergegangen wäre, wenn John noch leben würde, aber sie wird es denken. Das werde ich an ihrem Blick erkennen. Und dann werde ich knurren und schnappen wie ein verwundeter Löwe, aber innerlich werde ich mal wieder spüren, wie ein Stück von mir stirbt. Ritchie, der Versager – Ritchie, der nie etwas richtig macht.

Wissen Sie, wie es ist, wenn man sein Leben lang im Schatten eines anderen Menschen steht? Ich sag's Ihnen – es ist die Hölle. Vor allem, wenn dieser Andere der eigene Bruder ist.

Als ich klein war, war es nur natürlich, vermute ich. Er war vier Jahre älter als ich; ich habe mich an ihn gehängt, und er hat mich geduldet. Natürlich wollte ich so sein wie er. Das tun, was er tat, die Sachen haben, die er hatte. Ich beneidete ihn um seine Spielsachen: den ferngesteuerten LKW, während ich mich noch mit einem Aufziehmodell zufriedengeben musste; das richtige Fahrrad, auf dem er herumbrauste, während ich auf meinem Dreirad hinterherzockelte. An warmen Sommerabenden wünschte ich mir, ich könnte genauso lange aufbleiben wie er. Wie oft bin ich abends heimlich aus dem Bett gekrochen – der unteren Etage des Stockbetts natürlich, John hatte selbstverständlich die obere – und habe neidisch vom Fenster aus zugesehen, wie er draußen noch Trampolin sprang oder auf dem Baum herumkletterte! Ich wünschte mir immer bloß, dass die Zeit möglichst schnell weiterrasen möge, damit ich endlich dasselbe machen könnte wie er. Und dabei kam es mir nie in den Sinn, dass er natürlich ebenfalls älter wurde und mir immer einen Schritt – oder sogar mehrere – voraus sein würde.

Als ich dann älter wurde, gelangte ich allmählich zu der Einsicht, dass ich John niemals gewachsen sein würde. Ich erinnere mich noch gut an den Tag, an dem mir das zum ersten Mal bewusst wurde. Beim Sportfest in der Grundschule. John war gut in Sport – ja, verdammt, John war eigentlich bei allem gut, was er versuchte. Er lief richtige Wettrennen mit den großen Jungen und gewann jedes einzelne davon. Er stand auf dem Siegerpodest, mit einer Medaille um den Hals, und Mom und Dad platzten fast vor Stolz. Als ich dann an der Reihe war, musste ich Sackhüpfen. Ich war so wild entschlossen, genau wie John zu gewinnen. Ich erinnere mich noch, wie ich in einer Reihe mit den anderen gleichaltrigen Jungen stand, jeden Muskel angespannt, ganz heiß vor lauter Konzentration, und auf den Ton der Trillerpfeife wartete. Als Miss Chalmer hineinblies, warf ich mich mit aller Kraft nach vorn, verfing mich aber mit dem Fuß im Sack und schlug lang hin, mitten aufs Gesicht. Meine Hände und Knie brannten, und meine Nase hatte einen solchen Stoß abbekommen, dass mir die Tränen in die Augen schossen. Aber nichtsdestotrotz konnte ich durch den Schleier genau sehen, wie die anderen Jungen davonhüpften, immer weiter weg, den Sportplatz entlang. Und die Tränen in meinen Augen kamen nicht bloß von der schmerzenden Nase, sondern es waren Tränen der Demütigung und Enttäuschung, die natürlich alles nur noch schlimmer machten. John war ein Goldjunge, ein Held. Ich dagegen war eine Heulsuse, die noch nicht mal bei einem dämlichen Sackhüpfen mithalten, geschweige denn gewinnen konnte.

Dieses lang zurückliegende Sportfest ist wohl mehr oder weniger ein Sinnbild für unser ganzes Leben. Nie ist es mir gelungen, auch nur entfernt an Johns Leistungen heranzukommen, geschweige denn, ihn zu übertreffen. Er war Kapitän der Schwimmmannschaft; er bestand die Führerscheinprüfung gleich beim ersten Mal – im Gegensatz zu mir, der die Prüfung verbockte und sie noch einmal wiederholen musste; er brauchte zehn Flugstunden weniger für den Pilotenschein. Ich könnte noch stundenlang weitererzählen, aber das tue ich nicht – für den ersten Eindruck reicht es bereits. Und als ob all das noch nicht schlimm genug wäre, merkte ich auch immer deutlich, dass er Moms Lieblingskind war. Kaum verwunderlich eigentlich, obwohl es trotzdem schmerzte – vor allem, als unsere Schwester Ellen mir den Grund dafür erzählte. Meine Art damit klarzukommen bestand darin, mich ruppig und rebellisch aufzuführen, und das machte vermutlich alles noch schlimmer. Und das Dämlichste ist, dass ich mich heute noch genauso aufführe.

Man könnte meinen, dass jetzt, wo John tot ist, der Druck geringer geworden sei, doch in Wahrheit ist es noch tausendmal schlimmer. Mom hat John praktisch in den Heiligenstatus erhoben. Sollte er jemals einen Fehler begangen haben – jetzt wird er es ganz bestimmt nicht mehr tun. Im Tod ist er sogar noch strahlender, als er es zu Lebzeiten war. Er verfolgt mich immer noch.

Also, was kann ich verdammt noch mal tun, um zahlungsfähig zu bleiben? Eine Lösung gäbe es; vor ein paar Wochen hat mir jemand einen Vorschlag gemacht, dem ich aber bisher widerstanden habe. Eine Sache, die ebenso gesetzwidrig wie unmoralisch ist. Sollte ich dabei erwischt werden, würde ich bestimmt für ziemlich lange Zeit hinter Gitter wandern. Doch inzwischen habe ich das Gefühl, dass mir kaum eine andere Wahl bleibt. Ich zünde mir noch eine Zigarette an, lehne mich an den Zaun und lasse mir die Sache noch mal durch den Kopf gehen.

Ich habe nie im Geringsten daran gezweifelt, dass Dexter Connelly ein Gauner ist. Etwas ausgesprochen Zwielichtiges umgibt die Geschäfte, die ihm seine Luxusvilla in einer der exklusivsten Gegenden am Rande von Varna eingebracht haben. Das riesige Grundstück wird durch elektronische Tore und ein paar missmutige Rottweiler gesichert. Connelly verfügt über etliche Luxuskarossen, besucht regelmäßig Golfplätze und Casinos und umgibt sich mit kostspieligen Frauen, die schon mit Mitte zwanzig die ersten Brust-OPs und Botoxspritzen hinter sich haben. Er mag sich den Anschein geben, ein erfolgreicher Geschäftsmann zu sein, aber ich habe immer schon vermutet, dass er seine Finger in einer ganzen Reihe von schmutzigen Machenschaften hat. Und inzwischen habe ich sogar Gewissheit.

Von Zeit zu Zeit chartert Dexter Connelly sich ein Flugzeug bei Varna Aviation und lässt sich zu Geschäftsterminen oder für ein Wochenende an die Spieltische von Las Vegas fliegen. Er mietet dann immer die Beech Baron – mein ganzer Stolz –, nicht etwa eine der Cessnas, die wir sonst für Flugstunden und Sightseeing-Touren benutzen. Meistens fliege ich ihn selbst. Das letzte Mal, als wir in Las Vegas waren, schlug Connelly mir vor, ich solle ihn doch lieber an den Spieltisch begleiten, statt in meinem Hotelzimmer vor dem Fernseher abzuhängen. Ich war stark versucht mitzugehen, doch ein einziges Mal im Leben habe ich eine weise Entscheidung getroffen. Mir war klar, dass ich es kaum schaffen würde, der Verlockung des Roulettetischs zu widerstehen, wenn ich erst mal das Casino betreten hätte – und wie das ausgehen würde, konnte ich mir gut vorstellen.

»Danke, lieber nicht«, erwiderte ich also. »Ich habe die Dollars leider nicht ganz so locker sitzen wie Sie.«

Connelly musterte mich prüfend. Er ist ein großer, dunkelhäutiger Mann. Seine Muskeln wölben sich unter den teuren maßgeschneiderten Anzügen, und unter seinen blütenweißen Maßhemden trägt er Goldketten.

»Die Geschäfte laufen wohl nicht so gut, was?«

»Könnten besser sein.«

»Ich hätte gedacht, Sie sitzen da auf einer richtigen kleinen Goldmine.«

»Leider nicht.«

»Na, wenn das nicht ein Jammer ist.«

Das sagte er auf merkwürdig nachdenkliche Art und Weise, und später wurde mir klar, dass ihm wohl schon da die Idee kam, wie er die finanziellen Schwierigkeiten von Varna Aviation zu seinem Vorteil nutzen könnte. Für diesmal sagte er jedoch nichts weiter, und ich begab mich in mein Hotelzimmer, zog mir ein paar Videos rein und trank dazu Bourbon aus der Mini-Bar. Doch am nächsten Abend schlug Connelly wieder vor, ich solle ihn ins Casino begleiten.

»Ich habe Ihnen doch schon gesagt, dass ich es mir nicht leisten kann, in großem Stil Geld zu verlieren«, sagte ich.

»Das brauchen Sie auch nicht, Kumpel.« Er legte eine Hand auf meine Schulter und grinste mich schief an. »Ich kaufe die Jetons für Sie.«

Ich muss zugeben, dass ich ganz schön verblüfft war. »Das können Sie nicht machen.«

»Warum nicht, zum Teufel? Betrachten Sie es als kleine Sonderzuwendung dafür, dass Sie mich fliegen! Wenn Sie die Bank sprengen, können Sie's mir ja zurückzahlen. Wenn nicht, dann macht es auch nichts. Mir tut's nicht weh, und ich freue mich über ein bisschen Gesellschaft.«

Ich zögerte, aber nicht sehr lange. Der Gedanke an einen weiteren Abend vor dem Fernseher war nicht besonders verlockend.

Ich hätte vorsichtiger sein sollen – das weiß ich jetzt. Mir hätte klar sein müssen, dass Connelly einen geheimen Beweggrund hatte und mir dieses Angebot keineswegs aus Freundlichkeit oder Herzensgüte machte. Und die Ausrede, er brauche Gesellschaft, war natürlich auch Quatsch. So wie er mit seinem Geld um sich wirft, ist er immer von einem Schwarm von Leuten umgeben, Männer, die so sein wollen wie er, und Frauen, die sich seine Aufmerksamkeiten und großzügigen Geschenke gefallen lassen. Aber ich bin nun mal nicht von der vorsichtigen Sorte.

»Okay, einverstanden«, stimmte ich zu.

Der Stapel Jetons, den Connelly für mich kaufte, war so groß, dass ich mich fast so reich fühlte wie er, und brachte mir auch dieselbe Aufmerksamkeit ein. Zu Anfang hatte ich eine Glückssträhne, doch dann wendete sich das Blatt leider. Als wir schließlich das Casino verließen, hatte ich alles verloren.

»Machen Sie sich nichts draus!«, sagte Connelly ungerührt. »Wie gewonnen, so zerronnen. Machen Sie sich nichts draus, Junge, früher oder später wird es schon irgendwas geben, womit Sie sich bei mir revanchieren können.«

Einige Wochen später fand ich heraus, wie dieses »irgendwas« aussah, mit dem ich mich revanchieren sollte. Connelly hatte mich für einen Flug nach Mexiko gebucht, und bei einem Drink in einer exklusiven Bar unterbreitete er mir seinen Vorschlag.

»Wollen Sie sich nicht ein bisschen was zusätzlich verdienen, mein Freund? Sie führen doch schon gelegentlich Frachtflüge durch. Ich könnte Ihnen da ein einträgliches kleines Nebengeschäft vermitteln. Zum Vorteil für uns beide. Ich glaube, wir würden gut zusammenarbeiten.«

Ich horchte auf. Die Luftfrachtaufträge waren in letzter Zeit ziemlich dünn gesät. Und dann sagte mir Connelly, worin das »Nebengeschäft« bestand. Bei der Fracht, die ich transportieren sollte, handelte es sich um Drogen.

Ich musste zugeben, dass sein Plan sehr durchdacht war. Es ist bloß ein Katzensprung von Südamerika bis zu den Keys und dann nach Varna, wo so gut wie gar nicht kontrolliert wird, was reinkommt oder rausgeht. Schon gar nicht bei einer so etablierten Firma wie Varna Aviation. Niemand schaut sich die Cessnas in den blau-weißen Firmenfarben genauer an. Sie sind schon so lange Teil dieser Gegend, und nie gab es auch nur den leisesten Anlass für Misstrauen. Meine Aufgabe wäre es bloß, das Flugzeug zu fliegen; um alles andere würden sich Connellys »Geschäftspartner« kümmern. Und ich würde bereits mit einem einzigen Flug so viel Geld verdienen, dass ich meine Schulden bei Connelly zurückzahlen könnte. Was ich danach tat, blieb mir überlassen.

Doch ich hatte das Gefühl, in einer ziemlichen Zwickmühle zu sitzen. Einerseits war die Aussicht auf leicht verdientes Geld verlockend, andererseits musste ich mit einer schweren Strafe rechnen, falls ich beim Transport der illegalen Fracht erwischt wurde. Bis jetzt habe ich noch gezögert, aber mir ist klar, dass Connelly nicht ewig Geduld haben wird. Bald muss ich ihm eine eindeutige Antwort geben, und er wird sicher nicht besonders nett reagieren, wenn ich ablehne. Er ist ein gefährlicher Mann, dem man lieber nicht in die Quere kommen sollte. Wahrscheinlich würde Varna Aviation dann Connelly als Kunden verlieren, und schlimmstenfalls müsste ich wohl mit noch übleren Konsequenzen rechnen, jetzt, wo er mir verraten hat, woher ein Teil seines Reichtums stammt … Das ist jedenfalls kein Kinderspiel mehr – und ich bin nicht besonders glücklich darüber.

Dabei weiß ich nicht mal, ob ich überhaupt noch eine Wahl habe. Ich betrachte die Beech Baron und die Cessnas, die aufgereiht in der Sonne glitzern. Es würde mich fertigmachen, wenn ich sie verkaufen müsste. Ich mustere das neue Bürogebäude und erinnere mich daran, wie stolz mein Vater und meine Mutter waren, als sie dort einzogen. Doch mir graut, wenn ich daran denke, wie mich die Mietzahlungen inzwischen lahmlegen. Und ich denke an Monica. Was zum Teufel würde mit Monica passieren, wenn Varna Aviation aufgeben müsste? Wie sollte ich ihr beibringen, dass sie keine Arbeit mehr hat?

Ich trete meine Zigarette aus, schiebe die Flieger-Sonnenbrille in die Stirn, hole mein Handy raus und suche nach Dexter Connellys Nummer. Ehe ich es mir anders überlegen kann, drücke ich auf die Wähltaste.

Vielleicht werde ich diese Entscheidung ein Leben lang bereuen. Aber wenn ich es nicht tue, werde ich es ganz sicher ebenfalls bereuen.

Nancy

Ach, Sarah, ich sehe schon, dass ich dir einen Schock versetzt habe. Du bemühst dich, es dir nicht anmerken zu lassen, aber mir kannst du nichts vormachen. Dafür liebe ich dich zu sehr und kenne dich zu gut. Wenn ich dich anschaue, ist es so, als würde ich in einen Spiegel blicken und mich selbst sehen, als ich in deinem Alter war. Die gleichen dunklen, immer ein wenig widerspenstigen Haare, auch wenn du deine kinnlang trägst, während meine immer schulterlang waren, außer in meiner Zeit bei der ATA, als ich sie mir abschneiden lassen musste. Der gleiche, ein wenig zu breite Mund und die kleine, gerade Nase. Die gleichen Augen, die je nach Licht manchmal blau, manchmal eher grün erscheinen. Das gleiche entschlossene Kinn.

Ich schaue dich an und erkenne mich selbst wieder, und ich verspüre einen schmerzhaften Stich. Ein Teil des Erkennens liegt wahrscheinlich in meiner Eitelkeit begründet. Ich *will* mich selbst in dir sehen. Ich will den hauchdünnen Faden spüren, der unsere Generationen miteinander verbindet; die Erneuerung – wie ein Phönix, der sich aus der Asche erhebt. Ich bin inzwischen müde, mir tun die Knochen weh, meine Bewegungen sind steif und langsam geworden, und es tut mir gut, etwas von mir in deiner Jugend und Kraft wiederzuerkennen. Durch dich bleibt mir eine Hoffnung auf Zukunft. Wenn ich nicht mehr da bin, wird ein Teil von mir in dir und deinen Kindern weiterleben.

Aber ich bin mir sicher, dass es nicht bloß selbstsüchtige

Eitelkeit ist. Zwischen uns gibt es eine ganz besondere Nähe, und die war schon von Anfang an da. Schon als du ein kleines Mädchen warst, habe ich bestimmte Charakterzüge in dir wiedererkannt – Starrsinn, Unabhängigkeit und innere Stärke –, und ich verstand, woher du kamst, nicht bloß, weil ich mit dir mitfühlte, sondern weil deine Art zu handeln und zu reagieren wie eine Verlängerung meiner selbst war.

Sie war schon immer da, diese Seelenverwandtschaft, von dem Augenblick an, in dem ich dich zum ersten Mal sah, ein kleines Bündel mit einem Büschel dünner Haare, die fast schwarz waren, und einem geröteten Gesicht. Du schliefst in einem Babybett neben dem Bett deiner Mutter, und ich beugte mich über dich. Es juckte mir in den Fingern, dich anzufassen, dich auf den Arm zu nehmen, dich zu knuddeln und den süßen Duft nach Babypuder und Milch einzuatmen, der dich wie eine Aura umgab.

»Weck sie bloß nicht auf, Mama!«, warnte Ellen mich. Obwohl ihre Stimme ein bisschen erschöpft klang, schaffte sie es immer noch, in diesem schneidenden, rechthaberischen Tonfall zu sprechen, der mir so auf die Nerven geht. Doch in diesem Moment hast du angefangen zu wimmern und du hast dich bewegt und diesen dünnen, jämmerlichen Schrei eines Neugeborenen ausgestoßen, der einem so ans Herz geht, und Ellen seufzte: »Na, dann los, hol sie raus, wenn du willst! Jetzt ist sie sowieso schon wach.«

Ich hielt dich auf dem Arm, du warst dick eingepackt und gewickelt, und du schautest mich mit weit aufgerissenen Augen an, so leuchtend blau wie das Meer. Du weintest nicht mehr, und ein Gefühl der Liebe erfüllte mich, so dass mir ganz weich in den Knien wurde. Ich habe nie besonders viel für Babys übrig gehabt – ich habe immer gescherzt, dass ich mit einem jungen Hund wahrscheinlich mehr anfangen könnte –, und ein besonders mütterlicher Typ war ich auch nicht. Als meine eigenen Kinder Babys waren, habe ich mich unbeholfener gefühlt, als ich es zugegeben hätte; ich war froh, als sie älter und damit weniger hilflos und anstrengend wurden; als sie sich endlich zu eigenen kleinen Persönlichkeiten entwickelten. Bei der Geburt deiner älteren Schwester Belinda war ich viel zu sehr von der Sorge um Ellen eingenommen, die eine Hämorrhagie hinter sich hatte und noch immer geschwächt und weiß wie eine Wand war, um mich wirklich über das Würmchen zu freuen, das sie fast das Leben gekostet hätte. Doch bei dir verspürte ich sofort Nähe und Harmonie. Ich war so von Liebe und Zärtlichkeit erfüllt, dass es mir fast den Atem nahm.

Leider hatte ich nicht das Glück, dauerhaft in deiner Nähe zu sein, während du älter wurdest – wir waren nun mal durch den Atlantik getrennt. Doch immer, wenn wir einander besuchten, war die Bindung zwischen uns sofort wieder da, so stark, als seien wir nie getrennt gewesen. Und ich konnte sehen, wie du Eigenheiten und Charakterzüge entwickeltest, die ich als meine eigenen wiedererkannte: die Art, wie dein Mund sich zu einer entschlossenen Linie verzog, wenn du etwas wolltest; deine Ungeduld mit dir selbst, wenn dir etwas nicht gleich gelang; dein Drang, immer aktiv zu sein. Belinda konnte stundenlang ruhig dasitzen, zeichnen, lesen oder puzzeln. Du wolltest lieber draußen herumtoben, auf deinen Rollschuhen die Straße entlangflitzen, am liebsten mit einer ganzen Horde Jungs. Und wenn das Wetter schlecht war, wurde dein Gesicht genauso düster wie die Regenwolken, die dich nach drinnen verbannt hatten, und deine Stimmung war so gereizt, dass es die Geduld eines Heiligen auf die Probe gestellt hätte.

Ich konnte das nur zu gut verstehen. Auch ich war als Vagabundin geboren und fühlte mich in geschlossenen Räumen beengt und gelangweilt.

Dann war da noch dein heftiger Drang nach Unabhängigkeit.

Einmal, als ich euch besuchen kam, bist du verschwunden. Du kamst aus der Schule zurück, warst ungewöhnlich still und verkrümeltest dich in den Garten. Als deine Mom dich zum Tee rufen wollte, warst du weg. Ellen geriet in Panik und war überzeugt, sie würde dich nie wiedersehen.

»Da war so ein komischer Mann, der heute auf der Straße geparkt hat. Stell dir vor, wenn …«

Ich versuchte mein Bestes, sie zu beruhigen. »Ellen, kein Mensch schleicht sich in euren Garten und schnappt sich eine Neunjährige. Wahrscheinlich ist sie irgendwo draußen auf den Feldern.«

»Wo sie doch weiß, dass der Tee fertig ist?«

»Mach dir keine Sorgen! Ich finde sie schon.«

Ich ging bis zum Ende des Gartens und kletterte über die niedrige Steinmauer auf die dahinterliegende Weide. Ehrlich gesagt machte ich mir mehr Sorgen wegen der Kuhherde, die dort graste, als um dich. Kühe in größeren Ansammlungen sind mir immer schon suspekt gewesen. Wie friedlich sie auch aussehen, ich muss immer an *Tausend Meilen Staub* denken, eine wild gewordene Rinderherde, stampfende Hufe. Ich machte also einen großen Bogen um die Rindviecher, steuerte auf den Wald am anderen Ende des Feldes zu und versuchte, den mit Fliegen übersäten Kuhfladen auszuweichen. Irgendwie hatte ich das Gefühl, dass ich dich dort finden würde – und so war es dann auch. Du saßest an einen Baumstamm gelehnt, die Arme um die Knie geschlungen.

»Hallo«, begrüßte ich dich.

Du schautest mich mit trübem Blick an. Keine Spur von deiner üblichen überbordenden Energie.

»Hallo.«

»Was machst du denn hier so ganz allein?«

Du hast mit den Achseln gezuckt und nichts gesagt. Ich setzte mich neben dich.

»Irgendwas ist doch los, Sarah. Komm, du kannst es mir ruhig erzählen! Ich werde es auch deiner Mom nicht weitersagen, wenn du es nicht möchtest.« Du hast am Saum deiner Shorts herumgeknibbelt. »Geteiltes Leid ist halbes Leid.« Deine Unterlippe zitterte, du hast störrisch darauf gebissen. Ich wartete ab. Ich wusste, dass du die Stille schon irgendwann brechen würdest, wenn sie dir zu lang wurde, und ich behielt Recht.

»Versprichst du mir, es niemandem zu erzählen?«, sagtest du schließlich.

Was immer hinter deiner Laune stecken mochte, ich konnte mir nicht vorstellen, dass es sich um eine Sache auf Leben oder Tod handelte. Aber ich gebe keine Versprechen, wenn ich mir nicht ganz sicher bin, dass ich sie auch halten kann.

»Schauen wir doch erst mal, ob wir das nicht klären können«, antwortete ich ausweichend.

Und dann hast du mir zuerst stockend und dann immer schneller von einer Gruppe Mädchen erzählt, die dich in der Schule ärgerten. Nichts besonders Ernstes, sie zogen dich gelegentlich an den Haaren, spotteten über dich oder versuchten dich auszugrenzen, aber sie waren beharrlich genug, um dich zu nerven. Damals hatte eine von ihnen heimlich das Heft mit deinen Hausaufgaben aus deiner Schultasche geholt, und sie warfen deine sorgfältig geschriebene Hausarbeit herum, bis sie zerknittert und schmutzig war, und du hattest deswegen mit deiner Klassenlehrerin Ärger bekommen.

»Hast du ihr denn nicht erzählt, wieso die Arbeit so schmuddelig aussah?«, fragte ich.

Du blicktest mich empört an: »Nein, das wäre doch Petzen gewesen.«

»Ja, wahrscheinlich.«

»Und deshalb will ich auch nicht, dass Mum davon erfährt. Dann rennt sie bloß zur Schule und erzählt alles Miss Higgins, und Miss Higgins hält mich für eine Heulsuse, und Tonia und Mandy zahlen es mir heim, sobald sie nicht hinschaut …«

Nur zu wahr, dachte ich, verblüfft über deinen Weitblick. Eine Lehrerin kann ihre Augen auch nicht überall haben, genauso wenig, wie es eine Mutter kann. Meiner Meinung nach gibt es ein paar Dinge, die man besser allein ausmacht, auch wenn man erst neun Jahre alt ist.

»Warum, glaubst du, ärgern sie dich?«, fragte ich.

»Keine Ahnung. Vielleicht, weil ich ihren Mädchenkram nicht so mitmache. Sie sagen immer, dass ich mich wie ein Junge benehme.«

Ich konnte mir ein Lächeln kaum verkneifen. »Das tust du auch. Aber das ist doch nicht schlimm. Du bist eben ein bisschen anders als sie.«

»Du meinst, ich sollte so tun, als ob ich ihre Puppen und den ganzen Kram mag?«

»Nein. Aber du solltest auch nicht die Nase über sie rümpfen. Und das Wichtigste ist, dass du dir nicht anmerken lässt, wie sehr du dich über sie ärgerst. Wenn sie das nächste Mal sagen, dass du dich wie ein Junge benimmst, dann antwortest du einfach: ›Ja, das macht mir auch Spaß. Ihr solltet es auch mal probieren.‹ Dann haben sie bald keine Lust mehr zu ihrem albernen Spiel.«

»Es ist kein Spiel, Grandma.«

»Doch, für sie ist es eins. Warum versuchst du es nicht mal?«

Du hast genickt und dir die Nase am Ärmel deines Hemds abgewischt. »Okay.« Dann hast du plötzlich gestrahlt. »Aber Barney und Luke sind jedenfalls meine Freunde. Ich wette, wenn ich denen das erzähle, würden sie den Mädchen eine ordentliche Abreibung verpassen!«

»Keine besonders gute Idee«, sagte ich entschieden, obwohl ich, um ehrlich zu sein, auch nicht abgeneigt gewesen wäre, mir die Mädchen mal übers Knie zu legen. »Dann hast du also doch Freunde?«

»Oh, ja. Barney und Luke sind meine besten Freunde. Aber die Jungen haben andere Unterrichtsstunden als die Mädchen – Fußball und Kricket und Werken und so was.«

Ich konnte mir genau vorstellen, wie es dir ging. Ich wünschte mir, dass ich dir helfen könnte, dein Leben zu meistern, doch das musstest du allein tun. Und ich wusste auch, dass du es mit der Zeit schon schaffen würdest.

»Wahrscheinlich sind sie bloß eifersüchtig, weil sie sich wünschen, dass Barney und Luke ihnen mehr Beachtung schenken«, sagte ich. »Wenn sie wieder eklig zu dir sind, zeig ihnen einfach, dass es dir gar nichts ausmacht. Und erzähl mir, wie's weitergeht. So, und jetzt gehen wir lieber zurück nach Hause, ehe deine Mutter einen Suchtrupp nach uns ausschickt, okay?«

»Okay. Ich hab dich lieb, Grandma.«

»Und ich hab dich lieb, Schatz.«

Als du am nächsten Tag von der Schule nach Hause kamst, warst du viel fröhlicher.

»Wie war's?«, habe ich dich gefragt, als wir allein waren.

»Ganz okay. Ich habe ihnen genau das gesagt, was du mir geraten hast. Und ich habe ihnen meine Tasche hingehalten und gesagt: ›Hier, wenn ihr meine Hefte nehmen wollt, bedient euch ruhig.‹ Und weißt du was? Sie sind einfach weggegangen.«

Damit war die Geschichte natürlich noch nicht zu Ende, aber immerhin war das Schlimmste vorbei. Und ein paar Wochen später hast du einen der begehrten Plätze in der Kunstturngruppe bekommen, und plötzlich wurdest du über Nacht zum Superstar, den alle zur Freundin haben wollten. Doch ich war vor allem stolz auf dich, weil du die Auseinandersetzung mit diesen Mädchen allein durchgestanden hast und dich von ihnen nicht hast unterkriegen lassen. Und, ich muss zugeben, insgeheim war ich auch stolz, dass du dich mir anvertraut hast, als du es nicht über dich brachtest, deiner Mutter von deinen Sorgen zu erzählen. Dieses Vertrauen, diese Verbundenheit habe ich immer zu schätzen gewusst. Ich weiß, was ich daran habe.

Und deshalb frage ich mich jetzt auch, ob ich nicht einen großen Fehler begangen habe, als ich dich um Hilfe bat. Als ich dich in einen Teil meines Lebens blicken ließ, den ich mehr als sechzig Jahre verborgen gehalten habe. Ich habe dir einen Schock versetzt, und das ist auch kaum verwunderlich. Zwar ist es ein Klischee, dass die Jugend glaubt, die sexuelle Liebe sei allein ihr vorbehalten, aber wie die meisten Klischees hat es einen wahren Kern. Keiner möchte sich vorstellen, wie es die eigenen Eltern tun – geschweige denn die Großeltern. Eine Großmutter muss nett und heimelig sein. Sie darf ihren Ehemann als Freund lieben. Sie darf ihre Kinder lieben, ihre Enkel und ihre Hunde, Katzen und Kanarienvögel. Aber alles andere ist unvorstellbar – geradezu skandalös. Eine Form von Liebe, die sich an Berührungen erinnert, die Herz und Sinne taumeln lassen, Liebe, die ein Prickeln auf der Haut verursacht und in der Seele ein Feuer entfacht, das so hell brennt, dass es Vernunft, Gewissen und Pflichtgefühl außer Kraft setzt – nein, eine solche Liebe ist nicht erlaubt.

Es war dumm von mir zu glauben, dass ausgerechnet du es verstehen würdest. Dumm, dass mir überhaupt diese Gedanken gekommen sind. Aber andererseits war ich nie so klug, wie ich hätte sein können. Ich habe auf mein Herz gehört, als ich besser meinen Kopf eingesetzt hätte, und auf meinen Kopf gehört, als ich besser meinem Herzen gefolgt wäre. Kein Zweifel, schließlich liegt der Beweis hier vor mir: in dem Tagebuch, das ich während der Kriegsjahre geführt habe, und dem Album mit den verblichenen Fotos.

Das Datum springt mir von dem sich lösenden Etikett entgegen, »April 1942 bis Januar 1944«, und versetzt mich schlagartig in die Vergangenheit zurück, so dass ich fast das Mädchen berühren kann, das ich einmal war. Einundzwanzig und unglücklich verliebt. Auge in Auge mit dem Tod und dennoch so lebendig wie nie. Schon damals habe ich instinktiv geahnt, dass diese Jahre der Dreh- und Angelpunkt meines gesamten Lebens sein würden, doch mir war nicht klar gewesen, wie sehr sie nicht nur meine Zukunft, sondern auch die anderer Menschen formen sollten.

Natürlich hätte ich das Tagebuch schon längst wegwerfen sollen – zusammen mit so vielen anderen Dingen. Es war töricht, es zu behalten. Aber irgendwie habe ich es nie über mich gebracht, mich davon zu trennen. Es bedeutet mir zu viel, und obwohl ich jahrelang keinen Blick mehr hineingeworfen habe, reichte es mir, zu wissen, dass es noch da war, eine Verbindung zur Vergangenheit, die tröstlich und gefährlich erregend zugleich war.

Vor ein paar Wochen habe ich jedoch entschieden, dass es an der Zeit ist, mich von meinen Schätzen und Geheimnissen zu trennen. Ich bin vierundachtzig Jahre alt; ich möchte nicht, dass jemand anders meine persönlichen Dinge weggibt, wenn ich nicht mehr da bin. Ich kann mir unschwer vorstellen, wie ungeduldig Ritchie mit meinen Sachen umgehen würde. Nachlässig würde er die Dinge, die mir einmal wichtig waren, durchwühlen, über manches verächtlich die Nase rümpfen, anderes dagegen mit ungesundem Interesse betrachten. Ich besitze einige Dinge, die niemand außer mir sehen sollte, doch ich will auch nicht, dass sie einfach in einen Müllsack gestopft werden. So schwer es mir auch fällt – ich möchte mich selbst von diesen Dingen trennen. Entschlossen, aber mit liebevoller Zuneigung. Und ich will das erledigen, solange ich noch in der Lage dazu bin, solange meine steifen Hände noch einen Brief zerreißen können und mein Verstand noch wach genug ist, um mir zu sagen, was ich da zerstöre. Ich wünschte, ich hätte mich schon vor Jahren an das Aussortieren meiner Sachen begeben, als ich noch auf dem Boden sitzen und nach Lust und Laune Schubladen herausziehen konnte. In meinem momentanen Zustand hatte ich Ritchie bitten müssen, mir alles stapelweise auf den alten Eichentisch ins Wohnzimmer zu tragen, wo ich mich auf einen Stuhl setzen und alles einigermaßen bequem durchsehen konnte.

Er murrte natürlich herum und schlug vor, ich solle lieber gleich alles in den Müll werfen.

»Du hast dich all die Jahre nicht darum gekümmert – warum gerade jetzt?«

»Weil ich es will.«

»Wie ich dich kenne, wirst du keine einzige Sache wegwerfen. In ein paar Tagen muss ich den ganzen Kram wieder zurückräumen.«

Ich spürte, wie Verzweiflung in mir aufstieg, sowohl über Ritchie als auch über mich selbst. Eins kann ich dir versichern: Alt zu werden macht wirklich keinen Spaß. Ich hasse es, meine Unabhängigkeit zu verlieren; es ist mir zuwider, bei den einfachen Dingen, die ich noch vor wenigen Jahren mühelos allein tun konnte, um Hilfe bitten zu müssen. Und dass ich mich manchmal innerlich noch wie neunzehn oder zwanzig fühle, hilft mir auch nicht weiter. Mit dem Unterschied vielleicht, dass ich mich damals noch für unsterblich und unbezwingbar hielt und es jetzt besser weiß.

»Ritchie, kannst du denn nicht einmal etwas für mich tun, ohne lange herumzudiskutieren? Ich würde dich doch nicht um Hilfe bitten, wenn ich es selbst könnte. Aber leider schaffe ich das nicht.«

Also hat Ritchie mir schließlich doch alle Ordner und Kisten herangeschleppt, um die ich ihn gebeten hatte, und ich machte mich an die entmutigende Arbeit, die Hinterlassenschaften meines Lebens zu sortieren.

Unter den Sachen befanden sich keinerlei Geschäftspapiere; die Firmenunterlagen werden alle im Büro aufbewahrt. Aber es gab unzählige Umschläge voller Familienfotos, die meine Erinnerungen weckten, während ich sie betrachtete. Da war eines von John mit Schwimmflügeln und diesem grässlichen Badeanzug, den ich ihm gestrickt hatte. Das Bild auf dem Strickmuster hatte eine gelassen lächelnde Frau und ein niedliches Kleinkind gezeigt, die perfekte Familie, und ich hatte mich der Illusion hingegeben, dass ich mich selbst in diese perfekte Mutter verwandeln würde, wenn ich den Badeanzug strickte. Doch gestrickte Badeanzüge sind nicht besonders tauglich zum Schwimmen. Kaum war John im Wasser, saugte sich die Wolle mit alarmierender Schnelligkeit voll und hing ihm schließlich triefend zwischen den Knien herab. Dann war da ein Foto von Ellen vor ihrem Spielhaus, wie sie mit ernsthafter Miene ihre Puppenkleider auf einem Puppenbügelbrett bügelt, und eines von Ritchie auf seinem Kinderfahrrad, mit finsterem Gesicht, weil er es nicht geschafft hatte, ohne Stützräder zu fahren, und Joe sie wieder anschrauben musste.

Dann waren da die vielen Kleinigkeiten, die ich aufbewahrt hatte, weil sie mich stolz und glücklich machten. Geburtstagskarten, die die Kinder gebastelt hatten, mit Strichmännchen, Blumen und leuchtend gelben Sonnen darauf, und innen stand in ungelenker, kindlicher Handschrift: »Für Mami. Alles Liebe von …« Die Urkunden von Johns Schwimmwettkämpfen – Gott sei Dank war er da längst aus dem selbstgestrickten Badeanzug herausgewachsen! Programmhefte von Theateraufführungen der Highschool, bei denen Ellen eine Hauptrolle gespielt hatte; ein Ausschnitt aus der Lokalzeitung, der die Rockgruppe, in der Ritchie gespielt hatte, bei einem Schulabschlussball zeigte. Ritchie hatte Washboard gespielt und war halb verborgen hinter den Jungen mit den Rhythmus- und Bassgitarren, aber ich hatte den Ausschnitt trotzdem aufbewahrt. Johns Einberufungsbescheid nach Vietnam war da. Die Gästeliste von Ellens Hochzeit. Ritchies erste Firmenvisitenkarte.

So viele Erinnerungen, alle in Schubladen und Aktenordner gestopft, die dann – jedenfalls in den letzten Jahren – in der Abstellkammer standen. Zusammen mit Quittungen und längst abgelaufenen Garantiescheinen, Kochrezepten, die gut klangen, die ich aber nie nachgekocht hatte, Anleitungen für Haushaltsgeräte, die inzwischen längst ihren Geist aufgegeben hatten, abgelaufenen Versicherungsverträgen und unbenutzten Scheckbüchern. Mich von dem ganzen Kram zu trennen war mir nicht schwergefallen.

Doch schließlich kam ich zu meinen persönlichen Dingen: Briefe und Telegramme, Leistungsnachweise und Flugbücher. Vergilbte Alben voller Fotos, die mit einer Brownie-Boxkamera aufgenommen waren. Und meine Tagebücher.

Ich hatte Tagebuch geführt, seit ich ein kleines Mädchen war und mit meinen Eltern durch das Land zog. Eine Lehrerin in einer Schule im Mittleren Westen hatte mir dazu geraten, damit ich meine Handschrift und Rechtschreibung verbesserte, die durch die unregelmäßigen Schulbesuche einiges zu wünschen übrig ließen. Zuerst hatte ich mich mit Händen und Füßen dagegen gewehrt, denn ich rannte viel lieber draußen herum, als mich mit den Buchstaben abzuplagen, die meinen Klassenkameraden so leicht von der Hand zu gehen schienen, doch irgendwann fing es an, mir Spaß zu machen. Ein Tagebuch war wie ein bester Freund, dem man Geheimnisse zuflüstern konnte, und beste Freunde waren in dem Vagabundenleben meiner Kindheit nicht leicht zu finden.

Ich gewöhnte mir an, jeden Abend vor dem Schlafengehen wenigstens ein paar Worte hineinzukritzeln, und nun waren diese Hefte eine richtige Offenbarung. Ich hatte diesen Seiten so viel anvertraut. Während ich die Eintragungen entzifferte, in denen es von Rechtschreibfehlern nur so wimmelte, war ich plötzlich wieder von den Sinneseindrücken meiner Kindheit umgeben. Ich ging ganz auf in dem kleinen Mädchen, das ich einmal gewesen war, und alle Hoffnungen, Träume und Enttäuschungen waren genauso wahrhaftig für mich, wie sie es damals gewesen waren. Es widerstrebte mir, einen Teil von mir gehen zu lassen, von dem ich geglaubt hatte, dass er für immer verschwunden sei, der sich aber in Wirklichkeit nur versteckt hatte.

Im Sturmschritt eilte ich durch die Jahre meines Erwachsenwerdens und legte die Tagebücher beiseite, denn ich dachte mir, dass es dich vielleicht interessieren könnte, sie dir anzuschauen und zu sehen, wie das Leben damals war. Und dann wandte ich mich dem letzten Tagebuch zu, das ich geschrieben habe. Das Buch mit dem Etikett »April 1942 bis Januar 1944«.

Es dauerte ein paar Minuten, bis ich es über mich brachte, es aufzuklappen. Ich zögerte wie Pandora vor ihrer geheimnisvollen Büchse. Alles Unheil ist zwischen diesen Seiten eingesperrt; in dem Moment, wo ich den Band aufklappe, wird es herausfliegen, und alle Dummheiten, die ich begangen habe, werden zutage treten. Natürlich brachten auch die späteren Jahre noch einiges an Unheil, doch da war ich viel zu beschäftigt und zu müde, um Tagebuch zu führen. Und auch unwillig, dem Papier Dinge anzuvertrauen, die ich lieber in meinem Herzen verborgen halten wollte. Doch dieser letzte Band dokumentiert, wie alles angefangen hat. Das Schöne und das Leid. Die Jahre, die mich schließlich von dem kleinen Mädchen der frühen Schulhefte zu der Frau gemacht haben, die ich war und wohl immer noch bin.

Zuerst klappte ich das Fotoalbum auf, aber das war natürlich genauso gewagt – vielleicht sogar noch gefährlicher. Ein Foto ist nicht bloß eine Erinnerung. Es ist ein Moment, auf ewig festgehalten in der Zeit, gefroren wie eine Rose in einem Eisblock. Ewige Jugend.

Und da war er, blickte mich an, trotz all der Jahre, die vergangen waren, genau wie ich ihn in Erinnerung hatte: groß, athletisch, dunkles, welliges Haar über der breiten Stirn. Ein Lächeln glitzert in seinen Augen und zaubert Lachfältchen in sein Gesicht.

Mac.

Tief in mir spürte ich einen Stich, und ich hatte plötzlich einen Kloß im Hals. Und der Schmerz der Sehnsucht war viel stärker als die Arthritisschmerzen, an die ich inzwischen gewöhnt bin.

Ach, Mac! Ich habe dich so sehr geliebt. Und doch war es nicht genug …

Das nächste Foto zeigte uns beide. Wenn ich mich recht erinnere, hatte Buster Brown es gemacht. Buster, der Spaßvogel, der nie etwas ernst genommen hat. Kurz drauf wurde er getötet – abgeschossen irgendwo über dem Kanal. Das Wrack seines Flugzeugs wurde nie gefunden und auch seine Leiche nicht. Wie auch?

Auf dem Foto lehnen Mac und ich an einem Gattertor; beide tragen wir Zivilkleidung, und obwohl das Bild nur ein grobkörniger Schwarzweißabzug ist, sah ich es in herrlichen Technicolor-Farben vor mir: das Sonnengelb meiner Hosen und das passende Band in meinen Haaren, die damals natürlich noch dicht und glänzend waren, ohne die geringste Spur von Grau. Ich erinnerte mich daran, wie seine Schulter an meiner lehnte, an den Geruch seiner Haut in der Sonne und daran, wie er den Arm um meine Taille gelegt hatte. Und ich fühlte mich wieder ganz genauso wie damals: berauscht vor Liebe, atemlos vor Verlangen und zerrissen von unterdrückten Schuldgefühlen, während irgendwo in mir stets der Wurm der Angst kroch, weil ich wusste, dass jeden Moment alles vorbei sein konnte. Und diese Ahnung, am Rande eines Abgrunds zu stehen, ließ jedes andere Gefühl nur umso stärker hervortreten.

Ich betrachtete die Fotos eines nach dem anderen. Mac mit seinem geliebten Douglas-Motorrad. Ich, wie ich in eine Spitfire klettere. Eine Gruppe von uns beim Teetrinken auf der Veranda des Flugplatzes. Und während die Erinnerungen mich einholten, überfiel mich eine nostalgische Sehnsucht, die im Laufe der Tage und Wochen zu einem regelrechten Zwang wurde.

Noch etwas war in der Schublade – ein Lederkästchen, in dem sich ein Orden befand, Macs Distinguished Flying Cross, mit einem Balken auf dem weiß-lila gestreiften Band, und das bestärkte mich in meinem Entschluss. Mac mochte seine Gründe dafür gehabt haben, mir sein Fliegerkreuz zu schicken, und ich war stolz darauf gewesen, es all die Jahre in meinem Besitz zu haben. Aber es hatte mir nie gehört, und deshalb stand es mir auch jetzt nicht zu, darüber zu verfügen. Es gehörte ihm und seinen Nachkommen, und deshalb sollte er es zurückbekommen. Wenn er noch am Leben war. Der Gedanke, dass er nicht mehr leben könnte, war für mich nicht nur schmerzhaft, sondern schlichtweg unvorstellbar. Eine Welt ohne Mac? Doch ich musste den Tatsachen ins Auge sehen. Er war älter als ich, inzwischen musste er Ende achtzig sein.

Und plötzlich wurde mir klar, dass es in meinem Leben noch etwas gab, was ich zu Ende bringen musste. Genau wie ich mich von meinen gesammelten Schätzen hatte trennen müssen, ehe es zu spät war, gab es noch etwas anderes, was ich unbedingt klären musste. Und deshalb, Sarah, bin ich das Risiko eingegangen, dich um Hilfe zu bitten.

Dein Blick ist schwer zu deuten; du versuchst weltgewandt zu wirken und dir nicht anmerken zu lassen, was du denkst und fühlst.

»Du hast gesagt, sein Name sei Mac?«, fragst du mit gleichgültiger, betont sachlicher Stimme.

Ich bemühe mich, mit ebensolcher Nüchternheit zu antworten. Jetzt ist nicht die richtige Zeit, um dir zu gestehen, wie viel mir diese Sache bedeutet.

»So nannten ihn jedenfalls alle. Sein richtiger Name war James Mackenzie. Er war Jagdflieger bei der RAF. Er wurde bei der Luftschlacht um England verwundet, und eine Zeit lang war er Stellvertretender Kommandant bei der ATA. Dort habe ich ihn auch kennengelernt. Als er wieder ganz hergestellt war, ist er in den Kampfeinsatz zurückgekehrt.«

»Hast du auch eine Adresse?«, fragst du.

Ich lächle bedauernd. »Zählt auch eine, die fast sechzig Jahre alt ist? Aber ich gebe dir alles andere, was ich von ihm habe. Dienstnummer, Dienststellen und Einsatzorte … Da gibt es doch bestimmt Organisationen … Und dann noch die Adresse, die ich habe, sein alter Familienwohnsitz. Vielleicht hat irgendjemand aus dem Dorf immer noch Kontakt zu ihm oder weiß wenigstens, wo seine Familie hingezogen ist. Und es ist nicht besonders weit von dir, in Gloucestershire.«

Du runzelst die Stirn. »Du hast das nie erwähnt, wenn du uns besuchen kamst.«

Doch dann hältst du inne, vielleicht aus Angst, ein Terrain zu betreten, das besser unerforscht bleibt, und im gleichen Moment flackert eine Erinnerung in deinem Blick auf, als ob dir gerade eingefallen wäre, wie wir einmal gemeinsam zum Slimbridge Wildfowl Trust gefahren sind, als ich euch besucht habe.

Du hattest deinen Führerschein noch nicht lange und warst ganz stolz und aufgeregt, dass dein Vater dir sein Auto geliehen hatte. Weil wir durch Gloucestershire fuhren, schaute ich aufmerksam aus dem Fenster, ob ich irgendwelche Ortsnamen wiedererkannte, von denen Mac erzählt hatte. Ich bat dich, mir die Landkarte zu geben, damit ich unseren Weg besser verfolgen und die Hinweisschilder auf umliegende Ortschaften einordnen konnte. Ich weiß noch, wie energisch du dich verteidigt hast: »Grandma! Ich finde den Weg schon! Traust du mir etwa nicht?« Ich wollte dich nicht aufregen, deshalb legte ich die Karte wieder weg, als wäre nichts. Vielleicht ist es mir nicht so gut geglückt, wie ich dachte.

»Wo denn in Gloucestershire?«, fragst du jetzt.

»In der Nähe von Stroud.« Ich suche im hinteren Teil des Tagebuchs und fische ein Blatt heraus, das von einem Notizblock abgerissen wurde. »Cleverley. Ein ganz kleines Dorf, wenn mich nicht alles täuscht.«

Du kaust auf deiner Lippe herum und überlegst. »Na ja, ich kann es ja mal versuchen.« Du klingst skeptisch. Ich weiß, du denkst, dass es nach so langer Zeit nicht einfach sein wird. »Was soll ich denn tun, wenn ich ihn ausfindig machen kann?«

»Ich schreibe noch einen Brief, bevor du abreist.« Das hätte ich schon längst tun sollen, doch ich habe es immer wieder vor mir hergeschoben. Es ist nicht einfach, nach so langer Zeit einen Anfang zu finden. »Wenn du ihm den Brief geben könntest … Und noch etwas …«

Ich klappe das Kästchen auf. Das Distinguished Flying Cross ruht auf seinem Bett aus Satin. Es ist ein bisschen angelaufen, aber das lässt sich mit etwas Silberpolitur schnell beheben. Es blinkt zu mir empor und lässt mein Herz schwer werden.

Das Kreuz ist ein Blumenkreuz, etwas mehr als fünf Zentimeter breit. Die seitlichen Kreuzarme und der untere Arm enden in Verdickungen, die an Bomben erinnern, der obere Arm in einer Rose; darüber liegt reliefartig ein zweites Kreuz, dessen senkrechte Arme Flugzeugpropeller darstellen, während die waagerechten Flügel bilden. Die Mitte zeigt das Monogramm der RAF, über dem die Reichskrone schwebt, umgeben von einem Ehrenkranz.

»Mac hat es verliehen bekommen – das Kreuz und den Balken am Bande. Das bedeutet, er wurde zweimal für seinen mutigen Einsatz im Luftkampf gegen den Feind ausgezeichnet«, erkläre ich. Der Satz klingt wie auswendig gelernt. »Ich habe es all die Jahre behalten, aber ich finde, nun ist es höchste Zeit, dass er es zurückkriegt. Oder seine Familie. Es würde ihnen sicher viel bedeuten.«

Du betrachtest den Orden ehrfürchtig. Ich glaube nicht, dass du schon einmal einen gesehen hast. Vielleicht verstehst du jetzt allmählich, warum diese Angelegenheit mir so viel bedeutet, und denkst nicht länger, dass ich von allen guten Geistern verlassen bin. Obwohl man ja sagen muss, dass man im Alter immerhin einen Vorteil hat: Man kann von Zeit zu Zeit unvernünftig sein, und die anderen nehmen es hin, um einen bei Laune zu halten.

»Okay«, sagst du. »Ich werde mein Bestes tun.«

Ich trinke meinen Sherry aus. Dein Weinglas ist schon leer. Ich frage dich, ob du noch mehr Wein möchtest, aber du schüttelst den Kopf.

»Lieber nicht.« Dann überlegst du es dir anders. »Ach – ich trinke doch noch ein Glas.« Der Schrecken lässt allmählich nach, und du wirst wieder ganz die Alte. »Komm, Grandma, ich möchte noch ein bisschen mehr über diesen … Mac hören. Ich hole uns noch was zu trinken, und dann kannst du mir alles über ihn erzählen.«

Nicht alles, denke ich mir. Ich bin dir einige Informationen schuldig, aber eine ganze Menge behalte ich doch lieber für mich …

Du kehrst mit unseren gefüllten Gläsern zurück, und ich schlage das Tagebuch auf. Im vorderen Einband klebt ein Telegramm, mehrfach gefaltet, denn es ist über einen halben Meter lang. Ich klappe es auseinander und erinnere mich an das aufregende Kribbeln, das mir durch die Adern schoss, als es vor mehr als sechzig Jahren eintraf. Ein Telegramm vom Fliegerass Jackie Cochran, einer Frau, die schon zu Lebzeiten eine Legende war. An mich persönlich adressiert.

»Vielleicht möchtest du dir das mal anschauen«, sage ich. »So hat alles angefangen.«

Zweiter Teil

Vergangenheit

I

Das Telegramm wurde an einem sonnigen Vormittag im Frühling 1942 an Dorothy Costellos Tür abgegeben.

Als Dorothy es entgegennahm, überfiel Nancy ein ungutes Gefühl. Ein Telegramm bedeutete immer, dass eine Nachricht nicht warten konnte – und das kam gewöhnlich einer schlechten Nachricht gleich, ganz besonders bei der momentanen Weltlage.

Noch wenige Monate zuvor war der Krieg in Europa den meisten Amerikanern so weit weg erschienen, als fände er auf einem anderen Planeten statt. Wer regelmäßig die Zeitung las oder die Nachrichten im Radio verfolgte, wusste zwar, dass die Deutschen in den Niederlanden, Belgien und Frankreich einmarschiert waren und britische Städte und Flugplätze ständig von der Luftwaffe bombardiert wurden. Die Menschen wussten, dass amerikanische Truppen ins unabhängige Island entsandt worden waren, um die Briten zu unterstützen. Sie sollten verhindern, dass die Deutschen dort einen Stützpunkt errichteten und die wichtigen Handelsrouten zwischen den USA und Großbritannien störten. Die Leute wussten auch, dass Präsident Roosevelt und Mr. Churchill sich auf einem amerikanischen Kreuzer vor der Küste Neufundlands getroffen und die Atlantikcharta verabschiedet hatten. Interesse geweckt hatte jedoch eher die Tatsache, dass Präsident Roosevelt das geheime Treffen als Angelurlaub auf seiner Yacht getarnt hatte, weniger die Erklärung der gemeinsamen Absichten selbst. Der Krieg fand auf der anderen Seite des Atlantiks statt, und im Großen und Ganzen betraf er die Leute nicht.

Bis zum 6. Dezember 1941, als die Japaner Pearl Harbour bombardierten. Fünf Schlachtschiffe und vierzehn kleinere Schiffe waren gesunken oder zerstört, zweihundert Flugzeuge zerstört worden und über zweieinhalbtausend Menschen hatten den Tod gefunden. Plötzlich betraf der Krieg die Menschen sehr wohl. Offiziere der Armee und der Navy strömten ins War and Navy Department, und die ersten Zivilisten meldeten sich freiwillig für den Kriegsdienst.

Unter ihnen war auch Joe, der sich für die USAAF gemeldet hatte, wo er seine Erfahrungen als Pilot einsetzen konnte. Er flog jetzt Bomber, eine bekanntermaßen gefährliche Beschäftigung, und kaum hatte Nancy das Telegramm erblickt, bekam sie furchtbare Angst, dass es in der Tat sehr schlechte Nachrichten enthalten könnte.

Auch Dorothy Costello zitterte vor Sorge. Alle Farbe war aus ihrem schwammigen Gesicht gewichen, und das schlaffe Fleisch an ihren fülligen Armen bebte, als würden ihr die Nerven nicht mehr gehorchen, während sie das Telegramm entgegennahm. Sie betrachtete es kurz, während Nancy mit klopfendem Herzen wartete. Dann drehte sich Dorothy zu Nancy um, und ihre Angst hatte sich in Empörung gewandelt.

»Es ist für dich!«

Eine Woge der Erleichterung erfasste Nancy. Wenn das Telegramm an sie adressiert war, konnte es keine offizielle Mitteilung sein, dass Joe getötet worden oder als vermisst gemeldet war. Sie war nicht seine Ehefrau, ja nicht einmal mit ihm verlobt, so gern Joe das auch gewollt hätte. Joes nächste Anverwandte war seine Tante Dorothy. Doch Nancy war trotzdem verwirrt und besorgt. Noch nie hatte ihr jemand ein Telegramm geschickt.

Dorothy spähte ihr über die Schulter, während Nancy das Telegramm öffnete; Nancy spürte ihren unregelmäßigen Atem im Nacken und fühlte auf ihren nackten Armen die Wärme, die dieser zitternde Fleischberg verströmte. Dorothy hielt nicht viel von Privatsphäre; das war eine der Eigenschaften, die Nancy an ihr am meisten störten. Und dann natürlich noch Dorothys anmaßende Art, stets alles besser zu wissen. Nancy lebte unter ihrem Dach und war Joes Mädchen, und daher hielt Dorothy es für ihr gutes Recht, über alles Bescheid zu wissen, was in Nancys Leben vorging, und ihre Meinung darüber kundzutun.

Noch nie hatte Nancy ein so langes Telegramm gesehen, aber am meisten überraschte sie der Absender – und Dorothy ebenfalls.

»Jacqueline Cochran?«, rief Dorothy mit scharfer, beinahe vorwurfsvoller Stimme. »Jacqueline *Cochran*? Von der habe ich doch schon mal gehört!«

Wieder empfand Nancy stille Verärgerung. Es gab wohl kaum jemanden in der zivilisierten Welt, der noch nicht von Jacqueline Cochran gehört hatte – der ehemaligen Kosmetikerin, die inzwischen eine der berühmtesten Fliegerinnen war. Ursprünglich ein Findelkind aus einfachsten Verhältnissen, hatte sie sich zu einer wohlhabenden, mondänen Dame der Gesellschaft entwickelt, die bei den Reichen und Mächtigen ein- und ausging. Oft sah man sie, in Pelze gehüllt und mit Juwelen behängt, auf Fotos in den Zeitungen, und in der Fliegerwelt war sie eine Legende.

Inzwischen, so schien es, konzentrierte sie sich darauf, ihren Teil zu den Kriegsanstrengungen beizutragen.

In England sei eine Organisation gegründet worden, so erklärte das Telegramm, die Zivilisten einsetze, um Kriegsflugzeuge von den Fabriken zu ihren Einsatzorten zu überführen. Dadurch wolle man die Militärpiloten entlasten, damit sie den eigentlichen Kampfeinsätzen nachgehen konnten. Mittlerweile hätten sich bereits Dutzende amerikanischer Männer gemeldet, um diese Truppe zu unterstützen, und Jackie sehe keinen Grund, warum Frauen dies nicht auch tun sollten. Sie habe einen Bomber über den Atlantik geflogen und ihre Idee in England mit den Verantwortlichen im Kriegsministerium diskutiert. Es sei ihr gelungen, diese zu überzeugen, und nun stelle sie eine handverlesene Truppe von Pilotinnen zusammen.

Zu Nancys Verwunderung stand sie ebenfalls auf der Liste, die Jackie aufgestellt hatte, da sie über die notwendige Ausbildung und Erfahrung verfügte: eine Berufspilotenlizenz, eine Lehrberechtigung und fast fünfhundert Stunden in ihrem Flugbuch. In dem Telegramm wurde Nancy zu einem Vorstellungsgespräch mit anschließendem Vorfliegen eingeladen, mit der Aussicht darauf, Jackies Elitetruppe beizutreten.

Nancy las das Telegramm wieder und wieder mit wachsender Aufregung und achtete gar nicht auf Dorothys missbilligendes Schnalzen. Dorothy würde natürlich jeden nur möglichen Einwand anführen. Sie empörte sich bereits über die verschwenderische Länge des Sendschreibens, ganz zu schweigen von der »Frechheit dieser Frau, die erwartet, dass du springst, sobald sie nur mit den Fingern schnippst!«, aber Nancy hörte gar nicht hin.

Dorothy mochte zwar eine langjährige Übung darin haben, das Leben anderer Menschen zu lenken, doch Nancy hatte nicht die Absicht, sich ihr diesmal zu fügen. Wenn es drauf ankam, fällte Nancy immer noch ihre eigenen Entscheidungen. Und sie hatte sich bereits entschieden.

Schon seit einiger Zeit hatte Nancy das Gefühl gehabt, dass sich ihr Leben an einem Wendepunkt befand, obwohl sie in der ersten Zeit in Varna mehr als zufrieden gewesen war. Nachdem sie jahrelang wie eine Zigeunerin gelebt hatte, war es ihr wie das Paradies erschienen, endlich einen Ort zu haben, den sie als ihr Zuhause betrachten konnte, und gleichzeitig der Tätigkeit nachzugehen, die ihr Spaß machte und die sie am besten beherrschte. Hier konnte sie endlich die traumatischen Erfahrungen der jüngsten Vergangenheit hinter sich lassen.

»Sie werden leichte Luftfracht transportieren, ein paar Leute hin- und herfliegen und Flugunterricht erteilen«, hatte Joe ihr erklärt, als sie sich auf sein Stellenangebot als Pilot gemeldet hatte. »Glauben Sie, dass Sie das schaffen?«

Er sprach langsam und ein wenig schleppend, doch sein Blick war scharf und wachsam. Er hatte blaue Augen, die blausten Augen, die Nancy je gesehen hatte, und seine ursprünglich helle Haut war im Gesicht wettergegerbt und braun gebrannt. Er habe seine Fluglaufbahn als Pilot von Streuflugzeugen begonnen, erzählte Joe ihr, und seine Dienste jedem zahlungswilligen Farmer zur Verfügung gestellt. Jetzt habe er sich allerdings entschlossen, sein Geschäft auszubauen. Er hatte sich ein weiteres Flugzeug gekauft, das sich sowohl für leichte Transporte als auch für den Flugunterricht eignete, und ein Büro am örtlichen Flugplatz angemietet.

»Ich finde, es ist an der Zeit, dass ich Wurzeln schlage und mir was für die Zukunft aufbaue«, meinte er. »Ich hab genug davon, durch die Lande zu vagabundieren, heute hier, morgen da.«

Diese Entscheidung konnte Nancy nur zu gut verstehen. Auch sie hatte genug von ihrem Vagabundenleben und das Bedürfnis, endlich irgendwohin zu gehören. An einen Ort, wo sie versuchen konnte, sich ein neues Leben aufzubauen und die schrecklichen Dinge zu vergessen, die sie Tag und Nacht innerlich zerrissen. Allerdings hatte sie die Befürchtung, dass ihr das nie gelingen würde, wohin sie auch fliegen mochte.

Jetzt, wo ihre Fähigkeiten auf dem Prüfstand waren, blickte Nancy Joe entschlossen an.

»Ich fliege schon, seit ich groß genug bin, an die Steuerung zu kommen«, sagte sie ihm. »Und davor habe ich bei meinem Vater auf dem Schoß gesessen und mit Knüppel und Gashebel gespielt. Ich kann alles fliegen, was Sie hier haben oder je haben werden. Überall. Jederzeit.«

Er schwieg und musterte sie prüfend, und plötzlich wurde

sie unsicher. Sie hatte einen selbstbewussten Eindruck vermitteln wollen und hoffte, dass sie es nicht übertrieben hatte. Man musste aufpassen, dass man die schmale Grenze nicht überschritt. Beim Fliegen konnte übersteigertes Selbstvertrauen tödlich sein. Nancy glaubte zwar nicht, dass es Joe Costello allzu sehr kümmern würde, sollte sie bei einem Absturz ums Leben kommen. Aber ganz bestimmt würde es ihm etwas ausmachen, wenn sie sein Flugzeug zerstörte, das vermutlich noch nicht einmal abbezahlt war.

»Ich kann Ihnen gerne zeigen, was ich kann«, schlug sie vor.

»Genau das habe ich auch gerade gedacht«, stimmte Joe zu.

Nancy startete und flog ruhig und vorsichtig. Heute werde ich keinen der Tricks vorführen, die ich von meinem Vater gelernt habe, dachte sie und lächelte ein bisschen wehmütig. Doch als sie über den Everglades waren, fragte Joe zu ihrer Überraschung: »Und – drehen Sie jetzt einen Looping für mich?«

Sie warf ihm einen Seitenblick zu, nicht sicher, ob er es ernst gemeint hatte oder sie nur auf die Probe stellen wollte. Er verzog das Gesicht zu einem gemächlichen Lächeln, das die vielen Fältchen glättete, die die Sonne in seine Wangen gegraben hatte, und das Blau seiner Augen wärmer leuchten ließ.

»Ich dachte, Sie wollen mir zeigen, was Sie können?«

Das ließ sich Nancy nicht zweimal sagen. Sie gab Gas und zog die Nase der Maschine empor, zog den Knüppel weiter durch, immer weiter bis in den Rückenflug, und nach einer sauberen Rolle war sie wieder im Geradeausflug. Dann blickte sie ihn wieder von der Seite an. Er grinste.

»Okay«, sagte er. »Sie haben den Job, wenn Sie wollen.«

Nancy gefiel der Gedanke, dass Joe sie eingestellt hatte, *obwohl* sie eine Frau war. Dorothy dagegen war davon überzeugt, dass er sie einzig und allein deshalb eingestellt hatte.

Selbstzweifel waren nie Dorothys Art gewesen. Sie betrachtete sich selbst als eine Quelle der Weisheit und hielt es für ihre

Pflicht, ihre unfehlbaren Einsichten mit anderen zu teilen. Unermüdlich bot sie ihre Ratschläge an, ob diese erwünscht waren oder nicht, und wenn man ihren Rat zurückwies, nahm sie das als persönliche Beleidigung und ebnete sich einen Weg, wie sie ihren Willen dennoch durchsetzen konnte. Dazu setzte sie ihre bewährte Kombination aus beleidigtem Hochmut und »offenen Worten« ein. »Ich werde doch wohl noch sagen dürfen, was ich denke«, verkündete sie selbstgerecht. »Es ist zu eurem Besten.«

Als Joe ihr erzählte, dass er Nancy einstellen wolle, lief sie sofort Sturm dagegen, überzeugt davon, dass bei der Sache nichts Gutes herauskommen könne.

»Eine flatterhafte Person wie sie ist nicht die Richtige für dein Geschäft, Joe«, äußerte sie mit lauter Stimme, ungeachtet der Tatsache, dass Nancy nur ein paar Meter weiter in der kleinen Essecke neben der Küche saß und für Joe einige Papiere ausfüllte. »Was hast du dir bloß dabei gedacht?«

Joe ließ ein paar Teebeutel an ihren Baumwollfäden in die Kanne baumeln. »Sie fliegt wie ein Engel«, sagte er gelassen. »Sie ist einfach verdammt gut.«

»Und zweifellos ist sie auch in ein paar anderen Bereichen gut«, meinte Dorothy anzüglich. »Sie ist ein bisschen zu hübsch, wenn du mich fragst.«

Nebenan brannte Nancys Gesicht. Das war kaum zu überhören gewesen, wahrscheinlich hatte Dorothy sogar beabsichtigt, dass sie alles mithörte. Empfindlich, wie sie nach den Ereignissen der jüngsten Vergangenheit war, überfiel Nancy zunächst heiße Scham: War denn so offensichtlich, was ihr geschehen war? Konnte man ihr die Dinge ansehen, die sie verbergen und vergessen wollte? Oder war diese missgünstige Frau eine Hexe, die in ihr Innerstes schauen konnte? Einen Augenblick lang überlegte Nancy, ob sie einfach aufstehen und gehen sollte. Doch dann stieg die Wut in ihr hoch, und ihre Empörung siegte. Sie würde ihren Job gut machen. Sie würde nicht zulassen, dass die Einmischung einer garstigen Alten sie um eine solche Chance brachte. Und was ging das die Alte überhaupt an?

Joe hörte sich Dorothys Einwände mit stoischer Ruhe an und ging dann – genau wie immer – seinen eigenen Plänen nach. Er war an ihre Art gewöhnt – schließlich kannte er sie schon ein Leben lang –, und er hatte schon vor langer Zeit erkannt, dass es am besten war, sie gleichzeitig zu beschwichtigen und zu ignorieren, wenn er ein ruhiges Leben führen wollte. Diesen Trick hatte er von ihrem verstorbenen Ehemann, seinem Onkel Walt, gelernt. »Am besten man diskutiert gar nicht erst mit ihr rum, Junge«, hatte er immer gesagt. »Lass ihr die Illusion, dass alles nach ihrer Nase geht. Dann beruhigt sie sich schon wieder!« Darauf schlenderte Onkel Walt, meistens gefolgt von Joe, zu dem alten Wohnwagen hinüber, der auf dem Brachland hinter dem Haus stand und ihm als Fluchtstätte diente, und zündete sich eine der Zigaretten an, die Dorothy ihm verboten hatte.

»Sie meint es bloß gut«, sagte er und blies den Rauch aus. »Sie will nur unser Bestes.«

Joe wusste, dass sein Onkel Recht hatte. Trotz ihrer penetranten Art hatte Dorothy ein gutes Herz und beschützte ihre Lieben mit der Entschlossenheit einer Löwin. Sie hatte ihn aufgenommen, nachdem er im Alter von zwei Jahren seine Eltern durch ein Zugunglück verloren hatte, und hatte nicht ein einziges Mal geklagt. Er hatte nichts entbehren müssen, weder materiell noch gefühlsmäßig. Dorothy hatte bei ihm gesessen und ihm über das Haar gestrichen, wenn er nachts aufwachte und nach seiner Mutter weinte, Dorothy hatte ihm Geburtstagskuchen gebacken, seine Socken gestopft und ihm das Blut von den aufgeschlagenen Knien gewischt. Er hatte, so wurde ihm bewusst, als er älter wurde, den Platz der Kinder eingenommen, die sie nie gehabt hatte, doch das machte ihm nichts aus. Wäre

Dorothy nicht gewesen, wäre er wohl in einem Waisenhaus gelandet. Er stand in ihrer Schuld.

Joes Dankbarkeit war auch der Grund dafür, dass er ein Zimmer in ihrem Haus behielt, als er Streuflugzeuge flog, und als er sich entschloss, eine eigene Flugfirma zu gründen, schien es nur folgerichtig, sie in Varna aufzubauen. So konnte er öfter zu Hause sein, denn seit Walts Tod vor einem Jahr litt Dorothy an Einsamkeit.

Aber Dorothy zu respektieren hieß noch lange nicht, dass er sich wie ihr Schoßhündchen benehmen musste. Wenn er Nancy einstellen wollte, dann würde er das, verdammt noch mal, auch tun. Dorothy würde schon wieder von ihrem hohen Ross herunterkommen, wenn sie begriffen hatte, dass Widerstand zwecklos war.

Als Dorothy merkte, dass Joe entschlossen war, sich ihr zu widersetzen, und ihre Versuche, das Mädchen durch offen zur Schau gestellte Missbilligung und gehässige Kommentare zu vertreiben, ebenfalls keinen Erfolg hatten, änderte sie ihre Taktik. Sie gab vor, Nancy unterstützen zu wollen, und schlug vor, sie könne doch in den alten Wohnwagen ziehen, der einmal Walt als Zuflucht gedient hatte. Es gefiel ihr zwar gar nicht, sie so dicht in Joes Nähe zu wissen. »Die hat ihr Ziel ganz genau im Auge«, meinte sie verächtlich zu ihrer Freundin und Nachbarin Tilly Jacobson. »Es ist doch klar, worauf die es abgesehen hat, oder? Ein gutaussehender Junge wie unser Joe, ein einträgliches kleines Geschäft, das ist doch eine gute Partie für jede – erst recht für so ein hergelaufenes Ding …« Andererseits konnte Dorothy Nancy im Auge behalten, wenn diese in der Nähe wohnte. Für eine Frau wie Dorothy, die ihre Nase überall drin hatte, war das eine unwiderstehliche Versuchung.

Als dann tatsächlich eintraf, was Dorothy befürchtet hatte, und Joe sich in Nancy verliebte, wurde ihr klar, dass sie keine andere Wahl hatte, als auch das zu akzeptieren. Deshalb verwendete sie all ihre Energien darauf, sicherzustellen, dass Nancy nichts tat, was ihrem geliebten Neffen wehtun könnte. »Wenn Joe nur glücklich ist, dann bin ich auch glücklich. Aber ich fürchte einfach, dass sie ihm eines Tages das Herz brechen wird«, sagte sie zu Tilly Jacobson.

Während sie nun über Nancys Schulter hinweg versuchte, das Telegramm von Jackie Cochran zu lesen, befiel sie die schreckliche Gewissheit, dass dieser Tag nun gekommen war.

»Du wirst natürlich nicht dorthin gehen«, schnaubte sie empört. »Du wirst dich doch wohl nicht auf so eine dumme Sache einlassen!«

Nancy faltete das Telegramm vorsichtig zusammen. »Warum denn nicht?« Ihre Stimme klang herausfordernd, und das regte Dorothy auf.

»Warum nicht?« Dorothys Dreifachkinn wackelte, und die Brille, die sie sich ursprünglich auf die Stupsnase gesetzt hatte, um das Telegramm besser lesen zu können, hüpfte nun am Ende der Brillenkette vor ihrem drallen Busen auf und ab. »Das versteht sich doch wohl von selbst! In England herrschen im Moment ganz schreckliche Zustände. Man braucht doch bloß die Zeitung aufzuschlagen, um zu sehen, was da los ist. Bombenangriffe, Nacht für Nacht. Alles, was man sich nur vorstellen kann, ist rationiert. Wahrscheinlich müsstest du in einem Bunker hausen – ohne vernünftiges Essen und ohne jeden Komfort! Ich würde im Traum nicht daran denken, nach England zu gehen, selbst wenn man mich dafür bezahlen würde. Diese Jacqueline Cochran glaubt wohl, du wärst genauso verrückt wie sie. Und außerdem …« – sie pochte mit ihrem rauen, von der Arbeit geröteten Wurstfinger auf das Telegramm – »… ist das doch nichts als Papierverschwendung. Ich kann nur sagen, die weiß wohl nicht, wohin mit ihrem Geld.«

»Ich kann nicht einsehen, was daran verrückt sein soll.« Nancys Stimme klang unverhohlen nach freudiger Erregung, und Dorothy verspürte ein alarmierendes Gefühl der Panik. Sie konnte dieses Mädchen einfach nicht unter ihre Kontrolle bringen, es war ihr von Anfang an nicht gelungen, und das gefiel ihr gar nicht. Es würde ein Ende mit Schrecken geben, genau wie sie es schon immer vorhergesagt hatte.

»Es ist doch sehr vernünftig, dass man Zivilisten die Zubringerflüge überträgt und dadurch das Militär entlastet, damit es gegen die Deutschen kämpfen kann«, fuhr Nancy fort. »Joe hat das auch für eine gute Idee gehalten. Er hatte doch selbst vor, sich freiwillig für diesen Dienst zu melden, wenn die Air Force ihn nicht genommen hätte.«

Dorothy schnaubte. »Umso schlimmer! Aber für ihn ist es auch was anderes. Er ist ein Mann. Frauen können keine Militärflugzeuge fliegen.«

»Aber das tun sie doch schon«, widersprach Nancy. »Jagdflugzeuge – und sogar Bomber.«

Dorothy starrte sie ungläubig an. »Das mag ja sein. Aber Joe würde nicht wollen, dass du das tust. Er würde nicht wollen, dass du dich einer solchen Gefahr aussetzt. Und du musst auch an die Verantwortung denken, die du hier hast. Joe hat dir die Leitung der Geschäfte übertragen. Du kannst dich nicht einfach in der Gegend herumtreiben und die Firma dem Ruin überlassen.«

»Ach, Himmel noch mal!« Jetzt wurde Nancy wirklich wütend. »Es gibt doch im Moment gar keine Geschäfte – und die wird es auch nicht geben, bis der Krieg vorbei ist. Du weißt doch genauso gut wie ich, dass Zivilpiloten nicht fliegen dürfen. Da kann ich besser nach Europa gehen und mich dort nützlich machen.«

»Ich sage ja nur, was Joe wohl sagen würde, wenn er hier wäre.« Dorothy presste missbilligend die Lippen aufeinander. »Ich kann dich nicht gehen lassen, Nancy. Das würde Joe mir nie verzeihen.«

Etwas Schlimmeres hätte sie kaum sagen können. Dieser Satz kratzte an dem dünnen Häutchen, das nur mühsam die stille Verärgerung überdeckte, die sich während der letzten Monate in Nancy aufgestaut hatte. Sie hatte mehr und mehr das Gefühl, eingesperrt zu sein, und das war ihr ein Gräuel.

»Ich bin nicht Joes Eigentum, Mrs. Costello«, sagte sie. »Wenn Jackie Cochran der Meinung ist, dass ich das schaffen kann, dann gehe ich nach England. Und wenn Ihnen das nicht passt, tut es mir leid.«

Nancy hätte nicht mehr genau sagen können, seit wann sie sich eingeengt fühlte, aber der schlimmste Augenblick war zweifellos gewesen, als Joe sie gefragt hatte, ob sie ihn heiraten wolle. Bis zu diesem Zeitpunkt hatte sie die Dinge einfach laufen lassen und versucht zu ignorieren, dass er sich in sie verliebt hatte, oder sich jedenfalls keine großen Gedanken darüber gemacht. Ihre Arbeit machte ihr Spaß, jeder Tag brachte neue Herausforderungen. Abends kehrte sie gern heim in ihren Wohnwagen, das erste richtige Zuhause, das sie kannte. Sie hatte sich dort so gemütlich wie möglich eingerichtet, mit neuen Kissen und Überwürfen und den wenigen eigenen Besitztümern, die sie mitgebracht hatte. Sie war gern in Joes Gesellschaft. Er hatte einen trockenen Humor und betrachtete die Welt mit einem Pragmatismus, der jedes Problem leicht lösbar erscheinen ließ. Joe glättete die Wogen in ihrem stürmischen Leben. »Hat gar keinen Sinn, sich ständig Sorgen zu machen«, sagte er immer und hielt sich auch selbst an diesen Grundsatz.

Wenn sie ganz ehrlich war, hatte sie es anfangs sogar genossen, dass er eine Schwäche für sie besaß. Das erkannte sie an seinem Blick und an der Fürsorglichkeit, die er an den Tag legte. Er kontrollierte ein bisschen zu gewissenhaft den Zustand der Flugzeuge, die sie fliegen sollte, und überprüfte vor ihrem Start stets nochmals den Wetterbericht, obwohl er genau wusste, dass sie das selbst tat. Einmal stauchte er einen Mechaniker zusammen, der ihr frech gekommen war, und drohte ihm, ihn auf der Stelle zu entlassen. Nancy hatte ihn noch nie so wütend erlebt –

ausgerechnet Joe, der für seine ruhige, umgängliche Art bekannt war. Sie hatte die Situation entschärfen müssen und ihm gesagt, dass es wirklich nicht wichtig sei und sie keineswegs eine empfindliche Primel sei, die sich von ein paar derben Sprüchen umwerfen ließ. Doch sie hatte es genossen, wie er die Beschützerrolle spielte, ausgerechnet sie, die immer so unabhängig gewesen war. Es vermittelte ihr ein neues Selbstwertgefühl, und genau das brauchte sie nach allem, was geschehen war, bevor sie nach Varna kam. Wenn dieser grundanständige, nette Kerl mich mag, bin ich vielleicht trotz allem etwas wert, dachte Nancy sich. Die Aufmerksamkeit, die er ihr schenkte, ließ sie wieder an eine Zukunft glauben, die nicht von Trauer und Reue geprägt war, sondern hell und verheißungsvoll erschien.

Manchmal saß sie abends allein in ihrem Wohnwagen, in dem sich die Hitze des Tages gestaut hatte. Von draußen erklang das laute Zirpen der Grillen wie eine Sinfonie, und dann fragte sie sich sogar, ob diese Zukunft eine gemeinsame Zukunft mit Joe sein könnte. Sie versuchte sich vorzustellen, wie es wäre, mit ihm verheiratet zu sein, mit zwei oder drei Kindern, in einem Haus, wo es nach Plätzchen und Brathähnchen roch und ein Schaukelstuhl auf der Veranda stand. Als ferner Traum war diese Vorstellung durchaus in Ordnung. Solange sie ausreichend Abstand hatte, konnte sie gut damit umgehen.

Das erste Mal, als Joe sie küsste, war auch noch in Ordnung. Sie hatte befürchtet, dass sie sich umdrehen und davonrennen würde, wenn es passierte, aber das tat sie nicht. Sie mochte das Kratzen seiner Bartstoppeln an ihrem Kinn und sie spürte gern seinen festen Mund auf ihren Lippen. Es gefiel ihr, wie sie mit ihm zu verschmelzen schien. Sie mochte seine starken, festen Armmuskeln und die breiten Hände mit den feinen, von der Sonne gold gebleichten Härchen. Und es war ein schönes Gefühl, den Kopf an seine Brust zu legen und seinem Herzschlag zu lauschen; es war, als atmeten sie beide im Einklang. Sie mochte alles an ihm. Aber sie liebte ihn nicht. Und das war der springende Punkt, den sie nicht einfach übergehen konnte. Irgendwo musste es noch mehr geben. Was genau, wusste Nancy nicht. Sie wusste nur, dass da mehr sein musste.

An dem Abend, bevor er seinen freiwilligen Dienst bei der Air Force antrat, hatte Joe ihr einen Heiratsantrag gemacht, und plötzlich hatte sich alles verändert. Die Zukunft war nicht länger eine ferne, neblige Landschaft, sie war zum Hier und Jetzt geworden. Und das gefiel Nancy kein bisschen.

Sie standen in der Abenddämmerung auf der vorderen Veranda, ans Geländer gelehnt, und teilten sich eine Schachtel Zigaretten. Die Luft war immer noch angenehm warm und duftete nach Hibiskus, die Grillen zirpten. Der Mond ließ den Palisadenzaun vor dem dunklen graugrünen Hintergrund des Gebüschs weiß leuchten; und ein einziger Stern hing am Himmel wie ein Diamant auf einem Kissen aus mitternachtsblauem Samt. Es war ein Abend wie geschaffen für romantische Szenen, und die Tatsache, dass Joe am nächsten Tag nicht mehr da sein würde, schien das Bewusstsein füreinander noch zu schärfen.

»Du passt doch gut auf dich auf, wenn ich weg bin, Schatz«, sagte Joe. Er drückte seine Zigarette aus und legte den Arm um sie.

»Natürlich. Aber du bist doch wohl eher derjenige, der auf sich aufpassen muss. Ich werde dich vermissen, Joe.«

Einen Moment lang schwieg er, dann brach es plötzlich aus ihm heraus: »Nancy, ich möchte dich etwas fragen, bevor ich gehe.«

Nancy spürte, wie sich ihr Magen zusammenkrampfte. Sie wusste plötzlich genau, was er sagen würde – und auch, dass sie das nicht wollte. Sie wollte nicht, dass sich irgendetwas änderte. Sie wollte ihm nicht wehtun. Sie entwand sich ihm und suchte nach einer Möglichkeit, ihn zu stoppen, ehe es zu spät war.

»Joe, du brauchst nichts zu sagen.«

Aber er hörte nicht auf sie. »Ich möchte dich heiraten,

Nancy.« Der Satz hing regungslos in der süßen, windstillen Luft.

»Joe …«

»Ich weiß. Morgen bin ich weg, und ich weiß nicht, wann ich wieder zurückkommen werde. Wenn ich überhaupt zurückkomme …«

»Sag doch so was nicht! Das darfst du nicht mal denken.«

»Es stimmt doch. Man muss den Tatsachen ins Auge sehen. Aber es wäre schön, wenn ich wüsste, dass du hier auf mich wartest. Mit einem Ring am Finger, um all den andern Kerlen, die um dich rumscharwenzeln werden, zu zeigen, dass du schon vergeben bist.«

»Du hast doch keinen Ring.«

»Da täuschst du dich aber, mein Schatz. Ich habe heute Nachmittag noch beim Juweliergeschäft vorbeigeschaut. Und da hab ich das hier besorgt.« Unbeholfen wühlte er in seiner Tasche herum, zog eine kleine, rechteckige Schachtel heraus und öffnete sie. Ein Diamant glitzerte wie der einsame Stern oben am Himmel unter der Mondsichel. »Wirst du ihn für mich tragen, Nancy?«

»Ach, Joe. Der ist wunderschön. Aber …« Normalerweise war Nancy das Gefühl von Panik fremd, doch jetzt hatte sie Panik. Panik krampfte ihr den Magen zusammen und ließ ihre Kehle eng werden. Sie war gerührt und geschmeichelt, weil er sie zur Frau haben wollte. Doch zugleich spürte sie, wie sich Fangarme um sie schlossen, die vorher nicht da gewesen waren, und sie enger und enger umklammerten, und sie hatte das Gefühl, in der Falle zu sitzen.

»Aber du wirst nein sagen.« Sein Tonfall war beiläufig, doch Nancy konnte trotzdem den gekränkten, enttäuschten Unterton heraushören, und die Schlinge zog sich noch enger zusammen.

»Ich weiß gar nicht, was ich sagen soll, Joe.«

»Du sagst nein.«

Es war zu dunkel, als dass sie sein Gesicht richtig erkennen konnte, und sie war froh darüber.

»Nein, das sage ich nicht. Ich sage weder ja noch nein. Ich sage bloß … Nicht jetzt. Nicht so. Vielleicht beim nächsten Mal, wenn du heimkehrst. Vielleicht … Lass uns erst mal abwarten, wie es für uns beide ist, wenn wir voneinander getrennt sind. Wir kennen uns doch noch gar nicht so lange …« Sie zögerte; die Worte, die die Wahrheit über sie enthüllen würden, lagen ihr auf den Lippen. »Du kennst mich doch gar nicht …«

»Ich kenne dich gut genug, Nancy«, sagte Joe ruhig. »Ich brauche keine Bedenkzeit mehr, weder eine Trennung noch längeres Zusammensein. Ich weiß auch so, dass du die Richtige für mich bist. Du bist alles, was ich mir je gewünscht habe.«

Die Fangarme zogen sich noch enger zusammen und schnürten ihr die Luft ab.

»Ich mag dich wirklich gern, Joe«, sagte sie und wusste, dass das bei weitem nicht genug war. »Aber eine Heirat … Ich weiß nicht, ob ich zu einer solchen Bindung schon bereit bin.«

»Soll ich den Ring dann lieber wieder ins Geschäft zurückbringen?« Immer noch dieser lockere, unbeschwerte Tonfall, hinter dem er seine Enttäuschung verbarg.

»Was – etwa morgen früh auf dem Weg zum Bahnhof?« Nancy versuchte, seine vorgetäuschte Leichtigkeit aufzugreifen, doch sie war empfindlich getroffen und spürte den Schmerz, den sie ihm zufügte. Sie stellte sich vor, wie er voller Hoffnung den Ring ausgesucht hatte und ihn wieder zurückbringen würde, niedergeschlagen und beschämt wegen der Abfuhr, den Armeerucksack über der Schulter – die Frau, die er zurücklassen musste, hatte seinen Antrag abgelehnt.

»Bring ihn nicht zurück«, sagte sie. »Behalte ihn, bis du das nächste Mal nach Hause kommst. Vielleicht bin ich dann bereit.« Sie schloss die Finger um die Schachtel und küsste ihn auf den Hals. »Joe, bitte versteh, dass es nicht an dir liegt. Es liegt an mir. Ich hoffe, dass ich mir über meine Gefühle klar werde, während du weg bist.«

»Das hoffe ich auch«, sagte Joe.

Am nächsten Morgen zog Joe von dannen, und mit ihm verschwanden die Tage der Sorglosigkeit. Nancy hatte ihm keinerlei Versprechen gegeben; sie war keine Verpflichtung eingegangen, und dennoch waren die Fangarme noch da und hielten sie beinahe so fest umklammert, als wenn sie es getan hätte. Sie wusste, dass sie ihm eine eindeutige Antwort hätte geben müssen – und diese Antwort wäre ein Nein gewesen. Wäre er der Richtige für sie, dann hätte sie nicht lange gezögert, hätte sich nicht bedrängt und gefangen gefühlt. Und sie müsste auch keine Angst davor haben, die ganze Situation noch einmal durchstehen zu müssen. Sie hätte auf ihr Herz hören und ihm und sich selbst gegenüber ehrlich sein sollen. Stattdessen hatte sie feige Ausflüchte gesucht und ihn mit einem »Vielleicht« hingehalten.

Schuldgefühle nagten an ihr, ätzend wie Batteriesäure. Sie musste sich eingestehen, dass sie egoistisch mit seinen Gefühlen gespielt hatte: Sie hatte ihn ermutigt, weil seine Zuwendung bei ihr ein tiefes inneres Bedürfnis befriedigt hatte. Und sie hatte ein schlechtes Gewissen, weil sie ihm immer noch falsche Hoffnungen machte. Das Gefühl, sein Herz und sein Glück in der Hand zu haben, war unerträglich belastend. Ihr graute innerlich vor dem Gedanken, dass sie ihm wehtun könnte. Aber sie wollte ihn auch nicht heiraten. Sie wollte sich nicht ihr Leben lang an ihn binden, ihre Unabhängigkeit aufgeben und sich um die Möglichkeit bringen, dieses schwer fassbare Etwas, was ihr fehlte, vielleicht doch noch kennenzulernen. Dieses gewisse, kaum zu beschreibende Etwas, nach dem ihr Herz sich sehnte.

Das Gefühl, gefangen zu sein, ließ im Laufe der nächsten Wochen und Monate nicht nach, sondern wurde eher noch schlimmer. Die Einschränkungen, die die Behörden über die zivile Luftfahrt verhängt hatten, führten dazu, dass Nancy ihre geliebte Arbeit nicht mehr ausüben konnte; sie saß am Boden fest – ausgerechnet sie, die ihre Freiheit nur in der Luft fand. Und Dorothys entschlossenes Bestreben, Joe zu beschützen, hatte zur Folge, dass sie auch zu Hause versuchte, Nancy die Flügel zu stutzen.

Dorothy, die sich zur Hüterin von Joes Glück berufen fühlte, wurde zu Nancys Gefängniswärterin: Sie jammerte, dass Nancy lieber vom Wohnwagen ins Haus ziehen solle – es sei doch unsinnig, sagte sie, doppelt für Strom zu bezahlen. Sie beklagte sich, dass sie einsam sei. Sie hing an Nancy wie eine Klette; kaum drehte Nancy sich um, war auch Dorothy da, die Nancy mit ihrem wachsamen Blick verfolgte. Ging Nancy aus, dann fragte Dorothy sie unermüdlich darüber aus, wo sie gewesen sei und mit wem, alles unter dem Deckmantel, sich um Nancys Wohlergehen zu sorgen. Dabei wusste Nancy ganz genau, dass es ihr in Wahrheit bloß um Joe ging. Sie hatte das Gefühl, dass Dorothy sie vollkommen vereinnahmte und sie bald für immer in diesem verhassten Fleischberg verschwinden würde.

Und nun bot sich ihr die Rettung in Form von Jackie Cochrans Telegramm. Ein Vorschlag, der nicht bloß aufregend war, sondern ihr auch die perfekte Entschuldigung lieferte, von hier wegzukommen.

Dorothy sah aus, als sei sie von Panik ergriffen und wisse nicht mehr weiter. Sie war einfach nicht daran gewöhnt, dass sich ihr jemand offen widersetzte. Einen Moment lang empfand Nancy fast Mitleid mit ihr, mit dieser Frau, deren Lebensinhalt darin bestand, das Leben von anderen zu lenken.

»Es tut mir leid, Mrs. Costello – aber jeder hat die Pflicht, zu den Kriegsanstrengungen, so gut er kann, beizutragen«, sagte sie.

Und dabei war ihr klar, dass sie wieder nur einen feigen Ausweg suchte und Dorothy ebenso mit einer Notlüge abspeiste wie Joe.

Doch vielleicht hatte sie Joe ja gar nicht belogen. Vielleicht war es wirklich so, dass sie einfach noch nicht bereit war, sich zu binden. Vielleicht würde ihr, wenn sie erst einmal wieder die Freiheit geschmeckt hatte, schon klar werden, dass sie sich in Wahrheit nach einem sicheren Heim sehnte, in dem es nach Plätzchen und gebratenem Hähnchen roch. Nach einer Verandaschaukel. Nach ein paar Kindern. Und nach Joe.

Das hoffte Nancy, um ihrer beider willen. Allerdings würde sie darauf lieber nicht wetten.

II

Mit der Zeit hat es eine seltsame Bewandtnis, dachte Nancy. Sie wird in Minuten, Stunden und Tagen gemessen mithilfe von Zeigern, die sich mit konstanter Geschwindigkeit um Zifferblätter drehen, oder am Stand der Sonne am Himmel. Eigentlich sollte doch jede Minute gleich lang sein, unabhängig davon, wo man ist oder was man tut. Doch so ist es nicht. Eine Minute kann einem vorkommen wie eine Stunde, eine Woche dagegen rast im Handumdrehen vorüber.

Sie hatte einmal eine Theorie gelesen, dass die Zeit keineswegs eine Gerade sei, sondern Vergangenheit, Gegenwart und Zukunft gleichzeitig geschehen. Da sie nicht dazu neigte, allzu tief über den Sinn des Lebens nachzugrübeln, fand sie das Ganze ein wenig abgehoben. Aber nun war sie sich sicher, dass die Zeit sehr merkwürdige Eigenschaften hatte. Während ihr jeder Tag in Varna wie eine Ewigkeit vorgekommen war, nachdem man sie gezwungen hatte, das Fliegen einzustellen, und ein Abend in der Gesellschaft von Dorothy sich ins Unendliche auszudehnen schien, bewegte die Zeit sich plötzlich mit halsbrecherischer Geschwindigkeit voran, nachdem sie Jackie Cochrans Einladung zu einem Probeflug angenommen hatte.

Und auch seitdem spielte die Zeit weiterhin ihre eigenen quälenden Spielchen. Manche Tage rasten in fieberhafter Aktivität dahin, andere wieder zogen sich endlos in die Länge, bestimmt von dem frustrierenden Warten auf Reiseunterlagen, Tests und andere Formalitäten, die zu erledigen waren. Die

Eintragungen in Nancys Tagebuch zeigten, dass dem Kalender zufolge tatsächlich genau drei Wochen vergingen zwischen dem Tag, an dem das Telegramm eintraf, und dem Tag, an dem sie mit dem Schiff nach England ablegte. Doch genauso gut hätte es eine Ewigkeit sein können – oder ein Augenblick. Doch egal, welche Streiche einem die Zeit auch spielen mag, es gibt immer Momente, die auf ewig im Schatz der Erinnerung bleiben. Und an diesem besonderen Ort, der uns und nur uns allein gehört, hat die Zeit keinerlei Bedeutung.

Montreal in Kanada liegt einen halben Kontinent von Varna, Florida, entfernt, aber in Montreal wollte Jackie Cochran die fliegerischen Fähigkeiten der Frauen testen, die sie für ihre handverlesene Truppe ausgesucht hatte. Nancy hatte keine andere Wahl, als dorthin zu fahren. Drei Tage und Nächte dauerte die Reise per Bus und Bahn. Währenddessen musste sie sich das Gesicht mit lauwarmem, schweflig riechendem Wasser waschen. Schlafen konnte sie bloß aufrecht sitzend, den Kopf in eine Ecke gelehnt, wo die abgewetzte Plüschpolsterung auf rauchgeschwärztes Holz traf. Drei Tage und Nächte, in denen sie von Stunde zu Stunde schmutziger und zerknitterter wurde und verzweifelt hoffte, dass sie eine Möglichkeit finden würde, sich zurechtzumachen, ehe sie der großen Dame gegenübertrat. Die Aussicht darauf war schon nervenaufreibend genug gewesen, als sie sich in ihrem besten, sorgfältig gebügelten Sonntagskostüm mit frisch gewaschenen Haaren auf den Weg gemacht hatte. Jetzt, schmutzig und derangiert von der Reise, fürchtete sie sich erst recht davor, was sie für einen Eindruck machen würde.

Jackie stellte hohe Ansprüche, das wusste Nancy. Selbst als Jackie vor vier Jahren das Bendix Air Race gewonnen hatte, wollte sie sich nur in ihrer besten Form zeigen, so dass sie einen der Schiedsrichter auf der Landebahn warten ließ, um vorher ihr Make-up zu erneuern. Würde eine solche Frau etwa nachsichtig mit der Lässigkeit anderer sein? Das konnte sich Nancy kaum vorstellen.

In den Tagen nach der Ankunft des Telegramms hatte Nancy gierig jedes Detail über Jackie Cochran und ihre wundersame Erfolgsgeschichte verschlungen, das sie in die Hände bekommen hatte – eine spannende Lektüre. Jackies frühe Jahre waren sogar noch turbulenter gewesen als ihre eigenen und hatten etwas von einer Hollywoodschnulze.

Als Kind war Jackie von einer verarmten Stadt in den Südstaaten in die nächste gezogen, zusammen mit dem bettelarmen Ehepaar, das sie adoptiert hatte – wie und warum, sollte sie nie erfahren. Sie war barfuß und in Sackleinen gekleidet durch die Gegend gestromert und hatte nur selten eine Schule von innen gesehen. Sie hatte auf dem Boden geschlafen und Muscheln und Krabben gesucht, um ihren Hunger zu stillen. Im Alter von acht oder neun – Jackie selbst war sich nie ganz sicher, wie alt sie eigentlich war – hatte man sie zur Arbeit in eine Wollspinnerei geschickt, wo sie zwölf Stunden am Tag für einen Hungerlohn schuftete.

Doch aus diesen wenig verheißungsvollen Anfängen hatte sie sich selbst emporgearbeitet und Schmutz und Elend weit hinter sich gelassen. Sie hatte in einem Kosmetiksalon das Frisieren gelernt und sich skrupellos nach oben gearbeitet, bis sie ihren eigenen Schönheitssalon in Chicago besaß und eine Kosmetikfirma in einem Labor in New Jersey gründete. Sie hatte fliegen gelernt, um ihre beruflichen Interessen weiter voranzubringen, und obwohl sie die Prüfungen mündlich ablegen musste, weil sie weder ausreichend lesen noch schreiben konnte, um eine schriftliche Prüfung zu bestehen, war sie sofort in ihrem Element gewesen. Aus der Kosmetikerin war vornehmlich eine Fliegerin geworden.

Floyd Odlum, Jackies Mann, war Jurist und ein Investor an der Wall Street, der mit Mitte dreißig bereits etliche Millionen Dollar verdient hatte. Das Ehepaar zog auf die Coachella

Ranch in Südkalifornien, eine Oase aus Mandarinen- und Grapefruitbäumen, saftig grünem Gras und exotischen Büschen, mitten in der Wüste gelegen. Zudem verfügte das mehr als tausend Morgen große Anwesen über Pferdeställe, einen Golfplatz und ein Schwimmbad von olympischen Ausmaßen.

Eine wahre Armee von Bediensteten kümmerte sich um die Odlums und ihre Gäste – Präsidenten und Aristokraten, hochrangige Offiziere der Armee und Filmstars. Jackie und Floyd hatten jeder ihren persönlichen Sekretär und ihr eigenes Dienstmädchen. Außer der hauseigenen Telefonzentrale nebst Telefonistin gab es noch eine separate Leitung, die eigens für Telefonate mit Howard Hughes installiert worden war, einem engen Freund und Geschäftspartner der Odlums, der ständig befürchtete, dass die Telefonistin seine Gespräche belauschen könnte.

Jackie trug stets die neueste Mode aus Paris. Sie umgab sich mit Pelzen und behängte sich mit Juwelen. Jackie besaß alles – und der Gedanke, ihr zu begegnen, erfüllte Nancy mit Angst. Doch gleichzeitig war Jackies kometenhafter Aufstieg zu Ruhm und Reichtum ihr ein Vorbild. Jackie wusste, was es hieß, nichts zu besitzen, und hatte es dennoch geschafft, der Armut zu entfliehen. Nancy stellte sich vor, wie Jackie einen Blick auf ihre leicht schmuddelige, von der Reise derangierte Gestalt werfen und zu dem Schluss gelangen würde, dass sie keinesfalls ihren hohen Erwartungen gerecht wurde und nicht geeignet war, ihr Land als Pilotin zu repräsentieren. Darüber würde Nancy nie hinwegkommen.

Sie hätte sich gar keine Sorgen zu machen brauchen. Als sie auf den Bahnsteig trat und voll Dankbarkeit die klare, frische Luft des Nordens einatmete und ihre steifen Glieder streckte, nahm eine von Jackies Helferinnen sie in Empfang und brachte sie unverzüglich in ein Hotel, wo sie sich dem Luxus eines langen, heißen Bades hingeben konnte. Ein Zimmermädchen bügelte ihr zerknautschtes Kostüm auf und schlug die frischen Baumwolllaken auf dem Bett zurück, das Nancy nach drei Tagen Bahnfahrt wie der Himmel erschien. Nachdem sie die erste richtige Mahlzeit seit drei Tagen gegessen hatte, fiel sie ins Bett und schlief, ohne sich irgendwelche Sorgen darüber zu machen, was der nächste Tag bringen würde. Sie sah nicht länger aus wie ein Landstreicher; alles, worauf es jetzt noch ankam, war ihre Fähigkeit, ein Flugzeug zu steuern – und was das anbelangte, war Nancy zuversichtlich. Sie war bereit für Jackie Cochran; sie war bereit für alles. Vor allem aber war sie bereit für das Abenteuer ihres Lebens.

Nancy musste feststellen, dass Jackie Cochran in Wirklichkeit mindestens genauso glamourös war, wie sie auf den Fotos wirkte. Sie hatte dichte blonde Locken, ihre Lippen leuchteten scharlachrot, und sie strahlte eine überwältigende Energie aus, die jeden Raum zu sprengen schien. Sie bombardierte Nancy mit Fragen und erteilte ihr Aufträge in der selbstgewissen Art eines Menschen, der es gewöhnt ist, seinen Willen durchzusetzen. Doch auch wenn Nancy eingeschüchtert war, hatte sie nicht die Absicht, sich das anmerken zu lassen. Sie beantwortete Jackies Fragen so selbstbewusst wie möglich und absolvierte das Vorfliegen – in einer Harvard – routiniert. Als sie in das Büro zurückkehrten, das Jackie beschlagnahmt hatte, gab Jackie Nancy die Antwort, auf die sie gewartet hatte.

Sie war als eine der sieben Frauen ausgesucht worden, die nach England gehen sollten. Sie sollten so bald wie möglich von St. Johns in Neufundland mit dem Schiff abreisen. Jackie würde nach England fliegen, um die Frauen dort persönlich in Empfang zu nehmen. Nancy war wie berauscht vor Freude. Der Traum war Wirklichkeit geworden. Es ging los.

Jackies »Truppe« war ein bunt gemischter Haufen: sieben junge Frauen, deren Charaktere ebenso unterschiedlich waren wie ihre Herkunft. Sie kamen aus allen Ecken des Landes, aus Kalifornien und New Jersey, aus Norddakota und Arkansas. Kay Butler, die einzige New Yorkerin, war die Tochter des Vorstandsvorsitzenden einer Eisenbahngesellschaft und ehemalige Debütantin, die sich aus den gehobenen Kreisen zurückgezogen hatte, weil das Fliegen ihr wichtiger war. Sie war hübsch, naturblond, mit heller Haut, blauen Augen und Wimpern, die so lang und dicht waren, dass sie sogar ohne Tusche toll aussahen. Sie hatte einen Schrankkoffer voller Designerkleidung mitgebracht, die Nancy vor Neid erblassen ließ. Trotz ihrer privilegierten Herkunft und der Tatsache, dass sie eine enge Freundin von Jackie Cochran war, begnügte sie sich bereitwillig damit, »zu den Mädels« zu gehören. Julia Montgomery, ein kleiner, hübscher Lockenkopf, war ein Technikgenie. Sie hatte schon in einer Flugzeugwerkstatt gearbeitet, als sie noch zur Schule ging. Die rothaarige Liz Scott und die hochgewachsene dunkelhaarige Bobbie Morrison hatten beim Civilian Pilot Training Program das Fliegen gelernt, einem Ausbildungsprogramm, das von der amerikanischen Regierung gefördert wurde, damit im Falle eines Krieges genügend Piloten bereitstanden. Die stämmige, patente Grace Williams hatte vorher als Ausbilderin beim Civilian Pilot Training gearbeitet. Nur die durch und durch perfekte Miriam de Sousa war, wie Nancy fand, eine eingebildete Langweilerin. Sie unterhielt die anderen mit einer schier endlosen Aufzählung ihrer Leistungen – ihre überragende Ausbildung, ihre unermessliche Erfahrung –, und Nancy gewöhnte sich bald an, vor ihrem Geschwätz die Ohren zu verschließen. Als den Mädchen ihre Kabinen auf der *SS Culloden Queen* zugeteilt wurden, war Nancy sehr erleichtert, dass sie ihre nicht mit Miriam teilen musste.

Miriam, Julia, Liz, Bobbie und Grace wurden gemeinsam in einer Vier-Bett-Kabine untergebracht; als fünftes Bett diente eine Matratze auf dem Boden, die jeden Morgen hochgestellt werden musste. Nancy und Kay mussten sich hingegen in eine winzige Kabine quetschen, die gerade breit genug für zwei schmale, übereinander gelegene Kojen und einen winzigen Spind war. Es war so eng, dass sie sich nicht beide gleichzeitig an- oder ausziehen konnten, und sie wechselten sich ab, wer morgens als Erste aufstehen oder abends als Erste in die Koje gehen durfte. Während der ersten Tage auf See litt Nancy stark unter Seekrankheit, so dass sie die untere Koje erhielt und Kay über den Eimer krabbeln musste, der neben Nancys Kopf stand, wenn sie an ihre Siebensachen wollte. Obwohl es in der Kabine nach Erbrochenem stank, blieb Kay stets fröhlich, und die beiden Mädchen schlossen enge Freundschaft, während Kay Nancy schluckweise Wasser einflößte und sie unaufhörlich neckte. Kays Vater besaß natürlich eine Segeljacht, und Kay war schon von Kindesbeinen an auf dem Wasser gewesen, so dass der Seegang ihr keinerlei Probleme bereitete.

Als Nancys Seekrankheit endlich nachließ, waren sie schon weit draußen auf dem Atlantik, und der Anblick, der sie begrüßte, als es ihr endlich gut genug ging, um an Deck zu gehen, war nicht besonders ermutigend. Ein schwerer bleigrauer Himmel hing über dem metallisch anmutenden Meer, das von Windböen gepeitscht wurde. Vor und hinter ihnen ragten die plumpen Umrisse der anderen Schiffe des Konvois auf und bliesen Rauchwolken in den Nebel, und ringsumher kreisten unablässig die Zerstörer und Korvetten, bedrohlich wie eine Meute Jagdhunde. Sie stellten zwar keine Gefahr dar, wie Nancy wusste. Die eigentliche Gefahr lauerte unsichtbar unter der aufgewühlten Oberfläche – die U-Boote, die sich unbemerkt nähern und einen Torpedo abschießen konnten, der unterhalb der Wasserlinie ein tödliches Loch in den Rumpf reißen würde. Dennoch wirkten die Geleitschiffe bedrohlich, da sie ständig daran erinnerten, dass sich der Konvoi in gefährdetem Gebiet befand. Beim geringsten Anzeichen, dass irgendetwas nicht stimmte, wurden die Geleitschiffe aktiv, und ihre Geschütze und Torpedos dröhnten Nancy in den Ohren und ließen jeden Nerv ihres Körpers erzittern.

Nachts war es noch viel schlimmer. Eingeschlossen in ihrer winzigen Kabine wie eine Sardine in der Büchse, fühlte Nancy sich so verwundbar wie noch nie zuvor. Die Angst nahm ein Ausmaß an, das sie nie für möglich gehalten hätte, und gewann zusätzliche Berechtigung durch die Tatsache, dass bereits ein Schiff mit Freiwilligen torpediert und alle an Bord ertrunken waren. Die Mädchen redeten nicht darüber, aber jedes trug dieses Wissen stets mit sich herum.

Das erste Mal wurde Nancy von Geschützfeuer geweckt, als sie sich noch von ihrer Seekrankheit erholte. Sie hatte tief und fest geschlafen, und als sie unsanft geweckt wurde, dachte sie zunächst, die Kabine werde von dem blendend weißen Blitz eines tropischen Gewitters erhellt. Einen Moment lang wusste sie gar nicht, wo sie war, und sie verstand auch nicht, was geschah, doch dann spürte sie das Hämmern der Schiffsmotoren, und gleich darauf brachten die dröhnende Explosion eines Torpedos und das Knattern von Geschützfeuer ihr wieder zu Bewusstsein, wo sie sich befand.

Nun war ihr nicht mehr bloß im Magen schlecht, sondern ihr ganzer Körper schien von Übelkeit erfüllt, der Übelkeit der Angst. Einen Moment lang lag sie regungslos da und spürte, wie ihr das Herz gegen die Rippen pochte und Galle in ihrer Kehle emporstieg. Es schien ihr, als sei die *SS Culloden Queen* ein leichtes Ziel, riesig und nicht zu verfehlen. Starr lag sie da und wartete auf das Zischen eines Torpedos durch das trübe Wasser, auf das quälende Kreischen von berstendem Metall, das Splittern von Holz. Nancy hatte keine Ahnung, wie es klang, wenn man von einem Torpedo getroffen wurde, doch ihre Vorstellungskraft arbeitete fieberhaft.

Ein Rascheln in der Koje über ihr erinnerte sie wieder daran, dass sie nicht allein war. »Bist du wach?«, fragte sie flüsternd in die flackernde Dunkelheit und war sich gleichzeitig bewusst, wie blöd diese Frage war. Bei diesem Lärm konnte niemand schlafen.

»Ja, du auch?« Kay ließ sich aus der Koje herab, ihre Beine in dem Seidenpyjama berührten Nancys Arm. »Gott, ich könnte eine Zigarette vertragen!« Sie wühlte in ihrer Tasche, die auf dem kleinen Spind stand. »Willst du auch eine?«

»Nein, danke.« Selbst zu besten Zeiten schmeckte es Nancy nicht, nachts zu rauchen; es hinterließ ein unangenehm pelziges Gefühl im Mund. Doch jetzt revoltierte ihr immer noch empfindlicher Magen schon beim bloßen Gedanken an eine Zigarette.

Die Dunkelheit vor dem Bullauge draußen wurde wieder von einem Blitz erhellt, und schauriges bläuliches Licht fiel in die Kabine.

»Also, ich kann nur sagen …«, Kay schwieg einen Moment, um ihre Zigarette anzuzünden, »… wenn es hart auf hart kommt, hoffe ich bloß, dass ich ein Rettungsboot mit dem netten Leutnant teilen kann, der aussieht wie Clark Gable.« Sie hockte sich auf die Kante von Nancys Koje, vornüber gebeugt, damit sie nicht mit dem Kopf an ihre eigene Koje stieß. »Ein Bild von einem Mann, wenn du mich fragst!«

Nancy stützte sich auf ihrem Kissen auf; ihr Magen schien sich mit jeder Welle umzudrehen. Sie schluckte und wartete, bis das Schlingern nachließ. »Ja, ich hab schon gemerkt, dass du dem schöne Augen machst.«

»Wie wahr!« Kay warf den Kopf zurück, und ihr blondes Haar leuchtete im unterbrochenen Licht der Explosionen auf. »Wir sollten das Leben lieber genießen, solange wir noch können. Dort, wo wir hinkommen, wird in der Hinsicht nicht viel los sein.«

»Aber dort gibt es doch bestimmt einen ganzen Haufen Piloten zu deiner Auswahl.« Nancy versuchte, ebenso lässig zu wirken wie Kay, doch es fiel ihr unter den gegebenen Umständen nicht leicht. »Oder hast du was gegen Engländer?«

»Nein, jedenfalls nicht gegen solche, die fit, jung und gesund sind. Aber die von der ATA? Hast du denn noch nicht gehört, was die Abkürzung bedeutet, Schätzchen?«

»Air Transport Auxiliary«, erwiderte Nancy verwundert.

»Ja, das ist die offizielle Version. Inoffiziell steht es für ›Alte Tattergreise auf dem Abstellgleis‹. Die sind doch alle zu alt oder untauglich, um in der Royal Air Force Seiner Majestät zu dienen. Jackie hat mir erzählt, dass es sogar einen Typen gibt, der nur noch einen Arm und ein Bein hat. Er war so wild entschlossen, für die ATA zu fliegen, dass er ins Flugzeug gestiegen ist und sich geweigert hat, wieder auszusteigen, bis er vorfliegen durfte. Die meisten von denen sind doch schon im Ersten Weltkrieg geflogen. Und seitdem haben sie Banken oder Bekleidungsläden geführt. Und jetzt haben sie plötzlich die Mottenkugeln abgeschüttelt und sich wieder in die Lüfte erhoben!«

»Also, wenn sie auf diesen alten Möhren fliegen gelernt haben, dann sind sie doch bestimmt begnadete Piloten«, wandte Nancy ein.

»Ja, wahrscheinlich«, stimmte Kay zu. »Aber sie sind so alt, dass sie unsere Väter sein könnten – oder sogar Großväter! Nein, meine Liebe, ich fürchte, dort drüben wird ein ernster Mangel an knackigen jungen Kerlen herrschen, es sei denn …«, plötzlich klang ihre Stimme optimistischer, »es sei denn, wir werden an einen RAF-Stützpunkt versetzt. Was allerdings nicht sehr wahrscheinlich ist, wie ich gehört habe. Die ATA hat eigene Stützpunkte in der Nähe der Flugzeugfabriken und Instandhaltungsgruppen. Und die Mädels haben ihre eigene Kommandantin, eine gewisse Pauline Gower. Aber man weiß ja nie – vielleicht haben wir ja Glück.«

Der Zigarettenqualm, der sich in der engen Kabine staute, brannte Nancy allmählich in den Augen. Sie wischte sich mit der Hand über die Augen.

»Ehrlich gesagt, ist es mir ziemlich egal, wo wir stationiert werden, solange ich ein paar interessante Maschinen fliegen darf.«

»Hmm.« Kay stand auf und griff nach ihrer Tasche und dem

tragbaren Aschenbecher, den sie immer dabeihatte. »Hast du zu Hause einen Kerl?«

Joe. Plötzlich überkam Nancy eine schmerzliche Sehnsucht nach ihm. Wie gern hätte sie jetzt seine Umarmung gespürt und den Kopf an seine beruhigend breite Schulter gelehnt, während er ihr ins Ohr flüsterte: »Alles wird gut, Schatz. Mach dir keine Sorgen, ich passe schon auf, dass dir nichts geschieht!«

Im selben Moment verachtete sie sich für ihre Schwäche. Was war sie doch für eine Heuchlerin! Zuerst bemühte sie sich verzweifelt, dem Netz zu entkommen, das sie sich selbst gesponnen hatte, um dann sofort wieder in Deckung zu gehen, wenn die Freiheit ihre unangenehmen Seiten zeigte. Sie war hier, weil sie es sich so ausgesucht hatte. Vielleicht war sie ja bei Joe sicher – und sie musste zugeben, dass Sicherheit ihr in diesem Moment sehr erstrebenswert schien –, doch diese Sicherheit war ebenso eine Falle wie die Sardinenbüchse von Kabine. Schlimmer noch – denn dort wäre sie nicht nur ein paar furchtbare, angstvolle Minuten gefangen, sondern für den Rest ihres Lebens.

Kay wartete noch auf ihre Antwort. »Ja, es gibt da jemanden«, sagte Nancy. »Er ist im Moment bei der Air Force.«

»Wie ist er denn so?«

»Groß, blond – früher hat er Streuflugzeuge geflogen, jetzt hat er sein eigenes Frachtflugunternehmen. Er ist ganz in Ordnung.« Eine neue Welle der Sehnsucht. Was war denn bloß los mit ihr?

»Er klingt doch nett.«

»Er ist auch nett.« Ein bisschen zu nett. Nancy musste an das kurze Telefongespräch denken, das sie geführt hatten, ehe sie aufbrach. Joe hatte nicht versucht, sie von ihrer Idee abzubringen, als sie ihm erzählte, was sie vorhatte. Er hatte auch nicht verlauten lassen, dass ihm ihr Fortgehen missfiel, sondern nur gesagt, dass sie auf sich aufpassen solle und dass er sie liebe. Seine fehlende Missbilligung hatte nur dazu geführt, dass

Nancy ein noch schlechteres Gewissen bekommen hatte, so als nutze sie ihn und seine Gutmütigkeit aus.

»Den solltest du dir warmhalten!«, riet Kay. »Solche Männer findet man nicht wie Sand am Meer.«

Nancy schwieg. Kay hatte natürlich Recht. Einen Mann wie Joe fand man nicht jeden Tag. Doch deswegen war er noch lange nicht der richtige für sie.

Jetzt waren die Bordgeschütze verstummt, in der Kabine war es dunkel. Keine weiteren Blitze, nur Kays glimmende Zigarette.

»Ich glaube, es ist vorbei«, sagte Nancy und war sich selbst nicht sicher, ob sie über den Angriff oder über Joe redete.

»Sieht so aus. Heute Nacht wird es wohl keine Abenteuer mehr mit dem netten Leutnant im Rettungsboot geben.« Kay drückte die Zigarette aus und kletterte in ihre Koje zurück. »Nacht, Nancy!«

»Gute Nacht.« Das Dröhnen der Schiffsmotoren war plötzlich merkwürdig beruhigend und schien ihr Innerstes mit seinem Vibrieren zu erfüllen. Nancy schloss die Augen und ließ sich von dem gleichmäßigen Geräusch in den Schlaf wiegen.

Nach beinahe zwei Wochen auf See fuhr die SS Culloden Queen durch die Schlucht des Avon nach Bristol hinein. Die jungen Frauen standen an Deck und beobachteten, wie das Lotsenschiff sie durch einen schmalen Kanal zwischen hohen, grasbewachsenen Abhängen dirigierte. Wie immer versuchte Miriam de Sousa die anderen mit ihrem überragenden Wissensschatz zu beeindrucken.

»Seht ihr die Brücke da vorn? Ein toller Anblick, nicht wahr? Die wurde von Isambard Kingdom Brunel gebaut. Er hat auch noch andere Sachen konstruiert … Eisenbahnen und so weiter. Und das erste Stahlschiff – die *SS Great Britain* …«

Die Brücke war zweifellos beeindruckend, ihr glänzender Aufbau spannte sich in einem weit geschwungenen Bogen über die Schlucht, ohne dass Stützpfeiler sichtbar waren. Deswegen wird sie wohl auch Hängebrücke genannt, vermutete Nancy. Sie wollte ihren Gedanken schon äußern, überlegte es sich aber anders. Sie wollte Miriam keinen Anlass zu einem weiteren Vortrag geben.

Auch vom Wetter war Nancy beeindruckt. Sie hatte immer gehört, dass es in England kalt und nass sei, aber an diesem Tag war der Himmel von einem klaren Blau, und nach dem schneidenden Wind des Atlantiks schien ihr die Sonne angenehm auf das Gesicht und die bloßen Arme.

Doch allmählich spielte ihr die Zeit Streiche: Sie dehnte sich schier endlos und schnellte erneut zusammen wie ein Gummiband, Phasen frustrierender Langsamkeit wechselten sich ab mit hektischer Aktivität.

Als die neuen Rekrutinnen an Land gingen, wurden sie von Angehörigen der Royal Air Force in Empfang genommen. Die Soldaten begleiteten die Mädchen auf der vierstündigen Reise nach London, wo sie Jackie Cochran treffen sollten. Nancy war erschüttert über das Ausmaß der Zerstörungen in der Hauptstadt: mit Wasser gefüllte Bombenkrater, Gebäude, die in Trümmern lagen, Häuser, denen eine Wand fehlte, so dass man hineinschauen konnte wie in eines der Puppenhäuser, das sich Nancy als Kind sehnlichst gewünscht hatte. Mit dem Unterschied, dass in einem Puppenhaus liebevoll arrangierte Miniaturmöbel sichtbar wurden, wenn man die vordere Front beiseiteschob: niedliche Bettchen mit winzigen Überwürfen, eine voll eingerichtete Küche mit Töpfen und Pfannen. Diese Häuser dagegen boten eine groteske Parodie des Zuhauses, das sie einmal gewesen waren. Die oberen Stockwerke neigten sich bedrohlich zur Mitte hin, Möbel schwebten über dem Abgrund, Tapeten hingen herab, und Gardinen blähten sich traurig im Wind. Dieser Anblick brachte Nancy die furchtbare Wirklichkeit einer vom Krieg zerstörten Stadt stärker zu Bewusstsein, als es unzählige Fotos in den Zeitungen je vermocht hatten.

Jackie hatte dafür gesorgt – und dafür bezahlt –, dass ihre Schützlinge zwei Tage im Savoy Hotel wohnen konnten. Inmitten all der Zerstörung wirkte es seltsam unberührt: Stolz reckte das Hotel seine Pracht den deutschen Bombern entgegen, entschlossen, den Schein zu wahren und die Werte der alten Welt aufrechtzuerhalten. Das Zimmer, das Nancy und Kay sich teilten, war der Inbegriff von Luxus; nach den harten Kojen in der engen Kabine konnte keine der beiden der Versuchung widerstehen, sich auf die Federbetten fallen zu lassen und lachend und kreischend herumzurollen. Das Essen, auf das sie sich schon so gefreut hatten, war allerdings eine Enttäuschung. Selbst das Savoy litt unter den Lebensmittelrationierungen, vermutete Nancy. Aber sie war in England, eine halbe Weltreise von zu Hause entfernt, und sie war entschlossen, das Beste daraus zu machen, egal welche Missstände es gab.

»Ihr Mädels geht nach Luton«, erklärte Jackie.

Sie saßen in tiefen Ledersesseln in der opulenten Hotelhalle des Savoy und tranken indischen Tee aus zierlichen Porzellantassen. Auf einem Tischchen zwischen ihnen standen die Reste einer Ladung Sandwiches, die zwar sehr kunstvoll zu zarten Dreiecken geschnitten waren, aber nach nichts schmeckten. Jackie, glamourös wie eh und je in einem Kleid, das sehr gut von Balenciaga hätte sein können, in Seidenstrümpfen und hochhackigen Peeptoes, saß im Mittelpunkt, wie eine Königin umringt von ihren Hofdamen.

Luton. Das sagte Nancy gar nichts.

»Dort ist eine Ausbildungsbasis«, fuhr Jackie fort. »Ihr werdet euch mit den Flugzeugen vertraut machen, die ihr fliegen werdet. Ihr nehmt ein wenig Technik durch und lernt navigieren. Alles in allem werdet ihr dort etwa zwei Monate zubringen.«

Es gab einen plötzlichen Knall, ein empörtes Zischen und das laute Klirren einer Teetasse, die heftig auf eine Untertasse gestellt wurde.

»Das ist doch wohl nicht Ihr Ernst!« Alle Blicke richteten sich auf Miriam de Sousa.

Jackie hob die perfekt gezupften Augenbrauen und fixierte Miriam mit kühlem, fragendem Blick. »Wie bitte?«

»Das hoffe ich jedenfalls!«, fuhr Miriam ungerührt fort. »Denn wenn das Ihr Ernst sein sollte, ist es wirklich nur eine unglaubliche Zeitverschwendung. Was soll das Ganze? Ich habe über tausend Flugstunden. Die Theorieprüfungen habe ich alle bereits vor Jahren bestanden. Ich bin hergekommen, um zu fliegen, und nicht um zwei Monate lang irgendwo herumzuhängen, während irgend so ein englischer Fatzke mir etwas beibringen will, was ich wahrscheinlich besser kann als er!«

Betretenes Schweigen erfüllte den Raum. Nancy konnte kaum glauben, dass irgendjemand sich traute, so mit Jackie Cochran zu reden, nicht einmal die dreiste, unausstehliche Miriam.

»Diese Haltung werden Sie noch bedauern«, sagte Jackie mit kühler Stimme. »In England zu fliegen ist ein ganz anderes Unterfangen als das Fliegen zu Hause, wie Sie sicher bald feststellen werden.«

»Und worin zum Teufel lag dann der Sinn, uns in Montreal in einer Harvard zu testen?«

»Um sicherzugehen, dass wir nicht alle unsere Zeit damit verschwenden, Sie überhaupt zu verpflichten. Sie sind jetzt in der ATA, und ob es Ihnen gefällt oder nicht, Sie müssen sich deren Regeln beugen.« Jackie blickte die Mädchen nacheinander an, ignorierte Miriam dabei aber völlig. »Also, geplant ist Folgendes: Ich habe einige Autos gemietet, und morgen fahren wir gemeinsam nach Luton. Ihr Gepäck bleibt im Abstellraum des Savoy, bis Sie Ihren endgültigen Einsatzort erfahren. Wir brechen früh am Morgen auf, so dass Ihnen vor der Verdunkelung noch genug Zeit bleibt, sich in Ihrem neuen Quartier zurechtzufinden. Noch Fragen?«

Die meisten der Mädchen waren immer noch so fassungslos

von Miriams frechem Benehmen, dass sie an gar nichts anderes denken konnten, aber die unverwüstliche Kay durchbrach die angespannte Stimmung.

»Ja, Ma'am. Wo zum Teufel soll ich in England ein neues Seidennegligé herbekommen, wenn eine Bombe ins Savoy einschlägt und mein Schrankkoffer dabei zerstört wird?«, fragte sie und warf auf ihre typische Art die glänzende blonde Mähne zurück.

Jackie lächelte. »Ich werde schon ein neues für dich finden, Schätzchen, das verspreche ich dir«, sagte sie, und Nancy hatte keinen Zweifel daran, dass ihr auch das gelingen würde. Jackie besaß eine uneingeschränkte Autorität, und ihre starke Persönlichkeit war beeindruckend. Nancy war schon vorher voller Bewunderung für sie gewesen, doch was sie jetzt empfand, grenzte fast an Vergötterung. Und sie war sich ziemlich sicher, dass jemand, dem es gelang, die schreckliche Miriam de Sousa so vehement in die Schranken zu weisen, keinerlei Schwierigkeiten haben würde, ein Seidennegligé für Kay aufzutreiben, falls es nötig sein sollte, Rationierungen hin oder her.

III

Schon ein paar Tage in Luton reichten, um Nancy davon zu überzeugen, dass das strikte Trainingsprogramm der ATA durchaus sinnvoll war. Miriam de Sousa hielt das Training zwar immer noch für unter ihrer Würde und spottete darüber – wenn auch sehr viel weniger laut –, doch Nancy war sehr dankbar dafür. Wie Jackie schon gesagt hatte, war das Fliegen in England eine ganz andere Sache als daheim. Zunächst mal musste man sich an neue Flugzeugtypen gewöhnen, aber das war noch das Einfachste. Eine viel größere Herausforderung stellte das Navigieren dar. Genau wie die anderen jungen Amerikanerinnen war Nancy daran gewöhnt, sich an breiten, schnurgeraden Straßen oder Eisenbahnschienen zu orientieren, um ihr Ziel zu erreichen, und als sie versuchte, mit einer Landkarte zu arbeiten, musste sie feststellen, dass diese einen sehr viel kleineren Maßstab hatte als die amerikanischen Karten und eine Vielzahl unbekannter Markierungen und verwirrender Symbole aufwies. Es gab keinerlei Funkkontakt zum Boden, was bedeutete, dass der richtige Umgang mit einem Kompass immens wichtig war. Und das Schlimmste war: Man musste das Morsealphabet lernen. Nancy schwirrte der Kopf, während sie es sich einzuprägen versuchte.

Allerdings hätte sie wohl kaum eine bessere Lehrerin finden können. Norah Taft war nicht nur eine sehr erfahrene Pilotin, sondern dazu noch geduldig und verständnisvoll, und es dauerte nicht lange, bis sie Nancy in einer Puss Moth auf ihren ersten Alleinflug schickte.

Als sie an diesem Abend in das hübsche Häuschen in der Nähe des Flugplatzes zurückkehrte, in dem sie mit Kay und Miriam untergebracht war, glühte sie vor Stolz und spürte noch immer das Adrenalin im Blut.

»Heute hatte ich meinen ersten Alleinflug«, erzählte sie den anderen, während sie bei ihrem Abendessen aus Spam Fritters[2], Bratkartoffeln und frisch geernteten Erbsen aus dem eigenen Garten saßen.

Miriam grinste spöttisch – sowohl sie als auch Kay hatten schon vor einigen Tagen ihren ersten Alleinflug gehabt –, aber Kay hob das Glas.

»Gut gemacht, Mädchen! Auch wenn wir nur selbstgebrautes Ingwerbier haben, können wir ja wenigstens so tun, als wäre es Champagner. Auf dich – auf uns alle!«

Sie stieß mit Nancy an und wandte sich dann Miriam zu. »Auf uns, Miss de Sousa.«

Miriam verdrehte die Augen und schüttelte verächtlich den Kopf, hob aber schließlich doch ihr Glas. »Auf uns. Und darauf, dass wir dem Dreckskerl Adolf eine verpassen!«

Plötzlich brachen sie alle in übermütiges Gelächter aus. Nancy hätte beinahe vergessen, dass sie immer noch eine ganze Menge über das Fliegen in England lernen musste.

Norah Taft sollte versetzt werden. Ihr Ehemann war Kommandant auf einem ATA-Stützpunkt in Nordengland und hatte arrangiert, dass sie ebenfalls dorthin versetzt wurde, damit sie zusammen sein konnten. Sie teilte Nancy diese Neuigkeit mit, als sie gerade von einem weiteren Überlandflugtraining zurückkamen. Trotz all ihrer Bemühungen fiel Nancy das Navigieren immer noch schwer, obwohl sie die Landmarken allmählich besser erkannte und mit den Hieroglyphen auf der Karte verbinden konnte.

[2] Frühstücksfleisch aus der Dose, in Scheiben gebraten

»Mir ist lieber, Sie erfahren es von mir persönlich, als durch irgendwelchen Klatsch auf dem Stützpunkt.« Norah sprach mit genau dem Akzent, den Nancy immer für typisch englisch gehalten hatte – mit akzentuiertem Tonfall und glasklaren Vokalen. Erst während ihres Aufenthalts in England wurde sie eines Besseren belehrt, denn keineswegs jeder dort redete so.

Nancys Stimmung sank. Schon seit einigen Tagen hatten Gerüchte die Runde gemacht, aber sie hatte gehofft, dass nichts Wahres daran sei. Sie mochte Mrs. Taft gern.

»Sie werden selbst bald woandershin versetzt«, sagte Norah, als sie ihren niedergeschlagenen Gesichtsausdruck bemerkte. »Sie sind eine gute Pilotin, Nancy – ein Naturtalent. Technisch sind Sie eine der besten, die ich je unterrichtet habe. Sie müssen bloß noch an Ihrer Navigation arbeiten – dann sind Sie nicht mehr zu bremsen.«

»Ja, ich weiß. Beim Navigieren bin ich eine echte Niete«, erwiderte Nancy zerknirscht.

Norah lächelte. »Es ist wirklich nicht gerade Ihre starke Seite, da stimme ich Ihnen zu. Aber Sie sind auf dem besten Wege, es zu lernen. Heute waren Sie schon sehr viel sicherer. Tatsächlich denke ich, dass Sie bereit sind, allein einen Überlandflug zu machen. Wollen Sie es morgen mal versuchen?«

Nancys Laune besserte sich schlagartig. »Aber klar!«

»Okay. Bereiten Sie einen Dreiecksflug vor, über White Waltham und Sywell. Sie werden auf beiden Plätzen landen und sich Ihr Formular abzeichnen lassen, damit ich weiß, dass Sie auch wirklich dort angekommen sind und uns keine Schande bereitet haben. Wenn Sie Ihre Sache gut machen, werde ich Sie als ausreichend kompetent im Überlandflug bestehen lassen. Wenn Sie es falsch machen, wird wohl leider Ihr neuer Lehrer über Ihr weiteres Schicksal entscheiden. Und ich fürchte, er wird nicht so nachsichtig sein wie ich.«

»Er?«

»Ja. Er ist ein Pilot der Royal Air Force – und er wird wohl auch die Maßstäbe der RAF anlegen.«

»Oh, Scheibenkleister.« Aber Nancy wusste, dass sie kaum mit weiteren Problemen rechnen musste, solange sie nur ihren Überlandflug bestand. Sie war sicher, dass ihre allgemeinen fliegerischen Fähigkeiten gut genug waren, um auch den penibelsten Prüfer zufriedenzustellen, und dass sie mit jedem Flugzeugtyp fertig würde, den man ihr vorsetzte.

Sie grinste Norah Taft an. »Dann strenge ich mich jetzt wohl besser an, dass ich alles richtig mache.«

Anfangs verlief alles gut. Zu gut. Norah hatte die Flugvorbereitung genehmigt – den Flugdurchführungsplan, auf welchem Nancy alle Steuerkurse mit der jeweiligen Windkorrektur eingetragen hatte – und sie in einer Puss Moth losgeschickt. Nancy war wild entschlossen, alles richtig zu machen. Sie flog den ersten Schenkel nach White Waltham, landete und erhielt ihre Bescheinigung, bevor sie dann wieder in Richtung Norden nach Sywell startete. Es war der längste Schenkel und, wie Nancy fand, der schwierigste, doch sie fand ihr Ziel ohne allzu große Schwierigkeiten. Sie landete, trank eine Tasse Kaffee und startete gleich weiter in Richtung Heimatflugplatz. Aber dann nahm das Unglück seinen Lauf.

Nancy war klar, dass sie niemandem außer sich selbst die Schuld daran geben konnte. Sie hätte wissen müssen, dass ein übersteigertes Selbstvertrauen früher oder später zu einer Katastrophe führte – eigentlich wusste sie das auch, doch sie genoss das Fliegen viel zu sehr, um auf die Stimme der Vernunft zu hören. Sie genoss die Freiheit und die Euphorie darüber, alles richtig gemacht zu haben. Sie war noch nicht bereit, nach Hause zu fliegen. Sie wollte noch ein bisschen länger hier oben in der blauen Stille bleiben und mit den Wolken Verstecken spielen. Sie flog einen kleinen Umweg und dann noch einen, überzeugt davon, dass sie ihren Kurs schon wieder aufnehmen und den

Rückweg finden würde. Doch irgendwann wurde ihr zu ihrem Entsetzen plötzlich bewusst, dass sie nicht die leiseste Ahnung hatte, wo sie eigentlich war.

Nancy fluchte leise. Wie zum Teufel hatte sie nur so unüberlegt handeln können? Sie musterte die Landschaft unter sich, eine ausgedehnte Fläche grüner Felder, die von Hecken in ungleichmäßige Quadrate und Rechtecke geteilt wurde. Dunklere Flecken zeigten Baumgruppen an, und zwischendurch sah sie einzelne, verstreute Ansammlungen von Häusern, willkürlich in die Landschaft getupft. Doch die Straßen, die die Siedlungen miteinander verbanden, waren schmale, gewundene graue Bänder, und das gelegentliche Glitzern des Sonnenlichts auf Wasser zeigte bloß einen mäandernden Bach. Es gab absolut nichts, was Nancy erlaubte, eine Verbindung zu ihrer Karte herzustellen und daraus auf ihre Position zu schließen. Verzweifelt wendete sie die Puss Moth und fragte sich, ob es vielleicht direkt unter ihr irgendetwas gab, was sie übersehen hatte. Das konnte passieren: Wenn man seinen Kurs zu genau flog, konnte es geschehen, dass man ein Bodenmerkmal übersah, weil es sich direkt unter einem befand. Diesmal allerdings nicht. Nancy spürte Panik in sich aufsteigen und versuchte sich zu beruhigen: Du hast dich nicht wirklich verflogen. Du weißt bloß nicht genau, wo du bist. Hör auf, dich verrückt zu machen, und konzentriere dich lieber!

Sie breitete die Landkarte auf ihrem Knie aus und ging auf zweitausend Fuß runter. Dann neigte sie den Flügel und flog einen großen Kreis, in der Hoffnung, irgendein Bodenmerkmal zu erkennen, das sie zuordnen konnte. Nichts. Weit und breit nur Grün und ein paar vereinzelte Häuser. Aus dem Schornstein eines Hauses stieg Rauch auf, allerdings nicht gleichmäßig und senkrecht, sondern in einzelnen, auseinandergezogenen Schwaden, beinahe parallel zum Boden. Aus dieser Höhe konnte Nancy erkennen, dass sich die Baumkronen im Wind bogen.

Hier lag wahrscheinlich auch der Grund für ihr Problem. Der Wind hatte gedreht und zugenommen, seit sie die Kompasskurse ausgearbeitet hatte. Sie balancierte das Klemmbrett über der Landkarte auf ihrem Knie, nahm den Stift ab und versuchte ein paar Berechnungen anzustellen. Aber Mathematik war nie ihre starke Seite gewesen, und jetzt, wo Angst und Sorge an ihr nagten, fiel es ihr umso schwerer, sich zu konzentrieren, und sie war sich ganz und gar nicht sicher, ob sie richtig gerechnet hatte.

Flieg Richtung Süden, und bete! Wenigstens hatte sie genügend Treibstoff. Früher oder später würde sie auf einen Flugplatz treffen. Dann würde sie landen, eine Tasse Kaffee trinken, um ihre Nerven zu beruhigen, und einen neuen Flugplan ausarbeiten, der sie nach Hause führen würde. Doch die Puss Moth schien sich so langsam zu bewegen wie eine träge Hummel, und der Flug, der ihr vorher so viel Spaß gemacht hatte, kam ihr plötzlich endlos vor. Und damit noch nicht schlimm genug: Plötzlich sah Nancy vor sich am Himmel eine dichte, dunkle Wolkenbank heranziehen.

Nach ein paar Minuten prasselten die ersten Regentropfen gegen die Windschutzscheibe. Nancy biss die Zähne aufeinander. Verfluchtes englisches Wetter! In den Wettervorhersagen hatte es keinerlei Warnung vor Gewittern gegeben, doch alle Anzeichen deuteten jetzt darauf hin. Dichte Kumuluswolken und eine plötzliche Änderung der Windgeschwindigkeit und -richtung waren kein gutes Zeichen. Es würde zwar wohl kaum die Art von Tropensturm werden, die sie aus Florida kannte – oder wenigstens glaubte Nancy das nicht –, aber jedes Gewitter bedeutet für ein Leichtflugzeug Unannehmlichkeiten. Die Auf- und Abwinde können heftige Turbulenzen verursachen, während Windscherungen das Steuern erschweren. Hagel kann die Zelle beschädigen, Blitzschlag gefährdet die Elektrik.

Nancy hatte nicht die Absicht, sich in ein Gewitter zu begeben, wenn sie es irgendwie vermeiden konnte. Nur ein Idiot würde in eine Kumulonimbuswolke fliegen – und dazu schien sich das Wolkengebilde vor ihr zu formen. Schon wurde die Puss Moth hin- und hergeworfen; plötzlich geriet sie in ein Luftloch und sackte ab – etwa zweihundert Fuß in ein paar Sekunden. Nancy wurde in ihrem Gurtzeug so heftig emporgeworfen, dass ihr Kopf gegen das Dach schlug und eine Wolke aus Staub und undefinierbaren schwarzen Teilchen auf sie niederregnete. Sie flog eine Kurve und steuerte die Puss Moth vom Gewitter weg. Jetzt kam es nicht mehr darauf an, einen Flugplatz zu finden – sie würde einfach auf irgendeinem Feld landen, davon gab es hier schließlich genug. Solange sie auf Kühe und Stromleitungen achtete, würde es schon gutgehen. Sie fing das Flugzeug bei eintausend Fuß ab, suchte sich ein geeignetes Feld aus und prüfte noch einmal die Windrichtung, um eine Platzrunde zu fliegen und gegen den Wind zu landen. Sie betete: Bitte mach, dass da keine verborgenen Gräben sind! Bitte lass einen Bauernhof in der Nähe sein! Oder einen Bauer mit einem Traktor, der mich wieder in bewohntes Gebiet bringen kann. Und bitte mach, dass beim Landen dieses verdammte Flugzeug heil bleibt!

Als Nancy in den Queranflug drehte, entdeckte sie zu ihrer Verwunderung ein weiteres einmotoriges Flugzeug, das südlich von ihr ganz offensichtlich im Sinkflug war. Sie beugte sich vor, bis das Klemmbrett auf ihrem Schoß sich in ihre Rippen bohrte, und spähte durch die regennasse Windschutzscheibe. Wollte das andere Flugzeug genau wie sie auf einem Feld landen, um dem Gewitter auszuweichen? Oder war da jenseits des baumbestandenen Hügelkamms vielleicht noch etwas, was sie übersehen hatte? Ein rascher Blick zu der dunkel sich auftürmenden Wolkenwand zeigte Nancy, dass sie bestenfalls noch ein paar Minuten Zeit hatte, bevor die Wand sie einholen würde. Sie traf eine Entscheidung, hob die Nase und stieg wieder empor. Das andere Flugzeug war jetzt hinter der Baumreihe auf dem Hügelrücken verschwunden, doch Nancy steuerte in die Richtung, wo sie es zuletzt gesehen hatte, ein Stück unterhalb von ihr und offensichtlich im Landeanflug.

Sie überflog den Hügelkamm und traute ihren Augen kaum. Eine Landebahn, ein schmaler, gemähter Streifen, der sich durch das dunklere Grün des hohen Grases zog, und daneben ein Gebäude, das zu lang und flach war, um ein normales Haus zu sein. Ihr fiel ein Stein vom Herzen. Sie gab Gas und steuerte auf die Stelle zu, wo das andere Flugzeug ihrer Meinung nach den Landeanflug begonnen hatte. Inzwischen war es gelandet. Obwohl der Regen heftig gegen ihre Scheibe prasselte und sich in immer größer werdenden Kreisen verteilte, konnte Nancy erkennen, dass das Flugzeug auf das Gebäude zurollte. Sie richtete das Flugzeug aus, nahm das Gas zurück und fuhr die Landeklappen aus, während sie sich zur Konzentration zwang, obwohl ihr vor Freude und Erleichterung das Blut in den Adern kribbelte wie nach einem starken Schnaps. Sie würde es schaffen. Sie würde landen, warten, bis der Sturm vorbei war, herausfinden, wo sie sich befand, und den neuen Rückflugkurs in die Karte einzeichnen. Und mit ein wenig Glück würde niemand etwas von ihrem Herumirren bemerken.

Nancy spürte die tückischen Seitenwindböen, während sie den Endanflug einleitete, und das Kribbeln der Erleichterung verwandelte sich zusehends in ein aufgeregtes Kribbeln, je mehr sie die Gefahr spürte. Sie drehte die Nase in den Wind, die Füße im Seitenruder, immer bereit zu korrigieren. Tiefer, immer tiefer, das Gras sauste unter den Rädern durch, sie ließ die luvseitige Fläche in den Wind hängen. Ihre Hände umklammerten mit aller Kraft das Steuer; ohne es zu merken, biss sie sich so fest auf die Unterlippe, dass diese zu bluten anfing. Und dann war sie unten, die Räder berührten die gemähte Fläche der Landebahn, und sie bremste, vorsichtig, um nicht ins Schleudern zu kommen, das Flugzeug auf Rollgeschwindigkeit herunter. Sie stieß einen erleichterten Seufzer aus und steuerte von der Landebahn auf das Gebäude zu, vor dem das andere Flugzeug geparkt hatte.

Und dann geschah die Katastrophe. Eine jähe, heftige Windböe griff unter die linke Tragfläche und riss sie empor. Der Steuerknüppel ruckte in ihrer Hand, und ehe sie sich's versah, stand die ganze Welt kopfüber. Einen Augenblick lang schien die Zeit anzuhalten. Nancy befand sich in einer Art luftleerem Raum. Ihre Gedanken und Gefühle, jegliches Begreifen schienen für einen Moment auszusetzen. Dann schoss ihr das Blut in den Kopf, und ihr wurde bewusst, dass sie schmachvoll in der Luft hing, immer noch festgeschnallt, aber dort, wo vorher Gras gewesen war, war jetzt Himmel, und der Himmel hatte sich in Gras verwandelt. Das Klemmbrett hatte sich schmerzhaft neben ihrem Ohr verkeilt, und die Landkarte lag halb auf ihrem Gesicht. Ihre Tasche befand sich auf dem Dach neben ihr, der ganze Inhalt hatte sich verteilt. Überall war Puder aus ihrer Puderdose, eine feine Schicht aus rosa Staub, die einen Niesreiz bei Nancy auslöste. Schreck und Beschämung überkamen sie. So unglaublich es war – sie hatte sich schlichtweg überschlagen!

Nancy tastete nach dem Verschluss ihres Gurtzeugs, aber ihre Hände zitterten so sehr, dass sie den Auslösebolzen nicht fand. Während sie noch damit kämpfte, wurde die Tür der Puss Moth aufgerissen und Nancy sah ein Paar Hosenbeine in robusten ledernen Fliegerstiefeln.

»Alles in Ordnung?« Eine männliche Stimme, tief, ein wenig rau und mit unüberhörbar englischem Akzent.

»Was glauben Sie denn?« Nancys Stimme wurde gedämpft durch ihr Hemd, das ihr halb über den Mund hing. Noch nie in ihrem Leben war ihr etwas so peinlich gewesen, war sie sich so blöd vorgekommen. »Ich bekomme mein Gurtzeug nicht auf.«

Der Mann griff an ihr vorbei in die Kabine; Wasser tropfte von seiner ledernen Fliegerjacke auf Nancys Gesicht. Einen Moment lang schien sie von seinem Körper fast begraben zu werden, dann hatte er das Gurtschloss entriegelt, und sie fiel unsanft heraus.

»Puh – hier riecht's ja wie in einem französischen Bordell!«, sagte er.

Mein Parfum. Das verdammte Parfum. Die Flasche in ihrer Tasche musste zerbrochen sein. Jetzt schämte sich Nancy nicht bloß, sondern war auch noch wütend. Vor allem auf sich selbst, aber auch auf diesen Mann, weil er Zeuge ihrer demütigenden Lage geworden war.

»Helfen Sie mir endlich hier raus, verdammt!«

»Okay, jetzt beruhigen Sie sich mal!« Er half ihr, aus dem Flugzeug zu klettern. Als sie sich aufrichtete, wurde ihr ein bisschen schwindlig. Sie musste sich an seinem Arm festhalten, um ihr Gleichgewicht wiederzufinden, was ihr noch viel peinlicher war.

»Entschuldigung.« Nancy ließ seinen Arm los und lehnte sich stattdessen an den Flugzeugrumpf.

»Kein Problem.« Er betrachtete sie prüfend mit zusammengekniffenen Augen. Sie waren haselnussbraun, und er hatte kantige, scharf gemeißelte Züge. Sein regennasses Haar war aus dem Gesicht gestrichen und gab den Blick auf eine hohe Stirn frei. Nancy wünschte sich, er wäre nicht so verflixt attraktiv. Aus irgendeinem unerfindlichen Grund kam sie sich dadurch nur noch blöder vor. »Kommen Sie, gehen wir erst mal rein! Um den Rest kümmern wir uns, wenn das Gewitter vorbei ist.«

Er steuerte auf das flache, weiß gestrichene Gebäude zu und blickte noch mal über die Schulter zurück, wobei die kantige Kinnpartie über dem Kragen seiner Jacke sichtbar wurde. »Geht es Ihnen jetzt wieder besser?«

»Alles bestens.« Das stimmte zwar nicht, aber sie hatte nicht vor, das zuzugeben. Sie marschierte energisch an ihm vorbei, so zügig, wie ihre zitternden Beine es gestatteten.

Die grellgrün gestrichene Tür der Baracke stand offen, und ein weiterer Mann tauchte auf. Er war älter, vielleicht Ende fünfzig, Anfang sechzig, und trug saloppe Kleidung, ein kariertes Hemd mit offenem Kragen und Cordhosen. Sein Haar war stahlgrau, und sein wettergegerbtes Gesicht hatte eine gesunde Farbe. Wenn er lächelte, gruben sich tiefe Furchen in die gegerbte Haut. Nun lächelte er, und seine Augen, die ungewöhnlich blau waren, funkelten – wie es schien, vor Belustigung.

»Also, ich habe ja im Leben schon so einiges gesehen, meine Liebe, aber ich habe noch nie gesehen, wie einer zwei Meter über dem Boden einen Looping dreht!«

In ihrem Zustand – völlig durchnässt und verängstigt, während das Flugzeug, das man ihr anvertraut hatte, verkehrt herum auf einer Graslandebahn in der Pampa lag – hätte Nancy diesem Mann am liebsten unverblümt gesagt, dass sie seine Bemerkung kein bisschen witzig fand, wenn sie nicht hätte befürchten müssen, dabei in Tränen auszubrechen.

»Ach, du meine Zeit! Am besten kommen Sie erst mal rein und trinken eine Tasse Tee.« Er sprach ein schweres, leicht gerolltes r, als käme er vom Land. Nancy fand, dass er aussah und klang wie ein Bauer. »Einen Tee können Sie bestimmt gebrauchen – nach einem so spektakulären Auftritt.«

»Ich kann doch nichts dafür«, protestierte sie. »Der Wind hat mich einfach umgedreht.«

»Ja, ja. Solche Dinge passieren nun mal.« Er schlenderte zu einem Kartentisch, auf dem eine braune Teekanne aus Steingut neben einer Ansammlung angeschlagener Tassen stand. »Sie werden sich besser fühlen, wenn Sie erst mal eine Tasse Tee getrunken haben. Zum Glück habe ich gerade welchen aufgegossen. Und an Ihrer Stelle würde ich mich lieber mal hinsetzen. Sie sehen ziemlich durcheinander aus – durch den Wind, würde ich beinahe sagen!«

Er grinste und deutete auf einen Klappstuhl aus Holz, der neben einem weiteren Kartentisch stand, auf dem sich Papiere und Luftfahrtpublikationen türmten. Durch das Fenster konnte Nancy sehen, dass der Mann, der sie gerettet hatte, um die Puss Moth herumschritt und sie untersuchte, offenbar vollkommen unbeeindruckt vom Regen, der immer noch wie aus Eimern herunterkam. Sie bemerkte, dass er leicht hinkte. Sie ging zu dem Klappstuhl hinüber und setzte sich, dankbar, dass sie ihre wackligen Knie nun nicht länger mühevoll unter Kontrolle halten musste. Der ältere Mann löffelte eine großzügige Menge Zucker in eine der Tassen, goss den Tee ein und reichte ihr die Tasse.

»Bitte sehr. Aber passen Sie auf, er ist sehr heiß!«

Nancy nippte am Tee. Er war wirklich heiß, siedendheiß und zuckersüß, aber als er in ihrem Magen ankam, ließ das Zittern ihrer Hände nach. Doch nichts konnte ihr Gefühl lindern, sich fürchterlich blamiert zu haben. Wie hatte sie so blöd sein können? Noch nie hatte sie einen Bruch gebaut – für Leute, denen das passiert war, hatte sie nur Spott übrig gehabt. Und dass es sich bei dem beschädigten Flugzeug zu allem Überfluss um eine Puss Moth der RAF handelte, machte die Sache noch schlimmer.

Die Tür ging auf, der jüngere Mann kam herein und schüttelte das Wasser von sich ab wie ein Hund.

»Ist sehr viel kaputtgegangen?«, fragte Nancy besorgt.

»Schwer zu sagen, bevor wir es wieder aufgerichtet haben, und bei diesem Regen …« Er warf einen Blick auf den Kartentisch. »Hast du vielleicht noch eine Tasse Tee in der Kanne, George? Ich habe eine ganz trockene Kehle.«

»Ich schätze, ich kann noch eine für dich rausholen, Mac.« Der ältere Mann schüttelte die Kanne hin und her und grinste. »Du kennst mich doch, ich koche immer genug, um ein ganzes Kriegsschiff zu versenken.«

»Was glaubst du denn, warum ich dich so oft besuchen komme?« Macs Stimme ging fast unter in dem lautstarken Hämmern des Regens auf dem Blechdach der Baracke und einem unheilvollen Donnergrollen, das direkt über ihnen zu sein schien. Er nahm eine Tasse Tee von dem Mann namens George entgegen, und im Aufflackern des Blitzes, der die Baracke erleuchtete, bemerkte Nancy eine violette Narbe, die quer über seinen Handrücken lief.

»Also.« Er hob eine Augenbraue und blickte in Nancys Richtung. »Welche Entschuldigung haben Sie vorzubringen?«

Die unverblümte Frage brachte sie aus der Fassung. »Wie bitte?«

»Ich meine dafür, dass Sie ohne Ankündigung hier bei George hereingeschneit sind. Okay – sagen Sie nichts. Der Sturm. Aber ich bin trotzdem neugierig. Ich nehme an, Sie sind eine von Jackie Cochrans Mädchen.«

»Woher wissen Sie das?«, fragte Nancy überrascht.

»Sie haben einen Yankee-Akzent, und Sie fliegen eine Puss Moth. Da habe ich eben zwei und zwei zusammengezählt. Wo sind Sie stationiert?«

»In Luton.«

Er lehnte sich an eine wackelige Küchenvitrine, die schon bessere Tage gesehen hatte, und nippte an seinem Tee. »Erzählen Sie mir noch mehr!«

Nancy zuckte irritiert mit den Achseln. »Da gibt's nicht viel zu erzählen. Ich war gerade auf einem Dreiecksflug, als der Sturm anfing. Ich habe gesehen, wie Sie gelandet sind, und mich entschlossen, dasselbe zu tun. Bei diesem Wetter wollte ich wirklich nicht weiterfliegen.«

»Kann ich mir denken. Und welche Strecke?«

Nancy wunderte sich, warum er ihr so viele Fragen stellte. Vielleicht wollte er bloß die Zeit totschlagen, bis das Gewitter vorbei war. Aber in Anbetracht der Tatsache, dass er sie gerade aus einem umgedrehten Flugzeug gezogen hatte, schien es unhöflich, ihm nicht zu antworten.

»Von Luton nach White Waltham, von White Waltham nach Sywell und von Sywell zurück nach Luton.«

»Dann sind Sie aber ziemlich weit von Ihrem Kurs abgekommen.«

Nancys Gesicht wurde feuerrot. »Ich bin nicht vom Kurs abgekommen!«

Er sah ihr direkt in die Augen. An seinem spöttischen Lächeln und der Art, wie er dastand – lässig an die Anrichte gelehnt, einen Stiefel über den anderen gekreuzt –, war etwas aufreizend Arrogantes. Eine Hand hatte er in die Tasche seiner Fliegerjacke geschoben, deren Reißverschluss er inzwischen aufgemacht hatte, so dass ein offenes Hemd zum Vorschein kam, das verdächtig nach RAF-Beständen aussah. Er beurteilt mich, dachte Nancy wütend.

»Oh, ich kann Ihnen versichern, dass Sie das sind.«

Nancy war entrüstet über seinen Tonfall. Demütigung nagte an ihrem ohnehin schon angeschlagenen Stolz. Sie wollte auf keinen Fall als naives Frauchen abgeschrieben werden.

»Ich bin eben einen kleinen Umweg geflogen.« Sie versuchte, heiter und selbstbewusst zu klingen, doch die ganze Zeit über war ihr klar, dass sie früher oder später zugeben musste, dass sie nicht die leiseste Ahnung hatte, wo sie eigentlich war, damit sie Luton benachrichtigen, ihren Standort durchgeben und melden konnte, was passiert war.

»Machen Sie oft zum Spaß solche Vergnügungstouren?«

Das war für Nancy der Tropfen, der das Fass zum Überlaufen brachte. »Machen Sie oft zum Spaß andere Piloten fertig?«, erwiderte sie. »Ich habe keineswegs eine Vergnügungstour gemacht, wie Sie es zu bezeichnen pflegen, aber selbst wenn, wüsste ich nicht, was Sie das angehen sollte.«

Er hob wieder eine Augenbraue und blickte sie so an, wie sie niemand mehr angeblickt hatte, seit sie als widerspenstiges Schulmädchen vom Lehrer vor der Klasse für ihr Fehlverhalten gerügt worden war.

»Wer ist Ihr Ausbilder?«

»Um ehrlich zu sein, weiß ich auch nicht, was Sie das angehen sollte«, sagte sie scharf.

»Oh, ich kann Ihnen versichern, dass mich das sehr wohl etwas angeht. Ich wüsste doch gern, welcher unserer Ausbilder so töricht war zu glauben, dass man Sie allein in einer Puss Moth losschicken könnte.«

Nancy wurde heiß und kalt. *Welcher unserer Ausbilder* … Verdammt, er war bestimmt bei der ATA. Das würde man ihr nie verzeihen. Eine Vergnügungstour machen, wie er es genannt hatte. Vom Kurs abkommen. Eine Puss Moth zum Überschlagen bringen. Und sie wie ein französisches Bordell riechen zu lassen …

Der Mann mit Namen George gluckste in seine Teetasse. »Sag ihr lieber, wer du bist, Mac. Du hättest es ihr besser sofort sagen sollen, wenn du mich fragst.«

»Ich wollte erst mal hören, was sie zu ihrer Rechtfertigung vorzubringen hat.« Er nahm Haltung an. Jetzt deutete nicht nur sein Hemd, sondern auch sein Benehmen auf eine Zugehörigkeit zur RAF hin. »Dann ist es wohl Zeit, dass wir uns einander vorstellen, Miss …?«

»Kelly. Nancy Kelly.«

»Miss Kelly. Ich heiße James Mackenzie. Ich bin Squadron Leader der RAF und im Moment als Stellvertretender Kommandant nach White Waltham abkommandiert. In ein paar Tagen aber werde ich meine neue Aufgabe als Ausbilder in Luton antreten, während Ersatz für eine gewisse Mrs. Norah Taft gesucht wird.« Er blickte sie ernst an. »Ich vermute, Sie sind eine ihrer Schülerinnen, und sie hat versucht, Ihnen noch schnell Ihre Prüfungen abzunehmen, bevor sie weggeht. Gut gemeint, aber leider hat es wohl nicht funktioniert, nicht wahr?«

Der Boden schien sich unter ihren Füßen aufzutun. *Oh Gott. Mein neuer Ausbilder! Der zweithöchste Offizier in White Waltham.* Jetzt hatte sie wirklich alles vergeigt. Von einem disziplinierten RAF-Offizier konnte sie keine Nachsicht erwarten. Sie würde unehrenhaft aus dem Dienst entlassen – und das wäre das Ende ihrer Teilnahme am Krieg.

»Tut mir leid, Sir.« Sie hatte einen Kloß im Hals. Er hätte es mir sagen sollen, dachte sie. Mir das zu verheimlichen war nicht besonders fair.

Das Gewitter war fast vorübergezogen, das Trommeln des Regens auf dem Blechdach wurde schwächer, und der Donner grollte nur noch von fern.

»Okay, Miss Kelly, jetzt, wo wir wissen, woran wir sind, sollten wir lieber versuchen, den Schlamassel wieder in Ordnung zu bringen, in den Sie sich da gebracht haben.«

Sie sah ihn an, wie er dastand, mit verschränkten Armen, der Inbegriff der Überlegenheit, und jeden Augenblick der Situation genoss, und dachte sich, dass er der überheblichste Kerl war, der ihr je begegnet war.

Und leider auch – obwohl sie das nicht gern zugab – bei weitem der attraktivste.

IV.

Nancy war eine geborene Optimistin und neigte nicht zu depressiven Anwandlungen oder heftigen Stimmungsschwankungen. Doch in den Tagen nach dem demütigenden Debakel ihres Überlandflugs hingen Schmach und Schande über ihr wie eine dichte schwarze Wolke und innerlich fühlte sie sich ganz hohl aus Furcht vor den Folgen.

Norah Taft war verständlicherweise nicht nur enttäuscht von ihr, sondern auch wütend. Sie bestellte Nancy in ihr Büro, ein winziges Zimmer, kaum größer als ein Schrank, in das ein Schreibtisch, ein Aktenschrank und ein paar harte, kerzengerade Stühle gestopft worden waren. Ein großes gerahmtes Foto von ihrem Mann stand auf dem Aktenschrank, ein lächelnder Mann mit großem Schnauzbart. Doch Norah Taft lächelte nicht.

»Nancy, Ihnen ist doch wohl klar, dass ich einen Bericht über Sie schreiben könnte, der besagt, dass Sie ungeeignet für die ATA sind?« Ihr Tonfall war streng, ihr Blick kalt.

»Ich konnte nichts dafür, Mrs. Taft. Der Wind hat mich einfach gepackt …« Sie hatte diesen Satz schon so oft gesagt – zu Freunden und Kollegen, die die ganze Geschichte eher amüsant zu finden schienen, ebenso wie zu kritischen Vorgesetzten –, dass sie sich schon vorkam wie eine Schallplatte mit Sprung.

»Das kann ich noch gelten lassen. Sie hatten großes Glück, dass das Flugzeug nicht stärker beschädigt wurde und dass Squadron Leader Mackenzie Zeuge des Vorgangs wurde und bereit ist zu bestätigen, dass Sie das Überschlagen des Flugzeugs nicht hätten verhindern können. Aber darum geht es doch gar nicht, oder? Was wir alle gern wissen möchten, ist vielmehr, weshalb Sie so weit von Ihrem Kurs abgekommen sind. Ich weiß, dass Ihre Navigation einiges zu wünschen übrig lässt, aber es war eine einfache Strecke. Wenn Sie das nach all dem Training, das wir durchgeführt haben, immer noch nicht schaffen …« Sie beendete den Satz nicht, aber Nancy wusste auch so, was sie sagen wollte. Man würde sie als Versagerin abschreiben und in Schimpf und Schande nach Hause schicken.

»Ich bin nicht wirklich vom Kurs abgekommen«, sagte sie verzweifelt. »Alles lief so gut, und ich habe das Fliegen so genossen, und …«

»Halt, Nancy!« Norah hob die Hand wie ein Polizist, der den Verkehr zum Stillstand bringen will. »Ich will nichts mehr hören.«

»Aber …«

»Nein!« Die Hand schwebte unerschütterlich direkt vor Nancys Gesicht. »Sie haben versucht, den Sturm zu umfliegen, und sind dabei vom Kurs abgekommen, wenn ich Sie richtig verstehe. Das hätte nicht passieren dürfen, aber es ist nun mal passiert. Auf dieser Grundlage werde ich befürworten, dass Sie noch weiteren Unterricht erhalten. Sie sind eine gute Pilotin, und es wäre jammerschade, wenn man Sie entließe, bloß weil Sie sich mit dem Navigieren in England ein bisschen schwerer tun als andere, denn ich glaube, Sie werden es schon noch lernen. Bei einer verantwortungslosen Grundhaltung sieht die Sache natürlich ganz anders aus. Müsste ich auch nur einen Moment lang glauben, dass Sie unsere Flugzeuge benutzt haben, um zu Ihrem Vergnügen durch die Gegend zu juckeln, dann bliebe mir keine andere Wahl, als Sie für ungeeignet zum Dienst zu erklären. Für unverantwortliche Abenteurer haben wir hier keinen Platz.«

Nancy spürte, wie ihr die Röte den Nacken emporstieg.

Norah Taft wusste ganz genau, was geschehen war, wollte aber verhindern, dass Nancy es gestand. Wäre die Wahrheit erst einmal ausgesprochen, würde Norah sich verpflichtet fühlen, die Angelegenheit zu melden. Da übernahm sie lieber selbst die Verantwortung für den Vorfall, obwohl das bedeutete, dass man ihr Urteilsvermögen und ihre Einschätzung, man könne sie auf einen Überlandflug schicken, anzweifeln würde.

»Ja, Mrs. Taft«, sagte sie unterwürfig.

»Gut.« Norah nahm die Kappe ihres Füllfederhalters ab und zog ein Blatt Papier zu sich heran. Nancy hatte das ungute Gefühl, dass es sich um einen Bericht über sie handelte. »Was weiter geschieht, hängt von Ihrem neuen Ausbilder ab, der sich wahrscheinlich schon ein Urteil über Ihre Fähigkeiten gebildet hat.«

Nancy errötete noch tiefer. Deutlich konnte sie Squadron Leader Mackenzies sarkastisches *Machen Sie oft zum Spaß solche Vergnügungstouren?* hören. Er wusste ebenso gut wie Norah Taft, was sie getan hatte. Und mit seinem RAF-Hintergrund würde er sie wahrscheinlich noch sehr viel strenger beurteilen.

»Ich hoffe, dass Sie mich nicht noch einmal enttäuschen, Nancy«, sagte Norah Taft streng. Dann verzogen sich ihre Mundwinkel zu einem kleinen Lächeln. »Sie haben jede Menge gute Qualitäten – Mut und Begeisterungsfähigkeit, um nur zwei zu nennen –, und niemand hat Zweifel an Ihren fliegerischen Fähigkeiten. Verderben Sie sich nicht alles durch unbesonnenes und undiszipliniertes Verhalten! Denken Sie immer daran: Sowohl Unbesonnenheit als auch Disziplinlosigkeit sind gefährlich. Und zusammen bilden sie eine tödliche Kombination. Ganz einfach gesagt: Sie könnten sich umbringen.«

Nancy nickte zerknirscht. Sie wusste, dass Mrs. Taft Recht hatte.

Zwei Tage später trat Squadron Leader James Mackenzie seinen Dienst in Luton an, und die Geschichte, wie er als Offizier der RAF zeitweilig zur ATA versetzt worden war, ging ihm voraus. Er war bei der Luftschlacht um England verwundet worden und noch nicht wieder tauglich für den Kampfeinsatz. Das erklärte auch sein Hinken und die Narbe auf seinem Handrücken, dachte Nancy. Zudem war er für besondere Tapferkeit ausgezeichnet worden – mit dem Distinguished Flying Cross, hieß es –, und das trug noch zu der Aura von Ruhm und Glanz bei, die ihm seine Uniform verlieh.

Kay war offensichtlich schwer beeindruckt. »Ein toller Kerl, was?«, sagte sie begeistert, als die Mädchen am Tag seines Dienstbeginns mittags in der Kantine Käsesandwiches aßen und Tee tranken. »Für ein Lächeln von dem würde ich mich wirklich überschlagen!«

Miriam de Sousa hob spöttisch die Augenbrauen. »Hat Nancy das nicht bereits getan?«

Nancy hätte ihr am liebsten eine Ohrfeige gegeben.

Kay stöhnte. »Jetzt hör doch mal auf, Miriam. Das hätte doch jedem von uns passieren können.«

»*Das* glaube ich nicht.«

Kay überhörte ihre Antwort. »Hast du ihn schon gesehen, Nancy? Was hat er zu dir gesagt?«

»Dass er mich persönlich in Navigation prüfen wird.«

Ängstlich und beklommen war sie in den Besprechungsraum gegangen, und seine Begrüßung hatte auch nicht gerade dazu beigetragen, sie zu beruhigen. »Miss Kelly. So treffen wir uns wieder.«

»Wenigstens sind wir diesmal beide trocken«, hatte Nancy mit mühsam aufgesetzter Flapsigkeit erwidert. »Und ich stehe nicht auf dem Kopf.«

Der Anflug eines Lächelns verzog seinen Mund und ließ ein paar Fältchen um seine Augen entstehen. »Unter den gegebenen Umständen ist es vielleicht am besten, wenn wir noch mal ganz von vorn anfangen. Ich habe wohlwollende Berichte von Ihrer letzten Ausbilderin erhalten – abgesehen von etwas Kritik an Ihren navigatorischen Fähigkeiten. Daher schlage ich vor, dass wir dort weitermachen. Wenn Sie damit einverstanden sind.«

Er gab ihr eine zweite Chance. Nancy war klar, dass sie sehr viel Glück gehabt hatte.

»Ja, natürlich.«

»Also, dann sollten wir uns besser kennenlernen. Sie haben wahrscheinlich schon alle möglichen Gerüchte darüber gehört, wie unangenehm und pingelig RAF-Angehörige sein können, vor allem diejenigen, die schon im Dienst waren, ehe der Krieg begann. Im Großen und Ganzen stimmt das auch. Wir sind auf einem sehr hohen Niveau ausgebildet worden. Bleibt man hinter diesen hohen Maßstäben zurück, fliegt man hochkant raus, ehe man sich's versieht. Ich bin mir durchaus bewusst, dass die ATA aus Zivilisten besteht, die daran gewöhnt sind, beim Fliegen ganz anderen Regeln zu folgen. Manchmal müssen auch schwierige Entscheidungen getroffen und Risiken eingegangen werden, um die Flugzeuge dahin zu transportieren, wo sie für die Kriegsanstrengungen gebraucht werden. Doch das Ethos sollte dasselbe sein. Wenn Sie sich umbringen wollen, ist das Ihre Sache. Aber wenn Sie die Aufgabe haben, andere zu transportieren, dann liegt das Leben von erfahrenen Piloten in Ihren Händen, und wir wollen auch keine wertvollen Flugzeuge verlieren.«

»Das ist mir klar.«

»Aber ist Ihnen auch klar, welche Entscheidungen Sie tagtäglich treffen müssen? Vielleicht wird dringend ein Flugzeug in Lossiemouth gebraucht.« Er bemerkte ihren fragenden Gesichtsausdruck und erklärte: »Lossiemouth, im Norden von Schottland. Sie bekommen die Wettervorhersage, und es sieht ein bisschen riskant aus. Aber die Leute in Lossiemouth schreien nach Ihrem Flugzeug. Sie entscheiden sich zu fliegen. Sie geraten in dichte Wolken, und es zieht sich immer mehr zu. Fliegen Sie weiter und hoffen darauf, dass es sich weiter hinten aufklärt – oder weiter oben –, oder landen Sie irgendwo und warten? Die Entscheidung liegt einzig und allein bei Ihnen.«

»Ich bin daran gewöhnt, Entscheidungen zu treffen.«

»Ja«, sagte er. »Das scheint mir auch so.« Er grinste sie schief an, und plötzlich geschah etwas sehr Merkwürdiges mit Nancy.

Im Nachhinein hätte sie ihre Empfindungen am ehesten vergleichen können mit dem Gefühl, das sich beim Überziehen eines Flugzeugs einstellt, aber dieser Vergleich muss jedem unverständlich bleiben, der nicht selbst Pilot ist.

Ein Flugzeug zu überziehen ist etwas völlig anderes als beispielsweise ein Auto abzuwürgen – hier wird kein Motor abgewürgt, sondern die Strömung an der Oberseite der Flügel, die einen in der Luft hält, reißt ab. Außer der Kontrolle über das Flugzeug verliert man auch schnell an Höhe und läuft Gefahr, ins Trudeln zu geraten. Versehentlich sollte man niemals in einen überzogenen Flugzustand geraten, und doch übt jeder Flugschüler genau dies während seiner Ausbildung, um zu erfahren, wie es sich anfühlt und wie man wieder herausfindet. Dazu wird die Leistung zurückgenommen und gleichzeitig die Nase angehoben, um den so genannten Anstellwinkel zu verändern, worauf das Flugzeug langsam an Stabilität verliert.

Nancy konnte sich noch sehr gut an die Flugstunden erinnern, in denen sie das Überziehen üben musste, an das unheimliche Gefühl, eine Katastrophe herauszufordern, obwohl sie genau wusste, dass sie hoch genug war, um die Maschine problemlos ausleiten und abfangen zu können. Sie erinnerte sich an diese luftleere Stille, in der sie die Flügel mit dem Seitenruder gerade hielt und das Steuerhorn immer weiter zurückzog, wohl wissend, dass es jeden Augenblick losgehen konnte. Wenn es so weit ist, fällt die Fahrtanzeige ab; die Steuerung wird schwergängig und reaktionslos; die Zelle um einen herum beginnt zu zittern, der heisere Ton der Überzieh-Warnung durchbricht die Stille. Und dann passiert es: Die Nase kippt ab, und man fällt; man spürt, wie der Magen absackt, und weiß, dass man jetzt nicht mehr fliegt.

Dann muss man schnell reagieren, das Höhenruder nachlassen und die Nase weiter senken. Wenn man dabei Gas gibt, verliert man vielleicht bloß fünfzig Fuß, ohne Motorhilfe können es leicht zweihundert Fuß sein. Und dann, wie durch ein Wunder, fliegt man wieder.

Als Nancy jetzt Squadron Leader James Mackenzie anschaute, der mit diesem leicht amüsierten Lächeln auf den Lippen im Besprechungsraum saß und sie herausfordernd anblickte, verspürte sie genau das gleiche Gefühl wie im Moment des Strömungsabrisses, wenn die Welt um einen herum aus den Fugen gerät und der freie Fall beginnt.

Sie blickte ihn an und fühlte sich, als stünde sie am Rand eines Abgrunds. Ihr Herz schien stehen geblieben zu sein, und Adrenalin schoss durch ihre Adern. All ihre Sinne schrien ihr zu, dass sie nun etwas tun müsse oder sie sei für immer verloren. Doch wenn sie ein Flugzeug überzog, wusste sie genau, was sie zu tun hatte, um es wieder unter Kontrolle zu bringen, jetzt dagegen arbeitete ihr Gehirn überhaupt nicht mehr.

»Gut. Dann sehe ich Sie morgen wieder«, sagte er.

Nancy nickte und verließ das Besprechungszimmer, so schnell sie ihre Beine tragen wollten. Im Unterrichtsraum hatte sie noch eine Stunde Morsecode vor sich, aber die Striche und Punkte verwandelten sich vor ihren Augen in die Fältchen, die seine nussbraunen Augen umgaben, und verbanden sich zu der violetten Narbe auf seinem gebräunten Handrücken. Sie presste die Zähne aufeinander und ermahnte sich zur Konzentration, doch es war sinnlos. Nancy wurde bewusst, dass sie sich noch mehr zum Narren zu machen drohte, als sie es ohnehin schon getan hatte.

Natürlich würde sie ihre Gefühle auf keinen Fall gegenüber Kay oder Miriam zugeben. Nicht einmal, falls Kay den neuen Lehrer noch mal als »tollen Kerl« bezeichnete. Unter keinen Umständen würde sie ihr zustimmen. Dieser Mann ging ihr viel zu nah, und ihre Gefühle waren viel zu tief, als dass sie Kays oberflächlicher Charakterisierung zustimmen könnte. Nancy war schon vielen »tollen Kerlen« begegnet, aber noch nie hatte sie sich so gefühlt wie jetzt.

»Du hattest verdammt viel Glück, dass er dich so einfach hat davonkommen lassen«, meinte Miriam. Sie tupfte die letzten Krümel ihres Käsesandwiches mit der Fingerspitze auf und leckte sie ab. »Jetzt musst du dich besonders anstrengen, um bei ihm einen guten Eindruck zu hinterlassen.«

»Das weiß ich selbst!«, erwiderte Nancy, nicht sicher, ob sie damit das Fliegen meinte oder etwas ganz anderes.

Es gestaltete sich schwieriger als erwartet. So wild entschlossen sie auch war, James Mackenzie – oder Mac, wie er lieber genannt wurde – zu beeindrucken, schien es doch so, als ob die meisten Fähigkeiten, die ihr sonst so leicht fielen wie das Atmen, sie auf einmal verließen. Jedenfalls kam es ihr so vor, obwohl sie sich zu trösten versuchte, dass sie nicht ganz so schlecht sein konnte, wie sie befürchtete, denn sonst hätte er schon längst aufgegeben und sie nach Hause geschickt. Doch sie flog nicht so gut wie sonst, und das ärgerte sie und machte sie gereizt. Je mehr sie sich bemühte, alles richtig zu machen, desto ungeschickter stellte sie sich an, und wenn sie beim Fliegen neue Kurse ausrechnen sollte, hatte sie das Gefühl, ihr Kopf sei mit Watte gefüllt. Und die ganze Zeit über spürte sie Macs kritischen Blick, der jede ihrer Handbewegungen beurteilte. Noch mehr verwirrte sie jedoch sein männlicher Geruch, die gelegentlichen Berührungen seines Armes, wenn sie die Trimmung nachstellte, und die Körperwärme, die zwischen ihnen entstand, elektrisch aufgeladen und stark wie ein Magnetfeld.

Nancys Gefühle waren in ständigem Aufruhr. Noch nie hatte sie sich so gefühlt, und sie konnte nicht verstehen, warum sie jetzt so empfand. Er hatte nichts gesagt oder getan, was eine solche Reaktion rechtfertigte – im Gegenteil: Zwischen ihnen fiel kein Wort, das nicht mit ihrer Aufgabe zu tun hatte, und da sie im Cockpit so dicht nebeneinandersaßen, waren gelegentliche unabsichtliche Berührungen unvermeidlich. Trotzdem verspürte Nancy in seiner Anwesenheit jedes Mal eine starke Erregung, und wenn sie getrennt waren, ließen die Gedanken an ihn sie nicht los.

Allmählich verzweifelte sie und verfluchte das Schicksal, das Norah Taft in den Norden versetzt hatte, ehe sie, Nancy, ihre Ausbildung beendet hatte. Mit Norah wäre sie schon an ihr Ziel gekommen. Langsam, aber sicher. Doch nun, hin- und hergerissen zwischen ständiger Kritik und elektrisierender Anziehungskraft, schien sie keinerlei Fortschritte zu machen.

»Okay, Nancy. Heute habe ich eine kleine Prüfung für Sie.« Es war ein herrlicher Sommermorgen, und sie befanden sich gerade bei einer weiteren Navigationsübung, diesmal allerdings in einem anderen Flugzeug – einer Hawker Hart. Mac saß entspannt auf seinem Sitz, doch seine Augen suchten wachsam wie immer den Horizont ab. Nancy konnte nicht anders, als sein markantes Profil über dem Kragen seiner Fliegerjacke zu bemerken.

»Erinnern Sie sich noch an den Landeplatz, wo Sie sich im Gewitter überschlagen haben? Ich bin gespannt, ob Sie den wiederfinden.«

»Sie machen wohl Witze!«

»Ganz und gar nicht. Inzwischen sollten Sie in der Lage sein, Orientierungspunkte wiederzuerkennen und auch nach Kurs zu fliegen. Finden Sie die Piste, und wir landen und trinken eine Tasse Tee mit George, wenn er da ist.«

»Diesen Ort möchte ich nie wiedersehen!«

»Ich glaube, es würde Ihnen aber guttun, ein paar Geister zu begraben. Und ich empfehle Ihnen, aufzupassen, was Sie da machen«, sagte er und deutete auf den Höhenmesser.

»Ich passe ja auf!« Nancy korrigierte die Höhe, so rasch und unauffällig wie möglich. »Ich wünschte, Sie würden nicht dauernd an mir herummeckern.«

»Dafür bin ich aber hier.« Seine Stimme klang gelassen, aber der kühle Tonfall war wieder da. »Also los, finden Sie Georges Landepiste!«

Während Nancy den Horizont absuchte, sandte sie ein Stoßgebet zum Himmel. Sie hatte das Gefühl, dass ihre Zukunft bei der ATA von dieser Prüfung abhing. Und dann, urplötzlich, entdeckte sie einen bewaldeten Hügelkamm, den sie wiedererkannte. Sie steuerte darauf zu, und da, versteckt in der Senke hinter dem Hügel, lag die kleine Piste.

Diesmal hatte sie beim Landen keinerlei Probleme. Sanft setzten die Räder auf das Gras auf, sie rollte auf die baufällige Baracke zu und parkte neben einem Kleinflugzeug, das schon bessere Tage gesehen hatte. Aber die Baracke schien verschlossen zu sein, und von dem alten Rover war weit und breit nichts zu entdecken.

»Sieht nicht so aus, als ob George heute da ist«, meinte Mac.

»Was ist das für eine Piste? Wo sind wir hier eigentlich?« Nancy schaute auf ihre Uhr und hatte den Stift gezückt, um etwas auf ihrem Klemmbrett zu notieren.

»Lassen Sie das ruhig!« Mit einer Geste hielt Mac sie davon ab, die Einzelheiten der Landung festzuhalten, bevor er antwortete. »George flog im letzten Krieg bei den Royal Naval Air Services und ist die Leidenschaft fürs Fliegen nicht mehr losgeworden. Er kommt aus einer Familie von Landwirten und sollte den Hof seines Vaters übernehmen, aber sobald er es sich leisten konnte, hat er sich diese alte Schrottkiste gekauft und eines seiner Felder zu einer Landebahn umfunktioniert. Im Augenblick darf er natürlich nicht fliegen, aber er kommt trotzdem immer noch gern her, sooft er kann. Ich glaube, er sucht vor allem eine Möglichkeit, um vor seiner Frau Ruhe zu haben und vor der Schar Landhelferinnen, die man ihm zugeteilt hat.«

»Ich wundere mich ja, dass er sich nicht für die ATA gemeldet hat.«

»Das hätte er auch am liebsten. Aber er muss seinen Hof

führen. Das ist ein ebenso wichtiger Beitrag zum Krieg. Jedenfalls besucht er gerne die Pubs, in die wir auch gehen. So habe ich ihn auch kennengelernt, bei einem Pint im Dorfpub.« Mac öffnete die Tür auf seiner Seite des Flugzeugs.

»Bleiben wir denn hier?«, fragte Nancy.

»Nein, ich lasse nur ein bisschen frische Luft rein.« Er öffnete sein Gurtzeug. »Wo wir schon mal hier sind, können wir uns auch ein bisschen über Ihre Zukunft unterhalten. Dieser Ort ist doch ein passendes Plätzchen dafür, finden Sie nicht?«

Er sagte es ohne ein Lächeln. *Ein passendes Plätzchen* … Der Schauplatz ihrer Blamage.

»Ich habe doch hergefunden!«, verteidigte sie sich ein wenig zu vehement.

»Keine besondere Heldentat, wenn man bedenkt, dass wir schon fast darüber waren.« Immer noch keine Spur von Lob. »Ihre Navigation lässt immer noch ein wenig zu wünschen übrig, Nancy.«

Ihre Stimmung sank auf den Nullpunkt. Sie war kurz davor, in Tränen auszubrechen.

»Sie werden mich durchfallen lassen, nicht wahr?«

»Warum glauben Sie, dass ich Sie durchfallen lasse?« In seinen haselnussbraunen Augen schien eine Art Belustigung zu leuchten. Wie immer sprang sie sofort darauf an.

»Weil ich eine Null im Navigieren bin und weil ich auch die anderen Sachen nicht gut genug gemacht habe. Warum sagen Sie es mir nicht einfach direkt, statt mich noch länger hinzuhalten? Dieses Katz- und Mausspiel gefällt Ihnen, nicht wahr? Sie haben es schon von Anfang an gemacht. Ich bin eine gute Pilotin, aber Sie geben mir das Gefühl, eine Versagerin zu sein. Ich kann nicht mein Bestes geben, wenn ich genau weiß, dass Sie da sitzen und nur an mir herummäkeln. Es ist einfach nicht fair!«

»Sind Sie fertig?«, fragte er.

»Nein, bin ich nicht.« Jetzt kannte sie kein Halten mehr. »Ich bin neulich hier gelandet, weil es mir das Vernünftigste erschien – die Art von notwendiger Entscheidung, über die Sie immer reden. Aber ich wünschte, ich hätte es nicht getan. Wir sind uns unter ungünstigen Vorzeichen begegnet, und das werden Sie mich niemals vergessen lassen. Für Sie werde ich immer das Mädchen bleiben, in dessen Flugzeug es wie in einem französischen Bordell riecht. Und das ist einfach nicht fair. Wenn ich eine Chance bekommen hätte, hätte ich eine Bereicherung für die ATA werden können. Aber diese Chance wollen Sie mir nicht geben. Sie wollen mich lieber demütigen!« Allmählich ging ihr die Luft aus, und sie warf ihr Klemmbrett auf den Boden vor ihre Füße. »Selbst schuld, kann ich da nur sagen!«

Einen Moment lang sagte Mac kein Wort. Dann meinte er: »Nur zu Ihrer Information, ich hatte keineswegs vor, Sie durchfallen zu lassen. Ich wollte vorschlagen, dass wir Sie auf einer Fairchild testen.«

Eine Fairchild. Eines der Flugzeuge, die eingesetzt wurden, um Piloten zwischen den Flugplätzen hin und her zu transportieren. Kay und Miriam waren darauf schon geprüft worden und hatten bestanden; gestern hatte Miriam ihre erste richtige Aufgabe übernommen: Sie war als Passagier mit einer Gruppe erfahrener Piloten losgeflogen und hatte die leere Fairchild allein zurückgebracht. Kay wartete mit Spannung darauf, dass sie auch bald an die Reihe kam. Mac war im Begriff gewesen, sie ebenfalls auf einer Fairchild zu prüfen. Und sie hatte es vergeigt.

Niedergeschlagen hob sie ihr Klemmbrett wieder auf. »Na, das war's dann wohl.«

»Wollen Sie es nicht versuchen?«

Nancy traute ihren Ohren nicht. »Auf der Fairchild?«

»Ja, so war es gedacht.«

»Oh, mein Gott – ja, aber …«

»Ich denke, es ist an der Zeit, dass wir Ihnen die Zügel schießen lassen. Dann fliegen Sie am besten.« Er blickte ihr ernst in die Augen. »Hören Sie nur auf, gegen mich anzukämpfen, Nancy!«

Etwas in ihr machte einen Satz – es hatte allerdings weder mit ihrer Erleichterung darüber zu tun, dass sie nicht rausgeworfen wurde, noch mit ihrer Freude, eine Fairchild fliegen zu dürfen. Vielmehr hatte es mit der unwiderstehlichen Anziehung zu tun, die sie in seiner Gegenwart spürte. Es traf sie mit der Wucht eines auskeilenden Wildpferdes und nahm ihr den Atem. Und einen Augenblick lang hätte sie fast geglaubt, dass er es ebenfalls spürte. *Hören Sie nur auf, gegen mich anzukämpfen, Nancy …*

»Dann werde ich das mal für morgen organisieren«, sagte er. »Und jetzt lassen Sie uns diesen Vogel in die Luft bringen und nach Hause fliegen.«

Sie wurde auf der Fairchild getestet und bestand. Ihre Freude darüber war groß, nicht nur, weil sie ihre Sache in seinen Augen gut gemacht hatte, sondern auch, weil sie nun bald allein eine Fairchild fliegen würde. Er ging ihr nicht mehr aus dem Kopf, und plötzlich empfand sie wieder Begeisterung für ihre täglichen Aufgaben. Sie flog Flugzeuge, von denen sie nie geglaubt hätte, dass sie sie eines Tages fliegen würde, und konnte ihren Beitrag zu den Kriegsanstrengungen leisten. Und das alles in einem Land, das durch einen Ozean von ihrem alten, gewohnten Leben getrennt war.

Nancy absolvierte ihren ersten Zubringerflug als »Platzhalter«: Sie saß auf dem Platz des Copiloten, während ein erfahrener Offizier ein halbes Dutzend Piloten nach Filton beförderte, wo sie neue Flugzeuge aus den nahe gelegenen Werken der Bristol Aeroplane Company holen sollten, und flog die Fairchild dann allein zurück. Sie kaufte sich ein gebrauchtes Fahrrad, das auf einem Schaufensteraushang angeboten wurde, weil sie sich dachte, dass es bei ihren täglichen Wegen nützlich sein würde. Und sie spürte jedes Mal einen Hüpfer im Bauch, wenn Mac sie anschaute und ihre Blicke sich trafen. Bisher war noch nichts Unziemliches gesagt worden; es gab nichts zwischen ihnen, was über das berufliche Zusammensein hinausging. Und dennoch: Wenn er sie anblickte, glaubte sie beinahe, dass er dasselbe empfand wie sie – diese elektrisierende Anziehungskraft, die so stark war, dass sie fast greifbar schien. Sie konnte nicht mehr aufhören, an ihn zu denken; alltägliche Verrichtungen waren plötzlich von einem Glanz umgeben, und sie wünschte sich, sie könne sie mit ihm teilen. Nachts wachte sie aus erotischen Träumen auf und malte sich aus, wie er seine Spitfire in der Schlacht um England flog; dann schlang sie die Arme um sich und stellte sich vor, es wären seine.

Zu Hause in Florida war sie fast erstickt unter Joes ergebener Zuneigung und Dorothys herrschsüchtiger Art. Sie hatte unter dem Flugverbot gelitten, das ihr den Lebensinhalt genommen hatte, und sich nach Abenteuern gesehnt. Nun schien es so, als hätte sie ihr Abenteuer in jeder erdenklichen Weise gefunden. Dieses neue Leben brachte ein ganzes Bündel neuer Erfahrungen und Gefühle, und sie fühlte sich lebendiger als je zuvor. Es war eine kribbelnde, berauschende und unwirkliche Zeit. Nancy wünschte sich, es könne immer so weitergehen.

Eines Abends, als sie sich mit den anderen Mädchen gerade bei einem wohlverdienten Gläschen im nahen Pub entspannte, hatte der Traum ein jähes Ende.

Es war ein aufregender Tag gewesen – sie hatten endlich die neuen Uniformen erhalten und mussten nun nicht länger in ihrer Zivilkleidung fliegen. Die Mädchen hatten sie anprobiert, waren im Wohnzimmer des Cottage auf- und abstolziert und hatten sich gegenseitig bewundert.

»Mein Gott, sehen wir nicht professionell aus!«, hatte Kay ausgerufen.

Die Uniformen waren dunkelblau und geschnitten wie die der RAF-Offiziere. Die Mädchen hatten sowohl praktische Hosen für den täglichen Einsatz als auch einen Rock für feierliche Anlässe bekommen. Zur Uniform gehörten ein hellblaues

Hemd, eine schwarze Krawatte und ein Paar schwarze Handschuhe, die immer getragen werden sollten. Weniger entzückt war Nancy von den zweckmäßigen, wenig kleidsamen Schnürschuhen, die die Dienstvorschrift vorsah, doch der Gesamteindruck wurde wieder wettgemacht durch den USA-Uniformbesatz auf der Schulter. Sie konnte ihn gerade noch sehen, wenn sie sich im Spiegel über dem Kaminsims betrachtete, und glühte vor patriotischem Stolz. Auch die dunkelblaue Dienstmütze mit dem ATA-Abzeichen gefiel ihr. Sie stand ihr gut und schwebte keck auf ihrem frisch geschnittenen Bob, denn ihr langes Haar hatte sie entsprechend den Dienstvorschriften kürzen müssen.

Nur widerstrebend hatten die Mädchen wieder ihre Zivilkleidung angezogen, um ins Pub zu gehen, wo sie sich um die Bar scharten, Cider tranken und sich über das Fliegen und den Krieg im Allgemeinen austauschten. Die Stimmung war gut, denn gerade war die Nachricht gekommen, dass die Alliierten Rommels Truppen in El Alamein eine schwere Niederlage beschert hatten, und »Bomber Harris«, der Oberkommandierende des Bomberkommandos, hatte dem deutschen Volk gedroht, verheerende Luftangriffe auf ihre Städte und Fabriken durchzuführen, »jeden Tag und jede Nacht bei Regen, Sturm und Schnee«, was allen den bitter nötigen Auftrieb verlieh.

In der Bar war es heiß, und die Luft war stickig vom Zigarettenrauch.

»Komm, lass uns ein bisschen frische Luft schnappen«, schlug Kay vor, und sie, Nancy und ein halbes Dutzend andere traten nach draußen in den noch immer lauen Sommerabend.

Es war noch nicht ganz dunkel, die Sonne war gerade am Horizont untergegangen und die Helligkeit des Tages einem weichen grauen Zwielicht gewichen. Die Mädchen saßen auf einer niedrigen Steinmauer und nippten an ihren Gläsern, als Nancy eine unverkennbare, hochgewachsene Gestalt auf der Straße näher kommen sah.

Mac. Wie immer ging ein prickelndes Gefühl durch ihre Adern, als hätte sie gerade ein Glas von Joes Jack Daniels getrunken. Schnell blickte sie zur Seite und tat so, als hätte sie ihn nicht bemerkt.

»'n Abend, die Damen!«, grüßte er mit tiefer, ruhiger Stimme. Er trug ebenfalls Zivil – helle Hosen und ein weißes, offenes Hemd, die Ärmel hatte er bis zu den Ellbogen hochgekrempelt.

»Welch seltener Anblick! Sie sieht man aber nicht oft hier«, sagte Kay. Ihr Tonfall war kokett; Nancy bemerkte, dass sie sich auf der Mauer anders hingesetzt hatte, so dass ihr Rock emporgerutscht war und einen verführerischen Blick auf ihren wohlgeformten Oberschenkel freigab.

Mac grinste: »Vielleicht sollte ich doch öfter herkommen. Gut – da ich schon mal hier bin –, wie wäre es, wenn ich Ihnen allen einen Drink hole? Es scheint, als ob Ihre Gläser fast leer sind – und das dürfte die letzte Gelegenheit für mich sein, Ihnen einen auszugeben.«

»Ach Gott, Sie wollen uns doch nicht verlassen, oder?«, fragte Kay.

Er lachte. »Nein, das nicht – jedenfalls noch nicht. Es werden wohl noch ein paar weitere Neulinge mit mir vorliebnehmen müssen. Nein – Sie, meine Damen, werden bald versetzt. Sie haben Ihre Eingewöhnungsphase mehr oder weniger beendet, und nun ist es Zeit für die weitergehende Ausbildung. Um genau zu sein, sind heute Nachmittag die ersten Versetzungsbefehle hier eingegangen.«

Jetzt waren alle neugierig.

»Für wen denn?«

»Wohin werden wir versetzt?«

»Oh nein – sagen Sie bloß nicht, nach Hamble!« Das war wieder mal typisch Kay. Hamble war ein Überführungszentrum, das ausschließlich mit Pilotinnen besetzt war.

»Wir alle?«

Mac schüttelte den Kopf. »Tut mir leid, meine Damen, Sie müssen sich noch bis morgen gedulden, ehe Sie die Einzelheiten erfahren. Im Moment bin ich außer Dienst. Also, wie ist es jetzt mit den Getränken? Mein Angebot steht noch.«

»Gut, wenn Sie uns einen ausgeben, dann nehme ich einen Whisky mit Kaffee«, sagte Miriam.

»Cider, bitte.«

»Cider.«

»Nancy?«

Er blickte ihr in die Augen. In der perlmuttartigen Dämmerung schien es ihr, als ob sein Blick sie liebkoste. Oh Gott, dachte sie. Ich habe schon zu viel getrunken.

»Bitter Lemon«, sagte sie.

»Nichts Stärkeres? Sind Sie sicher?«

»Ganz sicher. Sie kennen doch die Regel: acht Stunden zwischen Glas heben und Gas geben.«

Bobbie Morrison lachte. »Hast du etwa vor, morgen früh um fünf loszufliegen, Nancy? Oder bist du schon so angeschickert, dass du nicht mehr neun und acht zusammenzählen kannst?«

»Ach, um Himmels willen! Mir ist einfach nach einem Bitter Lemon, okay?« Sie merkte, wie sie rot wurde.

Mac notierte sich die Bestellungen auf der Lasche einer Players-Packung. Er rauchte immer Players. In Nancys Augen verkörperten sie das typisch Englische an ihm, und sie war immer fasziniert von dem bärtigen Seemann, der die Packung zierte.

»Brauchen Sie Hilfe beim Tragen?«, bot Kay an.

Er grinste. »Das schaffe ich schon.« Und verschwand im Pub.

»Was für ein Mann!«, meinte sie mit sehnsüchtiger Stimme.

»Nancy findet das auch, nicht wahr, Nancy?« Wie schaffte Miriam es bloß immer, so gehässig zu klingen?, fragte sich Nancy.

»Er ist ganz in Ordnung.« Nancy war froh, dass sich die

Dämmerung so schnell herabsenkte. Sie wollte nicht, dass irgendjemand die Röte bemerkte, die ihre Wangen überzog.

»Ach, komm! Du redest doch ständig von ihm! Mac hier … Mac da … Selbst ein Blinder würde bemerken, wie du ihn dauernd anschaust.«

»Das tue ich nicht!«

»Aber ja! Wie ein Mondkalb!«

»Gib's doch zu, Nancy!« Das war Bobbie.

Was für eine peinliche Situation!, dachte Nancy. Und es sollte noch schlimmer werden.

»Pech für dich, dass er nicht mehr zu haben ist«, erklärte Miriam. »Wie ich gehört habe, hat er schon eine Frau.«

»Er ist verheiratet? Woher willst du das wissen?«, fragte Kay fassungslos.

»Ach, das habe ich irgendwo gehört.« Miriam hatte sichtlich ihren Spaß. »Warum sollte er auch nicht verheiratet sein? Die Hälfte der Männer auf dem Stützpunkt ist verheiratet. Das dürfte doch keine Überraschung sein. Er ist ja schließlich kein Jüngling mehr. Und heutzutage ziehen die Frauen den Männern nicht mehr ins Feld hinterher. Jedenfalls solltest du wegen Mac keinen verklärten Blick mehr bekommen, Nancy. Er ist schon vergeben.«

»Zum letzten Mal, ich bekomme wegen Mac keinen verklärten Blick«, schnappte Nancy ein bisschen zu scharf. Das war natürlich eine faustdicke Lüge. Eine Lüge, um ihr Gesicht zu wahren. Eine Lüge, um vor sich selbst zu verbergen, wie sehr es sie getroffen hatte, dass all ihre heimlichen Träume plötzlich zerplatzt waren.

»Psst! Er kommt zurück!« Das war Bobbie mit ihren scharfen Augen. Schnell wurde das Thema gewechselt.

Mac balancierte die Getränke wie ein Kellner auf einem Blechtablett vor sich her. Nancy nahm ihr Glas und murmelte ein Dankeschön, ohne ihn anzusehen. Sie wünschte, die Erde würde sich auftun und sie verschlucken. Wenn schon den anderen Mädchen aufgefallen war, was sie für ihn empfand, dann hatte er das wahrscheinlich auch bemerkt. Sie dachte an die vielen Male, als sie miteinander allein gewesen waren, dicht an dicht, Seite an Seite im Flugzeug oder am Tisch des Flugvorbereitungsraums, und glühte innerlich vor Verlegenheit. Sie hatte sich gründlich blamiert. Im ersten Augenblick war diese Scham das vorherrschende Gefühl und ließ wenig Raum für Enttäuschung.

Sie hoffte bloß, dass sie zu den Mädchen gehörte, die ab morgen versetzt würden. Je größer die Entfernung zwischen ihr und Mac wäre, desto besser.

V

Nancys Wunsch sollte in Erfüllung gehen. Zusammen mit den anderen Mädchen wurde sie für die nächste Stufe ihrer Ausbildung nach White Waltham versetzt. Doch diese Versetzung war ein zweischneidiges Schwert, wie sie bald feststellen musste. Obwohl sie erleichtert war, Mac nun nicht mehr begegnen zu müssen, löste die Vorstellung, ihn nicht mehr sehen zu können, einen dumpfen Schmerz aus, der weder durch das Wissen gemildert wurde, dass er bereits vergeben war, noch durch die freudige Erregung darüber, dass sie nun größere Flugzeuge fliegen durfte und vielleicht endlich einen richtigen Auftrag erhielte.

Noch dazu war White Waltham der Stützpunkt, auf dem Mac Stellvertretender Kommandant gewesen war, bevor man ihn nach Luton geschickt hatte, und Nancy wusste nicht, ob sie sich darüber freuen sollte oder nicht. Sein Geist schien überall zu sein, sie konnte ihm einfach nicht entkommen. Sie hatte erwartet, dass die Erinnerung an ihn allmählich verblassen würde, da sie doch so viele neue Beschäftigungen hatte, aber das war nicht so. Sie hatte seine tiefe, wohlklingende Stimme im Ohr, während sie sich beim Theorieunterricht bemühte, schwierige technische Details zu verstehen; er saß neben ihr auf dem Copilotensitz, als sie ihren ersten Überführungsflug von Hullavington nach South Cerney durchführte. Es war so, als sei er in der kurzen Zeit, in der sie ihn kannte, in ihren Körper gekrochen und ein Teil von ihr geworden. Er nahm teil an jedem

Herzschlag und jedem Atemzug. Eine törichte, zwanghafte Vorstellung, das war ihr klar. Aber trotzdem konnte sie sie nicht überwinden.

Verglichen mit Luton war White Waltham eine geschäftige Metropole. Vor dem Krieg war der Stützpunkt von der RAF genutzt worden; jetzt diente er als Hauptquartier der Air Transport Auxiliary und war nicht nur ein stark frequentiertes Überführungszentrum, sondern zugleich eine Schule, an der die Piloten auf anspruchsvolleren Flugzeugtypen ausgebildet werden konnten.

Nancy und die anderen Mädchen wurden in einem weitläufigen Landhaus untergebracht, das von einem Park umgeben war; die dort ansässige Familie Stockley behandelte die jungen Frauen wie ihre eigenen Töchter. Nach den ausrangierten Feldbetten, die man ihnen in dem beschlagnahmten Cottage in Luton zur Verfügung gestellt hatte, war es eine wahre Wonne, sich am Ende eines anstrengenden Tages in eines der bequemen Betten sinken zu lassen, und Mrs. Stockley betrachtete es als ihre Pflicht, den Mädchen jeden Morgen ein königliches Frühstück vorzusetzen. Die Mahlzeiten, die am Abend serviert wurden, hätten mit jedem Gourmetrestaurant mithalten können. Es gab frische Eier von der gackernden Hühnerschar auf dem Hof, Kaninchen und Fasan, die auf dem Anwesen geschossen wurden, und frische Forelle aus dem Bach, der durch den reich bepflanzten Obstgarten floss.

Nach ihrer Ankunft besuchten die Mädchen zunächst eine zehntägige theoretische Schulung, wo sie sich mit einer Fülle von technischen Informationen herumschlugen: Hydrauliksysteme und Einziehfahrwerke, Klappensysteme und unterschiedliche Arten von Verstellpropellern und Kompressoren. Seit Nancy ihren Pilotenschein besaß, hatte sie sich nie besonders viel mit technischen Details auseinandergesetzt – es reichte ihr, wenn ein Flugzeug flog –, aber irgendwie meisterte sie den Stoff und bestand die schriftlichen Prüfungen. Dann war es Zeit, das Fliegen auf neuen Flugzeugtypen zu lernen, und in der Praxis fühlte sich Nancy gleich viel sicherer.

Ihr Fluglehrer war ein trockener Schotte namens Sandy Bruce. Zuerst tat sie sich sowohl mit seiner Aussprache als auch mit seinem Humor schwer, aber Sandy war geduldig und gründlich, und bald hatte Nancy Miles Masters, Martinets, Hurricanes und sogar eine Oxford in ihrem Flugbuch stehen.

Auch die Geselligkeit wurde in White Waltham großgeschrieben. Im größten Überführungszentrum der ATA trafen altgediente Flieger auf Flugschüler; Männer und Frauen aus allen Gesellschaftsschichten wurden in einem einzigen großen Schmelztiegel zusammengeworfen. Da sich auch eine ganze Reihe Amerikaner auf dem Stützpunkt befand, fühlte sich Nancy gleich wie zu Hause; oft gingen sie gemeinsam auf einen Drink in das Skindles Hotel oder in den American Club in Maidenhead, wo sie im Pool schwimmen konnten. Manchmal machten sie auch einen Ausflug nach London, wo Nancy ihren ersten Bombenangriff erlebte und mit Entsetzen feststellte, dass sie ihn eher spannend als beängstigend fand. Und an einem lauen Nachmittag machte sie mit Kay und Miriam eine zweistündige Bootstour die Themse hinauf, gekrönt von einer Mahlzeit aus Schinken, Eiern und Pommes frites in einem Pub am Ufer.

Inzwischen hatte Nancy sich an Miriams Eigenarten gewöhnt. Sie würde niemals eine gute Freundin werden, doch Nancy hatte gelernt, über ihre spöttischen Bemerkungen und das ständige Prahlen über die eigenen Fähigkeiten hinwegzuhören, und bewunderte Miriam für ihr Geschick beim Fliegen und die scheinbar mühelose Leichtigkeit, mit der sie jede neue Information aufnahm, die ihr zugeworfen wurde. Miriam war ihre Landsmännin; es war doch klar, dass die amerikanischen Mädels zusammenhalten mussten.

Neben dem Lernen und ihren Freizeitaktivitäten nahm sich

Nancy auch Zeit, an Joe zu schreiben. In ihrem Spind hatte sie einen ganzen Stapel Briefe von ihm, der mit einem Band zusammengebunden war. Obwohl nach wochenlanger Ebbe meistens ein ganzes Bündel Briefe auf einmal eintraf, ging aus den Daten, die Joe in seiner ordentlichen, schrägen Handschrift notiert hatte, klar hervor, dass er ihr fast jeden Tag schrieb.

Dieser Gedanke löste bei Nancy ein unbehagliches Gefühl aus. Es war zwar schön, diese Briefe zu bekommen, obwohl sie so stark zensiert waren, dass sie nur wenige Rückschlüsse darauf zuließen, was Joe gerade machte oder wo er sich überhaupt befand. Die Briefe waren eine Verbindung nach Hause und verliehen ihr bei den anderen Mädchen auch ein gewisses Prestige – immerhin gab es einen Mann, der sich genug aus ihr machte, um ihr zu schreiben. Doch gleichzeitig erinnerten die Briefe sie wieder daran, wie eingeengt sie sich gefühlt hatte, ehe Jackie Cochran ihr eine Fluchtmöglichkeit geboten hatte, und verursachten ihr schreckliche Schuldgefühle. Sie hatte Joe etwas vorgemacht und den Eindruck erweckt, dass er eine Chance bei ihr habe, und das war nicht richtig gewesen. Obwohl die Briefe weder besonders blumig noch sentimental klangen – das war nun mal nicht Joes Stil –, war allein die Tatsache, dass er sich beinahe täglich hinsetzte und etwas zu Papier brachte, Beweis genug, dass er sehr viel häufiger an sie dachte als umgekehrt. Manchmal empfand Nancy ein warmes Gefühl der Zuneigung für Joe, dann wieder erfüllte sie Gereiztheit. Warum konnte er nicht einfach jemand anderen kennenlernen und sie vergessen? Dann hätte sie die Freiheit, dasselbe zu tun. Doch so einfach war es wohl nicht. Schließlich *hatte* sie jemanden kennengelernt, und die Fäden, die sie selbst gesponnen hatte, hielten sie stärker gefangen als alle Bindungen, die Joe ihr auferlegt hatte. Sie schrieb ihm zurück, nicht sicher, ob ihre Briefe ihn je erreichen würden, aber sie wusste, dass ein Brief von ihr ihn glücklich machen würde. So viel war sie ihm zumindest schuldig.

Manchmal sorgte sie sich auch um ihn. Sie wusste, dass er

Bomber flog, und das war eine gefährliche Aufgabe. Und während sie sich um ihn sorgte, wurde ihr klar, dass ein Teil von ihr aus selbstsüchtigen, eigennützigen Gründen an ihm festhielt, und das verursachte ihr neue Schuldgefühle.

Sie begann Flugzeuge zu überführen, zunächst nur einfachere Modelle auf kurzen Strecken, dann allmählich mehr und mehr. Jeder Morgen begann mit neuer Spannung darauf, was der Tag wohl bringen würde. Die Mädchen gingen durch den Park des Herrenhauses und folgten der von Obstgärten flankierten Straße, die einmal durch eine ländliche Idylle geführt hatte, jetzt aber stark von Bussen frequentiert wurde, die Piloten und Ingenieure zum Stützpunkt transportierten. Am Flugplatz dann saßen sie an kleinen Tischen, wie man sie in Cafés findet, und tranken Tee und Kaffee, während sie auf »Whitey« warteten, den Einsatzleiter, der die Tageseinsätze organisierte. Kaum hatte sich herumgesprochen, dass die Einsatzzettel raus waren, begaben sich die Mädchen in den Korridor vor der Einsatzzentrale, wo die Zettel auf einer langen, polierten Ablage ausgebreitet waren, und fielen eifrig darüber her. Dann holten sie sich den Wetterbericht ab und besorgten sich im Karten- und Planungsraum alle nötigen Informationen über die Flugplätze, die sie ansteuern sollten. Ein Zubringerflugzeug wartete schon auf sie, um sie auf einer genau durchdachten Route zu den einzelnen Orten zu transportieren, von denen Flugzeuge überführt werden sollten. Sie kletterten in die Maschinen, ausgerüstet mit ihren Fallschirmen, einem blau eingebundenen Exemplar der *Ferry Pilot's Notes* und etwas Kleingeld für Verpflegung, sollten sie unterwegs irgendwo länger aufgehalten werden. Aber das erlebte Nancy in den ersten Tagen noch nicht. Meistens kam die Anson rechtzeitig an. Sie konnte den Flug genießen, während die Maschine lärmend von Flugplatz zu Flugplatz flog, um weitere Piloten aufzunehmen, und war immer noch rechtzeitig zu Hause, um auf einen Drink ins Riviera oder in den Sunny's Club zu gehen.

Nach und nach ließen die zwanghaften Gedanken an Mac nach, und die spitzen Messerstiche der Sehnsucht kamen seltener. Auch die unwirkliche Stimmung, die sie umgeben hatte, süß und traurig wie eine Erinnerung an den Duft der letzten Sommerrosen, verflüchtigte sich. Nancy bemerkte den Verlust kaum. Sie war wieder sie selbst, nicht länger die Sklavin eines sinnlosen und vergeblichen Traums.

Und dann ging sie eines Tages über das Rollfeld zu der Anson, die als Zubringerflugzeug dort stand, und da war er – auf dem Pilotensitz. Nancy spürte, wie ihr die Knie weich wurden. Ihr Herz schlug so laut, dass es sogar das Dröhnen des Motors beim Probelauf zu übertönen schien. Und da wusste sie, dass sich überhaupt nichts geändert hatte. Sie war keineswegs über ihn hinweggekommen. Die Anziehung, die er auf sie ausübte, war genauso stark wie eh und je.

Mac war so vertieft in seine Arbeit, dass Nancy sich nicht sicher war, ob er sie überhaupt bemerkt hatte. Sie schob sich auf ihren Sitz, unsicher und verlegen, aber gleichzeitig unfähig, den Blick von seinem Hinterkopf und dem Haarschopf über der Fliegerjacke zu wenden. Mac beendete den Probelauf, wechselte ein paar Worte mit Bert Tyndall, einem altgedienten ATA-Flieger, der hinter ihm saß, drehte sich noch weiter um und hob eine Augenbraue, als er Nancy entdeckte.

»Miss Kelly, wenn das keine Überraschung ist!«

»Mac.« Sie hoffte, dass er ihr die Verlegenheit nicht anmerkte. »Was machen Sie denn hier?«

Er zog amüsiert den Mundwinkel empor. »Das ist schließlich mein Stützpunkt. Man hat einen Ersatz für Norah gefunden. Deshalb bin ich jetzt wieder hier.«

Nancy suchte krampfhaft nach einer netten, geistreichen Erwiderung, scheiterte aber kläglich. Nun war auch der letzte der Überführungspiloten an Bord gestiegen, und Mac konzentrierte sich auf den Start. Nancy spürte die Räder vom Boden abheben, blickte hinunter auf die Ansammlung von Schuppen und moderneren Gebäuden, auf das dichte Dunkelgrün der Obstgärten und die helleren Farben der Felder, sah, wie die Wohnhäuser auf die Größe von Puppenhäusern zusammenschrumpften, und verspürte ein ähnlich flaues Gefühl in der Magengegend wie jemand, der zum ersten Mal in einem Flugzeug sitzt. Ein Ellbogen stieß sie in die Seite; Kay neben ihr grinste sie an.

»Die Rückkehr des hinreißenden Staffelführers Mackenzie. Pass bloß auf, Nancy!«

»Himmel noch mal!« Nancy war froh, dass der Motorenlärm eine Unterhaltung nahezu unmöglich machte.

Wie es ihr gelang, ihren Überführungsflug an diesem Tag ohne Zwischenfälle hinter sich zu bringen, wusste Nancy selbst nicht. Sie zerbrach sich den Kopf darüber, ob wohl Mac der Pilot sein würde, der sie aus Kemble abholte, und falls ja, was sie sagen könne, ohne sich zu verraten; dann erschauerte sie innerlich über der Frage, ob sie sich nicht schon längst verraten hatte. Trotzdem war sie geradezu lächerlich glücklich, eine Woge der Freude erfüllte sie. Und sie war lächerlich enttäuscht, als die Anson in Kemble aufsetzte und feststellte, dass nicht etwa Mac am Steuer saß, sondern Bill Jenson, ein ehemaliger Flugkapitän der BOAC[3] und der netteste Mann, den man sich nur vorstellen konnte, aber sicherlich niemand, der ihr Herz schneller schlagen ließ. Sie hatte eine Atempause gewährt bekommen, Zeit, ihre Verteidigung aufzubauen und ihre Strategie zu planen.

An diesem Abend gingen Kay und sie zum American Club, und Nancy flirtete schamlos mit einer Gruppe Amerikaner, der sie dort begegneten. Einer gab ihr ein paar Drinks aus, und als sie gingen, erlaubte sie ihm, sie auf dem dunklen Parkplatz zu küssen. Sie bemühte sich sehr, ein wenig Begeisterung für die-

[3] BOAC: British Overseas Airways Corporation, Vorgängergesellschaft des britischen Luftfahrtunternehmens British Airways

sen großen, gutaussehenden Mann mit dem vertrauten Akzent aufzubringen, aber schon lange bevor seine Hände anfingen, über die Knöpfe ihrer Bluse zu wandern, hatte sie genug. Sie schubste ihn weg und fragte ihn mit barscher Stimme, ob er sie etwa für ein leichtes Mädchen halte, und gab sich die Antwort gleich im Stillen selbst.

Eigentlich hätte sie Schuldgefühle empfinden sollen, weil sie Joe betrog. Er wäre zutiefst verletzt gewesen, wenn er gewusst hätte, dass sie jemand anderen geküsst hatte, auch wenn es nur ein amerikanischer Soldat war, den sie wahrscheinlich nie wiedersehen würde. Aber zu ihrer Beunruhigung fiel es Nancy schwer, sich Joes Gesicht überhaupt in Erinnerung zu rufen, und merkwürdigerweise hatte sie gar nicht das Gefühl, Joe zu betrügen. Viel eher kam es ihr so vor, als habe sie Mac hintergangen.

Ein paar Tage lang schienen sich ihre Wege gar nicht zu kreuzen. Nancys Anspannung begann sich zu lockern, und sie glaubte tatsächlich, sie habe ihre Gefühle wieder unter Kontrolle. Schließlich war die ganze Situation lächerlich, ja unmöglich. Er war verheiratet. Kein unpassendes Wort war bisher zwischen ihnen gefallen. Er war ein ranghoher Offizier, sie war seine Schülerin gewesen. Sehr bald würde einer von ihnen wieder woandershin versetzt werden. Ende der Geschichte.

Aber das war es natürlich nicht.

In jenem Jahr war der September in England sonnig und klar. Die Sonne brachte nicht mehr so viel Hitze, war aber immer noch angenehm warm. Die Brombeersträucher bogen sich unter der Last der Beeren, und die Blätter an den Bäumen färbten sich langsam gelb. Die Morgendämmerung setzte später ein, und es wurde früher dunkel, so dass sich die Zeitspanne, in der geflogen werden konnte, zunehmend verkürzte.

Nancy hatte eine Hurricane nach St Athan überführt, einem Stützpunkt der Royal Air Force in South Wales. Der Pilot, der sie mit dem Transportflugzeug abholte, war diesmal Mac. Als sie an Bord klettern wollte, gab er ihr Handzeichen und schüttelte den Kopf: *Bleiben Sie draußen!* Dann sprang er selbst auf das Rollfeld.

»Ein paar technische Probleme. Ich muss das Flugzeug überprüfen lassen, bevor wir irgendwohin fliegen. An ihrer Stelle würde ich erst mal zurück ins Kasino gehen und mir noch einen Kaffee holen.«

»Ach, Mist!« Kay und sie hatten vorgehabt, an diesem Abend ins Kino zu gehen – *Musik, Musik* mit Fred Astaire. »Wird es lange dauern?«

»Keine Ahnung. Hängt davon ab, wie viel sie gerade zu tun haben – und wo das Problem liegt.«

Er begab sich auf die Suche nach einem Mechaniker. Nancy folgte seinem Vorschlag und ging ins Kasino, um eine Tasse Kaffee zu trinken. Sie saß immer noch da, umgeben von ihren Utensilien, vor sich den kalten Rest des bitter schmeckenden Gebräus, als er durch die Schwingtür eintrat und auf ihren Tisch zusteuerte.

»Könnte eine längere Angelegenheit werden. Möglicherweise kommen wir noch nicht mal heute Abend hier weg. In etwa einer Stunde weiß ich mehr.« Er nickte zu dem Kaffeerest hinüber. »Möchten Sie noch einen?«

Nancy verzog das Gesicht. »Nein, danke – er ist schrecklich. Er schmeckt nur nach Zichorie.«

Er grinste. »Die Freuden des Krieges: Eipulver, Fleisch aus der Dose und Kaffee, der nach Spülwasser schmeckt.«

»Und trockene Käsesandwiches! Ich habe für den Rest meines Lebens genug von Käsesandwiches.«

»Immer noch besser als gar nichts. Sind Sie sicher, dass Sie nicht noch einen Kaffee möchten?«

Er wollte sich auf den Weg zur Kaffeemaschine machen, und Nancy gab nach. Wenn er sich einen Kaffee holte, schien es doch umgänglicher, wenn sie auch einen trank. Normaler.

»Also gut.«

Er holte den Kaffee und setzte sich ihr gegenüber.

»Was ist denn mit den anderen Piloten, die Sie abholen sollten?«, fragte sie. »Wundern die sich nicht schon längst, wo Sie bleiben?«

»Ich habe mit White Waltham gesprochen und darum gebeten, dass sie Ersatz organisieren. Bill Jenson wird nicht gerade begeistert sein, wenn er um diese Zeit noch mal rausgerufen wird – wahrscheinlich verabreicht er dem armen Einsatzleiter gerade eine Tracht Prügel. Aber so ist das nun mal.« Er rührte sich Zucker in seinen Kaffee und trank einen Schluck. »Sie haben Recht. Er schmeckt schauderhaft!«

»Ich habe Sie ja gewarnt. Wird Bill Jenson auch mich abholen?«

»Das glaube ich kaum. Die anderen müssen alle in der Gegend von Brize Norton aufgelesen werden.« Er grinste sie über den Rand seiner Tasse hinweg an. »Ich fürchte, Sie hängen hier mit mir fest!«

Sie hängen hier mit mir fest. Eine Stunde lang – oder vielleicht auch die ganze Nacht. Ihr Herz machte einen verräterischen Sprung.

»Wo soll ich denn schlafen?«

Ein überraschter, leicht amüsierter Blick. *Frauen!* Er sprach es zwar nicht laut aus, aber sie konnte förmlich hören, was er dachte.

»Machen Sie sich darüber mal keine Sorgen! Man wird schon etwas für Sie organisieren. Wenn es überhaupt so weit kommt.«

Nervös versteckte Nancy ihr Gesicht so gut sie konnte hinter ihrer Kaffeetasse. Diesmal schmeckte sie das bittere Gebräu nicht mal mehr.

Etwa eine Stunde lang unterhielten sie sich über dies und das, während Mac in regelmäßigen Abständen auf seine Uhr schaute. Schließlich schob er den Stuhl zurück und stand auf.

»Ich seh jetzt mal nach, wie weit die sind. Bleiben Sie solange hier?«

»Ich glaube, ich gehe lieber ein bisschen frische Luft schnappen.«

Gemeinsam traten sie in die Dämmerung hinaus. Mac steuerte auf die Flugzeughallen und Werkstätten zu, Nancy hockte sich auf ein Mäuerchen und blickte ihm hinterher. Treibstoffgeruch hing in der Luft, aber sie glaubte daneben auch frische Landluft zu riechen – den Duft nach gemähtem Gras und Gärfutter. Dieses seltsame Gemisch schien die Welt, in der sie lebte, mustergültig einzufangen: Krieg und Frieden. Abenteuer der verschiedensten Art. Leid und Glück. In diesem Moment allerdings, dachte sie, vor allem Glück.

Kurz darauf erschien er wieder mit der Nachricht, dass die Reparaturen an der Anson nicht vor dem nächsten Tag abgeschlossen werden konnten.

»Man wird eine Unterkunft für Sie im Quartier der WAAF[4] organisieren«, sagte er.

»Und was ist mit Ihnen?«

»Ach, machen Sie sich um mich mal keine Sorgen! Ich werde schon irgendwo einen Schlafplatz finden. Aber ich glaube, ich könnte bald ein Pint und eine ordentliche Mahlzeit gebrauchen. Ich schlage vor, dass wir uns in ein Wirtshaus begeben, einverstanden?«

Wieder dieser verräterische Hüpfer ihres Herzens. »Ja … Warum nicht?« *Warum nicht?* Dafür gäbe es tausend Gründe, von denen sie aber Mac gegenüber keinen anführen wollte.

»Ungefähr einen Kilometer die Straße runter soll es ein ganz anständiges Lokal geben. Ich hatte gehofft, dass ich irgendwo ein Auto finde, aber im Moment scheint keins verfügbar zu sein.«

[4] Women's Auxiliary Air Force

»Macht nichts. Es ist doch ein schöner Abend für einen Spaziergang.« Wie schaffte sie es bloß, so locker, so normal zu klingen, obwohl ihre Gefühle Purzelbäume schlugen? Aufregung, Angst. Das Gefühl, dass sie sich auf sehr dünnes Eis begab.

Sie stellten ihre Ausrüstung unter und machten sich auf den Weg. Ein Kilometer war eine ziemlich konservative Schätzung für die Entfernung gewesen, die sie zurücklegen mussten, dachte Nancy sich, aber sie beklagte sich nicht, und als sie das Pub endlich gefunden hatten, waren sich beide einig, dass der Weg die Mühe gelohnt hatte. Die verrauchte Bar war gerammelt voll mit Mechanikern aus den Flugzeugwerkstätten, aber nebenan gab es noch ein kleines Restaurant. Die Tische waren mit karierten Tischtüchern gedeckt, dekorative Zierteller schmückten die rustikale Anrichte, und auf dem Kaminsims stand eine ansehnliche Sammlung von Figurkrügen. Durch und durch britisch, fand Nancy und war ganz angetan.

»Sieht aus, als ob wir das Restaurant für uns hätten.« Mac zog sein Päckchen Players heraus und bot ihr eine an. »Ich vermute, dass im Moment nicht allzu viele Leute Urlaub machen, und die Vertreter sind alle beim Militär.«

Nancy nahm sich eine Zigarette. »Vertreter?«

»Ja, Handlungsreisende. Für Bürsten, Versicherungen, Eisenwaren, Medikamente …« Er beugte sich vor, um ihr Feuer zu geben. Das Feuerzeug war aus schwerem Silber und roch nach Benzin. »In einem Gasthof wie diesem steigen sie für gewöhnlich ab, wenn sie unterwegs sind. Das muss doch in den Staaten auch so sein, obwohl ich mir vorstellen kann, dass sie dort viel größere Gebiete bereisen.«

»Ich glaube schon.« Handlungsreisende waren ihr bisher nie begegnet.

Der Wirt kam, um ihre Bestellung aufzunehmen. Er war ein dicker Waliser mit buschigen Augenbrauen, und Nancy hatte ähnliche Schwierigkeiten, ihn zu verstehen, wie bei ihrem schottischen Lehrer.

»Warum können die Leute nicht einfach verständliches Englisch sprechen?«, fragte sie verärgert, nachdem Mac für sie übersetzt hatte und sie Schinkenbraten mit Pommes frites bestellt hatten.

Mac lachte. »Das kommt Ihnen wohl spanisch vor, was, Nancy?«

»Das kann mal wohl sagen.« Der Ausdruck »spanisch vorkommen« war ihr bisher auch noch nicht untergekommen, aber sie konnte sich schon vorstellen, was er bedeutete. »Es ist für mich manchmal wie eine ganz andere Sprache.«

»Wo genau kommen Sie eigentlich her?«

Sie erzählte ihm von Florida, aber Joe erwähnte sie nicht und stellte auch Mac keine Fragen über seine Familie. Sie wollte ihn nicht von seiner Frau oder irgendwelchen Kindern erzählen hören. Diese Zeit gehörte nur ihr – im Hintergrund drohten zwar die Schatten seines Lebens, aber sie wollte nicht, dass sie Gestalt annahmen. Dennoch gab Mac auch ohne eine Anregung von ihr freiwillig etwas über sich preis:

»Mein Zuhause ist nicht allzu weit von hier entfernt.«

»In Wales?«

»Nein, aber gleich auf der anderen Seite des Bristol Channel. Genauer gesagt in Gloucestershire. Ein herrlicher Landstrich. ›Gott muss aus Gloucestershire sein‹, heißt es dort.«

Gloucestershire – Kemble und Aston Down. Bristol – Whitchurch, das berüchtigt für die Weigerung seines Befehlshabers war, ATA-Pilotinnen auf seinem Stützpunkt zuzulassen. Filton, die Heimat der Bristol Aeroplane Company, die die Beaufighters und Blenheims herstellte. Nancy war überrascht und auch stolz darauf, wie viel sie in den wenigen Monaten in England schon gelernt hatte. Ihr Verständnis für die britischen Spracheigenheiten mochte zwar noch einiges zu wünschen übrig lassen, ihre Geographiekenntnisse hatten sich aber eindeutig stark verbessert.

Der Schinkenbraten mit Pommes frites wurde serviert, köstliche dicke Scheiben, die wahrscheinlich von einem Schwein stammten, das kürzlich noch selbst in St Athan gelebt hatte. Sie ließen es sich schmecken, schließlich war es ein langer Tag gewesen – und obwohl zwischen den Bissen keine Zeit für eine Unterhaltung blieb, war das Schweigen zwischen ihnen angenehm. Nancy fühlte sich inzwischen in Macs Gesellschaft unbefangener, als sie es je für möglich gehalten hatte, wenn man bedachte, welche Gefühle sie für ihn hegte.

Sie krönten das Essen mit zwei riesigen Portionen hausgemachtem Apple Pie und ein paar Tassen Kaffee, die nur ganz schwach nach der verhassten Zichorie schmeckten.

»So, ich glaube, wir machen uns jetzt besser wieder auf den Weg.« Mac drückte seine Zigarette aus. »Ich zahle dann mal.«

Er holte ein paar Scheine aus seiner Brieftasche und ließ sie geöffnet auf dem Tisch liegen, während er in seinen Hosentaschen nach Kleingeld kramte. Hinter einem Klarsichtfenster befand sich ein kleines Foto, wenige Quadratzentimeter groß. Das Studioporträt einer Frau. Seiner Frau. Er trug ein Bild von seiner Frau in der Brieftasche mit sich herum. Warum auch nicht? Das taten schließlich die meisten Männer. Nancy versuchte mit einem verstohlenen Blick festzustellen, wie sie aussah, doch das Licht von der Lampe über ihnen wurde von der Zellophanhülle reflektiert, und außerdem stand das Foto, aus ihrer Blickrichtung betrachtet, auf dem Kopf. Das Einzige, was sie erkennen konnte, ehe Mac die Brieftasche wieder zuklappte und in seine Tasche zurückschob, war das lange dunkle Haar der Frau, das ihr Gesicht mit einem dichten Pony einrahmte. Wahrscheinlich ist sie ausnehmend hübsch, vermutete Nancy – eine Frau, die sich einen Mann wie Mac schnappen konnte, muss das einfach sein –, aber sie würde es wohl nie erfahren.

Ein schmerzhafter Stich ging ihr durchs Herz, als die traurige Wirklichkeit sich wieder zurückmeldete, und die entspannte, glückliche Gelassenheit verflog, als wäre sie nie da gewesen.

»Okay«, sagte Mac, der gar nicht merkte, dass für sie eine Welt zusammengebrochen war. »Ich werde Sie dann mal in Ihr Quartier zurückbegleiten.«

Und ehe sie sich beherrschen konnte, erwiderte Nancy spitz: »Was würde Ihre Frau wohl davon halten?«

Kaum hatten die Worte ihren Mund verlassen, bereute sie sie auch schon, und ihre Verlegenheit steigerte sich noch, als Mac spöttisch eine Augenbraue emporzog und leicht amüsiert sagte: »Ich wollte Ihnen lediglich anbieten, Sie zum Stützpunkt zu begleiten, und keineswegs ein unschickliches Angebot machen.«

»Ich weiß! Ich habe auch bloß gemeint …«

»Wie auch immer«, fuhr Mac fort, »meine Frau ist jedenfalls nicht in einem Zustand, in dem sie sich eine Meinung bilden könnte. Sie liegt seit fast zwei Jahren im Koma.«

Nancy starrte ihn fassungslos an; ihre Verlegenheit war plötzlich vergessen. Mac spielte mit seinem Feuerzeug und drehte es zwischen den Fingern hin und her.

»Im Koma?«, wiederholte Nancy entsetzt. »Aber – was ist mit ihr passiert …?«

»Dieser verdammte Krieg ist passiert.«

»Sie meinen, bei einem Luftangriff?«

»Nein, ein Unfall während der Verdunkelung. Sie radelte von der Arbeit nach Hause, und ein Auto hat sie überfahren.« Seine Stimme war ausdruckslos, ohne jedes Gefühl, so als wiederhole er lediglich ein Mantra, das er schon viele Male heruntergebetet hatte, und auch sein undurchdringlicher Blick zeigte nichts von den Gefühlen, die ihn vermutlich bewegten.

»Oh Gott, das ist ja furchtbar! Wie konnte denn das passieren?«

»Ganz einfach. Sie war schließlich nicht die Erste, die von einem Auto mit verdunkelten Scheinwerfern erwischt wurde, und sie wird sicher nicht die Letzte sein.« Die gleiche ausdruckslose Stimme, keinerlei Zorn, keine Schuldzuweisungen, bloß die nackten Tatsachen.

»Oh Gott«, sagte Nancy wieder.

Mac zog noch eine Zigarette aus seinem Päckchen und zündete sie sich an, diesmal allerdings, ohne ihr eine anzubieten.

»Man kann sich schon vorstellen, wie es passiert ist. Der Fahrer konnte nichts dafür. Eine dunkle Straße, dunkle Kleidung, ein dunkles Fahrrad. Er hat sie einfach nicht gesehen. Wenn jemanden eine Schuld trifft, dann mich. Ich war am Wochenende davor zu Hause gewesen, und sie hatte mir gesagt, dass sie Probleme mit dem Rücklicht habe. Ich dachte, ich hätte es repariert. Offensichtlich habe ich das nicht. Es flackerte immer noch. Vielleicht ein Wackelkontakt. Wir werden es nie erfahren, die Lampe war in tausend Teile zersplittert, als ich sie das nächste Mal sah. Und Judy … Judy war auch zerschmettert. Sie hat seitdem das Bewusstsein nicht mehr wiedererlangt.«

»Mac … Ich weiß gar nicht, was ich sagen soll …« Nancy zog das Päckchen über den Tisch zu sich hin und nahm sich eine Zigarette heraus. Mac beugte sich über den Tisch und gab ihr Feuer. Ein Mundwinkel hob sich zu seinem typisch spöttischen Grinsen, doch sein Blick war tot, ohne jedes Lächeln.

»Da kann man wohl auch nicht viel sagen.«

»Nur, dass es mir ganz furchtbar leidtut.« Sie berührte die Hand, die das Feuerzeug hielt, und zog sie dann hastig wieder zurück. Instinktiv spürte sie, dass er keinerlei Mitleid wollte, weder ihres noch das eines anderen Menschen. Der Schutzschild, den er um sich herum errichtet hatte, war eine undurchdringliche Barriere, sein Schmerz zu persönlich, um ihn zu teilen.

Mac schob seinen Stuhl zurück und stand auf. »Sollen wir gehen?« Die Zigarette im Mundwinkel, zog er sich seine Jacke über.

Nancy nickte. Nahezu wortlos liefen sie zum Stützpunkt zurück. Mac hatte sich in seine eigene Welt zurückgezogen, und Nancy war immer noch so bestürzt über das, was er ihr erzählt hatte, dass sie an nichts anderes denken konnte. Im Augenblick waren ihre eigenen Emotionen erloschen, erstickt von einer Decke aus Mitgefühl.

Mac trug täglich aufs Neue die Last dieser schrecklichen Tragödie mit sich herum, und sie hatte nichts davon geahnt. Er tat seine Arbeit und hielt den Schmerz tief in sich verborgen, wo niemand ihn sehen konnte. Plötzlich kam Nancy sich ganz schäbig vor.

Am folgenden Nachmittag war die Anson wieder startklar. Als sie nach White Waltham zurückgekehrt waren, erwartete Nancy schon die Nachricht, dass sie wieder versetzt werde. Sie sollte kurzfristig nach Ratcliffe gehen, gemeinsam mit Kay und Bobbie Morrison.

Wieder einmal musste sie Mac zurücklassen. Aber er war mehr als je zuvor in ihren Gedanken. Seine Mitteilung hatte bei ihr eine Flut von neuen Gefühlen ausgelöst. Obwohl es ihr selbst kaum bewusst war, war aus Verliebtheit und sexueller Anziehung Liebe geworden.

VI.

Er vermisste sie. Verdammt, wie er sie vermisste!

Mac, der auf dem Stuhl des Stationskommandanten saß – der Kommandant hatte ein paar Tage wohlverdienten Urlaub –, steckte die Hülle auf seinen Füller, schob den Stapel mit verhasster Büroarbeit von sich und zündete sich eine Zigarette an.

Eine Woche war vergangen, seit Nancy nach Ratcliffe gegangen war, eine Versetzung, über die er erleichtert gewesen war. Ihre Gegenwart war einfach zu verwirrend, obwohl er sich beim besten Willen nicht erklären konnte, weshalb sie einen solchen Einfluss auf ihn hatte. Sie war flatterhaft, übertrieben selbstbewusst, unbesonnen und ein wenig frech – wie eigentlich alle amerikanischen Mädchen, dachte er kritisch. Eigentlich alles Eigenschaften, die er an einer Frau nicht mochte. Doch irgendetwas an ihr hatte ihn berührt und Gefühle geweckt, von denen er nie geglaubt hätte, dass er sie für eine andere Frau als Judy empfinden könne, und das bereitete ihm schlaflose Nächte.

In den zwei Jahren nach Judys Unfall hatte es natürlich die eine oder andere Frau gegeben – für gewöhnlich, wenn er zu viel getrunken hatte. Die Nachtclub-Sängerin, die ihn nach ihrem abendlichen Auftritt in einer schwach beleuchteten Bar in Soho umgarnt hatte; die hübsche Schwester eines befreundeten RAF-Offiziers, die mit einer ganzen Gruppe Mädchen zu einer Party in der Offiziersmesse geladen war. Aber diese Frauen hatten ihm nichts bedeutet. Stunden, in denen er seine Sorgen vergessen konnte, ein paar Minuten körperlicher Erleichterung. Nancy war etwas anderes.

Wenn er ehrlich war, hatte er das beinahe vom ersten Moment ihrer Begegnung an gespürt. Eigentlich hätte er sie zur Schnecke machen müssen, weil sie aus purem Vergnügen ihren Übungsflug ausgedehnt und dabei die Puss Moth beschädigt hatte. Bei jedem anderen hätte er das auch getan. Aber er war unter dem harten Panzer dahingeschmolzen, den er sich zugelegt hatte. Sie hatte ihn amüsiert und berührt, und er hatte es nicht übers Herz gebracht, sie so zurechtzuweisen, wie sie es eigentlich verdient hätte. Dabei war ihm nicht klar gewesen, wie gefährlich es war, einen Riss in seiner Rüstung zuzulassen. Unbemerkt war sie hineingeschlüpft und hatte es sich bei ihm gemütlich gemacht. Das war ihm erst aufgefallen, als er sich dabei ertappte, wie er nach ihr Ausschau hielt und sich darauf freute, sie wiederzusehen – und zu guter Letzt auch noch von ihr träumte. An dem Morgen, als er aufwachte und sich daran erinnerte, dass sie ihn im Schlaf besucht hatte, wusste er ganz sicher, dass Nancy Kelly mehr war als eine sympathische Schülerin, mehr als bloß ein weiteres hübsches Mädchen. Und das gefiel ihm überhaupt nicht.

In einer Welt, in der Krieg und Verderbtheit herrschten, war Mac der ehrenhafteste Mensch, den man sich vorstellen konnte. Gefühle für eine andere Frau als Judy zu empfinden war für ihn weit ehrloser und unmoralischer, als es die zufälligen, raschen geschlechtlichen Begegnungen gewesen waren. Nach einem solchen Ausrutscher hatte er zwar Abscheu vor sich selbst empfunden, den Vorfall dann aber so schnell wie möglich wieder vergessen. Doch diesmal war es anders. Die Art und Weise, wie er an Nancy dachte, war für ihn Verrat in der schlimmsten Form.

Judy war seine Frau. Die Tatsache, dass sie ihn seit fast zwei Jahren weder angelächelt noch berührt, noch überhaupt angeschaut hatte, spielte dabei keine Rolle. Er hatte ihr die Treue versprochen in guten wie in schlechten Zeiten. Und er liebte sie immer noch, auch wenn es ihm inzwischen schwerer fiel, sich an ihre Stimme zu erinnern und sich ihr Gesicht zu vergegenwärtigen. Er dachte jetzt an sie, wie sie an dem Tag ihrer Hochzeit ausgesehen hatte. Er konnte sich das Bild wie ein Puzzle Stück für Stück vor seinem geistigen Auge zusammensetzen: die Orangenblüte in ihrem Haar; ihre dunklen Augen, die hinter dem Spitzenschleier funkelten; ihre Lippen, die röter geschminkt waren, als er für nötig hielt – er bevorzugte ein natürliches Aussehen –; die Perlen an ihrem Hals; der Brautstrauß in Tropfenform aus tiefroten Rosen. Er konnte das Bild gerade noch zusammensetzen, doch das blieb es auch: ein Bild. Der unwirkliche Schnappschuss eines Mädchens, das es nicht mehr gab, und sein Hochzeitstag ein fernes Ereignis, den vielleicht irgendjemand anderes erlebt hatte, wenn er überhaupt stattgefunden hatte. Die Wirklichkeit, das war jetzt ein bewegungsloses, wachsbleiches Gesicht, auf dem der blutrote Lippenstift hässlich grell gewirkt hätte. Dichte Wimpern an bläulichen Lidern, ständig geschlossen wie die einer Schlafpuppe. Dunkle Haare auf einem weißen Kissen. Die Narben und Verletzungen des Unfalls waren längst verschwunden: Judy war die reglose Perfektion.

Zu Anfang, als ihr Leben auf Messers Schneide stand, war er kaum von ihrer Bettkante gewichen. Er hatte ihre Hand gehalten und einen Gott angefleht, von dessen Existenz er gar nicht überzeugt war, sie nicht sterben zu lassen. Und seine Gebete waren erhört worden. Das Leben verließ Judys Körper nicht, und manchmal fragte er sich, ob er nicht auch daran Schuld trug; ob es nicht besser für sie gewesen wäre, wenn er für einen gnädigen Tod gebetet hätte.

»Sie liegt da wie Dornröschen«, hatte ihre Mutter einmal gesagt, während ihr die Tränen über die Wangen liefen, und Mac musste sich abwenden, um den Zorn zu verbergen, der plötzlich in ihm emporwallte. Kein Prinz würde sie mit seinem Kuss zum

Leben erwecken können, und selbst wenn … Er konnte im Geiste überdeutlich die Worte des behandelnden Arztes hören.

»Es besteht die Chance, dass sie eines Tages wieder aus dem Koma aufwacht, wenn der Hirndruck nachlässt. Doch selbst wenn das geschieht, kann ich nicht garantieren, dass Ihre Frau wieder so sein wird, wie Sie sie kennen. Die lebenswichtigen Funktionen sind wahrscheinlich unwiderruflich geschädigt. Sie sollten sich darauf einstellen, dass Judy möglicherweise sowohl körperlich als auch geistig stark behindert sein könnte, Mr. Mackenzie.«

Mac hatte gespürt, wie sich sein Magen zusammenzog. Seine geliebte Judy. Mein Gott, Judy war herzlich und fröhlich gewesen, und sie hatte das Leben geliebt. Die Vorstellung, dass ihr hübscher Mund sabbernd herabhängen und ihre ausdrucksvollen Augen leer und verständnislos in die Welt schauen könnten, war unerträglich, viel schlimmer als der Tod. Doch irgendwie hatte er sich zusammengerissen und den Arzt gefragt: »Was halten Sie denn für die wahrscheinlichste Entwicklung?«

Der Doktor, eine leidenschaftslose Autorität in Weiß, hatte sich nicht zu einer klaren Aussage zwingen lassen.

»Man kann es wirklich nicht voraussagen. Möglicherweise bleibt sie im Koma – das gibt es durchaus manchmal. Sie könnte, wie ich schon sagte, auch teilweise genesen. Sie könnte uns aber auch verlassen. Wir wissen es einfach nicht. In der Zwischenzeit sollten Sie einige Vorkehrungen treffen …«

Mac hatte die Hände tief in den Taschen seiner Fliegerjacke vergraben und umklammerte die Schlüssel seines Douglas-Motorrads so fest, dass ihm das Metall in die Finger schnitt.

»Ich will, dass sie die allerbeste Pflege erhält. Geld ist kein Problem.«

Das stimmte nicht ganz. Auf sich allein gestellt, verdiente Mac nicht mehr als jeder andere RAF-Offizier auch. Aber er konnte finanzielle Unterstützung bekommen. Das hieß zwar wahrscheinlich, dass er seinen Dienst bei der RAF aufgeben müsste, sobald der Krieg zu Ende war, um den Familienbetrieb zu übernehmen, wenn Judy dann immer noch lebte und Pflege brauchte. Schon immer hatte sein Vater gewollt, dass er in das Familienunternehmen einstieg, und das war auch einer der Gründe gewesen, warum er sich überhaupt mit ihm überworfen hatte. Doch Mac würde es tun. Er würde in Sack und Asche gehen und Straßen kehren, wenn er Judy damit nur helfen könnte. Und bis dahin musste er Vorsorge für den Fall treffen, dass ihm etwas zustieß. Auf die Überlebenschancen eines Spitfirepiloten würde keiner sein Geld verwetten. Mac dachte, welch tragische Ironie darin lag, dass er, der jeden Tag aufs Neue riskierte, vom Himmel geschossen zu werden, unversehrt blieb, während seine Frau, die eigentlich im relativ friedlichen, ländlichen Gloucestershire einigermaßen sicher hätte sein sollen, nun zwischen Leben und Tod schwebte.

Aber auch ihn hätte es kurz nach ihrem Unfall beinahe erwischt, als seine Spitfire abgeschossen wurde. Nun, genau genommen nicht richtig abgeschossen. Wenn man das Flugzeug wirklich abgeschossen hätte, wäre er zweifellos tot oder stark verbrannt wie so mancher andere aus seiner Staffel. Charlie, Tigger und Nobbie, die alle verschollen waren. Dennis, den er im Krankenhaus besucht hatte, unkenntlich unter der weißen Gaze, die sein Gesicht verdeckte. Dennis hing in Bändern, knapp über dem Bett, die Arme ragten vor ihm auf, steif von der festgetrockneten Tanninsäure, und seine Hände erinnerten an Klauen. Es hieß, dass er wahrscheinlich blind sei. Feuer war für Mac der Albtraum schlechthin, und Dennis' Schicksal hätte ebenso gut ihn ereilen können.

Sie hatten die Heinkel schon gemeinsam erwischt, er und Bill Ward, und sahen, wie sie spiralförmig abwärts in Richtung Meer trudelte, bevor sie in einem Feuerball explodierte, der den Nebel glühen ließ. Sie hielten Ausschau nach weiteren Bombern, als plötzlich eine Messerschmitt aus dem Nichts auftauchte. Mac sah, wie sie Bill verfolgte, und funkte ihm: »Vorsicht, du wirst verfolgt!« Bill bog seitlich ab, die Messerschmitt folgte ihm. Mac presste die Zähne aufeinander. Bill war noch relativ unerfahren, er hatte keine Chance zu entkommen. Macs Instinkt übernahm die Führung. Er ging auf die Messerschmitt los und versuchte sie wegzulocken, er schoss eine Ladung nach der anderen ab. Und er erwischte sie. Aber erst, nachdem die Messerschmitt auch ihn erwischt hatte. Mehrere Geschosse durchbohrten den Rumpf seiner Maschine und die Backbordtragfläche, und einen Moment lang war er wie betäubt. Die Messerschmitt war ins Trudeln geraten, doch Bill war immer noch da, ein paar Hundert Fuß entfernt, offensichtlich unversehrt. »Ja!«, stieß Mac zwischen den Zähnen hervor, aber sein Hochgefühl war nur von kurzer Dauer. Die Spit flog unkontrolliert, und er merkte, wie ihm Blut warm über das Gesicht lief. Eine Sekunde lang erwog Mac auszusteigen, entschied sich dann aber dagegen. Er hatte keine Lust, im Ärmelkanal abzusaufen. Und seine Sturheit drängte ihn, das Flugzeug wieder nach Hause zu fliegen.

Irgendwie hatte er den Weg zurück zum Stützpunkt geschafft. Noch nie war ihm der Anblick der befeuerten Landebahn so willkommen gewesen. Doch als er versuchte, das Fahrwerk auszufahren, geschah nichts, und das rote Warnlämpchen am Instrumentenbrett zeigte, dass es blockiert war. Erschöpft, stark blutend und damit beschäftigt, die Kontrolle über sein beschädigtes Flugzeug zu behalten, tat Mac, was er konnte, um es zu lösen. Doch er hatte kein Glück. Am Ende blieb ihm nichts anderes übrig, als eine Bauchlandung zu versuchen. Er setzte den Tower von seiner misslichen Lage in Kenntnis, wartete ab, bis die Feuerlöschfahrzeuge ihre Position am Ende der Landebahn eingenommen hatten, und landete dann auf der Grasfläche. Einen scheinbar unendlich langen Moment schrammte der Unterbauch holpernd über das Gras, dann bohrte sich die Nase in den Boden, die Spitfire überschlug sich und brach auseinander. Die Löschfahrzeuge waren ihm gefolgt, jetzt drehten sie die

Schläuche auf, und bereitwillige Hände befreiten Mac irgendwie aus dem Flugzeugwrack. Er war schwer verletzt. Fleisch und Knochen ragten aus dem zerrissenen Stoff seiner Uniformhose hervor, denn er hatte sich einen komplizierten doppelten Bruch zugezogen. Quer über seinem Handrücken klaffte eine gezackte Wunde, die Handsehnen waren durchtrennt, und außer einer Kopfverletzung hatte er eine Gehirnerschütterung erlitten. Aber er lebte – gerade noch. Wie aus weiter Ferne hörte er die Stimme eines seiner Retter: »Du hast verdammtes Schwein gehabt, Mac«, und stieß mit zusammengebissenen Zähnen hervor: »Findest du wirklich?« Und dann wurde es schwarz um ihn.

In den ersten Tagen nach der Bruchlandung kam er nur gelegentlich zu sich, und als er wieder ganz bei Bewusstsein war, hatte er das Gefühl, dass er und Judy sich irgendwie begegnet waren und miteinander kommuniziert hatten. Er tat das natürlich als Unsinn ab, als eine Art Fieberphantasie – Mac glaubte nicht an Astralebenen und diesen ganzen esoterischen Unfug –, doch der Eindruck war geblieben und mit ihm das Gefühl, dass er sie einmal mehr enttäuscht hatte, als er sie in diesem trüben Niemandsland zwischen Leben und Tod alleinließ.

Sobald er wieder fit genug war, bat er einen Kumpel, ihn zu ihr heimzufahren – eine unangenehme, von Schmerzen begleitete Fahrt, da sein Bein immer noch eingegipst war. Doch ihr Zustand hatte sich nicht verändert, und tiefe Schwermut befiel ihn. Was gab es noch, für das es sich zu leben lohnte? Judy war für ihn nicht mehr erreichbar, und aufgrund seiner Verletzungen konnte er nicht mehr zu seiner Staffel zurückkehren, jedenfalls nicht in näherer Zukunft – und möglicherweise überhaupt nicht mehr.

Seine Versetzung zur ATA hatte seine geistige Gesundheit gerettet. Die Arbeit dort gab seinem Leben wieder einen Sinn, und während er sich von seinen Verletzungen erholte, konnte er wieder fliegen, wenn auch nicht bei Kampfeinsätzen. Die Arbeitsbelastung erlaubte ihm nicht, allzu oft nach Gloucestershire heimzukehren, um nach Judy zu sehen, aber mit Beschämung gestand er sich insgeheim ein, dass er darüber erleichtert war. Es war eine ziemliche Qual für ihn gewesen, neben ihrem Bett zu sitzen, während sie gar nicht wahrnehmen konnte, ob er da war oder nicht. Doch das hieß keineswegs, dass er sie weniger liebte oder seltener an sie dachte. Noch immer war sie ständig in seinem Herzen und in seinen Gedanken.

Und dann war Nancy aufgetaucht und in den Raum eingedrungen, der nur Judy gehörte. Nancy mit ihrem spitzbübischen Gesicht und dem widerspenstigen Haar, das sich irgendwie nie so richtig den Dienstvorschriften beugte, sooft sie es auch schneiden ließ. Nancy, die widerborstig und trotzig sein konnte und zwar den Eindruck überschäumenden Selbstvertrauens vermittelte, ihm aber dennoch unbegreiflicherweise sehr verletzlich erschien. Nancy, die warmherzig, zäh und durch und durch lebendig war. Irgendwie hatte sie ihn aus seiner Trübsal gerissen; wenn sie in der Nähe war, fühlte er sich wohl, fühlte sich wieder als ganzer Mann. Und er wollte sie. Daran bestand gar kein Zweifel.

Es war eine gefährliche Situation. Oft genug war er auf seine Douglas gesprungen, hatte den Motor angeschmissen und war über die Feldwege gebraust, um die Gedanken an sie zu verdrängen. Jetzt war sie weg – jedenfalls für die nächste Zeit, obwohl sie wahrscheinlich über kurz oder lang wieder hierher zurückkehren würde, um ihre Ausbildung auf den Flugzeugen der Klasse 3 zu machen, den leichten zweimotorigen Maschinen wie der Oxford und der Dominie. Jedenfalls hoffte er, dass sich nun der Spruch »Aus den Augen, aus dem Sinn« erfüllen würde.

Aber leider war es nicht so. Er vermisste sie, verdammt! Mac zog seine Brieftasche hervor und klappte sie auf, um das Foto von Judy zu betrachten. Er blickte in ihr hübsches Gesicht, und sein Herz wurde schwer vor Sehnsucht nach dem, was einmal gewesen war und nie mehr sein würde. Doch kaum hatte er die Brieftasche wieder weggesteckt, tauchte ein anderes Gesicht vor ihm auf. Das Gesicht, das er schon so oft mit einem Ausdruck konzentrierter Entschlossenheit gesehen hatte, wenn Nancy sich bemühte, ein kompliziertes Detail aus dem Theorieunterricht zu verstehen, oder sich mithilfe von Landkarte und Kompass die Route zu einem ihr unbekannten Ziel suchte, an dem sie noch nicht gewesen war. Ein Gesicht, aus dem allerdings ebenso gut der Schalk blitzen konnte. Doch diesmal sah er Nancy vor sich, wie sie ausgesehen hatte, als er ihr von Judy erzählt hatte: Ihre kecken, burschikosen Züge waren ganz weich vor Mitleid, sie hatte auf der Unterlippe herumgekaut, als ob sie sich das Weinen verbeißen wollte. Er sah ihr Gesicht durch den emporsteigenden Qualm seiner Zigarette und spürte wieder die Berührung ihrer Hand, ehe sie sie rasch weggezogen hatte. Wahrscheinlich war es ganz gut, dass Nancy im Augenblick außerhalb seiner Reichweite war. Er war sich nicht sicher, wie lange er ihr noch widerstehen könnte, wenn sie in seiner Nähe wäre.

Nancy hatte keine besonders gute Laune. Irgendwie war es ihr gelungen, ihr Exemplar der *Ferry Pilot's Notes* zu verlegen – ein Vergehen, das beinahe so schlimm war, wie ein Flugzeug zu beschädigen. Wahrscheinlich hatte sie es in der Kantine in St Meryn liegen lassen, wo sie sich eine Tasse Tee geholt hatte, während sie auf ihren Transfer zurück nach Ratcliffe wartete. Ohne viel Hoffnung wühlte sie noch einmal ihre Ausrüstung durch und machte sich dann auf den Weg zur Einsatzleitung, um den Verlust zu melden.

Mit Einbruch der Dunkelheit war auch der Nebel gekommen, feuchtkalt und undurchdringlich lag er wie ein Schleier über den Flugzeughallen und Werkstätten am Rande des Flugplatzes, was Nancys Stimmung auch nicht gerade hob. Zitternd schlug sie den Kragen ihres Uniformmantels hoch und verbarg sich darin. Wenn diese Waschküche nicht bald aufklarte, würde es morgen keine Flüge geben.

»Nancy!«

Überrascht drehte sie sich um und erkannte im trüben Nebel die dunklen Umrisse eines Kleinlasters, der neben dem weißen Verwaltungsgebäude parkte.

»Annabel, bist du das?«

Eine Gestalt mit einer Feldmütze auf dem Kopf tauchte auf. »Ja, ich bin's.« Annabel war eine der Frauen, die beim Fahrdienst arbeiteten; vor nicht allzu langer Zeit, in ihrem früheren Leben, war sie Debütantin gewesen. Jetzt arbeitete sie genau wie all die anderen Fahrer elf bis zwölf Stunden im Schichtdienst ohne ein Wort der Klage. »Ich hab hier was für dich.« Sie kroch in den Kleinlaster zurück, wühlte darin herum und gab Nancy einen Umschlag.

»Was ist denn das?«, fragte Nancy, die in der Dunkelheit nicht erkennen konnte, was darauf geschrieben stand.

»Ein Brief für dich.«

»Das sehe ich auch. Aber von wem?«

»Woher soll ich das wissen? Ich musste einen Piloten fahren, der in Prestwick stationiert ist. Er hat mich gebeten, dir das zu geben.«

»Aber ich kenne niemanden in Prestwick.«

»Tut mir leid, mehr kann ich dir auch nicht sagen. Ich muss jetzt wieder los.« Annabel kletterte zurück in den Lieferwagen und ließ den Motor an.

Während Nancy zum Verwaltungsgebäude zurückkehrte, sah sie die Rücklichter des Fahrzeugs im Nebel verschwinden. Sie stieß die Tür auf, trat ein und betrachtete den Umschlag im grellen elektrischen Licht.

Joe. Die ordentliche schräge Handschrift war unverkennbar. Sie hatte bereits einen Stapel Briefe, die in der gleichen Handschrift an sie adressiert waren. Nur trug dieser weder einen Poststempel, noch war er frankiert, war also auch nicht durch die Zensur gegangen.

Nancy schluckte. Was dachte sich Annabel dabei, ihr heimlich einen Brief von Joe zuzustellen? Doch jetzt waren weder

Zeit noch Ort, den Brief zu öffnen und mehr herauszufinden. Nancy faltete den Brief zusammen, schob ihn in die Tasche ihres Uniformmantels und machte sich auf den Weg zur Einsatzleitung, um den Verlust der *Ferry Pilot's Notes* zu beichten.

Bis Nancy endlich allein in ihrem Zimmer den Umschlag öffnen konnte, hatte sie sich schon mehr oder weniger selbst ausgemalt, wie der Brief zu ihr gelangt war – und der Inhalt bestätigte ihre Vermutungen.

Joe war nach Prestfield versetzt worden, einem Flugplatz in Schottland, der nicht nur der USAAF als Stützpunkt diente, sondern auch das nördlichste Überführungszentrum der ATA war. Er hatte seine Chance gewittert, Nancy einen Brief ohne die einschneidenden Kürzungen der Zensur zukommen zu lassen, indem er einfach bei den ATA-Piloten auf der Basis herumgefragt hatte, wer nach Ratcliffe flog. Er hatte den Mann überredet, den Brief mitzunehmen, und ihn vermutlich mit Schokolade, Zigaretten oder Seidenstrümpfen für seine Freundin belohnt. So viel hatte Nancy sich schon zusammengereimt. Was sie allerdings überraschte, war der Grund für Joes Geheimniskrämerei. Er schrieb:

> Ich weiß nicht, wie Deine Truppe arbeitet, aber soweit ich bisher mitbekommen habe, scheint es dort sehr viel lockerer zuzugehen als bei der Air Force. Wie wäre es also, wenn Du um eine Versetzung hierher bitten würdest? Hier oben im Norden ist es wirklich ganz nett – wenn es bloß nicht so verdammt kalt wäre –, und dann könnten wir zusammen sein. Ach, Nancy, ich musste schon zu viele gute Kameraden gehen sehen. Erst letzte Woche haben wir in einer Nacht drei Flying Fortresses verloren, und ich habe große Sehnsucht, Dich wiederzusehen, mein Schatz, ehe ich womöglich an der Reihe bin. Ich hoffe natürlich nicht, dass es so weit kommt, aber man muss den Tatsachen ins Auge sehen. Eine

Flying Fortress ist ein leichtes Ziel. Unsere heißt Rita – nach Rita Hayworth –, und bis jetzt hat sie uns gut beschützt. Aber das Blatt kann sich jederzeit wenden, und meine Tage könnten bald gezählt sein. Denk darüber nach, Nancy, und schau, was Du tun kannst …

Sie konnte seine Stimme aus dem Brief hören, die langsame, gedehnte Sprechweise, und es schnitt ihr ins Herz. Doch gleichzeitig befiel sie wieder ein Gefühl der Panik; Angst vor den Fangarmen, die sich um sie schlangen und sie festhielten. Die Zeit der Trennung hatte an ihren Gefühlen für Joe nichts geändert – wenn überhaupt, hatte sie die Dinge bloß verschlimmert. Sie liebte Joe, das tat sie wirklich – aber so, wie sie einen Bruder geliebt hätte. Das war ihr inzwischen klar geworden, nachdem sie eine überwältigende, alles verzehrende Leidenschaft kennengelernt hatte. Zwischen ihr und Mac war zwar rein gar nichts vorgefallen, und das durfte es auch nicht. Doch sie hatte den Mann angeschaut und das Gefühl gehabt, sie sei von einer Bombe getroffen worden. Sie war innerlich dahingeschmolzen, und jeder einzelne Nerv hatte vor Sehnsucht gezittert. Vielleicht würde es nie wieder jemanden geben, der eine solche Wirkung auf sie besaß, aber sie konnte sich nicht mit weniger zufriedengeben. Damit wurde sie weder Joe noch sich selbst gerecht.

Aber nun war der äußere Druck stärker als je zuvor. Der Tod war kein fernes, unwirkliches Schicksal mehr, das anderen Menschen widerfuhr, sondern er war ganz real. Er saß den Piloten und der Crew bei jedem Einsatz im Nacken. Das Gefühl, Joe verpflichtet zu sein, schnürte sich wie ein enges Band um Nancys Herz. Wenn sie ihm wehtat und er bei einem Einsatz ums Leben kam, würde sie sich das niemals verzeihen können. Hätte er ihr bloß nie diesen Brief geschrieben und sie damit in Verlegenheit gebracht!

Verärgert faltete Nancy den Brief zusammen und legte ihn

zu den anderen, während sie sich fragte, was in aller Welt sie ihm als Antwort schreiben sollte. Es war natürlich ziemlich unwahrscheinlich, dass man ihrem Wunsch nach einer Versetzung überhaupt entsprechen würde. Doch es könnte immerhin passieren, und das wollte sie lieber nicht riskieren.

Nach ein, zwei Tagen, als Nancy die Gelegenheit gehabt hatte, alles zu durchdenken, setzte sie eine Antwort auf:

> Lieber Joe,
> das ist wirklich eine schöne Idee, aber ich kann auf keinen Fall um eine Versetzung bitten. Ich werde im Moment hier gebraucht. Und außerdem könntest doch auch *Du* durchaus wieder versetzt werden. Hier in dieser Gegend und in Südengland gibt es massenweise Stützpunkte der USAAF. Es wäre doch ziemlich schade, wenn ich nach Schottland gehen würde und Du dann nicht mehr dort wärst. Lass uns die Dinge lieber so belassen, wie sie sind, okay?

Ob Joe ihre Argumente nachvollziehen konnte oder ob er einfach nur Angst hatte, sie weiter zu drängen, weil er ihre Antwort fürchtete, sollte Nancy nie erfahren. Joe brachte das Thema nicht mehr zur Sprache.

Das englische Wetter, das sie so gefürchtet hatte, brach ungebändigt herein und behinderte nicht nur das Fliegen, sondern ließ auch die Laune sinken. Nancy, die an die Sonne Floridas gewöhnt war, zitterte und fröstelte vor Kälte. Ratcliffe, nördlich von Leicester am Fosse Way gelegen, hatte eine exponierte Lage, und häufig herrschte dort dichter Nebel oder Schnee.

Allerdings hatte Ratcliffe auch seine guten Seiten: Nancy wurde wieder einmal in einem herrlichen Landhaus untergebracht, Highfields Grange, wo sie sogar noch üppiger bewirtet wurde als in White Waltham – sofern ihr überhaupt Zeit blieb, die Gastfreundschaft zu genießen. Nancy arbeitete inzwischen härter als je zuvor, und abends war sie häufig erst so spät zu Hause, dass sie ihr Dinner nicht mehr mit der Familie einnehmen konnte. Doch immer hatte man einen Teller mit Essen für sie zurückgestellt, und die Köchin Hetty, die schon seit mehr als dreißig Jahren in Diensten des Herrenhauses stand, machte ihr stets einen Teller Suppe heiß, damit Nancys ausgekühlte Glieder warm wurden.

Weihnachten zog so schnell vorüber, wie es gekommen war. Nancy hatte eigentlich befürchtet, dass ihr keine plausible Entschuldigung einfallen würde, sich nicht mit Joe zu treffen, da sie ein paar wohlverdiente Urlaubstage hatte. Doch das Treffen wurde durch einen hässlichen grippalen Infekt verhindert, den sie sich vermutlich in dem drittklassigen Hotel eingefangen hatte, wo sie in feuchter und nicht allzu sauberer Bettwäsche eine Nacht hatte verbringen müssen, als sie »festsaß« und nicht mehr zu ihrem Stützpunkt zurückkehren konnte. Statt also nach Prestwick zu reisen oder Joe irgendwo auf halber Strecke zu treffen, hatte sie die Feiertage zitternd und schniefend, mit hohem Fieber und Gliederschmerzen im Bett verbracht. Erst nach Neujahr schrieb der Stabsarzt sie gesund, so dass sie wieder fliegen konnte. Und der Arbeitsstress begann von neuem.

Doch Nancy beklagte sich nicht. Sie flog Flugzeuge, von denen sie sich nie hätte träumen lassen, dass sie sie eines Tages fliegen würde. Sie trug ihren Teil zu den Kriegsanstrengungen bei und hatte eine wunderbare Zeit.

VII

Nancy beugte sich vor, spähte über die lange Nase der Spitfire hinweg und hielt verzweifelt Ausschau nach einer Wolkenlücke. Normalerweise flog sie Spitfires sehr gern – »das beste Flugzeug, das ich je geflogen habe«, hatte sie Joe geschrieben –, doch heute war sie ganz und gar nicht glücklich. Sie war bereits auf sechstausend Fuß aufgestiegen in der Hoffnung, dort oben eine bessere Sicht zu finden, aber auch dort war sie nicht besser, und als sie wieder in den Sinkflug ging, setzte eine starke Vereisung auf Windschutzscheibe, Tragflächen und Propellern ein.

Ihr war klar, dass sie sich in einer misslichen Lage befand. Wenn sie nicht noch tiefer ging, würde sie kaum einen sicheren Platz zum Landen entdecken können, aber weiter unten konnte die Vereisung nur noch schlimmer werden, und dann würde sie die Kontrolle über das Flugzeug verlieren.

Nancy wurde die Kehle eng, und sie musste sich eingestehen, dass sie Angst hatte, was bisher nur sehr selten vorgekommen war.

Dabei hatte alles so gut angefangen.

Vor drei Tagen hatte sie Ratcliffe mit einer Mustang verlassen; Ziel war Woodley, ein Flugplatz südlich von White Waltham, und sie hatte eigentlich damit gerechnet, noch am selben Abend wieder nach Ratcliffe zurückzukehren. Doch dann war eine Reihe der dringend benötigten Spitfires in den Vickers-Werken in High Post fertig geworden. Hamble, das Überführungszentrum, das normalerweise dafür zuständig war, diese

Flugzeuge zu den Wartungseinheiten in Wiltshire zu bringen, wo die letzten Vorbereitungen für den Flug durchgeführt wurden, hatte gerade keine Kapazitäten frei und bat um Hilfe. Da Nancy noch nicht für einen Weiterflug eingeteilt worden war, hatte der Einsatzleiter in White Waltham sie gefragt, ob sie eines der Flugzeuge überführen könne.

Nancy hatte begeistert die Gelegenheit ergriffen. Sie flog leidenschaftlich gerne Spits, und die Vickers-Werke in Castle Bromwich lagen nicht allzu weit von Ratcliffe entfernt, so dass sie schon öfter die Gelegenheit gehabt hatte. Als sie zusammen mit den beiden anderen Piloten, die für den Einsatz eingeteilt waren, in das Flugzeug stieg, das sie weitertransportieren sollte, saß Mac am Steuer.

Nancy spürte Euphorie in sich aufsteigen. Sie hatte sich zwar immer wieder eingeredet, sie müsse ihn vergessen, doch ihr Herz hatte nicht gehorcht. Und als sie ihn dort am Steuer sitzen sah, während er den Probelauf durchführte, traten all ihre mühsam unterdrückten Gefühle wieder zutage. Er drehte sich zu ihr um, grinste sie schief an und zwinkerte, und sie nahm, eingehüllt in eine rosarote Wolke, auf ihrem Sitz Platz.

Das Wetter, das schon beim Start trübe und bedeckt gewesen war, verschlechterte sich rasch, und als sie High Post erreichten, musste Mac sein ganzes fliegerisches Geschick aufwenden, um sicher zu landen. Sie organisierten ihre Unterkunft für die Nacht, verbrachten alle gemeinsam einen geselligen Abend miteinander und gingen früh zu Bett in der Hoffnung, dass das Wetter am nächsten Morgen besser sein würde.

Doch das war es nicht – und auch nicht am übernächsten. Nancy, Mac und den beiden anderen Piloten blieb nichts anderes übrig, als von der zugigen Fliegerbaracke aus zu beobachten, wie der Regen an den beschlagenen, schmierigen Scheiben herablief, während sie auf eine Lücke in der dichten Wolkendecke warteten. Sie spielten Karten, aßen die trockenen, faden Sandwiches, die man ihnen brachte, und die anderen Piloten murrten ungeduldig herum. Doch Nancy genoss jeden kostbaren Moment, den ihr das schlechte Wetter schenkte.

Am dritten Tag gab es endlich Hoffnung, dass sich die Wetterlage bessern würde. Obwohl die Sichtweite immer noch weniger als dreißig Meter betrug, hieß es in der Wettervorhersage, dass es gegen Mittag aufklaren werde. Sie besprachen die Situation, und die Männer erklärten, dass sie auf jeden Fall versuchen wollten zu starten, sofern es möglich sei. Nancy war sich weniger sicher – sie wusste zu gut, wie leicht sie die Orientierung verlor. Doch als die Wolkendecke endlich aufbrach, wollte sie sich nicht als Einzige weigern zu fliegen. Das erlaubte ihr Stolz nicht.

»Ja, gut – wir versuchen's jetzt«, sagte sie wagemutiger, als sie sich tatsächlich fühlte.

Mac blickte sie prüfend an. »Sind Sie sicher?«

»Ja!«

Letzten Endes blieb die Entscheidung darüber, ob man das Risiko eines Fluges eingehen wollte, jedem Piloten selbst überlassen. Wenn Mac Zweifel daran hatte, ob Nancys Entscheidung klug gewesen war, so äußerte er sie jedenfalls nicht. Die drei Spitfires starteten, und er schaute ihnen hinterher.

Eine Zeit lang dauerte die örtliche Aufklarung an, und Nancy hielt Kurs auf Colerne. Schließlich war es nicht weit, nur eine kurze Strecke von etwa dreißig Meilen. Doch binnen kurzem war sie wieder so dicht von Wolken umgeben, dass sie die Orientierung verlor.

Verdammt, warum hatte sie sich bloß darauf eingelassen? Sie würde zurückfliegen – zum Teufel mit ihrem dummen Stolz! Sie drehte um einhundertachtzig Grad und flog in die Richtung zurück, aus der sie gekommen war, aber die Wolken hatten sich in der Zwischenzeit auch hinter ihr ausgebreitet – die Bewölkung dort war sogar noch dichter als voraus. Nancy dachte daran, wie schlecht die Verhältnisse an der Start- und Landebahn in High Post schon in den letzten beiden Tagen gewesen waren – bei einer Sichtweite von dreißig Metern oder weniger. Dort würde sie auf keinen Fall sicher landen können.

Sie drehte wieder und fragte sich, was sie tun sollte. An Steuerbord sah sie einen helleren Fleck, vielleicht war dort drüben die Bewölkung weniger dicht. Sie stieg auf zweitausend Fuß und steuerte auf die Stelle zu. Aber bevor sie sie erreichte, war die Auflockerung schon wieder verschwunden, und zu ihrem Entsetzen bemerkte sie, dass das Flugzeug wieder vereiste. Entschlossen, die Wolken unter sich zu lassen, ging sie weiter hoch, diesmal auf sechstausend Fuß, und durchbrach zu ihrer Erleichterung endlich die Wolkenschicht und hatte klaren Himmel. Doch ihre Freude war nur von kurzer Dauer: Unter ihr erstreckte sich ein dichter grauer Teppich von Horizont zu Horizont. Keine einzige Lücke war in Sicht. Panik schlug Nancy auf den Magen, doch sie kämpfte dagegen an. Panik half jetzt nicht weiter.

Sie flog einen großen Kreis, um etwas Zeit zum Nachdenken zu gewinnen. Sie war nur einmal von ihrem Kurs abgewichen, und zwar, als sie um einhundertachtzig Grad gedreht hatte, und als sie feststellen musste, dass die Bedingungen hinter ihr sogar noch schlechter waren als vor ihr, hatte sie wieder volle einhundertachtzig Grad zurückgedreht. Nancy schaute auf ihre Uhr. Wenn sie nach der Zeit ging, die sie schon in der Luft war, müsste sie inzwischen längst über der Ebene von Salisbury sein. Salisbury Plain war, wie der Name schon sagt, flach. Und leer. Weit und breit offenes Land, das nur von der ein oder anderen Trockensteinmauer, einigen Flugplätzen und Kasernen unterbrochen wurde. Vielleicht wäre es das Beste, in den Sinkflug zu gehen und einen Platz zum Landen zu suchen – sie musste bloß aufpassen, dass sie Stonehenge nicht erwischte! Nervöses Kichern drang aus Nancys Kehle. Das würde ihr ähnlich sehen, mit dem einzigen Hindernis weit und breit, dem Jahrtausende alten Steinmonument, zusammenzustoßen! Sie sah die Schlagzeilen schon vor sich: »Spitfire-Pilotin zerstört

Monument aus der Jungsteinzeit«. Das wäre eine schöne Katastrophe!

Sei nicht so verdammt albern, konzentriere dich lieber!, ermahnte sie sich. Die Lage ist ernst.

Die Vereisung wurde immer schlimmer und reduzierte die Sicht sogar noch stärker, so dass die Wolke jetzt von einem geheimnisvollen Funkeln umgeben schien. Auch das Steuern wurde durch die Vereisung schwieriger, und dann begann noch der Motor zu stottern.

Oh Gott, nein!, dachte Nancy entsetzt. Tu mir das nicht an, bitte! Doch ihr war klar, dass es zum Beten zu spät war. In dem engen Cockpit kam sie sich plötzlich vor wie in einem Sarg. Der Motor würde ausgehen, und sie glaubte nicht, dass sie das verhindern konnte.

Unter normalen Umständen bedeutete ein Motorversagen noch nicht das Ende der Welt; alle Piloten wurden in ihrer Ausbildung für diesen Fall trainiert. Gut ausgetrimmt, konnte ein Flugzeug eine Weile gleiten, so dass man die Windrichtung prüfen, eine geeignete Stelle auswählen und sicher landen konnte. Doch bei den Bedingungen, die heute herrschten, sah die Sache anders aus. Sie musste eine Entscheidung fällen, und zwar schnell. Sie konnte die verbliebene Motorleistung nutzen und genügend Höhe gewinnen, um sicher auszusteigen, den Fallschirm zu ziehen und zu beten. Oder sie konnte am Steuer bleiben und ihr Möglichstes tun, die Absturzstelle zu beeinflussen. Hier draußen standen die Chancen gut, dass das unbemannte Flugzeug einfach im Sturzflug auf eine freie Fläche krachen würde, doch dessen konnte sie sich keineswegs sicher sein. Sie musste wieder an Stonehenge denken – ach, zum Teufel mit Stonehenge! Die verdammten Steine könnte man leicht wieder aufrichten. Aber angenommen, die Spit krachte auf ein einsames Haus oder eine Farm? Womöglich sogar auf eine Schule? Auch hier in der Ebene musste es verstreute Siedlungen geben – und das hieß, es gab auch Menschen. Ohne lange nachzudenken, wusste Nancy, dass sie dieses Risiko nicht eingehen konnte. Niemals könnte sie mit dem Wissen leben, für den Tod eines Menschen verantwortlich zu sein. Eigentlich hatte sie gar keine Wahl.

Nun war der Motor ganz und gar ausgegangen; sie war von Stille umgeben. Das Flugzeug schwebte erst, dann glitt es, doch es war nicht der normale sanfte, kontrollierbare Gleitflug. Von der Vereisung destabilisiert, reagierte das Flugzeug nicht wie gewohnt. Nancy kämpfte so sehr, die Spit gerade zu halten, dass ihr keine Zeit mehr blieb, Angst zu haben. Sie presste die Zähne aufeinander, während sie an Höhe verlor. Noch immer hatte sie keine Ahnung, was sich unter ihr befand. Dann, in knapp hundert Fuß vielleicht, konnte sie plötzlich den Boden sehen, unwegsam und hügelig stürzte er auf sie zu. Direkt vor ihr war etwas, was wie eine Steinmauer aussah. Aber weder Häuser noch Bauernhöfe und auch keine Straße. Halleluja! Die stark vereiste Tragfläche neigte sich beängstigend, schlammiges Grün und grauer Stein verschwanden unter der geneigten Nase. Ein Ruck. Splitterndes Krachen, ohrenbetäubend laut in der Stille. Ein zerrendes, kreischendes Schleifen. Eine Stoßwelle durchfuhr ihren Körper. Und dann wurde es schwarz um sie.

»Wo zum Teufel bleibt sie bloß?« Die Sorge, die Mac erfüllte, ließ seine Stimme wütend und aggressiv klingen; zum hundertsten Male durchschritt er die kleine Einsatzzentrale und spähte hinaus in die dichte graue Dämmerung, die sich allmählich in düstere Nacht verwandelte.

Keiner der anderen Männer im Raum antwortete ihm. Alle beschäftigte der gleiche Gedanke, doch niemand wollte ihn aussprechen. Fast vier Stunden waren seit dem Start der drei Spitfires vergangen. Eine hatte nach kürzester Zeit wieder kehrtgemacht, die zweite hatte es irgendwie bis nach Colerne geschafft. Von Nancy hatte man noch nichts gehört.

»Extrem scheußliche Bedingungen da oben!«, kommentierte

Eric Faulkner, der ATA-Pilot, der wieder umgekehrt war. Damit versuchte er nicht nur Nancys Verschwinden zu erklären, sondern ebenso sein eigenes Scheitern zu rechtfertigen – schließlich war es Eddie Bristow gelungen durchzukommen. Auch wenn er selbst wusste, dass seine Entscheidung umzukehren vernünftig gewesen war, wollte er sich natürlich ungern nachsagen lassen, dass seine Fähigkeiten geringer waren als die von Eddie und er weniger Mut bewiesen hatte als Nancy. »Bei diesem Wetter war es unmöglich zu fliegen. Du hättest es ihr nicht erlauben sollen, Mac.«

»Der Wetterbericht hatte eine Besserung vorhergesagt«, fuhr Mac ihn an. »Und ihr trefft eure eigenen Entscheidungen – das weißt du doch genau. Es steht mir nicht zu, die für euch zu treffen.«

Trotzdem verfluchte er sich insgeheim selbst und machte sich Vorwürfe, dass er nicht eingegriffen hatte. Er war nicht glücklich über die Entscheidung der Piloten gewesen. Sein Instinkt hatte ihm gesagt, dass sie alle früher oder später umkehren würden – deshalb hatte er auch auf dem Stützpunkt gewartet. Aber er hätte wissen müssen, dass Nancy niemals klein beigeben würde. Sie war viel zu stolz – und zu sturköpfig. Wild entschlossen, allen zu beweisen, dass sie den Männern in nichts nachstand, sondern womöglich sogar besser war. Normalerweise gehörten die Frauen, die er ausgebildet hatte, durch eine Art angeborene Vorsicht und die fehlende Testosteronsteuerung zu den sichersten Piloten, aber Nancy war anders. Sie war viel zu ehrgeizig, und ihr Wunsch, gut zu sein, machte sie waghalsig. Obwohl er das genau wusste, hatte er sie ihre eigene Entscheidung treffen und sie fliegen lassen. Wenn ihr etwas zugestoßen war …

Wenn … Von »wenn« konnte man eigentlich gar nicht mehr reden. Sie hatte sich bisher nicht gemeldet, um ihre sichere Landung zu melden. Und mit ziemlicher Sicherheit war sie nicht mehr in der Luft, denn inzwischen wäre ihr der Treibstoff ausgegangen. Was nur eine Möglichkeit offen ließ: Sie musste irgendwo abgestürzt sein.

Als er sich nach ein paar Stunden hatte eingestehen müssen, dass Nancy längst überfällig war, hatte er sich zunächst damit zu trösten versucht, dass sie vielleicht vom Kurs abgekommen war, als sie nach einer Lücke in der Wolkendecke gesucht hatte. Dass sie vielleicht zurück nach White Waltham oder in Richtung Midlands geflogen war, wo sie das Gelände besser kannte. Doch nach allem, was er hörte, war das Wetter beinahe überall schlecht, und wohin sie auch geflogen sein mochte – inzwischen hätte sie längst dort sein müssen. Ihm blieb nur noch die schwache Hoffnung, dass sie in irgendeiner einsamen Gegend gelandet war und dort noch keine Möglichkeit gefunden hatte, ihre Position durchzugeben. Aber selbst das tröstete ihn nicht besonders. Wenn sie bei diesem Wetter irgendwo abseits der Zivilisation festhing, würde sie aller Wahrscheinlichkeit nach an Unterkühlung leiden, womöglich sogar erfrieren, falls sich der Regen in Schnee verwandelte. Er war sich ziemlich sicher, dass der Regen schon von Eiskörnern begleitet wurde, und die letzten Wettervorhersagen hatten auch Eisregen angekündigt. Aber er konnte nichts tun, um ihr zu helfen. Bei diesem Wetter war es unmöglich zu fliegen, und selbst wenn er hätte starten können, konnte er keine Suchaktion durchführen. Schließlich hatte er nicht die leiseste Idee, wo er suchen sollte. Innerhalb der Reichweite, die die Spit mit ihrem Treibstoffvorrat zurücklegen konnte, gab es Hunderte Quadratkilometer offenes Land. Es wäre die sprichwörtliche Suche nach der Nadel im Heuhaufen.

Frustration machte sich in Mac breit, begleitet von Sorge und Schuldgefühlen. Irgendwo da draußen war Nancy. Er wusste nicht, ob sie noch lebte oder tot war, schwer verletzt oder einfach nur verängstigt, ausgekühlt und allein. Und das nagte an ihm und ging ihm viel mehr unter die Haut als die rein berufliche Sorge um einen seiner Piloten.

Das war schließlich nicht irgendein Pilot. Das war Nancy. Und er hatte sie im Stich gelassen, genau wie er Judy im Stich gelassen hatte. Er hatte es nicht geschafft, das Rücklicht an Judys Fahrrad zu reparieren, und sie lag im Koma. Er hatte Nancy nicht vom Fliegen abgehalten, obwohl ihm klar gewesen war, dass sie besser nicht fliegen sollte, und nun war sie verschollen. Was für ein Mann war er bloß?

Mac donnerte mit der Faust gegen einen Aktenschrank aus Metall, und das Krachen hallte durch den gesamten Raum.

»Blöd und unverantwortlich!«, stieß er zwischen zusammengebissenen Zähnen hervor, und obwohl die anderen dachten, er fluche auf Nancy, meinte er sich selbst.

Das Telefon klingelte. Paddy, der Einsatzleiter, riss den Hörer von der Gabel. Mac, der sich immer noch die schmerzenden Fingerknöchel rieb, erstarrte und sah, wie sich Paddys Augen verengten und sein Mund sich zu einem grimmigen Strich verzog.

»Ja … ja … Wo?« Seine gebellten Antworten verrieten Mac nichts – und gleichzeitig alles. Sein Magen zog sich zusammen. Paddy legte den Hörer wieder auf und blieb einen Moment lang mit geneigtem Kopf, die Hand auf dem Hörer, sitzen.

»Was?«, fragte Mac.

Paddy blickte ihn ernst an. »Keine guten Nachrichten, Mac. Ein Bauer auf der Ebene von Salisbury hat gemeldet, dass auf seinem Feld ein Flugzeug abgestürzt ist. Er hat ein Leuchten am Himmel gesehen und ist mit seinem Traktor losgefahren, um sich die Sache näher anzuschauen. Er glaubt, es sei eine Spit.«

»Er glaubt?«

»Sie ist ausgebrannt. Er kam nicht dicht genug heran, um ganz sicherzugehen.«

Feuer. Das Schlimmste, was er sich vorstellen konnte. Mac wurde übel.

»Und die Pilotin?«

»Darüber wussten sie nichts. Aber der Bauer hat niemanden gesehen.« Er bemerkte Macs gepeinigten Gesichtsausdruck und fügte hinzu: »Es ist möglich, dass sie ausgestiegen ist, Mac. Sie könnte überall sein.«

Das stimmte, sie könnte ausgestiegen sein. Aber irgendwie konnte er sich nicht vorstellen, dass Nancy von ihrem Fallschirm Gebrauch gemacht hatte. Sie war der Typ, der bis zum bitteren Ende durchhielt und nach einem Ausweg suchte, sich aus dem Schlamassel zu befreien, in den sie sich selbst gebracht hatte. Obwohl er vor Schrecken und Sorge wie benommen war, entsprach es Macs Art, sofort zu handeln. Wenigstens wussten sie jetzt, wo sie mit der Suche anfangen konnten. Falls Nancy lebend rausgekommen war.

»Ich muss dahin.«

»Wir können nicht fliegen Mac, das weißt du doch.«

»Es gibt doch immer noch diese Kisten auf vier Rädern, oder?«

»Ja, sicher … Aber wäre es nicht besser, die Suche den Leuten vor Ort zu überlassen? Es sind immerhin vierzig Meilen bis dahin – und bei diesem Wetter …«

»Mein Gott! Leihst du mir jetzt ein Fahrzeug oder nicht?«

»Okay.« Paddy hob ergeben die Arme. »Draußen steht ein Kleinlaster. Oder wenn du willst, kannst du auch mein Auto haben.«

»Ist mir vollkommen egal, was. Hauptsache, es fährt.« Mac schlüpfte schon in seinen Uniformmantel. »Hör mal, ich werde unterwegs schon eine Telefonzelle finden. Dann rufe ich euch an und höre, ob ihr irgendwelche Neuigkeiten habt. Aber ich warte nicht hier ab und drehe Däumchen, bis wir erfahren, ob die Pilotin heil herausgekommen ist oder nicht. Wenn sie es geschafft hat, ist sie irgendwo da draußen in der Einöde. Und wir müssen sie finden – und zwar schnell!«

Paddy zog die Autoschlüssel seines Hillman aus der Tasche und schob sie Mac über den Tisch zu. »Ich stehe direkt vor dem Gebäude. Halte uns auf dem Laufenden, okay? Und viel Glück!«

Mac nickte knapp. Die Tür fiel hinter ihm ins Schloss, und die anderen Männer wechselten ernste Blicke.

»Viel Glück!«, rief Eric Faulkner ihm noch hinterher und fügte leise hinzu: »Das kann er gebrauchen.«

Er hatte richtig gesehen; draußen fielen tatsächlich Graupelschauer, die sich allmählich in Schneegestöber verwandelten. Glitzernde Flocken wirbelten ihm aus der Dunkelheit entgegen und setzten sich am Rande der Windschutzscheibe fest, wo die Scheibenwischer nicht hingelangten. Die halb verdunkelten Scheinwerfer des Hillman wurden durch die Flocken reflektiert, was die Sicht zusätzlich erschwerte. Er musste seine volle Konzentration auf die schmale, kurvige Straße richten, und nur das hielt ihn davon ab, sich ständig den Kopf darüber zu zerbrechen, was mit Nancy passiert sein könnte. Doch die Angst war immer noch da – sie lastete wie ein schweres Gewicht auf seinem Magen und drängte ihn vorwärts. Mac kam nur sehr langsam voran. Er verfluchte das schlechte Wetter, das ihn davon abhielt, richtig Gas zu geben, und schimpfte auf den Hillman, der für diese Bedingungen nicht geeignet war. Nach etwa einer Stunde entdeckte er in einem Dorf eine Telefonzelle. Er überlegte, ob er anhalten und in High Post anrufen solle, wie er es versprochen hatte, um sich nach Neuigkeiten zu erkundigen, entschied sich dann aber dagegen. Das würde ihn nur aufhalten, und falls Nancy wie durch ein Wunder überlebt hatte und irgendwo da draußen auf der Salisbury Plain war, wollte er sich so schnell wie möglich an der Suche nach ihr beteiligen. Sicher, auch andere würden nach ihr suchen, Männer, die die Gegend viel besser kannten als er – aber auch wenn sie noch so viel guten Willen zeigten, würden sie nicht mit der gleichen Leidenschaft suchen wie er. Für sie handelte es sich bloß um einen weiteren vermissten Piloten. Für ihn dagegen ging es um Nancy. Seine

Nancy – nein, eigentlich nicht seine Nancy. Aber sie hätte es genauso gut sein können, so stark waren die Verzweiflung und die überwältigende Angst um ihr Schicksal. Die Zeit drängte, wenn sie bei diesem Wetter irgendwo da draußen war, möglicherweise verletzt, vielleicht mit Brandverletzungen oder sogar bewusstlos. Und falls es ihr nicht gelungen war, rechtzeitig auszusteigen, falls sie im brennenden Flugzeug umgekommen war …? Auch das wollte er lieber nicht hier draußen in der Einöde hören; er wollte nicht umdrehen müssen und ohne jede Hoffnung nach High Post zurückfahren. Doch er würde sowieso nicht umdrehen. Falls man in der ausgebrannten Spitfire die Überreste eines Körpers gefunden hätte, wollte er dabei sein, wenn sie ihn herausholten. Er wollte sichergehen, dass man ihr die nötige Achtung entgegenbrachte. Und er wollte derjenige sein, der sie nach Hause brachte.

Sein Magen zog sich zusammen, wie schon zu dem Zeitpunkt, als er die Nachricht von der abgestürzten Spit erfahren hatte; er warf einen letzten Blick auf die Telefonzelle, an deren Fenstern sich schon der Schnee sammelte, und fuhr dann weiter.

Der Anruf, den sie in High Post erhalten hatten, war aus einem RAF-Lager in der Nähe des Absturzortes der Spit gekommen; dort wurde auch die Suchaktion koordiniert, mit Unterstützung von Armeeangehörigen aus der Umgegend. Mac hatte vor, direkt dorthin zu fahren. Er brauchte etwa eine weitere Stunde, bis er vor den Toren des Stützpunktes stand und dem wachhabenden Offizier seine Papiere zeigte. Der Wachhabende war sehr jung und übereifrig in seiner Weigerung, niemanden ohne entsprechende Befugnis einzulassen, war aber auch nicht bereit, einen entsprechenden Anruf zu tätigen, um diese Befugnis einzuholen.

»Verdammt noch mal – sehe ich etwa aus wie ein deutscher Spion?«, polterte Mac. »Jetzt machen Sie endlich Ihren Anruf und lassen mich *augenblicklich* rein, oder Sie können sich auf eine gesalzene Disziplinarmaßnahme einstellen!«

Aber der Jüngling zögerte immer noch und musterte Mac misstrauisch. »Das ist mein voller Ernst! Ich bin Geschwaderführer der RAF und bestens befreundet mit einem Generalleutnant!«, blaffte Mac, der es nie zuvor nötig gehabt hatte, den Vorgesetzten herauszukehren.

Der bedauernswerte Junge zog sich ins Wachlokal zurück. Mac trat ungeduldig von einem Fuß auf den anderen und beobachtete durchs Fenster, wie er mit seinen Vorgesetzten telefonierte. Das Gesicht des Soldaten war ganz verhärmt von der Kälte, und an seiner geröteten Nasenspitze hing ein Tropfen. Aus irgendeinem unerfindlichen Grunde verstärkte dieser Tropfen Macs Verärgerung über den Jungen noch zusätzlich.

»Alles klar, Sir, Sie dürfen passieren.« Der Junge öffnete die Schranke.

»Das will ich wohl meinen. Und putzen Sie sich endlich mal die Nase!«, fuhr Mac ihn an.

Als er die Offiziersgebäude erreicht hatte, erwartete ihn der Kommandant höchstpersönlich schon vor dem Gebäude. Er stampfte mit den Füßen, um die Kälte zu vertreiben. Mac wurde das Herz schwer, es sah nicht gut aus. Er ließ sich vom Kommandanten ins Gebäude führen und folgte ihm einen schmalen, hell erleuchteten Korridor entlang in ein Büro, das mit Tabakdunst und dem Paraffingeruch aus einem kleinen Ofen gefüllt war, den man zusätzlich zur Heizung ins Zimmer geschoben hatte.

»Eine schlimme Geschichte.« Group Captain Reg Brock schob seine Pfeife von einem Mundwinkel in den anderen. Er war von schmächtiger Gestalt und stand stets leicht gebeugt, als trage er die Last der ganzen Welt auf den Schultern.

Mac wappnete sich für das Schlimmste. »Ich nehme an, dass es sich bei dem abgestürzten Flugzeug um unsere Spit handelt.«

»Sieht so aus, ja.«

»Und die Pilotin?« Er presste die Kiefer zusammen.

»Bisher keine Spur von ihr.«

Einen Augenblick lang glaubte Mac, er habe sich verhört. Er war darauf gefasst gewesen – sofern man in diesem Zusammenhang überhaupt von »gefasst« sprechen konnte –, von Nancys Tod zu hören. Eine Woge der Erleichterung ging durch seinen Körper, trotzdem konnte er die Nachricht kaum glauben.

»Sie war nicht beim Flugzeug?«

»Nein. Wir haben Suchtrupps losgeschickt, und auch die Armee hilft, aber bei diesem Wetter …«

»Geben Sie mir eine Wegbeschreibung. Ich fahre da raus und helfe mit.«

»Herrgott, Mann, sie könnte überall sein. Wenn sie mit dem Fallschirm abgesprungen ist …«

»Das hätte sie nicht getan.«

»Die Spit hat gebrannt.«

»Irgendwie muss sie rausgekommen sein. Sie ist mit Sicherheit irgendwo in der Nähe des Flugzeugs. Wir müssen sie finden. Da draußen ist es eisig.«

Reg Brock schüttelte den Kopf. »Die Suche ist doch sinnlos. Sie wird irgendwo mit dem Fallschirm abgesprungen sein.«

»Sie ist nicht abgesprungen!«, erwiderte Mac zornig. Er wusste selbst nicht, weshalb er sich seiner Sache so sicher war, aber er war davon überzeugt. »Sie müssen sich auf die Umgebung des Absturzortes konzentrieren.«

»Wenn Sie Recht haben, ist sie wahrscheinlich in irgendeinen Graben gekrochen.« *Um zu sterben.* Das sagte Brock zwar nicht, aber Mac wusste genau, was er dachte.

»Das ist mir egal. Beschreiben Sie mir einfach den Weg dahin!«

»Ganz, wie Sie wollen.« Brock grub die Zähne in den Stiel seiner Pfeife und seufzte. Dieser Mann war wie besessen, man konnte mit ihm nicht vernünftig reden. Er konnte ihn zwar verstehen, denn niemand verlor gern einen Piloten, aber trotzdem durfte man sich keine persönliche Betroffenheit erlauben. Während er den Weg beschrieb, hörte Mac mit zusammengekniffenen Augen zu und prägte sich die Details mit der Konzentration und Genauigkeit ein, die ihn zu dem guten Piloten machten, der er war. Er nahm sich kaum Zeit, dem Kommandanten zu danken, und eilte zur Tür.

Gerade hatte er den Hillman angelassen und war noch mal ausgestiegen, um den Schnee von der Windschutzscheibe zu wischen, der sich in der Zwischenzeit angesammelt hatte, als die Silhouette des Kommandanten in der offenen Tür des Gebäudes auftauchte.

»Halt, warten Sie!«

Mac wandte den Kopf, während er weiterhin den Schnee mit seinen Handschuhen wegwischte. »Was ist los?«

»Man hat sie gefunden. Sie hatten Recht. Sie muss bis zum Schluss im Flugzeug geblieben sein«, berichtete der Kommandant ungläubig.

»Man hat sie gefunden?« Vor Erleichterung blieb Mac fast die Luft weg. Mit knirschenden Schritten ging er über den Schnee zurück zum Bürogebäude. »Wo? Wo ist sie jetzt? Geht es ihr gut?«

»Einzelheiten weiß ich noch nicht. Aber der Wirt des Traveller's Rest hat gerade angerufen. Anscheinend ist sie dort aufgetaucht.«

»Im Traveller's Rest?«

»Ja, das ist ein Gasthaus an der Straße nach Salisbury. Ungefähr acht Kilometer …«

Doch Mac wartete nicht ab. Er sprang schon ins Auto, gab Gas und überließ es den Scheibenwischern, den restlichen Schnee zu beseitigen.

Sie lebte! Gott allein wusste, wie es ihr ging, aber sie lebte. Und im Moment kam es nur darauf an.

Wie er es geschafft hatte, das Traveller's Rest zu erreichen, ohne zwischendurch in einem Graben zu landen, wusste Mac selbst nicht mehr. Er fuhr wie ein Wahnsinniger, die Reifen schlidderten über den vereisten Boden, und durch den herabwirbelnden Schnee konnte er kaum die Straße erkennen, geschweige denn, die Beschilderung lesen. Doch indem er sich sklavisch an die Wegbeschreibung des Kommandanten hielt, fand er es – ein gedrungenes altes Gebäude, meilenweit von jeder Ansiedlung entfernt, das wahrscheinlich früher die Herberge einer Poststation gewesen war. Heutzutage beherbergte es vermutlich eher Urlauber und Durchreisende, die sich aber in dieser Nacht schwerlich dorthin verirren würden.

Da die Sicht so schlecht war und durch die verdunkelten Fenster nur ein schwacher Lichtschein nach außen drang, war es ein Wunder, dass Mac nicht an der Herberge vorbeifuhr, doch irgendwann fiel das schwache Licht seiner verdunkelten Scheinwerfer auf das hin und her schwankende Schild einer Herberge. Mac fuhr auf den makellos weiß verschneiten Hof, der als Parkplatz diente, schaltete den Motor aus und sprang aus dem Auto, ohne es abzuschließen. Da er zunächst vergaß, die Scheinwerfer auszuschalten, musste er noch einmal zurückgehen; wenn die Batterie leer wäre, würde das Nancy auch nichts nützen. Dann schwang er die Tür auf und eilte ins Gasthaus.

Sie war in der Bar, zusammengekauert auf einem Sessel vor dem offenen Kamin, auf einem kleinen Tisch neben ihr stand ein leeres Brandyglas. Irgendjemand hatte ihr eine Decke um die Schultern gehüllt, und sie saß mit dem Rücken zu ihm, so dass er ihr Gesicht nicht sehen konnte. Ein stämmiger Mann hockte neben ihr, und eine vollbusige Frau mit blond gefärbten Haaren beugte sich besorgt über sie. Beide drehten sich um, als Mac hereinstürmte. Er beachtete die beiden gar nicht und eilte gleich zu Nancy.

Sie hob den Kopf, drehte sich auf dem Sessel um, und die Decke rutschte ihr von den Schultern. »Mac.« Sie klapperte mit den Zähnen. Sie versuchte ein schwaches Lächeln, doch ihr Gesicht blieb starr, und die klappernden Zähne verzogen ihre Lippen zu einem fratzenhaften Grinsen. Über ihrer rechten Augenbraue prangte eine riesige, eiförmige Beule, die sich bereits verfärbte. Blut war ihr über die Stirn gelaufen und in schmalen Rinnsalen auf ihren Wangen getrocknet; alle Farbe war aus ihrem Gesicht gewichen; die Haut schimmerte bläulich fahl.

Mac schob den Tisch beiseite, kauerte sich neben sie und nahm ihre Hand.

»Mein Gott, Nancy, Sie haben uns vielleicht Angst eingejagt. Geht es Ihnen gut?«

Sie senkte den Blick. »Ich habe das Flugzeug verloren«, flüsterte sie beschämt und verzweifelt.

»Vergessen Sie das verdammte Flugzeug! Wie geht es *Ihnen*?«

»Sie ist gerade erst hier angekommen«, erklärte der Wirt. »Hat mir den Schreck meines Lebens versetzt, die Dame! Ich hab die Tür aufgemacht, weil ich mal sehen wollte, wie das Wetter ist, und da stand sie!« Seine Stimme wurde leiser, als er merkte, dass keiner ihm zuhörte. Die beiden waren völlig mit sich selbst beschäftigt. Er hätte ebenso gut selbst der Geist sein können, für den er Nancy im ersten Augenblick gehalten hatte, als sie vor ihm im Schneegestöber aufgetaucht war. Er stand auf, stützte sich auf der Armlehne von Nancys Sessel ab und tauschte vielsagende Blicke mit seiner Frau.

»Das Flugzeug ist vereist, und der Motor ist ausgefallen«, sagte Nancy. »Ich bin runtergegangen, aber ich hatte keine Kontrolle mehr. Die Spit ist runtergekracht und …« Ihre Augen füllten sich mit Tränen. »… hat angefangen zu brennen. Oh Mac, es tut mir so leid!«

»Seien Sie nicht albern!« Ihre Tränen berührten ihn noch mehr als ihr verletztes, blasses Gesicht. Noch nie hatte er Nancy weinen sehen; das passte überhaupt nicht zu ihr.

»Ich weiß nicht, wie ich da rausgekommen bin«, fuhr sie fort, ohne auf seinen Einwand zu achten. »Ich dachte schon, ich würde es nicht schaffen. Überall roch es verbrannt. Aber ich habe es irgendwie geschafft. Und dann ist es in Flammen aufgegangen. Zuerst waren da nur ein paar Flämmchen, und dann – oh Gott, Mac, es war einfach furchtbar. Ein Flammenmeer! Dabei wurde die Maschine doch so dringend benötigt.« Jetzt weinte sie richtig, und die Tränen mischten sich mit dem getrockneten Blut auf ihren Wangen. »Und ich … Niemand war in der Nähe. Natürlich nicht. Das hatte ich ja auch so beabsichtigt. Schließlich wollte ich sichergehen, dass ich nicht auf irgendeinem Haus lande. Aber ich konnte bloß … Mir blieb nichts anderes übrig, als weiterzugehen, immer weiterzugehen … Ich dachte schon, ich würde nie mehr irgendwo ankommen … Und dann hat es angefangen zu schnei-ei-ei-eien.« Der letzte Satz wurde von Schluchzern begleitet.

»Nancy, lassen Sie uns später darüber reden!« Er stand auf. »Ich bringe Sie jetzt erst mal ins Krankenhaus.«

»Ich muss aber nicht …«

»Sie sind halb erfroren und stehen unter Schock – und Sie haben womöglich auch noch ein paar andere Verletzungen abbekommen. Keine Diskussion!«

Sie wischte sich mit dem Handrücken über Gesicht und Nase. Er bemerkte, dass sie zitterte. Als sie aufstand, schien sie Mühe zu haben, das Gleichgewicht zu halten. Die Decke rutschte auf den Sessel herab, und der Wirt griff danach und wollte sie ihr wiedergeben.

»Nehmen Sie das bitte mit. Sie braucht etwas Warmes …«

»Nicht nötig.« Mac knöpfte seinen Uniformmantel auf. »Sie kann meinen Mantel haben.«

Nancy blickte zu ihm empor. »Aber Mac … Sie …«

»Ich komme schon zurecht!« Er zog den Mantel aus. Eigentlich bestand gar keine Notwendigkeit dazu; der Wirt hätte ihnen sicherlich ein ganzes Dutzend Wolldecken geliehen, wenn sie ihn darum gebeten hätten. Doch Mac wollte gern etwas für Nancy tun. Sie stand unter seiner Verantwortung. Er hatte an diesem Tag schon einmal ihr gegenüber versagt, noch einmal würde er sie nicht im Stich lassen.

Während er ihr in den Mantel half, wankte sie leicht und kippte gegen ihn. Er stützte sie und merkte, wie ihr Haar sein Gesicht berührte und ihr Kopf kurz an seiner Brust lehnte, eine Berührung, die er schon lange ersehnt hatte. Aber im Augenblick empfand er nichts außer der überwältigenden Erleichterung darüber, dass sie da war – mehr oder weniger unversehrt –, und er wollte sie so schnell wie möglich ins Warme und in die Obhut eines Arztes bringen.

Er knöpfte ihr den Mantel zu; sie wirkte darin klein und verloren. Dann führte er sie nach draußen zum Auto und half ihr hinein. Der Wirt, eifrig bemüht, ebenfalls sein Teil beizutragen, war ihnen mit der Decke über dem Arm gefolgt.

»Bitte nehmen Sie die doch noch mit … Nur falls Sie liegen bleiben sollten. Sie können sie mir jederzeit zurückbringen.«

Mac dankte ihm und hüllte die Decke um Nancy. Dann ließ er den Motor an und schaltete die Scheinwerfer ein. Die Bemerkung des Wirtes war ihm eine Mahnung gewesen, dass in einer kargen Landschaft wie dieser durchaus die Möglichkeit bestand, eingeschneit zu werden. Sie machten sich besser schnell auf den Weg.

Er blickte zu Nancy hinüber, ihr Gesicht schaute winzig und spitz aus dem hochgeschlagenen Kragen seines Mantels hervor, und er sandte ein Dankgebet zum Himmel, dass es ihr gelungen war, sich lebend aus dieser Katastrophe zu retten.

Er hatte befürchtet, er hätte sie verloren. Neben dem Wunsch, sie möglichst schnell ins Warme und in medizinische Behandlung zu bringen, drängte ihn noch ein Gedanke:

Er hatte befürchtet, er hätte sie verloren. Was auch geschehen mochte – jetzt würde er sie nicht noch einmal gehen lassen.

VIII

Nancy träumte einen warmen, angenehm wirren Traum. Sie hatte in den letzten Tagen sehr viel geträumt – schließlich hatte sie auch ziemlich viel geschlafen. Eigentlich hatte sie wenig anderes getan, als zu schlafen, seit Mac sie in das RAF-Krankenhaus in Wroughton gebracht hatte. Sie war noch nicht mal besonders schwer verletzt gewesen; ein paar Stiche hatten gereicht, um die Schnittwunde auf ihrer Stirn zu schließen, dann hatte sie noch eine Reihe kleinerer Schnittverletzungen und Prellungen davongetragen und den Verdacht auf eine Gehirnerschütterung. Doch davon abgesehen hatte sie Glück gehabt. Nichtsdestotrotz bestanden die Ärzte darauf, sie dazubehalten, um sie weiter zu beobachten; und als sie gemütlich in einem bequemen Bett in ihrem kleinen Einzelzimmer lag, hatte Nancy gemerkt, wie erschöpft sie tatsächlich war. Die Wochen, in denen sie pausenlos Transportflüge hatte durchführen müssen, der ständige Druck und das Leben an der Grenze der nervlichen Belastbarkeit hatten ihren Tribut gefordert; jetzt spürte sie die tiefe Erschöpfung bis in alle Knochen und gab sich wonnig dem Nichtstun hin: Sie musste keine Entscheidungen fällen, sich um nichts sorgen, und niemand erwartete etwas von ihr. Ihr Zimmer ging von einem Flur ab, der zwei Krankenstationen miteinander verband, und zu Anfang kamen die Patienten, die schon wieder auf den Beinen waren, öfter zu einem Schwätzchen vorbei, doch Nancy, die eigentlich sonst sehr gesellig war, wollte nur ihre Ruhe haben. Sie hielt die Zimmertür stets geschlossen, um die anderen von einem Besuch abzuhalten und den Radiolärm auszublenden, der vom Stationsflur hereindrang. Statt die beliebten Unterhaltungssendungen und Hörspiele mitzuhören, schlief sie lieber.

Manchmal durchlebte sie zwischen Wachen und Dösen den Augenblick wieder, als ihr klar geworden war, dass die Spitfire abstürzen würde, und sie mit ihrem Tod rechnete.

Manchmal sah sie das Flugzeug in einem Feuerball explodieren, dann wieder befand sie sich auf ihrem Marsch durch den Schnee in einer kargen, trostlosen Landschaft, alle Glieder taten ihr weh, ihre Wunden bluteten, und sie hatte die Hoffnung schon beinahe aufgegeben, je wieder eine bewohnte Gegend zu erreichen und einem Menschen zu begegnen. Doch meistens schwebte sie in einem Zustand wohliger Zufriedenheit und hielt sich an der Erinnerung fest, wie Mac neben ihr gehockt und sie mit einem Blick betrachtet hatte, der verriet, dass er sich wirklich um sie sorgte; wie er seinen Mantel um sie gehüllt und sie im Auto in die Decke gewickelt hatte; wie er dann das Auto mit derselben verbissenen Konzentration gesteuert hatte, die er beim Fliegen eines Flugzeugs zeigte; wie er sie auf dem Weg ins Krankenhaus gestützt hatte und *augenblicklich* nach einem Arzt verlangt hatte. Er war bei ihr geblieben, bis ein Arzt sie untersucht hatte, und Nancy hatte eigentlich erwartet, dass sie wieder mit ihm wegfahren könne, sobald ihre Wunde genäht war, aber der Arzt hatte darauf bestanden, sie stationär aufzunehmen. Seitdem hatte sie Mac nicht mehr gesehen, doch jedes Mal, wenn sie die Augen schloss, meinte sie, seine Finger auf ihrer Stirn zu spüren, wie sie behutsam das Haar von dem Verband über der Wunde wegstrichen, eine besorgte Geste, die in ihrer Vorstellung einer zärtlichen Berührung ziemlich nahe kam. Oder sie fühlte wieder, wie er zum Abschied ihre Hand gedrückt hatte.

Jetzt konnte sie es genau spüren – seine Finger um ihre Hand, ein Teil des Traumes, doch auch im Erwachen waren sie noch da. Er war hier – an ihrem Bett. Ein warmes Glücksgefühl durchströmte ihren Körper.

»Hallo!«, murmelte sie träge.

»Hallo!« Die Stimme war irgendwie nicht richtig, aber sie konnte sich nicht erklären, warum. Verwundert öffnete sie die Augen und war mit einem Schlag hellwach.

»Joe! Joe – was machst du denn hier?«

»Bin gekommen, um dich zu überraschen, mein Schatz!« In der Uniform der USAAF sah er aus wie ein großer, gemütlicher Teddybär, der sie mit sorgenvollem Gesicht anblickte.

»Joe – das glaube ich einfach nicht!«

Er lächelte das breite, gemütvolle Lächeln, das sie so gut kannte. »Sie haben mir ein paar Tage Urlaub gegeben, damit ich dich besuchen kann. Und hier bin ich!«

»Oh Gott, Joe!« Widerstreitende Gefühle bewegten sie. Freude darüber, Joe zu sehen, Enttäuschung, dass er nicht derjenige war, mit dem sie gerechnet hatte.

»Kein Grund, gleich in Tränen auszubrechen, Schatz. Ich bin hier, und du bist hier. Alles andere ist egal!«

»Ich weine doch gar nicht.« Aber sie weinte, sie konnte die Tränen auf ihren Wimpern spüren. »Wie bist du denn hierhergekommen?«

»Ich habe einen Platz in einer Walrus bekommen. Das ist vielleicht ein komisches Flugzeug! Erinnert mich eher an ein Schiff!«

»Weil es ein Amphibienflugzeug ist.«

»Ja, es hatte wirklich was von einer Kaulquappe, so wie es hin und her geschwankt ist.« Joe lachte. »Aber lass uns nicht über Flugzeuge reden. Wie geht es dir?«

»Gut, alles bestens.«

»So siehst du aber gar nicht aus.«

»Danke sehr!«

»Du siehst eher aus, als hättest du einen Boxkampf mit Joe Louis hinter dir!«

»Erinnere mich bloß nicht daran!« Die Prellung auf ihrer Stirn war nach unten gesackt und hatte sich ausgebreitet. Nancy hatte jetzt ein blaues Auge, obwohl der Ausdruck nur bedingt passte – es zeigte eher alle Farbschattierungen von Violett über Grün bis zu Gelb. »Doch, mir geht es wirklich gut. Ich sollte hier eigentlich gar kein Bett blockieren. Ich komme mir vor wie eine Simulantin.«

»Die wollen eben deinen Zustand im Auge behalten«, sagte Joe. »Nach allem, was ich gehört habe, hast du ziemliches Glück gehabt.«

»Ja, das kann man wohl sagen. Aber jetzt geht es mir gut. Ich bin bloß noch ein bisschen müde. In ein paar Tagen werden sie mich bestimmt wieder flugtauglich schreiben.«

»Darüber möchte ich mit dir sprechen, mein Schatz«, sagte Joe. Sein Gesicht hatte einen ernsten Ausdruck angenommen, und sie ahnte, was er ihr sagen wollte.

»Schlag mir bloß nicht vor, dass ich wieder nach Hause zurückkehren soll, Joe Costello«, sagte sie. »Denn das werde ich ganz bestimmt nicht tun.«

»Nancy, du bist nur ganz knapp am Tod vorbeigeschrammt. Ich habe bis jetzt nichts gesagt, aber nun ist es wirklich an der Zeit. Ich will nicht, dass du weitermachst, Schatz. Es ist einfach viel zu gefährlich.«

»Papperlapapp! Unfälle können überall passieren. Was ich hier mache, ist auch nicht gefährlicher als das Fliegen zu Hause.«

»Zu Hause vereist dein Flugzeug aber nicht«, argumentierte Joe.

»Das nicht, aber die Tropenstürme haben es auch in sich.«

Er ignorierte ihren Einwand. »Die Sache ist doch die, Nancy: Hier stehst du unter dem Druck zu fliegen, auch wenn du ganz genau weißt, dass du es eigentlich nicht tun solltest. Die Flugzeuge müssen zu den Stützpunkten gebracht werden, und deshalb schicken sie dich los, egal welche Bedingungen herrschen. Um *dich* scheren sie sich dabei einen Dreck.«

Die indirekte Kritik an Mac versetzte ihr einen Stich. Sofort sprang sie zu seiner Verteidigung.

»Das stimmt einfach nicht. Und niemand hat mich *losgeschickt.* Ich habe mich selbst entschieden zu fliegen.«

»Weil du dich verpflichtet fühltest. Und ich will nicht, dass du dich zum Fliegen verpflichtet fühlst, wenn die Bedingungen gefährlich sind oder wenn du übermüdet bist und dich unwohl fühlst.«

Sie presste die Lippen aufeinander. »Irgendjemand muss es tun.«

»Aber nicht du, Nancy. Mir wäre wirklich lieber, dass du zu Hause in Sicherheit bist und auf mich wartest.«

Wieder die Fangarme, die sich um sie schlangen.

»Aber ich will das nicht!« Sie sah, wie er zusammenzuckte und sein Gesicht einen verletzten Ausdruck annahm, und hasste sich selbst dafür, dass sie ihm das antun musste, obwohl er doch den ganzen Weg von Schottland nach Südwestengland gemacht hatte, bloß um sie zu sehen. Sie hätte ihm längst sagen sollen, dass die Dinge zwischen ihnen nicht so waren, wie er das gern gehabt hätte. Sie durfte ihn nicht weiter so hinhalten. Aber im Moment fühlte sie sich zu schwach, um das Thema zu diskutieren.

»Lass uns nicht streiten!«, bat sie ihn. »Und ich möchte hier auch nicht liegen wie aufgebahrt. Ich darf aufstehen. Wenn ich mir was Warmes überziehe, könnten wir auf den Balkon gehen. Heute ist schönes Wetter …« Sie schwang die Beine über die Bettkante und bemerkte dabei zum ersten Mal etwas auf dem Boden neben Joes Stuhl, das aussah wie ein eingewickelter Blumenstrauß. »Oh, sind die für mich?«

»Ach ja – natürlich.« Er hob den Strauß auf und überreichte ihn ihr unbeholfen. Sie wickelte das Papier ab, und das fröhliche Gelb von Narzissen leuchtete ihr entgegen.

»Was anderes konnte ich nicht finden«, sagte Joe entschuldigend. »Scheint ziemlich schwierig zu sein, um diese Jahreszeit in England Blumen aufzutreiben, und jetzt, wo auch noch Krieg ist … Keine Ahnung, wo die her sind, aber irgendwo gibt es anscheinend schon ein paar Frühlingsboten.«

»Oh, Joe. Die sind wunderhübsch!« Die Blumen berührten sie in einer Weise, wie Joes Anwesenheit es nicht geschafft hatte. Von Schottland bis nach Wiltshire zu reisen, um sie zu sehen – das war typisch Joe. Blumen zu kaufen dagegen nicht. Sie konnte sich vorstellen, dass es ihm wahrscheinlich zutiefst peinlich war, mit einem Blumenstrauß in der Hand gesehen zu werden. Kein Wunder, dass die Blumen so sorgfältig eingewickelt waren. Aber für sie war er über seinen Schatten gesprungen. Schuldgefühle überkamen sie. »Joe, ich habe dich gar nicht verdient … Ich bin kein netter Mensch …«

»Rede doch nicht solchen Stuss! Du hast mich jetzt an der Angel, ob es dir gefällt oder nicht!« Er stand auf und legte die Arme um sie, und das Gefühl, gefangen zu sein, war wieder da, stärker als je zuvor. Sie entzog sich ihm.

»Du machst die Blumen noch ganz kaputt … Ich gehe mal eine Vase holen …«

»Ach, lass doch die Blumen!« Er nahm ihr den Strauß aus der Hand und legte ihn auf das Nachtschränkchen neben ihrem Bett. »Komm in meine Arme, Schatz.«

Er zog sie wieder an sich. Sie vergrub ihr verletztes Gesicht an seiner Schulter und biss sich auf die Lippen, um das aufsteigende Gefühl von Panik zu bekämpfen. Was sollte sie bloß tun?

In einem anderen Einzelzimmer in einem anderen Krankenhaus saß Mac neben dem Bett seiner Frau und verspürte dasselbe Gefühl von Zorn und Verzweiflung, das ihn immer überkam, wenn er sie besuchte, auch wenn der tiefe Schmerz ein wenig nachgelassen hatte und er nicht mehr ganz so erschüttert war, wenn er sie da liegen sah wie eine Wachspuppe. Die Situation war unverändert, und er nahm sie resigniert als unabänderlich hin. Dennoch fühlte er sich in Judys Gegenwart immer noch unwohl und gehemmt; er wusste nicht, wie er sich ihr gegenüber verhalten sollte, ganz so, als sei Judy eine Fremde und nicht die Frau, mit der er seine Träume, seinen Körper und sein Leben geteilt hatte.

»Sprechen Sie mit ihr«, hatte der Arzt ihn schon vor langer Zeit gedrängt, und er hatte es versucht. Er hatte sich wirklich bemüht. Doch schon in seinen besten Momenten war Mac nicht besonders redselig, und das Fehlen jeglicher Reaktion kostete ihn Nerven. Er kam sich immer vor, als führe er Selbstgespräche. Aber aus Pflichtgefühl strengte er sich an und führte eine Art mechanischer Unterhaltung. Er schilderte ihr, was er getan hatte und wie der Krieg voranging, und überbrachte ihr Botschaften aus ihrer Familie. »Deine Mum und dein Dad senden dir liebe Grüße. Jenny« – das war ihre Schwester – »lässt dir ausrichten, dass sie wahrscheinlich wieder in anderen Umständen ist.«

Heute dagegen gab es etwas, was er ihr unbedingt erzählen wollte, er brachte es jedoch zunächst nicht über sich. Das Bedürfnis, ihr von Nancy zu erzählen und sie um Verständnis und Vergebung zu bitten, war überwältigend groß – und sinnlos. Er hätte gern ihren Segen gehabt, aber er konnte sie nicht darum bitten. Er glaubte nicht, dass sie ihn hören konnte, ganz sicher war er sich allerdings nicht. Wie würde sie sich fühlen, wenn sie ihn hören könnte? Wenn ihr Geist in dem regungslosen Körper noch aufnahmefähig war? Möglicherweise würde sie das, was er ihr erzählte, als Absicht interpretieren, sie zu verlassen. Er würde sie nie verlassen, solange noch Leben in ihr war. Doch wenn sie dachte, dass es da jemand anderen gab, würde sie wahrscheinlich glauben, er wolle sie verlassen. Vielleicht würde sie in diesem Gefängnis ihres Körpers weinen, ohne dass er etwas davon mitbekam. Mac betrachtete das schlafende Gesicht seiner Frau, während ihn seine Gefühle innerlich zerrissen.

Er liebte sie und würde sie immer lieben, aber es war Zeit weiterzuleben. Die vergangenen beiden Jahre hatte er in einem einsamen Schwebezustand verbracht; die Fähigkeit zu leben war mit Judy verlorengegangen. Wie viele Jahre würden noch vergehen, ehe sich ihr Zustand veränderte? Schon seit längerem war ihm klar, dass er die Frau, die er geliebt hatte, vermutlich nie zurückbekommen würde, und er hatte sich damit abgefunden. Aber da er nie eine andere gewollt hatte, war es ihm auch nicht eingefallen, sich zu fragen, was passieren würde, wenn es mal so weit käme. Jetzt war diese rein hypothetische Frage plötzlich Wirklichkeit geworden. Jetzt gab es Nancy. Wenn er nichts unternahm und sie gehen ließ, würde er es wahrscheinlich den Rest seines Lebens bereuen. Aber sie ohne Judys Wissen in sein Leben zu lassen, erschien ihm wie die schlimmste Form des Verrats. Er musste ihr seine Gedanken und Gefühle mitteilen und ihr gleichzeitig versichern, dass er zu ihr stand.

Mac nahm Judys Hand, diese leblose Hand, die auf keinerlei Berührung ansprach und sich doch immer noch so warm anfühlte, als schliefe sie bloß, und neigte den Kopf, bis ihr Handgelenk an seiner Stirn lag. Er presste die Zähne aufeinander und schloss die Augen.

Ich werde dich nie verlassen, meine Liebste. Ich werde dich und unsere gemeinsamen Erlebnisse nie vergessen. Du wirst in meinem Herzen sein bis zu dem Tag, an dem ich sterbe. Aber ich kann nicht ewig so weitermachen. Ich muss wieder anfangen zu leben …

Im Zimmer war es still bis auf das leise Geräusch ihres Atems, der ein wenig angestrengt und kratzend klang. Von draußen, jenseits der geschlossenen Zimmertür, erklang das entfernte Klappern eines Rollwagens.

»Ach Judy, vergib mir!« Das waren die einzigen Worte, die er laut aussprach.

Da hörte er in seinem Kopf deutlich ihre Stimme, so deutlich, dass er schon dachte, sie sei durch ein Wunder erwacht.

»Da ist nichts zu vergeben.«

Er riss die Augen auf und hob den Kopf, um sie anzuschauen. Doch Judy lag genauso reglos da wie zuvor. Nichts hatte sich verändert; außer dass er meinte, auf ihren Lippen ein ganz schwaches Lächeln zu erkennen. Er küsste ihre Finger, legte ihre Hand wieder liebevoll auf der Bettdecke ab und küsste Judy auch auf die Stirn.

»Danke«, sagte er. Und spürte, wie eine gewaltige Last von ihm abfiel.

Anfang März kehrte Nancy nach White Waltham zurück. Die Ärzte hatten sie wieder für flugtauglich erklärt; die Untersuchung über den Verlust der Spitfire hatte ergeben, dass man ihr kein fahrlässiges Verhalten vorwerfen konnte, und sie hatte die Anweisung bekommen, eine weitere Trainingseinheit in der Flugschule zu absolvieren, um die notwendigen Kenntnisse zu erwerben, die sie als Pilotin von Flugzeugen der Klasse 3 brauchte. Der Unterricht war anstrengend, und da Nancy der Fluglehrerin Joan Hughes zugeteilt worden war, sah sie Mac nur noch selten, und wenn, dann niemals allein. Doch jedes Mal, wenn sich ihre Wege kreuzten, war die Atmosphäre elektrisch aufgeladen. So wie es eigentlich immer war, dachte sie, aber jetzt, nach der gemeinsamen Erfahrung von Nancys Flugzeugabsturz, bekam ihre Begegnung noch eine zusätzliche Dimension. Sie hätte sie nicht benennen können, aber sie war trotzdem da. Das Gefühl einer schicksalhaften, unvermeidlichen Begegnung. Das Gefühl von gespannter Erwartung und Vorfreude. Sie fühlte sich an die Zeit erinnert, kurz nachdem sie Jackie Cochrans Telegramm erhalten hatte; genau wie damals hatte sie auch jetzt wieder das Gefühl, dass eine Erfahrung kurz bevorstand, die ihr Leben verändern würde. Nancy fühlte sich wie in einem Rausch.

Sie flog Ansons, die Flugzeuge, die den wichtigsten Teil der Zubringerflotte ausmachten, und freute sich schon auf den Tag, an dem sie endlich ein Flugzeug voller Piloten zu ihren Zielorten bringen würde – als Kapitän und nicht als »Platzhalter«. Sie flog Oxfords und übte unter den wachsamen Augen von

Joan Hughes Trudeln und einmotorigen Flug und machte dann zwei oder drei Alleinflüge. Auf einem dieser Alleinflüge klemmte plötzlich eines der Seitenfenster, und als Nancy immer stärker fror, erinnerte sie sich mit Grausen an ihren Marsch über die Salisbury Plain. Einen Moment lang merkte sie, wie ihr Selbstvertrauen sie verlassen wollte, doch dann warf sie ungeduldig den Kopf zurück und ermahnte sich, nicht mehr daran zu denken. Sie hatte eine wichtige Erfahrung gemacht, und sie hatte überlebt. Nur das zählte.

Gegen Ende ihrer Schulung wurden Nancys erwartungsvolle Gedanken an Mac zunehmend von dem Gefühl begleitet, dass die Zeit drängte. In wenigen Tagen würde sie wieder in Ratcliffe sein. Als Nancy schließlich eines Nachmittags nach einer Einsatzbesprechung den Unterrichtsraum verließ, begegnete sie ihm.

»Nancy.«

»Hallo.« Sie hatte den Eindruck, dass er bereits auf sie gewartet hatte.

»Wie läuft es denn?«

»Oh, prima.« Sie bemühte sich, unverkrampft zu klingen. »Ich habe gerade einen Alleinflug auf einer Magister hinter mir.«

»Haben Sie noch viele Hausaufgaben zu erledigen?«

Sie runzelte fragend die Stirn.

Sein Mund verzog sich zu einem Grinsen. »Ich habe mich bloß gefragt, ob Sie vielleicht heute Abend mal ausgehen möchten. Auf einen Drink vielleicht? Aber ich will Sie natürlich nicht davon abhalten, den Unterrichtsstoff zu lernen!«

Ihr Herz machte einen Satz. »Ach – ich pfeif auf das Lernen! Ich habe in der letzten Zeit mehr als genug gebüffelt, um mir mal einen freien Abend zu erlauben.«

»Also würden Sie gern was trinken gehen?«

»Ja, gern. Aber in ein richtiges Pub.«

Mac grinste. »Sie klingen schon fast wie eine Engländerin.

Gut, dann hole ich Sie später ab – so gegen halb acht? Sie können mit mir fahren.«

»Mit Ihnen fahren?«

»Ja, auf meinem Motorrad.« Er hob fragend die Augenbrauen. »Schon mal auf dem Sozius gesessen?«

»Nein!«

»Wollen Sie's mal probieren?«

»Auf jeden Fall!«

»Dann ziehen Sie sich besser warm an – am besten eine Hose.«

»Das glaube ich einfach nicht!«, sagte Nancy aufgekratzt.

Und unglaublich war der ganze Abend – verzaubert und wunderbar. Sie war ganz begeistert von der Douglas, und es war herrlich, hinter Mac auf dem Sitz zu thronen, die Arme fest um seine Taille geschlungen, während das Dröhnen des Motors durch ihren Körper vibrierte und der Fahrtwind ihr das Tuch vom Kopf blies und ihr Haar in wilden Strähnen ums Gesicht tanzen ließ. Das Pub, das er ausgesucht hatte, weit draußen auf dem Land, gefiel ihr. Es erinnerte sie an das Lokal, in dem sie gegessen hatten, als sie unterwegs festgesessen hatten – überall schwere Eichenbalken, alte landwirtschaftliche Geräte und Zierbeschläge aus Messing. Das gemütlich prasselnde Feuer im Kamin brachte allmählich wieder Leben in ihre Glieder, die ganz steif vor Kälte waren, als sie von der Douglas abstieg, obwohl sie das während der aufregenden Fahrt gar nicht gemerkt hatte. Es war herrlich, mit Mac allein zu sein, in einer Oase der Zweisamkeit inmitten einer Schar von Einheimischen. Sie plauderte fröhlich vor sich hin und bemerkte erst bei ihrem zweiten Glas, dass Mac sehr still war. Das war an und für sich nicht ungewöhnlich, denn Mac war auch sonst kein besonders gesprächiger Mann, doch nun hatte sie zunehmend das Gefühl, als bedrücke ihn irgendetwas. Dabei schien er vorher noch ganz er selbst gewesen zu sein.

»Was ist los?«, fragte sie.

Er war mit seinen Gedanken offenbar weit weg, und es dauerte einen Moment, ehe er ihr antwortete. Er bot ihr eine Zigarette an und gab ihr Feuer, wobei er seine Hand schützend um ihre hielt. Dann zündete er sich selbst eine Zigarette an und blickte sie durch den Dunstschleier ernst an.

»Was würden Sie davon halten, auf Dauer nach White Waltham versetzt zu werden?«

Nancy kniff die Augen zusammen. »Ich soll doch nach Ratcliffe zurückgehen.«

»Ich weiß. Aber wenn ich es arrangieren könnte?«

»Ich fände es großartig, in White Waltham stationiert zu sein.« *Mit Ihnen.* Letzteres sprach sie zwar nicht aus, aber das war auch nicht nötig.

»Okay, ich sehe mal, was sich machen lässt.« Er zog an seiner Zigarette, drückte sie aus und nickte zu ihrem Glas hinüber. »Möchten Sie noch eins?«

»Ach ja, warum nicht.« Nancy trank den Rest ihres Cider mit einem Zug aus.

»Immer mit der Ruhe«, sagte er. »Ich will schließlich nicht, dass Sie mir auf dem Heimweg vom Motorrad fallen.«

»Keine Sorge. Ich werde mich so fest an Sie klammern, wie ich kann!«

»Gut.« In seinen Augen war ein schelmisches Glitzern; ihr Herz machte einen Satz. Er war wieder ganz bei ihr.

Sie folgte ihm mit dem Blick, während er sich einen Weg durch die Stammgäste zur Bar bahnte, und dachte über sein Verhalten nach. Offenbar hatte er sich bloß Sorgen gemacht, weil er nicht wusste, wie sie seinen Vorschlag aufnehmen würde. Er hatte sich gefragt, wie er das Thema zur Sprache bringen sollte. Es war ihm wichtig gewesen, und das konnte nur eines bedeuten … Warum soll ich nicht einen Vorstoß wagen, dachte sich Nancy, die durch zwei Gläser Cider und die aufregende Motorradfahrt in risikofreudiger Stimmung war.

Mac kehrte mit den Getränken wieder.

»Warum wollen Sie mich nach White Waltham versetzen lassen?«, fragte sie und warf ihm einen schelmischen Blick über den Rand ihres Glases zu.

Er begegnete ihrem Blick. »Weil Sie eine Gefahr für sich selbst darstellen. Ich will Sie lieber da haben, wo ich ein Auge auf Sie haben kann.«

»So eine Frechheit! Dabei habe ich mich der Illusion hingegeben, Sie wollten mich in White Waltham, weil ich die beste Pilotin der ganzen ATA bin!«

»Nancy.« Sein Gesichtsausdruck wurde ernst; er senkte die Stimme. »Ich glaube, Sie wissen ebenso gut wie ich, warum ich Sie in White Waltham haben möchte. Und es hat überhaupt nichts damit zu tun, wie gut – oder schlecht – Sie fliegen.«

Nancy spürte ein Kribbeln im Bauch. »Ich weiß«, erwiderte sie leise. »Oder wenigstens habe ich es gehofft.«

»Sie haben mich nicht mehr losgelassen, Nancy. Von dem Augenblick an, als ich Sie kopfüber in der Puss Moth hängen sah, als es roch …«

»… wie in einem französischen Bordell. Werden Sie mich das *je* vergessen lassen?«

»Wahrscheinlich nicht.« Er grinste ironisch und wurde dann wieder ernst, ja verlegen. »Wie auch immer … Jedenfalls möchte ich Sie nicht gehen lassen. Ich war mir nur nicht sicher, wie Sie darüber denken.«

Nancy lächelte schwach. »Ich glaube, Sie wissen ganz gut, wie ich empfinde. Schließlich bin ich nicht besonders geschickt darin, meine Gefühle zu verbergen, oder? Ich kann mich noch so sehr bemühen, mich nicht zum Narren zu machen – ich tue es trotzdem. Ich kann einfach nicht anders.« Sie presste verlegen die Finger an den Mund und betrachtete eingehend den Bierfilz auf der Tischplatte, ohne ihn richtig wahrzunehmen. Dann schaute sie wieder hoch und begegnete seinem Blick. »Ich möchte bei Ihnen sein, Mac, mehr als alles in der Welt. Da –

jetzt ist es heraus. Ich habe Sie ja gewarnt, ich bin nicht besonders subtil.«

Sein Mund verzog sich zu einem Grinsen. »Sie sind eben Nancy.«

»Ja, leider. Und ändern werde ich mich wahrscheinlich auch kaum.«

»Das hoffe ich. Ich hoffe, du bleibst, wie du bist.« Er streckte den Arm über den Tisch und legte seine Hand auf Nancys. Die Berührung war elektrisierend; und über den reinen Kontakt hinaus hatte diese Geste offenbar eine gewaltige Bedeutung. Es war das erste Mal, dass er sie absichtlich berührt hatte, wenn man von der Nacht absah, als er ihr nach dem Flugzeugabsturz zu Hilfe gekommen war. Doch da hatte er sie aus spontaner Erleichterung berührt und wahrscheinlich, um sie zu trösten. Nun aber war es anders – das war eine absichtsvolle Berührung gewesen, die etwas ausdrückte, was er nicht in Worte fassen konnte. Noch nicht – wenn er es denn überhaupt jemals vermochte. Sie drehte die Hand, und ihre Finger verschränkten sich mit seinen.

»Mac …«

»Bist du dir sicher, Nancy?« Er betrachtete sie aufmerksam.

»Ja.«

»Dir ist klar, dass ich dir nichts geben kann?«

»Ja.«

»Keine Versprechungen. Keine Bindung.«

Sie schluckte. »Ja, ich weiß, wie die Dinge stehen, Mac. Und …«

»Und trotzdem bist du bereit, dich darauf einzulassen? Bis …«. Seine Stimme erstarb.

Sie wusste, worauf er anspielte, und sah sie die Hoffnungslosigkeit in seinem Blick aufflackern. Ihre Kehle schnürte sich zusammen. Es war nicht ideal, aber es war mehr, als sie je zu hoffen gewagt hatte. Sie wäre bereit, sich mit sehr viel weniger zufriedenzugeben, solange sie ihn nur sehen und mit ihm zusammen sein konnte. Sie liebte ihn. Das wusste sie jetzt. Sie liebte ihn mehr, als sie je für möglich gehalten hätte. Ganz und gar. Bedingungslos.

»Mac, ich bin mehr als glücklich«, sagte sie. Und das stimmte.

IX.

Im Frühjahr 1943 spross zusammen mit Knospen und frischen Blättern auch ein vorsichtiger Optimismus. Die schrecklichen Angriffe der Luftwaffe gehörten der Vergangenheit an, und das britische Volk forderte eine Lockerung der Verdunkelungsverordnung. Auch sollten die Kirchenglocken wieder läuten dürfen. Und endlich hatten die alliierten Bomberkommandos genügend geeignete Flugzeuge zur Verfügung, um den Plan zur Zerstörung des deutschen Militärs und der großen Industrieanlagen an der Ruhr voranzutreiben.

Nancy machte sich Sorgen um Joe. Sie wusste, dass er tagsüber flog – die Amerikaner mit ihren schwer bewaffneten Flying Fortresses zogen Luftangriffe bei Tag vor, während die RAF hauptsächlich nachts angriff. Neben den offensichtlichen Gefahren hatte sie Horrorgeschichten über Flugzeuge gehört, denen der Treibstoff ausgegangen war, weil sie wegen des schlechten Wetters oder eines Unfalls auf der Landebahn nicht auf ihrem eigenen Stützpunkt landen konnten und gezwungen waren, irgendwo anders Warteschleifen zu ziehen. Wenigstens war er inzwischen nicht mehr in Schottland stationiert, viel zu weit weg von den Angriffszielen, sondern in der Nähe der Südküste, und Nancy versuchte, nicht zu viel über die Gefahren nachzudenken, denen er nun ausgesetzt war.

Im Großen und Ganzen war sie glücklicher, als sie es je zuvor gewesen war. Mac hatte eine kleine Wohnung in White Waltham für sie gefunden, und sie freute sich, dass sie endlich ihre eigenen vier Wände hatte, so beengt und düster es dort auch sein mochte. Als Erstes strich sie die Wände mit einer Schicht frischer Farbe, überpinselte die Holzrahmen mit glänzendem weißem Lack und legte Regale und Schränke mit leuchtend gelbem Wachstuch aus. Es gelang ihr, gelbe Kissen und sogar eine gelborange Glasvase zu finden, die auf einem passenden Untersetzer stand und das wenige Licht reflektierte, das durch die kleinen Fenster ins Zimmer drang. Sie kaufte eine handgestickte Tischdecke, um die Wasserflecke auf dem Tisch zu verbergen, und bei einem Dorfbasar zugunsten des Spitfire Fonds erstand sie ein Set passender Keramiktöpfchen für Honig und Marmelade, die aussahen wie winzige Cottages. In ihrer Vorstellung sah sie sich mit Mac gemütlich frühstücken, während das exotische Keramikset auf dem Tisch stand, obwohl Mac bisher kaum einmal den Fuß in ihre Wohnung gesetzt hatte. Er wohnte nach wie vor in seiner eigenen Unterkunft in Maidenhead, und neben dem Fliegen blieb kaum Zeit für andere Dinge. Doch immerhin konnte sie träumen, und das tat sie auch. Sie begann Rezepte zu sammeln, die sie eines Tages für ihn kochen wollte, obwohl sie in ihrem ganzen Leben kaum mehr gekocht hatte als ein Ei. Und sie wusch und bügelte die Bettwäsche mit größter Sorgfalt und stellte sich dabei vor, dass sie eines Tages vielleicht das Bett mit ihm teilen würde. Es war eine Zeit totaler Erschöpfung und zugleich atemloser Spannung, und sie wünschte sich, es könne ewig so weitergehen.

Nancy balancierte einen Briefblock auf ihrem Knie, kaute auf dem Ende ihres Federhalters und fragte sich, wie um alles in der Welt sie Joe eröffnen sollte, dass sie jemand anderen liebte. Es war nicht das erste Mal, dass sie bei diesem Vorhaben scheiterte. Jede Woche, wenn sie sich hinsetzte, um ihm zu schreiben, war sie entschlossen, endlich die richtigen Worte zu finden; jede Woche kniff sie wieder. Sie seufzte und las noch einmal, was sie geschrieben hatte.

Lieber Joe,
ich hoffe, es geht Dir gut. Das Wetter ist inzwischen sehr viel besser – ich glaube fast, dass der Frühling nun endlich doch kommt –, und ich bin jeden Tag geflogen.
In meiner kleinen Wohnung hier in White Waltham fühle ich mich sehr wohl. Ich versuche es mir so gemütlich einzurichten wie zu Hause im Wohnwagen. Es macht Spaß, nach lauter hübschen Kleinigkeiten Ausschau zu halten, obwohl die Läden ziemlich leer sind.

So weit, so gut. Aber nun wurde es schwierig. Joe würde erwarten, dass sie ihm etwas darüber berichtete, was sie in ihrer Freizeit unternahm, und die verbrachte sie überwiegend mit Mac.

»Ich bin im Kino gewesen und habe *Casablanca* gesehen«, schrieb sie. »Humphrey Bogart und Ingrid Bergman waren einfach großartig.« Doch sie erwähnte nicht, dass sie sich auf dem Nachhauseweg bei Mac eingehängt und ihn geneckt hatte. »Schau mir in die Augen, Kleines!«, hatte sie mit ihrem unverfälschten amerikanischen Akzent gesagt. »Ein paar von uns sind gestern Abend im Pub gewesen«, schrieb sie – aber kein Wort darüber, dass sie auf dem Sozius von Macs Douglas dorthin gefahren war. Und diese bewussten Auslassungen lagen ihr im Magen wie schlecht verdautes Essen. Sie hinterging ihn, weil sie den Gedanken nicht ertragen konnte, ihm wehzutun. Aber war ihr Betrug nicht viel schlimmer?

»Er hat die Wahrheit verdient«, hatte Mac gesagt, als sie sich am Vorabend darüber unterhielten. »Ich hätte auch nicht gern, dass du mir gegenüber nicht ehrlich bist, bloß um meine Gefühle zu schonen. Das ist doch viel kränkender für ihn!«

Und er hatte Recht, das war ihr im Herzen auch klar. Wenn sie sich allerdings vorstellte, wie verletzt Joe sein würde, zuckte sie jedes Mal wieder davor zurück, die Worte zu schreiben, die ihm das Herz brechen würden.

»Ich werde es ihm schon sagen, Mac, bestimmt«, hatte sie versprochen.

Sie hatten gemeinsam in einer Ecke des Pubs gesessen, ohne das ausgelassene Gelächter der Gruppe, mit der sie gekommen waren, überhaupt wahrzunehmen. Seltsam, wie sie gemeinsam in einer eigenen Welt verschwinden konnten, wenn sie zusammen waren. Seltsam, aber wunderbar. Gestern Abend hatte er zum ersten Mal von seiner Familie erzählt, und jetzt schweiften Nancys Gedanken ab, und sie erinnerte sich daran, wie er seine Kindheit im ländlichen Gloucestershire beschrieben hatte: lange Sommertage, an denen er mit seinen beiden Brüdern durch die Felder gestreift war; Winterabende, an denen sie Toastscheiben vor dem offenen Feuer geröstet, Domino gespielt oder mit ihren Spielzeugsoldaten Schlachten geschlagen hatten.

Seine Familie schien ziemlich wohlhabend zu sein – sie besaß eine Brauerei –, und obwohl er keine Einzelheiten erzählt hatte, gewann sie den Eindruck, dass sein Vater nicht sehr begeistert über Macs Entschluss gewesen war, zur RAF zu gehen, anstatt sich für das Familienunternehmen zu entscheiden. Auf jeden Fall unterschied seine Herkunft sich von ihrer eigenen, und Nancy war fasziniert davon – wie von allem, was Mac betraf, wenn sie ehrlich war.

Sie zwang sich, ihre umherschweifenden Gedanken wieder auf den Brief an Joe zu konzentrieren. Sie sollte ihm von Mac erzählen. Das sollte sie wirklich. Doch in dem Moment, wo sie den ersten Satz zu Papier bringen wollte, krampfte sich ihr Magen in einer beinahe abergläubischen Furcht zusammen. Wenn Joe nun etwas zustieß, gleich nachdem er ihren Abschiedsbrief erhalten hatte? Das könnte sie sich niemals verzeihen. War es da nicht besser, sich nach und nach zurückzuziehen? Dann würde die Enttäuschung vielleicht nicht so schlimm ausfallen.

Nach einem Moment des Zögerns riss Nancy den Brief mittendurch und fing einen neuen an.

Nancy hatte einen langen und anstrengenden Tag hinter sich. Die Anson, die sie zu ihrem erstem Einsatz brachte – eine Martinet musste von Heston nach Little Rissington –, hatte White Waltham kurz nach zehn an diesem Morgen verlassen, und von da an hatte sie den ganzen Tag damit zugebracht, Spitfires zwischen verschiedenen Flugplätzen und Wartungseinheiten hin und her zu fliegen. Die längste Zeit am Boden hatte sie in Chattis Hill zugebracht, wo sie eine Stunde auf die Fertigstellung ihres Flugzeugs warten musste, die kürzeste in Castle Bromwich. Dort wollte das Team das reparierte Flugzeug so schnell wie möglich wieder loswerden, um endlich Feierabend zu machen, und folglich hatte sie nur eine Pause von zehn Minuten. Als sie kurz vor sechs Uhr abends wieder in White Waltham landete, zitterte Nancy vor Erschöpfung und ein dumpfer Kopfschmerz pochte hinter ihren müden Augen.

Mac war nicht zu sehen, er transportierte gerade eine Gruppe Piloten, erzählte ihr jemand. Nancy ging zur Einsatznachbesprechung, räumte ihre Flugausrüstung weg und ergatterte eine Mitfahrgelegenheit bei einem Ingenieur, der in ihre Richtung fuhr.

In ihrer Wohnung angekommen, untersuchte sie ohne große Begeisterung den Inhalt ihrer Speisekammer. Ein halber Laib altbackenes Brot, ein paar Zwiebeln, eine Dose Frühstücksfleisch und ein Ei. Kaum Zutaten für ein Festessen, aber sie hatte ohnehin keine Lust zu kochen. Die Kopfschmerzen wurden schlimmer, ein dumpfes Pochen an den Schläfen, unterbrochen von einem stechenden Schmerz, der ihr eine leichte Übelkeit verursachte. Sie drückte die Fingerspitzen auf die schmerzende »Stelle« und fragte sich besorgt, ob sie sich womöglich bei der Bruchlandung mit der Spit irgendeine Verletzung zugezogen hatte, die die Ärzte übersehen hatten. Sie konnte sich nicht erinnern, vor dem Unfall solche Kopfschmerzen gehabt zu haben. Genau genommen konnte sie sich kaum erinnern, überhaupt je Kopfschmerzen gehabt zu haben, es sei denn, sie hatte zu viel Alkohol getrunken. Doch inzwischen schienen sie mit eintöniger Regelmäßigkeit zu kommen.

Nancy knallte das Dosenfleisch auf den Tisch und drückte den Brotlaib zusammen, um zu prüfen, ob er überhaupt noch nachgab. Das Brot war hart und trocken. »Ich will kein vertrocknetes Brot mit Dosenfleisch«, sagte sie laut. »Ich will eigentlich überhaupt nichts mehr.«

Außer einem Bad. Für ein Bad würde sie jetzt alles geben. Sie ging in das winzige Badezimmer, füllte den Kupferbehälter und zündete die Gasflamme an. Während sie darauf wartete, dass das Wasser warm wurde, ging sie zurück ins Wohnzimmer, nahm ein paar Aspirin ein und aß einen der kostbaren Schokoladenriegel, die an die Piloten ausgegeben wurden, damit sie während des Fluges nicht unter Hunger und niedrigem Blutzucker leiden mussten. Sie kochte sich eine Tasse Tee und setzte sich hin. Kaum hatte sie die Beine hochgelegt, überwältigte die Müdigkeit sie und schlagartig war sie eingeschlafen. Erst nach einer Stunde wachte sie auf und stellte fest, dass Dampfschwaden durch die Wohnung zogen und der Kupferkessel vor sich hin blubberte wie ein Hexenkochtopf.

»Oh, verdammt!« Der Schlaf hatte sie nicht erfrischt; im Gegenteil, sie fühlte sich noch benommener als vorher, und der Gedanke, das Wasser aus dem Kessel schöpfen zu müssen, war ebenso wenig verlockend wie der, etwas zu kochen. Doch sie konnte das heiße Wasser nicht verschwenden und glaubte, dass ein Bad ihr guttun würde. Sie öffnete ein Fenster im Wohnzimmer, um etwas von dem Dampf herauszulassen, doch im Badezimmer hing er immer noch in dichten Schwaden. Aber sie hatte nicht vor, dort ein Fenster zu öffnen und in der kalten Zugluft zu baden. Indem sie ihren größten Kochtopf unter den Hahn des Boilers hielt und einen kleineren Topf als Schöpflöffel benutzte, füllte sie das heiße Wasser in die Wanne um, ließ kaltes dazulaufen, bis es die richtige Temperatur hatte, und legte sich hinein.

Herrlich! Innerhalb weniger Minuten bewirkte das heiße Bad, was das Nickerchen im Sessel nicht vermocht hatte: Nancys Kopfschmerzen ließen nach, ihre müden Glieder entspannten sich, und sie fühlte sich angenehm erfrischt.

Und dann klingelte es an der Tür.

Einen Augenblick lang überlegte Nancy, gar nicht darauf zu reagieren, doch dann klingelte es wieder, zu laut und eindringlich, um einfach darüber hinwegzugehen. Sie murmelte ein paar stille Verwünschungen, kletterte aus der Wanne, hüllte sich in ein Handtuch und machte sich tropfend auf den Weg durchs Wohnzimmer.

»Wer ist da?«, rief sie durch die geschlossene Tür.

»Ich bin's.«

»Mac?« Sie öffnete die Tür einen Spalt.

»Ja – ich! Kann ich reinkommen?«

»Oh Gott – nein! Ich bin noch gar nicht angezogen. Ich war gerade in der Badewanne …«

»Dann ziehst du dir jetzt besser mal was an! Es sei denn, du willst, dass ich über dich herfalle.«

Ein wohliger Schauer des Verlangens überlief sie. *Oh ja, bitte, fall über mich her! Du kannst dir ja gar nicht vorstellen, wie sehr* … Aber sie konnte nicht so schamlos sein und ihm mit nichts als einem Badetuch bekleidet die Tür aufmachen.

»Dauert nur einen Moment.« Sie tappte auf nackten Füßen in das winzige Schlafzimmer, schlüpfte in ihren kunstvoll gemusterten Seidenkimono, der an ihrer feuchten Haut kleben blieb, und knotete den Gürtel zu. »Okay, jetzt habe ich was an. Du kannst reinkommen.«

Sie machte ihm die Tür auf und lächelte ihn erwartungsvoll an – in Erwartung eines Kusses. Stattdessen bedachte er sie mit einem grimmigen, fast wütenden Blick und schaute sofort wieder weg. Dann marschierte er zu dem Esstisch mit den Wasserringen und knallte eine kleine Flasche Whisky auf die Platte.

»Das habe ich heute bekommen. Ich dachte mir, du würdest

sie vielleicht mit mir teilen.« Sein Tonfall klang weniger einladend als kurz angebunden.

»Ja, prima!« Nancy versuchte, begeistert zu klingen, obwohl seine Stimmung ihr ein unbehagliches Gefühl bereitete. »Ich weiß allerdings nicht, ob ich wirklich was trinken sollte. Ich habe noch gar nichts gegessen. Ich war völlig erschlagen, als ich nach Hause kam. Ich habe mich nicht gut gefühlt. Und außerdem habe ich gar nichts Essbares im Haus.«

»Vielleicht sollten wir dann essen gehen.« Mac vermied es immer noch, sie anzublicken, während er damit beschäftigt war, die Whiskyflasche zu öffnen. Nancy bemerkte verblüfft, wie er ihr fast störrisch den Rücken zuwandte.

»Aber dann muss ich mich wieder anziehen.«

Er antwortete nicht, ging bloß zum Schrank hinüber, in dem sie die Gläser aufbewahrte, holte eines heraus und goss sich großzügig Whisky ein. »Willst du jetzt einen oder nicht?« Er trank das Glas aus und würdigte sie immer noch keines Blickes.

»Nein, ich habe Kopfschmerzen.« Sie ging zu ihm, legte die Arme um ihn und spürte, wie er erstarrte. »Was ist los, Mac?«

»Ach, ich habe heute gehört, dass es wieder einen von meinen Kameraden erwischt hat. Abgeschossen – runtergegangen wie ein Feuerball. Der gute alte Johnny Westwood. Hätte mich eigentlich gar nicht überraschen dürfen, schließlich sind nicht mehr allzu viele von meiner Staffel übrig. Aber es geht einem doch nahe.«

Nancy hatte schon oft erlebt, wie scheinbar gleichgültig die Flieger über den Tod eines Kameraden sprachen. Vordergründig zeigten sie eine ungerührte, fast unbekümmerte Hinnahme, als reiche es aus, die Trauer zu ignorieren, um sie zu vergessen. Ihre wahren Gefühle zeigten sie nicht; Schmerz und Trauer wurden in eine dunkle Ecke des Bewusstseins gesperrt, zusammen mit der Befürchtung, dass schon beim nächsten Mal sie selbst an der Reihe sein könnten. Sie hatte keine Ahnung, wie eng dieser Johnny Westwood mit Mac befreundet war, aber ihr war klar, wie schwer ihn der Verlust eines jeden Fliegers aus seiner alten Staffel traf und dass er hinter seiner aufgesetzt nüchternen Reaktion im Stillen trauerte.

»Oh, Mac, das tut mir aber leid!« Sie legte ihr Gesicht an seinen breiten Rücken und presste sich an ihn. Sie spürte die Spannung in seinem Körper und schob die Hände zu seinen Schultern empor und massierte sie zärtlich, als könne sie den Schmerz in seinem Herzen lindern, indem sie seine Muskeln lockerte.

Seine Reaktion darauf hatte sie jedoch nicht erwartet. Er verspannte sich noch mehr, donnerte das Glas auf den Tisch und fuhr herum.

»Verdammt noch mal, Nancy! Was versuchst du da eigentlich mit mir?«

Nancy wich zurück, so gekränkt und gedemütigt, als hätte er ihr eine Ohrfeige gegeben. »Ich versuche bloß, dich zu trösten!«

»Dann lass das bitte – okay!«

Der aggressive Ton seiner Stimme erschreckte sie. So hatte er noch nie mit ihr geredet. Es war, als sei ein wildes Tier in seinem Körper, das er kaum mehr unter Kontrolle hatte. Nancys Lippen bebten, und als sie merkte, dass sie kurz davor war, in Tränen auszubrechen, schaltete sie ebenfalls auf Angriff um.

»Ich weiß, dass dich das mitnimmt, aber lass es bitte nicht an mir aus!«, fuhr sie Mac an. »Nimm doch deinen dämlichen Whisky und trink ihn mit jemandem, der dich besser versteht – oder am besten allein! Aber halt – erst nehme ich mir noch einen! Den habe ich jetzt wirklich auch nötig!«

Sie griff nach der Flasche, goss etwas Whisky in sein Glas und trank es in einem Zug leer. Als sie noch mal nach der Flasche greifen wollte, spürte sie, wie er die Arme um sie legte.

»Nancy, es tut mir leid …«

Sie wandte sich zu ihm um. Ihr Zorn war so rasch verraucht, wie er gekommen war.

»Ach, Mac …« Sein Mund war auf ihren Lippen und schnitt

ihr das Wort ab; er drückte sie so eng an sich, dass sie kaum atmen konnte. Ihr Körper verschmolz mit seinem, sie verspürte einen scharfen Stich der Erregung; ihre Haut prickelte vor angespannter Erwartung, und die ganze Welt schmolz zu einer winzigen Seifenblase zusammen, die nur noch sie beide und ihre Gefühle umgab. Nancy spürte, wie seine Hände sie durch die dünne Seide des Kimonos streichelten; sein Mund glitt über ihren Hals, ein paar raue Stoppeln auf seinem Kinn kratzten über ihre zarte Haut, während er sich in ihre Schulter grub. Die Knie wurden ihr weich; sie lehnte sich stärker an ihn, um sich abzustützen und um jeden Zentimeter seines Körpers noch stärker zu fühlen. Und dann plötzlich schob er sie mit einem Stöhnen von sich.

»Herr im Himmel!« Er stürzte auf die Tür zu, ohne sie auch nur anzusehen. »Ich fahre nach Hause.«

»Aber … warum?« Sie zitterte und war vollkommen verwirrt. »Was habe ich denn getan?«

Er antwortete nicht. Die Tür knallte ins Schloss, und Nancy blieb allein zurück. Einen Augenblick lang war sie wie erstarrt, erschüttert von seiner heftigen, fast brutalen Reaktion. Sie fühlte sich, als sei ihr der Boden unter den Füßen weggezogen worden. Dann löste sich ein erster, zitternder Schluchzer aus ihrer Kehle, erst einer, dann noch einer, bis heftiges Schluchzen ihre Brust hob und senkte. Sie presste die Hand vor den Mund und starrte die geschlossene Tür an, als ob sie sich jederzeit wieder öffnen und er hereinkommen würde.

Sie konnte nicht glauben, dass er so weggegangen war. Verzweiflung erfüllte sie. Sie hatte ihn so sehr begehrt – sie begehrte ihn immer noch. Vom Scheitel bis zur Zehenspitze schrie jeder Zentimeter ihres Körpers nach ihm. Und sie hatte geglaubt, dass auch er sie begehrte. Er hatte sie mit solchem Verlangen geküsst und umarmt, dass sie sich sicher gewesen war … Aber dann, auf einmal, war er ganz kalt geworden. Hatte sie weggestoßen, als sei sie ihm widerwärtig. Und war gegangen, ohne ein Wort der Erklärung, ohne einen Abschiedsgruß.

»Du Scheißkerl!«, brach es aus ihr hervor. »Wie kannst du es wagen, mich so zu behandeln! Ein Glück, dass ich dich los bin!«

Sie schlug mit den Fäusten in die Luft und stellte sich vor, es sei sein Gesicht. Dieses Gesicht, das sich so verhärten und sie ausschließen konnte. Dieses Gesicht, das so selbstsicher, so arrogant wirken konnte. Das Gesicht, das tiefe Falten bekam, wenn er lächelte, der ironisch verzogene Mund, die Augen, die so warm und zärtlich blicken konnten … Und plötzlich lösten sich Wut und niederträchtige Gefühle auf, und sie weinte. Sie krümmte sich, ihr Körper wurde von Schluchzen geschüttelt, und Tränen liefen ihr über die Wangen.

Sie liebte ihn. Sie liebte ihn mit verzweifelter Sehnsucht. Aber er liebte sie nicht. Wollte sie nicht. Nicht wirklich. Vielleicht als Zeitvertreib, als Abwechslung. Jemand, mit dem er sich in einer freien Stunde ein wenig ablenken konnte. Mehr nicht. Das war alles, was sie für ihn je sein konnte. Und nun vielleicht nicht einmal das. So, wie er sie sitzen lassen hatte, konnte sie sich kaum vorstellen, dass es noch einen Weg zurück gab.

Als Nancy sich wieder aufrichtete, merkte sie, dass ihr Kimono am Ausschnitt auseinanderklaffte und eine Brust zum größten Teil entblößte. Aber das spielte jetzt auch keine Rolle mehr. Nichts war mehr wichtig – nur, dass es vorbei war und sie nie wieder so mit ihm zusammen sein würde. Sie merkte, dass ihr wieder Tränen in die Augen steigen wollten, zerrte wütend den Ausschnitt des Kimonos zurecht und knotete den Gürtel zusammen.

Die Whiskyflasche stand immer noch offen auf dem Tisch. Es war nicht mehr viel drin, aber es reichte. Nancy leerte die Flasche in das Glas, aus dem sie beide getrunken hatten, starrte es einen Moment an und trank es dann aus. Wahrscheinlich würde sie am nächsten Tag furchtbare Kopfschmerzen haben –

aber egal. Im Moment wünschte sie bloß, es wäre noch genug da, um sich bis zur Besinnungslosigkeit zu betrinken.

Mac gab auf seiner Douglas Gas und fuhr wie ein Besessener. Aber den Schmerz und die Wut, die er über den Tod von Johnny Westwood verspürte, konnte er nicht abhängen – wieder ein junger Mann, der aus der Blüte seines Lebens gerissen worden war, wieder ein Gesicht, das er nie mehr sehen, ein Kamerad, mit dem er nie wieder trinken und lachen würde. Und auch das Bild von Nancy konnte er nicht hinter sich lassen, die dünne Seide, die ihre Rundungen umgab, feuchtes Haar, das sich um ein Gesicht ringelte, das noch rosig vom Bad war, und in zarten Ranken auf ihrem Nacken lag. Er konnte immer noch den Duft ihrer Haut riechen und die verlockenden Rundungen ihres Körpers spüren. Oh Gott, wie sehr er sie gewollt hatte! So sehr, dass es ihn schier verzehrte. Aber zugleich …

Er konnte es nicht. Er konnte dem Verlangen nicht nachgeben, das in ihm loderte wie ein Flammenmeer. Es war nicht einfach nur eine bewusste Entscheidung, es ging viel tiefer. Sein Verstand sagte ihm, dass es Judy kaum wehtun könnte, wenn er mit Nancy schlief. Doch die Treue, die er in seinem Eheversprechen gelobt und seitdem auch gelebt hatte, war zu fest in ihm verankert. Er hatte sie nie betrogen, abgesehen von den paar Ausrutschern in betrunkenem Zustand, die kaum zählten. Mit Nancy war es anders. Sie stand ihm nah; sie hatte einen Weg in sein Herz gefunden. Mit ihr zu schlafen würde bedeuten, Judy nicht nur körperlich, sondern allumfassend, in jeder Hinsicht, zu betrügen. Und das jetzt zu tun, wo sie vollkommen hilflos war, viel verletzlicher, als sie es je gewesen war, widerte ihn regelrecht an. Er konnte es nicht, egal, wie sehr er es auch wollte. Er führte einen Krieg mit sich selbst, und dieser Widerstreit zerriss ihn.

Schon in dem Moment, als Nancy ihm die Tür öffnete, hatte er natürlich gewusst, was er hätte tun sollen. Gleich als sie ihm sagte, dass sie nicht bekleidet war, und er ihren warmen, feuchten Duft roch. Er hätte sich augenblicklich umdrehen und gehen sollen. Aber er hatte gedacht, er könne mit der Situation umgehen. Er hatte sogar noch gewitzelt, dass er über sie herfallen würde.

Und dann war sie mit nichts als diesem verdammten Seidenkimono am Leib zurückgekehrt und hatte ihn eingelassen, und ihm war klar gewesen, dass er in Schwierigkeiten war. Er hatte sein Bestes versucht, sie von sich fernzuhalten. Er hatte versucht, sein Verlangen mit dem Zorn über Johnny Westwoods grausamen und sinnlosen Tod zu verdrängen. Doch seine Trauer hatte ihn auch verletzlicher gemacht. Als sie die Arme um ihn legte und er ihren Körper spürte, wurde sein Verlangen noch stärker, und da hatte er seinen Zorn gegen sie gerichtet, doch nicht einmal das hatte geholfen.

Allmächtiger Gott, er war ganz kurz davor gewesen – bis die Gewohnheit, die in drei Jahren Ehe und zwei Jahren faktischem Zölibat entstanden war, wieder zu wirken begann. Die selbst auferlegte Zurückhaltung. Die Schuldgefühle. Sie hatten ihn ernüchtert wie ein Eimer eiskaltes Wasser. Er musste da raus. Weg von der Versuchung, die Nancy für ihn darstellte. Er konnte das Nancy nicht groß erklären, zum Teufel, er konnte es sich ja selbst kaum erklären. Er wusste nur, dass er sie viel zu sehr begehrte und sie nicht haben konnte. Nicht jetzt. Und vielleicht niemals.

Mac beugte sich über den Lenker der Douglas und gab Vollgas in einem vergeblichen Versuch, die Enttäuschung und Verzweiflung zu vertreiben, die ihn zu zerreißen drohten.

Sie hatte keine Ahnung, wie sie ihm gegenübertreten sollte, doch es blieb ihr nichts anderes übrig. Es war unmöglich, ihm bis in alle Ewigkeit aus dem Weg zu gehen. Obwohl sie ihr Möglichstes versuchte.

Die Art und Weise, wie sie sich umwandte und in die entgegengesetzte Richtung davonschoss, sobald sie sah, dass er sich näherte, wie sie ihr Kinn reckte und ihn absichtlich ignorierte, wenn sie sich doch einmal begegneten, hätte fast komisch sein können, wenn Nancy Mac nicht so verdammt viel bedeutet hätte. Doch so wie die Dinge lagen …

»Nancy, ich muss mich bei dir entschuldigen.« Es war ihm gelungen, sie im Lagerraum für die Ausrüstung zu erwischen, als sie am Ende eines Flugtages ihren Fallschirm verstaute.

Sie zuckte leicht mit den Schultern, wandte sich aber nicht um, sondern fuhr mit ihrer Arbeit fort.

»Hey, jetzt hör doch mal bitte zu!«, sagte er. »Wir können doch nicht immer so weitermachen. Irgendwann werden wir wieder mal zusammen fliegen müssen.«

Wieder ein Achselzucken. »Ich dachte, du hättest mich längst woandershin abkommandieren lassen.«

»Du weißt doch selbst, dass ich das nicht will.«

Sie wandte sich schwungvoll um, ihre Ausrüstung wie einen Schild vor der Brust, und starrte ihn mit gerecktem Kinn wütend an: »Du hast mich wirklich schön reingelegt!«

»Nancy.« Mac breitete hilflos die Arme aus und widerstand der Versuchung, sich einfach umzudrehen und der Konfrontation zu entfliehen. »Ich habe schon gesagt, dass es mir leidtut. Was soll ich denn noch tun?«

»Du machst dich immer bloß lustig über mich, stimmt's?«, fauchte sie. »Das hast du immer schon, schon beim ersten Mal, als wir uns begegnet sind.«

Er seufzte ungeduldig. »Niemand macht sich über dich lustig.«

»Nein?«

»Nein.«

»Na ja – wahrscheinlich mache ich mich selbst schon genug zum Narren.«

»Sei nicht albern!«

»Da siehst du's! Du hältst mich für albern!«

»Ich halte dich ganz und gar nicht für albern. Du weißt genau, wie sehr ich dich schätze.«

»Dann hast du aber eine komische Art, das zu zeigen.«

»Nancy … Ich hätte dich neulich abends nicht einfach so zurücklassen dürfen. Wir hätten an Ort und Stelle darüber reden müssen. Ich habe mir nur nicht zugetraut, noch eine Minute länger zu bleiben.«

»Was gibt es da noch zu reden?«, unterbrach sie ihn. »Du hast ziemlich deutlich gezeigt, was du von mir hältst.«

»Du hast das alles missverstanden.«

»Ach, wirklich?«, schnaubte sie. »Ich mag ja vielleicht eine freche, aufdringliche Amerikanerin sein, aber eine Abfuhr erkenne ich noch ganz gut! Du wolltest mich nicht. Fertig und aus.«

Mac bewahrte inzwischen nur noch mit Mühe die Geduld. Warum wollte sie ihn denn nicht begreifen; es war zum Verzweifeln!

»Natürlich wollte ich dich«, erwiderte er mit rauer Stimme. »Viel zu sehr. Aber ich habe dir schon von Anfang an gesagt, Nancy, dass ich dir nichts geben kann. Du weißt, wie die Dinge stehen.«

»Ich wusste aber nicht, dass das auch bedeutet, dass du mich ignorierst und links liegen lässt!«

»Ich versuche doch gerade, das zu erklären. Wenn ich geblieben wäre … Du hast mich ganz verrückt gemacht, Nancy. Noch eine Minute länger, und ich hätte …« Er hörte auf zu reden.

Nancys Lippe zitterte. »Und wäre das so schlimm gewesen? Ist es nicht das, was man tut, wenn man sich liebt? Nur, dass du mich nicht liebst, Mac, nicht wahr? Du liebst immer noch deine Frau!«

»Natürlich liebe ich sie noch. Liebe kann man doch nicht einfach abschalten, bloß weil sie auf einmal unbequem ist. Und ich kann meiner Frau auch nicht untreu sein. Aber das heißt doch nicht, dass ich dich nicht auch liebe. Ach …!« Er wandte sich halb ab, fuhr sich mit der Hand durch das Haar und presste dann den Handballen gegen die Stirn. »Ich kann nicht erwarten, dass du das verstehst, Nancy. Ich verstehe mich ja selbst nicht …«

Sie schmolz innerlich dahin. Er hatte gesagt, dass er sie liebe. Er hatte es wirklich gesagt, oder? Oder hatte sie sich das eingebildet?

»Hast du gesagt, dass du mich liebst?«, fragte sie, voller Angst, dass sie sich schon wieder zum Narren machte.

»Ja, verdammt. Das weißt du doch!«

»Oh, Mac.« Sie spürte Tränen in den Augen brennen, die Tränen, die bei ihr unweigerlich dem Zorn folgten. Doch diesmal waren es Tränen einer tiefen Erleichterung. Sie berührte seinen Arm. »Ach, Mac … Ich liebe dich auch. Was sollen wir bloß tun?«

Er schüttelte den Kopf und ließ die Schultern hängen. »Ich weiß es nicht, Nancy.«

»Aber du möchtest mit mir zusammen sein?«

Er nickte schweigend, doch seine Körperhaltung drückte Ratlosigkeit und Verzweiflung aus. Nancy dagegen fühlte sich plötzlich wieder gestärkt und voller Energie. Wenn Mac sie nur halb so sehr liebte wie sie ihn, war alles möglich.

»Okay«, sagte sie. »Ich weiß, wie wir es machen. Wir treffen uns weiterhin, aber wir sorgen dafür, dass wir nicht mehr allein in so eine Situation wie neulich Abend kommen. Wenigstens so lange nicht, bis du bereit dazu bist.«

Er schaute ihr ernst in die Augen. »Ich weiß nicht, wie lange das dauern wird. Ich habe dir schon gesagt, Nancy – keine Versprechungen.«

»Das ist mir egal«, sagte sie überzeugt. »Egal, wie lange es auch dauert … Ich warte auf dich, Mac. Ich würde mir zwar wünschen, dass es anders wäre, aber … wir müssen einfach das Beste daraus machen, oder?«

»Ach, komm her!« Er zog sie in seine Arme, diesmal nicht in

leidenschaftlichem Begehren, sondern bloß in einer ungestümen, freundschaftlichen Umarmung. »Und ich dachte schon, ich hätte dich verloren.«

»Keine Chance!«, murmelte sie an seiner Brust.

Wie sie gesagt hatte, wünschte sie sich zwar von ganzem Herzen, ihre Situation könne anders sein, aber sie hatte keine andere Wahl: Alles war besser, als ihn gar nicht mehr zu sehen. Und eigentlich konnte sie doch stolz darauf sein, dass der Mann, in den sie sich verliebt hatte, so ehrenhaft, treu und stark war. Im Augenblick gereichten ihr diese Eigenschaften noch zum Nachteil. Aber eines Tages vielleicht …

Judy muss eine sehr glückliche Frau gewesen sein, dachte Nancy.

X

»Das ist doch wirklich das Allerdämlichste!«

Nancy, die auf Händen und Knien über die Landebahn kroch, richtete ihren schmerzenden Rücken auf und stieß ein frustriertes Stöhnen aus. Überall um sie her krabbelte praktisch die gesamte Belegschaft des Ersten Überführungspools auf allen vieren: Piloten, Garderobenfrauen und Kellnerinnen aus der Kantine, jeder Einzelne bewaffnet mit einem Pappkarton oder Eimer. Sogar der Kommandant war Teil der zusammengewürfelten Armee, die sich versammelt hatte, um gegen den seltsamsten Notstand vorzugehen, mit dem White Waltham je zu tun gehabt hatte.

Mac, der neben ihr arbeitete, hob reumütig die Augenbraue und warf einen rostigen Büchsenöffner in seinen Eimer, wo er scheppernd auf den Nägeln und Schrauben landete, die er bereits gesammelt hatte.

»Es muss schließlich gemacht werden, Schatz, wenn wir wieder von hier fliegen wollen.«

Nancy schnaubte. »Ich kann einfach nicht glauben, wie jemand so dumm sein kann, diesen Abfall auf einem Flugfeld zu verteilen! Ein Affe hat mehr Verstand als die Leute, die euer Ministerium leiten!«

Mac grinste, ohne etwas zu erwidern, aber insgeheim stimmte er ihr zu. Es handelte sich wirklich um einen Pfusch erster Güte. Als man Anfang des Jahres in Vorbereitung auf die geplante Erweiterung des Stützpunktes auf dem Flugfeld einen

Rasen angelegt hatte, hatte irgendein Schlauberger angeordnet, dass über die Grassamen noch eine Schicht Mutterboden verteilt werden solle, um dem wachsenden Gras Schutz zu bieten. Das Gras war auch wunderbar gewachsen. Unglücklicherweise war aber die oberste Erdschicht mit Schutt von Bombengrundstücken durchsetzt gewesen, und erst nachdem sich ein Flugzeug nach dem anderen bei Starts und Landungen die Reifen aufgeschlitzt hatte, stellte man fest, dass das gesamte Flugfeld mit Glasscherben, Nägeln, Schrauben und sogar dem ein oder anderen Dosenöffner oder rostigen Messer bedeckt war.

White Waltham, das normalerweise einem Ameisenhaufen glich, war über Nacht zu einem Geisterflugplatz geworden. Die einzigen Flugzeuge, die überhaupt starteten, taten dies von dem nahe gelegenen Forty Acre Field, und nun musste jeder mit anfassen und in einer gemeinschaftlichen Großaktion die Start- und Landebahn von dem ärgerlichen Abfall befreien. In Reihen eingeteilt, krochen sie nun schon seit zwei Tagen von Sonnenaufgang bis Sonnenuntergang über den Boden, und die stumpfsinnige Aufgabe trieb Nancy allmählich in den Wahnsinn.

»So wird das doch nie funktionieren«, sagte sie geringschätzig. »Wir können unmöglich jeden kleinen Nagel finden. Es ist einfach unmöglich. Und die nächste Maschine wird bei der Landung garantiert genau das treffen, was wir übersehen haben – darauf kannst du wetten.«

»Wir müssen einfach gründlich sein.« Mac ließ sich nicht von seiner Arbeit abbringen. »Komm, Nancy, halt dich ran!«

»Ich wette, du hast was übersehen – ganz bestimmt.« Sie verließ ihre Reihe und wühlte in dem Stück Erde herum, das Mac gerade durchforstet hatte. »Da hast du es – schau mal! Ein zehn Zentimeter langer Nagel und eine Glasscherbe!« Sie hielt ihm triumphierend ihre Fundstücke vor die Nase. »Siehst du – sogar du Perfektionist hast diese beiden Sachen übersehen, und da möchte ich ganz bestimmt nicht auf dem Stück landen, das diese lahmarschige, picklige Kellnerin da drüben abgesucht hat – wie heißt sie noch?«

Mac, verärgert darüber, dass er sich schlampiges Arbeiten nachsagen lassen musste, riss Nancy die Glasscherbe so heftig aus der Hand, dass er sich in den Finger schnitt.

»Hast du vielleicht einen besseren Vorschlag?«

»Ja, in der Tat, den habe ich. Was wir brauchen – jedenfalls für die Sachen aus Metall –, ist ein Magnet.«

»Oh ja, ganz tolle Idee!« Mac saugte an der Schnittwunde an seinem Finger. »Ich kann mir schön lebhaft vorstellen, wie das Ministerium reagieren wird, wenn wir ein paar Hundert Magneten anfordern.«

»Nicht ein paar Hundert«, erwiderte Nancy verächtlich. »Nur ein paar richtig große. Und man braucht irgendeine breite, niedrige Vorrichtung, woran man sie befestigen kann, so wie eine von diesen Sämaschinen, die die Bauern auf den Feldern benutzen.« Sie erwärmte sich immer mehr für ihre Idee. »Die bearbeiten doch auch ihre Felder systematisch von einem zum anderen Ende, oder?«

Mac, der zunächst so bissig reagiert hatte, hielt in seiner Arbeit inne und betrachtete sie mit zusammengekniffenen Augen.

»Weißt du was, da könnte wirklich was dran sein …«

»Alles kann doch nur besser sein als das, was wir jetzt machen.« Nancy grub ein Türscharnier aus und ließ es in ihren Eimer fallen. Mac stand auf und klopfte sich den Schutt von der Hose. »Sie wollen doch wohl nicht aus der Reihe tanzen, Sir«, sagte sie schelmisch.

Er bedachte sie mit einem vernichtenden Blick. »Ich spreche jetzt mit jemandem über deinen Vorschlag«, sagte er.

Nancy sah ihm hinterher, als er davonging. Schließlich hielt er an, um mit jemandem zu reden – wahrscheinlich dem Kommandanten. Dann fuhr sie mit der Suche fort, höchst zufrieden mit sich und dem Leben, wie sie es in der letzten Zeit beinahe immer war.

Es waren ein paar wundervolle Monate gewesen, in denen sie mit Mac zusammen gearbeitet und ihre Freizeit genossen hatte. Sie hatten sich an ihre Abmachung gehalten, nicht mehr allein miteinander Zeit in verfänglichen Situationen zu verbringen, in denen sie die Kontrolle verlieren könnten, und es hatte funktioniert. Sie hatten sich mit den anderen Leuten vom Stützpunkt getroffen, waren gemeinsam in den Coach and Horses-Pub gegangen, hatten köstlichen Bread Pudding in Mrs. Cooks Restawhile Café in der Cherry Garden Lane gegessen, waren mit dem Bus der ATA zum Tanzen oder ins Kino nach Maidenhead gefahren und hatten bei alldem viel Spaß gehabt. Natürlich gab es oft Momente, in denen Nancy sich nach mehr sehnte, doch sie war entschlossen, das Beste aus der Situation zu machen. Sie erinnerte sich noch zu gut an die tiefe Verzweiflung, die sie empfunden hatte, als sie dachte, sie hätte Mac verloren, und wollte so etwas nicht noch einmal riskieren. Außerdem war das Leben ohnehin viel zu kurz – und zu unsicher –, um die Zeit mit Bedauern und müßigen Gedanken darüber, was sein könnte, zu verschwenden. Zu ihrem Entsetzen hatte Nancy erfahren, dass Norah Taft beim Start eines Flugzeugs verunglückt war, weil die Motoren versagt hatten. Was doch für eine tragische Ironie darin lag, dass Norah, eine der besten und sorgfältigsten Pilotinnen, gestorben war, während sie, Nancy, mit all ihren Fehlern überlebt hatte – bis jetzt jedenfalls! Außerdem waren erst kürzlich ein Flugschüler und sein Ausbilder hier in White Waltham zu Tode gekommen, als zwei Blenheims kurz nach dem Start kollidiert waren. Jetzt versuchte man, eine Art Flugverkehrskontrolle zu etablieren, aber selbst wenn diese funktionieren sollte – und Mac war zum Beispiel einer derjenigen, die das bezweifelten –, gäbe es immer noch andere Risiken. Sie gingen nun mal einer gefährlichen Arbeit nach, und Nancy war klar, dass ihre Welt nur allzu leicht auseinanderbrechen konnte, wenn sie oder Mac in einem Blechhaufen oder einem nassen Grab endete.

Sie schrieb weiterhin Tagebuch, wobei sie die glücklichsten Momente in aller Ausführlichkeit festhielt, die Tragödien aber nur kurz erwähnte. Sie kaufte sich eine Brownie-Boxkamera und machte Dutzende von Fotos, sehr zu Macs Belustigung – und zu seinem Ärger, als sie versuchte, ihn aufzunehmen. Mac hatte es nicht gern, wenn man ihn fotografierte. Und sie hielt sich an die Liebe, die sie beide verband. Mochte ihr auch die letzte Erfüllung verwehrt bleiben, so waren sie doch wenigstens zusammen. Und dafür war Nancy aufrichtig dankbar.

Selbst wenn das bedeutete, zwei eintönige Tage auf Händen und Knien zu verbringen und ein Flugfeld nach allem abzusuchen, was Reifen durchlöchern konnte …

Sie rackerte sich immer noch ab und tat ihr Bestes, um den Anschluss an die anderen Reihen nicht zu verlieren, während sie im Stillen über ihre abgebrochenen Fingernägel fluchte, als Mac zurückkehrte.

»Ich denke, du kannst bald Feierabend machen«, meinte er.

»Sieht aus, als ob du schon Feierabend gemacht hättest.«

Er grinste. »Was nützt es denn, Stellvertretender Kommandant zu sein, wenn man seinen Einfluss nicht manchmal geltend machen kann?«

»Um sich vor einer schrecklichen, rückenschädigenden Arbeit zu drücken?«

»Nein, um gute Vorschläge gleich an die Führung weiterzuleiten. Sieht so aus, als ob man sich einen Weg überlegt, deine Idee umzusetzen, Nancy.«

»Ist nicht wahr!« Nancy konnte es kaum glauben. Dann grinste sie, und ihre angeborene Überschwänglichkeit kam zum Vorschein: »Tja, du musst doch zugeben: Wir Amerikaner sind einfach genial!«

»Und so bescheiden dabei!«

Plötzlich heulten die Sirenen los, Fliegeralarm. Die gesamte Belegschaft stand vom Boden auf, warf besorgte Blicke gen Himmel und eilte in Richtung Luftschutzräume. Zwar waren keine feindlichen Flugzeuge in Sicht, aber Luftangriffe bei Tag waren nicht unüblich.

Während sie über das offene Feld liefen, verspürte Nancy keinerlei Angst, nur ein seltsames, unwirkliches Hochgefühl. Tatsächlich gefiel ihr dieses extreme Leben. Es schärfte die Sinne und ließ die Gefühle stärker hervortreten, und man hatte den Eindruck, wirklich lebendig zu sein. Sie warf einen Blick zu Mac hinüber, der neben ihr hereilte, und spürte die wohlbekannte Mischung von Wärme, Zärtlichkeit und Verlangen.

Sie hatte sich ein aufregendes Leben gewünscht – und das hatte sie ohne Zweifel bekommen. Sie hatte sich einen Mann gewünscht, der sie mitriss – auch den hatte sie. Ihre Situation war vielleicht nicht perfekt – aber was war schon perfekt im Leben? Ich bin, dachte sie, das glücklichste Mädchen auf der Welt.

In jenem Sommer 1943 empfand Nancy einen großen patriotischen Stolz.

»Was würdet ihr bloß ohne uns machen?«, fragte sie, als die Schiffsverluste auf dem Atlantik dramatisch sanken. »Es ist doch nur unseren Zerstörern zu verdanken, dass die U-Boote sich verkrümelt haben.«

»Und unseren Bombern.« Mac konnte genauso patriotisch sein.

»Wir haben Palermo ohne jeden Widerstand eingenommen! Die wussten schon, dass sie am besten gleich die weiße Flagge schwenken, als sie die Yankees sahen.«

»Dafür haben wir uns in Afrika ganz gut geschlagen. Die Deutschen und Italiener haben dort ebenfalls kapituliert.«

»Ja, weil euch die Neuseeländer geholfen haben.«

»Und was ist mit den Bombenangriffen auf die Talsperren? Dieser Erfolg ist ganz allein uns zu verdanken.«

Dagegen konnte sie nichts einwenden. Im Mai hatte die 617. Staffel unter ihrem Kommandeur Guy Gibson erfolgreich die Staumauern an Eder-, Sorpe- und Möhnesee zerstört und damit dem Kernland der deutschen Industrie schwerste Zerstörungen zugefügt. Und der Mann, der die so genannte »Rollbombe« entwickelt hatte, die diese Zerstörungen verursacht hatte, war ebenfalls Engländer. Jemand, der »Barnes Willis« hieß, konnte auch nur Engländer sein.

»Okay, zugegeben, einen Punkt für dich«, räumte sie mit verschmitztem Lächeln ein.

»Das hoffe ich doch.«

»Aber du musst zugeben, dass ihr ohne uns ganz schöne Probleme hättet.«

»Ich gebe gar nichts zu«, sagte Mac und küsste sie.

August 1943. Lange Sommertage, blauer Himmel, das Obst reifte an den Bäumen, Rosen blühten in den Gärten, und voll beladene, schwankende Heuwagen wurden von Pferden durch die Straßen gezogen. Das ideale Wetter zum Fliegen. Die bittere Kälte des Winters, Nebel und Schnee erschienen Nancy jetzt nur noch ein weit entfernter Albtraum zu sein, und sie konnte sich kaum vorstellen, dass es irgendwann wieder Winter werden würde.

Inzwischen war sie Zweiter Offizier und berechtigt, zweimotorige Maschinen wie die Blenheim oder die Wellington zu fliegen. Sie war ungeheuer stolz auf die neuen Streifen ihrer Uniform, ein breiter und ein schmaler. Auch Kay war zu ihrer Ausbildung auf Flugzeugen der Klasse 4 nach White Waltham gekommen, und die beiden Mädchen hatten sich über die Gelegenheit gefreut, wieder Zeit miteinander zu verbringen und den neuesten Klatsch auszutauschen.

»Mir war immer schon klar, dass ihr beiden was füreinander übrig habt«, sagte Kay, als Nancy ihr die Beziehung zu Mac gestand. »Das konnte doch ein Blinder sehen.«

»Ja, ich erinnere mich«, meinte Nancy zerknirscht.

»Joe war bestimmt nicht begeistert, als du ihm eine Abfuhr erteilt hast.«

Nancy biss sich auf die Lippe, sie wollte am liebsten nicht zugeben, dass sie mit ihrem Geständnis immer noch zögerte.

»Das wird ihn so verletzen, Kay. Ich kann es einfach nicht ertragen, ihm das Herz zu brechen«, sagte sie mit schuldbewusster Miene.

»Willst du damit sagen, du hast es ihm noch gar nicht erzählt?«

»Noch nicht. Ich meine … Es könnte doch alles Mögliche passieren …«

»Das kann ja sein, aber trotzdem …«

»Ich werde es bestimmt bald tun. Ich muss nur den richtigen Zeitpunkt finden. Vielleicht, wenn er ein paar Tage Urlaub hat und ich weiß, dass er nicht fliegen muss. Ich habe Angst, dass er es sehr schwernehmen wird. Und wenn er so durcheinander ist, kann er sich vielleicht nicht mehr richtig konzentrieren und tut irgendetwas Unbesonnenes. Wenn er abstürzen würde, nachdem ich es ihm gesagt hätte, würde ich mir das nie verzeihen.«

»Also, ich finde, aus Respekt vor ihm solltest du es ihm bald erzählen. Das bist du ihm schuldig«, sagte Kay unverblümt.

»Ich weiß«, erwiderte Nancy und spürte, wie ihr die wohlbekannte Last aus Schuldgefühlen und Angst auf den Magen drückte.

Das Stabsfahrzeug hielt neben Nancy auf der Umgehungsstraße, als sie nach einem langen Flugtag nach Hause ging. Zu ihrer Überraschung saß Mac auf dem Fahrersitz und beugte sich hinüber, um ihr die Beifahrertür zu öffnen. Ungewöhnlich. Normalerweise wurden die Stabsfahrzeuge von einer Fahrerin gefahren. Sie stieg ein, froh über die Mitfahrgelegenheit.

»Hallo! Das ist ja schön.«

»Ich habe mir das Auto ausgeliehen. Nancy, wir müssen miteinander reden.«

Ein unbehagliches Gefühl überkam sie. Mac wirkte ernst. »Was ist los?«

»Lass uns ein Stück fahren und ein ruhiges Plätzchen suchen.«

»Mac?« Er antwortete nicht. »Mac, was ist los?«

»Das erzähle ich dir gleich.«

Er fuhr aufs Land hinaus. Nancy musterte ihn; sein Gesichtsausdruck gab ihr keinerlei Hinweise. Als sie auf eine Kuhherde trafen, die zum Melken in den Stall getrieben wurde, trommelte er ungeduldig mit den Fingern auf dem Lenkrad herum, während sich die Tiere mit ihren schweren Eutern am Auto vorbeischoben. Nancys Gedanken überschlugen sich. Worüber wollte er bloß mit ihr reden? War Judy etwas passiert – oder gar Joe? Oder Kay? War vielleicht entschieden worden, dass sie zu einem anderen Überführungszentrum versetzt werden sollte? Die verschiedensten Möglichkeiten jagten ihr durch den Kopf.

Vor ihnen lag ein kleines Waldstück. Mac fuhr langsamer, hielt am Straßenrand und fuhr rückwärts auf den Feldweg, der hineinführte. Dann hielt er an, schaltete den Motor ab und wandte sich ihr zu.

»Man hat mich wieder für voll diensttauglich erklärt. Ich kehre wieder zu meiner Staffel zurück.«

Ihr stockte das Herz.

»Mac! Wann denn?«

»Heute war ich beim Stabsarzt.«

»Nein, ich meine, wann musst du gehen?«

»Mit sofortiger Wirkung.«

»Oh, Gott.« Sie fühlte sich wie versteinert. »Aber ich dachte …«

Sein Mundwinkel verzog sich ironisch. »Verglichen mit den Piloten, die ihnen noch geblieben sind, bin ich wahrscheinlich in ziemlich guter Verfassung. Und mit Sicherheit sehr viel erfahrener als die Jünglinge, die sie jetzt aufnehmen. Zeit für mich, wieder auf den heißen Stuhl zurückzukehren, Nancy.«

Panik schlug ihr auf den Magen. Nicht nur wegen der bevorstehenden Trennung, sondern auch weil Mac nun wieder Kampfeinsätze fliegen würde. Er würde eine Staffel führen, Bomber in feindliches Gebiet geleiten und dem Flakfeuer ausweichen müssen. Vielleicht würde er wieder getroffen. Beim letzten Mal hatte er Glück gehabt. Aber beim nächsten Mal …

»Oh, Mac!« Sie verbarg das Gesicht an seiner Schulter und versuchte das überdeutliche Bild einer Spitfire zu verdrängen, die abwärtstrudelte und eine schwarze Rauchwolke hinter sich herzog.

Er legte den Arm um sie. »Komm, das ist doch nicht das Ende der Welt.« *Könnte es aber sein.* »Ich werde das schon schaffen.«

»Ich … Ich will nicht, dass du gehst.« Ihre Stimme klang gedämpft durch seine Uniformjacke.

»Ich fürchte, ich habe keine Wahl.«

»Oh, ich hasse diesen Krieg!«

»Nein, das tust du nicht, du liebst ihn.«

»Jetzt nicht mehr.« Das war ihre Strafe dafür, dass sie sich in einen Mann verliebt hatte, der einer anderen gehörte. Dafür, dass sie Joe hintergangen und betrogen hatte. Für all ihre zurückliegenden Sünden – auch diejenigen, von denen niemand etwas ahnte und die sie längst hinter sich gelassen glaubte. Man würde ihr Mac wegnehmen, und sie konnte nichts dagegen tun. Sie hob den Kopf, ihr Blick war düster. Mit zitterndem Kinn betrachtete sie sein kantiges, scharf gemeißeltes Gesicht, auf dem der Schatten der Äste tanzte, und das Herz wollte ihr brechen. »Ich liebe dich! Ich will dich nicht verlieren!«

»Liebling – nicht …«

Sein Mund war auf ihren Lippen, der Duft seiner Haut in ihren Nasenlöchern – moschusduftende Seife und Tabak. Sie klammerte sich an ihn; der heftige Schmerz verdrängte alle Vorsicht der letzten Monate.

Oh, Mac, Mac …

Er bewegte den Kopf, und als sein Gesicht in ihr Blickfeld

kam, sah sie ihre Leidenschaft in seinen dunklen Augen gespiegelt, ein heftiges Verlangen, dessen Intensität er bisher vor ihr verborgen hatte.

»Ich habe noch eine Woche Urlaub«, sagte er leise, aber dringlich. »Du musst doch auch noch etwas Urlaub haben.«

»Aber keine ganze Woche.«

»Ich könnte auch nicht die ganze Woche mit dir verbringen. Ich muss nach Hause, meine Familie besuchen, etwas Zeit bei Judy verbringen. Aber vielleicht können wir uns wenigstens ein paar Tage nehmen …«

»Aber ich dachte … wir hätten vereinbart …«

»Nancy«, sagte er, »ich will dich.«

Mehr brauchte sie nicht zu hören.

Zwei Tage. Zwei wunderbare Tage hatten sie dem Schicksal abgetrotzt. Mehr bekamen sie nicht – und vielleicht würde das alles bleiben, was ihnen vergönnt war.

»Ich liebe dich so sehr, Mac. Ich hätte nie gedacht, dass ich so viel Liebe empfinden kann.«

Sie lagen ineinander verschlungen auf dem Bett in dem abgelegenen Hotel, wo er ein Zimmer reserviert hatte. Abgelegen und diskret. Niemand hatte die Augenbrauen gehoben, als Mac sie als »Mr. und Mrs.« ins Gästebuch eingetragen hatte. Falls die Dame am Empfang Nancys schamhaftes Erröten bemerkt hatte, ließ sie sich jedenfalls nichts anmerken. Schließlich war Krieg, und der Mann trug Uniform; da konnte man die üblichen Anstandsregeln schon mal über Bord werfen.

Vielleicht glaubt sie, wir sind in den Flitterwochen, dachte Nancy und merkte, wie sie noch stärker errötete.

Ein ältlicher Portier hatte ihnen ihr Zimmer gezeigt. Offenbar hat man ihn aus dem wohlverdienten Ruhestand geholt, als sein jüngerer Kollege einberufen wurde, mutmaßte Nancy, während sie der tattrigen, gebeugten Gestalt über die Treppenstufen bis in den zweiten Stock folgten. Sie merkte, dass Mac den Mann besorgt beobachtete. Er fühlte sich sichtlich unwohl dabei, dass ein so gebrechlicher Mann ihm die Tasche trug, doch er wollte den Portier nicht in seinem Stolz verletzen.

Als der Portier ihnen die Zimmertür aufschloss, überkam Nancy Scham und Verlegenheit. Es war ja schön und gut, diese Sache zu planen und sie mit leidenschaftlicher Verzweiflung zu wollen – aber der Anblick des frisch bezogenen Bettes und der beiden ordentlichen Handtuchstapel auf der Bettdecke machte sie plötzlich verlegen. Und der Verlegenheit folgte Nervosität. Sie war in diesen Dingen alles andere als erfahren; sie hatte keine Ahnung, was er von ihr erwartete. Wenn sie nun alles falsch machte? Oder noch schlimmer: Wenn er die Geheimnisse erahnte, die sie so tief in sich verborgen trug, dass nur der leiseste Gedanke daran sie schaudern ließ? Einmal, vor langer Zeit, hatte sie geglaubt, Joes Tante Dorothy könne sie mit einem Blick durchschauen. Das intime Zusammensein mit Mac dagegen konnte noch viel mehr enthüllen. Falls sie jemals richtig zusammenkommen sollten, würde Nancy ihm ihr Erlebnis eines Tages anvertrauen. Aber dies war nicht der richtige Moment.

Mac kramte in seinen Taschen nach Trinkgeld für den Portier; Nancy durchquerte das Zimmer und ließ ihre Handtasche auf einen flauschigen Hocker fallen. Dann fingerte sie nervös an der Mitteilung herum, die in einer Plastikhülle auf dem Frisiertisch aus dunklem Holz lag. Hinweise, wie man sich im Falle eines Luftangriffs verhalten solle. Sie musste insgeheim grinsen. Wenn es einen Bombenangriff gab und das Hotel getroffen wurde, dann würde man sie und Mac in flagranti ertappen. Jeder wüsste Bescheid – und sie hätten nicht einmal mehr die Möglichkeit, sich zu rechtfertigen.

Die Tür fiel hinter dem Portier ins Schloss. Nancy studierte immer noch die »Informationen für unsere Gäste«. Sie spürte, wie Mac die Arme um sie legte, blickte auf und sah sich und Mac in dem Spiegel über der Kommode, die Köpfe dicht beieinander; sie stand vor Mac und verdeckte den Großteil seines Körpers. Plötzlich hatte sie einen Kloß im Hals.

»Hier steht genau, was wir tun müssen …«

»Das braucht mir keiner zu sagen. Dir etwa?«

»… falls es einen Luftangriff gibt.«

»Es wird keinen Luftangriff geben.« Sein Mund war auf ihrem Nacken und küsste die Stelle, wo man den Pulsschlag spüren konnte; seine Hände umfassten ihre Brüste. Sie schauderte vor Lust und vor Angst.

»Es könnte aber passieren.« Alles, um den Moment noch ein bisschen hinauszuschieben. Alles, um zu verbergen, wie sie sich fühlte.

»Glaub mir, es wird keinen Luftangriff geben.« Er knöpfte ihre Bluse auf und betrachtete im Spiegel die nackte Haut, von der mehr und mehr sichtbar wurde.

»Mac … Es ist doch helllichter Nachmittag.«

»Ja und?«

Seine Hände glitten über den Bund ihres Rockes und öffneten den Verschlusshaken, zogen ihn über ihre Hüften, bis er auf den Boden glitt und French Knickers, ein schmaler Strumpfbandhalter und dunkle Strümpfe sichtbar wurden. Nancy starrte ein wenig scheu das Spiegelbild dieser lüsternen Frau an und merkte doch zugleich, wie ein atemberaubendes Gefühl der Erregung und Hingabe von ihr Besitz ergriff.

»Du bist schön«, sagte Mac. Sein Arm glitt in ihre Kniekehlen; er hob sie empor und hielt sie für einen Moment so, dass ihre Stirn seine Wange berührte, dann legte er sie auf dem Bett ab.

Wieder verspürte Nancy einen kleinen Stich der Angst. Als sie das letzte Mal so kurz davor gewesen waren, miteinander zu schlafen, hatte er sich plötzlich an sein Eheversprechen gegenüber Judy erinnert. Aus irgendeinem unerklärlichen Grund wollte Nancy sogar jetzt sichergehen, dass er wirklich so weit war.

»Mac, was ist mit …?« Sie brauchte den Satz nicht zu Ende zu führen. Einen winzigen Moment lang verdunkelte sich sein Blick – vor Schmerz, nicht vor Lust, wie sie ahnte. Dann sagte er barsch: »Nancy, jetzt und hier gibt es nur dich und mich.«

Und dann waren seine Lippen auf ihrem Mund, und es gab nichts mehr zu sagen.

Er nahm sie zunächst sanft und behutsam, und erst, als er sich sicher war, dass sie dazu bereit war, noch einmal mit weniger Zurückhaltung. Er führte sie an Orte, von denen sie sich nie hätte träumen lassen, und als sie hinterher satt dalag, geborgen in einem Kokon der Glückseligkeit, wurde ihr bewusst, dass sie sich nicht ein einziges Mal unsicher gewesen war, was sie tun sollte, oder ihn an irgendetwas hatte hindern wollen. Es war einfach rundherum *richtig* gewesen – und war es immer noch.

»Ich bin so glücklich«, flüsterte sie und meinte damit nicht nur, dass sie glücklich war, weil sie das Verlangen gestillt hatten, das sie beide so überwältigt hatte, sondern auch, dass sie bis jetzt damit gewartet hatten, was die Sache erst recht so besonders machte. Das war es doch, was man unter Liebe verstand, diese vollkommene Einheit von Körper und Seele; dass man sich dem anderen hingab und gleichzeitig so viel mehr zurückbekam. Diese Nähe machte sie im Umgang miteinander nicht befangener, wie sie befürchtet hatte, sondern viel gelöster, und wenn sie ein- oder zweimal zu spüren glaubte, dass Mac sich innerlich zurückzog, dann ging dieser Moment ganz schnell vorüber, als habe Mac beschlossen, sich diese besondere, dem Schicksal abgerungene Zeit nicht verderben zu lassen. Ihr wurde bewusst, dass er alles genau durchdacht hatte und für sich zu einem Entschluss gekommen war: In diesen beiden kostbaren Tagen hatten Nancy und das, was sie beide miteinander teilten, Vorrang vor allem anderen. Und dieses Wissen machte sie überglücklich – im Augenblick war das mehr als genug.

Am zweiten Tag allerdings, als das Ende nicht nur in der

Ferne drohte, sondern wie eine Sturmflut auf sie zugerauscht kam, fühlte Nancy wieder Anzeichen von Panik in sich aufsteigen und empfand einen ersten unangenehmen Vorgeschmack auf die Verzweiflung, die noch kommen würde.

»Ich werde dich doch manchmal treffen können, oder?«

Sie frühstückten im Speisesaal des Hotels – Mac jedenfalls frühstückte; Nancy war der drohende Abschied so auf den Magen geschlagen, dass sie keinen Appetit hatte.

»Das weiß ich nicht«, sagte Mac. »Kommt darauf an.«

»Aber wir ziehen doch durch das Land wie die Heuschrecken! Vielleicht muss ich mal ein Flugzeug zu deinem Stützpunkt überführen ...«

»Und welche Möglichkeit hätten wir dann, uns zu treffen?«

»Aber du wirst doch bestimmt mal Urlaub kriegen ...«

»Von dem ich den Großteil zu Hause in Gloucestershire verbringen muss.«

Ein scharfer Stich der Eifersucht durchfuhr sie. Judy braucht dich doch gar nicht, hätte sie am liebsten gerufen. Aber ich! Doch ihr war klar, dass sie das auf keinen Fall sagen durfte. Er war innerlich so weit, dass er seine Skrupel und Schuldgefühle begraben und diese besonderen Tage zugelassen hatte, doch das hieß nicht, dass er Judy vergessen hatte. Und es hieß auch nicht, dass er sie verlassen würde. Wenn er das Gefühl hatte, es sei seine Pflicht, Judy weiterhin regelmäßig zu besuchen, dann würde er das auch tun, und nichts, was Nancy sagte, könnte daran etwas ändern. Halt – natürlich könnte es etwas ändern, aber nicht zum Guten. Wenn sie jetzt ein falsches Wort äußerte, konnte sie nur verlieren.

»Wie ging es Judy denn, als du da warst?«, fragte sie. Es war das erste Mal, dass sie überhaupt die drei oder vier Tage erwähnten, die Mac zu Hause verbracht hatte; erst jetzt schien es passend zu sein.

Seine Augen bekamen wieder den trostlosen Ausdruck, doch diesmal verschloss er sein Gesicht nicht.

»Unverändert.«

»Ach, Mac!« Sie streckte die Hand aus und legte sie auf seine Hand. »Das muss so schrecklich für dich sein.«

»Auch nicht schlimmer als für so viele andere Menschen.«

»Aber die anderen Menschen kümmern mich nicht. Um dich mache ich mir Sorgen. Du bedeutest mir etwas.«

»Ich weiß. Und deswegen kann ich mich glücklich schätzen.«

»Glücklich?«

»Viele Menschen finden ihr ganzes Leben lang nicht das, was sie suchen. Ich habe Judy gefunden. Und ich habe dich.«

Ihr Magen zog sich zusammen. Sie musste ihn immer noch teilen. Aber sie musste lernen, darüber nicht traurig zu sein. Auch sie konnte sich glücklich schätzen, ihn überhaupt gefunden zu haben. Das musste sie sich immer sagen.

»Was sollen wir nur machen?«

Wieder die Trostlosigkeit in seinen Augen. »Ich weiß es nicht.« Doch dann nahm sein Gesicht einen entschlossenen Ausdruck an. »Wir können nur jeden Tag wieder neu sehen, was das Schicksal bringt.«

»Ich kann es nicht ertragen, dass du gehen musst.«

Ihre Taschen waren gepackt und standen abfahrbereit neben der Tür. Nancy und Mac lagen auf dem Bett, vollständig bekleidet, aber in enger Umarmung.

»Nancy, nicht.«

»Aber ich kann es nicht ertragen! Ich kann es nicht!«

Er schob ihren Rock hoch und rollte sich auf sie. Als er in sie eindrang, schlang sie die Beine um seine Taille, bohrte ihm die Fingernägel in die Schultern und spürte, wie seine Lippen im offenen Blusenausschnitt gierig nach ihrer Brust suchten. Im Moment war nichts wichtig, nur der Gleichklang ihrer Körper.

Und dann war es vorbei. Diesmal ohne das selige Gefühl, sich an ihn zu schmiegen und in seinen Armen einzuschlafen. Das Bett bewegte sich, als er aufstand und ihr den Rücken zuwandte, um seine Kleidung zu richten. Sie begriff, dass er sie bereits verlassen hatte. Ihre gestohlene Zeit war vorbei.

»Wir machen uns besser auf den Weg.«

»Mac … danke.«

Er warf ihr einen Blick über die Schulter zu und grinste. »Jederzeit wieder. Gern geschehen.«

Nein, nicht jederzeit wieder. Vielleicht niemals wieder … Am liebsten hätte sie geweint, ihn festgehalten und nie wieder losgelassen. Alles in ihr schrie vor Schmerz. Doch sie sagte bloß: »Ich werde das nie vergessen.«

Wieder das ironische Grinsen um seinen Mund. Einen Moment lang dachte sie, er würde sagen: »Ich auch nicht«, aber das tat er nicht. Er war nicht der Typ, der sich zu blumigen Gefühlsäußerungen hinreißen ließ, und außerdem war die Zeit der intimen Zweisamkeit vorbei. Mac war wieder zu einem Jagdflieger geworden, einem Staffelführer und Ehemann.

Morgen früh würde er fort sein, mit den Gedanken woanders.

Es war vorbei.

Dritter Teil

Gegenwart

Sarah

Wir befinden uns irgendwo über dem Atlantik in diesem merkwürdigen ruckelnden Schwebezustand einer Boeing 747. Ich habe schon vier Stunden eingepfercht auf einem engen Sitzplatz zugebracht, vier Stunden erzwungener Untätigkeit; Mahlzeiten, die nach Plastik schmecken, klappernde Getränkewagen und ein nie enden wollender Strom von Passagieren, die sich auf dem Weg zur Toilette an mir vorbeischieben; das gelangweilte Kind in der Sitzreihe hinter mir tritt gegen meine Rückenlehne – und auf diese Weise muss ich noch weitere vier Stunden ausharren. Inzwischen habe ich die Nase gestrichen voll; die Zeit bis zur Landung scheint sich noch endlos hinzuziehen. Ich fliege für mein Leben gern – aber nicht als Passagier in einem Jumbojet. Wirklich nicht.

Ich habe die Bordmagazine durchgeblättert und versucht, den Roman von Sarah Waters weiterzulesen, den ich auf dem Hinflug begonnen, aber während der gesamten drei Wochen in Florida nicht einmal angeschaut habe. Anscheinend habe ich den Faden verloren, und ich bringe auch nicht die nötige Konzentration auf, um wieder von vorn anzufangen. Ich habe ein bisschen vor mich hingedöst und wurde jedes Mal wieder geweckt, entweder von der Stewardess oder einem Passagier, der sich die Beine vertreten wollte, oder von dem komischen Klingeln, das in regelmäßigen Abständen die Stille unterbricht, oder aber vom Kapitän, der uns über die Flugposition und die Wetterbedingungen informierte. Und wie jedes Mal habe ich mich verflucht, dass ich kein Upgrade für die Club Class gebucht habe, wo ich mehr Beinfreiheit und Ruhe gehabt hätte. Wieso erscheint mir der Rückflug immer so viel anstrengender als der Hinflug? Warum stören mich all die Kleinigkeiten so viel mehr? Wahrscheinlich, weil mir auf dem Hinflug nach Florida die Freude auf die vor mir liegenden Wochen Auftrieb gibt, während es mir jetzt so vorkommt, als schlössen sich Ketten um meine Hand- und Fußgelenke, und mit jeder zurückgelegten Flugmeile die Probleme und Anstrengungen des Alltags näher rücken.

In der Kabine ist es jetzt dämmrig; sie haben die Jalousien heruntergezogen und das Licht zu einem matten bläulichen Schein gedimmt, und die Bildschirme, auf denen sonst die Bordfilme laufen oder die animierte Grafik eines kleinen Flugzeugs über dem endlosen azurblauen Meer zu sehen ist, sind dunkel. Ich ziehe die leichte Decke bis zum Kinn empor und versuche, eine bequeme Position für meinen Kopf zu finden, aber ich weiß genau: Gerade, wenn ich anfange einzudösen, wird wieder irgendetwas passieren, was mich aufweckt. Deshalb schließe ich nur die Augen und gebe mich meinen Gedanken hin.

Es gibt ziemlich viel, worüber ich nachdenken muss. Mehr als genug, um mich den ganzen Weg bis nach Heathrow zu beschäftigen.

Zuallererst natürlich Grandma Nancy und die Sache, die sie mir aufgetragen hat – diesen Mac zu finden, den sie kennengelernt hat, als sie vor mehr als sechzig Jahren für die ATA in England flog. Sie hat mich gebeten, entweder ihm oder, falls er nicht mehr leben sollte, seiner Familie einen Orden zurückzugeben, den er ihr einmal geschenkt hat. Sie sagte, dass dieser rechtmäßig seiner Familie gehöre und sie verhindern wolle, dass Ritchie ihn wegwirft, sollte ihr irgendetwas zustoßen und er gezwungen sein, ihren Haushalt aufzulösen. Aber eigentlich glaube ich, dass mehr dahintersteckt. Sie blühte regelrecht auf, als sie von ihm sprach – so habe ich sie noch nie erlebt –, und sie schien richtig wehmütig zu sein. Vermutlich möchte sie selbst wieder Kontakt zu ihm aufnehmen und ihn vielleicht sogar treffen – oder wenigstens erfahren, was aus ihm geworden ist.

Dieser Gedanke ist für mich ziemlich beunruhigend. Nie zuvor wäre mir in den Sinn gekommen, dass es für sie jemand anderen als Grandpa Joe gegeben hat. Jetzt bin ich mir nicht mehr so sicher. Oder besser gesagt: Ich bin mir eigentlich ziemlich sicher – so sicher, wie man sich nur sein kann. Sie hat diesen Mac geliebt. Sie hat die Erinnerung an ihn all die Jahre in ihrem Herzen getragen, und wir haben nichts davon geahnt – ich jedenfalls bestimmt nicht. Und nun, wo das Ende ihres Lebens näher rückt, denkt sie wieder an ihn; er ist derjenige, der am Ende ihrer Tage in der Dunkelheit auf sie wartet.

Zuerst hat es mir ja einen ordentlichen Schock versetzt. Nancy war für mich immer bloß Nancy – freundlich und liebevoll, fröhlich, meine geliebte Großmutter eben, aber irgendwie hätte ich ihr nie die Leidenschaften, Schwächen und Fehler von ganz normalen Menschen zugestanden. Ich habe sie immer als zeitlos betrachtet, dem Wandel entzogen, als sei sie immer schon so gewesen, wie sie heute ist. Als Kind habe ich mir immer gern die Geschichten über ihre ungewöhnliche Kindheit angehört, als sie mit ihren Eltern und dem Luftzirkus durchs Land zog und im Krieg für die ATA in England Pilotin war. Aber das waren für mich eben bloß Geschichten – sie hatten in etwa so viel mit der Wirklichkeit zu tun wie die Bücher, die ich las, oder die Filme, die ich mir anschaute. Und Nancy war die Heldin, eine eindimensionale Kunstfigur, eine Abbildung auf alten Fotos, die nur wenig Ähnlichkeit mit der Nancy hatte, die ich kannte – oder zu kennen glaubte. Ich hatte mir nie die Mühe gemacht, an der Oberfläche zu kratzen und genauer hinzuschauen. Ich hatte stets nur das gesehen, was sie mich sehen ließ, und mich mit dem einfachsten Strickmuster zufriedengegeben.

Vielleicht hatte ich Komplizierteres auch gar nicht sehen wollen. Schließlich ist es auch nicht angenehm festzustellen, dass Grandma Nancy womöglich die gleichen stürmischen Gefühle hat wie ich, Gefühle, die ich auch nicht gern der Welt offenbaren würde, oder dass sie als junge Frau die gleichen Leidenschaften und Zweifel durchlebt hat, Momente der Verzückung ebenso wie der Verzweiflung. Und noch weniger angenehm ist die Vorstellung, dass sie diese Emotionen vielleicht sogar heute noch verspürt, möglicherweise gedämpfter, aber darum nicht weniger stark, das Verlangen ihrer Jugend, das ihr durch all die Jahre gefolgt ist, in einen welken, verdorrten Körper. Dass diese Empfindungen die ganze Zeit über da waren, tief in ihrem Herzen begraben, während sie kochte und putzte, ihre Kinder erzog und ihr Leben als Ehefrau von Grandpa Joe und Mutter meiner Mutter führte, hat mir einen gewaltigen Schock versetzt.

Nun fallen mir wieder die winzigen Hinweise ein, die ich zwar gesehen, denen ich aber keinerlei Bedeutung zugemessen habe: dieser abwesende Blick, den sie ab und zu ohne erkennbaren Grund bekam; ein leichtes, stilles Lächeln, das ihre Mundwinkel umspielte und sie plötzlich wieder jung aussehen ließ. An einen Vorfall erinnere ich mich noch besonders gut.

Es war 1995, und sie besuchte uns in England. Ich weiß, dass es 1995 war, weil im Radio und Fernsehen ständig Programme liefen, die sich mit dem Kriegsende vor fünfzig Jahren beschäftigten. Eine spezielle Sendung lief im Lokalfunk – Interviews mit Kriegsveteranen, unterbrochen von Musikstücken aus der Zeit: Vera Lynn, Gracie Fields, Glenn Miller. Dad, der immer schon ein eingefleischter Radiohörer war, hatte die Sendung angeschaltet und war dann nach draußen gegangen, um den Rasen zu mähen. Mum kam hereingefegt wie ein Wirbelwind, schnalzte missbilligend und wollte das Radio wieder ausstellen.

»Nein, lass es doch an!«, sagte Nancy. Sie arrangierte gerade ein paar Dahlien, die sie im Garten gepflückt hatte, in einer Vase, die ich zu Schulzeiten selbst getöpfert hatte und die

Mum wie durch ein Wunder tatsächlich aufbewahrt hatte. Normalerweise neigt meine Mutter nicht zu solchen Sentimentalitäten.

»*So* laut? Das kann man ja noch eine Straße weiter hören!« Mum drehte die Lautstärke ein bisschen herunter und eilte dann wieder mit sauertöpfischer Miene davon.

Ich war gerade dabei, in meiner Tasche nach einer Nagelfeile zu suchen, denn ich hatte mir einen Nagel eingerissen. Ich schaute auf und begegnete Grandma Nancys Blick, und einen Moment lang herrschte zwischen uns ein stummes Einverständnis: eine Art ironisch-amüsiertes Zwinkern, gepaart mit einem Unterton der Verzweiflung: *Reg dich ab, Mum!* Ich fand die Feile und feilte den eingerissenen Nagel.

Ich hörte nicht wirklich auf die Radiomusik, sie rieselte eher an mir vorüber, obwohl ich das Lied kannte, das gerade gespielt wurde: *For All We Know, We May Never Meet Again.* Als ich kurze Zeit später wieder aufblickte, stand Grandma Nancy immer noch still neben der Spüle – jedenfalls ihr Körper, denn sie schien sich in einer Art Trance zu befinden. Sie verharrte so regungslos wie eine Statue, in der einen Hand die Blumenschere, in der anderen die violetten Dahlien, den Kopf zu einer Seite geneigt, die Augen halb geschlossen; einen Mundwinkel hatte sie emporgezogen, halb Lächeln, halb starre Grimasse.

»Grandma – alles in Ordnung?«

Sie schien mich gar nicht zu hören, oder wenn sie es tat, so antwortete sie mir jedenfalls nicht, obwohl ihre Lippen sich bewegten. Mir wurde klar, dass sie den Text des Liedes vor sich hinflüsterte, und ich hörte zu. Es war ein bittersüßes Lied, das von Liebe und Abschied zu handeln schien und von der Kunst, den Augenblick zu genießen.

»Grandma!«

Da kehrte sie wieder in die Gegenwart zurück, und ihre träumerische Sehnsucht wich einer Art Verlegenheit.

»Tut mir leid, Schatz. Was ist denn?«

»Ach, nichts ...« Nun war ich verlegen, weil ich sie offenbar in einem so persönlichen Moment gestört hatte.

Zuerst hatte ich gedacht, dass sie sich vielleicht an John erinnert fühlte, ihren Sohn und Mums älteren Bruder, der bei einem Flugzeugabsturz ums Leben gekommen war. Ich hatte ihn nie kennengelernt; er war schon vor meiner Geburt gestorben, noch ehe Mum überhaupt nach England gezogen war. Aber Mum hatte mir mal erzählt, dass Nancy immer noch um ihn trauere und das wohl immer tun werde. »Er war ihr Liebling«, hatte sie gesagt, nicht ohne einen Hauch Bitterkeit. »Sie wird nie darüber hinwegkommen, dass sie John verloren hat.«

Dann fragte ich mich, ob Nancy vielleicht an Grandpa Joe dachte und sich Sorgen machte, dass ihm etwas geschehen könne, während sie in England weilte. Er war nicht mitgekommen, das tat er nur sehr selten. Er hatte immer zu viel mit der Firma zu tun und reiste nicht gern weit. Ziemlich komisch für einen Piloten eigentlich, aber er sagte immer: »Ich habe schon mehr als genug erlebt. Ich habe genug von der Welt gesehen, und jetzt bleibe ich lieber auf meinem eigenen Fleckchen Erde, wenn ihr nichts dagegen habt.« Außerdem kam seit ein paar Jahren noch die Angst um seine Gesundheit dazu, denn er hatte einen Herzinfarkt erlitten. Er hatte sich davon zwar wieder gut erholt, und die Medikamente, die man ihm gab, hatten ihn wieder stabilisiert, doch seit dieser Zeit widerstrebte ihm das Reisen noch mehr, und ich wusste, dass Grandma Nancy sich Sorgen um ihn machte. Vielleicht hatte sie insgeheim Angst, dass sie ihn womöglich nicht mehr wiedersehen würde.

»Ich bin sicher, dass es Grandpa gutgeht«, sagte ich tröstend. »Und in ein paar Wochen bist du ja wieder zu Hause.«

Sie blickte mich überrascht, ja geradezu erschreckt an. »Ja, ganz bestimmt geht es ihm gut, Schatz.«

Also war es nicht Grandpa gewesen, an den sie gedacht hatte. Dann musste es wohl doch John gewesen sein. Ihn wollte ich aber nicht erwähnen. Obwohl wir einander so nahestanden, sprachen wir nie über John.

Jetzt dagegen, in der abgedunkelten Kabine der 747, kommt mir wieder jener Vormittag in den Sinn, und ich muss an dieses Lied denken, das Nancys Erinnerung an einen Ort fernab der Küche meines alten Zuhauses entführte. Ein Lied aus den Kriegsjahren mit gefühlvollem Text und einer melancholischen Melodie. Hat sie vor sich das Gesicht des Mannes gesehen, dessen Foto in meiner Tasche steckt, zusammen mit dem Distinguished Flying Cross? Als sie mir vor ein paar Tagen das Foto und den Orden zeigte und mich gebeten hat, Mac zu finden, hatte sie fast den gleichen Ausdruck auf dem Gesicht.

Und noch etwas fällt mir ein: ein Gespräch, das wir hatten, kurz bevor ich nach Hause zurückflog. Fergus hatte mich angerufen, schon zum dritten Mal während meines Aufenthalts in Florida. Wir aßen gerade zu Abend, nur Nancy und ich. Ritchie war immer noch auf dem Flugplatz oder war auf einen Drink in seine Lieblingsbar gegangen, wie er es so oft tat, jedenfalls schien Nancy Letzteres zu glauben. Ich hatte rasch ein paar Spaghetti Bolognese gekocht – ich koche gern für Nancy, wenn ich in Florida bin –, und wir waren gerade beim Essen, als das Telefon klingelte.

Nancy griff nach dem Hörer. Sie hat das Telefon gern in der Nähe liegen, wenn sie allein ist, damit sie ihre armen, alten Muskeln nicht so strapazieren muss, wenn es klingelt, wie sie sagt; und obwohl ich jetzt da war, hielt sie an ihrer Gewohnheit fest.

»Nancy Costello.«

Ich konnte die Stimme am anderen Ende der Leitung nicht hören, aber ein Lächeln breitete sich auf Nancys Gesicht aus, und man konnte es sogar in ihrer Stimme hören.

»Ja, doch, das bin ich … Danke, das ist aber nett, dass Sie das sagen. … Ja, ja, sie sitzt hier neben mir. Ich reiche Sie weiter.« Sie hielt mir das Telefon hin, immer noch lächelnd, und hob eine Augenbraue. »Dein junger Mann.«

Ich kenne Fergus schon seit einer halben Ewigkeit. Vor längerer Zeit war er mal mit meiner Schwester Belinda verlobt – sie hatten sich auf dem College kennengelernt und waren einige Jahre lang unzertrennlich gewesen. Als sie sich dann trennten und Belinda Ben heiratete, war Fergus irgendwie auf mich übergegangen; er tauchte plötzlich mit einer Flasche Wein vor meiner Wohnungstür auf und hatte dieses dreiste Grinsen im Gesicht, das es unmöglich machte, ihn wieder hinauszuwerfen. Ich war mir ziemlich sicher, dass er immer noch völlig vernarrt in Belinda war und ich bloß ein Mittel war, um ihr nahe zu sein, aber irgendwie wurden wir trotzdem gute Freunde; vielleicht, weil ich ebenfalls in einer unglücklichen Beziehung steckte und Liebeskummer wegen eines Mannes hatte, der für mich niemals seine Frau und seine Kinder verlassen würde. Fergus hatte mir eine Schulter geboten, an der ich mich ausweinen konnte, und es fiel mir irgendwie leichter, mit ihm über meine Probleme zu reden als mit meinen Freundinnen. Sie waren voreingenommen, und das mit Recht, aber Fergus war bloß Fergus, gutmütig und nett, fröhlich und so bequem wie ein ausgelatschter Schuh. Er kritisierte mich nie, weil ich mich in einen verheirateten Mann verliebt hatte; vermutlich wusste er, dass ich sowieso schon ein schlechtes Gewissen hatte, auch ohne dass er darauf herumritt. Er half mir lediglich dabei, die Scherben wieder aufzukehren, als ich irgendwann beschloss, dass es nun genug sei und ich die Sache beenden musste.

Fergus und ich verbrachten gern unsere Zeit miteinander, kein Zweifel. Wir verstanden uns wirklich gut und hatten oft viel Spaß zusammen. Aber irgendwann setzte er sich in den Kopf, mich heiraten zu wollen, und obwohl ich ihn sehr gern mochte, war ich mir ganz und gar nicht sicher, ob ich ihn ebenfalls heiraten wollte.

Jetzt legte ich die Gabel beiseite, nahm den Hörer und verspürte leichte Schuldgefühle, weil ich in den letzten Tagen kaum einen Gedanken an ihn verschwendet hatte. »Hallo«, sagte ich, den Mund noch halb voll mit Spaghetti.

»Hallo Sarah. Hier ist Fergus.«

»Ja, das höre ich.«

»Ich dachte mir, ich melde mich mal und höre, wie's dir geht.«

»Prima. Und dir?«

»Ich vermisse dich wahnsinnig. Hier ist fast Mitternacht, und die einzige Gesellschaft, die ich habe, ist ein Glas Single Malt und diese dämliche Katze.«

»Katze? Fergus, du hast doch gar keine Katze.«

»Die von nebenan. Sie scheint mich adoptiert zu haben. Jedes Mal, wenn ich die Tür aufmache oder ein Fenster offen lasse, kommt sie reingehuscht. Ich frage mich langsam, ob ich vielleicht Mäuse in der Wohnung habe – oder sogar Ratten. Seit der Müll nur noch alle vierzehn Tage abgeholt wird, ist die ganze Straße mit diesen Scheißratten verseucht.«

Ich konnte mir kaum vorstellen, dass er ein Telefonat nach Übersee führte, bloß um sich mit mir über Ratten zu unterhalten.

»Fergus«, meinte ich, »bist du betrunken?«

Durch die winzige Verzögerung bei der Satellitenverbindung schien er mit der Antwort zu zögern, doch als sie bei mir ankam, war sie typisch Fergus, offen und unverfroren.

»Vielleicht.«

»Dann solltest du dich besser ins Bett legen und deinen Rausch ausschlafen.«

»Das mache ich, das mache ich. Ich wollte bloß erst noch mit dir reden. Ach, Scheiße, Sarah, du gehst mir einfach nicht aus dem Kopf. Ich zähle schon die Tage, bis du wieder nach Hause kommst. Heirate mich, Sarah! Lass uns Kinder bekommen. Und zusammen alt werden.«

Ich spürte, wie sich mein Magen zusammenzog. Die Sehnsucht nach Babys, das Engegefühl, das durch die Aussicht ausgelöst wurde, an Fergus gebunden zu sein.

»In einem Rattenloch?«, erwiderte ich betont schnoddrig.

»Wir suchen uns ein Haus auf dem Land. Rosenranken über der Tür. Ein kleiner Bach am Ende des Gartens. Und das Dorfpub am Ende der Straße.«

»Ich dachte mir schon, dass es nicht lange dauern würde, bis das Gespräch wieder auf das Pub kommt«, sagte ich trocken.

»Denk darüber nach, Sarah!«

»Gute Nacht, Fergus«, sagte ich entschieden und legte auf.

Nancy hatte ihre Gabel beiseitegelegt und musterte mich scharf. Ich hatte das Gefühl, ihr eine Erklärung schuldig zu sein.

»Das war Fergus.«

»Das habe ich auch schon mitbekommen. Er klingt doch ganz nett, Schatz.«

»Das ist er auch. Sehr nett«, sagte ich lahm und wenig begeistert.

»Er hat gesagt, ich würde mich gar nicht nach Großmutter anhören; meine Stimme würde noch gar nicht so alt klingen.«

»Ja, das kann ich mir vorstellen. Das ist typisch Fergus. Und es stimmt ja auch. Du hörst dich wirklich nicht so alt an, als wärst du meine Großmutter. Du klingst wie eine Zwanzigjährige.«

»Er hat eine sehr nette Stimme. Sieht er auch gut aus?«

»Er sieht ganz gut aus, ja.«

»Aber er ist nicht der Richtige.«

Ich schob die Spaghetti auf meinem Teller herum. »Er will mich heiraten.«

»Aber du …«

»Ich denke darüber nach. Grandma, ich bin sechsunddreißig. Ich möchte eine Familie haben, ehe es zu spät dafür ist, und es sind nicht mehr allzu viele gute Männer im Angebot. Wenn man erst mal sechsunddreißig ist, sind die meisten Männer entweder verheiratet oder sie werden nie heiraten. Oder sie tragen einen Haufen Altlasten mit sich herum, oder sie suchen eine, die zehn Jahre jünger ist, jedenfalls keine karrierebewusste Akademikerin. Ich habe fast zehn Jahre mit einer Beziehung verschwendet, auf die ich mich nie hätte einlassen dürfen und die nirgendwohin geführt hat – das weißt du ja alles. Fergus ist wirklich ein netter Kerl. Vielleicht manchmal ein bisschen draufgängerisch und ungehobelt, aber wenn er eine richtige Beziehung und eine Familie hätte, würde er bestimmt ruhiger und häuslicher werden. Er sagt, dass er mich liebt, aber …«

»Er ist doch nicht etwa immer noch in Belinda verliebt, oder?«, fragte Nancy und blickte mich prüfend an. Ich hatte schon ganz vergessen, dass sie ja wusste, dass Fergus Belindas Freund war, ehe er meiner wurde.

»Das glaube ich nicht. Vielleicht ist er immer noch ein bisschen fasziniert von ihr. Belinda hat nun mal diese Wirkung auf Männer.« Nancy runzelte die Stirn; seltsamerweise hatte sie nie allzu viel für Belinda übrig, obwohl der Rest der Welt zu glauben schien, dass sie einfach großartig sei. Vielleicht passen ihre Persönlichkeiten einfach nicht zueinander, so wie es Nancys und meine tun, dachte ich.

Nancy setzte sich in ihrem Stuhl zurück und betrachtete mich. »Was arbeitet er denn?«

»Er arbeitet für eine der großen Versicherungen in Bristol.«

»Und wenn er nicht arbeitet?«

»Spielt er Golf. Geht ins Fitnessstudio. Fährt mehrmals im Jahr zum Skilaufen. Trinkt ganz gern mal einen.«

»Also ein ziemlich umgänglicher Typ.«

»Ja … Ja, das ist er wohl.« Ich schenkte noch etwas Wein in unsere Gläser nach und trank einen Schluck. »Was meinst du, Grandma? Findest du, ich sollte die Gelegenheit beim Schopf packen und ihn heiraten?«

Nancy nahm ihr Glas und schloss die geschwollenen Finger um den Stiel. Sie trug inzwischen keine Ringe mehr; ihren Ehering hatte sie sich vor etwa einem Jahr entfernen lassen, als er begann, ihr ins Fleisch zu schneiden. Sie begegnete meinem Blick.

»Wenn du es schon für nötig hältst, mir diese Frage zu stellen, kann die Antwort eigentlich nur nein lauten.«

»Auch wenn es meine letzte Chance ist?«

Da war es wieder, dieses sanfte Lächeln, das die Falten glättete, die das Leben ihr ins Gesicht geschrieben hatte.

»Sarah, Liebchen, sechsunddreißig ist doch heutzutage nicht alt. Zu meiner Zeit war man schon mit vierundzwanzig eine alte Jungfer – aber heute …«

»Du denkst also, es gibt noch Hoffnung für mich?«

»Es gibt immer Hoffnung.«

Ich musste an Monica denken, die am Flugplatz hinter ihrem Schreibtisch saß und sich mit Krispy Kreme Doughnuts tröstete.

»Erzähl das mal Monica!«

Nancy schnalzte missbilligend. »Monica ist verrückt nach Ritchie – ziemlich dumm für sie. Deshalb war sie blind gegenüber allen möglichen anderen Gelegenheiten – genau wie du, als du dich auf diesen verheirateten Mann versteift hattest. Wie hieß er noch gleich?«

»Mark.«

»Und jetzt machst du wieder den gleichen Fehler. Du lässt zu, dass jemand anders dir den Weg verstellt und dich daran hindert, weiter nach dem richtigen Mann zu suchen.«

»Nein, das tue ich nicht.«

»Natürlich tust du das. Öffne dich, Sarah, mach dich frei! Aber sei nicht allzu verzweifelt bemüht. Nichts schreckt einen Mann schneller ab, als wenn man verzweifelt um eine Bindung bemüht ist. Lass dich einfach nur treiben, Liebchen, und wenn der richtige Zeitpunkt da ist, dann wird es schon passieren.«

»Na schön«, sagte ich. »Und wenn es nicht passiert, bleiben mir noch ein paar Jahre, um es im Alleingang zu versuchen. Darüber habe ich auch schon nachgedacht. Absichtlich schwanger zu werden. Viele Frauen sind alleinerziehend.«

Ich hätte eigentlich erwartet, dass diese Vorstellung sie schockieren würde, wenn man den Generationsunterschied berücksichtigte. Aber es gibt nicht viel, was Nancy schockieren kann. Das hätte ich wissen müssen.

»Vielleicht. Wenn es gar keine andere Möglichkeit gibt«, sagte sie. »Es ist natürlich nicht ideal, aber es ist immer noch um Längen besser, als dich an einen Mann zu binden, den du nicht liebst. Ehrlicher dir gegenüber – und ehrlicher ihm gegenüber. Auch ehrlicher dem Kind gegenüber.«

»Also willst du mir damit sagen, ich soll Fergus nicht heiraten?«

Und da gab mir Nancy die Antwort, an die ich jetzt, im Halbdunkel der 747, denken muss.

»Vielleicht wirst du es ab und zu bereuen, wenn du ihn nicht heiratest. Das kann natürlich sein. Aber du wirst es auf jeden Fall bereuen, wenn du es tust. Wenn du jemanden heiratest, den du nicht liebst, wirst du es früher oder später bereuen.«

Vor meinen geschlossenen Augen kann ich noch genau den überzeugten Gesichtsausdruck sehen, den sie dabei hatte, und mich fröstelt unter der Flugzeugdecke, als ich begreife, was sie damit gemeint hat. Nancy hat nicht bloß eine Allerweltsweisheit wiedergegeben, die sie mal irgendwo gehört hatte. Sie hat aus eigener Erfahrung gesprochen. Sie wusste, was es bedeutete, seine Entscheidung zu bereuen. Es hatte Augenblicke gegeben – vielleicht nicht nur Augenblicke –, in denen sie bereut hatte, den lieben Grandpa Joe geheiratet zu haben, den Mann, von dem ich immer geglaubt hatte, er sei ihr Ein und Alles gewesen.

Der Schatten eines anderen war ihr durch das Leben gefolgt. Er hatte zwischen ihnen gelegen, ihr so nah wie die eigene Haut, hatte sie vielleicht im Dunkeln geküsst und liebkost. Ihr Herz gehörte einem anderen Mann.

Und dieser Mann hieß Mac.

Mein Verhältnis zu Ellen ist nicht gerade einfach. Ich liebe sie natürlich – schließlich ist sie meine Mutter, und den Bindungen, die Natur und Erziehung geschaffen haben, kann man nicht so einfach entgehen. Aber ich finde sie auch ausgesprochen anstrengend und ärgere mich oft über sie, und die meiste Zeit über reiben wir uns aneinander.

Vielleicht liegt es daran, dass wir einander zu ähnlich sind. Beide sind wir sehr eigenständig, resolut und dickköpfig. Beide haben wir es gern, wenn alles nach unserer Nase geht, und wenn nicht alles nach Plan läuft, werden wir ungeduldig und lassen die Ungeduld an unseren Mitmenschen aus. Beide sind wir aktive Menschen und hassen es, faul und untätig herumzusitzen. Aber es gibt Seiten an meiner Mutter, die mir ganz und gar nicht gefallen, und ich beobachte mich selbst aufmerksam und versuche, nicht die gleichen Fehler zu machen, wenn ich älter werde.

Unbedingt vermeiden möchte ich für mich vor allem ihre Angewohnheit, alles und jeden um sich herum managen zu wollen. Immer vermittelt sie den Eindruck, alles besser zu wissen, und wenn man sich gegen ihren Rat entscheidet, ist man eben selbst schuld. Sie kann rechthaberisch und herrisch sein, wenn man es ihr erlaubt, starrsinnig und selbstgerecht, und sie hat keine Scheu, laut ihre Meinung zu verkünden. Als Teenager musste ich schwer dagegen ankämpfen, dass sie nicht mein ganzes Leben regelte, und als Folge davon gab es häufig Streit über mein – wie sie es nannte – widerspenstiges und rebellisches Verhalten.

»Warum machst du es dir bloß so schwer?«, meinte meine Schwester Belinda immer. »Es hat doch gar keinen Sinn, gegen Mum zu kämpfen; sie gewinnt doch sowieso immer.«

»Das mag ja für dich in Ordnung sein, Fräulein Tugendhaft«, sagte ich. »Dir würde man nicht mal einen Mord zur Last legen.«

Und das stimmte wirklich. Belinda kam immer davon, und sei es, indem sie jeder Auseinandersetzung aus dem Weg ging, lieb lächelte und vordergründig die Gehorsame spielte, während sie in Wahrheit auch nur das tat, was sie wollte. Das konnte ich nicht, das war einfach nicht meine Art. Ich musste immer diskutieren und offen widersprechen, und folglich herrschte ständig eine Art Kriegszustand.

Dann ist da noch Ellens Hartnäckigkeit. Wenn sie sich einmal etwas in den Kopf gesetzt hat, kann sie davon nicht mehr ablassen. Hat sie einmal eine Abneigung gegen jemanden gefasst, dann hat dieser Mensch keine Chance mehr. Sie kann über Monate oder Jahre hinweg tolerant und nachsichtig sein und Entschuldigungen für andere finden, aber wenn jemand einmal zu weit bei ihr geht, dann ist es, als würde etwas in ihr zuschnappen. Und von diesem Punkt an gibt es kein Zurück mehr. Dann wendet sie sich genauso gründlich und vollständig gegen diesen Menschen, wie sie ihn vorher verteidigt hat, und nichts, was er sagt oder tut, kann daran noch etwas ändern.

Doch obwohl Mum nach außen hin den Anschein von Stärke und Ausgeglichenheit vermittelt, hat sie auch eine schwache Seite. Vielleicht rührt das daher, dass sie sich praktisch völlig von ihrer Familie in Florida losgesagt hat und Dad, Belinda und ich die einzigen Menschen sind, die sie noch hat. Ich weiß nicht, warum sie sich von Nancy und Ritchie entfremdet hat; ich kann mir nur vorstellen, dass irgendetwas passiert ist, durch das sie in diesen Zustand kam, den ich gerade erwähnt habe, und nicht mehr in der Lage war zu vergeben. Allerdings hat sie mir nie erzählt, was das war, und ich bin mir nicht mal sicher, ob Nancy weiß, woran es lag. Es ist, als habe ihre Familie irgendwann, irgendwie eine Grenze überschritten und als habe Mum daraufhin Mauern errichtet und ihre Familie aus ihrem Leben ausgesperrt.

Wie auch immer, jedenfalls habe ich das Gefühl, dass sie mehr von mir erwartet, als ich geben kann, und das bereitet mir ein schlechtes Gewissen. Es wäre wahrscheinlich einfacher, wenn Belinda in der Nähe wohnen würde, aber so habe ich allein mit den Schuldgefühlen zu kämpfen. Ich weiß, Mum findet, ich solle sie öfter besuchen, aber ich habe einen sehr anstrengenden und zeitintensiven Job. Und wenn wir mal zusammen sind, läuft es sowieso immer bloß auf einen Streit hinaus: über meine Arbeit, meine Beziehung, die Tatsache, dass ich sie nicht oft genug anrufe, oder über die Weltlage im Allgemeinen.

Was mir wirklich nahegeht, ist, dass sie Dad als faulen Nichtsnutz hinstellt. Sie scheint nicht akzeptieren zu können, dass er nach einem Leben in starker beruflicher Anspannung jetzt seinen wohlverdienten Ruhestand genießen will. Sie meint immer, er müsse genauso herumjagen wie sie und jede Minute seines Tages verplanen – und dabei noch aussehen wie der Inbegriff eines jung gebliebenen, aktiven Seniors. Und wenn er etwas tut, weiß sie es nicht zu schätzen; immer ist irgendwas falsch daran. Wenn er Farbe kauft, um die Wände neu zu streichen, hat er garantiert den falschen Ton ausgewählt; wenn er im Garten arbeitet, gräbt er irgendeinen Busch aus, den sie gern behalten hätte; wenn er etwas kocht, verwendet er das allerfrischeste Gemüse und nicht das, was zuerst gegessen werden muss. Es ist daher nicht weiter verwunderlich, dass er mehr und mehr Zeit im Golfclub verbringt und ihr den Rest überlässt.

Ich liebe meinen Vater; er ist der beste Vater der Welt. Deshalb ärgert es mich auch so, wie sie ihn behandelt, genauso wie es mich ärgert, wenn sie immer noch versucht, mein Leben für mich zu managen. Darauf reagiere ich auch entsprechend gereizt. Hinterher habe ich natürlich ein noch schlechteres Gewissen: Ich bin eine schlechte Tochter, genauso intolerant wie sie und so weiter und so fort …

Derzeit wird mein schlechtes Gewissen noch größer, weil ich drei Wochen in Florida verbracht habe, obwohl ich genau weiß, dass Mum findet, ich hätte doch wenigstens einen Teil meiner Ferien bei ihr und Dad verbringen können. Aus irgendeinem unerfindlichen Grund hat es Mum noch nie gefallen, dass ich nach Florida reise, und sie scheint regelrecht gekränkt darüber, dass ich ein so gutes Verhältnis zu Grandma Nancy habe. Ich verstehe es zwar nicht, aber es belastet mich trotzdem und zieht mich herab wie ein Mühlstein – und das wiederum ärgert mich. Ein Teufelskreis.

Um mein ewiges schlechtes Gewissen zu beruhigen, bin ich jetzt auch zu Hause und trinke mit Mum einen Kaffee in ihrer tiptop aufgeräumten Küche. Zu Hause – das ist das attraktive, geräumige Einfamilienhaus, in dem ich aufgewachsen bin. Fünf Schlafzimmer, exklusive Wohnlage in einer kleinen Siedlung mitten im Grüngürtel.

Ich höre mir an, wie erfolgreich Ben, Belindas Mann, in seinem Beruf ist. Wieder eine Beförderung – mein Gott, noch ein paar Beförderungen, und er wird bald mit dem Kopf an eine Wolke stoßen. Und ich sage ihr, ja, Montag muss ich wieder arbeiten, und nein, ich habe nicht vor, mich mit Fergus zu verloben. Dann muss ich mir anhören, wie sie mich auf den neuesten Stand über die Geburten, Hochzeiten und Todesfälle von Leuten bringt, an die ich mich bestenfalls vage erinnere.

»Der kleine Mr. Bunting, der früher im Stadtrat war – natürlich kennst du den. Seine Frau hat samstagmorgens immer in der Bäckerei auf der High Street bedient. Er ist letzten Mittwoch auf dem Heimweg von der Post von einem Motorrad angefahren worden, auf dem Fußgängerüberweg! Der arme Mann liegt mit gebrochener Hüfte im Krankenhaus. Sollte mich nicht wundern, wenn ihm das den Rest gibt!«

Mr. Bunting. Der Name sagt mir etwas, aber ich habe kein Gesicht vor Augen. Auch das seiner Frau nicht. Für mich sahen die Damen beim Bäcker in ihren blau-weiß karierten Nylonoveralls und flotten Käppis alle gleich aus. Bis auf eine, sie war ziemlich dick, strahlte immer übers ganze Gesicht und steckte mir Zuckergussstückchen vom Rosinenkuchen zu, wenn es keiner sah. Aber ich glaube nicht, dass sie Mrs. Bunting war.

»Stell dir vor, Annaliese Taviner hat schon wieder Zwillinge bekommen! Du musst dich doch noch an Annaliese erinnern. Du bist mit ihr zur Schule gegangen …«

Oh ja, an Annaliese kann ich mich erinnern. Sie hatte diese schrecklichen schuppigen roten Flecken auf den Wangen und sah deshalb immer so aus, als wäre sie zu lange dem Wind oder der Sonne ausgesetzt gewesen. Und Asthma hatte sie auch. Ich sehe sie noch vor mir, wie sie keuchend Luft holte und einen Sprühstoß aus ihrem Zerstäuber nahm. Aber Annaliese hat zwei Zwillingspärchen zu Wege gebracht, vier Kinder, und ich habe noch nicht mal eins …

»Und, wie geht es deiner Großmutter?«, fragt Mum endlich, und es kommt mir so vor, als sei die Frage, die sie eigentlich als Erstes hätte stellen müssen, ihr tatsächlich weniger wichtig als das Wohlergehen von Mr. Bunting, Annaliese Taviner und diversen anderen Einwohnern von Norton Handley. Vielleicht hat sie das Thema aber auch absichtlich vor sich hergeschoben.

»Sie wird immer gebrechlicher«, erwidere ich. »Ich glaube nicht, dass sie noch mal nach England reisen wird. Du solltest sie wirklich mal besuchen.« Ich füge nicht hinzu »solange es noch möglich ist«, aber die Ergänzung hängt unausgesprochen in der Luft.

Mum fährt sich mit den Fingern durch die Kurzhaarfrisur, ein lässiger, eleganter Schnitt ohne eine Spur von Grau. Sie hat sich gut gehalten, und dafür bewundere ich sie. Doch obwohl man sie mit Leichtigkeit für zehn Jahre jünger halten könnte, als sie ist, hütet sie sich davor, in ihrem Stil auf jung zu machen. Sie hat das Geschick, aus aktuellen Modetrends das Passende für sich zu übernehmen, während sie gleichzeitig ihrem eigenen Stil treu bleibt, und sie begeht nie den Fehler, zu viel Make-up aufzulegen. Getönte Feuchtigkeitscreme, sorgfältig aufgetragener Lippenstift in natürlichen Farbtönen, der nicht in die feinen Fältchen um ihren Mund läuft, ein Hauch Mascara, mehr nicht. Sie hat mir mal erzählt, sie könne von Glück sagen, dass sie Florida verlassen hat, ehe die starke Sonne ihre Haut mit Falten und Pigmentflecken verunstalten konnte. Ich glaube, sie hat Nancys jugendliches Aussehen geerbt, und ich kann nur hoffen, dass sie die entsprechenden Gene auch an mich weitergegeben hat.

In ihrem Blick liegt jetzt der Anflug einer Regung, die ich nur schwer deuten kann. Könnte es das gleiche schlechte Gewissen sein, das ich verspüre, wenn ich nach einer Entschuldigung suche, um *sie* nicht besuchen zu müssen? Ihr nächster Satz bestätigt meinen Verdacht, und einen Moment lang empfinde ich Mitgefühl.

»Vielleicht sollte ich das wirklich … Es ist bloß so schwer, die Zeit zu finden …« Dann verhärtet sich ihr Mund. »Aber ich bin mir sicher, dass sie dich ohnehin viel lieber sieht. Du und sie …« Sie greift nach der Cafetière und schenkt uns nach. »Wie geht es Ritchie? Er ist doch hoffentlich nicht schon wieder verheiratet, oder?«

Ich muss lächeln. »Nein, Mary-Jane war sein letzter Fehler, glaube ich. Noch einen kann er sich nicht leisten. Die Firma läuft nicht so gut, dass er noch mehr Frauen unterhalten kann. Ich habe sogar den Eindruck, dass er ziemlich kämpfen muss, um das Geschäft am Laufen zu halten.«

»Das wundert mich nicht.«

Wir sprechen noch ein bisschen über Nancy, Ritchie und Florida. Und dann haben wir irgendwann den Punkt erreicht, an dem ich nicht länger um den Auftrag herumreden kann, den Nancy mir gegeben hat.

Vermutlich könnte ich ihn einfach verschweigen. Aber falls Mum herausfinden sollte, dass ich ohne ihr Wissen versuche, jemanden für Nancy aufzuspüren, wird sie mich beschuldigen, sie hintergangen zu haben, und die Auswirkungen werden nicht schön sein. Besser also, ich erwähne mein Vorhaben, spiele es aber herunter. Außerdem besteht die vage Möglichkeit, dass sie irgendetwas weiß, was mir weiterhelfen könnte.

»Grandma hat mich gebeten, etwas für sie zu tun«, sage ich. »Sie hat Sachen ausrangiert und ist dabei auf einen Orden gestoßen. Er hat jemandem gehört, den sie während des Krieges gekannt hat. Keine Ahnung, wie sie daran gekommen ist oder warum sie ihn all die Jahre behalten hat. Vermutlich hatte sie ganz vergessen, dass sie ihn überhaupt besitzt. Aber jetzt hat sie ein schlechtes Gewissen bekommen. Sie möchte, dass ich den Besitzer oder seine Familie ausfindig mache und ihnen den Orden wiedergebe.«

Mum wirkt plötzlich wie versteinert. Ihr Gesicht ist zu einem Ausdruck des Entsetzens erstarrt, die Kaffeetasse auf der Hälfte zwischen Tisch und Mund festgefroren. Sie umklammert sie mit beiden Händen, als fürchte sie, die Tasse mit einer Hand nicht festhalten zu können, und stellt sie ganz langsam auf der Untertasse ab.

»Das wirst du natürlich nicht tun.«

Ich runzle die Stirn. »Ich will es versuchen.«

»Sarah, das ist doch lächerlich. Wie stellst du dir denn das vor, jemanden noch nach so vielen Jahren aufzuspüren?«

»Da gibt es Mittel und Wege. Grandma hat mir seine Dienstnummern, Einsatzorte und Adressen gegeben. Er hieß James Mackenzie und kam offenbar aus Gloucestershire.«

»Ich kann nicht glauben, dass du deine kostbare Zeit mit so einer Suche verschwenden willst. Du hast doch sonst schon zu gar nichts Zeit, wie du immer sagst.«

Ich höre über die Spitze hinweg. »Es wird keine Zeitverschwendung sein, wenn es Grandma glücklich macht.«

Mum schnaubt ungeduldig.

»Es kann natürlich sein, dass ich keinen Erfolg habe«, räume ich ein. »Aber durch das Internet ist eine solche Suche relativ einfach geworden. Und Gloucestershire ist auch nicht gerade Timbuktu. Es kostet mich nicht mehr als ein paar Stunden, dorthin und wieder zurück zu fahren. Ich hatte mir überlegt, vielleicht heute Nachmittag hinzufahren. Warum kommst du nicht einfach mit?«

»Ganz bestimmt nicht!«, fährt Mum mich an. »Und ich will auch nicht, dass du fährst, Sarah.«

Da ist sie wieder, die alte Mum mit ihrem Kontrollzwang. Mir sträuben sich die Nackenhaare, als hätte sie mich geschlagen.

»Tut mir leid, Mum, aber ich werde fahren. Ich habe es Grandma versprochen.«

»Ich will das aber nicht«, wiederholt sie.

Ich starre sie an, verwundert über die Heftigkeit ihres Tonfalls. »Warum denn nicht?«

Mum wirkt völlig verkrampft, ihr Gesicht erinnert an eine starre Maske. Einen Moment lang glaube ich, dass sie mir gar keine Antwort geben will, dass sie auf ihr übliches »weil es so am besten ist« zurückfallen wird. Statt mir auf meine Frage zu antworten, stellt sie mir dann selbst eine.

»Was hat deine Großmutter dir über diesen Mann erzählt, diesen James Mackenzie?«

»Bloß dass er Pilot bei der RAF war – ich glaube, sie hat gesagt, er war Staffelführer. Und dass sie ihn kennengelernt hat, als sie für die ATA flog.«

»Sonst nichts?«

»Nicht wirklich.« Damit bleibe ich ziemlich nahe bei der Wahrheit, denn Nancy hat mir tatsächlich nicht mehr als die bloßen Fakten präsentiert. Und was ich mir im Stillen ausgemalt habe, werde ich Mum bestimmt nicht erzählen. Es scheint jedoch, dass Mum schon vor mir die gleichen Vermutungen hatte und zum selben Schluss gelangt ist.

»Eine Romanze aus den Kriegstagen.« Ihr Mund verzieht sich beinahe höhnisch. »Und du hast dir gedacht: Wie rührend! Wie romantisch!«

»Ist es das etwa nicht?«, verteidige ich mich.

Sie schnaubt wieder. »Vielleicht wärst du weniger wohlwollend, wenn sie dir die ganze Wahrheit gesagt hätte.«

Langsam ärgere ich mich um Nancys willen über ihre spitzen Bemerkungen, doch ich bin auch neugierig.

»Mum, was meinst du denn eigentlich?«

Wieder befürchte ich, dass sie dichtmachen und mir sagen

wird, sie wolle darüber nicht weiter reden. Ich sehe die Unschlüssigkeit in ihrem Gesicht; ihr Widerstreben, mir etwas zu erklären, kämpft mit ihrer Empörung über mein Vorhaben, das sich offenbar ihrer Meinung nach nur durch die Wahrheit verhindern lässt. Die Empörung siegt.

»Nein, dachte ich mir doch, dass sie dir *das* nicht erzählt hat.«

»*Was denn*, Mum? Was hat sie mir nicht erzählt?«

Und ihre Antwort nimmt mir allen Wind aus den Segeln. Egal, was ich auch erwartet habe – das war es jedenfalls nicht.

»Dass sie ein Kind von diesem Mac bekommen hat«, sagt Mum.

Monica

»Wie wär's mit einem Drink, Monica?«, fragt Ritchie.

Wir sind gerade mit unserer Arbeit fertig geworden. Ich habe die Buchhaltungsdatei geschlossen, mit der ich mich während der letzten Stunde herumgeschlagen habe. Ritchie hat seinen letzten Schüler für diesen Tag verabschiedet und das Flugzeug für die Nacht festgezurrt. Jetzt räkelt er sich auf dem Besucherstuhl, der vor meinem Schreibtisch steht. Er hat den Kragen aufgeknöpft, die Krawatte gelockert – komisch eigentlich, dass er heute überhaupt eine trägt – und lässt seine Fliegersonnenbrille über die Stuhllehne baumeln.

Ich schalte den Computer aus und schiebe die Tastatur beiseite.

»Ich sollte lieber nach Hause gehen.«

»Wozu?«

Ja, wirklich. Wozu eigentlich? Schließlich erwartet mich dort niemand. Eigentlich schon nicht mehr, seit mein jüngster Sohn Brad aufs College gegangen ist – und das ist auch schon wieder zehn Jahre her. Sie haben jetzt ihr eigenes Leben, meine drei Jungs, und das ist auch gut so. Trotzdem fühle ich mich ab und zu ein bisschen einsam und trauere den Zeiten nach, als sie noch mit ihren Freunden das Haus bevölkerten. Damals standen überall in der Küche ihre Turnschuhe rum, quer durch den Korridor führte eine Spur aus schmutzigen Socken und Sweatshirts, und durchs ganze Haus dröhnte diese schreckliche Garage-Musik, die sie immer so laut aufdrehten, dass es mich fast wahnsinnig machte. Trotzdem denke ich manchmal wehmütig an diese Zeit zurück und frage mich, wie es wohl heute wäre, wenn Don nicht so früh gestorben wäre, damals, als die Jungen noch klein waren. Hirnblutung, hatte es geheißen, obwohl die Ärzte irgendeinen anderen hochtrabenden Ausdruck dafür hatten. Damals bekam ich sowieso nur mit, dass er wahnsinnige Kopfschmerzen hatte, zusammenbrach und starb. Er würde jetzt auf die sechzig zugehen, wenn er noch lebte. Wahrscheinlich wäre er jetzt in Rente. Wir könnten gemeinsam das Leben genießen, verreisen, vielleicht ein bisschen Golf spielen. Nicht, dass ich je einen Golfschläger in der Hand gehabt hätte – aber warum nicht, zum Kuckuck? Wer weiß, was wir noch alles gemeinsam angefangen hätten?

Aber es bringt nichts, dem nachzutrauern, was vielleicht hätte sein können. Das ist bloß Zeitverschwendung. War's immer schon und wird's auch immer sein. Man muss mit dem leben, was einem das Schicksal auftischt, und das Beste draus machen. Nach der Devise versuche ich jedenfalls zu leben. Hat gar keinen Zweck, ständig rumzujammern. Auch wenn ich mir natürlich manchmal wünsche, dass alles anders gekommen wäre. Und dass es in meinem Leben irgendeinen Mann geben würde.

Nein, stopp – natürlich nicht irgendeinen Mann. Wahrscheinlich hätte ich längst jemanden finden können, wenn ich nicht so verdammt wählerisch gewesen wäre. Doch am Anfang kam niemand an Don heran, und ich bezweifle auch, dass die Typen besonders begeistert von der Aussicht waren, sich gleich drei heranwachsende Jungs ans Bein zu binden. Außerdem habe ich, blöd wie ich nun mal bin, auch noch diese Schwäche für Ritchie.

Eigentlich weiß ich ja nur zu gut, dass Ritchie nicht die Art Mann ist, in die man sich verlieben sollte, und man sollte meinen, dass ich in meinem Alter etwas vernünftiger wäre. Schließlich war er schon dreimal verheiratet – und auf seine Eignung als treusorgender Ehemann würde ich keinen Pfifferling wetten. Er geht viel zu locker mit seinem Geld um – wenn er mal welches hat; es scheint ihm regelrecht zwischen den Fingern zu zerrinnen. Und die Zuverlässigkeit in Person ist er auch nicht grade. Er kann ziemlich reizbar, ja regelrecht griesgrämig sein. Er hat diesen furchtbaren Minderwertigkeitskomplex. Er ist ein Frauenheld, und er ist dem Bourbon ein bisschen zu sehr zugetan.

Aber trotzdem hat er was. Er kann wirklich süß sein, und er ist irgendwie verletzlich. Vermutlich habe ich eine Seite von ihm gesehen, die er nicht allzu oft zeigt. Schnoddrig, leicht reizbar und viel zu sehr von sich eingenommen, so erscheint er denen, die ihn nicht kennen. Aber ich kann hinter diese Fassade schauen und sehe dort einen Mann, dem man irgendwann mal sehr wehgetan hat und der immer noch verletzt ist. Wie gesagt, ich versuche das Beste aus dem zu machen, was mir das Schicksal auftischt. Ritchie dagegen tut sich damit schwer. Er hat sich gepanzert wie eine Muschel in ihrer Schale. Ich hab drei Jungs großgezogen, ich weiß, wovon ich rede. Jungen sind ein ganzes Stück weicher als Mädchen. Viel empfindlicher – auch wenn sie versuchen, den harten Mann rauszukehren.

Ehrlich gesagt wundere ich mich, dass Nancy das nicht auch weiß und ihm zugute hält. Ich kann mir nicht richtig erklären, warum die beiden sich nicht besser verstehen. Irgendwie klappt es einfach nicht. Vermutlich liegt es an Ritchie. Ich würde ihn ja eigentlich für die Art Mann halten, der seine Mutter vergöttert, und im tiefsten Innern tut er das wohl auch. Aber aus irgendeinem Grund kann er das nicht richtig zeigen – und das hat wahrscheinlich mit diesem furchtbaren Minderwertigkeitskomplex zu tun, den er mit sich herumträgt.

Er hatte einen älteren Bruder, John, ein richtiger Sonnyboy, wie ich gehört habe. Ich habe ihn nie kennengelernt, er starb durch einen Flugzeugabsturz, noch ehe ich bei Varna Aviation anfing. Aber nach allem, was ich gehört habe, war John der Augapfel seiner Mom. Und Ritchie hat es sich in den Kopf gesetzt, dass es seiner Mom lieber gewesen wäre, wenn er gestorben wäre.

So was Ähnliches hat er mir jedenfalls mal gesagt. Er war in einer seiner trüben Stimmungen und hatte getrunken. Dass er schlecht drauf war, merkte ich schon daran, wie er ins Büro stapfte und die Flugzeugschlüssel vom Haken riss, ohne mich zu grüßen oder auch nur eines Blickes zu würdigen, und schon aus zwei Meter Entfernung konnte ich seine Fahne riechen.

»Ritchie«, meinte ich. »Hältst du das für eine gute Idee?«

Er antwortete nicht und machte sich an den Schlüsseln zu schaffen, als hätte ich gar nichts gesagt.

»Ritchie«, wiederholte ich. »Setz deinen Arsch in Bewegung und komm mal rüber!«

»Halt dich da raus, Monica! Ich dreh mal 'ne Runde.«

»Du bist nicht flugtüchtig!«, sagte ich zu ihm. »Man setzt sich nicht betrunken ans Steuer eines Flugzeugs. Das weißt du doch verdammt gut!«

Ritchie murmelte etwas vor sich hin, was ich lieber nicht wiederholen will.

»Du bringst dich am Ende noch selbst um, verdammt!«, sagte ich.

»Ach, wäre das nicht schade!«, meinte er in sarkastischem Tonfall. »Ich glaube, das würde einer ganzen Reihe Leuten das Leben sehr erleichtern!«

»Mir nicht, du Vollidiot! Ich hätte dann keine Arbeit mehr.«

»Ja, ja, schon gut.« Er ging in Richtung Tür.

Ich versuchte ein letztes Mal, ihm gut zuzureden. »Ritchie, verdammt noch mal, deine Mom hat schon einen Sohn verloren. Willst du, dass sie auch noch den anderen verliert?«

Und da gab er mir etwas zur Antwort, was ich seitdem nicht vergessen kann.

»Das wäre ihr scheißegal. Weißt du was? Sie wünscht sich doch, dass *ich* tot wäre statt ihrem geliebten John.«

Ich habe auch nie den Ausdruck auf seinem Gesicht vergessen, als er das sagte. Verbittert und zutiefst verletzt.

»Ritchie Costello! So was Furchtbares darfst du nicht sagen!«

»Stimmt aber.«

»Das ist doch nicht wahr! Kann ja sein, dass sie nie darüber hinweggekommen ist, dass sie John verloren hat. Aber das heißt doch nicht, dass sie sich wünscht, du wärest es gewesen! Schließlich ist sie deine Mutter. Und Mütter haben ihre Kinder alle gleich lieb. Sie würde sich doch nie wünschen, dass einer anstelle des anderen gestorben wäre!«

»Glaubst du?« Er wedelte mit den Flugzeugschlüsseln. »Ich glaube ganz was anderes. Ich glaube, sie wäre ziemlich erleichtert, wenn sie mich nicht mehr sehen müsste. Ich glaube, sie würde das für ausgleichende Gerechtigkeit halten. Das glaube ich, Monica!«

Damit ging er hinaus. Ich konnte nichts tun, um ihn aufzuhalten. Zehn Minuten später sah ich ihn mit dem Flugzeug starten.

Die nächsten zwei Stunden wartete ich, krank vor Sorge, auf seine Rückkehr und zerbrach mir den Kopf darüber, was er gesagt hatte. Es war natürlich ein Haufen Blödsinn. Für eine Mutter ist jedes ihrer Kinder einzigartig und unersetzlich. Okay, vielleicht komme ich mit Brad etwas besser klar als mit Troy oder Russell, aber wenn Brad etwas zustieße, würde ich doch niemals den anderen vorwerfen, dass sie noch leben. So funktioniert das nicht. Aber auch wenn es Blödsinn war – Ritchie glaubte es offensichtlich, und das machte ihm das Leben schwer.

Wie durch ein Wunder kehrte er an diesem Tag heil von seinem Flug zurück. Ich war immer noch da, stand am Fenster und schaute in den Himmel, als er in die Platzrunde einflog, und ich gebe gern zu, dass mir vor Erleichterung fast die Tränen kamen, als ich die blau-weißen Firmenfarben sah. Er setzte ein bisschen heftig auf, aber als er im Büro erschien, merkte ich gleich, dass er einen Teil der schlechten Stimmung – und des Alkohols – abgebaut hatte.

»Bist du immer noch da?«, meinte er, während er sich die Sonnenbrille aus dem Gesicht schob.

»Ja, ich musste noch ein paar Sachen fertigmachen«, log ich. Niemals hätte ich zugegeben, dass ich nicht ruhig hätte schlafen können, ohne zu wissen, ob er heil wieder zurückgekehrt war.

»Du arbeitest viel zu hart, Monica«, sagte er. »Wir haben dich gar nicht verdient.«

Ein warmes Gefühl ging durch meinen Körper, und ich hatte vor Verlegenheit einen Kloß im Hals, doch ich lasse mir meine Gefühle nur ungern anmerken, deshalb starrte ich ihn nur mit strengem Blick an.

»Noch eine solche Eskapade wie heute, und ihr werdet mich auch nicht mehr lange haben! Ich gehe jetzt!«

Ich glaube nicht, dass wir noch mal über diesen Vorfall gesprochen haben, doch es hat mich nicht mehr losgelassen. Ich mag Nancy wirklich gern, ebenso wie ich diese dumme Schwäche für Ritchie habe, und es nervt mich, dass die beiden sich gegenseitig so zerfleischen. Ich habe mein Möglichstes versucht, mich da rauszuhalten. Aber manchmal kann ich einfach nicht länger den Mund halten.

So auch jetzt. Zwar wartet niemand zu Hause auf mich, auf Ritchie hingegen wartet sehr wohl jemand. Und ich finde, er sollte sich ab und zu ein bisschen um seine Mutter kümmern.

»Warum verbringst du nicht ein bisschen Zeit mit deiner Mom«, schlug ich vor. »Sie fühlt sich bestimmt einsam, jetzt wo Sarah wieder zurück nach England gereist ist. Sie würde sich bestimmt freuen, wenn du ihr Gesellschaft leistest.«

Ich rechne schon damit, dass Ritchie mir gleich den Kopf abreißen wird, und er enttäuscht meine Erwartungen nicht.

»Ach, jetzt verschon mich mal damit, Monica! Ich habe einen harten Tag hinter mir. Ich brauche einen Drink.«

»Du könntest doch auch zu Hause was trinken«, wende ich ein.

»Ja, das könnte ich. Aber ich muss mich auch mal ein bisschen entspannen. Und ich ertrage Nancys vorwurfsvolle Blicke nicht, wenn ich eine Flasche aufmache. Das regt mich bloß auf.« Er steht vom Besucherstuhl auf. »Kommst du jetzt mit oder nicht?«

Ich seufze. »Okay. Wahrscheinlich ist es besser, wenn jemand mitkommt und aufpasst, dass du keinen Unsinn machst. Sonst treibst du dich wahrscheinlich bis Gott weiß wann herum und bist morgen früh zu nichts zu gebrauchen. Wenn deine Mutter nicht aufpasst, dann muss ich es wohl tun.«

»Weißt du was, Monica? Du bist genauso schlimm wie sie!«

»Kann schon sein«, entgegne ich gelassen. »Aber immer noch weniger lästig als deine gesammelten Exfrauen. Komm, Schätzchen, gehen wir!«

Manchmal geht Ritchie zum Trinken in richtige Spelunken. Das weiß ich, weil ich auch schon mal mit ihm da war. Er denkt wahrscheinlich, dass er sich da irgendwie vergessen kann, im dichten Zigarettenqualm, bei beseelter Countrymusik und den geistlosen Selbstgesprächen von Typen, die genauso verzweifelt damit beschäftigt sind, einen Sinn in ihrem traurigen Leben zu finden, wie er. Dabei hat keiner von ihnen eine Ahnung, wonach er überhaupt suchen soll. Tammy Wynette krakeelt ihr *Stand By Your Man*, und alle starren trübselig in ihre Gläser und wünschen sich, dass jemand, irgendjemand, zu ihnen halten möge. Sie daddeln an den Spielautomaten und stellen sich vor, sie könnten den Jackpot knacken. Die einarmigen Banditen rattern und dudeln, ab und zu hört man das Klimpern von Münzen im Ausgabeschacht, und ein, zwei Minuten lang denkt der Trottel, in dessen Augen sich die blinkenden Lichter spiegeln, er wird jetzt reich. Aber wenn die Nacht dann zu Ende ist, geht es ihnen noch viel dreckiger als vorher, ein gutes Stück ärmer sind sie auch geworden – und das Einzige, worauf sie sich noch freuen können, ist der dicke Kopf am nächsten Morgen.

Heute Abend führt mich Ritchie allerdings nicht in ZzaZzas Bar oder eine der anderen Kaschemmen, die sich in den Seitenstraßen und im Industriegebiet verbergen. Nachdem ich seinem Auto über die Brücke gefolgt bin, steuert er stattdessen auf die Gegend der Stadt zu, wo sich der Golfplatz ausbreitet wie ein riesiges grünes Seerosenblatt und die Grundstücke so groß sind, dass sie mühelos ein halbes Dutzend Gebäude von der Größe meines Hauses aufnehmen könnten. Er biegt in die Auffahrt des Island Club ein. Ich fahre hinter ihm her und parke zwischen den ganzen BMWs und Mercedes-Limousinen, ein wenig verwundert darüber, was wir hier machen. Ich weiß zwar, dass Ritchie früher einmal, in einer seiner verschwenderischen Phasen, hier Mitglied war, aber ich hatte angenommen, dass seine Mitgliedschaft schon vor einiger Zeit abgelaufen sei. Er muss sie wohl erneuert haben, obwohl ich die Überweisungen in den Abrechnungen nirgendwo gesehen habe. Der Island Club ist eine noble Adresse, und der monatliche Mitgliedsbeitrag wäre mir sofort ins Auge gesprungen. Nein, von dem, was das Flugunternehmen einbringt, könnte Ritchie sich eine Mitgliedschaft nicht leisten, und nach allem, was er erzählt hat, sind auch seine persönlichen Einkünfte im Moment kaum ausreichend. Aber was weiß ich schon? Vielleicht hat er ja irgendeine reiche Witwe aufgetan, die ihm die Mitgliedschaft zahlt.

»Heute wollen wir uns wohl nicht lumpen lassen, was?«, sage ich ironisch, hole meine Handtasche vom Armaturenbrett und schließe das Auto ab.

»Das haben wir uns doch wohl verdient«, erwidert er. »Außerdem will ich hier noch jemanden treffen. Hast du Hunger? Willst du was essen?«

»Ritchie, ich habe immer Hunger. Der Tag war lang. Aber ich kann mir die Preise hier nicht leisten.«

»Ich lade dich ein, Herzchen.« Ritchie lächelt mich an, doch irgendwie scheint ihm auch nicht so ganz wohl zumute zu sein. Ich starre ihn misstrauisch an. Sein Lächeln gerät ein wenig aus dem Gleichgewicht, und dahinter wird für einen Moment ein durchtriebener Ausdruck sichtbar. »Das ist schon okay. Vertrau mir!«

»Na gut, wenn du bezahlst – allemal besser als mein aufgewärmtes Chili con Carne.«

»Braves Mädchen!«

Ich bin mir immer noch nicht schlüssig, was ich von dieser Einladung halten soll. Zunächst mal bin ich nicht passend für den Island Club angezogen. In den meisten Restaurants hier bei uns geht es zwar ziemlich leger zu, aber ich kann mir kaum vorstellen, dass die anderen Frauen hier in denselben Shorts aufkreuzen, die sie schon den ganzen Tag getragen haben, oder sich, wie ich, mal eben in zwei Minuten im Neonlicht der Bürotoilette frischmachen mussten.

Aber ich fühle mich nicht bloß unwohl, weil ich mich nicht richtig in Schale schmeißen konnte. Ritchie hat irgendwas vor. Mich kann er nicht täuschen – dazu kenne ich ihn viel zu gut. Und ich habe leider die Erfahrung gemacht, dass es für gewöhnlich übel endet, wenn Ritchie etwas im Schilde führt.

Ich wünschte bei Gott, dass ich mein ungutes Gefühl ab und zu als bloße Einbildung abtun könnte. Dass ich mich damit trösten könnte, nur meine Müdigkeit und schlechte Laune seien schuld, wenn mir das Unbehagen unter der Haut kribbelt wie eine allergische Reaktion auf eine giftige Efeuranke. Dass ich mir Schwierigkeiten einbilde, die gar nicht existieren. Aber leider weiß ich aus schmerzvoller Erfahrung, dass ich meistens allen Grund habe, besorgt zu sein, und mein Unterbewusstsein irgendetwas spürt, selbst wenn ich nicht genau benennen kann, warum ich mich so fühle. Mein ungutes Gefühl hat sich einfach schon zu oft bewahrheitet.

Zum Beispiel damals, als Russell noch ein Baby war: Er erbrach sich, schlief, erbrach sich wieder und schlief, zwischendurch weinte er mal und schlief dann weiter. Don meinte, er sei bloß ein bisschen kränklich; Troy wäre oft viel schlimmer dran gewesen und ich würde mich bloß unnötig aufregen. Aber ich wusste sofort, dass etwas nicht in Ordnung war. Ich wusste, dass Russell ernsthaft krank war, und gab nicht nach, bis wir ihn ins Krankenhaus gebracht hatten. Zuerst sagten sie mir da das Gleiche wie Don: dass er bloß einen Virus habe und es ihm in ein, zwei Tagen besser gehe. Aber Gott sei Dank behielten sie ihn zur Beobachtung da, und das rettete ihm das Leben. Es stellte sich raus, dass er Meningitis hatte, und als sie schlimmer wurde, konnten sie ihn direkt richtig behandeln. Wenn er zu Hause in seinem Bettchen geblieben wäre, dann hätten wir ihn wohl verloren. So hatte er wenigstens eine Chance. Ein paar Wochen lang wussten wir nicht, ob er überleben würde, und es dauerte Monate, bis wir sicher waren, dass er keinen Hirnschaden davongetragen hatte und auch nicht taub war. Er überstand die Krankheit mehr oder weniger unbeschadet – dank der Ärzte und meinem sechsten Sinn.

Im Laufe der Jahre ist mir das nun schon oft passiert, bei kleinen und größeren Sachen. Ich habe diese Art dunkle Vorahnung und weiß genau, dass irgendetwas Schreckliches geschehen wird. Ich hatte sie, als Troy sein Auto bei einem Auffahrunfall auf der Autobahn zu Schrott fuhr. Obwohl er gar nicht mal so spät dran war, stand ich bloß zu Hause am Fenster, hielt nach ihm Ausschau und wartete irgendwie darauf, dass gleich das Telefon klingeln oder jemand an die Tür klopfen würde. Ich habe diese Vorahnung, kurz bevor der Briefträger einen Brief mit unerfreulichem Inhalt oder eine unerwartete Rechnung bringt. Das einzige Mal, als mein sechster Sinn mich im Stich ließ, war damals bei Dons Hirnblutung. Nicht die kleinste Vorahnung hatte ich da. Aber wenn ich dieses komische Gefühl bekomme, dann hat es mich noch nie getrogen.

Und dieses komische Gefühl habe ich auch jetzt. Es ist mitten in der Nacht; die Uhr auf meinem Nachttisch zeigt viertel nach zwei an, aber trotzdem bin ich viel zu nervös, um zu schlafen. Jedes Mal, wenn ich denke, ich würde gleich eindösen, weckt dieses nagende Gefühl mich wieder auf.

Ich schlage die Bettdecke zurück, gehe in die Küche und mache mir eine Tasse Milch in der Mikrowelle warm. Während ich sie trinke, versuche ich mein komisches Gefühl irgendwie zu fassen.

Okay, kein Zweifel, es hat was mit Ritchie zu tun. Ich frage mich, warum er mich in diesen protzigen Club ausgeführt hat, und ich wundere mich über den dicken Stapel Scheine, den er in der Brieftasche hatte. Und nicht nur das.

Er hatte mir ja schon gleich gesagt, dass er im Island Club jemanden treffen wolle, und als wir reinkamen, hat er sich erst mal suchend umgeschaut. Aber derjenige, den er suchte, schien noch nicht da zu sein. Erst nachdem wir gegessen hatten, fand ich heraus, wer es war.

Das Essen war sehr nett, das muss ich schon zugeben. Es ist auch ziemlich schwierig, sich im Island Club nicht wohlzufühlen. Nachdem ich Chicken Hawaii und einen Key Lime Pie verdrückt hatte, war mein Hunger gestillt, und die Piña Colada und ein paar Gläser Pinot Grigio halfen mir zu vergessen, dass ich zerknitterte Shorts und Turnschuhe trug. Ritchie hatte ziemlich gute Laune; er war witzig und charmant, so wie er eben sein kann, wenn ihn niemand ärgert.

Nachdem ich den Alkohol intus hatte, machte ich mir auch keine großen Gedanken mehr darüber, wie viel Knete er ausgab. Ich sagte mir, dass es mich nichts anging, wie er an das Geld gekommen war. Jedenfalls schien keine der anwesenden reichen Damen irgendwelche Ansprüche bei ihm einlösen zu wollen. Ich gestattete mir sogar, einen gewissen Optimismus zu empfinden, weil er diesen Luxus mit mir teilte, und fragte mich, ob sich nach all der Zeit unsere Beziehung endlich zum Positiven veränderte und er in mir mehr sah als bloß das nette Mädel, das ihm das Büro führte, sich seine Nörgeleien anhörte und ihm von Zeit zu Zeit den Kopf zurechtrückte.

Wir waren beim Kaffee – kolumbianischer mit Milchschaum, braunem Zucker und einem Schuss Bourbon –, als ich wieder unsanft auf dem Boden der Tatsachen landete.

»Ist es okay, wenn ich dich ein paar Minuten allein lasse, Monica?«, fragte Ritchie. »Ich muss mich noch um was Geschäftliches kümmern.« Er wartete meine Antwort gar nicht ab, sondern schob sich aus seiner Sitzbank und ging in Richtung Bar.

Der Island Club ist architektonisch ziemlich offen gestaltet; ich brauchte mich bloß ein Stückchen auf meiner Bank umzudrehen und hatte freien Blick auf die Bar. Kaum hatte ich gesehen, mit wem Ritchie da sprach, war das ungute Gefühl wieder da.

Ich kenne Dexter Connelly schon seit Jahren. Kennen ist vielleicht zu viel gesagt; wenn er mir auf der Straße begegnete, würde er mich wahrscheinlich kaum grüßen. Aber er ist mir bekannt, weil wir in der Firma mit ihm zu tun hatten. Er hat mehrmals Flugzeuge für seine Geschäftsreisen gechartert oder auch, um ein Wochenende in Las Vegas zu verbringen, obwohl meistens Ritchie höchstpersönlich die Geschäfte mit ihm abgewickelt hat. Und ich kenne seinen Ruf. Das tun die meisten Leute in Varna. Er lebt in einer dieser riesigen Villen mit elektronischen Sicherheitstoren, vor denen die Reisebusse immer anhalten, damit die Touristen mal einen Blick darauf werfen können, wie die oberen Zehntausend so leben. Für gewöhnlich hat er zudem irgendeine kostspielig aussehende Frau am Arm hängen. Aber die Leute fragen sich natürlich, wie er zu seinem Reichtum gekommen ist, obwohl die meisten es lieber gar nicht wissen wollen. Ich halte ihn für einen Gauner, der eigentlich längst hinter Gittern sitzen müsste, aber wahrscheinlich hat er den Polizeichef geschmiert oder ihm gedroht – eins von beiden. Und obwohl Varna Aviation es sich nie hat leisten können, bei seinen Kunden wählerisch zu sein, bereitete es mir stets Unbehagen, mit Connelly Geschäfte zu machen oder sein Geld anzunehmen.

Nun war mir noch unbehaglicher zumute als je zuvor. Ich beobachtete, dass er Ritchie begrüßte wie einen verloren geglaubten Freund, ihm auf die Schulter schlug und ihm einen Drink holte. Dann klopfte er auf seine Tasche, zog etwas hervor, das wie eine Schachtel Zigarren aussah, und die beiden verschwanden durch die Schwingtüren in den Innenhof, wahrscheinlich um zu rauchen und ungestört ihre Gespräche über was auch immer führen zu können.

Sie blieben nicht lange weg, und ich war froh darüber. Ich fühlte mich ziemlich unwohl zwischen den ganzen rausgeputzten, straff gelifteten Frauen, die behängt waren wie Christbäume. Die Frauen warfen neugierige oder missbilligende Blicke in meine Richtung, und ein oder zwei Männer schauten auffordernd zu mir herüber. Ich erwog, meinen Sitzplatz an die Bar zu verlegen, befürchtete aber, dass es dort wahrscheinlich noch schlimmer sein würde, denn dort saß eine Gruppe Männer, die von dem Reitstall auf dem Festland zu kommen schienen, und man weiß ja, dass die Reiter genauso schwer im Zaum zu halten sind wie ihre neurotischen Vollblüter. Und wie ich schon sagte, dauerte es auch nicht lange, bis Ritchie wieder zurückkam.

»Alles klar, Monica?« Er machte keine Anstalten, sich wieder hinzusetzen.

»Ja, klar.« Alle vagen Hoffnungen, dass Ritchie vielleicht irgendeine romantische Absicht verfolgt hatte, verschwanden schneller als ein doppelter Whisky in der Kehle eines Säufers. Er war hergekommen, um Dexter Connelly zu treffen; ich war bloß Beiwerk.

Connelly stand an der Bar, als wir vorbeigingen, und unterhielt sich mit den Pferdeheinis. Mir ging durch den Kopf, dass er wirklich aussah wie der Inbegriff eines Mafiapaten: dunkler

Anzug, dunkle Sonnenbrille, zurückgegeltes Haar, ein Profil wie aus Stein gemeißelt. Er und Ritchie würdigten einander kaum eines Blickes.

»Also, was läuft da mit Connelly?«, fragte ich Ritchie, als wir in die Nachtluft hinaustraten, die so feuchtwarm war wie ein türkisches Dampfbad.

»Das willst du gar nicht wissen, Monica.«

Trotz der lauen Nacht fröstelte es mich. »Ritchie …«

»Ich mache ein kleines Geschäft mit ihm. Er will mich in ein, zwei Tagen anrufen. Wenn ich irgendwo auf dem Firmengelände bin, möchte ich den Anruf gern selbst entgegennehmen, okay? Wenn ich nicht da bin, sag ihm, dass ich ihn zurückrufe. Das ist eine Sache, die nur ihn und mich was angeht, es hat nichts mit Varna Aviation zu tun.«

Das ungute Gefühl prickelte mir in den Adern. »Ich hoffe doch, dass die Sache legal ist, die du da vorhast«, sagte ich.

»Hast du je erlebt, dass ich mit irgendwas Illegalem zu tun hatte?« Er klang beleidigt, als hätte ich ihn beschuldigt, eine Katze getreten oder einer alten Dame ihre Ersparnisse geraubt zu haben.

»Nein, das nicht, aber …«

»Ich muss die Firma über Wasser halten, und das tue ich, so gut ich kann. Okay?«

»Wenn du meinst …«

»Vertrau mir, Herzchen!« Es war das zweite Mal an diesem Abend, dass er diesen Satz sagte. Das gefiel mir ganz und gar nicht. Doch es war klar, dass ich nicht mehr aus ihm herausbekommen würde.

Ich fuhr nach Hause, legte mich ins Bett und schlief ohne jede Schwierigkeit ein. Wahrscheinlich lag das am Essen und am Alkohol. Doch nach ungefähr einer Stunde wurde ich wieder wach, und alle möglichen Befürchtungen gingen mir durch den Kopf. Und deshalb stehe ich auch jetzt um drei Uhr morgens mit einer halbvollen Tasse Milch in der Küche und quäle mich mit meinen Gedanken herum, statt gemütlich in meinem Bett zu liegen und zu schlafen.

Irgendwas ist da im Busch, und es gefällt mir ganz und gar nicht. Um das zu erkennen, brauche ich nicht mal meinen verdammten sechsten Sinn, bloß Augen und Ohren und eine Portion gesunden Menschenverstand.

Im Moment weiß ich zwar nicht, was da los ist, aber ich habe vor, es herauszufinden, ganz bestimmt. *Das willst du gar nicht wissen*, hat Richie gesagt, doch da täuscht er sich. *Es hat nichts mit Varna Aviation zu tun*, hat er erklärt, aber ich weiß nicht, ob ich ihm das glauben soll. *Vertrau mir!*, hat er gefordert. Aber, verdammt noch mal – das kann ich nicht.

Ich habe Ritchie schon zu oft dabei zugesehen, wie er sich zum Narren gemacht hat. Ich will das nicht noch einmal erleben müssen. Aber wenn er das, was er da vorhat, für Varna Aviation tut, dann muss ich ihm bis zum bitteren Ende beistehen. Die Firma zu verlieren würde ihn vernichten. Und Nancy würde es auch vernichten.

Was soll ich bloß tun? Das ist die große Preisfrage.

Ellen

James Mackenzie. Mac. Nie hätte ich damit gerechnet, diesen Namen noch mal zu hören – nie. Und ich hätte auch gut darauf verzichten können, ihn zu hören. Mein Gott, dieser Kerl muss sich für einiges verantworten. Die ganzen Schwierigkeiten, mit denen meine Familie zu kämpfen hatte, sind letztlich nur ihm zu verdanken. Meine Mutter muss das doch ganz genauso wissen wie ich, und trotzdem besitzt sie die Unverfrorenheit, Sarah zu bitten, nach ihm zu suchen. Ich kann kaum glauben, dass sie das vorgeschlagen hat und damit riskiert, alles wieder aufzuwühlen, was wir mühsam verdrängt haben. Dass sie alte Wunden aufreißen und neue schaffen wird und dass sie Sarah mit einer ganzen Menge Kram belastet, den sie besser nie erfahren sollte. Ich kann mir nur vorstellen, dass Mutter allmählich senil wird – eine andere Erklärung gibt es dafür nicht.

Seit über vierzig Jahren weiß ich nun schon ein paar Dinge über meine Mutter, John und Ritchie, die ich lieber nie erfahren hätte. Ich habe versucht, sie zu verdrängen, und zum größten Teil ist mir das auch gelungen. Vierzig Jahre sind eine lange Zeit, vor allem, wenn man durch den Atlantik von den Hauptakteuren der Geschichte getrennt ist. So habe ich es gewollt; anders hätte ich damit nicht leben können. Aus diesem Grund war ich nur allzu gern bereit, nach England zu ziehen, als Bob mich darum bat. Ich war in ihn verliebt, das ja, aber ich wäre sicherlich nicht so schnell bereit gewesen, mein Zuhause zu verlassen und nach Europa zu ziehen, wenn ich nicht unbedingt meinen Dämonen hätte entfliehen wollen.

Und nun teilt Sarah mir mit, dass Nancy die ganze Geschichte wieder ausgraben will. Sie schaut mich mit unverhohlener Ungeduld an, weil sie mich für uneinsichtig hält, und meint, ich würde auf die Bitte ihrer Großmutter überreagieren; sie fällt ein Urteil über mich, ohne die leiseste Ahnung zu haben, warum ich über diesen Vorschlag so entsetzt bin. Es ist einfach empörend.

»Und warum sollte ich nicht nach Gloucestershire fahren?«, fragt sie – nein, fordert sie in dieser aufreizend scheinheiligen Art und Weise, die sie manchmal hat, und mir ist klar, dass mir mal wieder die Rolle des unvernünftigen Drachens zugewiesen wird.

Und ehe ich mich versehe, vergesse ich mich und erzähle ihr die Wahrheit – oder jedenfalls einen Teil davon, obwohl ich mir geschworen habe, das niemals zu tun.

»Ich wette, Nancy hat dir nicht erzählt, dass sie ein Kind von diesem Mann bekommen hat«, sage ich.

Ich sehe, wie sie entsetzt die Augen aufreißt, und ich kann nicht anders, als einen Moment lang eine gewisse Schadenfreude zu empfinden. Sarah hat Nancy immer schon vergöttert. Vielleicht hätte ich sie schon längst desillusionieren sollen.

Aber leider fangen die Probleme nun erst an, denn Sarah ist wie ein Hund, der hinter einem Knochen her ist. Sie wird nicht eher Ruhe geben, bis sie die ganze Geschichte gehört hat. Und dann wird sie womöglich, genau wie ich, nie wieder nach Florida reisen wollen, was eigentlich schade ist, denn es hat ihr immer sehr viel bedeutet. Davon abgesehen haben ihre regelmäßigen Besuche dort mich von meinem schlechten Gewissen entlastet.

Ich will nicht nach Hause fahren. Ich will weder Mom noch Ritchie sehen. Ich will nicht an all die Dinge erinnert werden, die ich lieber vergessen möchte.

Aber nun ist es zu spät. Was gesagt ist, ist gesagt und kann nicht wieder zurückgenommen werden. Ich muss die Konsequenzen tragen und versuchen, die Dinge wieder in Ordnung zu bringen. Wie immer.

Schon als ich heute Morgen den Fuß aus dem Bett setzte, war mir klar, dass es kein guter Tag werden würde. Na ja, vielleicht nicht gerade, als ich den Fuß aus dem Bett setzte, aber spätestens, als ich mir Milch aus der Plastikflasche in den Tee goss und gelblich-weiße Flocken an die Oberfläche steigen sah. Die Milch war schlecht, und ich hatte es gestern Nachmittag auf dem Heimweg nicht mehr geschafft, neue zu besorgen. Das Gericht hatte lange getagt – ich bin Schöffin –, und mir graute davor, noch in den Supermarkt zu fahren. Als ich zu dem kleinen Laden in der High Street kam, der auch abends noch geöffnet hat, fand ich jedoch keinen Parkplatz, bloß eine endlose Reihe von Autos, die Stoßstange an Stoßstange parkten. Die halbe Stadt hatte offensichtlich beschlossen, sich etwas vom China-Imbiss zu holen, die Leute knubbelten sich schon in Dreierreihen an der Theke. Ich war viel zu müde, um noch endlose Runden durch das Einbahnstraßensystem zu drehen, bis endlich ein Parkplatz frei wurde. Deshalb beschloss ich, es mit der halbvollen Flasche zu riskieren, die ich noch im Kühlschrank gesehen hatte – und das hatte ich nun davon. Keine Milch für meinen Tee und auch keine für Bobs Cornflakes. Und ich war mir nicht mal sicher, wie viel Brot überhaupt noch im Haus, geschweige denn, wie alt es schon war.

Ich kippte den Inhalt der Teetasse in die Spüle und machte mir stattdessen einen Kaffee – zum Glück trinke ich den gern schwarz –, und es gelang mir, noch genügend Scheiben von dem halben Brotlaib abzuschneiden, um Toast für Bob und mich zu machen. Allerdings inspizierte ich das Brot vorher genau, um sicherzugehen, dass es nicht schon schimmlige Stellen hatte. Ich war ziemlich gereizt; ich hasse es, wenn ich nicht gut organisiert bin – normalerweise ist das nämlich meine Stärke. Und mir war klar, dass Bob ebenfalls nicht begeistert über die fehlende Milch sein würde. Er isst morgens nicht gern Toast; er sagt immer, es sei ihm zu trocken. Dabei schmiert er so viel Butter darauf, dass es ausreichen würde, um den Cholesterinspiegel eines ganzen Regiments zu heben, und obendrauf löffelt er noch einen Berg Marmelade. Hat er eben Pech gehabt. Schließlich hätte er gestern genauso gut die Milch besorgen können wie ich. Er tut doch den ganzen Tag nichts, außer sich die Kricketspiele im Sky Channel anzusehen, in den Golfclub zu fahren oder planlos im Haus vor sich hinzuwerkeln.

Das Brot war im Toaster, als ich ihn die Treppe heruntertrotten hörte. Ich blickte auf, als er in die Küche kam, und seufzte im Stillen. Sein Haar – oder besser gesagt das, was davon noch übrig ist – stand zu Berge, als sei er gerade durch einen Sturm gewandert, und er trug ausgeleierte Jeans und den alten Pullover, den er trotz meiner Überredungsversuche immer noch nicht ausrangiert hat.

»Morgen«, begrüßte ich ihn. Ich sah ihn an diesem Morgen zum ersten Mal, denn wir schlafen seit mehr als einem Jahr in getrennten Schlafzimmern. Ich lese gern noch im Bett; er will lieber gleich schlafen. Er sagt zwar immer, dass es ihn nicht stört, wenn ich meine Leselampe brennen lasse, aber wenn ich seinen abgewandten, gekrümmten Rücken sehe, bekomme ich immer ein schlechtes Gewissen und verliere die Freude an meinem Buch. Dazu kommt noch, dass er schnarcht. Er behauptet zwar, ich schnarche ebenfalls, aber ich bin überzeugt, dass er das bloß sagt, um mir eins auszuwischen. Wie auch immer – da unser Haus über fünf Schlafzimmer verfügt, wir aber nur noch zu zweit sind, scheint es nur vernünftig, in getrennten Zimmern zu schlafen, so dass jeder tun kann, was er will.

»Morgen«, gähnte Bob mir entgegen und schabte sich mit den Fingern über die – inzwischen silbrigen – Bartstoppeln.

»Du musst heute mit Toast vorliebnehmen«, sagte ich. »Die Milch ist sauer geworden.«

Bob verzog das Gesicht, ging zum Digitalradio, das auf der Fensterbank steht, und schaltete es an. Ich zuckte zusammen. Ich hasse es, wenn morgens früh gleich das Radio losplärrt, und Bob stellt es in letzter Zeit immer so laut. Ich habe ihm schon geraten, sich mal ein Hörgerät anzuschaffen, aber er will einfach nicht akzeptieren, dass sein Gehör nachlässt.

»Bist du heute im Gericht?«, fragte er über die Melodie von *Have A Nice Day* hinweg.

»Nein, heute helfe ich im Wohltätigkeitsladen aus.«

»Aha.« Sein Ton war neutral, aber mir war schon klar, was er sich dachte. Der Wohltätigkeitsladen für das Hospiz – wieder eine meiner zahlreichen Verpflichtungen. Als er letztes Jahr in Rente ging, hat er vorgeschlagen, ich solle doch ein paar davon aufgeben, damit wir mehr Zeit miteinander verbringen könnten, aber ich habe nicht die Absicht, das zu tun. Wozu auch? Ich würde wahnsinnig werden, wenn ich den ganzen Tag so verbummeln würde wie er. Ich möchte meine Tage lieber sinnvoll nutzen und etwas Nützliches für andere tun, die meine Hilfe brauchen.

Bob braucht mich nicht, so viel ist sicher. Ich bezweifle, dass er es überhaupt merken würde, wenn ich nicht mehr da wäre. Wahrscheinlich würde er die sauberen Hemden vermissen, die ich ihm immer bügle und in seinen Schrank hänge, nach Farbe und Stoff geordnet, denn er scheint nicht in der Lage zu sein, den Unterschied zwischen Blau, Grün oder Grau zu erkennen, und kann auch Flanell nicht von Baumwolle unterscheiden. Die Vorräte würden ihm bald ausgehen – nicht bloß die Milch –, denn er hasst Einkaufen, und ein Besuch im Supermarkt kommt für ihn einem Ausflug in die Hölle gleich. Aber er würde zurechtkommen. In vielerlei Hinsicht ist er beinahe erschreckend selbstgenügsam. Wahrscheinlich würde er sich einen Hund zulegen. Das hat er mir im Laufe der Jahre schon ein paarmal vorgeschlagen, aber ich habe es ihm wieder ausgeredet; so ein Tier macht mir einfach zu viel Schmutz und Unordnung. Aber vor allem würde Bob einfach in den Tag hineinleben, genauso, wie er es jetzt auch tut. Er sagt immer, es sei ein Ausgleich für sein anstrengendes Berufsleben, wo er lange genug Verantwortung für alles zu tragen hatte. Ich kann trotzdem nicht verstehen, wie er seine Tage einfach so planlos vertrödeln kann.

Nein, Bob braucht mich nicht, und auch die Kinder brauchen mich inzwischen nicht mehr. Ich war gern Mutter, mit Leib und Seele. Ich habe beiden Mädchen das Lesen und Schreiben beigebracht, lange bevor sie in die Schule kamen. Ich habe sie zu ihren Ballettstunden und zum Reitunterricht kutschiert; ich war die Vorsitzende der Schulpflegschaft, habe Kostüme für Krippenspiele genäht, Kuchen für den Schulbasar gebacken, am Beckenrand gesessen, während sie schwimmen lernten, und am Spielfeldrand gestanden, wenn sie Korbball und Tennis spielten. Später habe ich sie zu Discos, Übernachtungsfeiern bei Freundinnen und Partys chauffiert und auf Parkplätzen vor Kinos und Bowlinghallen auf sie gewartet. Das Leben war hektisch und wunderbar. Es machte mir nichts aus, dass Bob nie da war, um sich an den Aufgaben zu beteiligen. Ich genoss jede einzelne und war glücklicher und ausgefüllter, als ich es je wieder sein sollte.

Aber natürlich werden Kinder erwachsen und unabhängig. Belinda hat recht jung geheiratet und ist nach Oxford gezogen, Sarah ging zur Uni und wechselte dann in einen anspruchsvollen Beruf. Ohne meine Kinder fühlte ich mich, als wäre mir ein Arm oder Bein amputiert worden. Ich hatte schon vom Leeres-Nest-Syndrom gehört, aber ich hätte mir nie träumen lassen, wie schwer es sein würde, sich an das leere Haus zu gewöhnen.

Daraufhin habe ich mich damals als Schöffin beworben. Und angefangen, im Laden auszuhelfen, dessen Erlös in das Hospiz fließt. Ich habe mich auf die Liste als ehrenamtliche Fahrerin für das Krankenhaus setzen lassen. Und mich bei einem Fitnessstudio eingeschrieben. All diese Tätigkeiten haben meinen Tag gefüllt, aber die Leere in mir konnten sie nicht restlos füllen. Und das tun sie bis heute nicht, obwohl ich eigentlich inzwischen daran gewöhnt sein müsste.

Wahrscheinlich wäre es anders, wenn Belinda in der Nähe wohnen würde. Sie hat zwei Kinder, einen Jungen und ein Mädchen, und ich könnte ihr beim Babysitten helfen und etwas mit den Kleinen unternehmen, ohne gleich eine halbe Weltreise machen zu müssen. Sarah wohnt gar nicht mal so weit weg, bloß fünfundzwanzig Kilometer, aber sie ist immer viel zu beschäftigt, um Zeit mit mir zu verbringen. Um ehrlich zu sein, glaube ich auch gar nicht, dass sie besonders scharf darauf ist. Ich kann den ausweichenden Klang in ihrer Stimme hören, wenn ich sie anrufe und ihr vorschlage, sie soll doch mal vorbeikommen. »Ach, Mum ... Ich stecke bis über beide Ohren in Arbeit ...«, »Gestern Abend bin ich erst nach acht von der Arbeit nach Hause gekommen ...«, »Morgen habe ich eine Besprechung in London ...« Arbeit, immer ganz viel Arbeit. Ich glaube ihr ja gern, dass sie viel zu tun hat, aber immerhin kann sie jedes Jahr drei Wochen erübrigen, um nach Florida zu reisen. Und das wurmt mich, obwohl ich versuche, es mir nicht anmerken zu lassen.

Also bleiben nur noch Bob und ich – und die Ödnis einer vierzig Jahre währenden Ehe. Es macht mich manchmal ganz traurig, wenn ich an die Dinge denke, die wir früher geteilt haben, die Freude und die Liebe, und dann frage ich mich, ob wir uns einander so entfremdet haben, weil er durch seine Arbeit so viel unterwegs war. Vielleicht wäre es aber in jedem Fall so gekommen. Was auch immer der Grund sein mag – Bob macht sein Ding und ich meins, und ich weiß nicht, ob wir beide damit eigentlich zufrieden sind oder nicht.

Wir aßen unser Frühstück nahezu schweigend – bis auf die Stimmen von Radio Two. »Warum hörst du dir nicht wenigstens ein Nachrichtenmagazin an?«, dränge ich ihn manchmal. Doch Bob antwortet dann immer bloß, dass er von Politik und Weltgeschehen nichts mehr hören wolle, weil ihn das alles nur deprimiere. Also mussten wir uns Terry Wogans Geplauder anhören.

Als ich mit Toast und Kaffee fertig war, duschte ich, zog mich an und schminkte mich. Bob saß immer noch am Küchentisch und las die Zeitung, als ich wieder herunterkam und ihm sagte, dass ich jetzt losmüsse.

Er nahm kaum Notiz davon. »Okay, bis später.«

Draußen spürte man schon, dass es warm werden würde, und die Luft roch frisch und süß. Mir fiel auf, dass Bob gestern den Rasen gemäht hatte, und die Amseln, die in der Hecke zwischen unserem Garten und dem Nachbargrundstück hausen, suchten eifrig nach Würmern. Sie ließen sich kaum stören, als ich über die Terrasse ging, und flatterten gerade weit genug weg, um mich aus sicherem Abstand zu beobachten. Im Laufe der Jahre sind sie wirklich ziemlich zahm geworden.

Meine Stimmung stieg ein bisschen. Doch als ich mein Auto aus der Garage holen wollte, stellte ich fest, dass es irgendwie komisch fuhr. Ich hielt an, stieg aus und untersuchte die Reifen. Der hintere Reifen auf der Beifahrerseite war platt wie ein Pfannkuchen.

Wutschäumend lief ich zurück ins Haus.

»Kann ich mir dein Auto leihen? Ich habe einen Platten!«

»Eigentlich wollte ich heute in den Golfclub fahren.« Bob faltete den *Independent* zusammen und stand auf. »Ich wechsle dir den Reifen.«

»Ach, verdammt! Ich komme noch zu spät …!«

»Die werden doch wohl mal eine halbe Stunde ohne dich klarkommen, oder?«

Ich folgte ihm nach draußen, immer noch auf hundertachtzig. Möglicherweise würde man im Laden auch eine halbe Stunde ohne mich klarkommen. Um ehrlich zu sein, hätte ich heute gar nicht unbedingt in den Laden gemusst, da wir voll besetzt waren. Doch Norma Benson und Josie Chalmers sind nicht gerade berühmt für ihre Tüchtigkeit. Erst letzte Woche haben sie jemandem einen Designermantel für ein Pfund fünfzig überlassen und hätten beinahe das Fahrrad eines Kunden verkauft, das dieser aus Angst vor Diebstahl kurz im Laden abgestellt hatte, während er sich umschaute. Was den Reifen anging, hatte ich den Verdacht, dass er absichtlich beschädigt worden war. Gestern hatte ich eine Gang jugendlicher Rowdys vor Gericht, und ich halte es durchaus für möglich, dass sie sich mit einem Nagel in meinem Reifen dafür revanchiert haben, dass ich ihnen ein paar Sozialstunden aufgebrummt habe. Sie würden mein Auto auf einem öffentlichen Parkplatz wiedererkennen und wollten sich bestimmt für ihre Strafe rächen.

Tatsächlich hatten sie mir mit ihrem Racheakt aber unfreiwillig einen Gefallen getan, denn während Bob noch den Reifen wechselte, rief Sarah an und sagte, dass sie vorbeikommen wolle, was ja selten genug passiert. Bob zögerte seinen Besuch im Golfclub so lange heraus, dass wir noch alle gemeinsam Kaffee trinken konnten – schließlich haben er und Sarah sich immer schon prächtig verstanden. Als wir gemeinsam am Küchentisch saßen und uns unterhielten, war es fast wie in alten Zeiten – die ganze Familie beisammen, bis auf Belinda. Ich habe mich wirklich gefreut. Doch dann fuhr Bob zum Golfclub, und Sarah und ich unterhielten uns über Florida, und alles ging daneben.

Sarah ließ die Bombe platzen, dass Nancy sie gebeten hat, James Mackenzie zu suchen, und ich habe das Unvorstellbare getan. Ich habe die Büchse der Pandora geöffnet, die wir all die Jahre so fest verschlossen hielten. Und Gott allein weiß, was für Unheil nun entweichen wird.

Sarah scheint sich langsam ein bisschen zu fangen. Sie schaut mich mit diesem skeptischen Blick an, den ich immer so schrecklich herablassend finde, und ich merke, dass sie mir nicht glauben will.

»Mum – bist du dir sicher?«

»Natürlich bin ich mir sicher«, fauche ich sie an. »So etwas würde ich mir doch wohl kaum ausdenken, oder?«

»Aber Grandma hätte es mir doch erzählt.«

»Meinst du?« Ich kann die Verbitterung in meiner Stimme hören. »Deine Großmutter hat gern ihre Geheimnisse, Sarah. Sie ist sehr gut im Verheimlichen. Schließlich hatte sie jahrelange Übung darin.«

Sarah schüttelt den Kopf. »Und wo ist dieses Kind jetzt?« Ein Gedanke kommt ihr in den Sinn, sie reißt die Augen auf. »Ist *das* vielleicht der Grund, warum ich diesen Mac finden soll? Weil er weiß, was mit dem Baby passiert ist? Sie hat es in England bekommen, und es ist hier adoptiert worden?«

Ich seufze. »Nein, Sarah. Das Baby ist nicht adoptiert worden, und es wurde auch nicht in England geboren.«

»Aber was …?«

»Sie hat es behalten.« Ich merke, wie meine gesamte Kinn- und Nackenmuskulatur sich verhärtet. »Sie hat dafür gesorgt, dass Grandpa Joe es als sein eigenes aufgezogen hat. Meine Güte«, fahre ich sie plötzlich an, »du kannst es dir doch bestimmt selbst denken! Ihr Lieblingskind? Der Junge, der nie etwas falsch machen konnte? Es war natürlich John. Dein Onkel John. Dieser James Mackenzie war sein Vater.«

»Oh Gott!« Sarah schlägt die Hand vor den Mund und starrt mich mit weit aufgerissenen Augen an. Dann wird ihr Blick plötzlich weicher, fast mitleidig. »Oh, die arme Grandma! Kein Wunder, dass sie nie über Johns Tod hinweggekommen ist. Er war ein Kind der Liebe – und sie hat ihn verloren. Alles, was ihr von Mac noch geblieben war.«

Ich platze fast vor Empörung. *Ein Kind der Liebe … Alles, was ihr von Mac noch geblieben war.* Was hat Mom Sarah bloß erzählt? Aber ich kann es mir schon vorstellen. Ich kann es mir sehr gut vorstellen.

»Mein Gott, Sarah – jetzt fang bloß nicht an, die ganze Geschichte romantisch zu verklären. Es ist während des Krieges passiert, eine schmutzige kleine Affäre mit einem verheirateten Mann, mehr nicht.«

Sarah schüttelt den Kopf. Sie hat Tränen in den Augen. Tränen – ich fasse es nicht!

»Ich glaube, es war mehr als das. Ach, Mum, ist das nicht schrecklich? Die ganzen Jahre über hat sie dieses Geheimnis für sich behalten und um die beiden getrauert – und ich habe nichts davon geahnt. Hat Grandpa es gewusst? Dass John nicht von ihm war?«

»Keine Ahnung«, entgegne ich unwirsch.

»Aber er muss es doch gewusst haben – wenn sogar *du* es weißt.«

»Darüber wurde nie geredet.«

»Aber woher weißt du es dann?«

Ich hätte es mir ja denken können. Ich hätte mir denken können, dass Sarah nicht nachlassen wird, bis sie alle Einzelheiten aus mir herausgeholt hat. Sie wird nicht eher Ruhe geben, bis sie alles weiß. Und dann wird sie sich wünschen, sie hätte es lieber nicht erfahren.

»Ich brauche einen Drink«, sage ich. Ich hole Bobs Flasche Grant's Whisky aus dem Schnapsschrank im Wohnzimmer und schütte mir zwei Fingerbreit in ein Glas ein, bevor ich Sarah die Flasche hinhalte. »Willst du auch einen?«

Sie schüttelt den Kopf. »Ich nehme lieber ein Glas Wein, falls du eine Flasche offen hast.«

»Du kannst dir eine aufmachen. Du weißt ja, wo der Wein steht.« Ich würde die Flasche ja selbst öffnen, aber ich traue mir im Augenblick nicht zu, mit dem Korkenzieher umzugehen. Sarah könnte sehen, wie mir die Hände zittern. Ich trinke einen kräftigen Schluck Whisky – pur.

»Mum?« Sarah bleibt mit der Weinflasche in der Hand neben mir stehen. Jetzt wirkt sie besorgt. »Mum – alles in Ordnung mit dir?«

»Nein, Sarah, ehrlich gesagt nicht. Ich kann mir einfach

nicht vorstellen, warum deine Großmutter all diese Dinge jetzt wieder ausgegraben hat. Warum sie dich da auch noch mit reinziehen musste.«

»Es ist schon ein kleiner Schock für mich, das muss ich zugeben«, erwidert Sarah. »Vor allem, dass John nicht Grandpas Kind war. Ich kann das kaum glauben. Aber du bist dir sicher, oder?«

»Oh ja, Sarah. Ganz sicher.«

Der Whisky stößt mir sauer auf, und ich habe wieder das gleiche flaue Gefühl im Magen wie vor so vielen Jahren, als ich herausfand, warum meine Mutter so vernarrt in ihren Erstgeborenen war. Nur, dass es jetzt fast noch schlimmer ist, weil ich weiß, zu welcher Tragödie diese Entdeckung geführt hat und wie sie unser aller Leben überschattet hat.

Und irgendwo ist da auch ein quälendes Schuldgefühl über meinen Anteil an den Dingen, die dann passiert sind. Doch darüber will ich lieber nicht nachdenken. Es war die Schuld meiner Mutter – an allem hatte nur meine Mutter Schuld, weil sie wie besessen war von diesem Mann, der nicht mein Vater war. Weiß Gott, ich habe versucht, sie zu verstehen und ihr zu vergeben. Aber manches kann man einfach nicht vergeben. Fortgesetzte Täuschung ist eines davon. Die Zerstörung meiner Familie ist das andere.

Vierter Teil

Vergangenheit

I

Ein- oder zweimal im Leben erlebt jeder eine Schlüsselsituation, einen Wendepunkt, nach dem nichts mehr so ist wie vorher. Für Ellen war dieser Augenblick im Sommer 1960 gekommen, und nach diesem Zeitpunkt gab es immer wieder bestimmte Auslöser, die sie in die Vergangenheit zurückversetzten und die besondere Stimmung dieses Augenblicks heraufbeschworen, wenn auch nur flüchtig. Wenn sie raschelnde Seide zwischen den Fingern spürte zum Beispiel, wenn die Nachmittagssonne auf eine ganz bestimmte Art und Weise durchs Fenster fiel oder wenn sie den Parfumduft von Californian Poppy roch. Ja, vor allem der Duft von Californian Poppy. Sie hatte das Parfum nun schon seit Jahren nicht mehr gerochen. Es schien von der Bildfläche verschwunden zu sein, verduftet wie so viele andere vergessene Parfums ihrer Jugend. Bewusst konnte sie seinen Geruch kaum mehr heraufbeschwören, doch manchmal rief ein flüchtiger, vorüberwehender Parfumduft, schwer fassbar wie ein Traum, den man beim Aufwachen wieder vergisst, eine unbestimmte Erinnerung in ihr hervor, und sie dachte an jenen Tag zurück.

Seide, die Unterwäsche ihrer Mutter, die in ordentlichen Stapeln in der Kommode lag. Sonnenstrahlen, gefiltert durch die Blätter und Blüten des Mimosenbaums vor dem Fenster. Californian Poppy, das sie auf ihre Haut aufgetragen hatte; der Duft, der sie in ihren Wunschträumen von der schlaksigen Highschool-Schülerin in die weltgewandte, elegante Frau verwandelte, die sie gern gewesen wäre.

All diese Auslöser führten sie unweigerlich zu jenem Tag zurück, an dem sie den Brief entdeckte, der ihr Leben verändern sollte. Dann erinnerte sie sich wieder an die unbändige Neugier, die sie dazu getrieben hatte herumzuspionieren, und sie durchlebte die Momente des Entsetzens und der Verwirrung, als die Büchse der Pandora geöffnet war und Unheil und Verderben sie im hellen Sonnenlicht umflatterten wie eine Schar aufgescheuchter Fledermäuse. Ihre Welt war aus den Angeln geraten und zerbrochen – und mit ihr alle Sicherheit. Dennoch ergaben die Scherben ein Muster; sie fielen an ihren Platz wie die Teile eines Puzzlespiels und lösten Rätsel auf, über die sie sich immer schon den Kopf zerbrochen hatte.

Ellen hatte mit Ungeduld das Erwachsenwerden erwartet. Als ihr an jenem Tag der Boden unter den Füßen schwankte, wurde ihr schmerzlich bewusst, dass sie auf ganz andere Weise in die Erwachsenenwelt eingetreten war, als sie es sich vorgestellt hatte. Es war daheim geschehen, innerhalb der vermeintlich sicheren vier Wände ihres Zuhauses, und sie war ganz allein gewesen. Ihre Kindheit war ein für allemal vorbei.

Der Frühjahrsball der Collier County Junior High School. Ellen hatte sich schon seit Wochen darauf gefreut. Sie war bis über beide Ohren in Ken Kelsey verliebt, und – Wunder, oh Wunder – er hatte sie tatsächlich gefragt, ob sie seine Tanzpartnerin sein wolle. Sie war sich nicht einmal sicher, wie es dazu gekommen war, denn sie hatten kaum ein Dutzend Worte miteinander gewechselt, seit er im Herbst neu in ihre Klasse gekommen war. Doch wenn sie ihm heimlich sehnsüchtige Blicke zugeworfen hatte, war ihr oft aufgefallen, dass er sie ebenfalls angeschaut hatte; und in dem winzigen Moment, ehe sie beide erröteten und wegblickten, gab es eine Art Verbundenheit zwischen ihnen, die keiner Worte bedurfte. Nach solchen Augenblicken frohlockte Ellens Herz den Rest des Tages, und wenn sie nachts allein in ihrem Bett lag, die Patchworkdecke bis zum Kinn emporgezogen, erging sie sich wieder genüsslich in der Erinnerung an den Moment, als sich ihre Blicke begegnet waren, und eine wohlige, prickelnde Wärme durchfuhr ihren Körper.

Ihre beste Freundin Katy Johannson meinte, dass Ken etwas für Ellen »übrig habe«, und sie betete, dass Katy Recht haben möge. Aber sie konnte sich nicht vorstellen, dass er sie fragen würde, ob sie mit ihm ausgehen wolle, und falls doch, war sie sich nicht einmal sicher, dass ihre Mutter es überhaupt erlauben würde. Und das wäre dann natürlich das Allerpeinlichste. Um ehrlich zu sein, graute Ellen schon vor der Aussicht, Nancy um diese Erlaubnis bitten zu müssen. Nancy hatte ihre Ansichten zu diesem Thema mehr als deutlich gemacht. Ellen sei viel zu jung, um sich mit Jungen abzugeben. Sie solle sich lieber auf die Schule konzentrieren. Wenn sie sechzehn wäre, könne sie mit einem Jungen ausgehen, aber nur, falls dieser »passend« sei. Ellen war sich sicher, dass Ken in dieser Hinsicht bestehen würde. Soviel sie wusste, hatte er noch niemals irgendwelche Schwierigkeiten gehabt, und sein Vater war Arzt am örtlichen Krankenhaus, was so ungefähr das Seriöseste und Achtbarste war, was man sich vorstellen konnte. Doch es würde noch mehr als zwei Jahre dauern, bis Ellen sechzehn wurde – eine halbe Ewigkeit. Ellen war hin- und hergerissen zwischen dem sehnsüchtigen Wunsch, Ken möge sie fragen, ob sie mit ihm ausgehen wolle, und der Furcht, dass er das tatsächlich tun könne und sie ihm ein Nein zur Antwort geben müsste. Dann würde sie ihn mit Sicherheit verlieren. Es gab jede Menge Mädchen, deren Eltern weniger – oder gar nicht – streng waren. Betty Cross zum Beispiel, die schon eine beneidenswerte Figur entwickelt hatte und die, wie jedermann wusste, »leicht zu haben« war. Sie ging manchmal mit älteren Jungen aus, solchen, die schon selbst motorisiert waren oder wenigstens die Autos ihrer Väter fahren durften, und es hieß, mit einem von ihnen sei sie schon »bis zum Äußersten« gegangen. Ellen fand das schockierend. Sie konnte sich nicht vorstellen, wie jemand so schamlos sein konnte. Sie wäre schon in Grund und Boden versunken, ehe sie einem Jungen erlaubt hätte, auch nur den »ersten Hügel zu erklimmen« – also die Hände unter ihren Pullover zu schieben –, geschweige denn, noch weiter zu gehen. Aber ach, sie wäre so gern mit Ken Kelsey ausgegangen! Sie stellte sich vor, wie es wäre, wenn er ihre Hand halten oder den Arm um sie legen würde, und wenn sie erst daran dachte, wie es wäre, wenn er sie küsste, schmolz sie dahin wie Schokolade in der Sonne und verspürte ein kribbelndes Gefühl der Erregung. Doch stets hing eine dunkle Wolke über ihren Tagträumen: Falls Ken sie wirklich fragen würde, ob sie mit ihm gehen wolle, dann war die häusliche Auseinandersetzung vorprogrammiert.

Tatsächlich war es dann viel einfacher gewesen, als sie es sich vorgestellt hatte. Der Frühjahrsball der Schule war schließlich etwas ganz anderes als ein Spaziergang, eine Fahrradtour oder ein Besuch im Autokino. Es war allgemein akzeptiert, dass die Mädchen mit einem Tanzpartner kamen, und das Lehrerkollegium sowie einige Eltern wachten darüber, dass Sitte und Anstand gewahrt blieben. Ken hatte angeboten, dass sein Vater sie hinfahren würde, und obwohl Nancy zunächst darauf bestanden hatte, dass Joe Ellen hinfahren und wieder abholen solle, hatte sie nach einem Telefonanruf Dr. Kelseys, in dem er ihr versprach, gut auf Ellen aufzupassen, ihre Meinung geändert. Denn wie sie zu Joe sagte: Wenn man schon einem Arzt nicht vertrauen kann, wem dann?

Schon seit Tagen war Ellen folglich so aufgeregt und nervös, dass sie kaum noch etwas essen konnte, und ihre Stimmung schwankte zwischen überschwänglicher Freude und banger Erwartung.

Worüber würde sie sich mit Ken unterhalten? Würde er versuchen, sie zu küssen? Wenn ja, dann würde er bestimmt sofort merken, dass sie noch nie jemanden geküsst hatte. Wie stellte man das überhaupt an, ohne dass man mit den Nasen gegeneinanderstieß? Und was, wenn er seine Hand irgendwohin schob, wo es sich nicht gehörte – was sollte sie dann machen? Und das Allerschlimmste: Was, wenn er sie nur zur Tarnung gefragt hatte, ob sie ihn zum Frühjahrsball begleiten wolle? Womöglich würde er sie nach ein oder zwei Tänzen links liegen lassen und sich mit einem anderen Mädchen vergnügen. Sie hatte schon beobachtet, wie Betty ihm schöne Augen machte, und es war doch allgemein bekannt, dass Jungen die Mädchen lieber mochten, die ihnen auch etwas *erlaubten*.

Sie machte sich Sorgen darüber, ob ihr Haar sich elektrisch aufladen und abstehen würde, wenn sie es am selben Tag wusch, oder ob es schlaff und fettig aussehen würde, falls sie es nicht wusch. Sie grämte sich, dass ihr Kleid nicht erwachsen genug wirkte. Es war ganz neu, und als sie es im Laden anprobiert hatte, war sie ganz begeistert gewesen und hatte sich herumgedreht, bis der dreiteilige Stufenrock über dem darunterliegenden raschelnden Nylonpetticoat schwang. Doch jetzt fragte sie sich, ob der weiße Seersuckerstoff mit dem Blütenmuster nicht zu kindisch aussah. Katy hatte einen knallroten Tellerrock, den Saum zierten Applikationen aus schwarzen Filzwürfeln, und dazu trug sie ein schwarzes Oberteil mit Stehkragen. Katy wollte sich auch einen Korsagengürtel von ihrer älteren Schwester ausleihen, damit ihre Taille schmaler wirkte. Ellen hatte keine ältere Schwester, von der sie sich etwas leihen konnte, und ihr war klar, dass Nancy ihr nie erlauben würde, sich einen solchen Gürtel zu kaufen. Es ging Ellen gar nicht darum, ihre Taille schmaler erscheinen zu lassen – die war ohnehin ziemlich schmal. Aber leider waren auch ihre Brüste ziemlich flach, und ein Taillengürtel würde diese vielleicht größer wirken lassen und ihr weiblichere Formen verleihen. Katy hatte ihr geraten, sich den BH mit Watte auszustopfen, aber das sah bloß klumpig aus, und irgendwie gelang es ihr nie, die beiden Seiten gleich groß zu machen.

An dem Nachmittag, der ihr Leben so durcheinanderbringen sollte, hatte sie vorgehabt, eine Art Kostümprobe für den großen Tag durchzuführen. Sie war allein zu Hause, ihre Lehrerin Mrs. Jackson lag mit einer Grippe im Bett, und die Klasse war früher nach Hause geschickt worden. Ritchie, der nicht so viel Glück hatte, würde erst in einer Stunde aus der Schule kommen. Nancy und Joe waren beide auf dem Flugplatz und John im College.

Ellen zog ihre Schulkleidung aus und faltete Hose und Bluse ordentlich zusammen. Anders als die Jungen ließ sie nie ihre Kleidung in einem Haufen auf dem Boden liegen oder warf sie unordentlich über einen Stuhl. Sie schlüpfte aus ihrer schlichten Schulunterhose und stopfte sie in den Wäschekorb, dann packte sie ehrfürchtig die neue weiße Unterhose und den BH aus dem Seidenpapier, in das sie immer noch gewickelt waren, und zog sie an. Der BH fühlte sich ein bisschen zu eng an. Entwickelte sie sich endlich obenherum weiter? Sie hoffte es inständig. Als die kleinen Hügel aufgetaucht waren, hatte sie sie zuerst aus vollem Herzen gehasst und sie so schnell wie möglich mit ihrem Nachthemd bedeckt. Inzwischen wünschte sie sich jeden Abend, sie sollten doch endlich weiter wachsen; sie wollte einfach weiblicher und erwachsener aussehen als Katy und Betty Cross.

Ellen öffnete die Verschlusshaken des neuen Kleides, das auf einem Bügel an der Schranktür hing, und zog es an. Sie löste das Band, das ihr Haar zu einem Pferdeschwanz zusammenhielt, und schüttelte es aus, bis es ihr wie ein goldglänzender Vorhang über die Schultern fiel. Sie legte einen Hauch von dem rosa Lippenstift auf, in dessen Kauf Nancy nur widerstrebend eingewilligt hatte, und tupfte sich Californian Poppy auf Nacken und Handgelenke. Dann schob sie die Füße in ein Paar bonbonrosa Pumps mit kleinem Pfennigabsatz und Zehenloch und begutachtete sich im Spiegel.

Das Kleid stand ihr gut, genau wie im Laden. Sie sah zwar nicht elegant und mondän aus, aber immerhin älter. Ellen drehte sich ein bisschen hin und her, und die Röcke schwangen zufriedenstellend aus. Sie hoffte, dass man ihnen auf dem Ball erlauben würde, Rock 'n' Roll zu tanzen, damit sie die Gelegenheit erhielt, ihre Röcke richtig schwingen zu lassen. Doch selbst wenn es nur beim langsamen Walzer bleiben sollte, würde sie sich nicht beklagen. Immerhin würde beim Walzer Kens Hand ruhig und fest auf ihrem Rücken liegen.

Nein, sie sah wirklich passabel aus; sie hoffte nur, dass Ken das ebenfalls finden würde. Es gab bloß ein kleines Problem: Der Nylonstoff des Petticoats kratzte in der Taille. Womöglich kriege ich davon Hautausschlag, dachte sie. Zwar würde niemand es sehen, aber sie wollte kein unangenehmes Gefühl am Körper haben. Bei dieser Gelegenheit musste alles perfekt sein.

Was sie brauchte, war ein Mieder. Ellen besaß natürlich keines, aber sie wusste, dass ihre Mutter eins hatte. Es war aus cremefarbener Seide und mit Spitze eingefasst.

Ob sie es mir borgen wird?, überlegte Ellen. Sie ging in Nancys Schlafzimmer, das nach vorne raus gelegen war, mit Blick auf den Mimosenbaum, und zog die Kommodenschublade auf, in der Nancy ihre Unterwäsche aufbewahrte. Sie musste ein bisschen kramen, bis sie das Mieder fand; Nancy hatte wahrscheinlich im Augenblick selbst nicht allzu viele Gelegenheiten, es zu tragen. Als sie es herauszog, kam noch etwas mit und fiel auf den Boden. Ein Luftpostumschlag. Er hatte das charakteristische blau-rote Muster in den Ecken, und das Papier fühlte sich zwischen ihren Fingern dünn und empfindlich an. Der Umschlag war in einer kräftigen, steilen Handschrift an ihre Mutter adressiert. Eine Briefmarke hatte er nicht, das Porto war bereits durch den Kauf des Umschlags mitbezahlt, aber der Poststempel war erkennbar: Gloucester, England.

Ellen betrachtete den Umschlag und hatte das Mieder völlig vergessen. Wer mochte aus Gloucester in England an ihre Mutter geschrieben haben? Ellen hatte ihre Mutter diesen Ort noch nie erwähnen hören. Eigentlich wollte sie den Umschlag in die Schublade zurücklegen, zögerte aber dann, denn die Neugier hatte sie gepackt. Sie wusste, dass sie nicht herumschnüffeln sollte, doch die Versuchung war zu groß. Wer sollte schon davon erfahren? Sie faltete den Brief auseinander und begann ihn zu lesen. Zunächst überflog sie ihn nur, während sie den Blick immer wieder auf die Einfahrt richtete, falls Nancy unerwartet nach Hause kommen sollte. Doch als sie den Inhalt erfasst hatte, überkam sie ungläubige Fassungslosigkeit, und sie las den Brief noch einmal gründlicher. Alles andere um sie her war vergessen – der Schulball, das Mieder, die Möglichkeit, dass man sie hier im Zimmer ihrer Mutter dabei ertappte, wie sie die Geheimnisse ihrer Mutter las.

Ellens Welt, die ihr bisher so selbstverständlich und gewiss erschienen war wie die Luft zum Atmen, brach in sich zusammen. Nichts konnte mehr so sein wie vorher.

Der Brief, der eigentlich nur für Nancys Augen bestimmt war, begann ziemlich förmlich:

»Liebe Nancy«. Nicht etwa mit »Mein Schatz« oder irgendeinem anderen Kosewort, das man eigentlich erwarten würde, wenn man den Inhalt des Briefes in Betracht zog. Und im ersten Absatz ging es um das Wetter:

> Wie geht es Dir? Wahrscheinlich genießt Du den herrlichen Sonnenschein bei Euch drüben. Hier ist es bitterkalt. Gestern hat es den ganzen Tag über geschneit. Einige Straßen sind unpassierbar, und die Bauern haben Schwierigkeiten, das Futter zu ihren Kühen zu schaffen.

Und dann, ohne weitere Einleitung:

> Es gibt etwas, was ich Dir sagen möchte, Nancy. Ich trage mich mit dem Gedanken, wieder zu heiraten. Elizabeth ist eine sehr nette Frau, und ich möchte den Rest meines Lebens nicht allein verbringen. Aber ich will sie auch nicht fra-

gen, ob sie mich heiraten möchte, solange noch eine Chance besteht, dass Du Deine Meinung vielleicht änderst. Ich habe nie aufgehört zu hoffen, dass wir eines Tages zusammenkommen könnten – und ich würde mir so sehr wünschen, dass unser Kind auch ein Teil meines Lebens werden könnte. Da ich praktisch die gesamte Kindheit verpasst habe, würde ich gern die verlorene Zeit wettmachen.

Aber ich fürchte, es ist unwahrscheinlich, dass sich mein Wunsch erfüllt. Offenbar meint das Schicksal es nicht gut mit uns und es wird immer jemanden geben, der zwischen uns steht und dem unsere Treue vorrangig gelten muss. Aber Tatsache ist, dass ich Dich immer noch liebe, Nancy, so wie eh und je. Willst Du es Dir nicht noch einmal überlegen?

In der Hoffnung, bald etwas von Dir zu hören,

auf ewig der Deinige,

Mac.

»Ellen? Wo bist du, Schatz?« Nancys Stimme drang durchs Treppenhaus. Ellen hatte gar nicht gehört, wie das Auto in die Auffahrt gefahren war; ihre Welt hatte sich auf ein dünnes Blatt Luftpostpapier reduziert. Sie lief knallrot an und stopfte es schnell nach unten in die Schublade.

Dort unten, verborgen unter der sorgfältig gefalteten Wäsche, war noch etwas, eine kleine Lederschatulle und offenbar noch ein weiterer Brief. Doch Ellen hatte keine Zeit mehr, das weiter zu untersuchen.

»Hier oben, Mom. Ich probiere gerade mein Kleid für den Ball an«, rief sie mit zitternder Stimme.

»Dann lass dich mal anschauen.«

Alles an Ellen schien sich zusammenzuziehen, die Brust wurde ihr eng, und ihr ganzer Körper schien zu zittern, nicht heftig, nicht so, dass man es ihr ansehen würde, eher so, als würden die Muskeln, die ihren Körper zusammenhielten, ihr auf unerklärliche Weise den Dienst verweigern. Sie wollte ihrer

Mutter nicht gegenübertreten. Sie wollte sie am liebsten gar nicht sehen und hätte auch lieber nie erfahren, was sie jetzt wusste. Sie war sich sicher, dass ihr in unlöschbarer Tinte ins Gesicht geschrieben stand, was sie herausgefunden hatte. Aber sie hatte keine Wahl. Ihre zitternden Beine trugen sie widerwillig an den oberen Treppenabsatz.

»Komm doch, Schatz, du brauchst dich nicht zu genieren! Mensch – du siehst ja ganz toll aus! Ist das wirklich noch mein kleines Mädchen?«

Nein, das ist bestimmt nicht mehr dein kleines Mädchen. Nie mehr.

»Es kratzt«, sagte Ellen. Sie hörte ihre eigene Stimme von weit her kommen, so als gehöre sie gar nicht mehr zu ihr, während sie fieberhaft überlegte, was sie mit dem Mieder tun sollte, das sie auf ihrem Bett liegen lassen hatte. Konnte sie es einfach wieder in die Schublade zurücklegen, ohne dass Nancy etwas merkte? Sie bezweifelte es. Nancy entging nie etwas. »Du hast doch dieses Mieder«, sagte Ellen. »Das seidene mit Spitze. Könnte ich es mir vielleicht leihen?«

»Ja, warum nicht.« Nancy machte Anstalten, die Treppe hinaufzukommen.

»Bleib ruhig unten. Ich habe es schon gefunden.«

»Dann ist ja alles klar.« Nancy klang vollkommen ungerührt, als hätte sie völlig vergessen, was sie in dieser Schublade versteckt hielt. Wie konnte sie denn so etwas bloß vergessen?

Ellen starrte nach unten in Nancys lächelndes Gesicht, das ihr so schmerzlich vertraut war und doch plötzlich vollkommen verändert vorkam. Ein Lächeln, das Geheimnisse verbarg. Das Gesicht einer Frau, die urplötzlich zu einer Fremden geworden war.

Meine Mutter hatte einen Liebhaber. Sie hat ein Kind von ihm bekommen. *Unser Kind. Ich würde mir so sehr wünschen, dass unser Kind auch ein Teil meines Lebens werden könnte.* Einer von uns ist nicht das, was wir zu sein glauben. Einer von uns ist anders. Nein, nicht einer von uns. John. Es muss John sein. John ist gar nicht mein richtiger Bruder. Dieser Mann, der mit »Mac« unterschrieben hat, ist sein Vater.

Sie hatte es in dem Moment gewusst, als ihr benommenes Hirn wieder zu arbeiten begann. Sie hatte den Brief angestarrt, der ihre Welt vernichtet hatte, und hatte es gewusst. Ihre Mutter war während des Krieges in England gewesen. John war in dem Jahr geboren worden, in dem sie wieder nach Hause zurückgekehrt war. Und obgleich Ellen schockiert war, fand sie nun eine Erklärung für einiges, was ihr schon komisch vorgekommen war, seit sie alt genug war, über solche Dinge nachzudenken.

»Wie kam es, dass du und Daddy zusammengekommen seid, als ihr beide im Krieg wart?«, hatte sie Nancy einmal gefragt, während sie sich ein Hochzeitsfoto der beiden anschaute, Joe in der Uniform der USAAF, Nancy in einem properen dunkelblauen Kleid mit breitkrempigem Hut, in der Hand einen Strauß Maiglöckchen.

»Wir haben uns in England wiedergetroffen«, hatte Nancy geantwortet. »Ich war bei der ATA, wie du weißt, und dein Vater war auf einem amerikanischen Luftstützpunkt stationiert. Und da haben wir uns entschlossen zu heiraten.«

»Wie romantisch!«, hatte Ellen gesagt. Aber das hatte noch nicht all ihre Fragen beantwortet. Sie kannte das Datum, an dem ihre Mutter und ihr Vater ihren Hochzeitstag feierten, und sie kannte auch Johns Geburtsdatum. Sie konnte zwei und zwei zusammenzählen. Sie war zwar vielleicht nicht das größte Mathe-Genie der Klasse, aber um neun Monate weiterzurechnen, reichten ihre Fähigkeiten allemal.

Das ist schließlich nicht schlimm, hatte sie sich damals gesagt und war sich dabei ziemlich erwachsen und abgeklärt vorgekommen. Mom und Daddy waren bestimmt nicht die Einzigen, die nicht bis zur Hochzeitsnacht gewartet hatten. Und schließlich war Krieg gewesen, und da konnte man sich nie sicher sein, ob man die Hochzeitsnacht überhaupt noch erleben würde. Aber trotzdem zerbrach sich Ellen immer wieder den Kopf darüber, wie es wohl abgelaufen war – rein logistisch. Wie war es ihren Eltern überhaupt gelungen, *es* zu tun, wo sie doch meilenweit voneinander entfernt stationiert waren? Hatten sie es geschafft, eine romantische Nacht in einem Hotelzimmer zu verbringen – oder war es bei einer gehetzten Begegnung in einer abgelegenen Ecke hinter einer Kaserne geblieben? Ellen hatte darüber nachgedacht, aber dann für sich beschlossen, dass sie es lieber nicht wissen wollte. Es war einfach zu peinlich.

Dann war da noch die Art und Weise, wie Nancy John immer allen anderen vorzuziehen schien, als ob er etwas ganz Besonderes sei. Ellen hatte dem bisher nicht allzu viel Bedeutung beigemessen; sie hatte Ritchie immer gesagt, er solle nicht albern sein, wenn er sich darüber beklagte, dass John bestimmte Vorrechte bekam und man seinem Bruder Dinge gestattete, die er nicht durfte. »Er ist eben älter als du«, hatte Ellen dann immer gesagt. »Natürlich darf er Sachen, die du noch nicht darfst. Wenn du so alt bist wie er, darfst du das auch.«

Ritchie hatte dann ein mürrisches Gesicht gezogen. »Wollen wir wetten? Mom mag ihn viel lieber als mich. Das weißt du doch selbst. Mit ihm schimpft sie nie. Und ich habe auch noch nie erlebt, dass sie ihm Stubenarrest aufgebrummt hat!«

»So ein Quatsch, natürlich mag sie ihn nicht lieber. Er stellt bloß nicht so viel Unsinn an wie du. Er kommt eben nach Hause, wenn man es ihm sagt, und er widerspricht ihr nicht dauernd. Du machst immer Sachen, die sie dir verboten hat, und dann reißt du dir die Shorts kaputt und trittst extra deine Schuhe vorne ab. John …«

»Ja, ja. Ich weiß. John ist einfach vollkommen. Als ob er von einem anderen Planeten gekommen wäre.« Sein Gesicht hellte sich auf. »Vielleicht ist er das ja. Vielleicht ist er ein Außerirdischer – ein Alien vom Mars!«

»Du bist so blöd, Ritchie!«

»Ich weiß, dass ich blöd bin.« Wieder war der verdrossene Gesichtsausdruck da. »Du brauchst mir das nicht immer wieder zu sagen!«

Nun kam ihr diese Unterhaltung wieder in den Sinn. John war zwar vielleicht kein Außerirdischer vom Mars, aber er schien tatsächlich anders zu sein, ein Fremder in ihrer Familie. Der ältere Bruder, den sie immer bewundert, ja angehimmelt hatte. Der sie auf seiner Fahrradstange mitgenommen hatte, ehe sie ein eigenes Fahrrad bekam, der seine Süßigkeiten mit ihr geteilt hatte. Der einmal, als sie in den Schlamm gefallen war, ihr T-Shirt und ihre Shorts im Fluss gewaschen und zum Trocken an einem Busch aufgehängt hatte, damit Nancy nicht erfuhr, dass Ellen heimlich im Mangrovensumpf gespielt hatte, was Nancy ihr ausdrücklich verboten hatte. Dem sie zugejubelt hatte, bis sie heiser war, wenn er mit der Schulmannschaft Football spielte oder bei einem Wettkampf schwamm. Auf den sie unendlich stolz gewesen war, wenn er mit einer Medaille um den Hals auf dem Siegerpodest stand. Er hatte ihr eine seiner Medaillen geschenkt; sie hing an dem Spiegel auf ihrem Nachttisch, gleich neben der Rosette, die sie selbst im Ponyclub gewonnen hatte. Nur ein dritter Platz, und es hatten ohnehin nur drei Kinder an diesem besonderen Anfängerturnier teilgenommen, obwohl Ellen das Außenstehenden gegenüber wohlweislich verschwieg. Jedenfalls war es keine echte Siegermedaille wie die von John.

John, der groß und gutaussehend war mit seinen ebenmäßigen Gesichtszügen. Der kluge Junge, der bei allem Erfolg hatte, was er anfasste. John, der nett und lustig war – und geduldig. John, der gar nicht ihr Bruder war. Nun, nicht richtig jedenfalls.

Tränen traten Ellen in die Augen. Nancy hatte sie hintergangen. Sie hatte die ganze Familie getäuscht. Wusste John darüber Bescheid? Sie glaubte es nicht. Wusste Joe es? Er musste es doch wohl wissen, das konnte man sich doch gar nicht anders vorstellen. Trotzdem hatte er nie auch nur mit einem Wort oder einer Geste angedeutet, dass er es wusste. Er hatte nie einen Unterschied zwischen den Kindern gemacht, im Unterschied zu Nancy. Ellen sah es jetzt ganz deutlich: Nancys Stolz, ihre Zärtlichkeit, das Widerstreben, auch nur den kleinsten Fehler Johns einzugestehen; die Bereitschaft, kleine Vergehen zu übersehen, die zwar selten waren, aber dennoch vorkamen. John war für Nancy ein Kind der Liebe. *Unser Kind*, ihres und Macs.

»Mom, ich ziehe lieber mal mein Kleid aus, ehe es zerknautscht«, rief Ellen. Sie hastete die Stufen wieder hinauf, in ihr eigenes Zimmer. Sie ließ die Tür hinter sich ins Schloss fallen, schlug die Hände vors Gesicht und brach in Tränen aus.

Ellen behielt ihre Entdeckung für sich. Ein- oder zweimal lag es ihr auf der Zunge, etwas zu sagen, als Nancy wieder einmal Ritchie für ein Fehlverhalten rügte oder John wegen eines neuen Erfolgs lobte, aber sie hielt den Mund, obwohl die Ungerechtigkeit in ihr brannte wie ein Steppenfeuer und noch lange schwelte. Sie behielt ihre Entdeckung für sich wie ein schmutziges Geheimnis, was es ja letztendlich auch war. Sie wurde missmutig und verschlossen, und auch der Ball mit Ken Kelsey war ihr gründlich verdorben worden. Sie würde das neue Kleid mit dem kratzigen Petticoat bis in alle Ewigkeit nicht etwa mit der glücklichen Erinnerung an einen aufregenden Abend verbinden, sondern mit der schrecklichen Entdeckung, dass in ihrer Familie nichts so war, wie es zu sein schien.

Diese Entdeckung hatte alles beeinflusst; sie hing über ihr wie eine dichte Wolke, die sich nicht verziehen wollte, obwohl sie ihr Möglichstes versuchte, die Gedanken daran wenigstens während des Balles zu verdrängen. Zuerst hatte das auch funktioniert; sie hatte Ken angeschaut, der chic und adrett in einem neuen, sehr erwachsen wirkenden Smoking vor ihrer Tür stand, und hatte ein aufgeregtes Kribbeln verspürt. Sie war stolz gewesen, mit ihm die Schulaula zu betreten, die zur Feier des Tages mit Luftballons und Fahnen geschmückt war. *Schaut alle her*, hätte sie am liebsten gerufen, *Ken Kelsey hat mich zur Tanzpartnerin gewählt!* Doch dann unterhielten sie sich, und er erkundigte sich nach ihrem Bruder, der gerade sein Fahrrad in der Auffahrt geputzt hatte, als Ken und sein Vater sie abholen kamen. Statt begeistert von John zu erzählen, wie sie es noch vor ein paar Tagen getan hätte, reagierte sie verschlossen. Und als man *It's Now Or Never* von Elvis Presley als letzten Tanz spielte und Ken sie so dicht an sich zog, dass der Rhythmus zwischen ihren Körpern zu pulsieren schien, konnte sie bloß daran denken, wie ihre Mutter in den Armen von jemandem gelegen hatte, der nicht ihr Vater war. Ihre Wange war kurz davor, auf Kens Schulter zu sinken, sie konnte seinen Seifenduft und einen leichten Hauch frischen Schweißes riechen, sie spürte seine Hand, die fest an ihrer Taille lag, und ihr Busen presste sich an seine Brust – und plötzlich war ihr alles zu viel. Zu sehr erinnerte es daran, wie es für ihre Mutter mit diesem anderen Mann gewesen war, diesem Mac. Sie verkrampfte sich und wich steif und linkisch zurück, Panik stieg in ihr auf, ein Engegefühl überkam sie. Daraufhin verhielt sich Ken ebenfalls unbeholfen und verklemmt. Als er am Ende des Abends allen Mut zusammengenommen und sie gefragt hatte, ob sie mit ihm ins Kino gehen würde, hatte sie wieder Panik bekommen und erwidert: »Ich glaube nicht, dass meine Mom mir das erlaubt.« »Ach so«, hatte er erwidert, ganz lässig, als ob es ihn gar nicht kümmern würde, und da hatte sie gewusst, dass er sie nicht noch einmal fragen würde.

In den folgenden Wochen und Monaten ertappte sich Ellen manchmal dabei, wie sie John betrachtete und nach äußeren Merkmalen suchte, die ihn von ihrer übrigen »richtigen« Familie unterschieden, aber sie war sich nicht sicher. Er sah zwar weder aus wie Nancy noch wie Joe und ganz bestimmt nicht wie ihre Großtante Dorothy väterlicherseits. Aber das taten auch Ritchie und sie nicht. Nicht wirklich. Soweit sie feststellen konnte, gab es keine besonders starke Familienähnlichkeit zwischen ihnen allen. Und immer wieder fragte sie sich, ob Joe oder John selbst ahnten, dass sie nicht miteinander verwandt waren.

Bei entsprechender Gelegenheit versuchte sie unauffällig bei John vorzufühlen. »Wie kommt es, dass du in allen Dingen so gut bist, während Ritchie und ich uns so dämlich anstellen?«, fragte sie ihn eines Tages und betrachtete ihn verstohlen von der Seite.

»Ihr stellt euch doch nicht dämlich an.«

»Doch. Wenn es nach mir gegangen wäre, wären wir dahinten flussaufwärts gefahren.«

Sie verbrachten die Ferien in Nord-West-Florida und machten gerade eine Kanutour auf dem Wekiva River von Longwood zurück nach Sandford. Ellen war noch nie Kanu gefahren, und deshalb hatten sie beschlossen, dass sie mit John in einem Kanu fahren solle, während Ritchie und Joe das andere Team bildeten. Nancy war auf dem schattigen Parkplatz von Katie's Landing zurückgeblieben, um sich dort einen ruhigen Tag zu machen. Der Jeep des Kanuunternehmens hatte die anderen vier flussaufwärts gebracht, der Reiseleiter hatte ihnen in die Kanus geholfen und war dann weitergefahren und hatte sie sich selbst überlassen.

Zuerst waren sie mehr oder weniger dicht beisammen geblieben, hatten die Sonne genossen, die durch die tief herabhängenden Bäume schien, und einander kreischend auf die Schildkröten aufmerksam gemacht, die eilig von den Felsen flohen und unter der Wasseroberfläche verschwanden, wenn sich die Kanus näherten. Der Little Wekiva war schmal und an einigen Stellen durch umgestürzte Bäume beinahe unpassierbar. Ellen war froh, dass sie im Kanu sitzen bleiben konnte, während John ausstieg und durch das knietiefe Wasser watete, um die Äste aus dem Weg zu räumen. Joe und Ritchie dagegen teilten sich diese Aufgabe und hoben ihr Kanu mit vereinten Kräften über die blockierten Passagen. Einmal schrie Ritchie so gellend auf, dass Ellen schon glaubte, er sei von einem Alligator angegriffen worden, doch Ritchie war bloß mit nackten Füßen auf einen toten Fisch getreten, der an einem umgestürzten Baum hängen geblieben war.

Sie machten in einer kleinen Lagune Rast und picknickten. Sie hatten Butterbrote, Feldflaschen mit Wasser und Saft mitgebracht, und Ellen, die mal austreten musste, war ans Ufer geklettert und hatte sich eine Stelle gesucht, die von Bäumen abgeschirmt war.

»Fahrt ihr schon mal vor!«, hatte John zu den anderen gesagt. »Wir holen euch schon ein.«

Es war eine ganz normale Bemerkung gewesen, doch auf Ritchie hatte sie natürlich wie ein rotes Tuch gewirkt. Wie immer war er wild entschlossen zu beweisen, dass er John übertreffen konnte, und paddelte mit einem Affenzahn los.

»Hey Junge, was soll die Eile?«, fragte Joe, aber Ritchie hörte gar nicht hin. John ihn einholen? Niemals! Als Ellen endlich wieder bei ihrem Kanu war, waren Joe und Ritchie schon hinter der nächsten Flussbiegung verschwunden.

»Wo sind sie denn hin?«, fragte sie, ein bisschen beunruhigt.

»Ach, du kennst doch Ritchie. Er konnte mal wieder nicht warten. Aber das ist egal. Es gibt sowieso bloß einen Weg zurück. Wir werden sie schon wiedersehen, sobald der Fluss ein Stück gerade verläuft.«

»Ja, wahrscheinlich.«

Der Fluss verbreiterte sich zusehends. Vor ihnen lag wieder eine Insel, größer als die Inseln, die sie bereits umfahren hatten. Sie war so dicht belaubt, dass man nicht sehen konnte, was auf der anderen Seite lag.

»Links oder rechts?«, fragte Ellen, die vorn im Kanu saß, doch sie paddelte bereits zur linken Seite hinüber.

»Nach rechts.«

»Ach, ich paddle jetzt aber hier lang. Das macht doch gar keinen Unterschied.«

»Wenn du zurück nach Katies's Landing willst, dann musst du nach rechts.«

»Warum?«

»Weil ich annehme, dass wir dort auf den Hauptarm des Wekiva River treffen. Wenn du nach links paddelst, fahren wir wieder flussaufwärts.«

»Nein. Das ist doch bloß wieder eine Insel.«

»Wie du meinst.«

Doch nachdem sie zehn Minuten angestrengt gepaddelt und nicht richtig weitergekommen waren, musste Ellen ihren Fehler eingestehen. Als sie aufhörten zu paddeln, konnte sie an der leicht gekräuselten Wasseroberfläche neben dem Kanu sehen, dass er die ganze Zeit über Recht gehabt hatte.

»Ach verdammt! Das ist einfach nicht fair. Woher hast du das bloß gewusst?«

John zuckte mit den Achseln. »Bloß ein Gefühl. Schau dir den Stand der Sonne an, Ellen, und bestimme danach deinen Kurs.«

Sie paddelten zurück, vorbei an der Insel, die sie so durcheinandergebracht hatte. Ellen hatte das Gefühl, dass sie allmählich Blasen auf den Handflächen bekam, und als sie an ein schilfiges Ufer kamen, hielten sie an und machten eine Pause. Ellen zog ihr Paddel ins Boot, legte es auf dem bloßen Knie ab und drehte sich dann zu John um, während sie sich die schmerzenden Hände rieb.

»Wie kommt es bloß, dass du in allen Dingen so gut bist?«

»Das bin ich doch gar nicht.«

»Doch, das bist du.«

»Ellen, du redest Quatsch.«

»Nein, das tue ich nicht. Du bist so viel klüger als Ritchie und ich. Es kommt mir manchmal so vor, als kämst du von einem anderen Planeten.« Ritchies Bemerkung, die sie wie ein Echo verfolgte.

»Ja, klar, ich bin ein Marsmännchen. Fahren wir nun weiter oder nicht?«

Er hatte keine Ahnung. Dessen war sie sich jetzt ganz sicher. Ihr eigenes Wissen dagegen kribbelte ihr unter der Haut, zusammen mit den Stichen der blutgierigen Insekten, von denen es am Fluss nur so wimmelte. Doch Ellen sagte nichts. Auch wenn John die Wahrheit nicht wusste, stand es nicht ihr zu, ihn aufzuklären.

11

Vietnam. Ellen hasste den Konflikt von ganzem Herzen, ebenso wie die meisten ihrer Mitstudenten an der University of Southern Florida. Zwischen den Vorlesungen und Besuchen bei Spielen des Golden Braham Baseball Team hielten sie Versammlungen und Protestkundgebungen ab, und Ellen hatte sogar eine Mitfahrgelegenheit bei Joe nach Washington ergattert, wo sie zusammen mit fünfunddreißigtausend anderen vor dem Weißen Haus protestierte und zum Washington Monument marschierte.

So war es nicht immer gewesen. Zu Anfang hatten die meisten Amerikaner Präsident Johnsons Entscheidung, Bomben einzusetzen, befürwortet, auch Nancy und Joe.

»Es gibt Momente, wo man sich einfach wehren und kämpfen muss«, hatte Joe stoisch gesagt. »Sonst glauben die anderen, sie können einen schikanieren.«

Aber Ellen war die Vorstellung eines Krieges schon von Anfang an zuwider gewesen. Sie hasste Gewalt jeder Art, und die Bilder im Fernsehen, auf denen vietnamesische Dörfer von der Rifle Company der Marines bombardiert wurden, machten ihr zu schaffen. Ihr graute vor der Vorstellung, wie unschuldige Frauen und Kinder leiden mussten und ihr Zuhause und ihr Leben verloren. Sie war entsetzt über die steigende Zahl der Todesopfer unter den amerikanischen Soldaten. Das konnte sie am allerwenigsten ertragen. Ein Junge, der mit ihr die High School besucht hatte, war schon ziemlich früh gefallen. Sie wusste nicht genau, unter welchen Umständen, und wollte es auch lieber nicht wissen. Aber sie war gerade für ein paar Tage vom College zu Hause gewesen, als seine Beerdigung stattfand. Wie alle anderen Einwohner Varnas hatte sie Spalier gestanden, als der Trauerzug vorbeikam, begleitet von einer Abordnung der Marines, die mit finsterem Blick neben dem Sarg einherschritten und unglaublich jung aussahen – wie kleine Jungen, aus deren Soldatenspiel plötzlich tragischer Ernst geworden war. Sie hatte den Jungen nicht besonders gut gekannt – Alan Swain hieß er. Er hatte mit seiner Mutter in einer Hütte im Armeleuteviertel der Stadt gelebt; sein Vater fuhr einen Truck, wenn er nicht gerade im Gefängnis saß. Ellens und seine Kreise hatten sich also nicht wirklich überschnitten. Aber sie konnte ihn immer noch ganz deutlich vor sich sehen: dunkelhäutig, mit markanten Gesichtzügen, das pechschwarze Haar, das er länger trug als die meisten anderen Jungen, zu einem Entensterz zurückgekämmt. Seine Hosen saßen eng an den langen, muskulösen Beinen, »so eng, dass es schon unanständig ist«, wie Nancy einmal gesagt hatte. Er sei in einem »Leichensack« heimgekehrt, hatte Joe erzählt, ein Ausdruck, bei dem Nancy erschauderte. Sie hatte den weißen Sarg betrachtet – eingehüllt in das Sternenbanner, darauf seine Uniformmütze – und hatte sich grauenvoll gefühlt. Es war einfach furchtbar, sich vorzustellen, dass er jetzt tot war und nie wieder mit seinen Freunden herumalbern, auf der Gitarre klimpern oder Fußball spielen würde. Und er war bei weitem nicht der Einzige. Beinahe jeder kannte irgendjemanden, der nach Vietnam gegangen war und, um es mit Joes schrecklichen Worten zu sagen, in einem Leichensack heimgekehrt war.

Ellen hatte furchtbare Angst, dass John ebenfalls bald nach Vietnam gehen müsse. Seine Einberufung war ausgesetzt worden, während er das College besuchte, doch ihr war klar, dass man ihn einziehen würde, sobald er den Abschluss gemacht hatte. Wie es seine Art war, würde John sich selbstverständlich nicht drücken, indem er sein Studium verlängerte oder seinen Einberufungsbescheid auf einer Protestveranstaltung verbrannte, wie es manche taten. Er würde es als eine Frage der Ehre betrachten, ebenfalls seinen Teil dazu beizutragen.

Und so war es dann auch gekommen. John hatte seinen Abschluss auf dem College im selben Jahr gemacht, in dem sie ihr Studium dort anfing, und war zur United States Air Force gegangen. Da er schon ein ausgebildeter Pilot war, dauerte es nicht lange, bis er Phantomjäger flog, und von da an war es nur noch eine Frage der Zeit, bis man ihn nach Vietnam schickte.

An dem Tag, an dem John amerikanischen Boden verließ, war die Stimmung im Haus äußerst angespannt. Joe war nie jemand gewesen, der seine innersten Gefühle zur Schau stellte, doch die düstere Wolke, die auf ihm lastete, konnte man kaum übersehen. Nancy war missmutig und gereizt, sah dabei aber aus, als könne sie jeden Augenblick in für sie völlig untypische Tränen ausbrechen, sollte irgendjemand auch nur ein falsches Wort sagen. Sogar Ritchie wirkte bedrückt. Ellen war verzweifelt. Sie versuchte krampfhaft, die schrecklichen Bilder aus Vietnam zu verdrängen, die sie jeden Tag in der Zeitung und im Fernsehen sah, aber der lähmenden Furcht, die ihren ganzen Körper befallen hatte, konnte sie nicht entgehen.

Das Abendessen war eine deprimierende Angelegenheit; alle waren sich allzu schmerzlich des leeren Platzes am Tisch bewusst, an dem John in den Urlaubstagen vor seinem Einsatz gesessen hatte. Sie wollten nicht von ihm reden, konnten aber auch nicht aufhören, an ihn zu denken, und nichts anderes war wichtig genug, um sich damit zu beschäftigen.

Während sie beim Abräumen des Geschirrs half, stellte Ellen einen Teller etwas zu dicht an die Kante der Küchenablage. Nancy donnerte eine Pfanne daneben, und dabei fiel der Teller herunter, zerbrach in etliche Stücke, und Maiskörner und Sauce verteilten sich auf dem Küchenboden. Nancy war sofort auf hundertachtzig.

»Oh, nein! Einer von meinen besten Tellern! Jetzt schau dir mal die Sauerei an! Warum hast du ihn auch dahin gestellt, Ellen? Du hättest ihn doch in der Spüle stapeln sollen. Das darf doch nicht wahr sein!«

»Es ist doch bloß ein Teller, Schatz«, sagte Joe beschwichtigend.

»Es ist nicht bloß ein Teller! Ich habe nur sechs von diesem Service! Jetzt kann ich nicht mehr sechs passende decken!«, fuhr Nancy ihn an.

»Wir sind doch bloß zu fünft«, wandte Joe ein.

»Und wenn einer von den Kindern einen Freund mitbringt?«

»Schatz, niemandem wird auffallen, wenn ein Teller ein bisschen anders ist.«

»Mir wird es aber auffallen! Warum kannst du nicht umsichtiger sein und besser aufpassen, Ellen?«

»Ich habe ihn doch nicht kaputtgemacht!«, protestierte Ellen.

»Gib mir bloß nicht so pampige Widerworte!«, schimpfte Nancy.

Ellen, die aus Sorge um John sowieso schon am Rande ihrer Nerven war, traten Tränen in die Augen.

»Lass mich doch einfach in Ruhe!«, schluchzte sie, empört über die ungerechten Anschuldigungen, und rannte nach draußen, in den Garten.

Die Abendluft kühlte ihr die heißen Wangen, aber das Brennen in ihren Augen konnte sie auch nicht lindern. Ellen ließ sich in die Verandaschaukel fallen, kauerte sich zusammen und ließ den Tränen freien Lauf.

»Ellen, Schätzchen?« Sie hatte gar nicht gemerkt, dass Joe ihr nach draußen gefolgt war, doch nun bewegte sich die Schaukel, als er sich neben sie setzte. »Wein doch nicht! Deine Mutter hat es nicht so gemeint. Sie ist bloß so durcheinander. Uns allen geht die Sache doch an die Nieren.«

»Sie braucht es aber nicht an mir auszulassen«, schluchzte Ellen. »Es war schließlich nicht meine Schuld.«

»Das weiß ich – und du auch. Und deine Mutter weiß das ganz genauso. Sie steht heute bloß etwas neben sich. Sie macht sich solche Sorgen um John.«

»Ach, Daddy!« Beim Gedanken an ihren geliebten Bruder musste Ellen wieder heftiger weinen. »Ich habe solche Angst um ihn. Wenn ihm nun etwas passiert? Wenn das nun ein schlechtes Omen war?«

»Wie meinst du das, Schätzchen?«, fragte Joe verwundert.

»Ach …« Ellen brachte es kaum über sich, den abergläubischen Gedanken auszusprechen, der sie quälte. »Mom hat doch gern einen Teller zu viel, und du hast gesagt: ›Wir sind doch bloß zu fünft.‹ Aber stell dir doch mal vor, es könnte bedeuten, dass wir mit fünf Tellern immer noch einen für Besuch übrig haben! Dass wir nicht mehr fünf sein werden, sondern nur noch vier.«

»Ach, das ist doch Unsinn, und das weißt du auch.« Joe legte den Arm um sie, und sie vergrub den Kopf an seiner Schulter, wie sie es schon als kleines Mädchen immer getan hatte, wenn sie traurig war. Mit dem Unterschied, dass es ihr früher immer so vorgekommen war, als könne Daddy alles richten, während er jetzt, in dieser Situation, genauso ohnmächtig war wie sie. Johns Leben zu schützen stand außerhalb seiner Macht.

»Ich könnte es nicht ertragen, wenn John irgendwas passiert«, schluchzte sie. »Das könnte ich nicht.«

»Ihm wird nichts passieren! Glaub mir.«

»Wie kannst du dir da so sicher sein?«

Joe antwortete nicht, sondern zog bloß ein Taschentuch hervor und gab es ihr. »Hier, Schätzchen, wisch dir mal die Augen trocken. Alles wird wieder gut, glaub mir.«

Ellen nahm das Taschentuch und schniefte. Es roch tröstlich nach Daddy, nach der Seife, die er immer benutzte, und dem Benzin aus seinem Feuerzeug. Sie putzte sich die Nase.

»Besser?«, fragte Joe sanft.

»Hm.« Es ging ihr eigentlich nicht besser, aber seine ruhige Stärke tröstete sie etwas.

»So gefällst du mir schon besser. Kommst du wieder mit rein? Es macht deine Mutter nur noch trauriger, wenn sie weiß, dass du dich aufregst.«

Wie kann er bloß so gefasst sein?, fragte Ellen sich. Selbst wenn man seine pragmatische Natur bedachte – wie kam es, dass er nicht ebenfalls völlig verzweifelte? Oder konnte er seine Gefühle bloß besser verbergen als die anderen?

Und da kam es ihr wieder zu Bewusstsein: John war nicht sein Kind. Nicht wirklich. Machte das vielleicht einen Unterschied?

In diesem Augenblick der Nähe und Vertrautheit, den sie miteinander teilten, hätte sie am liebsten mit ihm darüber gesprochen. *Daddy, ich weiß Bescheid* – der Satz lag ihr auf den Lippen. Sie blickte ihm ins Gesicht, das Gesicht, das sie so sehr liebte und das inzwischen ein wenig faltig war, vom Lauf der Zeit ebenso wie von den Sorgen und Nöten, die er so gut zu verbergen wusste. Sie blickte in seine lieben, ehrlichen blauen Augen, und aller Mut verließ sie wieder.

John mochte vielleicht nicht sein Sohn sein, aber es machte keinen Unterschied. Genau wie es für sie keinen Unterschied machte. Er hatte John gemeinsam mit ihr und Ritchie großgezogen und liebte ihn ganz genauso. Er machte sich genauso Sorgen um ihn wie sie. Er zeigte es bloß nicht so. Sie konnte das Gespräch jetzt unmöglich auf Johns Abstammung bringen. Weder jetzt noch irgendwann.

»Komm, trinken wir eine Tasse Kaffee, Schatz«, sagte Joe.

Ellen putzte sich noch einmal die Nase und wischte sich über die Augen. Aber sie gab Joe das Taschentuch nicht zurück. Sie hielt es zu einer Kugel zusammengerollt in der Hand, ihr eigenes kleines Trosttuch.

Ellen sorgte sich von früh bis spät um John. Manchmal wachte sie auch nachts schweißgebadet auf, Angst und Sorge nagten an ihr, und ihre Gedanken ließen ihr keine Ruhe.

Täglich verfolgte sie die Nachrichten. Einerseits hatte sie Angst davor, die Zeitung aufzuschlagen oder den Fernseher und das Radio anzuschalten, weil jede Neuigkeit über weitere Kriegsopfer ihr auf den Magen schlug, andererseits fühlte sie sich von den Nachrichten beinahe zwanghaft angezogen.

Sie hörte sich die Rede von Präsident Johnson zur Lage der Nation an und hoffte inständig auf ein Licht am Ende des Tunnels, wurde aber stattdessen von seinen Worten ernüchtert:

»Der Krieg in Vietnam unterscheidet sich von den früheren Kriegen Amerikas. Trotzdem ist Krieg immer gleich. Junge Männer sterben in der Blüte ihrer Jahre. Krieg bedeutet, einen Menschen zu töten, den man gar nicht gut genug kennt, um ihn zu hassen … Wenn man den Krieg erlebt, weiß man, dass es immer noch Wahnsinn auf dieser Welt gibt.«

Die Antikriegsdemonstrationen schossen wie Pilze aus dem Boden; es gab kaum eine größere Stadt, in der noch keine Aufläufe und Protestmärsche stattgefunden hatten. Unzählige Menschen waren des Blutvergießens ebenso überdrüssig wie Ellen, und dennoch ging der Krieg weiter. Inzwischen wurden B52-Bomber eingesetzt, um Städte und Dörfer dem Erdboden gleichzumachen; jede dieser Maschinen transportierte hundert Bomben, die aus einer Höhe von sechs Meilen abgeworfen wurden. Ellen war froh, dass John wenigstens Jagdflugzeuge flog; sie wusste, dass ihn die Massenvernichtung durch die Bombardierungen ebenso abgestoßen hätte wie sie selbst; das hatte er einmal sehr vehement geäußert:

»Ich hoffe bei Gott, dass ich so etwas nie unschuldigen Menschen antun muss«, hatte er gesagt. »Das möchte ich nicht auf dem Gewissen haben, selbst wenn es für mein Land sein sollte.«

Aber es gab genügend andere Dinge, um die man sich Sorgen machen musste. Die Tan Son Nhut Airbase war angegriffen worden, wobei zwölf US-Hubschrauber und neun Flugzeuge zerstört wurden; es hieß, es gebe einhundertvierzig Todesopfer. Einhundertvierzig, mein Gott! Und Phantomjäger, die Flugzeuge, die John flog, waren in Luftkämpfe über Hanoi verwickelt, obwohl Washington ihnen untersagt hatte, die MiG-Luftstützpunkte im Norden des Landes anzugreifen.

Ellen verfolgte die Nachrichten und zitterte. Es schien kein Ende in Sicht zu sein. Gar kein Ende. Und das Wissen, dass John dort inmitten der Kämpfe war, folgte ihr überallhin wie eine erdrückende Wolke und warf einen Schatten auf die Zeit, die eigentlich die glücklichste und unbeschwerteste in ihrem Leben hätte sein sollen.

In jenem Frühjahr lernte Ellen auch Bob Lintern kennen. Er war fünf Jahre älter als sie, ein Ingenieur aus England; es ist fast ein Wunder, dachte Ellen, dass sich unsere Wege überhaupt gekreuzt haben. Auf jeden Fall bot Bob ihr eine willkommene Ablenkung von der Sorge um John, die ihr Leben bestimmte.

Zum ersten Mal sah sie Bob im T-Bone Steak House. Dorthin war sie mit einer Clique von Freunden aus der School of Business Studies gegangen, um das Studenten-Spezialmenü zu essen, das das T-Bone ab und zu anbot. Das T-Bone war eine Mischung aus einem Schnellrestaurant und einer altmodischen Saloon Bar; rustikale Holzpaneele an den Wänden kontrastierten mit Kunststoffflächen, weiche Kissen sollten die harten Bänke in den symmetrisch angeordneten Sitzecken bequemer machen. Auf den Tischen standen Kerzen in dunkelgrünen, dick mit Wachs betropften Flaschen. Sie konnten aber mit ihrem schwachen Schein nicht gegen die grellen Neonlampen ankommen, die von der Decke strahlten. Ein intensiver Geruch nach gebratenen Zwiebeln und Pommes frites zog aus dem Küchenbereich herüber, wo der mexikanische Koch – gut sichtbar für die Gäste – über der gusseisernen Platte schwitzte, und die

Kochdünste sammelten sich in dichten Schwaden vor den rotkarierten Vorhängen. Aus der Jukebox dröhnte *You're My Soul And Inspiration* von den Righteous Brothers.

Bob fiel Ellen schon gleich auf, als er den Raum betrat. Er hob sich von den übrigen Studenten ab; er war groß und sah gut aus. Während die meisten anderen jungen Männer Jeans oder Shorts anhatten, trug er braune Hosen aus einem Stoff, den man, wie sie später erfuhr, als »Twill« bezeichnete. Seine hellbraunen Haare fielen ihm in einem lockeren, längeren Pony in die Stirn, während die anderen ihr Haar zurückgegelt hatten oder einen Bürstenhaarschnitt trugen.

»Wer ist denn das?«, flüsterte Ellen ihrer Freundin und Zimmergenossin Barbara Foley zu.

»Keine Ahnung. Hab ihn noch nie gesehen. Soll ich es rauskriegen? Das kann ich gern machen.« Barbara, die für ihre aufgeschlossene Art bekannt war, schob sich schon aus der Sitzecke.

»Wag es bloß nicht!«, zischte Ellen.

Das T-Bone füllte sich rasch mit weiteren Gästen, der Studententag mit seinen Spezialangeboten zog immer viele Leute an. Der Fremde und sein Freund näherten sich dem Tisch, an dem Ellen und Barbara saßen.

»Ist hier noch was frei?«

Oh, Gott – er war es tatsächlich! Ellen war so nervös, dass ihr zunächst nicht auffiel, dass er gar keinen amerikanischen Akzent hatte, sondern Engländer war. Sie nickte stumm, und Barbara antwortete an ihrer Stelle: »Ja, ihr könnt euch ruhig dazusetzen.«

Ellen merkte, dass er sie anschaute. Sie blickte von der Speisekarte auf, und einen peinlichen Moment lang trafen sich ihre Blicke. Sie wandte den Blick schnell wieder ab und fühlte, wie ihr die Röte ins Gesicht stieg. Sie war froh, dass sie ihren neuen Trägerrock mit Madraskaros trug und sich an diesem Morgen das Haar gewaschen und zu einem glatten Pagenkopf aufgerollt hatte. Sie hoffte, dass sie den Kajalstift nicht zu dick aufgetragen hatte; falls ja, war es Barbaras Schuld. Sie versuchte Ellen immer zu überreden, sich die Augen stärker zu schminken, obwohl Ellen protestierte, dass sie dann aussehe wie ein Pandabär. Barbara, ungehemmt wie immer, plauderte munter mit den beiden jungen Männern. Ellen kaute auf ihrem Steak herum und beobachtete hinter ihren Panda-Wimpern den Fremden, der sie gleichfalls anschaute.

Er war kein Student vom College, erfuhr Ellen. Er nahm an einem sechsmonatigen Austauschprogramm bei einem Elektronikunternehmen in Tampa teil, das sich auf Flugsimulatoren spezialisiert hatte und Geschäftsbeziehungen zu der Firma für Luftfahrttechnik unterhielt, für die er in England arbeitete. Ted O'Leary, der genau wie Ellen Wirtschaftswissenschaften studierte, hatte er kennengelernt, als dieser ein Praktikum in dem Elektronikunternehmen in Tampa machte, und die beiden hatten sich angefreundet. Bis auf seine Arbeitskollegen kannte Bob in Tampa kaum jemanden, und daher nahm Ted ihn öfter mal mit, wenn er ausging. Heute hatte er ihn zum Studententag eingeladen und ihn mithilfe seines flüchtig vorgezeigten Studentenausweises ins Restaurant gelotst.

Das Gespräch wandte sich Vietnam zu.

»Ellens Bruder ist dort, er fliegt Kampfjets«, erzählte Barbara. »Musstest du auch Militärdienst leisten, Bob?«

»National Service heißt das bei uns in England. Nein – wir haben keine Wehrpflicht mehr. Ich habe sie knapp verpasst, um ein paar Jahre nur.«

»Du hast ein Glück!« Ted graute schon davor, eingezogen zu werden, wenn er im nächsten Jahr sein Studium abschloss.

Bob blickte ein wenig beschämt drein, so als habe ihn die Tatsache, dass er keinen Wehrdienst leisten musste, irgendwie disqualifiziert. Ellen tat das leid, und daher sagte sie: »Dafür ist das, was du bei deiner Arbeit machst, aber auch sehr wichtig.«

Bob wirkte überrascht, als habe er nie nach einem Grund dafür gesucht, warum er gerade dieser Arbeit nachging, außer dass sie ihn interessierte. Dennoch lächelte er Ellen an, und ihr Magen schlug einen kleinen Purzelbaum.

Am Ende des Abends folgte Bob Ellen aus dem T-Bone.

»Ich … Ich habe gedacht … Könnten wir uns vielleicht noch mal treffen?«

Und Ellen, die schon auf dem besten Wege war, sich zu verlieben, zögerte nicht lange. »Wenn du willst«, sagte sie.

Sie trafen sich während der restlichen Frühlingstage bis in den Sommer hinein, und die Nähe, die zwischen ihnen entstand, war Ellens Rettung. Die Liebe zu Bob eröffnete ihr eine ganz neue Dimension. Wenn sie zusammen waren, verspürte sie eine elektrisierende Spannung, die ihre Haut kribbeln ließ; waren sie getrennt, dachte sie ständig an ihn. Nie zuvor hatte sie für jemanden solche Gefühle empfunden; die Aufregung und die schmerzliche Sehnsucht, ihm nahe zu sein, körperlich wie seelisch, waren neu und überwältigend. Er machte sie in einer umfassenderen Weise glücklich, als sie es je für möglich gehalten hätte.

Doch ein Schatten hing über allem, was sie teilten. Viel zu schnell nahte der Herbst, und im Herbst musste Bob wieder nach England zurückkehren.

»Kannst du dir nicht hier eine dauerhafte Stelle suchen?«, fragte sie eines Abends. Sie waren im Autokino und schmusten auf dem Rücksitz seines Wagens. Keiner von ihnen hatte mitbekommen, worum es in dem Film eigentlich ging.

»Ich weiß nicht.« Bob knabberte an ihrem Ohr. Der Herbst war noch weit weg – er hatte mehr Interesse am Hier und Jetzt.

Ellen entwand sich seiner Umarmung und blickte ihn an. »Ich wette, du könntest hier eine Stelle finden. Die Flugzeugelektronikbranche ist doch riesig, überall bauen sie neue Testfelder und stellen Leute ein, das hast du doch selbst gesagt. Es wäre doch toll, wenn du in Tampa bleiben könntest. Ach, Bob – kümmere dich doch darum, ja?«

Bob sagte nichts. Das Flackern der Leinwand warf einen Schatten auf sein Gesicht.

»Komm, warum probierst du es nicht?«

»Ich weiß gar nicht, ob ich das überhaupt will.«

Seine Antwort traf sie wie ein Schlag in den Magen. »Wie meinst du das, du weißt nicht, ob du das überhaupt willst? Gefällt es dir denn hier nicht?«

»Es ist ganz nett hier. Aber meine Heimat ist in England.«

»Aber hier scheint immer die Sonne! Willst du lieber in Regen und Kälte leben?«

»Das macht mir nichts. Ich bin daran gewöhnt.«

»Du darfst dir Thanksgiving bei uns nicht entgehen lassen. Wir haben einen riesigen Truthahn – das kannst du dir gar nicht vorstellen.«

»Wir haben zu Weihnachten auch Truthahn.«

»Bob – du *kannst nicht* nach England zurückgehen!«

»Tut mir ja leid, aber ich werde zurückgehen.«

Tränen brannten ihr in den Augen. »Und es ist dir egal, dass du mich hier zurücklässt?«

»Nein, natürlich nicht.« Er zog sie wieder an sich.

»Doch, es ist dir egal. Wenn dir etwas an mir liegen würde, dann würdest du nicht zurück nach England wollen.«

»Du könntest doch auch mit mir kommen.« Sein Mund war so dicht an ihrem Haar, dass sie seine Worte nur undeutlich verstand und dachte, sie habe sich vielleicht verhört.

»Was hast du gesagt?«

»Ich sagte, du könntest doch auch mit mir kommen.«

Ihr Herz schlug schneller. Sie versuchte, Gleichgültigkeit vorzutäuschen.

»Ja, natürlich. Klar. Als ob ich so einfach mein Studium abbrechen und ohne Geld und Arbeit und ohne ein Dach über dem Kopf auswandern könnte.«

»Ich habe Arbeit. Und eine Wohnung … zur Miete jedenfalls, und das Bad teile ich mir mit dem Nachbarn … Aber eigentlich ist eine Gehaltserhöhung fällig, wenn ich wieder zurückkomme, und dann könnte ich mir bestimmt etwas Größeres, Schöneres leisten. Bristol ist eine tolle Stadt. Es würde dir dort gefallen.«

»Bob!« Ihr Herz klopfte inzwischen so heftig, dass sie gar nicht mehr ruhig atmen konnte. »Sagst du gerade das, was ich denke?«

Zwischen ihnen herrschte plötzlich eine Stille, die sich unendlich auszudehnen schien. Sogar im Film war es ruhig geworden, und wenn einer von ihnen sich die Mühe gemacht hätte, auf die Leinwand zu schauen, dann hätten sie gesehen, wie Held und Heldin sich in den Armen lagen. Dann sagte Bob langsam: »Ja, ich glaube schon.« Er klang so verwundert, als könne er das, was er da sagen wollte, noch weniger glauben als sie. »Was hältst du davon, wenn wir heiraten, Ellen?«

»Oh, Bob«, sagte sie. »Oh ja!« Und in diesem Moment hatte sie keinerlei Zweifel an ihrer Entscheidung.

Die Zweifel kamen erst später. Nicht an Bob – Ellen wusste genau, dass sie ihn liebte –, doch sie fragte sich, ob es richtig wäre, ihr Studium abzubrechen und ihr Zuhause zu verlassen, um in einem kalten, nassen Land auf der anderen Seite des Atlantiks zu leben. Was ihr unter dem Sternenhimmel im Autokino noch unglaublich romantisch und aufregend erschienen war, kam ihr, bei Lichte betrachtet, plötzlich weit weniger verlockend vor.

»Das kann doch nicht dein Ernst sein«, meinte Barbara, als Ellen ihr davon erzählte. »Er ist ein netter Typ, Ellen, ich weiß. Aber kein Mann ist so toll, dass man für ihn alles aufgibt. Mensch, Mädchen, denk noch mal drüber nach! Du wirst bald jemand anderen kennenlernen, wenn er weg ist.«

Nancy und Joe waren ebenfalls nicht gerade begeistert, obwohl Joe sich offenbar eher damit abfand als Nancy. »Ich habe gar nicht gemerkt, dass mein kleines Mädchen schon so erwachsen ist!«, sagte er, und es schien, als verklärten ihm ein paar Tränen die blauen Augen. »Ich werde dich vermissen.«

»Rede keinen Stuss!«, sagte Nancy energisch. »Sie geht nirgendwohin. Jedenfalls in nächster Zeit nicht. Du kennst den Kerl doch kaum, Ellen. Du weißt gar nicht, aus was für einem Elternhaus er kommt oder wie er sich benimmt, wenn er wieder da drüben ist.«

»Ich weiß genug über ihn«, verteidigte Ellen sich.

»Und was ist mit deiner Ausbildung? Du musst doch erst mal dein Studium beenden, ehe du daran denken kannst zu heiraten. Sag ihr das auch mal, Joe!«

»Eine Ausbildung ist eine wichtige Sache«, sagte Joe, aber er klang nicht besonders überzeugend. Nancy hielt große Stücke auf eine gute Ausbildung, zweifellos geprägt durch die Erfahrung, dass bei ihr die Schulbildung zu kurz gekommen war, doch Joe war weniger überzeugt von ihrer Bedeutung. Ein Mann, ein Haus, eine Familie – danach sollte eine Frau seiner Meinung nach streben.

»Ich liebe ihn«, sagte Ellen heftig. »Und außerdem habe ich schon ja gesagt: Er kauft mir einen Ring. Ich glaube, das hat er sogar schon.«

»Dann lass ihn von mir aus einen Ring kaufen, wenn es unbedingt sein muss, obwohl ich mir nicht mal sicher bin, dass das eine besonders gute Idee ist. Aber ich will in nächster Zeit nichts mehr davon hören, dass du ihm nach England folgst. Haltet Kontakt miteinander, mach du dein Studium fertig, und wenn du dann immer noch entschlossen bist, ihn zu heiraten, dann können wir noch mal drüber reden«, sagte Nancy.

»Das bin ich bestimmt.« Ellen wollte ihre Niederlage nicht eingestehen, aber gleichzeitig war sie merkwürdig erleichtert, dass andere die Entscheidung für sie getroffen hatten. Sie liebte Bob, sie freute sich auf die Aussicht, ihn zu heiraten. Aber sie war keineswegs sicher, ob sie wirklich dazu bereit war, alles, was ihr lieb und vertraut war, zurückzulassen und ein neues Leben auf der anderen Seite des Atlantiks anzufangen. Es war ein gewaltiger Schritt, und sie fürchtete sich. Außerdem bestand, wenn sie ausharrte, immer noch die Chance, dass Bob einlenken und die Dinge von ihrer Warte aus betrachten würde. Vielleicht konnte sie ihn dann doch noch überzeugen, sich eine Arbeit hier in Florida zu suchen. Wenn sie ihm jedoch sang- und klanglos nach England hinterhertrottete, würde er das ganz bestimmt nicht tun.

III

John hatte Heimaturlaub. Ellen war so aufgeregt, dass sie es kaum ertragen konnte, und jedes Mal, wenn die Freude wieder in ihr aufstieg, machte es ihr irgendwie Angst. So glücklich zu sein hieß das Schicksal zu versuchen. Was, wenn ihm nun etwas zustieß? Sie schloss die Augen, drückte ihm die Daumen und betete.

Inzwischen war der Sommer gekommen, und sie verbrachte die Semesterferien zu Hause. Trotzdem traf sie sich recht häufig mit Bob; er fuhr jedes Wochenende nach Varna, und manchmal borgte sie sich unter der Woche abends Nancys Auto aus, und sie trafen sich auf halbem Wege. Auf ihrem linken Ringfinger blitzte ein Ring mit einem Zirkon. Bob hätte es lieber gesehen, wenn sie Diamanten oder Saphire getragen hätte, aber ihr hatte die Farbe des Zirkons gefallen. Im Gegensatz zu Bob störte es sie nicht, dass es nur ein Halbedelstein war. Ihr gefiel der Ring. Sie streckte oft die Hand aus, um ihn zu bewundern, und Barbara hatte schon gespottet, dass sie inzwischen die linke Hand genauso häufig benutzte wie die rechte, nur um den Ring zu zeigen. Sie konnte es kaum abwarten, John ihren Ring vorzuführen, und rechnete damit, dass wenigstens er sich für sie freuen würde. Jedenfalls hatte er ihr per Brief herzlich gratuliert, sobald er von ihrer Verlobung erfahren hatte. Ritchie dagegen hatte lediglich mit einem Grunzen reagiert und spöttisch die Augenbrauen gehoben. Zu Anfang war er bemüht gewesen, Bob aus dem Wege zu gehen, inzwischen schienen sie sich allerdings besser zu verstehen. Doch was sollte man von einem kleinen Bruder schon anderes erwarten? Jedenfalls hatte Ellen mit diesem Satz versucht, Ritchies Verhalten bei Bob zu entschuldigen. Sie erzählte ihm allerdings nicht, dass Ritchie spöttische Bemerkungen über Bobs konservativen Kleidungsstil machte, seine Unkenntnis in Sachen Popmusik bemängelte und zur Belustigung seiner Freunde Bobs Sprechweise nachäffte.

Schon Tage bevor John zu Hause erwartet wurde, stürzte sich Nancy fieberhaft in die Vorbereitungen. Das Haus wurde von oben bis unten geputzt und die Speisekammer mit Johns Lieblingsgerichten gefüllt. Nancy, die nie eine besonders begnadete Köchin gewesen war, beschäftigte sich mit aufwändigen, stundenlang vor sich hin köchelnden Aufläufen und Backrezepten, die einem Profikoch alle Ehre gemacht hätten. Ellen half beim Gemüseschneiden, und Tante Dorothy kam vorbei, um eine Begrüßungstorte mit Zuckerguss zu verzieren, denn solche Kunstfertigkeit überstieg sowohl Nancys als auch Ellens Fähigkeiten. Dorothy war dicker als je zuvor, da sie vor Jahren, als John noch ein Baby war, eine Herzattacke erlitten hatte und seitdem jede körperliche Anstrengung vermied. Wenn sie gezwungen war, sich von einer Stelle zur anderen zu bewegen, watschelte sie auf ihren kurzen dicken Beinen dahin wie ein gewaltiger Wackelpudding. Aber sie war so sauertöpfisch und rechthaberisch wie eh und je, ließ kein gutes Haar an Nancys hausfraulichen Anstrengungen und dirigierte die Abläufe von ihrem Barhocker an der Küchentheke, über den sie in alle Richtungen hinausquoll.

Ellen wurde bewusst, dass auch Dorothy auf ihre Weise aufgeregt war, weil John bald nach Hause kommen sollte. Genau wie alle anderen vergötterte sie John. Ellen fragte sich für einen Moment, was sie wohl sagen würde, wenn sie erfuhr, dass John nicht ihr eigen Fleisch und Blut war, aber das war nur ein flüchtiger Gedanke. In letzter Zeit machte sie sich wenig Gedanken über Johns Herkunft. Sie wollte auch nicht gern darüber nachdenken, dass Johns Urlaub nur kurz war und sie sich schon bald wieder von ihm verabschieden müssten. Im Augenblick wollte sie sich die Vorfreude nicht verderben lassen.

John landete auf dem Flughafen von Fort Myers, und Nancy, Joe und Ellen holten ihn dort ab. Nancy hatte Ritchie gedrängt, ebenfalls mitzukommen, doch er meinte, dass es für alle zusammen im Chevvy zu eng würde. Ellen hatte allerdings den Verdacht, dass das nur eine faule Ausrede war und er in Wahrheit in der Zeit das Haus für sich und Diane haben wollte, das Mädchen, mit dem schon seit der Junior High School ging. Ellen vermutete, dass die beiden unerlaubte Dinge trieben, wenn sie die Gelegenheit dazu hatten, denn sie hatte kürzlich ein Päckchen Kondome in Ritchies Zimmer gefunden, als sie auf der Suche nach einer Schallplatte war, die sie ihm geliehen hatte.

Als John auf sie zukam, traten allen die Tränen in die Augen; Nancy und Ellen weinten ganz ungeniert, Joe wischte sich verstohlen die Augen mit dem Handrücken ab und verbarg seine Rührung hinter einem breiten Grinsen.

John sah älter und dünner aus. Im Vergleich zu früher wirkte er regelrecht hager, und er hatte dunkle Schatten unter den Augen. Aber er war da. Nancy und Ellen umarmten ihn, als wollten sie ihn nie wieder loslassen, Joe klopfte ihm auf die Schulter und trat dann zur Seite und beobachtete nachsichtig, wie die Frauen ihn nochmals in die Arme schlossen.

John war da – heil und unversehrt. Und das war alles, was im Moment zählte.

Nancys Freude darüber, ihren Sohn wieder in den Armen zu halten, wurde jedoch getrübt, als sie merkte, dass John nicht mehr der war, den sie kannte. Mit mütterlicher Intuition spürte sie, dass er zwar körperlich anwesend war, sein Blick aber keine Nähe mehr zuließ; er wirkte fern und unnahbar. Sie kannte dieses distanzierte Verhalten; es war ihr schon früher, während des Zweiten Weltkriegs, bei den Männern begegnet, die am

Kampfgeschehen teilgenommen hatten. Damals war es ihr nicht ganz so deutlich aufgefallen, weil sie die Männer nicht gekannt hatte, bevor sie in den Krieg zogen, und daher nicht wusste, ob sie sich als Zivilisten anders verhalten hatten. Häufig begegneten diese Männer dem Tod von Freunden und der Furcht vor dem eigenen Tod mit einer beinahe manischen Konzentration auf den gegenwärtigen Moment, so dass für Trauer oder Angst kein Platz mehr blieb. Doch manchmal fand sie diesen inneren Rückzug, den sie jetzt bei John beobachtete, das Ausschließen jedes anderen Menschen, der die Kriegserlebnisse nicht geteilt hatte und deshalb die düsteren Gedanken und Gefühle nicht nachvollziehen konnte, die die Männer in dunklen Nächten plagten; das ständige Bewusstsein, dass jeder Tag der letzte sein konnte.

Nancy erkannte die Zeichen der Kriegsneurose wieder und weinte im Stillen über den Verlust von Johns Jugend und Unschuld und über ihre eigene Unfähigkeit, Zugang zu ihrem geliebten Sohn zu finden. So viele junge Männer waren durch Vietnam zerstört worden, und für viele wäre es ein gnädigeres Schicksal gewesen, im Kampf zu fallen, als die körperlichen Schäden und seelischen Verletzungen, die sie erlitten hatten, ein Leben lang mit sich herumzutragen. Jähzorn und Reizbarkeit; kurzzeitige Wahnvorstellungen, die sie dazu brachten, im Reflex einen geliebten Menschen zu verletzen, in der Annahme, es sei der Feind; nächtliches Aufschreien; das Alkoholtrinken, um zu vergessen. Wenigstens war John Pilot und nicht Marineinfanterist; er würde nie einem Menschen in die Augen sehen müssen, während er ihn erschoss oder ihm ein Bajonett in die Eingeweide stieß. Aber auch er hatte schon anderen den Tod bringen müssen und dabei zugesehen, wie seine Kameraden abgeschossen wurden. Und er war kein hartgesottener, abgebrühter Junge wie so mancher, der eine Jugend in einer Straßengang hinter sich hatte und an Brutalität gewöhnt war. Er war von Natur aus ritterlich, sensibel und verletzlich, Charakterzüge, die es ihm in vielerlei Hinsicht noch schwerer machen würden. Da Nancy all das wusste, zitterte sie umso mehr um ihn.

Würde sie je wieder den John zurückbekommen, der sie verlassen hatte, um in den Krieg zu ziehen? Sie wusste es nicht und wollte keine Energien auf unnütze Spekulationen verschwenden. Sie musste ihr Bestes tun, um ihn jetzt zu unterstützen, und ihn in einen Kokon aus Wärme und Normalität einspinnen, den er auf die Schlachtfelder Vietnams mitnehmen könnte.

Während Nancy in den folgenden Tagen ihre ganze Aufmerksamkeit auf John konzentrierte, musste sich Ritchie zu seiner Schande eingestehen, dass die Rückkehr seines Bruders bei ihm die alte Eifersucht und das Bewusstsein der eigenen Unzulänglichkeit hervorgerufen hatte.

In Johns Abwesenheit war es Ritchie vorgekommen, als sei er von einer schweren Last befreit worden. Als er nicht mehr täglich mit seinem Bruder wetteifern musste, ließen auch die Minderwertigkeitsgefühle nach, die er ein Leben lang empfunden hatte, und sein Selbstvertrauen erhielt noch weiteren Auftrieb, als Joe eingewilligt hatte, dass Ritchie gleich nach der High School bei Varna Aviation anfing. Ritchie hatte sich Sorgen gemacht, dass seine Zeugnisse niemals gut genug sein würden, um in ein angesehenes College aufgenommen zu werden, wie John es mühelos geschafft hatte. Kurzzeitig hatte er sich zwar gefragt, ob Joe ihn möglicherweise ebenfalls für ungeeignet hielt, ein College zu besuchen, aber er war viel zu erleichtert gewesen, um sich darüber groß den Kopf zu zerbrechen. Es störte ihn auch nicht, dass Joe darauf bestanden hatte, er solle die Arbeit von der Pike auf lernen. Er arbeitete gern mit Don Rivers, dem Flugzeugmechaniker, zusammen, und sah ein, dass es hilfreich sein würde, nicht nur zu wissen, wie man ein Flugzeug flog, sondern auch wie es flog, ebenso wie es durchaus nützlich war, wenn man mehr konnte, als nur den Ölstand, den Treibstoffvorrat, den Rumpf und die Magnete zu checken.

Alles in allem war er während Johns Abwesenheit viel entspannter geworden; es war ihm gelungen, aus Johns allgegenwärtigem Schatten zu treten und zu einer gewissen Zufriedenheit mit sich selbst zu finden. Nun aber, wo John wieder da war und alle ein solches Getue um ihn machten, brach alles wieder über ihn herein. Und noch etwas machte ihm schwer zu schaffen – und das war Diane.

Ritchie ging jetzt schon seit beinahe vier Jahren mit ihr, und das grenzte an sich schon an ein Wunder, da sie allgemein als guter Fang betrachtet wurde. Diane war hübsch und hatte lockiges Haar, das ihr über die Schultern fiel. Wenn sie vorbeiging, veranlasste ihre Figur die Jungen ihres Jahrgangs dazu, mit den Händen in der Luft kurvenreiche Formen anzudeuten, und jeder sehnte sich danach, die Hände mal auf das Original zu legen. Und ihr Vater, so ging das Gerücht, habe Bassgitarre in einer Band gespielt, die in den Fünfzigern einen Hit in den Charts gelandet hatte, obwohl es schwer vorstellbar war, wenn man ihn sich jetzt anschaute, wie er mit Bierbauch und lichtem Haar Taxi fuhr, um seinen Lebensunterhalt zu verdienen.

Obwohl Ritchie manchmal eine gewisse innere Unruhe verspürte, war er sehr stolz auf Diane. Mit ihr habe ich den einzigen Volltreffer meines Lebens gelandet, dachte er manchmal. Und Diane schien heute immer noch genauso froh darüber, sein Mädchen zu sein, wie sie es zu Anfang gewesen war, eine Tatsache, über die er nie aufhörte sich zu wundern. Nie hatte sie einen Blick für andere übrig gehabt, und die Jungen, die sie von fern angafften, wussten genau, dass sie und Ritchie ein Paar waren, und unternahmen daher keine weiteren Vorstöße. Aber jetzt galten Dianes Blicke plötzlich jemand anderem – und dieser Jemand war John. Wenn sie zum Essen eingeladen war, beobachtete Ritchie, wie sie John unter ihren langen Wimpern hinweg heimlich betrachtete, und wenn John ihr zulächelte, errötete sie ganz leicht. Und sie lächelte ihm zu, ihr reizendes Grübchenlächeln, das sie auch Ritchie geschenkt hatte, als sie sich damals kennenlernten, und das sie schon sehr lange nicht mehr gezeigt hatte, wie ihm plötzlich bewusst wurde.

Die alten Dämonen erwachten wieder und quälten Ritchie. John sah besser aus als er, er war intelligenter; alles, was John anfasste, gelang ihm. Und nun umgab ihn noch zusätzlich der Glanz eines Jagdfliegers, der für sein Vaterland in Vietnam kämpfte. Früher wäre es Ritchie nie in den Sinn gekommen, sich im Hinblick auf Diane und John Sorgen zu machen, aber jetzt wurde ihm bewusst, dass sie kein Kind mehr war. Sie war inzwischen siebzehn, und der Altersabstand zwischen ihr und John spielte keine große Rolle mehr.

Ritchie wurde ganz übel. Wenn John ihm Diane wegnehmen würde, wäre das der Tropfen, der das Fass zum Überlaufen brächte. Die unsteten Gefühle, die ihn manchmal überfallen hatten, verschwanden wie von Zauberhand, und er konnte nur noch daran denken, dass er es nicht ertragen könnte, wenn sie ihre Zuneigung plötzlich John schenken würde. Der sie, wie sich Ritchie mit sinkendem Mut eingestehen musste, ohne jede Schwierigkeit haben konnte, wenn er nur wollte. Genau wie er auch alle anderen Dinge stets bekommen hatte, sein Leben lang.

Der Auslöser für die Katastrophe geschah beinahe zufällig, und wenn Ellen nach Jahren zurückblickte, konnte sie nie ganz verstehen, wie sie Ritchie die Wahrheit über John hatte erzählen können. Es war einfach nur dumm und unbedacht gewesen. Jahrelang hatte sie die Sache für sich behalten und war nie versucht gewesen, sich irgendjemandem mitzuteilen, schon gar nicht Ritchie. Sie konnte Geheimnisse gut wahren und war stolz darauf.

Und dann, eines Tages im Sommer des Jahres 1967, brach sie ihr Schweigen, und die Katastrophe folgte auf dem Fuß.

An jenem Vormittag hatte es einen kleinen Streit gegeben, und als Folge davon war Ritchie mürrisch und eingeschnappt.

Er hatte sich Nancys Auto leihen wollen, um mit Diane auszugehen. Nancy hatte erwidert, sie habe es schon John versprochen, der nach Naples fahren wolle, um einen alten Freund zu besuchen. Sie hatte Ritchie erklärt, er könne schließlich mit dem Fahrrad zu Diane fahren, wenn er sie unbedingt sehen wolle, und hinzugefügt, Johns Bedürfnisse müssten schließlich Vorrang haben, da er ohnehin nur noch so kurze Zeit zu Hause sei. Ritchie murmelte vor sich hin, dass Johns Bedürfnisse sowieso immer Vorrang hätten, und Nancy hatte deswegen mit ihm geschimpft. Ritchie war schmollend von dannen gezogen, und es blieb Ellen überlassen, ihn wieder aufzumuntern und die Stimmung zu befrieden.

»Warum muss sie John immer so behandeln, als sei er etwas ganz Besonderes?«, fragte Ritchie, und ehe Ellen sich's versah, hatte sie geantwortet: »Das ist er wohl auch – für sie.«

Kaum waren die Worte heraus, wünschte sie, sie könne sie zurücknehmen. Aber dazu war es zu spät. Ritchie starrte sie an.

»Wie meinst du das denn?«

»Ach … nichts …« Aber ihr Gesichtsausdruck und der betont beiläufige Tonfall konnten die Tatsache nicht verbergen, dass sie nervös war.

»Nein, was hast du gemeint? Los, Ellen, sag mir, was du damit gemeint hast!«

Ellen suchte verzweifelt nach einem Weg, wie sie sich wieder herausreden konnte, aber es gelang ihr nicht.

»Warum ist Ritchie etwas Besonderes für Mom?«, beharrte Ritchie.

»Ritchie, bitte frag mich nicht! Ich kann es dir nicht sagen«, erwiderte Ellen. »Vergiss es einfach! Bitte vergiss einfach, was ich gesagt habe.«

»Als ob ich das könnte! Himmel noch mal, Ellen!«

Sie holte tief Luft und wusste, dass er nicht nachlassen würde, bis er ihr die ganze Wahrheit entlockt hatte.

»Joe ist nicht sein Vater.« Da, nun war es heraus. Ellen

blickte Ritchie verstohlen an, voller Angst vor den Folgen ihrer Offenbarung. Ritchie war ganz still geworden. Er hatte einen schockierten Gesichtsausdruck, als sei er gerade überraschend von einem Baseball ins Gesicht getroffen worden, ohne zu wissen, was ihn da getroffen hatte.

»Sag doch was!«, flehte Ellen.

Ritchie schüttelte sich. »Ich weiß immer noch nicht, was du da überhaupt redest.«

»Joe ist nicht Johns Vater. Mom hat ihn als Folge einer Liebesaffäre im Krieg bekommen. Deshalb ist er so besonders für sie. Sie hat wohl irgendwie das Gefühl, sie müsse ihn besonders beschützen.« Sie packte Ritchie am Arm. »Ritchie, du musst mir versprechen, es niemandem zu erzählen. Ich glaube nicht, dass John es weiß. Ich bin mir nicht mal sicher, ob Daddy es weiß.«

»Wie kommt es dann, dass *du* es weißt? Ellen, du willst mich doch auf den Arm nehmen, oder? Du willst mich veräppeln?« Doch sein Gesichtsausdruck zeigte ihr, dass er sich an einen Strohhalm klammerte, und ihr Gesichtsausdruck verriet ihm, dass sie ihn keineswegs auf den Arm nahm. »Woher weißt *du* es denn?«, fragte er noch einmal.

»Das ist eine lange Geschichte.« Ellen rieb sich die Augen. Sie bereute ihre Indiskretion bereits fürchterlich und versuchte sie vor sich und Ritchie zu entschuldigen. »Ritchie, ich glaube wirklich, das ist der Grund dafür, warum Mom John so behandelt. Es liegt nicht daran, dass sie uns nicht lieb hat – dich und mich. Es hat überhaupt nichts mit uns zu tun. Wie gesagt, ich glaube, sie meint ihn besonders beschützen zu müssen, weil Joe nicht sein Vater ist. Er gehört gewissermaßen bloß ihr. Und noch etwas: John erinnert sie an jemanden, der ihr sehr viel bedeutet hat. Vielleicht sieht er sogar aus wie er, ich weiß es nicht. Aber wenn Mom ihn uns vorzieht, liegt es jedenfalls nicht daran, dass du irgendwas falsch gemacht hast. Egal was du tust, du könntest nie gegen ihn ankommen, weil er … weil er etwas Besonderes ist.«

»Ja, klar.« Ritchie hatte zu lange in Johns Schatten gelebt, um sich der Illusion hinzugeben, dass Ellens Erklärung irgendetwas ändern würde, selbst wenn sie wahr sein sollte. John sah immer noch besser aus und war intelligenter. Es war ja nicht bloß Nancy, die ihn wie einen Helden behandelte, sondern alle Welt – Lehrer, Familie, Freunde … Diane. Keiner von ihnen kannte das Geheimnis, das Johns Herkunft umgab; es spielte für die anderen auch gar keine Rolle, wer er war oder nicht war. Sie beurteilten ihn und Ritchie bloß nach dem, was sie sahen. Und fanden, dass Ritchie nicht genügte.

Sie redeten noch ein bisschen weiter, dann rief Nancy die Treppe hinauf:

»He, ihr beiden, kommt runter. Das Essen steht auf dem Tisch.«

Ellen packte Ritchie am Arm. »Sag bloß nichts! Bitte, Ritchie, tu einfach so, als ob nichts gewesen ist!«

Ritchie kaute auf der Lippe herum und kniff die Augen zusammen. Zum ersten Mal seit Jahren – vielleicht zum ersten Mal in seinem Leben – fühlte er sich stark und fähig. Das war etwas, worüber er in Ruhe nachdenken musste. Er würde nichts sagen. Noch nicht.

»Meine Güte, John, ist das schön, dich wieder zu Hause zu haben!«

Es war selten, dass Joe seine Gefühle in Worte kleidete, so selten, dass die ganze Familie, die zum Abendessen um den Tisch versammelt war, aufhorchte.

Instinktiv warf Ellen einen besorgten Blick zu Ritchie hinüber. Er war den ganzen Tag über still gewesen; vermutlich grübelte er über das nach, was sie ihm erzählt hatte. Ellen war angespannt wie eine Feder, nervös und ängstlich, dass er die Katze aus dem Sack lassen würde. Doch Ritchies Gedanken schienen mit Diane beschäftigt zu sein. Sie aß mit ihnen zu Abend. Nancy hatte ein Hähnchen gebraten und die Maiskrapfen gebacken, die John so gern aß, und Ellen war nicht entgangen, dass Diane John ein wenig zu viel Aufmerksamkeit schenkte. Sie blickte ihn auf eine so seltsame Art an, dass bei Ellen alle Alarmglocken schrillten. Dianes Anwesenheit schien noch zusätzlich zu der Spannung beizutragen, die Ellen im Raum spürte. Wenn Diane ihre Gunst nun John schenkte, würde das Ritchie zerstören.

Nancy griff Joes rührselige Worte auf und meinte: »Da kann ich nur zustimmen! Wahrscheinlich klinge ich wie ein altes Muttchen, aber es tut wirklich gut, euch wieder alle beisammen zu haben. John zurück aus Vietnam, Ellen vom College, Ritchie …« Ihre Stimme verebbte. Was gab es über Ritchie schon zu sagen?

»Solange du nicht mit Bob nach England verschwindest, Ellen, wird es, so Gott will, auch hoffentlich nicht mehr lange dauern, bis wir alle wieder endgültig beisammen sind«, fuhr Nancy schließlich fort. »Ich weiß, dass es uns im Moment wie eine Ewigkeit erscheint, bis John wieder endgültig zu Hause sein wird, aber die Zeit wird vorübergehen. Und dann wird sich alles ganz schnell wieder einrenken. Wir wollen dich doch heil und gesund wieder bei uns haben, John. Dein Vater wartet schon sehnsüchtig darauf, dass er dann ein bisschen kürzer treten kann. Die Leitung von Varna Aviation ist für ihn allein einfach auf die Dauer zu belastend, stimmt's, Joe?«

»Das kann man wohl sagen. Die Zeiten haben sich geändert, seit ich damals mit einem kleinen Flugzeug angefangen habe.« Joe schaufelte sich noch ein paar Kartoffeln auf den Teller. »Das Fliegen selbst schaffe ich noch ganz gut, obwohl ich noch einen weiteren erfahrenen Piloten gebrauchen könnte, auf den ich mich verlassen kann. Dann könnte ich noch eine weitere Zweimotorige anschaffen. Aber das Geschäftliche, das wird mir allmählich zu viel. Das war ohnehin nie meine starke Seite. Je eher ich dich dafür einsetzen kann, John, umso besser. Ich hoffe, du hast deine Meinung nicht geändert, seit wir uns das letzte Mal darüber unterhalten haben. Du hast doch keine anderen Pläne ins Auge gefasst?«

»Im Moment habe ich gar keine Pläne, außer so schnell wie möglich wieder aus der Air Force rauszukommen«, sagte John leichthin. »Im Moment kann ich mir ganz gut vorstellen, die Familienfahne hochzuhalten.«

»Du wirst sehen, es wird sich auch für dich lohnen. Eines Tages wird die Firma dir gehören – nun, dir und Ritchie. Ich glaube, mit deiner betriebswirtschaftlichen Ausbildung und deiner Gabe, mit Menschen umzugehen, könntest du eine kleine Goldmine daraus machen. Und ich kann mich aufs Altenteil zurückziehen.«

Ritchie war ganz still geworden. Zum ersten Mal hörte er von einer Absprache zwischen Joe und John darüber, dass John in die Firma einsteigen solle. Er war davon ausgegangen, dass John sich sein aufwändiges Studium zunutze machen würde, um eine Karriere bei irgendeiner hochklassigen Firma anzufangen. Es schmerzte ihn, dass die beiden über Johns Zukunft in der Firma gesprochen hatten, ohne es ihm gegenüber mit einem Wort zu erwähnen. Plötzlich konnte er genau vor sich sehen, wie es sein würde. Demnächst würde auch er wahrscheinlich eingezogen und nach Vietnam geschickt, und bei seiner Rückkehr hätte John sich bereits in der Firma eingerichtet und alles an sich gerissen. Und er, Ritchie, wäre mal wieder der Handlanger, würde Flugzeuge reparieren und Johns Aufträge erledigen. Er wäre zuständig für den ganzen Routinekram, während John der Herr im Hause wäre und die Meriten kassierte. Wieder mal würde er den Kürzeren ziehen. Nichts hatte sich verändert, und es würde sich auch niemals ändern.

Er blickte zu Nancy hinüber, die über das ganze Gesicht strahlte, wanderte mit den Augen weiter zu Diane, die John mit ihren tiefen Grübchen anlächelte und ihm zu gratulieren schien. Ritchie legte die Gabel ab und legte die Hand auf Dianes Hand. Sie zog sie weg, während sie John immer noch zulächelte.

Eine unbändige Wut, die in Jahren der Missgunst und Verbitterung gewachsen war, flammte in ihm auf. Gott, wie sehr er John hasste! Wie sehr er die Mühelosigkeit hasste, mit der John durchs Leben segelte, die Art und Weise, wie ihm alles in den Schoß fiel! Er hasste sogar die Tatsache, dass John so verdammt *nett* war. Wäre er ein selbstzufriedener, wichtigtuerischer Angeber gewesen, der aus den Segnungen, die das Schicksal ihm beschert hatte, gnadenlos Profit schlug, dann wäre es vielleicht noch erträglich gewesen. Aber das tat er nicht. Er blieb liebenswert, vernünftig und unkompliziert, was die bittere Pille noch unbekömmlicher machte. Tränen des Neids und der Wut brannten Ritchie in den Augen. Eines Tages würde er es John heimzahlen. Er würde es ihm schon zeigen. Er würde es ihnen allen zeigen.

»Ist das okay für dich? Bist du damit einverstanden, Ritchie? Wir könnten die Firma gemeinsam führen, du und ich.« John war offenbar unbehaglich zumute. Er hatte Ritchies Gesichtsausdruck gesehen und bemerkt, dass dieser sich ärgerte.

»Ja, prima Sache«, erwiderte Ritchie so gleichgültig, wie er es fertigbrachte.

Aber der Abend sollte noch schlimmer werden.

Als er Diane nach Hause fuhr, war sie ziemlich abweisend zu ihm, und als er an einem abgelegenen dunklen Fleckchen anhielt, um mit ihr zu knutschen, war sie nicht in der Stimmung. Sie blieb steif und reagierte auf seine Zärtlichkeiten nicht, und als er die Hand unter ihren Rock schob, schlug sie sie weg.

»Hör auf damit, Ritchie!«

»Eh, Diane, was soll das? Was ist denn los?«

»Ich hab einfach im Moment keine Lust. Kannst du denn nicht mal an was anderes denken? Ich bin müde, Ritchie. Fahr mich einfach bloß nach Hause!«

John, dachte er, ließ wütend den Motor an und brauste mit quietschenden Reifen los. Sie ist scharf auf John. Verzweiflung überwältigte ihn, und er trat das Gaspedal bis zum Anschlag durch.

»Verdammt noch mal, fahr langsamer, oder willst du uns beide noch umbringen!«, kreischte Diane. Nein, dachte Ritchie sich – nicht er und Diane sollten sterben, sondern John, der Musterknabe, der Fluch seines Lebens.

Ellen wartete auf ihn, als er nach Hause kam. Genau wie John hatte sie bemerkt, wie deprimiert Ritchie beim Abendessen ausgesehen hatte, und er tat ihr schrecklich leid. Es war nicht seine Schuld, dass er nicht mit John mithalten konnte. Es war nicht seine Schuld, dass er nicht die Gene hatte, die John zu einem Goldjungen machten. Er konnte nichts dafür, dass er kein Kind der Liebe war, das immer einen besonderen Platz im Herzen seiner Mutter haben würde. Er war zutiefst verletzt, das war Ellen bewusst, und es war einfach ungerecht. Warum konnte niemand außer ihr hinter Ritchies aufsässiges Verhalten blicken und ihm ab und zu das Gefühl geben, *er* sei etwas Besonderes. Sie hatte sich vorgenommen, mit ihm zu reden, und suchte verzweifelt nach Worten, um ihn zu trösten und alles ein bisschen erträglicher für ihn zu machen.

»Alles klar?«, fragte sie, setzte sich auf sein Bett und hielt eines seiner Kissen auf dem Schoß. »Nein, sag nichts! Ich weiß, dass es dir nicht gutgeht. Aber du darfst die Dinge nicht so schwernehmen. Daddy hat gesagt, dass die Firma zu gleichen Teilen an John und an dich geht, und ich bin mir sicher, so meint er es auch.«

»Glaubst du wirklich?«, erwiderte Ritchie finster. »So hat sich das für mich aber überhaupt nicht angehört. Er möchte jemanden, auf den er sich verlassen kann. Das hat er in meiner Anwesenheit gesagt, gerade so, als würde ich überhaupt nicht zählen. Ich bin zu nichts nutze, außer Reparaturen durchzuführen – unter der Aufsicht von Don. Ich habe mir den Arsch aufgerissen, und er will, dass John wieder zurückkommt und alles übernimmt. Immer nur John, der verdammte John. Ich könnte ihn umbringen. Ihm fällt alles in den Schoß. Ich bin bloß zweite Wahl und darf mich mit dem begnügen, was er übrig lässt.«

»Ach, komm, Ritchie!«, beschwichtigte Ellen ihn. »Daddy hat es nicht so gemeint. Du musst doch zugeben, dass John älter ist und mehr Erfahrung hat. Er hat einen Abschluss in Betriebswirtschaft und viel Erfahrung mit den verschiedensten Flugzeugtypen. Es ist doch nur natürlich, dass Daddy ihn ebenfalls einplant, wenn John in die Firma möchte.«

Ritchie schien gar nicht richtig zuzuhören.

»Und jetzt ist auch noch Diane hinter ihm her«, fuhr er verbittert fort. »Mir zeigt sie die kalte Schulter, aber ich kann genau sehen, wie sie ihn anschaut. Und Mom … Na, das Thema hatten wir ja schon. Verdammter John. Ich wünschte, sie hätte ihn weggegeben oder gleich nach der Geburt erdrosselt. Ich wünschte, er wäre …« Er stockte, aber das Wort hing unausgesprochen in der Luft, und Ritchies Verbitterung, die sich in puren Hass verwandelt hatte, jagte Ellen einen kalten Schauer über den Rücken.

»Ritchie, du musst damit aufhören«, sagte sie schockiert. »John ist dein Bruder. Du darfst ihm nicht den Tod wünschen, schon gar nicht, wenn er in Vietnam jeden Tag sein Leben aufs Spiel setzt. Wenn ihm irgendwas zustößt, würdest du dir nie verzeihen, dass du solche Sachen gesagt hast – oder auch nur gedacht.«

Ritchie schnaubte und wischte mit der Faust ein Foto vom Regal, das ihn und John bei einem längst vergangenen Angelausflug zeigte. Es fiel auf den Boden, und das Glas splitterte V-förmig um Johns lächelndes Gesicht herum und trennte ihn von dem Fang, den er stolz vor sich hielt. »Er fällt bestimmt nicht in Vietnam«, sagte Ritchie verächtlich. »Er doch nicht. Dazu hat er viel zu viel Glück. Er kommt doch immer mit blütenweißem Hemd aus jeder Situation, oder ist dir das noch nicht aufgefallen? Er wird bald wieder da sein und überall den ersten Preis gewinnen, darauf kannst du wetten!«

»Ritchie!«, flehte Ellen ihn an.

Da blickte er ihr in die Augen, das Gesicht voller Hass und Verzweiflung, und sagte den Satz, den sie nie vergessen würde: »Weißt du, warum ich mir wünsche, dass John tot sein möge? Wenn er tot wäre, dann wäre ich endlich frei.«

Johns Urlaub war so schnell vorübergegangen, dass es ihnen vorkam, als hätten sie ihn eben erst mit dem Auto von Fort Myers abgeholt. Plötzlich waren nur noch zwei Tage übrig, bis sie ihn wieder dorthin zurückbringen mussten. Wenn Ellen daran dachte, wurde ihr schwer ums Herz. Doch gleichzeitig verspürte sie eine gewisse Erleichterung. Seit sie Ritchie ihr Geheimnis verraten hatte, hatte sie wie auf glühenden Kohlen gesessen, voller Angst, dass er sich verplaudern könne oder es womöglich schon getan hatte. John war während der letzten Tage immer ruhiger und in sich gekehrter geworden, und sie fürchtete fast, dass Ritchie ihm etwas erzählt hatte. Aber vielleicht belastete ihn auch nur die Aussicht darauf, bald in den Krieg zurückkehren zu müssen. Das war an sich schon schlimm genug – doch noch schlimmer wäre es, wenn er die Wahrheit gerade jetzt erfahren würde.

Am letzten Tag seines Urlaubs verschwand er in seinem Zimmer und blieb dort sehr lange.

»Alles in Ordnung?«, erkundigte sie sich besorgt, als er endlich wieder auftauchte.

John zuckte mit den Achseln. »Was glaubst du denn?«

»Ach, John!« Sie wusste gar nicht, was sie sagen sollte.

»Ich fahre mal zum Flugplatz rüber und leihe mir eine von den kleinen Maschinen für eine kurze Tour aus. Ich habe es schon mit Daddy besprochen, bevor er gegangen ist. Er hat gesagt, er wird Ritchie bitten, sie für mich fertig zu machen.«

»Soll ich mit dir kommen?« Für Ellen bedeutete dieses Angebot das höchste Opfer. Sie hasste das Fliegen schon seit jeher. Als sie klein war, hatte sie ein Flugzeug abstürzen sehen, und das hatte ihr Angst eingejagt, sagte ihre Mutter immer. Ellen konnte sich nicht mehr daran erinnern; sie wusste nur, dass sie ein flaues Gefühl in der Magengrube bekam, sobald sie sich einem Flugzeug näherte, und daher war sie auch ganz froh, als John ihr Angebot ablehnte.

»Nein, lass mal! Ich möchte lieber noch ein bisschen allein sein. Und mal wieder etwas fliegen, was keine Bombenladung trägt. Aber danke für dein Angebot. Du bist ein braves Mädel, Ellen.«

»Hey, ich bin doch kein kleines Mädchen mehr.« Sie versuchte, locker zu klingen, aber Johns Weggang lag ihr immer noch schwer im Magen.

John knuffte sie spielerisch in den Arm. »Schon ganz erwachsen, was? Ja, wahrscheinlich bist du das wohl. Aber wir hatten eine schöne Zeit, als wir beide noch klein waren, oder?«

»Ja, hatten wir. Und die werden wir auch wieder haben. Bald wird es vorbei sein.«

Plötzlich fiel ein Schatten auf sein Gesicht, und seine Stimme klang resigniert: »Es wird nie vorbei sein.«

Ellen schauderte unwillkürlich. »Das darfst du nicht sagen. Du machst mir richtig Angst.«

»Ach, Ellen, du hast ja keine Ahnung … Und ich wünsche bei Gott, dass du so etwas auch nie erfahren musst.«

Nie hatte sie sich weiter von ihm entfernt gefühlt. Es war, als habe er sich an einen Ort begeben, zu dem sie ihm nicht folgen konnte. Offenbar wollte er auch gar nicht, dass sie ihm folgte. Aber sie konnte ihn doch nicht einfach aufgeben. Sie wünschte sich so sehr, seinen Schmerz teilen zu können. Sie wollte nicht, dass er diese Hölle allein durchlebte. »Erzähl mir davon, John! Bitte.«

Einen Moment lang blickte er sie unentschlossen an. Aber dann schüttelte er den Kopf. »Ich gehe jetzt fliegen.«

Ellen gab auf. »Okay, bis nachher dann.«

Er nickte, knuffte noch einmal brüderlich ihren Arm und war verschwunden.

Der Morgen verging wie so viele andere auch. Ellen bemühte sich, die Lektüre nachzuholen, die sie für die Semesterferien aufbekommen hatte, aber sie war nicht richtig bei der Sache. Halb dachte sie daran, dass sie ihr Studium ohnehin nicht beenden würde, falls sie sich entschloss, mit Bob nach England zu gehen, und halb war sie damit beschäftigt, sich Sorgen über Johns morgige Rückkehr nach Vietnam zu machen. Am frühen Nachmittag saß sie immer noch in ihrem Zimmer vor den aufgeschlagenen Büchern, ein angebissenes Sandwich und ein leeres Limonadenglas neben sich auf dem Tisch, als das Telefon klingelte. Da sie damit rechnete, dass Nancy drangehen würde, reagierte sie zunächst nicht, doch als das Klingeln nicht aufhörte, lief Ellen die Treppe hinunter und hob ab.

»Hallo, hier bei Costello.«

»Ellen.« Joes Stimme. Aber er klang irgendwie komisch. »Ist deine Mom zu Hause?«

»Ja, sie muss irgendwo sein. Soll ich sie holen?«

»Ja, bitte, Schatz.«

Ein leises, unbestimmtes Gefühl der Angst packte Ellen. »Mom?«, rief sie.

»Hier bin ich.« Nancy kam durch die Gartentür herein und zog ihre Gartenhandschuhe aus. »Ich habe die Rosen zurückgeschnitten.« Sie nickte zum Telefon hinüber. »Für mich?«

»Daddy.« Ellen gab ihr das Telefon und drückte sich in der Nähe herum.

»Hallo, Joe«, sagte Nancy.

Ellen wartete immer noch ab, nicht ganz sicher, warum. Dann sah sie, wie Nancy erstarrte.

»Was? Und er meldet sich auch per Funk nicht?«

Ellen sackte der Magen in die Knie. Sie stand wie gelähmt

da, die geballten Fäuste in die Hüfte gestemmt, die Luft blieb ihr im Halse stecken.

»Sag mir Bescheid, sobald es was Neues gibt.« Nancys Stimme klang flach und ausdruckslos. Sie legte den Hörer auf die Gabel und blieb einen Augenblick mit der Hand auf dem Hörer stehen. Ellen konnte es nicht länger aushalten.

»Was ist?«, fragte sie. »Was ist los?«

»John«, erwiderte Nancy. Sie drehte sich um, und Ellen sah die nackte Angst in ihren Augen, obwohl der Rest ihres Gesichts ebenso ausdruckslos war wie ihre Stimme. »Er hätte schon vor einer Stunde zurück sein sollen, und sie können ihn per Funk nicht erreichen.«

Ellen wurde kalt. »Mom?«

»Ach, wahrscheinlich ist gar nichts. Er ist bloß weiter geflogen, als er ursprünglich vorhatte, und außerhalb der Reichweite. Oder er will mit niemandem reden. Er bereitet sich gedanklich darauf vor, nach Vietnam zurückzugehen. Du weißt doch, wie er heute Morgen war …«

»Meinst du?«

»Aber natürlich«, erwiderte Nancy mit energischem Tonfall.

Angst fraß an Ellens Magen, eisige Schauer liefen durch ihren Körper.

»John würde uns doch absichtlich nie so in Angst versetzen!«, rief sie aus.

»Er denkt nicht mehr logisch«, sagte Nancy. »Er wird bald wieder da sein. Aber dein Vater ruft jetzt beim Such- und Rettungsdienst an für den Fall, dass er ein Problem hatte und irgendwo notlanden musste. Er sagt uns Bescheid, sobald es etwas Neues gibt.« Sie zog ihre Gartenhandschuhe wieder an. »Ich mach jetzt erst mal diese Rosen fertig. Du bist ja hier, wenn das Telefon klingelt.«

»Mom!« Ellen spürte, wie ihr Kinn zitterte. Sie musste die Kiefer fest aufeinanderpressen, um zu vermeiden, dass ihr die Zähne klapperten. »Und wenn ihm etwas zugestoßen ist?«

»Sei nicht albern, Ellen! John ist ein erfahrener Pilot. Natürlich ist ihm nichts zugestoßen.« Ihr Blick sagte jedoch etwas anderes. Sie machte sich ernsthafte Sorgen, das konnte Ellen sehen. Und Daddy machte sich ebenfalls Sorgen, sonst hätte er niemals den Such- und Rettungsdienst benachrichtigt.

»Mom, lass doch die Rosen – bitte bleib hier!«, bettelte Ellen.

Nancy zögerte. Dann sagte sie: »Komm, fahren wir zum Flugplatz!«

Die Stunden zogen sich endlos in die Länge, jede Minute erschien ihr wie eine Ewigkeit, bekundet von den unaufhörlich dahinschleichenden Zeigern der Uhr. Sie schauten in den Himmel und warteten auf das Klingeln des Telefons. Sie gingen auf und ab und tranken Kaffee und ein paar Schlucke von dem Bourbon, den Joe in einer Schublade des Aktenschranks aufbewahrte. Aber John kam nicht zurück.

Ritchie und Don Rivers warteten mit ihnen. Ritchie hatte ein bleiches Gesicht, war angespannt und trank mehr von Joes Bourbon als alle anderen zusammen.

Es war schon sechs vorbei, und ein drohendes Gewitter kündigte sich an, als die Nachricht eintraf. Ein Flugzeugwrack war draußen im Golf von Mexiko gesichtet worden. Es gab keinerlei Anzeichen für Überlebende.

»Vielleicht ist er es ja gar nicht«, sagte Joe. Er wirkte erschöpft und irgendwie geschrumpft, als sei er an einem einzigen Tag um zehn Jahre gealtert.

Nancy stand abseits, sie umschlang sich mit den Armen, als wolle sie alle Einzelteile zusammenhalten, aber sie war trotzdem seltsam, ja geradezu unnatürlich ruhig.

»Und wie viele Leichtflugzeuge werden derzeit vermisst, das würde mich ja mal interessieren? Er ist es, Joe, er muss es sein.«

»Nein!«, schrie Ellen. »Nein – nein!« Sie rannte zu ihrem Vater und schlug ihm mit den Händen auf die Brust. »Es ist nicht John. Das kann nicht sein. Er ist es nicht! Er kommt bald zurück, wie du gesagt hast. Er ist es nicht! Oh, bitte, bitte, sag, dass er es nicht ist!«

»Schatz …« Nichts, was er oder irgendjemand anderes sagen konnte, vermochte dies wieder zu richten. Joe hielt Ellen in den Armen, bis ihre Schreie zu Schniefen wurden und das Schluchzen sich mit der Zeit in ein leises Schnüffeln und Luftschnappen verwandelte. Blitze zuckten über dem Golf, und Joe betrachtete ihr Aufleuchten über Ellens Kopf hinweg – diesen Abschiedsgruß der Natur an seinen Sohn. Obwohl sie es nicht wahrhaben wollte, presste Ellen ihr Gesicht an das raue Baumwollhemd ihres Vaters und wusste, dass John nie wieder nach Hause zurückkehren würde. Er war tot.

Wie? Wie hatte es bloß geschehen können? Wie Nancy gesagt hatte, war Joe ein erfahrener Pilot. In den langen, einsamen Nachtstunden, wenn Ellen sich diese Frage wieder und wieder stellte, fiel ihr nur eine mögliche Antwort ein. Ritchie war dafür verantwortlich. Er hatte das Flugzeug gewartet. Irgendetwas war damit nicht in Ordnung gewesen, und er hatte es übersehen. John hätte die Maschine natürlich ebenfalls noch einmal gründlich überprüfen müssen, bevor er startete, aber seine Stimmung vor dem Abflug hatte ihn womöglich unaufmerksam und leichtsinnig gemacht. Er war davon ausgegangen, dass Ritchie sich schon von der Flugtauglichkeit der Maschine überzeugt hatte, aber das war sie nicht gewesen. Er hatte Ritchie vertraut, aber – wie Ritchie selbst gesagt hatte – auf Ritchie konnte man sich nicht verlassen.

Ellen musste auch an die anderen Dinge denken, die Ritchie gesagt hatte und die sie so schockiert hatten. Ritchie hatte John den Tod gewünscht, und jetzt war er tot. Gerade so, als ob sein Wunsch in Erfüllung gegangen wäre. Selbst wenn er bei der Überprüfung keinen Mist gebaut und nichts Wichtiges übersehen hatte, wurde sie das Gefühl nicht los, dass er schuld an

Johns Tod war. »Pass auf, was du dir wünschst, denn deine Wünsche könnten in Erfüllung gehen.« Sie war sich nicht sicher, wo sie diesen Satz gehört hatte, aber er ging ihr nicht mehr aus dem Kopf.

Ritchie hatte offenbar ähnliche Gedanken. Er hatte ihr nicht in die Augen blicken können, seit sie die schreckliche Nachricht erfahren hatten. Sie glaubte auch nicht, dass er Mom und Daddy in die Augen blicken konnte. Die beiden mussten ebenso wissen wie sie, dass Ritchies Versäumnis wahrscheinlich der Grund für diese Tragödie war, aber sie hatten keinerlei Schuldzuweisungen ausgesprochen. Vielleicht war das sogar eine noch schlimmere Strafe für Ritchie, als wenn sie ihm vorgeworfen hätten, dass er ordentlicher hätte arbeiten müssen. Dass Mom und Daddy, obwohl sie zutiefst erschüttert waren, ihm keinerlei Schuld gaben.

Aber Ellen gab ihm die Schuld, auch wenn sie nichts sagte. Ritchie hatte Johns Tod verursacht – so oder so. Und sie ebenfalls. Sie hätte Ritchie nie die Wahrheit über John erzählen dürfen. Und Nancy traf ebenfalls Schuld. Wenn sie John nicht so begünstigt hätte, hätte Ritchie nie diesen furchtbaren Minderwertigkeitskomplex entwickelt. Er wäre nicht so von Zorn und Hass erfüllt gewesen, dass er an jenem Tag das Flugzeug nicht ordentlich überprüfte.

Und noch ein Gedanke tauchte auf, den sie sich kaum zu denken gestattete, aber trotzdem nicht verdrängen konnte. Wenn es nun gar kein Unfall gewesen war? Ritchies Worte, sein deutlich spürbarer Hass auf seinen Bruder am Abend vor Johns Tod quälten sie auf einer unterbewussten Ebene und gingen ihr nicht mehr aus dem Kopf. Sosehr sie den schrecklichen Verdacht auch zu verdrängen versuchte – er blieb. Hatte Ritchie etwas am Flugzeug manipuliert, das dann zum Absturz geführt hatte? Der Gedanke war zu schrecklich, um ihn ernstlich in Betracht zu ziehen, und dennoch wurde sie den Verdacht nicht los; er hing über ihr wie ein dunkler Schatten.

Sie konnte und wollte das Ritchie einfach nicht zutrauen. Aber gleichzeitig glaubte sie auch nicht, dass sie ihm je vergeben könne.

Bob war ihre Rettung. Ohne ihn hätte sie den Verstand verloren, vermutete sie. Sie wäre verrückt geworden aus Kummer und Schuldgefühlen über ihre eigene Rolle in dieser Tragödie. Verrückt, weil sie den furchtbaren Schmerz von Nancy und Joe mit ansehen musste. Und verrückt darüber, dass sie ihnen allen die Schuld an Johns unnötigem, viel zu frühem Tod gab. Sie hätte diese Gefühle nicht hegen dürfen, das war ihr klar, aber sie konnte sich nicht dagegen wehren.

Als Bob sie noch einmal fragte, ob sie mit ihm nach England gehen wolle, stimmte Ellen sofort zu. Sie konnte den Gedanken nicht ertragen, hier ohne ihn zurückzubleiben, ja überhaupt noch länger hierzubleiben, wo sie den Erinnerungen an das, was passiert war, nicht aus dem Wege gehen konnte.

Ellen und Bob heirateten im Herbst, und als sie aus Florida nach England aufbrachen, hoffte Ellen, auch etwas von ihrem Schmerz und ihrer Bitterkeit zurücklassen zu können. Das gelang ihr natürlich nicht. Der zeitliche und räumliche Abstand zementierte bloß ihre Verbitterung darüber, wie ihre Familie und deren unausgesprochene Geheimnisse zu Johns Tod beigetragen hatten. Und ihre Schuldgefühle über ihren eigenen Anteil an Johns Tod fraßen sich tief in sie hinein, obwohl sie aus Gründen des Selbstschutzes dazu überging, diese nur verzerrt wahrzunehmen.

Besser, sie ließ die Vergangenheit Vergangenheit sein. Besser, sie sagte sich ganz los und fing ein neues Leben an.

Und genau das hatte Ellen getan.

Fünfter Teil

Gegenwart

Leute, die in Gloucestershire geboren und aufgewachsen sind, sagen oft über ihre Heimat: »Gott muss aus Gloucestershire sein.«

Ich habe zwar den gleichen Satz mal von einem Mann aus Scarborough über die Grafschaft Yorkshire gehört; doch darüber kann ich mir keinerlei Meinung erlauben. Ich war erst einmal in Yorkshire, und da hat es die ganze Zeit über geschüttet. Doch als ich die steile, gewundene Straße vom Frocester Hill hinunterfahre, muss ich den Atem anhalten, so schön ist das Landschaftspanorama, das sich unterhalb ausbreitet, und für Gloucestershire scheint mir der Satz durchaus passend zu sein. Man muss nicht religiös sein, um Gottes Hand in den baumbestandenen, sanften Hügeln zu sehen, die so durch und durch englisch sind und sich bis hinab in die Talebene erstrecken, wo sich der Fluss Severn in Richtung des Bristol Channel windet. Grün in allen Schattierungen, von Smaragdfarben über Moosgrün, glitzerndes Saphirblau und poliertes Silber so weit das Auge reicht: Das ländliche Gloucestershire ist ein Stück Himmel auf Erden, eine zeitlose Idylle. Es ist Balsam für die Seele, und den kann ich im Moment gut gebrauchen.

Ich bin auf dem Weg in ein Dorf namens Monkshaven – wahrscheinlich hat es dort in der Nähe früher einmal eine Abtei oder ein Priorat gegeben, aber im Moment bin ich nicht an der Geschichte des Ortes interessiert. Vielmehr will ich herausfinden, was aus Grandma Nancys Mac geworden ist. Um ehrlich zu sein, bin ich total nervös. Noch vor einer Woche, ehe ich mit Mum gesprochen hatte, war ich entschlossen zu fahren und hatte mir keinen großen Kopf darüber gemacht.

Ich hatte so viel wie möglich recherchiert, allerdings ohne großen Erfolg. Ich hatte im Internet alle relevanten Websites durchkämmt, angefangen bei Forces Reunited, einer Plattform für Militärangehörige, bis hin zum Telefonbuch. Doch im Verzeichnis ehemaliger Piloten fand ich keinen Eintrag für Mac, und obwohl ich den Stier bei den Hörnern packte und jeden der J. Mackenzies anrief, die im Telefonverzeichnis der Region Stroud standen, war keiner von ihnen der Gesuchte. Wenn man die Tatsache berücksichtigte, dass er inzwischen über achtzig sein musste, war das nicht weiter verwunderlich. Es konnte gut sein, dass er gar nicht mehr lebte, und wenn doch, war er möglicherweise zu Verwandten oder sogar in ein Pflegeheim gezogen. Ich kam zu dem Schluss, dass es das Beste sei, selbst nach Cleverley zu fahren, in das Dorf, das Nancy mir als Macs Heimatort genannt hatte, und dort herumzufragen. Das Leben auf dem Dorf ist ziemlich überschaubar, fast inzestuös; viele Einheimische bleiben in der Gegend, die schon die Heimat ihrer Eltern, ja sogar Großeltern war, und daher bestand eine große Chance, dass irgendjemand sich an die Mackenzies erinnerte und mir einen Hinweis geben könnte. Ich hatte mir vorgenommen, noch am selben Nachmittag zu fahren, denn in der folgenden Woche musste ich wieder zur Arbeit, um die Papierstapel und Aufgaben abzuarbeiten, die sich während meiner Abwesenheit angesammelt hatten, so dass ich das Büro wahrscheinlich nicht vor acht oder neun Uhr abends verlassen könnte.

Doch nachdem Mum ihre Bombe hatte platzen lassen, hatte ich meine Pläne erst einmal verschoben. Ich war nicht in der Verfassung, herumzustöbern und Fragen zu stellen – und womöglich selbst welche beantworten zu müssen. Ich brauchte Zeit, um mich wieder zu sammeln und über alles nachzudenken, was sie mir erzählt hatte. Vor allen Dingen aber wollte ich

Mum an jenem Tag nicht noch weiter aufregen. Sie war so durcheinander, wie ich sie noch nie erlebt hatte, und das ist ja auch kein Wunder.

»Und du hast nie mit jemandem darüber geredet?«, fragte ich sie ungläubig, als sie fertig erzählt hatte.

»Wozu hätte das gut sein sollen?«, erwiderte sie, und ihr Gesicht hatte einen hoffnungslosen Ausdruck angenommen, der mich ahnen ließ, welches Leid sie all die Jahre insgeheim mit sich herumgetragen hatte. »Ich wollte einfach alles hinter mir lassen. Aber so einfach ist das nicht.«

»Oh, Mum …« Mir fehlten die Worte. Ich umarmte sie, und als sie sich einen Moment lang an mich lehnte, spürte ich ihre Verletzlichkeit. Doch dann wurde ihr Körper wieder steif, sie wich zurück und streifte den schwachen Moment ab wie eine Schlange ihre Haut.

»Na, ja – jetzt weißt du jedenfalls Bescheid.« Sie war wieder ganz sie selbst, energisch und sachlich, wenigstens an der Oberfläche. »Jetzt wirst du wohl verstehen, warum ich nicht möchte, dass du diesen Mann suchst.«

»Das verstehe ich.«

»Und du verschwendest auch keinen Gedanken mehr daran? Bitte, Sarah, versprich mir, dass du nicht die Dinge wieder aufrührst, die man am besten auf sich beruhen lassen sollte.«

»Ach, Mum …« Zu allem Überfluss befand ich mich jetzt auch noch in einem Loyalitätskonflikt. Ich wollte Mum weder verletzen noch aufregen, aber ich hatte Nancy ein Versprechen gegeben. »Ich weiß gar nicht, was ich tun soll«, sagte ich unglücklich.

Doch ich wusste es. In meinem Herzen wusste ich es bereits.

Diese Sache bedeutete Grandma so viel, dass sie sogar riskiert hatte, mich mit hineinzuziehen. Ich hatte gesehen, wie schwach und gebrechlich sie in letzter Zeit geworden war, und ich hatte das ungute Gefühl, dass sie nicht mehr allzu lange unter uns weilen würde. Wenn ich diesen Mac oder seine Familie finden konnte und es sie glücklich machte, dann würde ich das auch tun. Gut möglich, dass es das Letzte war, was ich für sie tun konnte.

Meine Wohnung in Bristol ist mein Zufluchtsort. Sie liegt in Redland, eine Dreizimmerwohnung im ersten Stock eines großen Doppelhauses, mit einer großzügigen Parkfläche mit Sicherheitsbeleuchtung hinter dem Haus. Ich habe sie vor fünf Jahren gekauft, und seitdem hat sich ihr Wert nahezu verdoppelt. Ich habe ein geräumiges Wohnzimmer, ein Schlafzimmer und ein drittes Zimmer, das ich als Büro und Gästezimmer benutze. Das Bad mag ich besonders, ich habe es mit Duftkerzen und einem Aquarell über der Wanne dekoriert. Und die kleine Küche habe ich mir selbst eingerichtet, mit viel Edelstahl und gewachstem Kiefernholz.

Als ich an diesem Abend nach Hause kam, ging ich in mein Arbeits- und Gästezimmer, schaltete den Computer an und ging online. Ich wusste ja inzwischen, dass Mac vorgehabt hatte, eine Frau namens Elizabeth zu heiraten, also ging ich nochmals ins Telefonverzeichnis und versuchte es mit »E. Mackenzie«, hatte aber auch nicht mehr Glück als vorher. Hätte ich jemanden gefunden, wäre es mir, um ehrlich zu sein, auch ein bisschen unangenehm gewesen, aus heiterem Himmel dort anzurufen, denn immerhin hätte es sein können, dass die Frau gar nichts von der Affäre ihres Mannes mit Nancy wusste und eine unbedacht formulierte Nachfrage für ziemliche Aufregung sorgen würde. Aber so wurde mir die Entscheidung abgenommen. Wenn ich Mac finden wollte, war mein ursprünglicher Plan, nach Cleverley zu fahren, offensichtlich die beste Möglichkeit. Und wenn ich nicht an diesem Wochenende fuhr, würde ich noch eine weitere Woche warten müssen.

Der Samstag war schon ziemlich vollgestopft mit Aktivitäten. Ich musste einen Großeinkauf machen und mich auf die Arbeit am Montag vorbereiten, und abends gingen Fergus und ich zu einem kleinen Italiener, wo wir immer gern aßen. Ich verlor weder ein Wort über den Auftrag, den Nancy mir gegeben hatte, noch über das, was Mum mir erzählt hatte. Darüber wollte ich weder mit Fergus noch mit irgendjemand anderem reden.

Das Problem war nur, dass er es sich in den Kopf gesetzt hatte, die Nacht mit mir zu verbringen.

»Komm doch noch mit zu mir, Sarah.«

»Was – wo dort überall die Ratten rumlaufen?«, witzelte ich. »Auf keinen Fall.«

»Dann gehen wir eben zu dir. Ach komm, Sarah! Du bist die letzten drei Wochen weg gewesen. Das kann einen Mann schon zur Verzweiflung treiben, weißt du.«

»Oh – Fergus, der letzte große Romantiker!«

Er sah niedergeschlagen aus. »Du kennst mich doch. Ich bin nicht sehr gut mit Worten. Ich habe dich ganz furchtbar vermisst, Sarah. Ich will dich nicht wieder gehen lassen.«

Ich hatte einen Kloß im Hals. Ich konnte das einfach nicht so weiterlaufen lassen. Trotz seiner nach außen demonstrierten Flapsigkeit machte sich Fergus wirklich etwas aus mir, und er hatte es nicht verdient, dass ich ihn hinhielt, obwohl ich genau wusste, dass ich für ihn nie so empfinden würde, wie er es sich wünschte. Ihn hinzuhalten war nicht fair, und sosehr die Wahrheit ihn auch verletzen mochte – und mir war klar, dass er furchtbar verletzt sein würde –, könnte er doch wenigstens die Scherben einsammeln und vielleicht jemanden finden, der ihn ebenfalls liebte, sobald ich mich zur Wahrheit bekannt hatte.

»Fergus«, begann ich, »wir müssen miteinander reden.«

Ich konnte ihm schon am Gesicht ablesen, dass er ahnte, was ich ihm sagen würde, doch er tat so, als bezöge ich mich nur auf den Abend.

»Okay, okay«, sagte er. »Du bist müde und hast einen Jetlag, ich weiß. Ich bringe dich nach Hause, und dann kannst du dich richtig ausschlafen. Es gibt ja noch genug andere Tage.«

Ich schüttelte den Kopf, und mir wurde traurig zumute. »Nein, Fergus. Leider nicht. Ich habe ziemlich viel über uns nachgedacht und bin zu einem Entschluss gekommen. Ich empfinde nicht so für dich, wie ich sollte. Ich mag dich wirklich gern …« – mir schauderte, als ich das sagte. Wie dumm und herablassend das klang! –, »… aber das reicht nicht. Du hast jemanden verdient, der dich wirklich zu schätzen weiß. Und dieser jemand bin nicht ich.«

»Du bist bloß müde, Sarah. Morgen wirst du ganz anders darüber denken.«

»Nein, werde ich nicht«, sagte ich. »Hör zu, Fergus! Ich muss das tun, um unserer Freundschaft willen. Es tut mir wirklich leid, aber es ist aus.«

Einen furchtbaren Moment lang dachte ich, er finge an zu weinen. Gott sei Dank irrte ich mich, aber dafür argumentierte er noch eine halbe Ewigkeit herum. Doch ich blieb fest. Und ich hatte keinerlei Zweifel daran, dass ich das Richtige getan hatte. Als wir auseinandergingen, war ich erschöpft und traurig und fühlte mich wie ein ausgewrungener Spüllappen. Gleichzeitig hatte ich jedoch das Gefühl, dass mir eine schwere Last von den Schultern genommen war und ich mich endlich wieder ohne Fesseln bewegen konnte.

Am Sonntag war herrliches Wetter, warm und sonnig, ein perfekter Tag für die Fahrt nach Gloucester. Ich fuhr am Vormittag los und fand Cleverley ohne große Mühe. Ich fuhr an einer Ansammlung alter Gebäude aus Cotswolds-Stein vorbei, unterbrochen von einigen Bungalows im Stil der Dreißigerjahre, modernen Einfamilienhäusern und ein paar Häusern, die nach sozialem Wohnungsbau aussahen. Es gab einen Friseur, ein Pub namens White Horse und einen kleinen Laden. Die Zeitungsständer vor dem Geschäft ließen darauf schließen, dass es geöffnet war, und da es noch nicht Mittag war, entschied ich, mein Glück zunächst dort zu versuchen.

Ich parkte am Straßenrand, schlängelte mich an einem Halbwüchsigen vorbei, der auf dem Hof mit seinem Skateboard Kunststückchen probierte, und trat ein. Hinter der Theke ordnete eine Frau, die eine blau-weiße Schürze über Jeans und einem Top trug, einen Stapel Zeitschriften. Ich fragte sie, ob sie einen James oder eine Elizabeth Mackenzie kenne, aber sie verzog das Gesicht zu einem verständnislosen Ausdruck und schüttelte den Kopf.

»Nein, tut mir leid. Der Name sagt mir nichts. Mackenzie. Soviel ich weiß, gibt es in Cleverley niemanden, der so heißt.«

»Er hat hier während des Krieges gelebt«, sagte ich. »Gibt es im Dorf noch jemanden, der schon damals hier gewohnt hat?«

Die Frau schnaubte. »Mein Schwiegervater – aber aus dem werden Sie nicht viel rausbekommen. Der hat nicht mehr alle beieinander. Obwohl – eigentlich kann er sich besser an Dinge von früher erinnern als an das, was letzte Woche passiert ist. Wahrscheinlich versuchen Sie's am besten mal im White Horse. Da finden Sie Leute, die schon ihr Leben lang hier wohnen.«

»Das Pub unten an der Straße? Danke, ich versuch's dort mal.«

»Ja, probieren Sie's mal. Und wenn Sie da kein Glück haben, kommen Sie noch mal wieder. Dann versuche ich, ob ich irgendwas von meinem Schwiegervater erfahre.«

Ich dankte ihr noch mal, wendete das Auto und fuhr zurück zum White Horse. Im Hof vor dem Pub saßen ein paar Leute an groben Holztischen, aber ich machte mir nicht die Mühe, sie nach den Mackenzies zu fragen. Sie wirkten in ihrer schicken, legeren Sommerkleidung, den Bermudashorts und ärmellosen T-Shirts, mit Designersonnenbrillen und modischen Kurzhaarschnitten mehr wie Ausflügler aus der Stadt als wie Einheimische. Vielleicht tat ich den Einheimischen ja auch Unrecht; vielleicht hat die urbane Mode neuerdings auch schon Einzug ins ländliche Gloucestershire gehalten, aber auf alle Fälle sahen sie zu jung aus, um mir weiterhelfen zu können.

Ich ging in die Bar. Hier sah es schon vielversprechender aus. Eine Gruppe Männer mittleren Alters sowie ein paar Ältere saßen auf den Barhockern und unterhielten sich angeregt mit einem stämmigen Mann mit Bart, der anscheinend der Wirt war. Sie hielten in ihrer Unterhaltung inne, als ich hereinkam, und starrten mich mit unverhohlener Neugier an.

Der Wirt bewegte sich hinter dem Tresen zu mir hin, beendete aber noch kurz über die Schulter seine Unterhaltung, ehe er mir seine volle Aufmerksamkeit zuwandte.

»Ja, bitte. Was darf ich Ihnen bringen?«

»Tonic mit Eis und Zitrone, bitte.«

»Sie sind zum ersten Mal hier, oder?«, erkundigte er sich, während er mir mein Getränk eingoss, und ich merkte, dass er ebenso neugierig war wie seine Stammgäste. »Treffen Sie sich hier mit jemandem?«

»Nein, aber ich suche jemanden. Es ist zwar vielleicht ein bisschen weit hergeholt, aber ich habe gehofft, dass Sie oder einer Ihrer Stammgäste mir vielleicht weiterhelfen können.«

»Oh, ja? Und wen suchen Sie?« Er stellte das Glas auf die Theke vor mich hin. »Macht dann eins fünfzig.«

Ich suchte erstmal die Münzen heraus, ehe ich antwortete. »Er heißt – oder hieß – James Mackenzie. Er muss inzwischen über achtzig sein. Er war während des Krieges Spitfire-Pilot; so wie ich verstanden habe, war er Staffelführer, und er hat früher in Cleverley gewohnt.«

»Tut mir leid, da kann ich Ihnen nicht weiterhelfen. Ich bin erst seit fünf Jahren hier.« Der Wirt nahm die Münzen von der Theke, sortierte sie in die Kasse und nickte in Richtung der Männergruppe auf den Barhockern. »Die da drüben sollten Sie fragen. Hey, Bill, kennst du vielleicht jemanden, der Mackenzie heißt und früher in Cleverley gewohnt hat?«

»Mac Mackenzie. Den Namen habe ich ja schon ewig nicht mehr gehört!« Offensichtlich hatten die Männer genau zugehört, worüber wir uns unterhalten hatten. Einer von ihnen, ein großer, grobknochiger Mann mit dünnem grauem Haar und dem wettergegerbten Gesicht eines Menschen, der den Großteil seines Lebens an der frischen Luft verbracht hat, wischte sich den Bierschaum vom Mund und drehte sich um, um mich genau zu betrachten, und die anderen taten es ihm nach.

»Mac Mackenzie?«

»Ja, an den musst du dich doch erinnern. Hat im Apple Tree Cottage gewohnt, als wir noch kleine Bengel waren. Hat 'n mächtig feines Motorrad besessen, damit ist er immer den Berg hochgefahren und hat ordentlich Gas gegeben. Hatte auch 'ne sehr hübsche Frau – leider ist die gestorben. Ist während der Verdunkelung angefahren worden, auf dem Fahrrad, wenn ich mich recht erinnere. An den musst du dich doch erinnern!«

»Ach ja, der! Der Staffelführer. An den hab ich schon Jahre nicht mehr gedacht. Der ist dann weggezogen, oder?«

»Ja, natürlich ist der weggezogen, sonst wär er doch noch hier. Ich glaube, Gerry Cootes und seine Frau leben jetzt auch schon seit zwanzig Jahren im Apple Tree Cottage, und davor hat dort dieser Mann aus der Ölfirma gewohnt. Aus dem Ausland kam der, Bahrain, glaube ich, aber der ist auch nicht lange hiergeblieben …«

»Lass doch jetzt den von der Ölfirma! Die junge Dame fragt nach Mac Mackenzie. Warum suchen Sie den denn, meine Liebe?«

»Meine Großeltern haben ihn während des Krieges gekannt.« »Großmutter« wollte ich nicht sagen, das hätte zu viel verraten. »Ich habe ihnen versprochen herauszufinden, was mit ihm geschehen ist.«

»Ich glaube, er ist nach London gezogen.« Die Männer lebten jetzt richtig auf.

»Haben die nicht immer hier die Ferien verbracht, er und eine andere Frau? Mir ist so, als könnt ich mich daran erinnern.«

»Ja, ja, hast Recht. Aber das Motorrad hat er da nicht mehr gehabt.«

»Hatten die nicht ein Haus drüben in Minchinhampton gemietet?«

»Ach, ja, Mac Mackenzie ...«

Langsam fing ich an zu verzweifeln. Es schien, als sei ich an einer Mauer angelangt, über die ich nicht hinauskam.

»Entschuldigen Sie.« Ein paar junge Frauen waren hereingekommen und standen hinter mir an der Bar. Die eine, die gesprochen hatte, war etwa in meinem Alter, mit frischer Gesichtsfarbe und drallem Busen. »Hab ich richtig gehört, dass Sie nach jemandem suchen, der Mackenzie heißt?«

»Ja.«

»Wir haben ihr schon gesagt, dass er seit Jahren nicht mehr hier lebt, Lisa.«

»Wahrscheinlich ist er inzwischen gestorben.«

»Aber keiner von uns weiß genau, wo er eigentlich hingezogen ist.«

»Versuchen Sie's mal bei Dr. Mackenzie in Monkshaven.«

Ich drehte mich um. »Dr. Mackenzie?«

»Ja. Er kann Ihnen bestimmt weiterhelfen.« Sie lächelte. »Wenn er es nicht kann, dann kann's niemand. Der James Mackenzie, nach dem Sie suchen, ist sein Vater, soviel ich weiß.«

Zu sagen, dass ich überrascht war, wäre noch untertrieben. Ich hatte die Hoffnung schon beinahe aufgegeben, und plötzlich tauchte jemand auf, der behauptete, Macs Sohn zu kennen. Es war geradezu surreal. Und ich hatte den Eindruck, dass die Männer, mit denen ich gesprochen hatte, ebenso überrascht waren wie ich.

»Macs Sohn?«, fragte einer von ihnen verwundert. »Wie kommen Sie denn darauf, Lisa?«

»Freda Parker hat's mir erzählt, als ich ihr neulich das Bein frisch verbunden habe. Ihre Tochter Penny wohnt in Monkshaven, und er ist ihr Arzt. Freda war zu Besuch bei Penny, als ihr Magengeschwür aufbrach, und sie ist zu Dr. Mackenzie in die

Praxis gegangen. Als er ihre Adresse gelesen hat, hat er gesagt, dass sein Vater früher in Cleverley gewohnt hat.« Sie blickte mich wieder an und erklärte: »Ich bin eine der Bezirkskrankenschwestern hier in der Gegend, und da erfährt man so einiges. Leute, die wie Freda allein leben, sind froh, wenn sie mal jemanden haben, der ihnen zuhört, und da reden sie über dies und das. Wahrscheinlich hilft ihnen das besser als alle Medikamente. Wie auch immer …« Sie wandte sich ab, suchte in ihrer Handtasche nach dem Portemonnaie und gab dem Wirt ein Zeichen.

»Darf ich Ihnen beiden etwas ausgeben?«, fragte ich. Ich war ihr wirklich etwas schuldig.

»Nein, lassen Sie mal!«

»Bitte, ich würde es gern.« Ich hatte noch längst nicht all meine Fragen gestellt. Und wenn ich damit fertig war, würde sie wahrscheinlich bereuen, dass sie mich überhaupt angesprochen hatte.

Ihre Freundin grinste. »Man lehnt doch nicht ab, wenn einem jemand einen ausgeben will, Lisa. Na los, ich nehme ein Stella. Und Lisa bestimmt einen Chardonnay, wenn sie nicht plötzlich was ganz anderes haben will.«

»Nein, Chardonnay ist prima.« Lisa legte den Kopf zur Seite, ihr rotbraunes Haar, das wahrscheinlich die meiste Zeit über zu einem Zopf zurückgebunden war, fiel ihr in Wellen über die Schulter. »Wahrscheinlich möchten Sie wissen, wie Sie Dr. Mackenzie finden können.«

»Ja … das wäre gut. Ich nehme an, wenn ich seine Praxisnummer anrufe, werde ich am Sonntag ohnehin bloß mit einer Notfallvertretung verbunden. Und mir bleibt nur der heutige Tag.«

»Ihnen ist hoffentlich klar, dass Sie mich gerade bitten, etwas höchst Unprofessionelles zu tun.«

»Ich weiß, es ist viel verlangt, aber …«

»Erzählen Sie mir, warum Sie ihn sprechen möchten.«

Das tat ich, und diesmal erzählte ich die ganze Wahrheit.

Lisa wühlte wieder in ihrer Tasche herum und holte ihr Handy heraus.

»Ich schau mal, was ich machen kann.«

Sie trank einen Schluck Wein und ging dann nach draußen vor das Pub. Entweder war dort der Empfang besser, oder sie wollte ihren Anruf ungestört führen. Ich wusste nicht, was der Grund war, und es war mir auch egal, solange sie mir die Informationen gab, die ich brauchte.

Sie tat sogar noch mehr. Wenige Minuten später war sie wieder da.

»Okay. Monkshaven ist etwa zwölf Kilometer von hier. Fahren Sie Richtung Autobahn, dann finden Sie es ausgeschildert. Es ist eher eine lange Sackgasse als ein Dorf. Sie müssen zum Monkshaven Cottage. Das finden Sie, wenn Sie der Straße durch den Ort bis fast zum Ende folgen, da liegt es dann auf der linken Seite. Dr. Mackenzie erwartet Sie schon – und ich glaube, jetzt sind Sie mir noch einen Chardonnay schuldig!«

»Ja, stimmt, Lisa. Das bin ich wirklich.«

Deshalb fahre ich jetzt auch den Frocester Hill hinunter, aufgeregt wie eine Erstklässlerin an ihrem ersten Schultag, aber immerhin habe ich noch Augen für die schöne Aussicht. Ich habe einen besseren Hinweis bekommen, als ich je erwartet hätte. In etwa einer Viertelstunde werde ich Macs Sohn gegenüberstehen. Ich kann es immer noch kaum glauben. Ich habe keine Ahnung, was er mir erzählen wird, aber was es auch ist, es wird Grandma Nancy in jedem Fall helfen, mit allem abzuschließen. Und ich kann ihm den Orden geben, den sie mir anvertraut hat, den Orden, den sie so viele Jahre über verwahrt hat. Ich werde sie nicht enttäuschen, und das bedeutet mir unendlich viel.

Als Lisa, die Bezirkskrankenschwester, Monkshaven als lange Sackgasse beschrieb, hat sie den Nagel auf den Kopf getroffen. Man fährt an einem Sackgassenschild vorbei, dann zieht sich der Ort ein paar Kilometer entlang der Straße dahin; die meisten Häuser befinden sich auf der linken Straßenseite, gegenüber liegen offene Felder. Von einer Reihe aus drei benachbarten Cottages abgesehen, sind es überwiegend stattliche Häuser, die auf großen Grundstücken liegen, halb versteckt hinter Hecken, Zäunen und bewachsenen Mauern. An einer Stelle zweigt eine Art Feldweg schräg von der Hauptstraße ab, ansonsten kann man nur geradeaus fahren, also fahre ich weiter. Irgendwann entdecke ich ein langgestrecktes, flaches Gebäude mit dem Schild »Monkshaven Cottage«. Seitlich vom Haus befindet sich eine großzügige, grasige Fläche zum Parken, begrenzt von einem Beet mit Büschen und Stauden. Mir klopft das Herz bis zum Hals, als ich auf die Parkfläche abbiege. Ich kann mich nicht erinnern, in meinem Leben schon einmal so nervös gewesen zu sein.

Die Vordertür des Hauses wird überdacht von einem kleinen Spalier, durch das sich eine weiße Kletterrose windet. Als ich auf das Gartentor zugehe, wird die Haustür geöffnet und ein Mann tritt heraus. Er ist groß, etwa eins fünfundachtzig, schätze ich. Er stößt gegen einen herabhängenden Rosenzweig, und ein paar welke Blütenblätter lösen sich und rieseln auf sein Haar und den Kragen des Polohemdes. Ein gelbes Polohemd. Dunkles Haar mit ein paar silbergrauen Strähnen, das an den Schläfen ein bisschen zurückgeht. Er ist ordentlich rasiert und sieht auf eine unprätentiöse Weise gut aus. Obwohl er Freizeitkleidung trägt, sieht man ihm den Arzt doch irgendwie an, auch wenn es mir schwerfallen würde, zu erklären, wie ein Arzt eigentlich aussehen sollte. Mein Herz pocht dumpf und ziemlich laut, und ich habe plötzlich einen Kloß im Hals, so dass ich schnell schlucken muss. Doch jetzt ist es zu spät, um noch umzudrehen. Er kommt den Gartenweg entlang auf mich zu, die Hände zwanglos in den Taschen seiner Chinos vergraben.

»Ms. Lintern?«

»Ja. Schön, dass Sie Zeit für mich gefunden haben, Herr Doktor.«

Wie blöd sich das anhört! *Schön, dass Sie Zeit für mich gefunden haben, Herr Doktor. Ich hätte gern eine Flasche Hustensaft und ein Antibiotikum.*

Er verzieht spöttisch den Mundwinkel, als wäre ihm der gleiche Gedanke gekommen.

»Außerhalb der Sprechstunde heiße ich Chris.«

»Sarah.«

Er nickt. Er betrachtet mich jetzt aufmerksam aus zusammengekniffenen Augen, als schaue er durch ein Mikroskop, was ich ziemlich unangenehm finde. »Wenn ich es recht verstanden habe, möchten Sie mit mir über meinen Vater sprechen.«

»Ja. Meine Großmutter hat ihn während des Krieges gekannt. Sie ist aus Amerika nach England gegangen, mit Jacqueline Cochran, um Flugzeuge für die Royal Air Force zu überführen …«

»Nancy Kelly«, unterbricht er mich.

Ich bin angenehm überrascht. »Sie haben von ihr gehört?«

Er lächelt. Es ist ein nettes Lächeln, wenn auch ein bisschen schief. »Oh ja, von Nancy habe ich schon gehört.«

Es scheint, als habe es in Macs Familie keinerlei Geheimnisse gegeben. Wie anders als in meiner Familie! Aber das macht natürlich alles ein ganzes Stück einfacher.

Er wendet sich um und schiebt die Haustür weiter auf, dabei rieselt ein weiterer Schauer aus Rosenblättern auf seine Schultern nieder. Diesmal bemerkt er es und streift sie ab.

»Kommen Sie doch rein, oder besser gesagt, kommen Sie mit in den Garten. Dort habe ich gerade gesessen – meiner Ansicht nach ist das der beste Platz, um einen Sonntagnachmittag im Sommer zu verbringen. Kann ich Ihnen etwas zu trinken anbieten? Ein Glas Wein? Oder lieber eine Tasse Kaffee?«

»Ich fürchte, ich muss mich auf den Kaffee beschränken«, erwidere ich bedauernd. »Ich muss ja noch Auto fahren.«

»Wissen Sie was, ich habe noch eine Flasche alkoholarme Sangria im Kühlschrank. Irgendjemand hat sie zu der Party mitgebracht, die ich vor ein paar Wochen veranstaltet habe. Ich habe keine Ahnung, wie sie schmeckt; Sangria ist nicht so ganz mein Fall. Aber wenn Sie mal probieren möchten?«

»Klingt gut.« Ich entspanne mich allmählich ein bisschen. Macs Sohn ist wirklich sehr umgänglich. Aber immer noch liegt mir das bevorstehende Gespräch im Magen.

Ich folge ihm durch einen kleinen Vorraum in eine große Wohnküche, ein paar Treppenstufen hinauf und durch ein gefliestes Wohnzimmer. Durch die geöffnete Terrassentür gehen wir in den Garten; eine große Rasenfläche mit einigen alten Bäumen, eine Terrasse mit Gartenmöbeln und einem Grill. Jenseits der niedrigen Mauer blickt man auf Felder, so weit das Auge reicht. Sehr schön. Aber keine verstreuten Spielsachen, kein Mini-Trampolin, kein Baumhaus. Es sieht nicht so aus, als ob Dr. Chris Mackenzie Kinder hätte. Auch eine Ehefrau ist nirgendwo in Sicht. Das wundert mich. Ich hätte eigentlich mit einer Mrs. Mackenzie gerechnet. Chris scheint Anfang vierzig zu sein, ein Alter, in dem die meisten Männer bereits eine Familie gegründet haben.

Er lädt mich ein, mich an den Gartentisch zu setzen, während er für mich die Sangria und für sich eine Dose Bier holt. Dann geht er noch einmal in die Küche und kommt mit einer Schüssel Tortilla Chips und einem Glasgefäß mit einer scharfen Salsasauce wieder. »Bitte bedienen Sie sich!«

Mit den Knabbereien will ich lieber gar nicht erst anfangen, aber die Sangria ist ganz ordentlich. Mehr als ordentlich – eigentlich schmeckt sie ganz lecker, oder vielleicht liegt es auch nur daran, dass mir, nervös wie ich gerade bin, jeder Drink schmecken würde.

»Also«, sagt er und kaut auf einem Maischip herum, »Sie sind also Nancys Enkelin.«

»Ja.« Ich spule wieder meine Erklärung herunter, obwohl er diese offensichtlich schon von der Bezirkskrankenschwester Lisa gehört hat. »Ich habe ihr versprochen, nach ihm zu suchen«, beende ich meine Ausführung. »Und deshalb bin ich hier.«

Chris Mackenzie schweigt einen Moment lang. Dann sagt er: »Ich fürchte, ich habe keine besonders guten Neuigkeiten für Sie. Mein Vater ist vor zwei Jahren gestorben.«

Obwohl ich bereits mit dieser Möglichkeit gerechnet hatte, trifft es mich schwer. Meine ganze innere Anspannung löst sich plötzlich, und zurück bleibt ein flaues Gefühl der Leere. Ich hatte so sehr gehofft, dass ich ein Happy End für Nancy herbeizaubern könnte, doch das wird es nicht geben. Mit zwei kurzen Sätzen hat Chris diesen Traum zerstört.

»Oh, das tut mir sehr leid«, erwidere ich mechanisch.

»Mir auch. Er war ein großartiger Kerl und immer noch bei bester Gesundheit – bis auf die letzten sechs Monate seines Lebens. Er hätte es so gewollt, und ich bin dankbar, dass ihm ein langes Leiden erspart geblieben ist. Wenigstens musste ich nicht mit ansehen, wie er seine Fähigkeiten nach und nach immer mehr verliert. So ist es ihm immerhin gelungen, seine Würde und Unabhängigkeit bis zum Schluss zu behalten. Ein Pflegeheim wäre nichts für Dad gewesen. So konnte er mehr oder weniger bis fast zum letzten Tag noch zu Hause herumpusseln.«

»Und Ihre Mutter?«

»Sie ist schon seit zehn Jahren tot.«

Ich nicke teilnahmsvoll, denke dabei aber gleichzeitig, was für eine Ironie des Schicksals darin liegt. Hätte Nancy bloß ein paar Jahre eher nach Mac gesucht, wäre sie vielleicht doch noch zu ihrem Happy End gekommen.

»Niemand schien zu wissen, was aus Ihrem Vater geworden war, und ich hatte eigentlich schon alle Hoffnung aufgegeben, als die Bezirksschwester mir von Ihnen erzählt hat«, sage ich.

»Ja, Lisa Timbrell. Eigentlich ein ziemlicher Zufall. Sie arbeitet gar nicht für meine Praxis und wäre wohl kaum auf mich gekommen, wenn wir nicht zufällig dieselbe Patientin versorgt hätten. Ich bin erst seit etwa achtzehn Monaten hier in der Gegend. Wenn Sie ans Schicksal glauben wollen – es scheint Ihnen eine helfende Hand gereicht zu haben!« Er grinst mich an mit diesem einnehmenden, leicht schiefen Lächeln. »Tatsächlich habe ich erst nach dem Tod meines Vaters nach einer Praxis hier in der Gegend gesucht. Mir hat es hier immer schon gefallen. Wir haben hier immer Urlaub gemacht, als ich noch klein war, und wie Sie wissen, kam Dad aus dieser Gegend. Doch als ich noch verheiratet war, musste ich die Wünsche meiner Frau berücksichtigen, und ihre Arbeit, ja ihr ganzes Umfeld war in der Gegend von Maidenhead. Als wir uns dann scheiden ließen, war Mum schon tot und Dad ganz allein. Ich habe mir ihm gegenüber nie anmerken lassen, dass ich vor allem seinetwegen dortblieb, denn es hätte ihn sehr wütend gemacht. Aber Sie wissen ja, wie das ist. Ich wollte ungern weiter weggehen, falls er mich brauchte. Doch als ich dann keinerlei Verpflichtungen mehr hatte, habe ich mich hier nach einer Praxis umgesehen und die Gelegenheit ergriffen, als diese hier frei wurde.« Er trinkt einen großen Schluck Bier. »So, genug über mich. Deswegen sind Sie schließlich nicht hier. Sie möchten wissen, was aus Dad geworden ist, um es Nancy zu erzählen.«

»Ja, das würde ich sehr gern wissen.«

»Wie geht es ihr überhaupt?«

»Erstaunlich gut für ihr Alter. Als ich sie das letzte Mal besucht habe, konnte ich zwar eine stärkere Veränderung feststellen. Aber genau wie Ihr Vater ist sie stolz darauf, noch allein zu leben. Und sie wird nicht so leicht klein beigeben.«

Chris Mackenzie grinst. »Das kann ich mir vorstellen. Diese Generation war hart im Nehmen. Nach Leuten von dem Schlag kann man heute lange suchen. Aber nun zu Dad. Was möchten Sie denn über ihn wissen?«

Ich trinke einen Schluck Sangria und lehne mich zurück. »Eigentlich alles, was Sie mir über sein Leben nach dem Krieg erzählen können.«

»In Kurzfassung wahrscheinlich.«

Eigentlich möchte ich alles wissen, alle Einzelheiten über diesen Mann, den Grandma so sehr geliebt hat, dass sie ihn nie vergessen konnte. Aber ich kann mich nicht noch weiter aufdrängen und neugierig nach allen Details verlangen. Chris Mackenzie opfert schon ein gutes Stück seiner kostbaren Freizeit, um mir weiterzuhelfen.

»Ja, die Kurzfassung«, sage ich also.

Nach dem Krieg ist Mac offenbar zur zivilen Luftfahrt gewechselt. Er wurde Pilot bei der British Overseas Airways Corporation, flog Passagiere auf Langstreckenflügen von Heathrow und zog von Gloucester nach Maidenhead, um näher an seinem Heimatflughafen zu sein. Er kannte die Gegend ohnehin schon gut aus den Zeiten, als er dort mit der RAF stationiert war, und es gefiel ihm dort – ein ländliches Gebiet mit guter Anbindung an die Stadt.

Während er für die BOAC flog, lernte er Elizabeth kennen, die Mutter von Chris. Sie arbeitete als Flugbegleiterin zu einer Zeit, als »Stewardess« noch als Traumberuf vieler Frauen galt und der Ausdruck »Saftschubse« undenkbar war. Sie stammte aus einer gediegenen Familie von Kaufleuten und hatte eine Ausbildung an der Cherry Marshall School für Fotomodelle gemacht, ehe sie ihre glamouröse Uniform anlegte und die Welt umflog.

Später, als es Mac zu langweilig wurde, Flugzeuge zu fliegen, die sich über einen Zeitraum von acht oder neun Stunden praktisch selbst steuerten, hatte er Nachwuchspiloten ausgebildet, bis er sich zur Ruhe setzte. Er schien zu einem überschaubaren und geordneten Leben gefunden zu haben; die Abenteuer und traumatischen Erlebnisse seiner jungen Jahre gehörten offenbar der Vergangenheit an.

Aber: »Er hat Nancy nie vergessen«, sagt Chris Mackenzie. »Ich kann mich noch gut daran erinnern, wie er von ihr gesprochen hat, als die Fluggesellschaften ihren ersten weiblichen

Flugkapitän bekamen. ›Das hätte Nancy gefallen‹, sagte er. ›Sie wollte immer beweisen, dass sie alles, was ein Mann konnte, noch besser konnte.« Er lächelt. »Ich vermute allerdings, dass sie für die moderne Luftfahrt ebenso wenig Geduld aufgebracht hätte wie Dad. Stundenlang herumzusitzen, während ein Autopilot die ganze Arbeit tut, das war nichts für ihn …«

»Das hätte ihr wahrscheinlich nicht gefallen«, stimme ich ihm zu. »Mir würde das auch nicht gefallen. Spaß macht es, wenn man selbst steuert und die Dinge unter Kontrolle hat. Über dem Atlantik Kreuzworträtsel lösen würde auch nicht meiner Vorstellung vom Fliegen entsprechen.«

»Sie fliegen auch?«

»Wenn ich die Gelegenheit dazu habe. Meistens, wenn ich in Florida bin, in einer von Grandmas Cessnas. Hier in England ist es so verdammt teuer, ein Flugzeug zu chartern, und dann noch die ganze Berufsluftfahrt … Hier ist das Fliegen eher eine große Geldverbrennungsmaschine; ständig lassen sie einen an der Bahn warten oder man muss stundenlang über dem Cheddar Lake kreisen, während die dicken Maschinen reinkommen.« Ich kann ihm ansehen, dass er nicht wirklich versteht, wovon ich spreche. »Sie sind also anscheinend nicht in die Fußstapfen Ihres Vaters getreten?«

Er grinst reumütig. »Nein, ich weiß eigentlich auch nicht, warum. Vermutlich hatte ich nie genug Zeit, es zu lernen. Erst hatte ich zu viel mit meinem Medizinstudium zu tun. Danach die Zeit als Assistenzarzt – da bleibt einem auch bloß Zeit zum Arbeiten und Schlafen. Und als ich in der Hackordnung aufgestiegen war, hatte ich den richtigen Zeitpunkt wahrscheinlich verpasst. Dad hat mich allerdings ein paarmal mitgenommen. Er hat sich gern ein kleines Flugzeug geliehen und dann eine Runde gedreht. Als er die Berufsfliegerei aufgab, ist er in einen Segelflugverein eingetreten. Darüber habe ich schon mal nachgedacht; es gibt hier in der Nähe einen ganz guten Club. Sind Sie schon mal mit dem Segelflugzeug geflogen?«

Ich schüttle den Kopf. »Nur einen Versuch bei der Landung zu haben – damit kann ich mich nicht anfreunden. Natürlich möchte ich's immer beim ersten Mal hinkriegen, aber ich möchte auch gern durchstarten können, wenn's mal sein muss.«

»Dad hat immer gesagt, dass es ein ganz tolles Gefühl sei, in der Thermik zu kreisen. Zurück zu den Anfängen und so weiter. Wissen Sie was, ich sollte wirklich in der Richtung aktiv werden. Sie haben mich inspiriert.« Er blickt mich mit zusammengekniffenen Augen an. »Sie sollten auch mal darüber nachdenken. Es wäre viel preiswerter als ein Motorflugzeug. Und man wird nicht über dem Cheddar Lake aufgehalten!«

»Ja, vielleicht.«

Das Gespräch hat sich von Mac und Nancy entfernt; ich denke, es ist Zeit, wieder auf das ursprüngliche Thema zurückzukommen. Ich greife nach meiner Tasche, die unten auf dem Boden am Stuhlbein lehnt, und lege sie auf den Schoß. Ich krame in der Tasche herum und ziehe das Kästchen hervor, das Nancy mir anvertraut hat. Ich mache es nicht auf, sondern lasse nur die Finger auf dem warmen, weichen Leder ruhen. Dann endlich schiebe ich es – etwas widerwillig, worüber ich selbst verwundert bin – über den Tisch zu ihm hin.

»Grandma hat mich gebeten, diesen Orden Mac oder seiner Familie zurückzugeben. Es ist sein Distinguished Flying Cross. Er hat es ihr zur Verwahrung gegeben, sagt sie, obwohl ich glaube, dass mehr dahintersteckt. Aber sie hat das Gefühl, es sei jetzt an der Zeit, es wieder zurückzugeben. Sie möchte nicht, dass es verlorengeht, wenn sie nicht mehr da ist …« Meine Stimme zittert ein bisschen. Darüber zu reden, dass Nancy nicht mehr da sein könnte, ist ein schmerzvolles Eingeständnis dessen, was die Zukunft bereithält.

Chris sieht nicht besonders überrascht aus. Es scheint, als habe er längst gewusst, wo der Orden seines Vaters gelandet ist, und wieder mal erstaunt mich die Offenheit, die in seiner Familie herrscht – im Gegensatz zu den Geheimnissen, die es in meiner gibt. Er klappt den Deckel des Kästchens auf, und das silberne Lilienkreuz, das Nancy noch poliert hat, ehe sie es mir gab, glänzt in der Sonne. Chris kneift die Augen zusammen, und einen Moment lang nehmen sie einen abwesenden, verträumten Ausdruck an: Er hat zwar vielleicht gewusst, dass der Orden existiert, aber gesehen hat er ihn noch nicht; er hat nie gesehen, wie sein Vater ihn getragen hat. Ich kann mir vorstellen, dass das DFC alle möglichen Erinnerungen und Gefühle in ihm auslöst. Dann lässt er das Kästchen zuschnappen und schiebt es in die Mitte des Tisches zurück.

»Ich bin mir nicht sicher, ob ich diesen Orden überhaupt haben sollte. Dad hat ihn Nancy gegeben. Ich denke, er wollte, dass sie ihn an ihr gemeinsames Kind weitergibt.«

Wieder falle ich aus allen Wolken. Er weiß sogar über John Bescheid, und vermutlich wusste es seine Mutter ebenfalls. Allerdings weiß er nicht, dass John tot ist.

»Leider ist John bei einem Flugzeugabsturz ums Leben gekommen«, sage ich. Er runzelt fragend die Stirn, anscheinend sagt ihm der Name nichts. Offenbar reicht sein Wissen doch nicht so weit. Vielleicht hat Mac ja nie erfahren, wie Nancy ihr gemeinsames Kind genannt hat.

»Der Sohn von Nancy und Mac hieß John«, erkläre ich ihm. »Leider ist er schon mit Mitte zwanzig gestorben. Ziemlich absurd eigentlich – er war im Vietnamkrieg, aber ums Leben gekommen ist er während seines Heimaturlaubs.« Ich versuche zu verdrängen, was Mum mir erzählt hat. Ich möchte lieber nicht darüber nachdenken, geschweige denn Chris von ihrem Verdacht erzählen: »Ritchie ist das einzige ihrer Kinder, das noch in Varna lebt – er ist der jüngere Bruder meiner Mutter. Er führt zurzeit für meine Großmutter die Firma. Aber … er hat nicht viel für sentimentale Gefühle übrig. Ich glaube, Grandma hat Angst, dass er all ihre Sachen weggibt, wenn sie mal nicht mehr da ist, ohne sich allzu viele Gedanken darüber zu machen, was damit passiert. Deshalb wollte sie auch, dass der Orden wieder an Mac oder seine Familie zurückgeht. Wenn John noch leben würde, dächte sie vielleicht anders darüber. Dann hätte sie wahrscheinlich gern ihm den Orden seines Vaters überlassen. Aber so wie die Dinge stehen …«

Chris schweigt einen Moment. Sein Gesicht ist wie eine leere Leinwand und verrät nicht, was er denkt oder fühlt. Dann blickt er mich prüfend an.

»Wie kommen Sie darauf, dass John Macs Sohn war?«

»Mum hat es mir erzählt. Vor langer Zeit, als Teenager, hat sie mal einen Brief gefunden, den Mac an Grandma geschrieben hatte …« Ich halte inne, denn ich möchte Chris nur ungern erzählen, dass Mac in diesem Brief einen letzten verzweifelten Versuch unternommen hat, Nancy zu überreden, dass sie Joe verlassen solle. Wäre ihm das gelungen, hätte Mac sicherlich Chris' Mutter verlassen, so viel ist mir klar. Es kann ja sein, dass sie als Familie keinerlei Geheimnisse voreinander hatten, aber ich kann mir kaum vorstellen, dass ihre offene Haltung so weit reichte. Es ist sicher für eine Frau durchaus möglich, eine Geliebte und ein uneheliches Kind aus der Vergangenheit ihres Mannes zu akzeptieren, aber zu erfahren, dass er sie praktisch vor dem Altar sitzen lassen hätte, wenn Nancy bloß einen Ton gesagt hätte, war weniger schön.

»In dem Brief wurde John erwähnt«, erzähle ich weiter. »Es war ein furchtbarer Schock für Mum; sie hatte keine Ahnung, dass er nicht ihr richtiger Bruder war. Doch gleichzeitig hat es einige Dinge erklärt, über die sie sich immer schon gewundert hat, zum Beispiel, wie es Grandma und Grandpa gelungen war, John während des Krieges zu zeugen, wo sie doch Hunderte Kilometer voneinander entfernt stationiert waren. Und es war meiner Mutter immer schon so vorgekommen, als behandelte Grandma John anders als sie und Ritchie; er schien irgendwie etwas Besonderes zu sein. Als sie den Brief entdeckte, ist ihr plötzlich ein Licht aufgegangen. Ihr wurde klar, dass Nancy während des Krieges eine heimliche Liebesaffäre hatte und schwanger geworden war. Und dass Grandpa Joe aus Liebe zu Nancy ihren unehelichen Sohn als seinen eigenen aufgezogen hatte.«

»Hat Ihre Mutter je mit Nancy darüber geredet?«, fragt Chris.

Ich schüttele den Kopf. »Ich weiß, das hört sich ziemlich komisch an, aber Sie kennen meine Mutter nicht. Sie ist sehr … verschlossen. Sie macht alles mit sich selbst ab. Sie hat es die ganze Zeit für sich behalten.«

Mal abgesehen davon, dass sie es Ritchie erzählt hat und damit eine schreckliche Folge von Ereignissen in Gang setzte … Aber das will ich jetzt lieber nicht weiter ausführen.

»Ich weiß es selbst erst seit ein paar Tagen«, sage ich stattdessen. »Meine Mutter hat es mir erst erzählt, als ich ihr sagte, dass ich für Großmutter herausfinden wollte, was aus Mac geworden ist. Sie war ganz und gar dagegen, und als ich fragte, warum, kam alles nach und nach heraus.«

»Aha!« Aber er sieht mich irgendwie komisch an, mit gerunzelter Stirn, und ich habe den Eindruck, dass er mir etwas mitteilen will, aber nicht richtig weiß, wie er anfangen soll. Da ist irgendetwas, was ich nicht ganz verstehe – und das gefällt mir nicht.

»Was ist denn?«, frage ich.

»Ich bin nicht ganz glücklich über das, was Sie mir da erzählen, Sarah.« Er sieht auch nicht besonders glücklich aus – eher so, wie er vielleicht aussieht, wenn er einem Patienten eine unerfreuliche Diagnose mitteilen muss. Er schiebt den Orden noch weiter über den Tisch auf mich zu, so als wolle er darauf verzichten. »Ich kann das nicht annehmen. Ich denke, Sie sollten erst noch einmal mit Nancy reden. Sagen Sie ihr, dass Sie Mac den Orden nicht zurückgeben konnten, weil er nicht mehr lebt. Und fragen Sie sie, was nun ihrer Meinung nach damit geschehen soll. Wenn sie dann immer noch möchte, dass ich ihn bekomme, nehme ich ihn gern an und werde ihn in Ehren halten. Aber Nancy soll das entscheiden. Von nun an ist alles einzig und allein ihre Entscheidung.«

Ich bin vollkommen verwirrt. »Jetzt verstehe ich gar nichts mehr. Wovon sprechen Sie eigentlich?«

Er zögert. Dann sagt er: »Nein, es steht mir nicht zu, etwas zu sagen. Sie müssen mit Nancy sprechen.«

Er steht auf. Das Gespräch ist beendet. Ich würde ihn am liebsten drängen, mehr zu erzählen, doch sein entschlossener Gesichtsausdruck zeigt mir, dass ich von ihm nicht mehr erfahren werde.

Zwischen uns herrscht nun eine gespannte Stimmung, deutlich spürbar wie die atmosphärische Aufladung vor einem Gewitter. Ohne diese Spannung lange zu analysieren, weiß ich, dass sie daher rührt, dass er mehr weiß als ich und es mir nicht erzählen wird. Es tut mir leid um das ungezwungene Verhältnis, das wir hatten, ehe ich diesen Orden hervorgeholt habe. Chris Mackenzie ist mir sehr sympathisch, und ich bedauere die plötzliche Distanz.

Ich stecke das Kästchen mit dem Orden in meine Tasche zurück. Wir gehen durch das Haus in Richtung Tür.

»Danke, dass ich kommen durfte«, verabschiede ich mich etwas unbeholfen.

»Reden Sie mit Nancy, okay?« Der Anflug eines Lächelns verzieht seine Mundwinkel. »Und halten Sie mich auf dem Laufenden.«

»Das mache ich.«

Ich gehe zu meinem Auto und blicke noch einmal zurück. Er steht in der Tür und schaut mir hinterher. Ein großer, gutaussehender Mann mit einem frischen Schauer aus Rosenblättern im Haar.

Ein Mann, der offensichtlich viel mehr über meine Familie weiß als ich. Ein Mann, der nicht die Absicht hat, mich aufzuklären.

Ohne auf die Straße zu achten, fahre ich gedankenverloren dahin. In mir herrscht ein Tohuwabohu unklarer Gefühle und unreifer Gedanken. Ich versuche, aus dem schlau zu werden, was Chris mir erzählt hat – oder besser gesagt, nicht erzählt hat –, komme aber nicht weiter. Ich habe das Gefühl, als müsse ich mich durch klebrige Spinnweben kämpfen; überall bleibe ich hängen, jeder Versuch, mich freizumachen, führt nur noch tiefer in das Netz. Ich bin vollkommen verwirrt. Keine der Erklärungen, die ich mir für Chris' merkwürdige Reaktion zurechtlege, scheint mir schlüssig zu sein. Außerdem drückt mich noch eine bleischwere Last: Mac ist tot, und das seit zwei Jahren. Diese Nachricht muss ich Nancy irgendwie beibringen, und obwohl sie vermutlich schon damit gerechnet hat, graut mir vor dieser Aufgabe.

Einen Moment denke ich nicht mehr an die Rätsel, die Chris mir aufgegeben hat, sondern stelle mir vor, wie es sein muss, wenn man vierundachtzig Jahre alt ist – und die letzte Überlebende aus der eigenen Generation. Die Einsamkeit, wenn aus dem Kreis der Altersgenossen einer nach dem anderen verstirbt, bis niemand mehr da ist, mit dem man die Erinnerungen an die Erlebnisse teilen kann, die das Leben geprägt haben. Ich erlebe einen kurzen Vorgeschmack darauf, wie trostlos es sein muss, allein durch eine kahle Landschaft zu stapfen, während man eine Fähigkeit nach der anderen verliert und am Ende des Weges nur noch der Tod wartet. Plötzlich bin ich so unsagbar traurig, dass ich nicht nur weinen, sondern am liebsten losheulen würde wie ein Wolf.

Mir wird auch bewusst, wie flüchtig das Leben ist. Wahrscheinlich kommt es Nancy so vor, als sei sie gerade noch jung gewesen – viel jünger als ich. Jung, hübsch, gesund und kräftig und voller Träume. Weil sie sich mir gegenüber geöffnet hat, kann ich sie sehen, wie sie damals war, und wenn ich mir vorstelle, wie kurz das eigentlich erst her ist, bin ich erschüttert, und es macht mir, ehrlich gesagt, auch Angst. Jahrein, jahraus sehen wir wieder, wie die Natur sich neu entfaltet, wie grüne Knospen entstehen, zu voller Blüte aufgehen und dann verwelken und sterben. Jedes Jahr werde ich wieder melancholisch, wenn die Blätter sich verfärben und von den Bäumen fallen. Ich kann in diesem Prozess keine Herrlichkeit erkennen, ihre rostbraune und goldene Pracht ist für mich nur ein letztes, verzweifeltes Aufbegehren der Natur. Ich wünsche mir immer, dass sie wieder frisch und grün wären.

Ein Menschenleben kommt einem am Ende wahrscheinlich genauso kurz vor – oder noch kürzer, während die Tage, Monate und Jahre in halsbrecherischer Geschwindigkeit an einem vorbeirasen. Wieder ein Geburtstag. Wieder Weihnachten. Ist es schon wieder so weit? Nein, das kann doch nicht sein! Die Zeit verkürzt sich, so dass ein Leben weniger der Aufeinanderfolge von Jahreszeiten entspricht als der vergänglichen Schönheit einer Rose: An einem Tag glänzt noch der Tau auf einer fest verschlossenen Knospe, am nächsten steht sie schon in voller Blüte, und noch einen Tag später welkt sie dahin, und ihre Blütenblätter fallen herab wie Tränen. Ich habe schon ein gutes Stück meines Lebens hinter mir und weiß gar nicht, wo die Jahre geblieben sind. Dabei bin ich innerlich immer noch siebzehn, voll ungeduldiger Erwartung auf das, was noch kommt.

Vermutlich ist es für Nancy nicht anders. Nur schlimmer, weil ihre Hoffnungen und Wunschträume keine Zukunft mehr haben. Und ich bin diejenige, die nun auch noch ihren letzten Traum zerstören muss. Im Moment belastet mich am meisten, wie sie das treffen wird. Wird sie ihren Lebenswillen verlieren und gesundheitlich immer mehr verfallen? Sollte ich nicht lieber ein paar Urlaubstage zusammenkratzen und nach Florida fliegen, um ihr die Nachricht persönlich zu überbringen? Sollte ich versuchen, Mum zu überreden, dass sie mitkommt? Ich finde, Mum sollte sich einen Ruck geben und Nancy wenigstens noch einmal besuchen und vielleicht die Streitigkeiten beilegen, die ihr Verhältnis in den letzten vierzig Jahren überschattet haben.

Zu allem Überfluss hat Chris Mackenzie nun auch noch angedeutet, dass es noch mehr gibt, was wir nicht wissen. Mir graut schon davor, Mum davon zu erzählen, aber ich muss es wohl tun. Wir müssen unbedingt mit Nancy sprechen.

Warum um alles in der Welt hat sie bloß ein solches Geheimnis daraus gemacht? Aber vermutlich waren damals ganz andere Zeiten. Es muss jede Menge Familien geben, die ähnliche Leichen im Keller haben.

Wie auch immer – jedenfalls ist das ein weiterer Grund, Nancy noch einmal zu besuchen, solange noch Zeit ist. Ich möchte nicht, dass ihre Geheimnisse sie ins Grab begleiten, auch wenn sie das vielleicht immer geplant hat. Ich möchte mich nicht den Rest meines Lebens fragen müssen, welches Geheimnis wohl noch in meiner Familie schlummert.

Ich muss die Wahrheit über meine Familie erfahren.

Monica

Ich hab vielleicht einen Tag hinter mir! Ganz krank vor Sorge bin ich. Inzwischen habe ich nicht mehr bloß dieses ungute Gefühl, sondern regelrecht Angst. Und diese Angst werde ich nicht mehr los, was ich auch mache. Da läuft irgendwas zwischen Ritchie und diesem Arschloch Dexter Connelly – und ich würde mein letztes Hemd darauf verwetten, dass es was Illegales ist.

Connelly ruft zwar nicht bei mir im Büro an, aber ich bin mir ganz sicher, dass er Ritchie auf seinem Handy anruft. Ritchie geht vor die Tür, um die Gespräche anzunehmen, und wenn er wieder reinkommt, ist er total aufgekratzt, gespannt wie ein Flitzebogen und hat dieses manische Glitzern in den Augen.

»Ich hoffe, das war nicht schon wieder eine neue Flamme«, habe ich provozierend zu ihm gesagt, als er wieder mal telefoniert hatte, obwohl ich genau wusste, wer der Anrufer war.

»Wer weiß, wer weiß …«, antwortete Ritchie nur ausweichend.

»Na, wenn ihr Busen so groß ist wie ihre Stimme tief, dann scheint sie ja ein prächtiges Weibsbild zu sein«, meinte ich ironisch. »Klang mir mehr wie Dexter Connelly.«

»Okay, du hast mich ertappt.«

»Seit wann bist du denn ein Herz und eine Seele mit diesem Mafioso?«

»Monica.« Ritchie deutete drohend mit dem Finger auf mich. »Halt dich da raus!«

»Aber klar«, erwiderte ich in freundlichem Tonfall, aber das würde ich natürlich nicht. Nein, so weit kommt's noch. Dexter Connelly traue ich wirklich keinen Deut.

Es gab immer wieder Telefonanrufe, und nach einem dieser Anrufe teilte mir Ritchie plötzlich mit, er habe für einen gewissen Jack Pele einen Flug zu den Westindischen Inseln eingeplant. Er behauptete, er hätte den Anruf entgegengenommen, während ich kurz auf der Toilette war. Da ich diesen Namen noch nie gehört hatte, schellten bei mir natürlich sofort die Alarmglocken. Ich stellte ein paar heimliche Recherchen an, die aber nichts ergaben. Soweit ich feststellen konnte, gab es überhaupt niemanden mit diesem Namen. Aber trotzdem führte Ritchie den Flug durch; gegen Mittag flog er mit einer der zweimotorigen Maschinen los. Als ich abends von der Arbeit nach Hause ging, war er immer noch nicht zurück, doch am nächsten Morgen stand das Flugzeug wieder ordentlich festgemacht an seinem alten Platz. Ritchie kam später als sonst ins Büro und sah aus, als hätte er eine anstrengende Nacht hinter sich. Ich überprüfte das Bordbuch, und – kein Zweifel – er war auf den Westindischen Inseln gewesen. Was er da eigentlich gemacht hatte, bekam ich nicht aus ihm raus. Dann flog er nach Houston, mit demselben Flugzeug, das er am Vortag benutzt hatte.

Danach hörte man erst mal länger nichts mehr von Dexter Connelly, und ich hatte eigentlich die Hoffnung, dass die Sache durch sei. Doch gestern meldete sich der Kerl wieder bei Ritchie, und für morgen ist wieder ein Flug für Mr. Jack Pele gebucht, und einer steht schon für nächste Woche im Terminkalender. Danach sind erneut jeweils Flüge nach Houston eingetragen – kurz und gut: Die Sache gefällt mir kein bisschen.

Noch dazu ist Ritchie auf einmal völlig unbesorgt, was die Zukunft von Varna Aviation angeht. Noch vor ein paar Wochen hat er sich ernste Sorgen darüber gemacht, wie wir die Firma vor der Pleite bewahren könnten. Und jetzt auf einmal kommt er mir so fröhlich und unbedarft vor wie ein Hippie auf dem

Weg nach San Francisco. Fehlt bloß noch, dass er das Lied aus seiner Jugend anstimmt: *If You're Going To San Francisco* … am besten noch mit 'ner Blume im Haar. Und Mary-Lyn scheint auch mit sich und der Welt zufrieden. Vor ein paar Tagen ist sie hier in einem funkelnagelneuen Cabrio vorgefahren. Vor kurzem musste ich mir noch Ritchies Gejammer anhören, weil er ihre Klimaanlage reparieren lassen sollte – und auf einmal schenkt er ihr ein neues Auto. Wenn er so weitermacht, werden sie bald wieder ein Paar sein. Mary-Lyn konnte großzügigen Geschenken noch nie widerstehen. Und was wird aus mir? Ich kann mal wieder sehen, wie ich klarkomme!

An diesem Morgen hat sich jedenfalls mein Verdacht bestätigt, dass Ritchie sich überhaupt nicht mehr ums Geld sorgt. In der Post war ein Brief von dem Flugunternehmen in Fort Myers. Offenbar erwirtschaftet das ziemlich viel und sucht nach einer Möglichkeit, Varna Aviation zu kaufen. Nach allem, was ich sehen konnte, haben sie ein Angebot geschickt, das sich Ritchie wenigstens mal anschauen sollte. Die Bedingungen sind so großzügig, dass man es eigentlich nicht ausschlagen kann.

Natürlich möchte ich auch nicht gern erleben, dass Varna Aviation seine Unabhängigkeit verliert, wirklich nicht. Schließlich bin ich schon ziemlich lange bei der Firma und hänge daran. Aber ich bin auch vernünftig. Es sieht so aus, als ob sie damit einverstanden wären, Ritchie, mich und Stu Taviner, den Mechaniker, zu übernehmen. Doch sie würden den Flugbetrieb der beiden Firmen zusammenführen. Größer, besser, eben mehr einundzwanzigstes Jahrhundert. Natürlich würde es mir auch schwerfallen, mich von unseren blau-weißen Firmenfarben zu verabschieden; natürlich würde ich der Zeit hinterhertrauern, als Joe und Nancy noch die Firma geleitet haben. Aber den Stunden, in denen ich mit den roten Zahlen in der Bilanz gekämpft habe, weine ich bestimmt keine Träne nach. Und wenn jemand anders die offenen Rechnungen bezahlt, soll es mir nur recht sein.

Doch was hat Ritchie gemacht? Er hat den Brief der Länge nach durchgerissen, die beiden Teile zu einer Papierkugel zusammengeknüllt und sie mit einem zielsicheren Korbleger in den Papierkorb befördert.

»Die können mich mal«, hat er gesagt.

»Ritchie, meinst du nicht, du solltest es dir wenigstens mal anschauen?«, hab ich ihn gefragt. »Wir kommen immer nur so gerade eben über die Runden. Das ist ein verdammt gutes Angebot; es würde all unsere Probleme lösen.«

»Kommt nicht in Frage. So eine verdammte Scheiße kommt überhaupt nicht infrage!«

»Also Ritchie, das ist doch kein Ausdruck für zarte Damenohren!«

Er hat süffisant gegrinst. Eigentlich habe ich darauf gewartet, dass er mir irgendeine freche Antwort gibt. Stattdessen hat er gesagt: »Es wird schon alles gutgehen, Monica. Wir sind über den Berg. Vertrau deinem Onkel Ritchie!«

Ich hab bloß die Augen emporgeschlagen. »Ich mache jetzt schon an die zwanzig Jahre die Buchhaltung. Bisher habe ich noch keinerlei Anzeichen für einen finanziellen Umschwung gesehen. Ich finde, du solltest das Angebot wenigstens mal mit Nancy besprechen.«

Ritchie schnaubte. »Sie würde mir doch sofort zustimmen. Sie würde nie im Leben verkaufen – schließlich war die Firma Joes Ein und Alles.«

»Na, ich finde, du solltest ihr wenigstens die Möglichkeit geben, das Angebot abzulehnen. Nancy ist gewieft. Varna Aviation war zwar vielleicht Joes Ein und Alles, aber jetzt ist Nancy diejenige, die das letzte Wort hat – ob es dir passt oder nicht. Ich glaube, sie würde die Firma lieber zu einem vernünftigen Preis verkaufen, wenn die Bedingungen stimmen, als zuzusehen, wie du um deine Existenz kämpfen musst und womöglich untergehst!«

Ich hätte es besser wissen müssen. Ich hätte wissen müssen,

dass ich damit Ritchies wunden Punkt berühre. Sein Gesicht verdüsterte sich.

»Du meinst, sie würde die Firma lieber jemand Fremdem anvertrauen als mir?«

»Nein, Ritchie, so habe ich das nicht gemeint.«

»Natürlich hast du das. Und wahrscheinlich hast du sogar Recht damit. Ich für meinen Teil habe jedenfalls keine Lust, als Aushilfspilot in der Firma eines anderen zu jobben. Ich bleibe lieber mein eigener Chef, okay?«

»Selbst wenn du dabei pleite gehst?«, fuhr ich ihn an.

»Glaub mir, Monica, ich gehe schon nicht pleite. Hauptsache, du sagst Nancy nichts davon. Okay? Ich möchte nicht, dass sie sich unnötige Sorgen macht. Nicht in ihrem Alter. Sie hat ihre Chance gehabt, jetzt bin ich an der Reihe. Und ich führe Varna Aviation so, wie ich es für richtig halte.«

»Wie du meinst.« Ich weiß genau, dass es keinen Sinn hat, mit Ritchie zu diskutieren, wenn er in einer solchen Stimmung ist.

Aber das heißt noch lange nicht, dass ich mich einfach geschlagen gebe. Ritchie mag ja seit einiger Zeit die nominelle Leitung haben, aber Varna Aviation gehört immer noch Nancy – und zwar bis zu ihrem letzten Atemzug. Mein Gott, sie *ist* Varna Aviation, genauso wie Joe es war, als er noch lebte, auch wenn sie heute nicht mehr so oft ins Büro kommt. Und es geht mir gehörig gegen den Strich, ihr eine Sache wie dieses Angebot zu verheimlichen.

Mein Entschluss steht fest. Ich werde zu Nancy fahren und sie informieren. Und wenn Ritchie das nicht passt, tut es mir leid. Ich warte bloß noch auf die richtige Gelegenheit.

Die Gelegenheit kommt Montagabend. Bei Büroschluss fährt Mary-Lyn in ihrem schicken, neuen Auto vor, und Ritchie macht ein Riesentheater um sie. Küsschen hier, Küsschen da – überall hat er seine Finger. Also ehrlich – ich weiß gar nicht, was er jetzt schon wieder vorhat. Ich hätte gedacht, dass er seine Lektion endlich gelernt hat. Es tut weh, wenn ich sehe, wie die beiden zusammen abziehen: Ritchie am Steuer des Cabrios und Mary-Lyn herausgeputzt wie eine Filmdiva, sogar ein Tuch hat sie sich ums Haar gebunden wie Jackie Onassis. Mein Gott – wo hat die Frau eigentlich die letzten vierzig Jahre verbracht? Aber ich sage mir, dass jetzt meine Chance gekommen ist. Wenn ich je irgendwelche Zweifel hatte, dann sind sie jetzt dahingeschmolzen wie ein Eis am Stiel in der Sonne. Zum Teufel mit Ritchie – Nancy bin ich größere Loyalität schuldig.

Ich schließe das Büro ab – wie gewöhnlich hat Ritchie es mir überlassen, den notwendigen Kram zu erledigen. Dann steige ich ins Auto und fahre zum Haus der Costellos.

Um diese Abendstunde ist alles ziemlich ruhig; die Einkaufspassagen sind ausgestorben, an den Ampelkreuzungen stauen sich keine Wagen mehr. Es ist zu spät für die Einkäufer und noch zu früh für die Nachtschwärmer. Nicht dass wir davon allzu viele in Varna hätten, es ist eine ziemlich ruhige, ja biedere Stadt. Dafür sorgt schon der Anwohnerbeirat. Sogar der Strand ist privat – nur Einwohner Varnas dürfen dorthin. Selbst die ernten finstere Blicke von den Eigentümern der Villen, deren Gartentore gleich an den Strand grenzen. Und in einer kleinen Hütte direkt am Zugang zum Strand sitzen ein paar selbsternannte Gesetzeshüter aus der Nachbarschaft, die mit Argusaugen darüber wachen, dass kein Fremder ihren Strand betritt. Was soll man von einer solchen Stadt schon halten? Manchmal frage ich mich, wie ich es hier überhaupt so lange ausgehalten habe – aber hier ist nun mal meine Heimat.

Ich parke in Nancys Einfahrt und gehe um das Haus herum zur Terrasse. Ich kann mir vorstellen, dass sie um diese Zeit mit einem Drink am Swimmingpool sitzt. Doch die Terrasse ist leer. Die Terrassentür steht einen Spalt offen, ich schiebe sie auf und rufe nach Nancy, doch auch in der Küche ist sie nicht. Ich rufe noch mal; immer noch keine Antwort. Ich zögere; eigentlich ist es nicht meine Art, einfach so ungebeten ein Haus zu betreten, doch ich mache mir ein bisschen Sorgen. Ich würde mich lieber vergewissern, ob alles in Ordnung ist, immerhin ist sie vierundachtzig Jahre alt. Ich gehe in Richtung Wohnzimmer und rufe wieder, aber noch immer kommt keine Antwort. Mir pocht das Herz bis zum Hals, und ich bereite mich in Gedanken schon auf das Schlimmste vor. Ich stoße die Tür auf – und da ist sie.

Sie sitzt in dem großen Ohrensessel am Fenster, der Kopf ruht seitlich abgewandt in der Nische zwischen Rücken- und Ohrenlehne; ihr Nacken ist ein wenig überdehnt, und die lose, papierne Haut spannt sich über den deutlich sichtbaren Sehnen. Ihr Haar ist ein bisschen zerzaust; die Augen hat sie geschlossen. Mir rutscht das Herz in die Hose. Einen Moment lag denke ich tatsächlich, sie ist tot.

Ich klammere mich an der Tür fest. »Nancy?«, flüstere ich.

Da zuckt sie plötzlich zusammen und reißt die Augen auf. Ich weiß nicht, wer von uns beiden überraschter ist.

»Monica?«, fragt sie, als ob sie sich vergewissern müsste, dass sie schon wach ist und nicht mehr träumt.

»Oh, Nancy, das tut mir leid. Ich wollte Sie nicht erschrecken.« Ich bin jetzt ganz verlegen und durcheinander. »Ich habe mir bloß Sorgen gemacht. Ich habe ein paar Mal gerufen, und niemand hat geantwortet. Deshalb hab ich schon befürchtet, Sie könnten vielleicht krank sein.«

»Ich habe bloß ein kleines Nickerchen gemacht. Das mache ich oft um diese Zeit.« Jetzt erhebt sich Nancy von ihrem Sessel, streicht ihre Bluse glatt und richtet sich das Haar. »Ich habe gar nicht mit Besuch gerechnet.«

»Sie sollten wirklich besser die Tür abschließen, bevor Sie einschlafen. Jeder könnte hier unbemerkt reinkommen. Sie könnten beraubt oder ermordet werden, ohne dass es jemand merkt.«

Nancy lächelt, dieses wunderbare, von innen kommende Lächeln, das ihr ganzes Gesicht aufhellt und sie Jahre jünger aussehen lässt.

»Ach, das glaube ich nicht. Dieses Viertel ist so sicher wie Fort Knox.«

»Früher vielleicht. Aber die Zeiten haben sich geändert, Nancy. Ritchie würde Ihnen das auch sagen.«

»Hören Sie auf, mir Vorhaltungen zu machen, Monica«, sagt Nancy, aber in freundlichem Tonfall. »Ich habe mir noch nie gern Standpauken angehört, und in meinem Alter werde ich mich wohl nicht mehr ändern. Also, wie kann ich Ihnen helfen? Sie sind doch bestimmt nicht gekommen, um mich bei einem Nickerchen zu ertappen.«

»Nein, natürlich nicht, das wissen Sie doch. Ich wollte etwas mit Ihnen besprechen. Da gibt es etwas, was Sie meiner Meinung nach wissen sollten.«

»Ach Gott, wahrscheinlich geht's um Ritchie«, seufzt Nancy. Plötzlich sieht sie wieder älter aus, erschöpft und niedergedrückt, als laste das Gewicht der ganzen Welt auf ihren Schultern. »Was hat er denn jetzt wieder angestellt?«

»Das ist mir ziemlich unangenehm, Nancy.«

»Dann gönnen wir uns lieber einen Drink. Im Büro steht eine Flasche guter irischer Whisky, und im Kühlschrank finden Sie Soda und Eis.«

»Okay, ich mache uns einen.«

Ich mixe uns einen Whisky-Soda. Als ich zurückkomme, sitzt sie wieder im Ohrensessel. Ich stelle ihr Glas auf den kleinen Kartentisch neben ihrem Sessel, trage meins zur Chaiselongue, die dem Sessel gegenübersteht, und nippe schon am Whisky, ehe ich mich hingesetzt habe – ich brauche jetzt wirklich einen Drink. Nancy greift nach ihrem Glas, hält es zwischen ihren geschwollenen Fingern und sieht mich prüfend an.

»Also los, Monica. Raus mit den schlechten Nachrichten!«, sagt sie trocken.

Ich erzähle ihr, dass ich mir schon seit einiger Zeit Sorgen um Varna Aviation mache, und berichte von dem Angebot von Wings West, dem Unternehmen aus Fort Myers. Ich erzähle ihr, dass Ritchie es rundweg abgelehnt hat, das Angebot überhaupt in Erwägung zu ziehen, und gesagt hat, er wolle sie nicht damit belasten.

»Aber ich finde, Sie haben ein Recht, es zu erfahren«, schließe ich meinen Bericht.

»Das finde ich auch.« Nancys Mund hat sich zu einer schmalen Linie verzogen.

»Vielleicht möchten Sie es ja sowieso ablehnen«, sage ich, »aber ich finde es nicht richtig, dass er Ihnen nichts davon erzählt hat.«

Nancy schweigt eine Weile nachdenklich. Doch was in ihrem Kopf vorgeht, vermag ich nicht zu sagen. Dann schaut sie mich wieder an.

»Wie ist denn Ihre Meinung zu dem Thema, Monica?«

»Meine?«, frage ich überrascht. Ich bin schon ewig lange bei Varna Aviation, aber ich bin es trotzdem nicht gewöhnt, dass man mich nach meiner Meinung fragt. Ich gebe zu, dass ich sie durchaus ungefragt äußere, aber das ist schließlich nicht dasselbe.

»Sie sind vor Ort«, sagt Nancy. »Wenn einer den Überblick hat, dann Sie.«

»Okay.« Ich trinke einen großen Schluck von meinem Whisky-Soda. »Ich halte es für ein durchaus faires Angebot. Vielleicht ist es besser, das Angebot anzunehmen, als erst pleite zu gehen und dann zusehen zu müssen, wie sie sich die Firma zu einem Spottpreis schnappen. Ich möchte zwar ungern das Ende von Varna Aviation erleben, aber ich habe das ungute Gefühl, dass es so oder so kommen wird – und wir sollten lieber im Triumph abziehen, als unsere Niederlage noch lange hinauszuzögern.«

Sie nickt nachdenklich. »Aber Ritchie ist nicht einverstanden. Na ja, das ist typisch. Wann hätte sich Ritchie je für den vernünftigen Weg entschieden?«

»Ihm missfällt die Vorstellung, für jemand anderen zu arbeiten, und das kann ich gut verstehen«, verteidige ich ihn instinktiv.

»Ich wage zu behaupten, dass ihm die Vorstellung, auf Arbeitslosengeld angewiesen zu sein, noch weniger gefallen würde«, erwidert Nancy bissig.

»Er scheint zu glauben, dass Varna Aviation aus eigener Kraft überleben kann …« Ich zögere. Ich möchte die Geschichte mit Dexter Connelly nicht ansprechen, wenn es nicht unbedingt sein muss. Das wäre ein zu großer Vertrauensbruch. Die Kacke ist sowieso schon am Dampfen, allein weil ich Nancy von dem Übernahmeangebot erzählt habe. Wenn ich jetzt außerdem die Sache mit Connelly ausplaudere, wird Ritchie mir das nie verzeihen. Und wenn Nancy sich dafür entscheidet, die Firma zu verkaufen, wird die Verbindung zu Connelly sich hoffentlich ohnehin auflösen, ohne dass Nancy davon erfahren muss. Und wenn nicht – nun, dann ist es jedenfalls nicht mehr ihr Problem.

»Wenn er nicht gerade Trübsal bläst, dann ist er ein blauäugiger Optimist«, sagt Nancy und schüttelt den Kopf. »Jedenfalls vielen Dank, Monica, dass Sie mich informiert haben. Ich rede mit Ritchie. Und ich glaube, dann müssen wir uns alle mal zusammensetzen, die Geschäftsbücher genau anschauen und uns einen Weg überlegen, wie wir da wieder rauskommen.«

»Ich fürchte, ich habe mich jetzt nicht gerade beliebt gemacht«, sage ich reumütig.

»Sie sind ein Goldstück, Monica, und wenn Richard das nicht merkt, ist er noch dümmer, als ich gedacht habe.« Nancy trinkt ihren Whisky aus. »Möchten Sie noch einen?«

Am liebsten würde ich nach Hause gehen, die Beine hochlegen und mir irgendeine dämliche Fernsehshow anschauen. Aber es tut mir leid um Nancy, die dann wieder allein wäre.

»Okay«, stimme ich also zu, schenke uns nach und suche nach irgendeinem anderen Gesprächsthema. »Haben Sie noch mal was von Sarah gehört?«

»Gestern habe ich mit ihr telefoniert. Sie will bald wiederkommen.«

»Hey, das ist ja toll!«

Aber Nancy wirkt irgendwie verhalten. Ich hätte erwartet, dass sie über die Aussicht auf Sarahs baldigen Besuch ganz aus dem Häuschen sein würde, doch aus irgendeinem Grunde ist sie es nicht. »Ja, nicht wahr«, sagt sie, doch ihr Tonfall klingt ebenfalls verhalten. Irgendetwas spricht sie nicht aus, und mir ist so unbehaglich zumute, als hätte ich mich auf verbotenes Terrain gewagt, aber ich weiß beim besten Willen nicht, warum.

»Hat sie vielleicht vor, für immer hierzubleiben?«, wage ich einen Vorstoß.

»Das glaube ich nicht.« Aber sie gibt mir auch keine weiteren Erklärungen.

Wir unterhalten uns noch etwa eine Stunde weiter, Klatsch und Tratsch über dies und das, wobei wir sämtliche persönlichen Themen weiträumig umschiffen. Wenn ich nicht so furchtbar müde wäre und mir so schreckliche Sorgen über die jüngsten Vorfälle machen würde, hätte es beinahe vergnüglich sein können. Nancy ist immer noch eine anregende Gesprächspartnerin.

Als ich aufbreche, ist Ritchie immer noch nicht nach Hause zurückgekehrt. Nancy begleitet mich nach draußen.

»Bitte schließen Sie die Tür gleich hinter mir zu!«, warne ich sie.

»Ach, hören Sie doch auf!«

»Bitte, tun Sie es!«

»Okay, wenn es Sie glücklich macht.« Sie berührt meinen Arm. »Danke, Monica. Kommen Sie mich doch bald wieder mal besuchen.«

»Das werde ich. Und Sie holen sich jetzt Ihren Kakao und ein gutes Buch und legen sich ins Bett. Bleiben Sie bloß nicht bis in die Puppen auf, um auf Ihren nichtsnutzigen Sohn zu warten!«

»Das habe ich schon aufgegeben, als er achtzehn war«, erwidert sie trocken. Aber ich habe das Gefühl, dass sie heute eine Ausnahme machen wird. Sie wird nicht schlafen können, bis sie sich mit ihm ausgesprochen hat.

»Gute Nacht, Nancy.« Ich drehe mich noch mal um und winke ihr zu. Sie steht da, hält sich am Türrahmen fest, und wenn ich sie nicht besser kennen würde, könnte ich fast denken, dass sie Tränen in den Augen hat. Aber Nancy ist hart im Nehmen. Sie mag alt und gebrechlich sein, aber sie hat ein Rückgrat aus Stahl. Nichts und niemand bringt Nancy so schnell dazu, klein beizugeben. Ich möchte nicht an Ritchies Stelle sein, wenn er auftaucht und sie ihn sich zur Brust nimmt. Und das wird sie, da bin ich mir sicher. So sicher, wie man nur sein kann.

Als Ritchie ins Büro stürmt, weiß ich sofort, dass ich mit meinen Befürchtungen Recht hatte. Er holt sich einen Kaffee aus der Maschine, knallt die Tasse auf meinen Schreibtisch und schaut mich finster an.

»Was zum Teufel hast du dir dabei gedacht, Monica?«

Er muss gar nichts weiter erklären; ihm ist klar, dass ich genau weiß, wovon er redet.

»Sie hatte ein Recht, es zu erfahren«, entgegne ich. »Du wolltest es ihr nicht sagen, deshalb hab ich es getan.«

»Was in diesem Büro geschieht, ist vertraulich. Ich sollte dich feuern!«

Ich verschränke die Arme vor der Brust und starre ihn genauso wütend an wie er mich. »Na los, dann tu's doch.«

»Du bist eine verdammte Idiotin. Warum konntest du dich nicht einfach da raushalten?«

»Weil ich weiß, was richtig ist. Weil ich nur dein Bestes im Sinn habe, wenn du es unbedingt wissen willst.«

»Ja, klar. Das hab ich schon mal gehört. Von meinen Exfrauen.«

»Wie geht es denn Mary-Lyn eigentlich?«, frage ich spitz.

Ritchies Wangen werden noch röter, aber er antwortet nicht.

»Ist dir klar, dass Nancy jetzt will, dass wir uns alle zusammensetzen und die Bücher durchgehen?«

»Das ist auch das Beste«, sage ich stur. »Ich habe das ungute Gefühl, dass es da noch mehr Sachen gibt – oder geben wird –, die du ihr lieber verheimlichen möchtest. Oder sollen die Steuerprüfer lieber nichts von deinen Flügen für Mr. Jack Pele erfahren?«

»Aber ja, warum denn nicht?«

»Das erklär du mir. Ich habe übrigens nichts davon Nancy gegenüber erwähnt. Ich habe ihr auch nicht erzählt, dass du neuerdings ganz dicke mit Dexter Connelly bist. Und ich hoffe, das werde ich ihr auch nie erzählen müssen.«

»Verdammt noch mal, Monica …« Er wirkt allerdings plötzlich verlegen und weicht meinem Blick aus.

»Ich lasse mich nicht für dumm verkaufen, Ritchie«, sage ich. »Ich weiß genau, was du vorhast – oder kann es mir jedenfalls gut vorstellen. Ich denke, du solltest Mr. Jack Pele – oder wie immer er in Wirklichkeit heißt – anrufen und den Flug absagen. Mit so was willst du doch wohl nichts zu tun haben. Oder mit solchen Leuten. Du spielst mit dem Feuer, wenn du dich mit denen einlässt.«

»Ich brauche die Kohle, Monica.«

»Dann beschaff sie dir auf ehrlichem Wege. Verkauf die Firma an Wings West. Denk drüber nach, Ritchie! Willst du wirklich im Knast enden?«

»Willst du damit etwa sagen, dass ich ein Krimineller bin, Monica?«

»Wenn du dir den Schuh anziehen willst. Auf jeden Fall ist

das, was du da vorhast, nicht nur gesetzwidrig, sondern auch moralisch falsch! Hast du kein Gewissen mehr, Ritchie?«

»Ein Gewissen ist ein Luxus, den ich mir im Moment nicht leisten kann.«

»Ich glaube, du kannst dir noch weniger leisten, darauf zu verzichten! Eins sag ich dir, Ritchie, wenn diese Sache nicht aufhört, dann kannst du auf mich nicht mehr zählen. Du brauchst mich gar nicht zu feuern, ich gehe dann von ganz allein. Also: Wirst du Connelly anrufen und den Deal absagen, oder soll ich es tun?«

»Verdammt noch mal, Monica.« Jetzt bricht Ritchie der Schweiß aus. Ein dünner, glänzender Film sammelt sich auf seiner Stirn. »Halt dich bloß da raus!«

»Das hättest du wohl gern!«

»Willst du mit einer Kugel im Kopf enden? Niemand stellt sich Connelly in den Weg und kommt so einfach davon. Das ist eine Sache zwischen ihm und mir. Ich habe dir gesagt, du sollst dich da raushalten. Wenn er erfährt, dass du Bescheid weißt …«

Seine Bestürzung ist mir Beweis genug. »Also habe ich Recht gehabt. Du bist ein Arschloch, Ritchie. Ein geldgieriges Arschloch.«

Ritchie sieht jetzt aus wie ein Kaninchen, das im Scheinwerferlicht eines Autos erstarrt ist. Er ist hin- und hergerissen zwischen Panik und Wut und weiß nicht, wie er reagieren soll. Aber er macht mir keine Angst. Ich kenne ihn schon viel zu lange.

»Warum zum Teufel hast du dich da reinziehen lassen?«, frage ich.

»Du weißt genau, warum.«

»Es muss aufhören!«

Ritchie zuckt kläglich mit den Achseln, er sieht aus wie ein geprügelter Hund.

»Es gibt einen Ausweg«, sage ich. »Und zwar Varna Aviation

zu verkaufen. Auf legale und ordentliche Weise wirft die Firma keinen Gewinn mehr ab, das hast du ja selbst gemerkt. Du musst das Angebot annehmen, solange es auf dem Tisch ist. Ich glaube, dass Nancy es ohnehin annehmen wird. Dadurch wirst du Connelly los. Er wird es nicht riskieren wollen, dass irgendjemand anderes von seinem lukrativen kleinen Geschäft erfährt; und sie würden bestimmt Wind davon bekommen. Du konntest die Sache ja noch nicht mal vor mir verbergen, und im Moment bist du noch der Chef. Ruf ihn an, Ritchie! Sag ihm, der Deal ist vorbei.«

Ich sehe Ritchie an, dass er über meinen Vorschlag nachdenkt. Sein Blick flattert unstet hin und her, und er trommelt sich mit den Fingerspitzen ans Kinn.

»Ich muss wenigstens noch die Flüge durchführen, die wir geplant haben, Monica. Wie gesagt, Connelly wird es nicht einfach hinnehmen, wenn man seine Pläne durchkreuzt.«

»Na gut.« Es gefällt mir nicht, aber ich verstehe, worauf er hinauswill. Connelly ist ein mächtiger, gefährlicher Mann. Er geht davon aus, dass er für heute Abend und für die nächste Woche ein Flugzeug für seine krummen Geschäfte sicher hat. Die Sache ist detailliert geplant, und wenn etwas schiefgeht, dann rollen Köpfe. Wahrscheinlich Ritchies. Wie konnte er bloß so blöd sein und sich auf jemanden wie Connelly einlassen? Aber er hat es getan. Nun kann man nur noch Schadensbegrenzung betreiben.

Wenigstens ist die Sache zwischen uns jetzt offen ausgesprochen. Und vielleicht kann ich ihm so gerade noch aus dem Schlamassel helfen, in den er sich gebracht hat. Solange er sich nicht weiterhin weismachen lässt, das Ganze sei leicht verdientes Geld. Das ist der entscheidende Punkt.

»Okay, ich sehe ein, dass es wahrscheinlich gescheiter ist, den Termin heute Abend einzuhalten. Und vor der nächsten Woche setzen wir uns zusammen. Wenn wir Wings West auf den Plan kriegen, wird das die Sache vereinfachen. Aber sei bloß vorsichtig, verdammt! Das ist bloß ein ganz normal gecharterter Flug, mehr weiß keiner. Belassen wir es dabei.«

»Darauf kannst du wetten.« Mir scheint, Ritchie ist tatsächlich erleichtert, dass wir darüber geredet haben, aber ich fühle mich, als wäre ich in einem Albtraum gefangen. Mir pocht das Blut im Kopf, und meine Nackenmuskeln sind völlig verkrampft.

»Hol mir bitte einen Kaffee, Ritchie«, sage ich. »Stark und mit viel Zucker. Den habe ich jetzt nötig.«

Am Dienstag führt Ritchie seine geheime Tour durch, die nach außen wie ein ganz normal gecharterter Flug erscheint. Die ganze Zeit über nagt dieses äußerst ungute Gefühl an mir. Ich bin bedrückt und ängstlich, obwohl das normalerweise überhaupt nicht meine Art ist. Aber heute hängt eine dicke schwarze Wolke nicht bloß über mir, sondern hat sich in mir breitgemacht. Weder die Anfrage nach einer Probeflugstunde noch der Tourist, der eine Sightseeing-Tour über die Everglades buchen will, konnte meine Laune heben. Das Einzige, was ich voraussehe, ist Ärger, nichts als Ärger.

Ritchie ist immer noch nicht zurück, als ich zusammenpacke und mich auf den Heimweg mache. Ich habe zwar eigentlich auch nicht damit gerechnet, dass ich ihn noch sehen würde, aber gehofft habe ich es trotzdem. Zu Hause erhalte ich einen Anruf von Troy, der mir erzählt, dass er befördert worden ist. Das sollte mich eigentlich aufheitern, aber in meiner momentanen Stimmung kann mich gar nichts ablenken. Toll, sage ich zu ihm. Ich bin wirklich stolz auf ihn, doch mit den Gedanken bin ich woanders. Ich brate mir ein paar Spiegeleier, weil ich keine Lust habe, die Spaghetti mit Fleischklößchen zu machen, die ich ursprünglich kochen wollte. Ich schaue mir die Nachrichten auf Fox an, lege mich in ein heißes Schaumbad und gehe dann zu Bett. Stundenlang wälze ich mich hin und her, und es kommt mir so vor, als hätte ich überhaupt nicht geschlafen. Aber ich muss eingenickt sein, denn als ich das Telefon klingeln höre, fahre ich erschreckt hoch. Ich werfe einen Blick auf die Uhr, während ich mir den Hörer vom Nachttisch greife: Es ist viertel nach zwölf. Zahllose Befürchtungen gehen mir durch den Kopf, ehe ich endlich den Hörer am Ohr habe. Niemand ruft zu dieser nachtschlafenden Zeit an, es sei denn, es ist etwas Schlimmes passiert.

»Monica?« Es ist Nancys Stimme. Mein Herz setzt aus. Oh Gott, Ritchie!

»Nancy?«

Noch ehe ich fragen kann, was los ist, sagt sie: »Es tut mir wirklich leid, Sie so spät noch anzurufen. Ich würde Sie auch nicht belästigen …«

Nicht nur mein Herz ist stehen geblieben; es kommt mir vor, als sei die ganze Welt ebenfalls stehen geblieben. Ich zittere; die Angst macht mich schwach. Ich möchte gar nicht hören, was sie mir sagen will, aber ich muss. Ich muss es wissen.

»Was ist passiert, Nancy?«

»Sie werden sehr ärgerlich auf mich sein …«

Ich verstehe überhaupt nicht, was sie meint. »Was?«

»Ich glaube, ich habe die Terrassentür wieder offen gelassen und bin im Sessel eingeschlafen. Irgendjemand ist ins Haus eingedrungen. Er hat das ganze Haus auf den Kopf gestellt, und ich habe überhaupt nichts davon mitbekommen. Ich habe alles verschlafen. Ich habe schon die Polizei angerufen, aber sie sind noch nicht hier. Wahrscheinlich betrachten sie es nicht als Notfall. Vielleicht kommen sie heute Nacht auch gar nicht mehr. Aber Ritchie ist nicht da, ich bin ganz allein, und mir ist nicht ganz wohl …«

Ich zittere immer noch, bin aber zutiefst erleichtert. Gott sei Dank ist Ritchie nichts passiert. Mit einem Einbruch kann ich umgehen.

»Ich bin gleich bei Ihnen.«

»Nein, bloß nicht, Monica. Ich wollte nur mit jemandem reden, und Sie …«

»Keine Widerrede, Nancy! Bin schon unterwegs.«

Als ich vorfahre, ist Nancys Haus hell erleuchtet und ein Polizeiwagen steht in ihrer Einfahrt. Ich halte am Straßenrand, bemüht, den Einsatzwagen nicht zuzuparken. Schließlich möchte ich keinen Ärger mit den Gesetzeshütern.

Der zuständige Polizist kommt mir in der Diele entgegen. Ich kenne ihn vom Sehen, ein großer Kerl mit einer Figur wie ein Boxer – und er hat auch eine Boxernase. Offenbar hat er schon das ein oder andere Mal einen Faustschlag einstecken müssen. Vesty heißt er. Officer Vesty. Er ist schon in Varna, solange ich mich erinnern kann, aber ich habe nicht allzu viel Kontakt mit den Gesetzeshütern. Abgesehen von dem einen Mal, als Russell mit seinen Kumpeln ausgegangen war und ein bisschen zu viel getrunken hatte. Officer Vesty fand ihn am Rande der Schnellstraße liegen und brachte ihn nach Hause. Er hätte ihn auch in die Ausnüchterungszelle schließen können, aber das hat er nicht getan; lieber hat er ihn vor die Haustür gesetzt und geklingelt, damit ich ihn reinholen konnte. Von daher denke ich, dass Officer Vesty ziemlich in Ordnung ist.

Es scheint so, als ob er sich auch noch an mich erinnern kann. »Mrs. Rivers, nicht wahr?«, fragt er.

»Ja, ganz richtig. Ich arbeite für die Costellos im Büro. Was ist denn passiert? Nancy hat erzählt, bei ihr sei eingebrochen worden.«

»So sieht es jedenfalls aus.« Officer Vesty – mir ist so, als ob er mit Vornamen Roy heißt – nickt mit dem Kopf in Richtung Küche. »Mrs. Costello ist da drin. Sie ist ziemlich durcheinander.«

»Ich gehe zu ihr. Gestern Abend noch habe ich ihr geraten, alles sicher abzuschließen, ehe sie ein Nickerchen macht.«

Roy Vesty rührt sich nicht vom Fleck. Er steht da, die Hände in die Hüften gestemmt, und betrachtet mich aufmerksam.

»Sieht so aus, als hätte sie sich Ihren Rat zu Herzen genommen. Das Fenster in der Tür ist eingeschlagen worden.«

Ich reiße ungläubig die Augen auf. »Und davon ist sie nicht wach geworden?«

»Sie sagt, sie hatte Schmerztabletten gegen ihre Arthritis geschluckt. Wie gesagt, sie ist ziemlich wacklig auf den Beinen. Gut, dass Sie gekommen sind, um nach ihr zu schauen. Wo steckt überhaupt ihr Sohn?«

»Ritchie? Er ist für einen Kunden unterwegs.« Ich gehe lieber nicht weiter ins Detail, das erscheint mir unter den gegebenen Umständen besser. »Er müsste bald zu Hause sein.«

»Ja. Na dann.« Roy Vesty bewegt seinen massigen Körper zur Seite, und ich gehe in die Küche.

In der Küche herrscht ein einziges Durcheinander. Alles ist aus den Schränken gezerrt worden, die Schubladen wurden herausgezogen und ihr Inhalt über den Boden verteilt, und die Kühlschranktür steht offen.

Roy Vesty hat keineswegs übertrieben, als er sagte, dass Nancy durcheinander sei. Sie ist weiß wie ein Laken und irgendwie in sich zusammengesunken, so dass sie auf einmal regelrecht winzig wirkt. Nancy war nie besonders groß und hatte auch nie viel Fleisch auf den Knochen, doch jetzt sieht sie aus, als könne man sie wegpusten wie eine Feder.

»Monica, danke, dass Sie gekommen sind! Ich habe Ihnen doch gesagt, Sie sollen sich die Mühe nicht machen. Aber ich bin natürlich froh, dass Sie da sind.« Auch ihre Stimme klingt zittrig.

Die Tür steht offen. Ich kann sehen, dass das Fenster darin eingeschlagen wurde, genau wie Roy Vesty es gesagt hat. Überall auf dem Boden liegt Glas herum, ein paar große Scherben und viele kleine; ein paar glitzern wie Glimmer inmitten von verstreutem Kaffee, Salz und Spülmaschinenpulver.

»Was zum Teufel ist denn hier passiert?«, frage ich.

Nancy setzt sich auf einen der Küchenstühle. »Irgendetwas hat mich geweckt, ich glaube, als die Tür zum Garten zuschlug. Und dann habe ich das ganze Zeug auf dem Boden gesehen, die offenen Schubladen; alles herausgezogen …«

»Die waren in dem Zimmer, in dem Sie geschlafen haben?«, frage ich entsetzt.

»Müssen Sie wohl. Ich habe kurz in der Küche nachgeschaut und das ganze Durcheinander hier entdeckt, obwohl mir zuerst gar nicht aufgefallen ist, dass das Fenster in der Tür zerbrochen war. Ich kann gar nicht verstehen, wieso ich nicht aufgewacht bin.«

»Gott sei Dank sind Sie nicht aufgewacht!« Mich überläuft ein kalter Schauer, wenn ich mir vorstelle, was hätte passieren können, wenn Nancy zu sich gekommen wäre und die Eindringlinge in ihrem Wohnzimmer gefunden hätte. »Sie brauchen eine Tasse Tee, Nancy, und ich könnte auch eine gebrauchen.«

Ich stelle den Wasserkocher an, finde Tassen und ein paar Teebeutel, die überall auf der Küchentheke verstreut liegen. Das ganze Durcheinander muss irgendwie aufgeräumt werden, aber das hat noch Zeit. Ich nehme an, dass die Spurensicherung im Moment sowieso nicht möchte, dass schon etwas verändert wird.

Ich koche Tee für Nancy und mich und brühe noch ein paar Tassen extra für Roy Vesty und seinen Kollegen. Ich bin gerade dabei, Milch und Zucker reinzurühren, als ich eine Autotür zuschlagen höre. Kurz darauf steht Ritchie in der Küche.

»Was zum …«

Ich rechne schon damit, dass er jetzt ordentlich Dampf ablassen und fluchen wird, aber zu meiner Erleichterung gilt Ritchies erster Gedanke Nancy. Er geht gleich zu ihr hin, und sein Gesichtsausdruck verrät mir, dass er trotz all der Feindseligkeit, die er häufig an den Tag legt, tief drinnen große Stücke auf sie hält.

»Mom, alles in Ordnung mit dir?«

»Mir geht es gut, Ritchie. Mach dir keine Sorgen um mich!«

Doch für einen winzigen Augenblick lehnt sie sich an den Arm, den er ihr als Stütze anbietet, und ich bekomme eine flüchtige Ahnung von der engen Bindung, die zwischen ihnen besteht, obwohl sie viel zu oft von ihren gegenseitigen Sticheleien verdeckt wird. Das Band zwischen Mutter und Sohn, das vielleicht manchmal bis an die Grenze gedehnt und strapaziert wird, ist so stark und belastbar wie ein Faden aus gesponnener Seide.

»Was zum Teufel ist hier los?«, fragt Ritchie. Aber er ist immer noch freundlich zu ihr.

Ich koche noch eine Tasse Tee und erzähle ihm, was passiert ist.

»Was haben die Schweine mitgenommen?«, fragt er.

»Das ist das Komische«, sagt Nancy verwirrt. »Ich konnte bisher nicht feststellen, dass sie viel mitgenommen haben. Vielleicht ein bisschen Silberbesteck, aber mein Schmuck scheint noch komplett da zu sein und auch deine Musikanlage. Ich hätte gedacht, dass sie die mitnehmen würden, so teuer wie die war.«

Roy Vesty lehnt sich an die Küchentheke und hält die Tasse in seinen großen Händen.

»Kommt mir so vor«, sagt er nachdenklich, »als hätten die weniger was stehlen wollen als vielmehr was gesucht.« Er wendet den Kopf und blickt Ritchie direkt an. »Haben Sie vielleicht irgendeine Ahnung, was das sein könnte?«

Ritchie schüttelt den Kopf, aber er wirkt jetzt irgendwie unehrlich und verschlagen. Er ist schon wieder ganz der alte Ritchie, und plötzlich widert er mich an. Ich kenne diesen Blick, und er gefällt mir kein bisschen. Plötzlich will ich nicht mehr hier sein. Ich will mit dieser Sache nichts zu tun haben.

»Jetzt, wo du wieder zu Hause bist, Ritchie, kann ich mich ja auf den Weg machen«, sage ich. »Ich komme morgen Vormittag vorbei, Nancy, und helfe Ihnen beim Aufräumen. Ich glaube, hier werde ich morgen mehr gebraucht als auf dem Flugplatz.«

Sie dankt mir noch mal, und ich umarme sie. Sie fühlt sich sehr klein, beinahe zerbrechlich an. Wie ein verletzter Vogel.

Ich lasse sie nur ungern in diesem Chaos allein, für das letzten Endes Ritchie irgendwie mit verantwortlich ist, da bin ich mir ziemlich sicher. Aber manches übersteigt einfach meine Pflicht.

Ritchie folgt mir nach draußen. »Monica …«

»Sag jetzt bloß nichts, Ritchie!«, warne ich ihn. »Ich will gar nichts hören. Nur noch eines: Ich denke, du solltest den Arzt rufen, dass er mal nach deiner Mutter schaut. Wenn du mich fragst, sieht sie wirklich krank aus, und so ein Schock, wie sie ihn gerade erlebt hat … da sollte man lieber vorsichtig sein.«

»Das habe ich auch schon gedacht. Ich rufe ihn an und sorge dafür, dass er sie mal untersucht. Danke für alles, Monica.«

»Kein Problem.«

Ich steige ins Auto, lasse den Motor an und fahre nach Hause. Ich werde versuchen, das Beste aus der angebrochenen Nacht zu machen. Ich habe das Gefühl, dass ich dringend meine Batterien wieder aufladen muss, um morgen fit zu sein. Ich weiß, dass ich nicht einschlafen werde. Mir geht viel zu viel durch den Kopf. Am liebsten würde ich meine Gedanken nicht zu Ende denken, aber ich habe furchtbare Angst, dass Ritchie noch tiefer in der Sache drinsteckt, als ich vermutet habe. Und ich mache mir große Sorgen, welche Auswirkungen das auf Nancy haben wird.

Ich könnte Ritchie umbringen, ja, weiß Gott, das könnte ich. Am liebsten würde ich ihn packen und schütteln, bis ihm die Zähne klappern. Aber wahrscheinlich würde das auch nichts nutzen. Doch ich kann nicht einfach tatenlos zuschauen.

Ich schaue auf die Uhr – es ist viertel nach drei. Ich überschlage kurz im Kopf; in England ist es jetzt morgens. Ehe ich mich hinlege, werde ich noch Sarah anrufen.

Ich wähle die Auslandsvorwahl und die Nummer ihres Handys. Es klingelt eine ganze Zeit lang, und gerade, als ich denke, dass sie nicht drangehen wird, höre ich ihre Stimme am anderen Ende der Leitung – von der anderen Seite des Atlantiks.

»Sarah«, sage ich. »Ich bin's, Monica.«

»Monica?« Ihre Stimme klingt beunruhigt.

»Mach dir keine Sorgen, es ist alles okay!«, sage ich schnell. »Na ja, nicht ganz, aber ich möchte dich nicht erschrecken. Bei deiner Großmutter ist heute Nacht eingebrochen worden, und sie ist ziemlich durcheinander. Sie hat mir erzählt, dass du eventuell noch mal herkommen willst. Das solltest du wirklich tun. Ich mache mir Sorgen um deine Großmutter, Sarah. Sie braucht dich.«

Sarah

Ich kann gar nicht glauben, dass ich so schnell wieder in Florida bin. Aber der Anruf von Monica hat mir die Entscheidung praktisch abgenommen. Ich hatte mich schon gefragt, wie ich um alles in der Welt noch weiteren Urlaub bekommen sollte, nachdem mein Urlaub gerade erst zu Ende war, doch jetzt hatte ich einen guten Grund. Ich bat um Urlaub aus dringenden familiären Gründen und erhielt ihn auch. Ich buchte einen Flug im Internet. Und schon saß ich wieder in einem Flugzeug über dem Atlantik. Eigentlich hatte ich gehofft, dass Mum mich vielleicht begleiten würde. Ich hatte es ihr schon vorgeschlagen, als ich ihr von meinem Besuch in Gloucestershire berichtete und ihr erzählte, was Chris Mackenzie gesagt hatte. Ihre Antwort fiel allerdings wieder mal so aus, wie ich es von Mum gewöhnt war.

»Was für eine Frechheit! Er tut ja gerade so, als wüsste er mehr über unsere Familie als wir!«

»Noch weniger ist ja auch kaum möglich«, erwiderte ich spitz. »Bist du dir sicher, Mum, dass John wirklich Macs Sohn ist?«

»Ich habe keine Lust mehr, schon wieder über dieses Thema zu reden«, fuhr Mum mich an. »Was du tust, ist deine Sache, Sarah. Du wirst wahrscheinlich sowieso wieder machen, was du willst, genau wie immer. Aber ich fliege ganz bestimmt nicht nach Florida, bloß weil der Sohn dieses Mannes meint, ich solle das tun – auch wenn es ihm offenbar gelungen ist, dich hinzuschicken.«

»Ich fliege, weil ich es möchte, und nicht, weil er mich geschickt hätte«, sagte ich kurz angebunden. »Und ich finde wirklich, du solltest mitkommen.« Aber mir war klar, dass ich auf taube Ohren stieß.

Allerdings hätte ich erwartet, dass sie es sich anders überlegt, nachdem ich ihr von Monicas Anruf und ihren Sorgen um Nancy erzählt hatte. Diesmal tat Mum einen Besuch auch keineswegs pauschal ab. Aber sie sagte, dass sie auf keinen Fall alles stehen und liegen lassen könne, um nach Florida zu reisen; sie hätte zu viele Verpflichtungen. Wenn ich ihr noch ein oder zwei Wochen Zeit ließe, dann vielleicht.

»Nein, Mum. Ich fliege, sobald ich kann. Grandma braucht jetzt Hilfe, nicht in einer Woche oder in einem Monat.«

»Gut, dann bestell ihr liebe Grüße von mir«, sagte Mum, und es klang tatsächlich, als meinte sie es ernst.

Ich landete in Miami und nahm einen Anschlussflug nach Fort Myers. Monica wartet dort auf mich, in Grandmas Auto.

»Oh, Sarah, dem Himmel sei Dank, dass du da bist!«, sagt sie, als ich mich auf den Beifahrersitz schiebe.

»Wie geht es Grandma?«, erkundige ich mich.

»Nicht so gut. All das hat sie sehr mitgenommen.«

All das … Ich vermute, dass Monica den Einbruch meint. Aber mir ist klar, dass da noch mehr sein muss. Nancy ist bestimmt auch wegen Mac aus der Fassung. Ich hatte meinen Plan aufgeben müssen, ihr persönlich zu sagen, was ich herausgefunden hatte. Um ehrlich zu sein, war mir immer schon klar gewesen, dass das eine ziemlich unrealistische Option war, und natürlich hatte sie bei meinem Anruf als Erstes gefragt, ob ich mit meiner Suche Erfolg gehabt hätte. Mir war das Herz schwer geworden wie ein Stein.

»Tja. Ja und nein. Ich habe seinen Sohn ausfindig gemacht.«

»Seinen *Sohn*?«

»Ja. Er ist Arzt. Er heißt Chris.«

»Und Mac …?« Während ich noch nach den richtigen Worten suchte, sprach sie in die Stille hinein: »Er ist tot, nicht wahr?«

»Ja, leider, Grandma.«

Daraufhin herrschte kurz Schweigen. Ich konnte mir vorstellen, wie sie um Fassung rang. Schließlich sagte sie, sehr sachlich und nüchtern: »Ich dachte mir schon, dass er möglicherweise gestorben ist. Wann …?«

»Vor ein paar Jahren, Grandma. Ich habe mir vorgenommen, dich so bald wie möglich wieder zu besuchen, damit ich dir alles ausführlich erzählen kann.«

»Das wäre schön, Sarah. Hast du ihm Macs Fliegerkreuz gegeben?«

Dieses Thema wollte ich nicht am Telefon erörtern. »Ich werde alles für die Reise nach Florida vorbereiten. Dann können wir uns weiter darüber unterhalten.«

»Bitte, mach das! Und vielen Dank, Sarah.« Ihre Stimme klang tonlos. Da wusste ich, dass auch sie innerlich einen kleinen Tod gestorben war. Sie mochte zwar mit dieser Nachricht gerechnet haben, doch bis zu diesem Moment hatte sie immer noch hoffen können. Nun war auch diese letzte kleine Kerze erloschen, und ich kann nur vermuten, dass es sie schwer getroffen hatte.

Monica weiß von alldem natürlich nichts – zumindest nehme ich das an –, und ich werde bestimmt nicht diejenige sein, die es ihr erzählt.

Eine Beech Baron rollt über die Startbahn, sie scheint um einiges neuer zu sein als Grandmas. Als sie abhebt, starrt Monica ihr so gebannt hinterher, dass sie fast von der Fahrbahn abkommt.

»Wings West«, murmelt sie. »Das ist ein Flugzeug von Wings West. Weiß mit rubinrotem Streifen. Chic, was?«

»Wings West?« Ich wundere mich über ihr Interesse.

»Noch so eine Geschichte. Aber davon soll Nancy dir besser selbst erzählen.«

»Wovon erzählen?«

»Also gut. Sie haben ein Angebot für Varna Aviation abgegeben. Nancy will mit ihnen verhandeln, und Ritchie ist ziemlich sauer. Er wollte die Wings-West-Leute gleich zum Teufel schicken.«

Das sieht Ritchie ähnlich. »Und was meinst du dazu?«

»Wahrscheinlich ist es unter den gegebenen Umständen das Beste. Wir kämpfen wirklich ums Überleben, und Ritchie ... na ja ... Zum Thema Ritchie sage ich im Moment lieber nichts!«

Ich wundere mich über ihre Bemerkung. Normalerweise nimmt Monica Ritchie immer in Schutz.

»Ich habe eigentlich immer gedacht, dass du ihm schon zeigen würdest, wo's langgeht, Monica.«

Sie schnaubt. »Kannst du dir vorstellen, dass er und Mary-Lyn anscheinend schon wieder ganz dicke miteinander sind? Wie auch immer, ich bin jedenfalls fertig mit Ritchie. Auch ich bin nur begrenzt leidensfähig; noch mehr Mist muss ich mir nicht anschauen.«

»Meinst du ihn und Mary-Lyn?«

»Ja, das auch.« Mir scheint, dass da noch mehr ist; irgendetwas, womit sie noch hinter dem Berg hält. »Du hast ja keine Ahnung, was hier los war, seit du abgereist bist«, sagt sie dann.

Ich bin beunruhigt. »Was denn?«

Aber Monica schüttelt nur den Kopf. »Nein, ich habe schon viel zu viel gesagt. Sorg du nur dafür, dass es Nancy wieder gutgeht. Ich kann schon auf mich selbst aufpassen.«

Sie ordnet sich auf den Freeway in Richtung Süden ein, und mir ist klar, dass ich nichts mehr aus ihr herauskriegen werde. Sie verhält sich loyal bis zum Letzten. Umso schlimmer für Ritchie, dass er sie offenbar überhaupt nicht zu schätzen weiß.

»Aber eins kann ich dir verraten«, fügt sie nachdenklich hinzu. »Wenn ich wirklich mal jemanden suchen sollte, der auf mich aufpasst – da habe ich letzte Woche einen Typen gesehen, dem ich mich durchaus anvertrauen würde. Einer der Polizisten, die nach dem Einbruch in Nancys Haus kamen. Roy Vesty heißt er. Sieht noch ganz gut aus, der Kerl, auch wenn er schon einige Dienstjahre hinter sich hat, irgendwie wirkt er auch solide und zuverlässig. Ich hab mal ein bisschen rumgehört, und er scheint zurzeit solo zu sein. Den würde ich, glaube ich, nicht abweisen, wenn er bei mir vor der Tür stünde. Aber das wird er wohl nicht. Was Männer betrifft, scheine ich nicht allzu viel Glück zu haben.«

»Das weiß man nie – das kann sich noch ändern«, entgegne ich und denke mir, dass Monica wirklich mal einen Lichtblick verdient hätte, was die Liebe angeht.

Es dauert nicht mehr lange, und wir sehen die Beschilderung nach Varna. Die Straße von Fort Myers ist gut ausgebaut und um diese Zeit, am Nachmittag, nicht so voll wie sonst. Wir fahren über die lange, niedrige Brücke, und das helle Sonnenlicht und die leuchtenden Farben blenden mich nach den gedeckten Schattierungen Englands regelrecht. Lavendelblauer Himmel über uns, unter uns das Wasser von einem noch intensiveren Blau. Zu beiden Seiten üppiges Smaragdgrün. Der strahlend weiße Brückenaufbau. Silbrig glänzender Asphalt. Während die Klimaanlage den Duft von Florida hereinbläst, habe ich das Gefühl, dass sich in mir etwas Wunderbares tut – wie jedes Mal, wenn ich die Brücke nach Varna überquere. Ein aufgeregtes Flattern, eine tiefe innere Zufriedenheit. Obwohl ich hier nie gelebt habe, kommt es mir so vor, als würde ich nach Hause zurückkehren.

Monica fährt in die Einfahrt vor Nancys Haus. Ich blicke erwartungsvoll zur Haustür; normalerweise kommt Grandma immer heraus, um mich zu begrüßen, als habe sie schon am Fenster Ausschau nach mir gehalten. Heute aber nicht. Die Tür bleibt zu, die Fensterläden sind geschlossen. Ich wuchte meine Tasche aus dem Kofferraum, doch als ich mich wieder Richtung Haus drehe, steht sie da. Obwohl Monica mich vorgewarnt hat, bin ich entsetzt, wie stark sie sich verändert hat. Schon bei meinem letzten Besuch war mir aufgefallen, dass sich ihr Gesundheitszustand verschlechtert hatte, doch da hatte ich sie seit über einem Jahr nicht gesehen. Nun sind seit meinem letzten Besuch erst wenige Wochen verstrichen, und trotzdem wirkt sie merklich schwächer und gebrechlicher. Mir wird das Herz schwer. Monica hat gut daran getan, mich anzurufen. Ob es nun an Macs Tod liegt oder an dem traumatischen Erlebnis mit dem Einbruch, an der Sorge um eine mögliche Übernahme ihrer Firma oder an dem, was Monica noch angedeutet hat, oder an allem zusammen – auf jeden Fall ist es innerhalb kürzester Zeit mit ihr stark bergab gegangen. Daran kann ich zwar nichts ändern, aber wenigstens kann ich für sie da sein. Und das bin ich jetzt.

Monica bleibt noch ein bisschen. Sie scheint es nicht eilig zu haben, wieder zum Flugplatz zurückzufahren. Das ist für sie ziemlich ungewöhnlich und unterstreicht die Tatsache, dass sie von Ritchie die Nase voll hat. Monicas Anwesenheit hat zur Folge, dass Nancy und ich nicht dazu kommen, über private Dinge zu reden, obwohl Nancy sicherlich schon darauf brennt, mich über meinen Besuch in Gloucestershire auszufragen. Wir reden natürlich über den Einbruch, und die ganze Sache kommt mir ziemlich merkwürdig vor. Obwohl die Einbrecher praktisch sturmfreie Bude hatten und verschwunden sind, bevor Nancy wieder aufwachte, wurde nichts Wertvolles gestohlen. Auch die Untersuchungen der Polizei haben offenbar keine neuen Erkenntnisse gebracht. Und obwohl Monica so große Stücke auf Officer Vesty hält, scheinen er und seine Kollegen nicht allzu viel unternommen zu haben, um die Täter zu finden. Natürlich ist das in England heutzutage genauso: Ein Einbruch wird mehr oder weniger als Routinesache behandelt, mit einem Aktenzeichen versehen und erst einmal auf Eis gelegt.

Auch über das Übernahmeangebot sprechen wir.

»Ziehst du das wirklich ernsthaft in Betracht, Grandma?«, erkundige ich mich.

»Ja, Sarah. Ich denke darüber nach. Ritchie findet zwar, dass ich es nicht tun sollte, aber, um ehrlich zu sein, ich habe dabei nur sein Bestes im Auge. Er ist einfach nicht in der Lage, ein Geschäft zu führen, und es gibt niemand anderen, der es machen kann, jetzt, wo ich zu alt bin. Ritchie fühlt sich natürlich in seinem Stolz verletzt, das weiß ich, aber wenigstens wird er sich dann keine Sorgen mehr um unbezahlte Rechnungen machen müssen. Und er wird genug Geld auf der hohen Kante haben, wenn er es klug investiert, und dazu ein ordentliches Gehalt von Wings West bekommen.«

»Solange er nicht irgendwas Dämliches anstellt und sie ihn feuern«, wendet Monica ein.

»Ich kann ihn natürlich nicht ewig bemuttern«, erklärt Nancy müde. »Ich kann nur das tun, was in seinem Interesse ist – den Rest muss er selbst erledigen. Ich habe schon Kontakt mit Wings West aufgenommen und ihnen gesagt, dass ich das Angebot prüfe und darauf bestehe, dass Ritchie – und auch du, Monica – als Mitarbeiter übernommen werdet. Für nächste Woche habe ich einen Termin mit meinem Anwalt vereinbart.« Sie lächelt mich traurig an. »Es könnte gut sein, dass das deine letzte Chance ist, ein Flugzeug von Varna Aviation zu fliegen, Sarah. Nutze die Gelegenheit, solange es noch geht. Obwohl ich vielleicht im Übernahmevertrag festschreiben könnte, dass du die Flugzeuge zu günstigen Konditionen mieten kannst.«

»Das ist im Augenblick wirklich meine geringste Sorge«, erwidere ich. »Tu erst mal das, was für dich und Ritchie am besten ist.«

»Für Ritchie«, verbessert sie mich. »Für mich wird das bald alles keine Rolle mehr spielen.«

Mir kriecht ein Frösteln über die Haut. »Rede doch nicht solchen Unsinn, Grandma!«

Doch tief in meinem Innern weiß ich, dass sie nur die Wahrheit ausspricht.

Erst am Abend haben wir die Möglichkeit, ungestört miteinander zu reden. Ritchie kam nach Hause, hat sich geduscht und umgezogen, um dann gleich wieder loszuziehen.

»Du triffst dich mit Mary-Lyn, oder?«, fragte Nancy trocken.

»Mom, wenn wir wieder zusammenkommen, dann muss ich wenigstens einen Unterhalt weniger zahlen«, hat Ritchie erwidert. Und ist losgefahren. Endlich sind Nancy und ich allein.

»Komm, setzen wir uns auf die Terrasse«, schlägt Nancy vor. »Abends ist es dort sehr schön.«

Wir gehen durch die Küchentür nach draußen. Das Fensterglas ist ausgetauscht worden; wenn nicht der neue Dichtungskitt wäre, würde man gar nicht merken, dass es vor ein paar Tagen eingeschlagen wurde. Wir setzen uns an den Tisch neben dem Swimmingpool, genau wie vor einigen Wochen, als sie zum ersten Mal das Gespräch auf Mac brachte. Als alles anfing.

Nancy lehnt sich in ihren Stuhl zurück, die Hände im Schoß gefaltet und den Kopf ein wenig zur Seite geneigt. Sie betrachtet mich sehr aufmerksam und wartet. Plötzlich weiß ich gar nicht, wie ich anfangen soll. Ich habe dieses Gespräch so oft in Gedanken durchgespielt, doch jetzt, wo ich hier sitze und Nancy mich so eindringlich anschaut, ist alles anders als in meiner Phantasie.

»Hast du deiner Mutter erzählt, worum ich dich gebeten habe?«, fragt sie in die Stille hinein. Ich nicke. »Und was hat sie gesagt?«

»Sie war nicht sehr begeistert von dem Vorschlag.« Ich will lieber nicht genauer erläutern, was Mum tatsächlich gesagt hat.

Nancy seufzt. »Ach, typisch Ellen! Dann habe ich sie wohl mal wieder aufgeregt.«

»Grandma, du hast doch das Recht, zu tun und zu lassen, was du willst.«

»Ich weiß. Aber trotzdem … Ich wünschte, Ellen könnte es auch so sehen.«

Es quält mich, dass ich den Grund für Mums feindselige Haltung kenne. Und zugleich wird mir bewusst, wie wichtig Nancy die Reaktion ihrer Tochter ist. So wichtig, dass sie das Gespräch zuerst darauf gebracht hat, ehe sie mir auch nur eine einzige Frage zu Mac gestellt hat. Ich nehme mir vor, dass ich noch mal versuchen werde, Mum davon zu überzeugen, dass sie nach Florida kommen und Frieden mit ihrer Mutter schließen muss, solange das noch möglich ist. Es würde Nancy unendlich viel bedeuten, und ich bin mir sicher, dass Mum es ihr Leben lang bereuen wird, wenn sie sich nicht vor Nancys Tod mit ihr versöhnt.

Grandma setzt sich ein wenig aufrechter hin. Ich merke, dass sie sich innerlich rüstet für das, was ich ihr berichten werde.

»Also – Mac. Erzähl mal, was du herausgefunden hast!«

Ich erzähle ihr alles. Wie mich meine Nachforschungen zu Chris führten und was er mir über das Leben seines Vaters nach dem Krieg und über Macs Tod erzählt hat. Ich erzähle ihr, wie sympathisch Chris mir war und dass ich gut verstehen kann, warum Nancy seinen Vater nie vergessen hat, wenn die beiden einander auch nur irgendwie ähneln. Und dass mir Chris erzählt hat, dass Mac sie ebenfalls nie vergessen hat. Sie lächelt traurig.

»Ja, wir haben auch viel zusammen erlebt … Es gibt eben manche Dinge, die man nie vergessen kann. Und manche Menschen.«

Schweigen. Offenbar ist sie ganz in ihren Erinnerungen versunken. Dann sagt sie nachdenklich: »Ich bin froh, dass er einen Sohn bekommen hat.«

Mir kribbelt das Blut in den Adern. Ich hatte keine Ahnung, wie ich zu dem wirklich unangenehmen Teil des Gesprächs überleiten sollte, und plötzlich liefert sie mir das Stichwort, präsentiert es geradezu auf einem goldenen Teller. Falls ich den Mut habe, es aufzugreifen.

Ich hole tief Luft und blicke Nancy in die Augen. Und dann wage ich es und sage: »*Noch einen* Sohn, meinst du.« Und als sie mich verständnislos, ja geradezu ungläubig anstarrt, füge ich hinzu: »Es ist schon gut, Grandma. Ich weiß Bescheid über John. Ich weiß, dass er Macs Sohn war und Grandpa Joe ihn als sein eigenes Kind aufgezogen hat. Du musst mir nichts mehr vormachen.«

»Ach, Sarah!«, sagt sie. Ich habe das schreckliche Gefühl, dass sie gleich in Tränen ausbrechen wird. Wahrscheinlich hat ihr dieses Geheimnis in all den Jahren schwer auf der Seele gelegen.

Aber nun ist es heraus. Sie kann darüber sprechen, wenn sie möchte. Ich würde jedenfalls gern hören, was sie zu erzählen hat.

Ritchie

Sieht echt nicht gut aus. Ich sitze ganz schön tief in der Scheiße. Monica hat mal wieder Recht gehabt – wie immer –, die alte Besserwisserin. Ich hätte mich nie mit Dexter Connelly einlassen dürfen. Eigentlich hab ich das die ganze Zeit über selbst gewusst, aber irgendwie hatte ich das Gefühl, dass ich gar keine andere Wahl hätte. Ich brauchte das Geld, und ich brauchte das Geschäft – legal oder nicht.

Und – verdammt – zuerst schien es ja auch bestens zu laufen! Ich brauchte bloß das Flugzeug zu fliegen – und fliegen kann ich schließlich gut, um es mal in aller Bescheidenheit zu sagen. Den Rest konnte ich Connelly und seinen Leuten überlassen und mir meinen Anteil am Gewinn einstecken.

Das Problem war bloß, dass mir mein Anteil nicht gerade großzügig vorkam, gemessen am Risiko, das ich einging. Und blöd wie ich bin, dachte ich mir, er würde es gar nicht merken, wenn ich selbst ein bisschen von der verbotenen Fracht abzweige. Ich hätte es besser wissen müssen. Ein Geschäftsmann vom Schlage Connellys kann es sich nicht leisten, verschlafen durch die Welt zu gehen. Nur ein paar kleine Tütchen aus einer Ladung, die Tausende von Dollar wert ist – aber er hat es gemerkt. Oder jedenfalls Verdacht geschöpft. Und dann hat er seinen Schlägertrupp geschickt, um mein Haus zu durchsuchen. Sie sind eingebrochen und haben Mom zu Tode erschreckt.

Natürlich haben sie nichts gefunden. Ich hatte das Zeug schon längst verschwinden lassen. Mary-Lyn und ich haben ein paar Linien gezogen und uns einen lustigen Abend bei ihr zu Hause gemacht – in dem Haus, das früher auch mal meins war. Wie gesagt, es war bloß ganz wenig. Nur ein kleiner Bonus, so hab ich das gesehen. Wer hätte auch gedacht, dass Connelly sich die Mühe macht, in mein Haus einzubrechen und danach zu suchen? Aber wahrscheinlich würde er sagen, dass es ihm ums Prinzip geht.

Vielleicht geht es ihm aber auch weniger ums Prinzip als vielmehr darum, mir zu zeigen, was passiert, wenn ich nicht spure. Als ob ich eine solche Warnung noch nötig hätte! Mir ist schon klar, dass man es sich mit Connelly besser nicht verderben sollte.

Aber wie auch immer: So was kann man einfach nicht machen – einer alten Dame solche Angst einzujagen! Und was wäre passiert, wenn sie nicht zufällig geschlafen hätte? Wenn sie die Einbrecher noch provoziert hätte? Mir wird ganz anders, wenn ich darüber nachdenke. Ich mag zwar ein Arschloch sein und für Drogenschmuggler arbeiten, aber wenn Gangster wie Connelly auch noch meine Mom mit reinziehen, dann läuft mir die Galle über.

Aber was soll ich bloß machen? Wenn ich weiter für Connelly arbeite, sitze ich in der Scheiße – und wenn ich's nicht tue, ebenfalls.

Wahrscheinlich hat Monica Recht und es lässt sich eine Lösung finden, wenn Mom sich entschließt, die Firma an Wings West zu verkaufen. Aber ich will die Firma nicht verkaufen. Und ganz sicher komme ich auch an den Jobs nicht vorbei, die ich Connelly bereits zugesagt habe. Es würde ihm gar nicht schmecken, wenn ich jetzt abspringe. Ich kriege eine Gänsehaut, wenn ich mir vorstelle, was er tun könnte, um mir seinen Unmut zu zeigen. Brandstiftung zum Beispiel, davor würde er sicher nicht zurückschrecken. Schlimm genug, wenn er ein Exempel statuieren würde, indem er ein Feuer am Flugplatz legt und dabei eine der Maschinen oder gar das Bürogebäude zerstört. Aber wenn er es sich in seinen dämlichen Kopf setzt, unser Wohnhaus anzuzünden? Mom wäre ein wehrloses Opfer. Nein, ich muss diese Jobs wohl für ihn erledigen; ich kann es nicht riskieren, es mir mit ihm total zu verscherzen – vor allem nicht, wo Mom so schwach und hilflos ist.

Wenigstens ein Gutes hat die ganze Sache: Kaum hatte ich wieder ein bisschen Geld locker, ist Mary-Lyn aufgetaucht, so zielsicher wie ein Spürhund. Ich weiß natürlich, dass das nicht grade die beste Basis für eine Beziehung ist – vor allem, wenn die Geldquelle jederzeit wieder versiegen kann –, aber das Komische ist, dass wir uns auf einmal bombig verstanden haben, so als ob das Geld gar keine Rolle spielte. Wir hatten eine richtig schöne Zeit miteinander, so wie damals, in unserer Anfangsphase.

Neulich abends hat sie doch tatsächlich gesagt: »Ich bin noch nie mit jemandem so gern zusammen gewesen wie mit dir, Ritchie. Ich hab dich vermisst, weißt du das?«

»Du meinst, du hast es vermisst, von mir verwöhnt zu werden«, hab ich gesagt.

Und sie hat geantwortet: »Ja, das auch. Aber ich bin zu der Einsicht gekommen, dass Geld nicht alles ist. Vielleicht liegt es ja auch daran, dass ich auf meine alten Tage noch weich werde.«

»Du meinst, du würdest mich immer noch lieben, auch wenn ich pleite wäre?«

»Bist du das nicht längst?«

»Demnächst bin ich es vielleicht.«

Sie seufzte. »Ach, weißt du: Die Frage ist doch eher, würdest du *mich* immer noch lieben, auch wenn ich alt und fett wäre?«

Daraufhin habe ich sie herausfordernd angeschaut und gesagt: »Na ja – bist du das nicht längst?«

Zuerst hat sie mich zornig angefunkelt, aber dann hat sie losgeprustet, und wir beide haben ziemlich lange gemeinsam gelacht.

Irgendwie haben wir wohl doch die gleiche Wellenlänge,

Mary-Lyn und ich. Selbst wenn wir beim letzten Mal Pech miteinander hatten, passen wir doch zusammen. Wir tun einander gut und bringen uns gegenseitig zum Lachen. Ich glaube, ich liebe sie, und ich glaube auch, dass sie mich liebt. Und viel mehr kann man wohl nicht erwarten.

Also ist bei dem ganzen Mist vielleicht doch noch was Gutes rausgekommen. Aber noch ist es nicht vorbei. Und ich muss zugeben, dass ich ziemliche Angst davor habe, wie es enden wird.

NANCY

Als ich Sarah gebeten habe, Mac zu suchen, habe ich natürlich damit gerechnet, dass die Wahrheit herauskommen könnte. Ich glaube, in meinem tiefsten Innern wollte ich das sogar. Ich bin die Heimlichtuerei leid. Sie hat mich den größten Teil meines Lebens belastet, und ich würde mich gern davon befreien.

Vielleicht hätte ich Sarah gleich die ganze Geschichte erzählen sollen, aber offen gestanden wusste ich nicht, wie. Und sosehr ich sie auch liebe, kam es mir doch nicht richtig vor, sie über alles aufzuklären, während Ellen und Ritchie noch im Dunkeln tappen. Zuerst muss ich mit ihnen reden. Sie haben wahrhaftig eine Erklärung verdient und sollten sie nicht erst aus zweiter Hand erfahren. Außerdem hatte ich damit gerechnet, dass mir noch genug Zeit bleiben würde, die Dinge richtigzustellen. Es wäre schließlich gut möglich gewesen, dass Sarah weder Mac noch seine Familie gefunden hätte. Und ich hatte mir kaum vorstellen können, dass – sofern sie Erfolg gehabt hätte und Mac noch lebte – er sofort bereitwillig die Wahrheit ausplaudern würde. Ich hatte mir auch kaum vorstellen können, dass seine Familie alles erzählen würde. Unter den gegebenen Umständen war es mir relativ unwahrscheinlich erschienen, dass die Familie überhaupt davon wusste.

Doch offenbar habe ich mich getäuscht. Trotzdem falle ich aus allen Wolken, als Sarah mir erzählt, was sie erfahren hat – und das nicht nur, weil ich nie damit gerechnet hätte, dass sie so schnell mit dem herausplatzt, was sie gehört hat, sondern vor allem, weil sie irgendwie alles falsch interpretiert hat. Mein Verstand arbeitet auf Hochtouren – wie soll ich das bloß wieder geraderücken?

»Hat Chris dir das erzählt?«, frage ich unsicher.

»Nein, Mum hat es mir gesagt.«

Ich traue meinen Ohren nicht. »Deine *Mom* hat es dir gesagt?«

»Ja, vor langer Zeit, als sie ein Teenager war, hat sie einen Brief gefunden, den Mac dir geschrieben hat. Offen gesagt ...« Sie beißt sich auf die Lippen, holt tief Luft und redet weiter: »Offen gesagt, glaube ich, dass da auch die Ursache für eure Schwierigkeiten liegt. Sie hat dir nie etwas davon erzählt, obwohl sie das besser mal getan hätte. Wenn alles ans Licht gekommen wäre, hättet ihr vielleicht besser damit umgehen können.«

Ach, Ellen. Meine Gedanken rasen. Ich hätte Macs Briefe niemals behalten dürfen. Mir war immer schon klar, dass es viel zu gefährlich war. Aber sie zu zerreißen wäre so gewesen, als hätte ich mir selbst das Herz entzweigerissen; sie in den Müll zu werfen hätte bedeutet, einen wichtigen Teil meines Lebens fortzuwerfen. Deshalb schob ich es so lange wie irgend möglich vor mir her. Viel zu lange offenbar. Ellen hat die Briefe gefunden – und womöglich auch das Fliegerkreuz.

Mir ist sofort klar, wann das geschehen sein muss. Damals, kurz vor dem Schulball, als sie sich mein Mieder geliehen hat. Nach all den Jahren kann ich mich immer noch genau daran erinnern, wie mir fast das Herz stehen blieb, als sie sagte, dass sie an die Wäscheschublade gegangen sei. Aber ich habe in der Schublade nachgesehen, so schnell ich konnte, und die Briefe und das Kreuz lagen immer noch da, verborgen unter Strümpfen und Unterhosen. Damals dachte ich, ich wäre noch einmal glimpflich davongekommen, aber mir war bewusst geworden, dass ich es nicht noch länger riskieren konnte, die Briefe dort herumliegen zu lassen. Deshalb habe ich die Briefe sofort beseitigt und das Fliegerkreuz an einem sicheren Ort versteckt, ohne zu merken, dass es bereits zu spät war.

Ellen hat damals kein Wort darüber verloren. Sie war immer schon ein verschlossenes Mädchen, das alles mit sich selbst abmachte; wahrscheinlich hat sie das von mir. Aber ganz ohne Zweifel hat sie sich von diesem Moment an verändert. Leider habe ich nie zwei und zwei zusammengezählt, sondern ihr Verhalten darauf geschoben, dass sie, genau wie die meisten Teenager, gerade eine schwierige Phase durchmachte. Nur hat sie dieses Verhalten leider nie überwunden. Die Mauer, die zwischen uns entstand, ist nie wieder verschwunden. Jetzt kenne ich den Grund dafür und habe furchtbare Schuldgefühle. Ich dachte, ich würde sie schützen, meine Familie schützen. Stattdessen habe ich unsere Beziehung zerstört.

Ich kann mir auch gut vorstellen, wie sie zu ihren völlig falschen Schlussfolgerungen gelangt ist. Die Briefe waren ziemlich uneindeutig. (Ich kann mich immer noch genau an den Wortlaut erinnern.) Was Ellen sich beim Lesen zusammengereimt hat, war aus ihrer Sicht nur logisch. Nur leider stimmt es überhaupt nicht.

Nun bleibt mir wohl nichts anderes übrig, als Ellen und Ritchie die Wahrheit zu sagen, solange ich noch Zeit dazu habe. Es wird ein furchtbarer Schock für die beiden sein. Sie werden sich betrogen und hintergangen fühlen, und ich kann mir kaum vorstellen, dass sie mir je vergeben werden. Im Laufe der Jahre habe ich meine Sünden vergrößert, indem ich versucht habe, sie zu verbergen. Wahrscheinlich habe ich mir selbst auch etwas vorgemacht. Ich habe mir eingebildet, ich würde ihnen die Wahrheit verschweigen, um sie zu schonen, während ich vermutlich in Wirklichkeit bloß viel zu feige war. Wie bringt man seinen Kindern so etwas bei? Aber ich kann mich unmöglich noch länger davor drücken. Ich muss die Dinge richtigstellen. Das bin ich ihnen schuldig.

Sarah blickt mich erwartungsvoll an.

»Sarah, Schatz«, sage ich. »Ich weiß, dass du Antworten erwartest. Aber ich kann sie dir im Moment noch nicht geben. Ich muss erst mit deiner Mutter und mit Ritchie reden – und das mit beiden gemeinsam.«

Sarah kaut auf der Lippe herum. »Mum hat angedeutet, sie würde dich besuchen kommen. Soll ich sie anrufen?«

Das ist eine Sache, die ich selbst erledigen muss. »Nein, das mache ich schon. Und, bitte Sarah – wenn es dich nicht stört, würde ich jetzt gern zu Bett gehen. Ich bin wirklich müde.«

Doch obwohl ich müde bin, weiß ich, dass ich nicht einschlafen werde. Ich werde wach liegen, während im Dunkeln die Gesichter und Erinnerungen aus der Vergangenheit an mir vorüberziehen.

Sechster Teil

Vergangenheit

I

Nachdem Nancy ganz frisch als Pilotin zur ATA gekommen war, hatte sie sich schon einmal Gedanken über das Rätsel der Zeit gemacht. Wie ist es möglich, dass Minuten einem manchmal wie Stunden erscheinen, während ein ganzer Tag sich bei anderen Gelegenheiten auf die Kürze eines Augenzwinkerns zu reduzieren scheint? Nun kam es ihr so vor, als könne die Zeit beides zugleich. Sie konnte kaum glauben, dass sie gerade mal ein Jahr in England war. Florida schien nicht bloß auf der anderen Seite des Atlantiks, sondern auch ein ganzes Leben zurückzuliegen. Die Tage waren merkwürdig dehnbar; vollgepackt mit Ereignissen, rauschten sie nur so vorüber und zogen sich zugleich endlos dahin, einer fernen Zukunft entgegen, in der sie Mac wiedersehen würde.

Ihre Begeisterung für den Krieg war inzwischen verflogen, begraben unter einer Lawine aus Sorge und Niedergeschlagenheit. Sie sorgte sich ständig um Mac und Joe; der eine führte eine Staffel, die nachts Angriffe flog, der andere steuerte einen Bomber. Und über allem lastete die quälende Sehnsucht nach Mac. Sie hatten ihr heimliches Zwischenspiel gehabt, doch das war nicht genug gewesen, denn es hatte Nancy erst einen Vorgeschmack darauf gegeben, wie es sein könnte, und in ihr ein Feuer entzündet, das nun hell und ungestüm wie ein Waldbrand loderte.

Sie wusste nicht, wann sie wieder zusammen sein würden und ob überhaupt. Dieses Bewusstsein quälte sie schmerzlich und überschattete all ihre Gefühle mit einer bittersüßen Melancholie, die kaum zu ertragen war. Sie liebte ihn, und er liebte sie. Trotzdem waren die trennenden Schranken nicht zu überwinden.

Nancy flog Blenheims, Wellingtons und Ansons, oft arbeitete sie bis zu zwölf Stunden am Tag. Und die ganze Zeit über war Mac bei ihr, in ihren Gedanken und Gefühlen.

September 1943: Ein strahlend blauer Himmel und ein Sonnenschein, so klar und scharf, dass er in den Augen blendete. Die Brombeeren reiften an den Hecken, und morgens früh und abends ahnte man bereits den Herbst. September, der Monat, in dem Nancy geboren war.

Soweit sie es überblicken konnte, wusste nur eine Person in White Waltham von ihrem Geburtstag: Krystyna Rabouwski, eine junge Polin, die aus ihrer Heimat geflohen war und seit Anfang 1941 für die ATA flog. Nancy hatte sich mit ihr angefreundet, und während einer Unterhaltung hatte sie sich verplaudert und von ihrem Geburtstag erzählt.

»Du musst unbedingt versuchen, an dem Tag Urlaub zu bekommen«, sagte Krystyna.

»Auf gar keinen Fall.« Nancy war überhaupt nicht nach feiern zumute, und sie wollte auch nicht, dass irgendjemand anders sie dazu zwang. »Und erzähl das bloß nicht überall herum! Ich möchte nicht, dass irgendjemand davon erfährt.«

»Warum denn nicht? Du hast doch bloß einmal im Jahr Geburtstag. Ihr habt keinen Namenstag wie wir in Polen, an dem ihr feiern könntet. Du solltest dafür sorgen, dass es ein ganz besonderer Tag wird!«

»Mein Geburtstag wird genau wie jeder andere Tag sein«, erklärte Nancy unbeirrt. »Das war immer schon so und wird auch so bleiben.«

»Haben denn deine Eltern deinen Geburtstag nicht besonders gefeiert, als du noch klein warst?«

Nancy zuckte mit den Achseln. »Das entspricht einfach

nicht unserer Lebensweise. Wir sind nie lange genug irgendwo geblieben, dass ich Freundschaften schließen konnte. Und selbst wenn ich Freunde zum Einladen gehabt hätte – wir hatten gar kein richtiges Zuhause, wo man hätte feiern können. Mein größtes Geburtstagsvergnügen war es, bei meinem Vater auf dem Schoß zu sitzen, wenn er sein Flugzeug flog. Und an meinem sechzehnten Geburtstag durfte ich zum ersten Mal raus auf die Flügel, um Kunststücke zu machen. Ich glaube aber, in den meisten Jahren fiel es meinen Eltern schwer, sich überhaupt an meinen Geburtstag zu erinnern.«

Krystyna schien entsetzt zu sein. »Das ist aber nicht richtig. Ich hatte immer einen Geburtstagskuchen – eine Cremetorte – mit Kerzen darauf, eine für jedes Jahr. Meine Eltern wollten nicht nur meinen Namenstag, sondern auch meinen Geburtstag feiern.«

»Was ist ein Namenstag?« Nancy wollte unbedingt vom Thema Geburtstage ablenken.

»Der Namenstag, das ist der Gedenktag des Namenspatrons, des Heiligen, nach dem wir benannt wurden. Wir sind ein katholisches Land. Mein Namenstag ist am dreizehnten März. Krystyna – nach Sankt Krystyna? In Polen feiern alle ihren Namenstag. Jeder von uns ist mit mindestens einem Namen nach einem Heiligen benannt. Aber bei dir … Ich glaube, es gibt keine heilige Nancy.«

»Und wird es wohl auch kaum geben.« Nancy grinste verschmitzt.

»Umso mehr Grund, deinen Geburtstag richtig zu feiern. Das Mindeste ist doch wohl, dass ich dir ein Geburtstagslied singe.« Sie stellte sich in Positur und sang:

Sto lat, sto lat, niech zyje, zyje nam!
Jeszcze raz, jeszcze raz, niech zyje, zyje nam!

»Und was soll das heißen?«, wollte Nancy wissen.

»Hundert Jahr, hundert Jahr, sollst du leben! Noch einmal, noch einmal hoch sollst du leben, hoch!«

»Amen! Aber eins sag ich dir, Krystyna – wenn du das in der Offiziersmesse singst, dann kannst du froh sein, wenn du noch fünf Minuten lebst, von hundert Jahren gar nicht zu reden! Mir ist am liebsten, wenn mein Geburtstag einfach sang- und klanglos vorübergeht«, sagte Nancy.

Sie konnte nicht ahnen, dass sie sich an diesen besonderen Geburtstag bis an den Rest ihres Lebens erinnern würde.

Genau eine Woche vor jenem Geburtstag erfuhr Nancy die Nachricht, vor der sie sich immer gefürchtet hatte. Sie wurde ihr vom Stationskommandanten persönlich mitgeteilt.

Nancy war überrascht, aber nicht übermäßig beunruhigt, als sie gegen Abend, nach beendeten Überführungsflügen, in sein Büro bestellt wurde. Die Hierarchien an diesem Stützpunkt waren weniger streng als an anderen; der Kommandant war als freundlicher, umgänglicher Mann bekannt. Kaum hatte sie jedoch sein Büro betreten, machte sich ein Gefühl kalter Angst in ihr breit. Irgendetwas an der steifen Schulterhaltung des Kommandanten und seiner ernsten Miene verriet ihr, dass dies keine normale Einsatzbesprechung war.

»Nancy.«

»Sir.« Sie hörte den besorgten Unterton in ihrer Stimme, und wenn der Kommandant ihn ebenfalls hörte, tat er jedenfalls nichts, um ihre Besorgnis zu zerstreuen.

»Wir haben heute schlechte Neuigkeiten erfahren. Ich weiß, dass James Mackenzie ein guter Freund von Ihnen war. Deshalb wollte ich es Ihnen gern selbst mitteilen, ehe Sie es durch das Gerede im Besprechungsraum oder in der Offiziersmesse erfahren.«

Nancy bekam plötzlich weiche Knie. Sie merkte, dass die Beine unter ihr wegzuknicken drohten, und klammerte sich an die Rückenlehne des Stuhls, der vor dem Schreibtisch stand.

Der Stationskommandant blickte sie besorgt an. »Möchten Sie sich lieber setzen?«

»Nein danke, Sir. Mir geht es gut.«

Gut. Mein Gott! Am liebsten hätte Nancy ihn angeschrien, dass es ihr ganz und gar nicht gutging – und auch nie wieder gutgehen würde, falls Mac irgendetwas zugestoßen war. Doch die Vernunft verlangte, dass sie sich nicht anmerken ließ, wie erschüttert sie tatsächlich war.

»Was ist passiert, Sir?«, fragte sie so nüchtern, wie sie es fertigbrachte.

Der Kommandant rollte einen Stift zwischen Zeigefinger und Daumen der Hände und drehte ihn hin und her wie einen Taktstock. »Es sieht so aus, als sei er gestern Nacht nicht von einem Einsatz zurückgekehrt. Es gab einen Luftkampf über besetztem Gebiet, und sein Wingman[5] berichtet, dass Squadron Leader Mackenzie getroffen wurde. Offiziell gilt er als ›vermisst‹, doch ich fürchte, es sieht nicht gut aus, Nancy.« Er schwieg einen Moment und blickte sie an. »Ich wollte es Ihnen selbst sagen, da Sie mit ihm befreundet waren. Das hielt ich für besser, als wenn Sie nur die halbe Geschichte oder irgendeine verfälschte Version erfahren.«

»Danke Sir. Sie werden mir …«

»Ihnen mitteilen, falls ich etwas Neues erfahre? Ja, natürlich. Aber um ehrlich zu sein, rechne ich eher nicht damit.«

Nancy nickte mechanisch wie ein aufziehbares Blechspielzeug. Später konnte sie sich gar nicht mehr daran erinnern, wie sie das Büro verlassen, ihre Sachen zusammengesucht und den Heimweg angetreten hatte. Erst als sie allein in der Wohnung war, die Mac für sie gesucht hatte, gestattete sie sich, über die Mitteilung des Kommandanten nachzudenken. Nachdem sie sich wie ein verwundetes Tier in ihre Höhle verkrochen hatte,

[5] Flügelmann; bei den Luftstreitkräften wird das Wort auch heute noch als taktischer Begriff benutzt, jedoch meist in der englischen Version wingman. Ein Wingman ist ein Pilot, der einen anderen Piloten in einem feindlichen Umfeld unterstützt.

ließ Nancy den Gefühlen freien Lauf. Sie weinte, bis sie keine Tränen mehr hatte, bis nur noch eine schwarze Leere blieb und die tiefste Verzweiflung, die sie je erlebt hatte.

Tu was! Beschäftige dich! Arbeite! Es war die einzige Möglichkeit, wie sie bei Verstand bleiben konnte. Wenigstens brauchte sie sich nicht anzustrengen, um etwas zu tun: Tagtäglich wurde sie mit Arbeit überhäuft. Von morgens bis abends Flugzeuge zu überführen war ihr Leben geworden und erforderte ihre volle Konzentration. Doch hinter ihren Augen, in ihrem Kopf, gähnte eine schwarze Leere, und Elend hatte sich in ihrem Körper ausgebreitet wie ein Krebsgeschwür. Manchmal hatte sie einen Anfall von wildem, fast euphorischem Optimismus: Vielleicht hatte Mac irgendwo hinter den feindlichen Linien eine Bruchlandung gemacht und hielt sich versteckt oder war in Kriegsgefangenschaft geraten – keine besonders erfreuliche Aussicht, aber immer noch unendlich viel besser als die Vorstellung, er sei in seiner Spitfire verbrannt. Doch das hoffnungsvolle Gefühl hielt nie lange an, und dann kehrten die unerträglichen Vorstellungen und die tiefe Verzweiflung nur umso stärker zurück.

Die Tage zogen sich endlos dahin, ohne dass es Neuigkeiten gab. Nancy sprach mit niemandem über das, was passiert war. Sie hatte Angst, dass dann ihre wahren Gefühle für Mac offenbar würden. Mac und sie waren so sorgsam darauf bedacht gewesen, ihre Beziehung zu verheimlichen, und Nancy wollte auf keinen Fall, dass nun alle Welt davon erfuhr. Sie wollte nicht, dass man darüber tratschte und klatschte und jeder sich berufen fühlte, in ihrer Beziehung herumzustochern. Mac war verheiratet, und daher lag es nahe, dass andere ihre Beziehung keineswegs als eine überwältigende Liebe betrachten würden, sondern als schmutzige kleine Affäre. Sie hätte es nicht ertragen, wenn ihr Verhältnis in dieser Weise herabgewürdigt worden wäre, und seltsamerweise erschien es ihr jetzt noch wichtiger als zuvor, Macs Ruf zu wahren. Falls er wirklich tot war, sollte er der

Welt wenigstens als der ehrenhafte, edle Mann in Erinnerung bleiben, der er gewesen war, und nicht als Ehebrecher, der seine schwerkranke Frau betrogen hatte.

Es konnte natürlich sein, dass andere längst den Verdacht geschöpft hatten, dass Mac für sie mehr als nur »ein guter Freund« gewesen war, wie es der Kommandant ausgedrückt hatte. Vielleicht hegte auch der Kommandant diese Vermutung und hatte sie deshalb in sein Büro gebeten, um ihr die Nachricht schonend beizubringen. Daran konnte sie nichts mehr ändern, doch sie konnte es immerhin vermeiden, solche Spekulationen durch ihr Verhalten zu nähren. Nancy biss die Zähne zusammen und schritt – zumindest in der Öffentlichkeit – hoch erhobenen Hauptes durch die Gegend und zeigte niemandem ihr gebrochenes Herz.

Es hätte ihr ohnehin nicht geholfen, ihren Schmerz mit jemandem zu teilen. Mac war verschollen, abgestürzt in einem Flugzeug über Frankreich, und kein tröstendes Wort konnte daran etwas ändern. Nancy, auf sich allein gestellt wie immer, machte ihren Schmerz mit sich ab, heimlich und still.

Als ihr Geburtstag nahte, verschwendete Nancy kaum einen Gedanken daran; sie hoffte bloß, dass Krystyna nicht irgendeine Überraschungsparty für sie arrangiert hatte. Der wäre sie wirklich nicht gewachsen. Wenn ein Haufen Leute hereingestürmt käme und *Happy Birthday* oder gar dieses dämliche polnische Lied anstimmen würde, würde sie wahrscheinlich zusammenbrechen. Doch es schien, als habe sich Krystyna an ihre Bitte gehalten. Niemand erwähnte den Geburtstag, und er verstrich wie jeder andere Tag. Gegen neun Uhr morgens wurde Nancy in einer Zubringer-Anson ausgeflogen, und als sie um halb sechs abends zurückkehrte, hatte sie zwei Spitfires und eine Beaufighter überführt und drei Pilotentransporte in einer Fairchild hinter sich gebracht. Völlig erschöpft ging sie in die Offiziersmesse. Sie hatte sich gerade mit einer Tasse Tee an einen der kleinen quadratischen Tische gesetzt, als der Lautsprecher zu knistern begann.

»Pilotin Kelly zur Einsatzzentrale, bitte!«

Nancys Stimmung sank. Sicher war es gut und schön, sehr beschäftigt zu sein, aber in ihrem momentanen Zustand wieder losfliegen zu müssen war wirklich ein bisschen viel; dennoch bedeutete der Aufruf zweifellos einen neuen Einsatz: Irgendein Flugzeug wurde plötzlich dringend gebraucht, und niemand außer ihr stand zur Verfügung, um es zu überführen. Der Einwand, dass ihr vor Müdigkeit am Steuer die Augen zufallen würden, wäre sinnlos. Der Einsatzleiter wüsste es besser: Das Adrenalin werde sie schon wach halten, solange sie in der Luft sei, und er würde ihr versprechen, sie nach Hause bringen zu lassen, sobald sie gelandet war.

Nancy steckte die Zigarette, die sie sich gerade hatte anzünden wollen, wieder zurück in die Schachtel und stopfte sie in ihre Tasche. *Los, Mädchen! Du hast dir doch gewünscht, dass dir keine Zeit zum Nachdenken bleibt; dein Wunsch ist in Erfüllung gegangen.* Sie schleppte sich auf müden Beinen in Richtung Einsatzzentrale und überlegte, welche Aufgabe man ihr wohl zuweisen würde, hatte aber keine Ahnung, was sie dort tatsächlich erwartete. Sie öffnete die Tür und holte gleich darauf vor Überraschung tief Luft.

Eine massige, bärenähnliche Gestalt in der Uniform der USAAF stand am Fenster und grinste ihr zu. »Hallo, Nancy, Überraschung!«

»Mein Gott, Joe!«

»Jawohl. Höchstpersönlich. Ich will dir doch zum Geburtstag gratulieren.«

»Joe, das wäre doch nicht nötig gewesen!«

»Warum nicht? Freust du dich nicht, mich zu sehen?«

»Doch … Ja …« Nancy fand keine Worte.

»Lasst euch durch mich nicht stören!« Whitey, der Einsatzleiter, grinste zufrieden. »Ich lasse euch beide mal ein paar

Minuten allein. Falls das Telefon klingelt – ich bin gleich nebenan, im Büro vom Kommandanten.« Er zwinkerte Joe zu, sammelte ein paar Papiere ein und verließ den Raum.

»Ein prima Kerl!«, kommentierte Joe.

»Wie hinterlistig!« Offenbar hatten sie gemeinsame Sache gemacht, er und Whitey, um sie unter einem Vorwand in die Einsatzzentrale zu locken. Möglicherweise ging die Sache noch weiter. Irgendwie musste Joes Überraschungsbesuch schließlich in die Wege geleitet worden sein. Vielleicht war Krystyna daran beteiligt. Nancy konnte es sich nur zu gut vorstellen – ein Telefonanruf von Joe: »Ich bin Nancys Verlobter. Ich habe es so eingerichtet, dass ich sie an ihrem Geburtstag besuchen kann. Ich würde sie gern überraschen. Könnten Sie mir vielleicht dabei helfen?« Und Whitey: »Klar, überlassen Sie das ruhig mir! Ich sehe mal, was ich machen kann.« Hatte er mitgemacht, weil er nicht wusste, was zwischen ihr und Mac gelaufen war? Oder gerade *weil* er es wusste? Vielleicht war das seine Art, sie wieder auf den Pfad der Tugend zurückzubringen? Vielleicht wollte er versuchen, sie wieder mit dem Mann zu verkuppeln, zu dem sie eigentlich gehörte, damit sie die verrückte Affäre mit einem verheirateten Mann vergaß, die immer schon ein unerfüllbarer Wunschtraum gewesen war, sogar noch ehe Mac als vermisst galt. Nancy wusste nicht, ob sie über Whiteys gut gemeinte Einmischung wütend oder gerührt sein sollte. Sie wusste nur, dass es nicht funktionieren würde. Nichts und niemand konnte bewirken, dass sie Mac vergaß; nichts und niemand ihren Schmerz über den Verlust lindern.

»Komm her, mein Schatz!« Joe war nahe gekommen, viel zu nahe, er nahm ihren Raum ein, drängte sich in den Schutzraum, den sie dringend benötigte. Sie wich einen Schritt zurück und blickte nervös in Richtung Tür.

»Nicht hier, Joe!«

Er ließ die Arme sinken und runzelte, sichtlich betroffen, die Stirn. Sie hatte ihm wehgetan und spürte wieder die vertrauten Schuldgefühle. Er hatte es nicht verdient, dass man ihm wehtat, und er hatte es auch nicht verdient, hintergangen zu werden.

»Jeden Moment kann einer hier hereinkommen«, sagte sie als Ausrede.

»Ich wollte dich doch bloß mal umarmen.«

»Ich weiß, aber …«

Das Klingeln des Telefons rettete sie. Sie griff nach dem Hörer. »Hallo?«

»Hallo? Wer ist denn da? Ich wollte eigentlich mit dem Einsatzleiter reden …«

»Moment, ich hole ihn.« Sie öffnete die Tür und rief nach Whitey. Dann gab sie Joe mit ungeduldigem Kopfnicken zu verstehen, er solle ihr folgen. »Komm, nichts wie weg hier! Wenn jetzt noch eine Spit dringend rausmuss …«

»Aber die würden dich doch bestimmt nicht schicken, oder? Nicht, nachdem ich den ganzen langen Weg gemacht habe, um dich zu sehen.«

»Wenn niemand anderes da ist …«

Noch vor zehn Minuten hatte ihr vor der Vorstellung gegraut, an diesem Tag noch einmal fliegen zu müssen. Doch nun hätte es ihr eine willkommene Fluchtmöglichkeit geboten. Aber das konnte sie ihm nicht antun. Wie Joe selbst gesagt hatte, hatte er einen langen Weg auf sich genommen, um sie zu sehen, und außerdem … Es gab einiges, über das sie reden mussten. Sie konnte die Sache nicht mehr so weiterlaufen lassen. Sie durfte ihm nicht länger was vormachen. Schon längst hätte sie ihm von Mac erzählen müssen; ach, verdammt, sie hätte ihm schon in Florida die Wahrheit sagen sollen, als er sie gefragt hatte, ob sie ihn heiraten wolle. All die Schwierigkeiten hatte sie sich selbst eingebrockt; sie hatte sich vorgemacht, dass sie Joe nicht verletzen wollte, doch in Wahrheit war sie nur zu feige gewesen, ihm gegenüber ehrlich zu sein. Aber indem sie ihn hinhielt, verletzte sie ihn bloß noch mehr. Sie musste ihm die Wahrheit sagen, und sie musste es jetzt tun, ehe die Dinge sich noch weiter in die Länge zogen.

»Kann man hier irgendwo gut essen?«, fragte Joe. Sie gingen durch die milde Septemberluft, vorbei an den Offiziersgebäuden.

»Ein paar Möglichkeiten gibt es schon …« Sie zögerte. Was sie ihm zu sagen hatte, konnte nur unter vier Augen geschehen. »Komm, lass uns in meine Wohnung gehen«, schlug sie vor.

»An deinem Geburtstag? Ich hatte eher gedacht, wir gehen irgendwo schön essen. Irgendwas Besonderes.«

»Spam Fritters und Pommes frites aus dem Imbiss. Viel mehr Besonderes ist nicht zu kriegen, aber sie schmecken sehr gut.«

»Okay, wenn du es sagst.« Er seufzte, wirkte aber gar nicht so unzufrieden. Zweifellos unterstellte er, dass ihr Wunsch nach intimer Zweisamkeit ganz andere Gründe hatte. Sie schluckte. Es war keine schöne Aussicht, ihm seine Illusionen nehmen zu müssen.

»Du hattest mal wieder Recht. Diese Spam Fritters waren einfach göttlich.« Joe schob den Stuhl zurück, klopfte sich zufrieden auf den Bauch und griff über den Tisch nach Nancys Hand. »Zeit für das Dessert, findest du nicht?«

Sie zuckte innerlich zusammen. Sie wusste genau, was er meinte. Bis jetzt war es ihr mit der Ausrede, das Essen müsse gegessen werden, solange es noch warm sei, gelungen, jede Intimität zu vermeiden. Sie hatten die Mahlzeit, eingewickelt in Zeitungspapier, auf Nancys Esstisch ausgepackt, ohne sich um Teller zu kümmern, und hatten dann mit den Fingern gegessen, was, wie Nancy sagte, in England so üblich sei. Dazu hatten sie zwei Flaschen Bier getrunken, die Nancy immer noch aus der Zeit mit Mac im Kühlschrank stehen hatte, und sich ein paar Schlucke aus der Bourbonflasche genehmigt, die Joe in seinem Seesack mitgebracht hatte. Die Unterhaltung hatte sich auf ziemlich unpersönliche Themen beschränkt; sie hatten über Joes Einsätze gesprochen, die Flugzeuge, die Nancy überführt hatte, und den Krieg im Allgemeinen.

»Ich schätze, es wird jetzt nicht mehr allzu lange dauern«, meinte Joe. »Wir haben ihnen überall ordentlich eingeheizt. Die Nazis können jetzt keine Bomber mehr bauen, um englische Städte zu zerstören, sondern müssen Kampfflugzeuge bauen, um sich selbst zu verteidigen. Und das ist vor allem der 8. US-Luftflotte zu verdanken – die haben den Krieg erst zu den Deutschen rübergebracht.«

Nancy musste schlucken. Der Luftkrieg hatte sich auf die andere Seite des Ärmelkanals verlagert, und deshalb hatte Mac hinüberfliegen müssen und war nicht mehr zurückgekehrt.

»Unsere Jungs haben auch wahre Wunder im Pazifik vollbracht«, fuhr Joe fort. »Die Japsen können nicht mehr einfach tun, was sie wollen, und Australien und Neuseeland haben es uns zu verdanken, dass sie nun nicht besetzt werden. Ja, alles in allem haben wir wohl ganz gute Arbeit geleistet. Wenn man etwas schnell und gut erledigt haben will, dann muss man bloß nach den Yankees rufen!«

Das stieß Nancy ebenfalls sauer auf. Selbstverständlich war sie stolz auf die Heldentaten ihrer Landsleute, aber sie ärgerte sich stellvertretend für Mac und all die anderen Engländer, die wie er den Fehdehandschuh aufgenommen und ihn drei lange Jahre ganz allein getragen hatten, ehe die USA sich an den Kämpfen beteiligten. Die Engländer hatten etwas von Don Quijote, dachte sie, Wagemut und zähe Entschlossenheit trotz überwältigend schlechter Erfolgsaussichten. An dieser Stelle hatte sie das Gesprächsthema gewechselt und Joe gefragt, ob er kürzlich etwas von zu Hause gehört habe, und er unterhielt sie mit den Neuigkeiten, die ihm Tante Dorothy in ihren Briefen mitgeteilt hatte, obwohl Nancy ihm kaum zuhörte. Dorothy und ihre Klagen und Freuden schienen aus einer anderen Welt zu stammen, irgendwie unwirklich, wie die Erinnerung an einen vagen Traum, der den Weg nicht ins Bewusstsein findet. Wirklichkeit, das war für Nancy jetzt England. Und Mac.

Jetzt blickte sie über den Tisch hinweg Joe an, der dort saß, wo vorher Mac gesessen hatte, und von ihr etwas erwartete, was sie ihm nicht geben konnte. Sie wusste, dass die Stunde der Wahrheit gekommen war. Sie konnte es nicht noch länger vor sich herschieben.

»Joe«, sagte sie. »Wir müssen miteinander reden.«

Und zu ihrer Überraschung erwiderte Joe in resigniertem Tonfall: »Ich weiß, Schatz. Ich habe schon befürchtet, dass du darauf zu sprechen kommst. Du hast einen anderen, oder?«

Obwohl er sich bemühte, es zu verbergen, hatte Joe ein flaues Gefühl im Magen. Nancy starrte ihn überrascht an, und er grinste kläglich. Hatte sie wirklich gedacht, er würde nichts ahnen? Meine Güte, sie hatte ihm noch nie besonders offen ihre Zuneigung gezeigt, hatte nie so auf ihn reagiert, wie er es erwartet hätte. Aber er hatte sich vorgemacht, dass er sie mit etwas Geduld schon für sich gewinnen würde. Noch nie hatte er für jemanden so empfunden wie für Nancy; und er war bereit gewesen, einfach beharrlich auf sie zu warten, denn die Alternative, Nancy ganz zu verlieren, mochte er auf keinen Fall riskieren. Er hatte gehofft, dass sie, wenn sie erst mal die Freiheit mit allen ihren Nachteilen gekostet hätte, schon wieder zu ihm zurückkehren würde; vielleicht würde sie ihn nie so lieben, wie er sie liebte, doch damit konnte er leben. Solange sie ihm bloß erhalten blieb. Solange er ihr hübsches, verschmitztes Gesicht und das unbezähmbare, lockige Haar sehen konnte, ihr Lachen hören und sie in seiner Nähe haben konnte. Das Einzige, was er sich wünschte, war ihr Glück – solange er dazugehörte.

Er erinnerte sich daran, wie er sich gefühlt hatte, als er ihr einen Heiratsantrag machte und befürchtet hatte, dass sie rundweg ablehnen würde. Die Brust war ihm so schwer gewesen, als wäre sie mit Zement gefüllt, so trostlos war die Aussicht, den

Rest seines Lebens ohne sie verbringen zu müssen. Doch sie hatte ihn nicht abgewiesen. Sie hatte ihm ein »Vielleicht« bewilligt und ihm damit neue Hoffnung gegeben.

Doch beinahe von diesem Moment an hatte er gespürt, dass sie ihm immer weiter entglitt. Er hatte versucht, sich einzureden, dass er sich täuschte. Nur der verdammte Krieg und die Trennung seien schuld. Doch als sie heute in die Einsatzzentrale gekommen war und ihn dort stehen sah, hatte ihr Gesichtsausdruck ihm ohne ein einziges Wort gezeigt, was er schon seit Monaten wusste, aber nicht wahrhaben wollte. Sie hatte sich nicht gefreut, ihn zu sehen, genauso wenig, wie sie sich über seinen Besuch im Krankenhaus nach dem Flugzeugabsturz gefreut hatte. Sie war überrascht gewesen, schockiert, vielleicht sogar bestürzt. Und schuldbewusst. Die Schuldgefühle hatten ihr ganz deutlich im Gesicht gestanden, und nicht bloß, weil sie nicht so für ihn empfand, wie er es gern gehabt hätte. Sie hatte ihn betrogen. Das war so sicher wie das Amen in der Kirche. Es gab jemand anderen.

Er hatte es, um ehrlich zu sein, auch aus dem geschlossen, was der Einsatzleiter – Whitey, wie er genannt wurde – bei seiner Ankunft gesagt hatte. Na ja, weniger aus dem, was er gesagt hatte, sondern eher aus dem, was er nicht ausgesprochen hatte.

»Genau was sie jetzt braucht, alter Junge.« Und: »Viel Glück!«

Es gab keinerlei Zweifel mehr. Aber auch keinen Raum für Hoffnung. Nancy hatte es nie fertiggebracht, ihm einen Abschiedsbrief zu schreiben. Nun würde sie ihm von Angesicht zu Angesicht den Laufpass geben.

»Es gibt einen anderen, oder?«, fragte er.

»Du weißt es schon?« Nancy blickte ihn entsetzt an. »Wer hat es dir erzählt?«

Joe lächelte zerknirscht. »Niemand. Das war auch gar nicht nötig. Ich bin schließlich kein Volltrottel – auch wenn ich manchmal vielleicht so wirke.«

»Ach, Joe ... Es tut mir so leid ...«

»Wer ist es denn?« Seine Stimme klang neutral und emotionslos.

»Ein britischer Pilot, ein Staffelführer. Joe, es ist nicht so, wie du denkst ...«

»Nein?«

»Nein, Joe. Ich mag dich gern, wirklich sehr gern. Ich wollte nicht, dass das passiert. Es hätte auch nie geschehen dürfen, aber ...«

»Aber es ist trotzdem passiert.«

»Ja.« Sie schwieg. Er sah, wie ihr Tränen in die Augen traten. Sie biss sich auf die Lippen, schloss die Augen, und trotzdem liefen ihr die Tränen unter den Lidern hervor die Wangen herunter.

»Liebling, wein doch nicht!« Ihm war selbst zum Heulen zumute, aber das würde er natürlich nicht tun. Nicht hier. Nicht jetzt. »Es ist schon in Ordnung.«

Nancy schüttelte wortlos den Kopf, presste die Hand vor Nase und Mund und schluckte.

»Es ist nicht in Ordnung. Gar nichts ist in Ordnung.«

»Du hast eben jemand anderen kennengelernt. Ende vom Lied.«

»Nein. Nicht das Ende vom Lied. Ach, Joe ...« Sie schluchzte auf und brach dann erst richtig in Tränen aus.

»Nancy, verflucht noch mal ...« Er schenkte Bourbon in ihr Glas und schob es ihr über den Tisch zu. »Komm, trink das. Wir sind schließlich beide erwachsen.«

Sie nahm das Glas und trank es in einem Zug leer. Das schien jedoch auch nicht zu helfen. Joe fühlte sich vollkommen hilflos. Mit den meisten Dingen wurde er gut fertig, aber er konnte es nicht ertragen, Nancy weinen zu sehen.

»Komm, Schatz, es ist doch wirklich nicht so schlimm!« Er hockte sich neben sie und legte ihr frustriert und ein wenig ärgerlich den Arm um die Schultern. Eigentlich sollte doch sie eher ihn trösten und nicht umgekehrt.

»Ach, Joe.« Sie vergrub den Kopf an seiner Brust wie ein kleines Kind. Ihr seidigweiches Haar berührte seine Wange. Es roch nach der Seife, die sie klein geschnitten und mit Wasser zu einer Art Shampoo vermischt hatte, und nach einem Hauch Flugbenzin. Er konnte es fast nicht ertragen, sie so dicht bei sich zu haben und gleichzeitig zu wissen, dass er sie verloren hatte. Er riss sich zusammen, streichelte über ihren Rücken und hielt sie fest, bis sie sich ausgeweint hatte. Sie setzte sich zurück und rieb sich mit dem Taschentuch, das er ihr gegeben hatte, über die geschwollenen roten Augen, schluckte und schnäuzte sich.

»Ach, Joe, es tut mir so furchtbar leid.«

»Ich werde es schon überleben«, erwiderte er grob.

Aus irgendeinem unerfindlichen Grund brachte sie das schon wieder zum Weinen, diesmal vergrub sie das Gesicht allerdings in ihren Armen, die auf dem fettigen Zeitungspapier lagen, in das die Spam Fritters und Pommes Frites eingewickelt waren. Dann stand sie plötzlich auf, schob den Stuhl mit einer solchen Wucht zurück, dass er fast umgestürzt wäre, und lief im Zimmer auf und ab wie ein Tier im Käfig. Dabei weinte sie immer noch bitterlich.

»Nancy, verflucht noch mal, hör auf zu heulen!« Er war beunruhigt und wusste nicht, was er tun sollte. So hatte er sie noch nie erlebt, und ihm wurde allmählich klar, dass hinter ihrer Reaktion mehr steckte als bloß Schuldgefühle. »Komm, erzähl mir schon, was los ist! Behandelt er dich schlecht, liegt es daran? Mein Gott, er hat dich doch nicht geschwängert und dich dann sitzen lassen, oder? Wenn er dir irgendwie wehgetan hat, dann dreh ich ihm den Hals um, das versprech ich dir!«

Sie schüttelte den Kopf, die Tränen standen ihr immer noch in den Augen. »Er ist tot, Joe.«

Sein Herz machte einen Satz. Gott steh ihm bei, aber er verspürte tatsächlich eine gewisse Hochstimmung. Später, als er sich an diesen Augenblick erinnerte, schämte er sich für seine

Reaktion und fragte sich, was er eigentlich für ein Mensch war. Doch in diesem Augenblick war er bloß erleichtert, und tief in seinem Innern glomm erneut Hoffnung auf: eine glühende Kerze, die einfach nicht ausgehen wollte und die durch Nancys Worte mit frischem Sauerstoff versorgt wurde.

»Tot?«, wiederholte er.

»Ich glaube schon. Sein Wingman hat gesehen, wie sein Flugzeug getroffen wurde, aber er ist nicht ausgestiegen. Er wird jetzt als vermisst geführt, aber wir wissen schließlich alle, was das heißt. Vermisst, vermutlich tot.« Sie war jetzt etwas ruhiger, schniefte immer noch, aber verhaltener.

»Wann?«, fragte Joe.

»Vor einer Woche. Jedenfalls habe ich es vor einer Woche erfahren. Es ist einfach furchtbar, warten zu müssen und die Ungewissheit zu ertragen, obwohl es natürlich nicht viel Hoffnung gibt, oder? Und ich konnte mit niemandem darüber reden. Ich darf nicht zeigen, wie ich mich wirklich fühle. Ich muss so tun, als ob … Er war hier der Stellvertretende Stationskommandant, ehe sie ihn wieder zu seiner Staffel zurückberufen haben, deshalb sind natürlich alle hier über die Nachricht betroffen. Aber nicht so wie ich. Ich durfte es mir nicht anmerken lassen, oder sie hätten alles erfahren …«

»Du meinst, sie haben nichts von deiner Beziehung gewusst?«

»Nein. Ich glaube es jedenfalls nicht. Wir haben versucht, diskret zu sein.«

»Na ja – ich kann es mir schon vorstellen … der Stellvertretende Stationskommandant und eine junge amerikanische Pilotin.« Er konnte seine Bitterkeit nicht ganz verhehlen.

»Nicht nur deswegen. Er ist verheiratet.« Missbilligung und Entrüstung flackerten in Joes Blick, und sie fuhr hastig fort: »Seine Frau ist sehr krank. Sie liegt im Koma, seit Jahren schon. Sie hatte zu Beginn des Krieges einen Unfall, sie war während der Verdunkelung mit dem Fahrrad unterwegs und wurde von einem Auto angefahren.« Wieder zitterten ihre Lippen. »Was soll jetzt bloß mit ihr passieren? Mit Judy? Mac hat für ihre Pflege bezahlt. Er würde bestimmt wollen, dass sie auch weiterhin ordentlich versorgt wird.«

»Das soll nicht unsere Sorge sein«, sagte Joe. »Sie hat doch vermutlich eine Familie, die sich um sie kümmern kann.« Er fügte nicht hinzu, dass dieser Mac sich zu Lebzeiten anscheinend auch nicht allzu viele Sorgen um seine Frau gemacht hatte, jedenfalls hatte er sich dadurch nicht von seiner Affäre mit Nancy abhalten lassen. »Ich finde, wir könnten jetzt beide noch einen Whisky gebrauchen.«

Er goss ihnen ein, stellte Gläser und Flasche auf einen kleinen Beistelltisch in Reichweite des dick gepolsterten Sofas und setzte sich. Nancy setzte sich neben ihn, nahm das Glas in beide Hände und nippte mehrmals daran, während sie von Mac erzählte.

Joe war nicht besonders scharf darauf, ihre Ausführungen zu hören. Tatsächlich hätte er am liebsten gar nichts weiter gehört. Eifersucht plagte ihn; dieser fremde Mann hatte Gefühle in Nancy geweckt, für die er mit Freuden seinen rechten Arm geopfert hätte. Er fragte sich, ob sie ebenso außer sich gewesen wäre, wenn *sein* Flugzeug nicht mehr heimgekehrt wäre. Wohl kaum, musste er sich reuevoll eingestehen. Aber natürlich kam hinzu, dass eine Sache, die einem entrissen wurde, dadurch nur umso begehrenswerter wurde. Wäre dieser Mac nicht vermisst, vermutlich tot, hätte diese Affäre vermutlich einfach ihren natürlichen Lauf genommen und wäre eher früher als später zu Ende gegangen. Schließlich war der Mann *verheiratet*, und die Geschichte mit der kranken Frau kam Joe ohnehin vor wie eine Variation von »Meine Frau versteht mich nicht«. Bloß eine billige Ausrede, um sich an ein hübsches Mädchen ranzumachen, das weit weg von zu Hause Dienst tat. Joe wurde allmählich ungehalten; seine Geduld wurde auf eine harte Probe gestellt. Aber zweifelsohne war Nancy in einem furchtbaren Zustand und musste ihrer Trauer irgendwie Luft machen. Sie war in der gleichen, wenig beneidenswerten Lage wie alle Geliebten von verheirateten Männern: Wenn es hart auf hart kam, wurden sie vorübergehend kaltgestellt und waren zu Heimlichtuerei und Schweigen gezwungen, bloß weil manche Männer ein paar hübschen Beinen einfach nicht widerstehen konnten. Deshalb biss Joe die Zähne zusammen und hörte sich an, was sie erzählte. Er schenkte ihr immer wieder Whisky nach, verkniff sich wütende Äußerungen und dachte sich seinen Teil.

»Ich hätte es dir längst erzählen müssen, ich weiß«, sagte Nancy. »Aber ich wusste einfach nicht, wie. Mir war klar, dass du furchtbar verletzt sein würdest, und ich wollte dir nicht wehtun. Dir wehtun ist wirklich das Letzte, was ich möchte.«

Noch ein Hoffnungsschimmer. Hatte er denn gar keinen Stolz? Aber Nancys Worte verliehen ihm neuen Mut. Nancy hatte es anscheinend ebenfalls für eine flüchtige Sache gehalten. Sie hatte vorgehabt, zu ihm zurückzukehren. Das linderte den Schmerz zwar nicht ganz, und er kam sich trotzdem wie ein Vollidiot vor. Wenn er Manns genug wäre, würde er ihr jetzt sagen, sie solle sich zum Teufel scheren. Doch er brachte es einfach nicht fertig. Es war Nancy, seine Nancy, und er liebte sie, egal, was passierte. Für sie würde er durch die Hölle gehen. Und im Augenblick hatte sie niemanden außer ihm.

Eine Welle der Zärtlichkeit überkam ihn, und er fasste einen Entschluss. Wenn es irgend möglich war, würde er sie nicht in diesem Zustand allein lassen und zu seinem Stützpunkt zurückkehren. Vielleicht war es ihr gar nicht recht, wenn er blieb, daran konnte er dann auch nichts ändern. Aber der Gedanke, sie einsam und traurig sich selbst zu überlassen, war ihm unerträglich.

»Hör mal, Schatz, ich habe noch ein paar Tage Urlaub übrig. Wenn ich es einrichten kann, wäre es dir recht, wenn ich noch ein bisschen bleibe? Ich will dich nicht unter Druck setzen, gar nichts in der Art. Nur damit jemand hier bei dir ist, der weiß, was du durchmachst.«

Sie blickte ihn mit tränenverschleierten Augen an.

»Ach, Joe, das ist so lieb von dir. Aber das kann ich nicht von dir verlangen. Nicht jetzt.«

»Schatz, du brauchst einen Freund, bei dem du dich ausweinen kannst. Und ich helfe dir gern. Also, wie ist es?«

Sie kaute unschlüssig auf den Lippen herum. Dann sank sie wieder in sich zusammen und nickte beinahe unmerklich.

»Ja, das wäre schön.«

Mehr brauchte er nicht zu hören.

Bevor Joe ihr seine Schulter zum Ausweinen angeboten hatte, war Nancy gar nicht bewusst gewesen, wie kurz sie vor dem Zusammenbruch gestanden hatte.

Sie hatte vergessen, was er für ein Fels in der Brandung sein konnte, wie ruhig und freundlich er war und welche Sicherheit er ihr vermitteln konnte. Schon bei ihrer ersten Begegnung hatte er ihr ein Gefühl von Geborgenheit gegeben, das sie in ihrem vagabundierenden Leben so bisher nicht gekannt hatte, und sie hatte mit der Zeit gelernt, ihn zu lieben, wie ihr nun klar wurde, obwohl ihre Unruhe und Abenteuerlust sie gegen die Gitterstäbe des Käfigs ankämpfen ließen, die Joes Liebe um sie errichtet hatte. Doch das lag mehr an ihr als an Joe, wurde ihr plötzlich bewusst. Er hatte nie vorgehabt, sie einzusperren, nie versucht, sie zu fesseln. Und das tat er auch jetzt nicht.

Die Liebe, die sie für ihn empfand, war natürlich nicht die gleiche Liebe, die sie für Mac fühlte. Die Liebe zu Mac war eine strahlende Sternschnuppe gewesen, ein Komet, der so hell von Horizont zu Horizont leuchtete, dass er alles abseits seines Laufs verdunkelte. Die Liebe, die sie für Joe empfand, war behutsamer, vielleicht auch bequemer. Sie empfand Zärtlichkeit und tiefe Dankbarkeit und sorgte sich um seine Gefühle, was sie so lange davon abgehalten hatte, ihm von Mac zu erzählen. In vielerlei Hinsicht, so wurde ihr bewusst, entsprachen ihre Gefühle für Joe mehr der Liebe für einen Vater oder für den Bruder, den sie nie gehabt hatte, während die Liebe zu Mac blanke, verzehrende Leidenschaft war. Joe war die Wirklichkeit. Mac war ein Traum gewesen – und das schon bevor sie ihn verloren hatte. Joe war verlässlich, ein Fels in der Brandung, und nahm sie so an, wie sie war; ihr verletztes Gemüt und ihr gebrochenes Herz schrien nach seiner Hilfe.

»Ich wünschte, ich müsste noch nicht zurück«, sagte Joe.

Es war der letzte Abend seines hastig arrangierten Urlaubs; sie waren in Nancys Wohnung und aßen einen Gemüseauflauf, den Nancy gekocht hatte.

»Ich wünschte auch, du könntest noch bleiben«, erwiderte sie und meinte es auch.

»Komm her!«

Er umarmte sie, streichelte ihr über das Haar und küsste zärtlich ihr Gesicht, und sie klammerte sich an ihn, aus Furcht vor dem Abgrund, in den sie wieder fallen würde, wenn er fort war.

Wie es genau geschah, hätte keiner von ihnen später sagen können. Keiner von beiden hatte es vorgehabt. Doch irgendwann stießen ihre jeweiligen Bedürfnisse aufeinander und vereinigten sich. Joes überwältigende Liebe für Nancy, Nancys Wunsch nach Vergessen. Sie liebten sich dort auf Nancys schmalem Bett, und es war beides, selige Erleichterung und betäubende Linderung. Aber als Joe abgereist war, wurde Nancy von Schuldgefühlen überwältigt. Sie hatte, so schien es ihr, beide Männer in ihrem Leben betrogen. Vor allem aber hatte sie sich selbst betrogen.

II

Noch bevor ihre Periode ausblieb, wusste Nancy, dass sie schwanger war. Auch wenn sie zunächst versuchte, sich einzureden, dass ihre Übelkeit Folge des Gefühlsaufruhrs war und der ziehende Schmerz in ihrem Unterleib seine Ursache in der nervlichen Anspannung hatte, war sie sich doch sicher, dass sie schwanger war. Sie erkannte die Anzeichen wieder und zitterte.

Es war nicht das erste Mal, dass sie sich so fühlte. Auch damals hatte sie geahnt, dass das merkwürdige Stechen und ihr allgemeines Unbehagen von grundlegenden Veränderungen in ihrem Körper ausgelöst wurden. Doch damals hatte sie ihre Ahnung viel stärker verdrängt. Sie war siebzehn Jahre alt und stand allein in der Welt, ohne finanzielle Möglichkeiten, für ein Baby zu sorgen.

Der Vater war der Chef des Luftzirkus gewesen, mit dem sie herumreiste. Er nannte sich William Eagle, was allerdings nicht sein richtiger Name war. Er war zweiundvierzig Jahre alt und ebenso skrupellos wie charismatisch. In der dunklen Scheune, in der sie ihre Ausrüstung für die Nacht verstauten, hatte er sie vergewaltigt, doch aus Scham und Angst hatte sie niemandem erzählt, was er ihr angetan hatte. Er hatte ihr angedroht, dass sie im Handumdrehen ihren Job verlieren würde, sollte sie sich beklagen. Nancy wusste, dass das keine leere Drohung war. Die Tage der Luftzirkusse waren gezählt, es gab kaum mehr Arbeit in der einzigen Welt, die sie kannte. Die Truppe war ihr Zuhause und seit dem Tod ihrer Eltern auch ihre einzige Familie.

Sie hatte furchtbare Angst, das alles zu verlieren. Dass William einen weiteren Versuch dieser Art unternehmen würde, glaubte sie nicht. Er war zu dem Zeitpunkt betrunken gewesen, und sie hatte es ihm weiß Gott nicht leicht gemacht; sie hatte getreten, gebissen und geschrien, so dass er ihr die Hand auf den Mund pressen musste, um sie ruhig zu halten. An den Orten, wo sie auftraten, gab es immer Mädchen, die sich nur allzu gern dem gutaussehenden, tollkühnen Stuntpiloten anboten; von daher würde er sich sicher keine Wiederholung dieses Fiaskos wünschen.

Sie sollte Recht behalten; zwar behandelte er sie hinterher äußerst unwirsch, aber er versuchte nie wieder, sie anzurühren. Das Problem war nur: Einmal hatte gereicht. Mit untrüglicher Sicherheit, die im Laufe der Wochen immer weiter wuchs, wusste Nancy, dass sie schwanger war.

Als sie es nicht länger für sich behalten konnte, ging sie zu William, um ihn mit den Folgen seiner Tat zu konfrontieren. Wie nicht anders zu erwarten war, reagierte William mit der Lösung, die ihm die einzig mögliche erschien. Er schnauzte Nancy an, dass sie es loswerden müsse, und organisierte den Besuch bei einer Engelmacherin in einer der Städte, in denen sie auftraten.

Nachdem alles vorbei war, gelang es Nancy, das Gefühlschaos jener Monate zu verdrängen, in denen sie in Furcht und Verzweiflung gelebt hatte; sie schaffte es sogar, die Erniedrigung und die schrecklichen Schmerzen der Abtreibung auszulöschen. Nicht vergessen konnte sie dagegen, dass sie ihr Baby getötet hatte. Es mochte zwar das Produkt einer Zusammenkunft sein, die man getrost als Vergewaltigung bezeichnen konnte, und es mochte den verabscheuungswürdigen William Eagle zum Vater haben. Doch das Kind hatte auch ihr gehört. Sie hätte es beschützen müssen. Stattdessen hatte sie eingewilligt, es zu töten. Schuldgefühle und tiefe Trauer brachen über sie herein; sie kam sich völlig wertlos vor.

Erst Joe und die Arbeit, die er ihr bei Varna Aviation anbot, hatten sie gerettet. Nach und nach waren die negativen Gefühle verblasst, obwohl sie nie ganz verschwanden. Immer noch trauerte sie manchmal um das Baby, das sie sich hatte entreißen lassen; immer noch hielt sie sich für nicht würdig, geliebt zu werden. Doch ihre angeborene Zähigkeit hatte ihr geholfen, so dass sie immer seltener daran denken musste; irgendwann erschien es ihr beinahe so, als sei dieser Albtraum einem anderen Menschen geschehen. Das Fliegen bot ihr einen Halt, und nach und nach gewann sie ihr Selbstwertgefühl zurück, und neue Erlebnisse hatten die Leere in ihr gefüllt. Doch in dunklen, stillen Nächten dachte sie noch manchmal an den Vorfall zurück und weinte.

Und nun stand sie wieder an derselben Stelle. Wieder wuchs ein neues Leben in ihr heran. Wieder konnte sie ihm nichts bieten. Doch diesmal war Nancy klar, dass sie auf keinen Fall wieder denselben Ausweg nehmen würde, zu dem sie damals gedrängt worden war. Das Baby, das sie auf dem schmutzigen Tisch der Engelmacherin verloren hatte, konnte sie nicht mehr retten, aber sie konnte und wollte nicht noch einmal den gleichen Fehler begehen, der schon damals keine Lösung gewesen war.

Nacht für Nacht lag Nancy wach und fragte sich, was sie tun solle. Sie hegte keinen Zweifel daran, dass Joe wild entschlossen sein würde, sie zu heiraten, sobald er von dem Baby erfuhr. Er war kein William Eagle; er war der Typ Mann, der die Überzeugung vertrat, dass man ein Mädchen, das man geschwängert hatte, auch heiraten musste, selbst wenn man es nicht liebte. Und Nancy war sich ziemlich sicher, dass Joe sie trotz allem, was vorgefallen war, immer noch liebte.

Das Problem war nur, dass sie sich keineswegs sicher war, ob sie diesen Weg gehen sollten. Die Aussicht, sich ein Leben lang zu binden, ängstigte sie immer noch, und angesichts der Gefühle, die sie für Mac empfand, erschien es ihr noch falscher als je zuvor. So gern sie Joe mochte, so hatte sie doch inzwischen eine Ahnung davon, wie stark die Empfindungen zwischen Mann und Frau sein konnten; wie es war, wenn man magisch angezogen wurde, vom Körper ebenso wie von der Seele des anderen. Angenommen, Mac würde durch irgendein Wunder von den Toten zurückkehren? Ihr war klar, dass sie Joe dann betrügen würde, ohne lange zu überlegen. Es wäre einfach nicht fair ihm gegenüber, ihn zu heiraten, ohne sich völlig sicher zu sein, dass sie ihn auch glücklich machen konnte.

Doch die Alternative war ebenso entmutigend. Sie konnte sich nicht vorstellen, ein Kind ganz allein großzuziehen. Sie würde natürlich nach Amerika zurückkehren müssen, aber was dann? Sie sah einen verlassenen Wohnwagenpark vor sich oder eine Wohnung in einem heruntergekommenen Viertel einer schäbigen Stadt – die einzigen Unterkünfte, die sie sich würde leisten können. Das waren kaum Orte, an denen man ein Kind großzog. Doch irgendwie würde sie es schon schaffen. Sie musste es. Irgendwie würde sie sich aus eigener Kraft helfen. Das erschien Nancy der einzig mögliche Weg.

Dennoch musste Joe es erfahren. Das war sie ihm schuldig.

Sie dachte daran, ihm zu schreiben, verwarf das aber als zu unpersönlich. Das war etwas, was sie ihm von Angesicht zu Angesicht mitteilen musste. Sie schaffte es, einen Transfer zu seinem Stützpunkt an der Südküste zu organisieren, und dort, vor einem Pub, aus dem das johlende Gelächter der feiernden amerikanischen Luftwaffenoffiziere drang, überbrachte sie ihm die Nachricht, dass er demnächst Vater würde.

»Oh, mein Gott!«, sagte er. Ungläubige Verblüffung sprach aus seinem Gesicht. »Oh, mein Gott, bist du dir sicher?«

»Ganz sicher.«

»Du meinst – neulich nachts …? Nancy, Liebling, es tut mir so leid.«

»Ist ja auch meine Schuld. Ich muss mir nun bloß überlegen, was ich mache.«

»Wir heiraten natürlich.«

Das war genau die Reaktion, die sie von ihm erwartet hatte.

»Joe, ich habe auch schon darüber nachgedacht. Aber ich bin mir nicht sicher, ob das eine gute Idee ist.«

Er blickte sie bestürzt an. »Wie meinst du das, Schatz?«

»Joe, du weißt ganz gut, wie ich das meine. Als du mich vor einiger Zeit gefragt hast, ob ich dich heiraten wollte, konnte ich dir nicht mit ja antworten, weil ich mir einfach nicht sicher war. Und jetzt, nach der Sache mit … du weißt schon …« – sie brachte es nicht über sich, Macs Namen auszusprechen – »… nach der ganzen Sache … finde ich, es wäre einfach nicht richtig.«

»Nicht richtig, deinem Kind ein ordentliches Zuhause zu geben?«

»Doch, ja natürlich, aber …«

»Du hast doch nicht daran gedacht, es wegmachen zu lassen, oder?«, fragte er beunruhigt.

»Nein, natürlich nicht. Auf gar keinen Fall. Ich habe nur gedacht, dass es vielleicht ehrlicher und aufrichtiger ist, wenn ich das Kind allein aufziehe. Fairer dir gegenüber. Ich weiß, dass es nicht einfach sein wird, aber ich könnte es schaffen. Vor allem, wenn du mich ein bisschen unterstützt. Finanziell meine ich.«

»Aber natürlich! Du glaubst doch nicht, dass ich dich verhungern lasse? Wofür hältst du mich denn! Aber Nancy, finanzielle Unterstützung allein reicht doch nicht aus. Ein Kind braucht eine Familie. Einen Vater genauso wie eine Mutter. Ein richtiges Zuhause. Willst du mir wirklich weismachen, dass du dich lieber allein durchschlagen willst?«

Sie schwieg, er aber redete weiter und kämpfte um die Frau, die ihm sein Leben bedeutet hatte, von dem Moment an, wo sie zum ersten Mal vor seiner Tür gestanden hatte. Er kämpfte um sie, ob sie ihn nun liebte oder nicht. Damit konnte er sich abfinden. Aber er konnte es nicht ertragen, sie noch einmal zu verlieren. Sie und ihr gemeinsames Kind.

»Liebling«, sagte er etwas behutsamer. »Ich kann mir gut vorstellen, wie du dich jetzt fühlst. Ich weiß, dass ich nicht dieser Mac bin. Aber gib uns doch eine Chance, hm? Wir beide verstehen uns schließlich gut. Ich weiß genau, dass es für mich nie eine andere geben wird als dich, und ich bin davon überzeugt, dass du mit der Zeit auch so für mich empfinden wirst. Dass du einsehen wirst, dass wir füreinander bestimmt sind. Bitte, Schatz, mach es uns doch nicht schwerer als nötig! Lass uns heiraten! Ich werde für dich sorgen, und ich werde für unser Kind sorgen. Und ich verspreche dir, dass ich alles tun werde, um dich glücklich zu machen. Also, was sagst du?«

In ihren Augen glänzten ein paar Tränen, doch im Halbdunkel sah er sie nicht. Was für eine Wahl habe ich schon, fragte Nancy sich. Was für eine Wahl habe ich letzten Endes? Joe ist wirklich ein guter Mensch. Er wird einen wunderbaren Ehemann und Vater abgeben. Und ich muss ihn nicht mehr hintergehen. Er weiß, was geschehen ist, und liebt mich trotzdem.

»Vielleicht hast du Recht«, sagte sie. »Vielleicht wäre es wirklich das Beste.«

»Heißt das, du sagst ja?«

Sie nickte. Er stieß einen Jubelschrei aus, der so laut war, dass ein Liebespaar auf der anderen Seite des Hofes sein Geknutsche unterbrach und verwundert zu ihnen herüberblickte. Dann umarmte er sie stürmisch.

»Ich verspreche dir, du wirst es nicht bereuen, Nancy.«

Sie rang sich ein Lächeln ab und fasste den Vorsatz, dass sie ihrerseits alles tun würde, um ihre Ehe zu einer glücklichen zu machen.

An einem frischen, klaren Oktobertag wurden sie in einer schlichten Zeremonie auf dem Standesamt in Maidenhead getraut. Kay Butler, Nancys Freundin aus ihren ersten Tagen bei der ATA, und Red Flaherty, ein Kumpel von Joe aus der USAAF, waren die Trauzeugen. Außer ihnen kannte niemand den Grund für diese rasch arrangierte Hochzeit, auch wenn manche ihn vielleicht ahnten. Nancy hatte ursprünglich noch nicht einmal Kay von ihrer Schwangerschaft erzählen wollen, doch am Abend vor der Hochzeit teilten sich die beiden Frauen eine Flasche Champagner, die Kay mitgebracht hatte, »mit den besten Wünschen von Jackie Cochran«, wie sie sagte, und alles war herausgekommen.

»Er ist wirklich ein prima Kerl, Schätzchen«, sagte Kay. Sie hatte Joe kurz zuvor bei einem gemeinsamen Abendessen im Skindles Hotel kennengelernt, wo Joe und Red Flaherty untergebracht waren. »Ich kann mich noch gut daran erinnern, wie du mir von ihm erzählt hast, als wir auf diesem schrecklichen Truppentransporter Richtung England geschippert sind. Schon damals habe ich mir gedacht, dass er bestimmt sehr nett ist. Anscheinend habe ich Recht gehabt.«

Nancy biss sich auf die Lippe und starrte in ihr Glas, wo Jackie Cochrans Champagner immer noch fröhlich vor sich hinblubberte.

»Er ist schon nett.«

»Nancy«, meinte Kay aufmerksam. »Du trauerst doch nicht immer noch Mac hinterher, oder?« Nancys Schweigen war Antwort genug. »Aber warum zum Teufel heiratest du dann Joe?«, fragte sie tadelnd.

Nancy zuckte niedergeschlagen mit den Achseln. »Ich habe keine andere Wahl.«

»Mensch, Nancy, du willst mir doch nicht sagen, dass du …?«

»Ja. Ich bin schwanger.«

»Ach, du Arme!«

»Du brauchst mich nicht zu bemitleiden«, erwiderte Nancy mit schroffer Stimme. »Sag jetzt bloß nichts weiter! Denn wenn du das tust, dann breche ich am Ende noch zusammen. Und das wird heute Abend bestimmt nicht passieren. Und auch später nicht, nie mehr. Ich war lange genug am Boden zerstört – das reicht für ein ganzes Leben. Was geschehen ist, ist geschehen. Ich werde Joe heiraten, und ich werde ihm eine gute Frau sein – jedenfalls so gut ich kann, viel Erfahrung habe ich in diesen Dingen ja nicht. Aber ich werde ganz bestimmt mein Bestes tun. Das hat er verdient. Es wird nicht einfach sein, Mac zu vergessen. Wahrscheinlich werde ich ihn nie vergessen. Aber das werde ich für mich behalten. Ab morgen bin ich Joes Frau, und in einigen Monaten werde ich auch Mutter sein. Und ich werde mich nach Kräften bemühen, Kay. Ich will keine Zeit mehr damit verschwenden, mich selbst zu bemitleiden. Joe hat es besser verdient. Ich werde mich bemühen, etwas wirklich Schönes für ihn aufzubauen, ein Zuhause, in das er zurückkommen kann, wenn der Krieg vorbei ist.«

»Du wirst die ATA verlassen müssen … und nach Hause zurückkehren …«, stellte Kay fest, der diese Tatsache gerade erst aufgegangen war.

»Ja, leider«, sagte Nancy bedauernd. »Ich hatte mich schon darauf gefreut, endlich auch Bomber zu fliegen. Ich werde noch so lange bleiben, wie ich kann – wenn Joe mich lässt. Von morgen an hat er dann wohl das Sagen. Aber ich kann auch nicht zulassen, dass sie sich bei der ATA die Kosten und Mühen machen, mich auf der Halifax auszubilden, wenn ich jetzt schon weiß, dass ich es doch nie bis zum Ersten Offizier schaffen werde.«

»Wenigstens wirst du der Erste Offizier im eigenen Hause sein«, sagte Kay, um sie zu trösten.

Nancy hatte eine kurze und ernüchternde Vision von Tante Dorothy, wie sie sich einmischte und versuchte, alles an sich zu ziehen.

»Darauf kannst du dich verlassen«, erklärte sie grimmig.

Doch so einfach war es nicht. Es war ganz und gar nicht einfach. Dorothy Costello hatte immer schon ein strenges Regiment geführt, und nun hatte sie aus ihrer Sicht erst recht allen

Grund, ein wachsames Auge auf Nancy zu halten. Schließlich war diese nun Joes Frau und überdies noch schwanger mit seinem Kind.

Nancy hatte keine andere Wahl, als sich unter Dorothys Fittiche zu begeben und mit in ihr Haus zu ziehen. Solange Joe noch im Krieg war, konnte sie unmöglich ein eigenes Haus für sich und ihn suchen, und Dorothy lehnte es rundweg ab, Nancy wieder in den Wohnwagen ziehen zu lassen, in dem sie vor ihrer Abreise nach England gelebt hatte, da dieser »in ihrem Zustand« keine angemessene Unterbringung sei. Nancy fehlte die Kraft, mit ihr zu diskutieren; eine Art fatalistische Lethargie hatte von ihr Besitz ergriffen und dämpfte ihre übliche Energie. Es war beinahe so, als ob ihr alles gleichgültig wäre. Aber das war es natürlich nicht. Dorothys ständige Gesellschaft brachte sie bald zur Weißglut, und diesmal konnte sie ihr nicht entkommen. Sie war gefangen, saß fest bei einer Frau, die meinte, alles besser zu wissen, und ihre Meinungen mit der scheinheiligen Sicherheit durchsetzte, dass alles, was sie tat, nur zum Besten ihres Opfers geschah.

Obwohl Dorothy nie eigene Kinder gehabt hatte, wurde sie plötzlich zur Expertin in Sachen Schwangerschaft. Sie kaufte eine widerlich riechende Salbe, mit der Nancy sich Bauch und Busen massieren sollte, sie kochte Essen, auf das Nancy keinen Appetit hatte, und stand während den Mahlzeiten praktisch neben ihr, weil Nancy ihrer Meinung nach während der Zeit in England nicht genügend Nährstoffe bekommen hatte und aufgepäppelt werden musste. Sie kaufte eine Flasche Feigensirup und drängte Nancy jeden Morgen, zum Frühstück etwas davon zu trinken, denn sie bestand darauf, dass »eine geregelte Verdauung« in Nancys Zustand sehr wichtig sei. Jeden Nachmittag schickte sie Nancy für eine Stunde auf ihr Zimmer, damit sie sich ausruhte; sie nörgelte an ihrem angeblich ungeeigneten Schuhwerk herum; sie zog los und kaufte Nancy zwei neue, riesige Kittel, da die Kleider, die Nancy immer noch trug, ihrer

Meinung nach Nancys rasch wachsenden Umfang nicht mehr »anständig« verhüllten. Nancy war praktisch eine Gefangene, und die Tage zogen sich endlos hin wie eine Strafe, die abgesessen werden musste.

Der letzte Schwangerschaftsmonat kam ihr am allerlängsten vor. Nancy hasste ihren riesigen, aufgeblähten Bauch und die geschwollenen Brüste; sie fand, dass sie aussah wie einer der Sperrballons, die sie manchmal in England an strategisch wichtigen Orten hatte umfliegen müssen. Und durch ihren Aufenthalt in England war sie an ein kühleres Klima gewöhnt; die Hitze, die zu Hause in Florida im Juni herrschte, kam ihr unerträglich vor. Ihre Fußgelenke schwollen an, der Rücken tat weh, und alles wurde unglaublich beschwerlich. Und über allem hing stets die Trauer um Mac, sosehr sie sich auch bemühte, sie zu verdrängen, begleitet von dem tief sitzenden Bedauern, dass sie sich selbst in diese Lage hineinmanövriert hatte. Wie hatte sie nur so dumm sein können? Doch nun war es zu spät für Reue. Wie man sich bettet, so liegt man, wie es in dem Sprichwort so schön heißt. Die Gegenwart war die reinste Hölle, die Zukunft ein wenig einladendes Land, durch das sie sich kämpfen musste wie ein Pilger durch den Sumpf der Verzagtheit.

Doch dann, als sie schon nicht mehr daran glaubte, dass ihre Qualen jemals enden würden, war es vorbei, und von dem Moment an, in dem sie ihr Baby zum ersten Mal in den Armen hielt, war alles anders.

Es war eine lange und schwierige Geburt. Ein leichter ziehender Schmerz in ihrem unteren Rücken, ähnlich den Menstruationsschmerzen, setzte irgendwann im Laufe des Vormittags ein; am Abend fühlte sich Nancy äußerst unwohl, war sich aber immer noch nicht sicher, ob es sich tatsächlich um Wehen oder vielmehr irgendeine neue Art von Unbehagen handelte, das sie einfach überwinden musste. Sie ging zu Bett, ohne ein Wort darüber zu verlieren; das Letzte, was sie wollte, war, dass diese lästige Dorothy ein großes Aufhebens um sie machte. Aber sie konnte nicht einschlafen. Die Schmerzen wurden eindeutig schlimmer; krampfartige Schmerzen, unter denen sie sich krümmte und still vor sich hin stöhnte. Sie ertrug sie, bis der erste Streifen Morgenlicht am Himmel sichtbar wurde; sie wollte Dorothy nicht stören, war aber allmählich ein wenig beunruhigt. Sie war schon aufgestanden und ging im Schlafzimmer auf und ab, als Dorothy die Tür öffnete und hereinschaute.

»Es hat angefangen«, stellte Dorothy fest und verzog missbilligend die Mundwinkel, als sei das Ganze irgendwie Nancys Schuld und nicht der Lauf der Natur. Dabei zitterte ihr Doppelkinn vor mühsam unterdrückter Aufregung, aber ihre mollige Gestalt verströmte trotz des Nachthemds, das sie trug, Autorität.

Nancy nickte und kämpfte gegen die nächste Wehe an.

»Ich zieh mich nur rasch an, und dann rufen wir ein Taxi und fahren ins Krankenhaus.«

»Es ist doch überhaupt nicht nötig, dass Sie mitkommen«, protestierte Nancy. »Ich komme schon zurecht.«

»Als ob ich dich allein fahren lassen würde! Das würde Joe mir nie verzeihen.«

In diesem Moment hasste Nancy Joe von ganzem Herzen. »Hier geht es nicht um Joe, sondern um mich!«

»Und stell dir bloß vor, du bekommst das Baby während der Fahrt im Taxi! Nicht auszudenken! Nein, ich begleite dich, so viel ist sicher.«

Flüchtig kam Nancy die Frage in den Sinn, was Dorothys Begleitung ihr in einer solchen Situation wohl nutzen würde, doch glücklicherweise musste Dorothy ihre geburtshelferischen Fähigkeiten nicht beweisen. Das Taxi setzte sie vor der Klinik ab, und der Arzt, der Nancy untersuchte, kündigte an, dass das Baby wahrscheinlich innerhalb der nächsten Stunden zur Welt käme. Doch es wurde Nachmittag und schließlich Abend, und es war immer noch nicht da. Schwitzend und betäubt von den Medikamenten hörte Nancy den Arzt und die Schwestern etwas darüber murmeln, dass das Kind »falsch herum« läge. Sie hatte keine Ahnung, was das bedeutete. Niemand hatte bisher mit ihr über diese Möglichkeit gesprochen, und ehrlich gesagt war es ihr auch egal. Sie wollte einfach, dass diese Folter endlich ein Ende hatte. Der Arzt und die Hebammen untersuchten sie in regelmäßigen Abständen, drückten und fingerten an und in ihr herum und hörten die Herztöne des Babys ab, aber Nancy litt so stark unter ihren Schmerzen, dass sie kaum Notiz von ihnen nahm. Die wachsende Besorgnis des Krankenhauspersonals entging ihr. Nicht einmal das Wort »Kaiserschnitt« kam bei ihr an. Aber vielleicht hatte ihr Körper es verstanden und rebelliert, denn plötzlich, wie durch ein Wunder, war das Baby da, und sie hörte die Schwester begeistert rufen: »Mrs. Costello, Sie haben einen süßen kleinen Jungen!«

Eine halbe Stunde später hatte die völlig erschöpfte Nancy die Beine in Haltern liegen und wurde genäht. Sie fasste sich mit den Händen an den schlaffen Bauch, der sich wie Wackelpudding anfühlte, und blinzelte zu der Schwester hinüber, die an ihrem Bett stand.

»Mein Baby! Wo ist mein Baby?«

»Er ist hier, Mrs. Costello.«

Nancy konnte es nicht sehen. Das Einzige, was sie sehen konnte, war ein Säuglingsbettchen, das an eine Plastikkiste erinnerte, und eine weitere Schwester, die sich darüber beugte und irgendetwas machte. Nancy hatte keine Ahnung, was da los war. Panik überfiel sie, und sie versuchte, die Beine aus den Halterungen zu lösen.

»Geht es ihm gut? Bitte sagen Sie mir, dass alles in Ordnung ist!«

»Es geht ihm gut, Mrs. Costello. Bleiben Sie bitte jetzt noch ruhig liegen …«

Nancy war plötzlich davon überzeugt, dass man ihr etwas

verheimlichen wollte. Die Geburt hatte zu lange gedauert – was machte diese Schwester da mit ihrem Baby? Die langwierige, schmerzhafte Geburt war plötzlich vergessen; verschwunden waren auch ihr Kummer und ihre Zweifel, ihre Trauer um Mac und ihre pessimistischen Gedanken über die Zukunft. Das alles spielte nun keine Rolle mehr. Das Einzige, worauf es ankam, war das kleine Kind, das neue Leben, das sie neun Monate lang in sich getragen hatte. Nancy war plötzlich wieder in einem anderen Zimmer – in einem früheren Leben, wo eine gallertartige Masse und ein Fötus, der niemals Atem holen würde, wie Abfall in einer Blechschale lagen.

»Mein Baby!«, schrie sie. »Ich will mein Baby!«

»Schon gut, Mrs. Costello.« Die Krankenschwester neben dem Kinderbettchen trat zur Seite, und Nancy durfte zum ersten Mal ihren Sohn sehen; noch ganz glitschig von Blut und Schleim, lag er auf einem Mullgewebe. Die Krankenschwester legte ihn in eine Waagschale, notierte sein Gewicht – 3260 Gramm –, wickelte ihn in eine blaue Decke und trat mit ihm an Nancys Bett.

»Hier ist Ihr Sohn, Mrs. Costello. Haben Sie schon einen Namen für ihn ausgesucht?«

»John«, antwortete Nancy. Darauf hatten sie und Joe sich in ihren Briefen geeinigt. »Wir wollen ihn John nennen.«

Die Schwester legte ihr das kleine, feste Bündel in die Arme. Nancy bettete das Kind an ihre Brust und blickte voll Staunen auf den feucht glänzenden, schwarzen Haarschopf, den kleinen Kopf, der durch die lange Geburt noch etwas verformt wirkte, die Knopfnase, den kleinen, gespitzten Mund und die Ohren, die flach an seinen Schädel gepresst waren, und verliebte sich augenblicklich. Ihr Baby. Das perfekteste Geschöpf auf der ganzen Welt.

In diesem Moment, als eine Woge der Liebe in ihr aufwallte, wusste Nancy, dass in ihrem Leben nichts mehr so sein würde wie vorher, und sie wollte es auch gar nicht. Für dieses Kind würde sie durch die Hölle gehen und wieder zurück. Was immer sie auch verloren hatte und was ihr in Zukunft fehlen würde – ihr Sohn war es wert. Ihr Baby. Zwar nicht ihr Erstgeborenes, aber darum umso kostbarer. Ein Wunder, das sie gar nicht verdient hatte.

Zum ersten Mal in ihrem Leben verspürte Nancy eine ungetrübte Glückseligkeit.

Dorothy versuchte natürlich, das Baby mit Beschlag zu belegen. Sie war plötzlich die weltbeste Expertin in allen Fragen zum Stillen und Wickeln, wusste genau, wie viel frische Luft nötig war und wie das Schlafverhalten eines Babys auszusehen hatte. Nancy, die ihr Selbstbewusstsein wiedergewonnen hatte, ignorierte ihre Ratschläge und machte alles so, wie sie es instinktiv für richtig hielt. Es gab ein paar Momente, in denen sie Angst verspürte und sich überwältigt fühlte von der Verantwortung für dieses winzige, hilfsbedürftige Wesen, doch zumeist war sie gelassen und so stark, wie sie es nie für möglich gehalten hätte.

John war ein ausgesprochen pflegeleichtes Baby. Er schrie, wenn er Hunger hatte, trank gut und schlief dann gleich wieder an ihrer Brust ein. Er wuchs und nahm zu, genau wie es der Norm entsprach, er strampelte fröhlich, wenn sie ihn badete oder ihm die Windeln wechselte. Nur Dorothy pinkelte er einmal an wie ein kleiner Springbrunnen, als sie ihn wickeln wollte; von da an überließ Dorothy dieses lästige Geschäft lieber Nancy und schaute aus sicherer Entfernung zu, nicht ohne allerdings weiterhin gute Ratschläge zu erteilen.

Dorothy mochte es auch nicht gern, in der Nacht gestört zu werden. Wenn John in den frühen Morgenstunden aufwachte und gestillt werden wollte, trug Nancy ihn nach draußen auf die Veranda und stillte ihn auf dem großen alten Schaukelstuhl, betrachtete die Sterne und fühlte sich eins mit dem Universum. Das Gefühl von Harmonie und Frieden war so tief, dass sie sich kaum vorstellen konnte, dass auf dieser Welt gerade Krieg herrschte. Dass auf der anderen Seite des Atlantiks Geschütze donnerten, Granaten splitterten und Bomber – möglicherweise sogar Joes – ihre tödliche Fracht abwarfen. Vielleicht nicht gerade in diesem Moment, wenn man die Zeitverschiebung bedachte. Aber die Folgen wären jedenfalls gegenwärtig, der Tod und die Zerstörung. Hier dagegen war alles wie immer, die Häuser standen noch am selben Fleck, die Landschaft war unberührt. Nur gelegentlich störte ein leises Dröhnen die Stille der Nacht, wenn ein Flugzeug vom Stützpunkt in Tampa startete.

Nancy atmete den Duft des Hibiskus ein, zusammen mit dem süßen Babyduft ihres geliebten Sohns, und empfand Dankbarkeit. Das war eine Zeit für sie ganz allein, kein Gefängnis, sondern vielmehr ein Zufluchtsort in ihrem unruhigen Leben. Sie wünschte, es könne immer so bleiben.

Im Frühling und Frühsommer des Jahres 1944 bewegte sich der Krieg in Europa unaufhaltsam auf seinen Höhepunkt zu. Im April hatte die siegreiche Rote Armee die Krim zurückerobert; im Mai wurde der Widerstand der Achsenmächte in Italien gebrochen. Und in England liefen die letzten Vorbereitungen für die Landung der Alliierten in der Normandie.

Nancy hatte natürlich keine Ahnung davon, was in dieser Zeit vor sich ging, doch als sie sich Jahre später trafen, erzählte Kay ihr von der aufgeregten, gespannten Stimmung, die an den Überführungspools der ATA geherrscht hatte. Jeder ahnte, dass eine große Aktion kurz bevorstand, obwohl zu dem Zeitpunkt das geplante Datum der Invasion streng geheim gehalten wurde. Die Mädchen bekamen nur mit, dass ein Geschwader Bomber nach dem anderen über sie hinwegflog auf dem Weg zu den Einsätzen, die die Invasion vorbereiteten, den Angriffen auf Schienen und Rangierbahnhöfe in Frankreich. Ein großer Teil der Arbeit bestand darin, Stirlings zu den neuen Flugplätzen von Keevil und Fairford zu bringen. Sie bemerkten, dass sich an den Stützpunkten ebenso wie am Himmel die Segelflugzeuge vermehrten wie Blattläuse auf Rosen an einem feuchten Sommertag. Manche von ihnen wurden mit schwarz-weißen »Invasionsstreifen« angemalt, so jedenfalls berichtete es eine der Pilotinnen, als sie von Hullavington zurückkehrte, wohin sie eine Mosquito gebracht hatte. Aber was genau geplant war, darüber konnte man nur spekulieren. Nur ein paar Auserwählte kannten die Wahrheit: dass Truppentransportschiffe aus weit entfernten Stützpunkten zusammengezogen wurden, vom River Clyde in Schottland oder aus der Scapa Flow Bay, und dass man über Wettervorhersagen brütete, um zu bestimmen, wann die günstigsten Bedingungen sowohl für Angriffe aus der Luft als auch für die Invasion von See aus herrschten. Die Hauptvoraussetzungen – einsetzende Ebbe und Tagesanbruch – mussten zusammenfallen mit einem spät aufgehenden Vollmond, der für die nächtlichen Landungen entsprechende Deckung bot, und der Wind auf dem Kanal durfte nicht zu stark sein. Tatsächlich wären die ausgeklügelten Pläne beinahe fehlgeschlagen, weil eine Schönwetterperiode von einer Folge von Tiefdruckgebieten abgelöst wurde, doch zu diesem Zeitpunkt war es schon zu spät, um alles noch abzublasen. In den frühen Morgenstunden des 5. Juni erging schließlich der Befehl, die Operation zu starten; spätnachts verließ das erste Flugzeug Harwell in Richtung Normandie, gerammelt voll mit Soldaten. Der D-Day hatte begonnen.

Wie Millionen anderer Menschen verfolgte Nancy die Nachrichten von der Invasion. Zuerst flatterte die Trikolore über Cherbourg, dann wurden die Armeen der Nazis aus der Normandie vertrieben, und schließlich, im August, kam die Nachricht, dass Paris befreit worden war. Nancy konnte sich nur ausmalen, welche Rolle die ATA dabei spielte, die nun nicht mehr nur die relativ ortsnahen »Katzensprünge« durchführte, die sie zu ihrer Zeit gemacht hatte, sondern auch Flugzeuge zum europäischen Kontinent und zurück brachte. Doch ihre Zeit bei der ATA schien nicht nur ewig lange vorbei zu sein, sondern auch in einer ganz anderen Welt stattgefunden zu haben. Ihr Leben war jetzt hier in Florida, als Johns Mutter und Joes Ehefrau. Sie betete zu Gott, dass Joe gesund heimkehren möge.

Ihre Gebete wurden eher erhört, als sie es erwartet hatte. Da sich der Schwerpunkt des Krieges nach Japan und Fernost verlagerte, wurde Joe zurück in die USA geschickt, nach MacDill, auf die South-East Air Base in Tampa, nur ein Stück von Varna entfernt die Küste hoch. Er mochte zwar immer noch ein Pilot der USAAF sein, sein Krieg war vielleicht noch nicht vorbei, aber Joe kehrte nach Hause zurück.

III

Als Joe erst wieder auf amerikanischem Boden war, fiel es ihm schwer, sich nicht unerlaubt von der Truppe zu entfernen, um bei Nancy und John zu sein. Im tiefsten Innern war er ein häuslicher Mensch, und schon im ersten Moment ihrer Begegnung hatte er sich nichts sehnlicher gewünscht, als sich irgendwo mit Nancy häuslich niederzulassen. Jetzt sehnte er sich nicht nur nach ihr, sondern auch nach seinem Sohn.

John war sechs Monate alt, als Joe ihn zum ersten Mal sah, und sofort erfüllte ihn ungläubiges Staunen darüber, dass dieses hübsche, kräftige Baby tatsächlich sein Kind sein sollte. Er starrte voller Ehrfurcht auf das füllige Geschöpf in Nancys Armen und traute sich zunächst kaum, Nancy oder das Kind zu berühren, aus lauter Angst, dass beide sich als ein Produkt seiner Einbildung entpuppen und wie ein Traum verblassen könnten.

»Nicht zu glauben!«, sagte er leise.

Nancy lächelte, ob aus Stolz auf ihren Sohn oder aus Freude darüber, ihn zu sehen, wusste Joe nicht, und es war ihm auch gleichgültig. Sie trug ein geblümtes Baumwollkleid, ihr Haar war frisch gewaschen und lockte sich um ihr hübsches, verschmitztes Gesicht, die Lippen hatte sie mit ein bisschen Rouge geschminkt. Der kleine John war ganz in Weiß gekleidet, in ein gesmoktes kurzes Spielhöschen, aus dem seine molligen Beinchen ragten. Seine Augen waren groß und blau, seine Wangen gerötet, da er gerade zahnte.

»Nicht zu glauben«, sagte Joe wieder.

»Willst du uns nicht mal umarmen?«, fragte Nancy.

Er schüttelte lachend den Kopf über seine Unbeholfenheit, dann nahm er die beiden in die Arme, ganz vorsichtig, um den Kleinen nicht zu fest zu drücken. Über Johns Kopf hinweg küsste er Nancy, und John lag zwischen ihnen, nicht etwa ein Hindernis, sondern ein Band.

»Hier, nimm du ihn mal«, sagte Nancy.

»Darf ich?«

»Ja, natürlich darfst du. Es ist höchste Zeit, dass er endlich seinen Vater kennenlernt.«

Sie legte ihm John in die Arme, und obwohl der Kleine seinen Kopf besorgt wegdrehte, um seine Mutter im Blick zu behalten, weinte er weder, noch gab er ein Wimmern von sich, was Joe eigentlich schon erwartet hatte. Joe war überrascht, wie schwer John war und wie kräftig und stabil sich sein runder kleiner Körper anfühlte; überrascht war er auch von seinem eigenen Gefühl der Rührung. Wie die meisten Männer hatte er an Babys nie viele Gedanken verschwendet. Er hatte natürlich schon bestimmte Vorstellungen davon gehabt, wie es mit seinem Sohn sein würde, ein kleiner Junge, der zu einem größeren Jungen heranwuchs, mit dem er dann Männersachen machen konnte, aber Babys … Na ja, mit denen gurrten doch eher die Frauen herum und machten ein großes Getue, während die Babys bloß herumschrien, spuckten und in die Windeln machten. In diesem Moment wurde ihm klar, dass er sich getäuscht hatte. Es bestand gar kein Zweifel daran, dass er hier einen kleinen Menschen vor sich hatte. Und der hatte die weit aufgerissenen blauen Augen in angestrengter Konzentration auf Joes Gesicht gerichtet, während er mit seinen pummligen Fingern an einem Knopf von Joes Uniformjacke herumzupfte.

»Hallo, mein Sohn«, sagte Joe.

Irgendwie gelang es ihm, sich John in eine Armbeuge zu legen, ohne ihn fallen zu lassen, dann legte er den anderen Arm um Nancy. Er hatte einen Kloß im Hals und musste zwinkern, weil er spürte, wie ihm die Tränen in die Augen stiegen.

Es kam Joe so vor, als hielte er die ganze Welt in den Armen.

»Hast du schon gehört, dass Glenn Miller vermisst wird?«, fragte Nancy.

»Nein!«

»Ja, auch er ist verschwunden. Er ist nach Frankreich geflogen, um dort für die Truppen zu spielen, aber er ist nie dort angekommen. Man hat keinen Notruf von ihm empfangen, und auch das Wrack ist nirgendwo aufgetaucht. Sieht so aus, als ob es um ihn geschehen ist.«

»Das ist ja ein Jammer. Mir gefällt Glenn Miller.«

»Mir auch. Vor allem die *Moonlight Serenade*.«

»Und *In The Mood*.«

Nancy und Joe genossen auf der Veranda die kühlende Abendluft. John schlief im ersten Stock in seinem Bettchen, und Dorothy war taktvollerweise eine Freundin besuchen gegangen, die am anderen Ende der Straße wohnte. Die Hitze des Tages war immer noch in der Luft zu spüren, es duftete nach Hibiskusblüten, und die Grillen zirpten ihr endloses Lied. Nancy und Joe saßen nebeneinander in der Hängematte und rauchten; sie waren so unbefangen miteinander, als hätten die lange Trennung und die Ereignisse der Vergangenheit nie stattgefunden. Es war beinahe, als hätten sie erst gestern die letzte gemeinsame Zigarette auf Dorothys Veranda geraucht.

»Genau wie früher«, stellte Joe fest.

»Nur, dass wir jetzt ein Baby haben.« Nancy war in Gedanken immer bei John.

»Ja.« Joe warf seinen Zigarettenstummel in die Einfahrt, wo er in der Dämmerung kurz aufglühte wie ein Glühwürmchen. »Ich habe hier noch etwas für dich, Nancy. Noch von damals.« Er kramte in seiner Tasche herum und zog ein quadratisches Kästchen heraus, das sie sofort wiedererkannte. »Es ist vielleicht schon ein bisschen spät dafür, aber besser spät als nie. Ich hätte dir auch schreiben können, wo du ihn findest, aber ich wollte ihn dir gern selbst geben.«

Er öffnete das Kästchen und holte den Ring hervor, den er ihr gekauft hatte, ehe er zur USAAF ging. »Der hat hier schon die ganze Zeit auf dich gewartet, mein Schatz. Ein Glück, dass du mich damals nicht überredet hast, ihn zum Juwelier zurückzutragen.«

Er nahm ihre Hand und schob ihr den Ring auf den Finger, so dass er neben ihrem schlichten goldenen Ehering saß. Er war ein bisschen eng; während der Schwangerschaft waren nicht nur ihre Fußgelenke, sondern auch die Fingerknöchel geschwollen und seither nicht wieder so schmal geworden wie früher. Ihre Kehle schnürte sich zusammen.

»Ach, Joe …«

»Du weißt ja gar nicht, wie stolz mich das macht, Liebling, meine Ringe an deinem Finger zu sehen. Und zu wissen, dass du und unser Sohn hier auf mich wartet, bis ich das nächste Mal wieder nach Hause komme. Ich glaube, ich bin der glücklichste Mann auf Erden.«

»Ich bin die Glückliche, Joe. Ich habe gar nicht verdient …«

Er legte einen Finger auf ihre Lippen. »Sag jetzt nichts mehr, Schatz! Vorbei ist vorbei. Wir müssen uns auf die Zukunft konzentrieren.« Das war für Joe schon eine ziemlich lange Rede. Er zog sie an sich, küsste sie, und eine Welle der Zärtlichkeit überflutete Nancy.

»Ich liebe dich, Joe«, sagte sie zärtlich und meinte es ganz ehrlich.

Er war nicht Mac. Er weckte in ihr nicht die heftigen Gefühle, die sie für Mac empfunden hatte, und würde das wohl auch nie tun. Aber sie wusste inzwischen, dass es viele verschiedene Arten gab zu lieben, und keine schmälerte die andere. Im Herzen war Platz für alle Formen der Liebe; das hatte ihr die überwältigend große Liebe gezeigt, die sie für John empfand.

Die Liebe, die sie Joe entgegenbrachte, war sanfter und freundschaftlicher als die schmerzliche, verzehrende Leidenschaft, die sie mit Mac erlebt hatte und die über sie hinweggelodert war wie ein Waldbrand. Aber es war eine dauerhafte, beständige Liebe; sie wuchs langsam wie ein Setzling, entfaltete ihre Blätter und schickte Triebe aus, die sich stetig um ihr Herz rankten, statt zu explodieren wie eine Leuchtkugel vor dem Nachthimmel. Und wenn sie vielleicht nicht die gleichen Höhen erreichte, so hatte sie doch wenigstens nicht die Macht, sie in die tiefsten Täler zu stürzen. Die Liebe zu Joe war kein Abenteuer, sondern ein sicherer Hafen.

Ein Teil von ihr trauerte immer noch um Mac, sehnte sich noch immer nach ihm und würde das wohl immer tun. Aber Nancy hatte genug von den unruhigen Gefühlen, die sie umherwirbelten wie ein Blatt, das in einem Tornado gefangen ist. Sie liebte Joe wegen seiner Geduld und seiner Loyalität und dafür, dass er sie liebte. Es war genau so, wie sie es hatte sagen wollen, ehe Joe sie unterbrach: Sie hatte mehr Glück gehabt, als sie es verdient hatte.

Nancy schwor sich, dass sie Joe niemals wieder wehtun würde. Sie nahm seine Hand und lächelte ihn an.

»Komm, gehen wir zu Bett«, sagte sie.

Die Deutschen kämpften ihre letzten Schlachten. Frankreich war befreit worden, und die Alliierten umzingelten Berlin. Jeder sagte, dass es nur noch wenige Wochen dauern könne, bis der Krieg in Europa vorbei sei, obwohl es wahrscheinlich noch ein bisschen länger dauern würde, bis die Japaner aufgaben. Nancy hoffte von ganzem Herzen, dass diese Voraussagen stimmten. Schon zu viele Menschen hatten ihr Leben verloren; jetzt, wo sie aus der Ferne mit Abstand über den Krieg nachdenken konnte, widerte er sie an. Sie betete zu Gott, dass die Kriegstreiber endlich ihre Lektion gelernt hatten. Sie wollte nicht, dass John in einer Welt aufwuchs, in der ein Leben so wenig wert war. Und sie betete darum, dass er niemals gezwungen sein würde, sein Leben im Namen der Freiheit zu riskieren.

Doch es gab keinerlei Zweifel, dass der Einsatz gerechtfertigt gewesen war. Wenn sie je irgendwelche Zweifel gehabt haben sollte, dann waren die Konzentrationslager, die die Alliierten bei ihrer Befreiung entdeckten, Beweis genug, wozu die Nazis fähig gewesen waren. Voll Grauen hatten sie und Dorothy die Zeitungsberichte darüber gelesen, was die Rote Armee in Auschwitz entdeckt hatte, wo man Juden aus ganz Europa hingerichtet hatte, wo sie verhungert waren oder sich zu Tode schuften mussten.

»Eine solche Schlechtigkeit ist schlichtweg unvorstellbar«, sagte Dorothy und schüttelte entrüstet den Kopf, so dass ihr Dreifachkinn bebte. »Hier steht, dass sie ganze Leichenberge gefunden haben, alle Menschen nur noch Haut und Knochen. Schau mal hier, schau bloß mal! Ist das nicht entsetzlich?«

»Lassen Sie uns lieber nicht darüber reden«, sagte Nancy. Obwohl sie wusste, dass Dorothy ebenso entsetzt war wie jeder andere rechtschaffene Mensch, hatte Nancy das Gefühl, dass ihr Interesse schon an makabre Sensationslust grenzte. Außerdem beunruhigten Nancy die Berichte aus den Konzentrationslagern noch aus einem ganz anderen Grund. Sie fragte sich immer noch ab und zu, ob Mac möglicherweise den Absturz seines Flugzeugs überlebt hatte und in deutsche Kriegsgefangenschaft geraten war. Wenn die Nazis so etwas schon Millionen unschuldiger Zivilisten angetan hatten, dann würden sie ihre Kriegsgefangenen wohl kaum besser behandeln. Nancy ertrug die Vorstellung nicht, dass Mac zu einem Skelett abgemagert war; da war es schon besser, sich seinen Tod vorzustellen. Wenigstens wäre ihm auf diese Weise ein langes Leiden erspart und seine Menschenwürde gewahrt geblieben.

Meistens bemühte sie sich jedoch, gar nicht an Mac zu denken. Dieser Weg führte bloß in die Verzweiflung. Ihre Tage waren gefüllt damit, sich um John zu kümmern und Dorothy bei der Hausarbeit zu helfen, was von Tag zu Tag anstrengender wurde. Dorothy ging es nicht gut; sie schien alles furchtbar mühsam zu finden, obwohl sie nach wie vor Anweisungen aus den Tiefen ihres Lehnstuhls erteilte und anscheinend noch genügend Energie besaß, um zu kritisieren und zu dozieren – ja eher noch mehr als früher, da ihre Energie inzwischen nur noch wenig andere Betätigung hatte. Obwohl Dorothy ebenfalls ganz vernarrt in John war, fragte Nancy sich, ob ein Baby in ihrem Haus nicht zu anstrengend für sie war. Aber von dem Vorschlag, dass sie und Joe sich nach einem eigenen Haus umschauen könnten, wollte Dorothy nichts wissen.

»Joe würde das nicht wollen. Hier ist schließlich sein Zuhause. Und es liegt doch wohl kein Sinn darin, wenn ich hier ganz für mich allein herumbrassele und ihr das gleiche irgendwo anders macht. Nein, das ist doch albern, das kommt gar nicht in Frage!«

Nancy seufzte und ergab sich in ihr Schicksal. Wenigstens flog Joe jetzt keine Einsätze mehr. Inzwischen bildete er Nachwuchspiloten in MacDill, Tampa, aus, was er zweifellos sehr gut konnte. Seine Erfahrung, gepaart mit seiner Geduld, machte ihn zu einem idealen Fluglehrer. Und seine neue Aufgabe hatte zur Folge, dass er öfter heimfahren konnte. Das Leben nahm allmählich einen geregelten Gang an, und obwohl von Zeit zu Zeit wieder ihre alte Unruhe aufflackerte, war Nancy im Großen und Ganzen zufrieden.

Anfang Mai 1945. Auf allen Radiokanälen verbreitete sich die Nachricht, dass Deutschland kapituliert hatte. Der Krieg war vorüber, wenigstens in Europa.

Nancy war in der Waschküche und kämpfte sich durch einen Stapel Bügelwäsche, als sie die Nachricht hörte als Unterbrechung in der Musiksendung, die sie angeschaltet hatte, um sich die Zeit zu vertreiben. John war damit beschäftigt, einen Sack voller Schätze zu untersuchen, den sie für ihn vorbereitet hatte – eine Sammlung verschiedener Küchenutensilien, die sie in einen

Wäschebeutel gestopft hatte. Aufgeregt nahm sie ihren Sohn vom Boden hoch und lief ins Wohnzimmer, um Dorothy die freudige Nachricht mitzuteilen.

»Stellen Sie sich mal vor …« Schockiert blieb sie in der Tür stehen. Dorothy saß nicht mehr im Lehnstuhl, wo sie zuvor gesessen und in einem ihrer geliebten Schnulzenromane gelesen hatte. Sie lag mit ausgebreiteten Armen und dem Gesicht nach unten auf dem Fußboden wie ein gestrandeter Wal.

»Oh, mein Gott!« Nancy wurde ganz kalt vor Schreck. Sie setzte John in den Laufstall, der in einer Ecke des Zimmers stand. Er heulte protestierend auf, denn er war es nicht gewöhnt, hinter einem hölzernen Gitter gefangen zu sein, selbst wenn die Gitterstäbe mit Holzperlen verziert waren, die ihn unterhalten sollten. Doch diesmal ignorierte Nancy ihn. »Mrs. Costello. Mrs. Costello? Alles in Ordnung?«

Eine dumme Frage, denn ganz offensichtlich war Dorothy nicht in Ordnung. Nancy nahm sie bei der Schulter und wollte sie emporhieven, doch Dorothys massiger Körper war entschieden zu schwer für sie.

»Oh Gott«, sagte Nancy wieder. In diesem Moment war sie überzeugt davon, dass Dorothy tot war. Doch dann vernahm sie ein angestrengtes, kratzendes Atmen, und Dorothy stöhnte auf. Nancy riss ein Kissen vom Sofa, schob es unter Dorothys Kopf und kniete sich neben sie.

»Können Sie mich verstehen, Mrs. Costello? Was ist? Was ist denn los?«

»Schmerzen … in der Brust … Oh, Nancy, Nancy …«

Ein Herzinfarkt. Dorothy hatte einen Herzinfarkt. »Halten Sie durch, ich rufe Hilfe.« Nancy lief zum Telefon und wählte. Das eigene Herz klopfte ihr bis zum Hals, ihr Mund war trocken. John brüllte nun laut, empört und verängstigt. Sein Geschrei übertönte fast ihre eigene Stimme, als die Vermittlung antwortete und sie rief: »Krankenwagen, bitte! Ich brauche sofort einen Krankenwagen. Oh bitte, machen Sie schnell!«

Sie kamen glücklicherweise sehr schnell. Nancy, mit John auf dem Arm, begleitete Dorothy im Rettungswagen zum Krankenhaus, wo sie rasch vom medizinischen Personal beiseitegewinkt wurde. Nancy konnte nichts anderes tun, als zu warten.

Es dauerte mehr als eine Stunde, ehe ein Arzt erschien und Nancy erklärte, dass Dorothy tatsächlich einen Herzinfarkt erlitten habe und stationär aufgenommen werden müsse.

»Wird sie wieder gesund?«, fragte Nancy.

Der Arzt war alt. Er wirkte erschöpft und gereizt. Nancy vermutete, dass die jüngeren Ärzte alle beim Militär dienten und man ihn aus seinem wohlverdienten Ruhestand geholt hatte, weg von Freizeitaktivitäten wie Golfen und Segeln, damit er ihre Arbeit übernahm.

»Noch zu früh, um das zu beurteilen«, knurrte er. »Bei ihrem Körperumfang und Gewicht sind die Prognosen nicht gerade günstig.«

»Und … was passiert jetzt?«

»Wir tun unser Bestes, um ihren Zustand zu stabilisieren, mehr kann ich im Moment nicht sagen. Sie hat doch wohl eine Krankenversicherung, oder?«

»Das weiß ich nicht …«

»Nun, das hoffe ich doch. Wenn sie durchkommt, wird sie ziemlich viel Pflege brauchen. Sind Sie die Tochter?«

»Nein, sie ist die Tante meines Mannes, aber wir leben zusammen in einem Haus. Sie hat sonst niemanden.« Nancys Verstand lief auf Hochtouren; ihr war ganz schlecht vor Sorge. Außerdem fühlte sie sich seltsamerweise verantwortlich für das, was passiert war. »Kann ich sie sehen?«

John hatte wieder angefangen zu weinen. Er war hungrig und brauchte dringend eine neue Windel. Der Doktor schaute ihn finster an. »Ein Krankenhaus ist kein Ort für Säuglinge.«

Nancy, deren Nerven blank lagen, fuhr ihn an: »Glauben Sie, das wüsste ich nicht? Meinen Sie, ich hätte ihn mitgebracht, wenn es nicht unbedingt nötig gewesen wäre? Ich möchte sie nur ganz kurz sehen, ihr alles Gute wünschen und ihr sagen, dass sie sich keine Sorgen machen soll.«

»Ich lasse Ihre Nachricht von einer Krankenschwester überbringen. Und dass Sie wieder zurückkommen, wenn Sie eine Betreuung für das Kind gefunden haben.« Er wandte sich ungeduldig ab und eilte davon, und Nancy blieb schäumend vor Wut zurück. War es ihm denn ganz egal, dass sie sich furchtbare Sorgen machte? Konnte er nicht sehen, dass sie nicht mehr weiterwusste? Wenn er auch seine Patienten so behandelte, waren sie nur zu bedauern. Aber im Moment konnte sie nichts weiter tun. Und in einer Sache hatte der Arzt wahrscheinlich Recht: Johns Gebrüll würde bloß die anderen Patienten aufregen.

Nancy fand eine Bank draußen vor dem Krankenhaus und versuchte John zu stillen, doch er war inzwischen nahezu abgestillt und ihre Milch fast versiegt. Sie hatte nicht mehr genug, um ihn zu sättigen. Er brüllte den ganzen Weg bis nach Hause, und als sie endlich ankamen, hätte Nancy am liebsten auch losgeheult.

In Europa mochte der Sieg errungen sein, doch hier in Varna schien es ihr, als sei gerade der dritte Weltkrieg ausgebrochen.

Zwei Wochen später war Dorothy immer noch im Krankenhaus. Joe war es gelungen, für ein paar Tage nach Hause zu kommen, und Nancy und er hatten sich einen Aktionsplan überlegt. Gott sei Dank hatte Dorothy eine Krankenversicherung. Die Pflege nach der Entlassung aus dem Krankenhaus würde diese allerdings nicht bezahlen. Dabei hatte der Arzt ihnen prophezeit, dass Dorothy für längere Zeit ans Bett gefesselt sein würde. Die kleinste Anstrengung könne einen neuen Herzanfall verursachen.

»Wir müssen ihr Bett im Erdgeschoss aufstellen«, sagte Nancy. »Und …« – sie zögerte ob der unangenehmen Aussicht – »… wir werden ihr wohl einen Toilettenstuhl besorgen müssen.«

Joe schüttelte besorgt den Kopf. »Das ist ein ziemlicher Schlag für dich, mein Schatz.«

»Ich freue mich nicht besonders darauf, das ist klar«, meinte Nancy. »Aber was sein muss, muss sein.«

»Du bist wirklich ein Schatz, Liebling.« Er wollte die Arme um sie legen. Nancy entwand sich ihm. Sie fühlte sich überhaupt nicht wie ein Schatz. Sie fühlte sich eingeengt und verbittert, und ihr graute vor der Aussicht, eine Frau pflegen zu müssen, die sie noch nie besonders gemocht hatte.

Nancy besuchte Dorothy regelmäßig im Krankenhaus. Es war nicht leicht, mit einem Baby im Schlepptau quer durch die ganze Stadt zu fahren, doch sie wusste, dass Dorothy sich darauf freute, sie beide zu sehen. Meistens nahm Nancy die Straßenbahn, die beinahe direkt vor dem Krankenhaus hielt. Allerdings lag die Haltestelle, an der sie einsteigen musste, ein ganzes Stück von ihrem Haus entfernt, und bis dahin musste sie zu Fuß laufen und John auf den Schultern tragen, weil der Kinderwagen nur schlecht in die Straßenbahn zu bugsieren war und die anderen Mitfahrer störte.

Am Donnerstag der zweiten Woche machte Nancy wie gewöhnlich ihren Besuch im Krankenhaus. Es war heiß und schwül, und als sie aus dem Krankenhaus kam, sah sie schon die dichten Sturmwolken, die sich dunkel und drohend über dem Meer zusammenballten. Sie fluchte leise vor sich hin.

»So ein Mist, John! Ich hoffe bloß, dass wir es noch vor dem Regen nach Hause schaffen. Wenn nicht, dann werden wir von oben bis unten durchnässt.«

Sie blickte aus dem Fenster der Straßenbahn und betrachtete besorgt den Himmel. Die Sonne war schon nicht mehr zu sehen, sie verbarg sich hinter einem Dunstschleier, und nur ab und zu drangen noch vereinzelte helle Strahlen hindurch. Nancy wünschte, sie wäre gar nicht erst ins Krankenhaus gefahren. Dorothy schien noch nicht einmal besonders erfreut über ihren Besuch gewesen zu sein; die ganze Besuchszeit lang hatte sie nur über dies und jenes gejammert. Das Essen schmeckte ihr nicht, die anderen Patienten machten sie wahnsinnig, sie brauchte ein neues Nachthemd, ihr Haar musste dringend geschnitten werden. Auf jeden Fall ein sicheres Zeichen dafür, dass es ihr wieder besser geht, dachte Nancy. Doch es war anstrengend, Dorothys Genörgel anzuhören und gleichzeitig John bei Laune zu halten. Ständig musste Nancy hinter ihm herrennen, wenn er über den Fliesenboden davonschoss. Er krabbelte inzwischen, und wenn er wollte, war er so schnell wie ein geölter Blitz; Arme und Beine arbeiteten wie Kolben, während der Po in dem Spielhöschen in die Höhe ragte.

Als die Straßenbahn an ihrer Haltestelle angekommen war, stieg Nancy aus, hob John auf die Schultern und machte sich so schnell, wie es die unerträgliche Hitze erlaubte, auf den Heimweg. Vielleicht schafften sie es ja doch noch, ehe der Sturm losbrach.

Als sie in ihre Straße einbog, sah es so aus, als ob in der Einfahrt vor Dorothys Haus ein Auto parkte. Das konnte aber nicht sein. Joe war der Einzige aus der Familie, der ein Auto besaß, und er hatte zurzeit keinen Urlaub. Außerdem war sein Wagen grau, das Auto, das dort stand, aber schwarz. Wahrscheinlich verursacht das komische Licht eine optische Täuschung, dachte Nancy, und das Auto steht in der Nachbareinfahrt. Doch als sie näher kam, erkannte sie, dass sie sich nicht getäuscht hatte. Das Auto stand wirklich in ihrer Einfahrt.

Zunächst glaubte Nancy, dass Dorothy Besuch bekommen hatte. Sie hatte Verwandte in Daytona, und obwohl sie zu ihnen kaum Kontakt hielt, hatte Nancy ihnen von Dorothys Erkrankung berichtet. Nancy beeilte sich noch mehr. Schließlich war es keine besonders schöne Begrüßung, wenn diese Leute den ganzen Weg hierher unternommen hatten, nur um dann niemanden anzutreffen.

Sie bog in die Auffahrt ein und musterte den Wagen. Wer immer der Fahrer war, er saß noch drinnen. Da öffnete sich die

Fahrertür und ein Mann stieg aus. Groß und schlank, in weißem Hemd und brauner Hose. Dunkle Haare umrahmten ein kantiges Gesicht. Nancy erstarrte, ihr Herz schien stillzustehen – und mit ihm die ganze Welt.

Das konnte nicht wahr sein! Das war nicht möglich. Sie schnappte nach Luft und atmete dann in einer Art fragendem Seufzer wieder aus.

»Mac?«

Er lächelte sie an, dieses schiefe Grinsen, das sie immer direkt ins Herz getroffen hatte.

»Hallo, Nancy.«

Wenn Nancy sich in den kommenden Jahren an diesen Augenblick erinnerte, sah sie ihn immer als Kaleidoskop von widerstreitenden Gefühlen: ungläubiges Erstaunen, Fassungslosigkeit und sogar eine Art plötzliche Schüchternheit. Aber vor allem Freude, unbändige, überwältigende Freude. Sie hatte geglaubt, er sei tot oder zumindest Kriegsgefangener in einem dieser fürchterlichen Lager. Sie hätte nie damit gerechnet, ihn noch einmal wiederzusehen. Doch da war er, lebendig und gesund, weder verstümmelt noch entstellt wie manche der heimgekehrten Soldaten, die sie bei ihren Besuchen im Krankenhaus gesehen hatte. Sie hätte ihn am liebsten berührt und sich vergewissert, dass er wirklich war und nicht ihrer Einbildung entsprang. Sie wollte die Arme um ihn legen, ihn festhalten und spüren, wie er sie festhielt. Doch sie konnte sich nicht bewegen. Sie stand bloß da und starrte ihn mit offenem Mund an, während ihr die Tränen in die Augen stiegen.

»Mac! Oh Gott, Mac! Was machst du denn hier? Ich dachte … Es hieß, du wärst vermisst, wahrscheinlich tot.«

»Es braucht schon mehr als einen Deutschen, um mich zu töten.«

»Aber …« Es gab einfach zu viele Fragen. Sie wusste gar nicht, wo sie anfangen sollte. Dennoch waren die Antworten eigentlich unwichtig. Mac lebte. Das war das einzig Wichtige.

Die ersten dicken Regentropfen fielen vom Himmel. Sie spürte sie kühl und erfrischend im Gesicht. Sie hob John von den Schultern, setzte ihn stattdessen auf ihre Hüfte und suchte in der Handtasche nach dem Hausschlüssel.

»Lass uns besser reingehen!«

Sie schloss die Tür auf und ging voran ins Haus. Das Wohnzimmer sah unordentlich aus. Es wirkte eng und vollgestellt, da sie Esstisch und Stühle aus dem Esszimmer hatten herüberräumen müssen, um Platz für Dorothys Bett zu schaffen. Auf einem Stuhl stapelte sich die Bügelwäsche, und überall auf dem Boden lag Johns Spielzeug verstreut, mit dem er gespielt hatte, bevor sie ins Krankenhaus aufgebrochen waren. Nancy schämte sich für das Durcheinander. Sie setzte John in seinem Laufstall ab und gab ihm ein paar Spielsachen. Sofort zog er sich an den Gitterstäben empor und versuchte herauszuklettern.

»Ach …« Sie hob John wieder heraus und setzte ihn auf den Teppich. Besser er krabbelte auf dem Boden herum, als dass er ein Protestgeheul losließ.

»Kann ich dir etwas zu trinken anbieten?«, fragte sie Mac, als sei er ein ganz gewöhnlicher unerwarteter Besucher und nicht etwa der Mann, den sie liebte und der von den Toten auferstanden war. »Eistee? Einen Highball? Ein Bier?« Und dann fing sie an zu lachen. »Ach, Mac! Ich kann es einfach nicht glauben! Wie ist es dir ergangen? Ich dachte, du wärst tot!«

»Ich erzähle dir gleich alles. Aber komm erst mal her …!«

Er zog sie an sich, küsste sie und hielt sie fest in seinen Armen, als wolle er sie nie wieder loslassen. Nancy schmiegte sich an ihn, ihre Welt bestand nur noch aus seiner Umarmung. Sie konnte gar nicht mehr klar denken, sie spürte nur noch die überwältigende Freude, sein Verlangen und ihr eigenes. Plötzlich zerrte John an ihrem Rocksaum und gab die gutturalen Laute von sich, aus denen sich bald seine ersten Wörter entwickeln sollten, und sie löste sich aus Macs Armen.

»Alles in Ordnung, John. Spiel noch ein bisschen, sei ein

braver Junge!« Sie strahlte Mac an. »Ich hole dir etwas zu trinken. Was wolltest du noch mal?«

»Dich!«

Sie kicherte wieder aus purer Freude. »Benimm dich! Bier, Highball oder Eistee? Was möchtest du?«

»Na, gut, wenn du im Moment nicht auf der Karte stehst, dann nehme ich ein Bier.«

Sie hüpfte geradezu in die Küche und fand das Bier im Eisschrank, wo es seit Joes letztem Heimatbesuch stand. Sie goss zuerst Mac, dann sich selbst ein Glas ein. Das war einfach nicht zu glauben. Als sie die Gläser ins Wohnzimmer zurücktrug, hockte Mac neben John und schob ein Spielzeugauto über den Boden. Er blickte zu ihr empor.

»Das muss ja ein ziemlicher Schock für dich gewesen sein. Für mich war es das jedenfalls. Aber er ist wirklich ein Prachtkerl!«

Sie stutzte und hatte plötzlich einen Kloß im Hals, als ihr klar wurde, was er meinte. Mac dachte, John sei sein Sohn. Bisher war es ihr noch nicht in den Sinn gekommen, dass er John für sein eigenes Kind halten könnte, sie war viel zu glücklich und aufgeregt gewesen, ihn wiederzusehen. Aber jetzt … oh Gott! Mac dachte, John sei sein Sohn. Nancy war zum Heulen zumute.

»Dein Bier.« Sie hielt ihm das Glas hin. »Mac, ich glaube, als Erstes müssen wir mal reden. Ich würde gern wissen, wie du es geschafft hast, heil und unversehrt durchzukommen, und … tja … ich muss dir auch ein paar Sachen erzählen.«

»Okay.« Er nahm ihr das Glas ab. »Du zuerst, ich trinke erst mal was.«

Sie schluckte, doch der Kloß in ihrem Hals wollte nicht verschwinden. Sie hatte keine Ahnung, wie sie anfangen sollte.

»Nein, du zuerst«, sagte sie.

IV

Mein Gott, es war so schön, sie endlich wiederzusehen! Mac blickte Nancy über sein Bierglas hinweg an und sog sie in sich auf. In der Zeit, als sie getrennt gewesen waren, hatte er jeden Tag an sie gedacht. Er hatte sich ihr Gesicht vorgestellt, ihr schelmisches Grinsen, die Art, wie sie auf ihrer Unterlippe herumkaute, wenn sie verwirrt war, und selbst in den dunkelsten Stunden hatte ihn das zum Lächeln gebracht. Nun hatte er sie leibhaftig vor sich, und sie war sogar noch hübscher, als er sie in Erinnerung hatte, rundlicher und irgendwie weicher. Vermutlich hatte das Muttersein sie so verändert.

Wie es dazu überhaupt hatte kommen können, konnte er sich beim besten Willen nicht erklären. Er dachte, er hätte aufgepasst. Offensichtlich hatte das aber nicht gereicht. Ein Glück, dass er nichts von ihrer Schwangerschaft gewusst hatte, während er in Frankreich und der Schweiz festsaß. Das hätte ihm den Rest gegeben. So aber hatte er erst davon erfahren, als er wieder nach England zurückkehrte und hörte, dass sie Joe geheiratet hatte und nach Amerika zurückgekehrt war – ein schrecklicher Schock für ihn. Die allgemeine Meinung in White Waltham war, dass sie von Joe schwanger war. Aber Mac wusste es besser. Er stellte sich vor, wie es für Nancy gewesen sein musste – allein und völlig verängstigt. Sie hatte geglaubt, dass er gefallen sei, und den einzigen Ausweg genommen, der sich ihr bot, und das tat ihm im Herzen weh. Aber er hatte zunächst nichts daran ändern können. Er war verheiratet, und nun war auch sie verheiratet, und zu allem Überfluss musste er kurz darauf wieder in den aktiven Einsatz zurückkehren.

Doch inzwischen hatten sich die Umstände geändert. Er war hier, bei ihr und ihrem gemeinsamen Sohn. Und Mac war entschlossen, dass er, sofern es ihm irgend möglich war, nicht gehen würde, ohne die beiden mitzunehmen.

Als er in jener Nacht im September 1943 mit seiner Staffel gestartet war, hätte Mac nicht im Traum damit gerechnet, dass es beinahe ein Jahr dauern würde, ehe er wieder englischen Boden betreten sollte. Natürlich bestand immer die Möglichkeit, dass man nicht mehr zurückkehrte. Mit diesem Gedanken musste jeder Flieger leben, ob er nun ein Jagdflugzeug oder einen Bomber steuerte. Aber man dachte lieber nicht allzu viel darüber nach, und wenn, dann fragte man sich eher, welcher Freund wohl nicht mehr wiederkehren würde. Dass auf der Tafel in der Einsatzzentrale die Stelle neben dem eigenen Namen frei bleiben könnte, die für die Landezeit vorgesehen war, malte man sich lieber nicht aus. Solche Gedanken führten nur auf direktem Weg in den Wahnsinn.

Seit Mac wieder im Kampfeinsatz war, hatte er nur Beaufighters geflogen – ganz andere Flugzeuge als die Spitfires und Hurricanes, die er zuvor geflogen war. Manche Piloten liebten die Beaufighter, sie lobten die ausgezeichnete Sicht nach vorn und das Gefühl der Sicherheit: Schließlich saß man eingekeilt zwischen zwei riesigen Hercules-Motoren, die Granatsplitter, Granaten und Kugeln aufhalten würden, die von der Seite oder schräg von vorn kamen. Manche waren auch begeistert von der Schlagkraft – vier Kanonen und sechs Browning-Maschinengewehre. Doch die große Mehrheit mochte die Beaufighter nicht. Sie hatte keine richtige Nase, die man beim Start auf der Bahn ausrichten konnte, die Motoren waren nicht die zuverlässigsten, und das große Gewicht des Flugzeugs machte das Steuern schwierig, vor allem in engen Kurven.

Mac hatte sich über eine der Geschichten amüsiert, die man sich erzählte. Vor Jahren, zu Beginn des Krieges, hatte eine Fliegerstaffel behauptet, die Beaufighter sei ein Flugzeug für Selbstmörder, und die Männer wollten sich schon weigern, sie zu fliegen. An einem nebligen Tag, als es unmöglich schien, überhaupt zu starten, hatten sie gerade herumgesessen und über dieses »gefährliche« Flugzeug diskutiert, als eines von ihnen über ihre Köpfe hinwegpfiff, zu einer Steilkehre hochzog, Fahrwerk und Klappen ausfuhr und eine saubere Landung hinlegte. Die Männer hatten angenommen, dass die Beau von einem meisterhaften Testpiloten geflogen wurde, der ihnen zeigen sollte, wie man die Maschine steuerte. Während sie sich neugierig um das Flugzeug versammelten, tauchte aus dem Inneren ein weißer Pilotenanzug auf, gekrönt von einer blonden Haarmähne. Den Männern klappte der Unterkiefer herunter, als ihnen aufging, dass es sich keineswegs um einen Testpiloten handelte, sondern um eine der ATA-Pilotinnen, die ihnen ein Flugzeug gebracht hatte. Von da an, so hieß es, habe die Staffel nie wieder ein Wort über die schwere Manövrierbarkeit der Beaus verloren.

Mac fand diese Geschichte keineswegs erstaunlich. Seiner Erfahrung nach waren die Pilotinnen wirklich sehr, sehr gut, und die ATA verfügte über die besten von ihnen. Er musste wieder mal an Nancy mit ihrem guten Fluggefühl, der ungezwungenen Herangehensweise und den kunstfliegerischen Fähigkeiten denken und war stolz. Er selbst hatte keinerlei Schwierigkeiten mit der Beau. Das Einzige, was für ihn der Gewöhnung bedurfte, war die Tatsache, dass er nicht länger allein flog, sondern von einem zweiten Mann als Bordfunker und Beobachter begleitet wurde. Die Beau war mit einem Serrate-Radarwarnempfänger ausgestattet, der die feindlichen Radarsignale auffing, und der Funker hatte die Aufgabe, das Gerät zu bedienen und dem Piloten die Koordinaten zu übermitteln, die ihn bis auf ein paar Hundert Meter an den deutschen Bomber heranbrachten, um ihn abschießen zu können.

In jener Nacht im September 1943 fühlte Mac sich allerdings ein bisschen abgespannt. Er hätte eigentlich taufrisch sein müssen, denn in der vorangegangenen Nacht hatte er frei gehabt. Doch in der Offiziersmesse hatte es eine Feier gegeben, auf der eine berühmte Striptease-Tänzerin auftreten sollte. Die Partys auf dem Stützpunkt waren legendär; es gab immer irgendjemanden, der Kontakte zum Showbusiness hatte. Es konnte kaum überraschen, dass zum Auftritt der Stripperin noch viel mehr Leute erschienen waren als sonst; der Alkohol floss in Strömen, und Mac hatte die Feier erst gegen drei Uhr morgens verlassen.

»War nett gestern Abend, was?«, kommentierte sein Funker »Dai« Renshaw, während sie ihre Flugausrüstung für den Einsatz anlegten. »Unglaublich, was dieses Mädchen mit ein paar Troddeln und einer Feder alles anstellen konnte. Boah!«

Mac brummte der Schädel. »Musst du so schreien, Dai? Halt doch mal die Klappe!«

»Was ist los, Mac? Hast wohl Probleme, mit uns jungen Kerlen mitzuhalten?«

Dai war Sergeant, neunzehn Jahre alt, jugendfrisch und so naiv und begeisterungsfähig wie ein junger Hund. Verglichen mit ihm, kam Mac sich vor wie Methusalem. Aber Dai war ein netter Kerl und ein Genie am Radarwarnempfänger – wenn man ihn erst mal dazu gebracht hatte, die Frauen zu vergessen, die sich um die Jagdflieger scharten, und ihn von den Versuchungen weggelockt hatte, die ihm die holde Weiblichkeit bei der Women's Auxiliary Airforce bot.

Der Einsatz in jener Nacht hatte sich kaum von denen der anderen Nächte unterschieden. Viele Beaufighter-Staffeln jagten Minenleger, die die Schifffahrt bedrohten, andere griffen auf nächtlichen Streifflügen über Frankreich, Belgien und Holland feindliche Bodenfahrzeuge an. Macs Staffel hatte die Aufgabe, die Bomber bei ihren Angriffen über Deutschland und dem besetzten Europa zu unterstützen. In jener Nacht war das

Angriffsziel eine größere Industrieanlage nahe der deutsch-französischen Grenze, die unter anderem Kugellager herstellte, die unerlässlich für die deutschen Kriegsanstrengungen waren. Die Staffeln, die die Bomber begleiten sollten, waren schon gestartet, Macs Beaufighter-Staffel sicherte den Rückzug. Sie sollte im Zielgebiet auftauchen, wenn die Bomber nach Hause zurückkehrten, bei etwaigen Schwierigkeiten helfen und feindliche Nachzügler erledigen.

Sie flogen über die französische Küste ein und wichen dem Flakfeuer aus, das um sie her am nächtlichen Himmel aufleuchtete wie die Funken eines riesigen Feuerwerks am fünften November, dem Guy Fawkes Day. Obwohl er Dai als Beobachter dabeihatte, hielt Mac ebenfalls konzentriert Ausschau nach deutschen Kampfflugzeugen; in den Jahren, in denen er allein geflogen war, war ihm das zur zweiten Natur geworden. Doch er entdeckte keine.

Die ausgedehnten Felder unter ihnen wichen einer Ansammlung von Industrieanlagen, und nun sah Mac auch den Schein eines gewaltigen, außer Kontrolle geratenen Feuers am Horizont. Offensichtlich hatten die Bomber ihr Ziel getroffen und würden sich gleich auf den Heimweg machen. Doch der Nachthimmel wurde durchkreuzt von den grellen Streifen des Geschützfeuers, und Mac war klar, dass die Luftwaffe nicht die Absicht hatte, sie ungeschoren davonkommen zu lassen.

Mac erteilte seinem Schwarm eine Anweisung, und sie flogen auf ihr Ziel zu, eine ordentliche Formation, die sich bald aufteilen würde. Die P47-Jagdflieger, die den Bombern Begleitschutz gegeben hatten, hatten zwei Messerschmitt 109 verjagt; sie drehten ab, und Mac verfolgte eine und senkte die Nase, um Geschwindigkeit aufzunehmen. Die Beau gab das unheimliche Pfeifen von sich, das ihr den Namen »Flüsternder Tod« eingebracht hatte, aber Mac nahm es kaum wahr.

Er war ganz darauf konzentriert, durch das Kreisvisier zu spähen, und fingerte nervös am Justierring neben dem Feuerknopf. Fast richtig, noch eine kleine Drehung am Ring und … jetzt! Plötzlich wurde die Luft von einer ohrenbetäubenden Explosion zerrissen; hell wie ein Suchscheinwerfer leuchteten seine vier Bordkanonen und sechs Maschinengewehre in die Nacht. Die Kabinenhaube flog von der Me 109, das Flugzeug stürzte in die Tiefe wie ein Stein und zog eine riesige orangerote Flamme hinter sich her.

Mac sauste durch die umherfliegenden Trümmer, wendete und sah Lieutenant Dodds, seinen Flügelmann, der beharrlich eine andere Messerschmitt beschoss, bis sie in Flammen aufging und abstürzte. Doch eine weitere Gruppe von Me 109 näherte sich, ihre Maschinenkanonen feuerten. Ein Schuss traf die Kabinenhaube von Macs Beau und zerstörte das Plexiglas, rasiermesserscharfe Splitter bohrten sich in sein Gesicht und verletzten die Haut. Ein Geschoss schlug durch den hinteren Teil des Rumpfes. Er hörte Dai aufschreien, ein dünner, gespenstischer Ton; offenbar war er getroffen worden.

Plötzlich pumpten Macs Adern nicht bloß Adrenalin, sondern auch Wut durch seinen Körper. Er trat ins Seitenruder, drehte auf die Angreifer zu und drückte auf den Feuerknopf, ohne sich groß ums Visieren zu kümmern. Er traf den Scheißkerl mit einer vollen Salve, sah, wie die Me 109 sich überschlug, wieder geradelegte und steil abtauchte. Mac folgte ihr, bis er nahe genug dran war, eröffnete dann wieder das Feuer, und das Flugzeug der Luftwaffe trudelte in die Tiefe, gefolgt von einem Schweif aus Flammen und dichtem schwarzem Rauch.

Macs Genugtuung über das abgeschossene Flugzeug währte nicht lange. Zwei weitere Me 109 hielten auf ihn zu. Sofort machte er ein Ausweichmanöver, schaffte es, sich wieder oberhalb zu positionieren, und griff sie jetzt aus ihrer Fünf-Uhr-Position an.

Die beiden Messerschmitts flogen in verschiedene Richtungen auseinander, er verfolgte eine, eröffnete das Feuer, und als sie nur noch weniger als hundert Meter trennten, schaffte er es, der 109 den Schwanz wegzuschießen. Er sah den Piloten mit dem Fallschirm abspringen, und das deutsche Kampfflugzeug stürzte mit der Nase voran in die Tiefe.

Als er wieder drehte, um zu seinem Schwarm zurückzukehren, stellte Mac fest, dass die zweite der beiden Messerschmitts sich ihm von hinten genähert hatte. Wieder wich er aus, stieß nieder, flog Kreise und wendete, aber die Beau reagierte nicht so, wie sie sollte. Mac fluchte und presste die Zähne aufeinander. Der Dreckskerl würde ihn erwischen, und er konnte nichts dagegen tun.

In diesem Moment war er der Verzweiflung nah, doch immer noch kochte der Zorn in seinem Blut. Wenn er schon sterben musste, dann wollte er wenigstens den Deutschen mit in den Tod reißen. Sein Finger schwebte schon über dem Feuerknopf, als er sie im richtigen Winkel anvisiert hatte, und er wollte abdrücken. Doch im gleichen Augenblick starrte er ungläubig auf die Me 109, die vor seinen Augen explodierte. Einen Moment lang wusste er gar nicht, was passiert war; schließlich hatte er noch gar nicht gefeuert. Aber dann sah er zwei dunkle Umrisse vorübersausen und begriff, was geschehen war: Dodds und Lieutenant Green, ein weiterer Pilot aus seinem Schwarm, hatten gesehen, was passiert war, und die Me 109 außer Gefecht gesetzt. Wer von ihnen sie erwischt hatte, wusste er nicht – wie es aussah, hatten vielleicht beide getroffen. Oder ein Geschoss hatte die Treibstofftanks erwischt. Mac war es in diesem Moment auch egal. Sie hatten ihm noch eine Chance gegeben.

Doch für ihn war der Kampf vorbei. Ihm war klar, dass sein Flugzeug stark beschädigt war, und das machte ihn zu einem leichten Ziel. So schlecht, wie sich die Maschine steuern ließ, zweifelte er daran, dass er den Rückweg über den Kanal schaffen würde. Die Beau verhielt sich wie ein Lebewesen, das noch einmal seine letzten Kräfte in einer übermenschlichen Anstrengung gesammelt hatte, nun aber völlig am Ende war. Ihm blieb wohl kein anderer Ausweg, als irgendwo zu landen, falls er es noch schaffte. Wenn sich das Flugverhalten noch weiter verschlechterte, würden sie aussteigen müssen. Ein Flugzeug aufzugeben ging ihm zwar gegen den Strich, aber möglicherweise hätten sie keine andere Wahl.

Das Problem war nur, dass sie sich über dem besetzten Frankreich befanden – möglicherweise hatten sie sich sogar schon über Deutschland verirrt.

»Dai, bist du in Ordnung?« Er fürchtete schon, dass aus dem hinteren Teil der Beau keine Antwort kommen würde, doch zu seiner Erleichterung hörte er Dais Stimme.

»Gerade so eben. Sie haben mich aber am Bein erwischt.« Dais Stimme war zittrig, obwohl er versuchte, so munter wie immer zu klingen.

»Ich versuche eine Notlandung. Aber falls es noch schlimmer wird, werde ich den Befehl geben auszusteigen.«

Einen Moment herrschte Schweigen, dann meinte Dai: »Ich weiß nicht, ob ich das schaffe, Mac.«

Mac fluchte still vor sich hin. Er musste einfach sein Bestes geben und versuchen, das Flugzeug unbeschadet nach unten zu bringen. Falls Dai nicht aussteigen konnte, konnte er ihn auf keinen Fall sich selbst überlassen. »Kannst du mir eine Position geben? Wo sind wir ungefähr?«, fragte er.

»Weiß der Himmel.« Dai klang benommen.

Die Beau hatte viel Höhe verloren. Mac senkte die Nase, um Fahrt aufzunehmen, fing das Flugzeug dann wieder ab und versuchte sich zu orientieren.

»Halte durch, Junge.« Er drückte auf die Sendetaste und hoffte, dass einer aus seinem Schwarm ihn hören würde, während er den Funkspruch absetzte: Maschine beschädigt, fliege in die Schweiz. Seine ganze Konzentration war nun darauf gerichtet, die verstümmelte Beau am Leben zu halten; je näher er an neutrales Territorium herankam, desto größer war ihre Chance, einer Gefangennahme zu entgehen. Aber es war eine Gratwanderung. Wenn er die Maschine zu weit trieb, würde sie womöglich den Geist endgültig aufgeben. Einer der Motoren stotterte bereits. Mac drosselte ihn, aber der andere hörte sich auch nicht allzu gut an.

Unter ihnen war jetzt flaches Land; im Mondlicht konnte Mac deutlich größere Felder erkennen, die von einzelnen Baumgruppen unterbrochen wurden, und er kam zu dem Schluss, dass er kaum bessere Bedingungen finden würde. Es gab keine sichtbaren Anzeichen von Windrichtung oder -stärke, aber er wusste, dass er zuvor aus West geweht hatte. Vorsichtig brachte Mac das Flugzeug zum Kurven und drehte die Nase in den Wind, wobei er weiter sank bis auf wenige Hundert Fuß über Grund. Jetzt stotterten beide Motoren; Mac nahm das Gas ganz zurück und segelte, in der Hoffnung, sie noch ein letztes Mal anwerfen zu können, falls es nötig sein sollte. Aber das Feld sah gut aus.

»Halt dich fest, Dai!«

Er spürte, wie der Wind jetzt unter einen Flügel griff, er hatte doch etwas auf Süd gedreht, und Mac vermutete, dass die Landeklappen nicht richtig funktionierten. Zu dumm! Aber wenigstens war das Fahrwerk draußen und verriegelt. Mac trat ins Seitenruder, um vorzuhalten, während der Boden unter ihnen entlangraste. Die Räder berührten das Gras und sprangen ein-, zweimal wieder hoch, und Mac kämpfte darum, das Flugzeug unter Kontrolle zu halten. Dann erledigte der unebene Boden, was die nutzlosen Landeklappen nicht vermocht hatten; die Beau schoss vorwärts, wurde dann holpernd langsamer und blieb ruckartig wenige Meter vor einer Begrenzungshecke stehen.

Schweißperlen rannen Mac in die Augen, und er wischte sich die Stirn mit seinem Seidentuch ab. Hinter ihm stöhnte Dai auf, vermutlich hatte die holperige Landung seine Verletzung verschlimmert.

»Tut mir leid, Kumpel, sanfter ging's nicht.« Er drehte sich um. Dais Kopf hing herab, er hatte die Augen geschlossen und den Mund in einer schmerzvollen Grimasse aufgerissen. Mac fragte sich, wie zum Teufel er ihn aus dem Flugzeug befördern sollte, aber er musste es irgendwie schaffen. Falls in der Nähe Deutsche waren, würden sie die beschädigte Beau wahrscheinlich unter Beschuss nehmen. Auf jeden Fall mussten sie das Flugzeug so schnell wie möglich zerstören. Er war sich ziemlich sicher, dass sie sich immer noch auf feindlichem Territorium befanden; ein brennendes Flugzeug wäre wertlos für den deutschen Geheimdienst, und wenn jemand das Flugzeug hatte landen sehen und gleich darauf ein Feuer ausbrach, bestand immerhin die Chance, dass sie annahmen, die Besatzung sei in den Flammen gestorben, und sich deshalb gar nicht erst die Mühe machen würden, nach ihnen zu suchen.

»Komm, Dai, alter Knabe, wir müssen dich hier irgendwie rausschaffen«, sagte Mac und krabbelte nach hinten zu seinem verwundeten Partner.

Es heißt, dass man in der Not Kräfte aufbringt, die man nie für möglich gehalten hätte. Das erlebte auch Mac in dieser Nacht. Im Rückblick konnte er sich gar nicht mehr daran erinnern, wie er Blechteile auseinandergebogen hatte, um Dai zu befreien, und den schlaffen, schweren Körper aus der Beau gezogen hatte. Dai war mittlerweile von den Schmerzen ohnmächtig geworden. Mac hatte ihn sich auf die Schultern geladen, ihn in sichere Entfernung von der beschädigten Maschine geschleppt und war zurückgelaufen, um sie in Brand zu setzen. Kaum war das Feuer aufgeflammt, rannte in die Richtung zurück, wo er Dai abgelegt hatte, und warf sich auf den Boden. Das Flugzeug explodierte in einem Feuerball, und brennende Trümmer flogen durch die Luft, dann kam er wieder auf die Füße und rannte weiter.

Dai war immer noch bewusstlos. Mac untersuchte im Mondlicht sein Bein und musste die Zähne zusammenbeißen, als er das zerfetzte Fleisch und den gesplitterten Knochen sah.

Er wuchtete sich Dai erneut auf den Rücken und machte sich auf den Weg über die Felder, schwankend unter dem schweren Gewicht. Bei seiner Landung hatte er in der Ferne eine Art Bauernhof wahrgenommen; nun ging er in Richtung des Gebäudes und hoffte inständig, dass die Bewohner ihm freundlich gesonnen und keine Kollaborateure waren.

Eine langgestreckte Hecke warf ihren dunklen Schatten auf die vom Mond erleuchteten Felder. Mac steuerte auf eine Lücke zu, die wie ein Durchgang aussah. Er wankte hindurch, stolperte über den unebenen Schlammboden, der von Füßen oder landwirtschaftlichen Geräten aufgewühlt worden war, und zuckte entsetzt zusammen, als zwei Gestalten sich aus der Dunkelheit jenseits der Hecke lösten und etwas auf Französisch riefen. Mac hatte sich so sehr erschreckt, dass er zunächst überhaupt nicht verstand, was sie sagten, doch an dem Gewehr, das sie auf ihn gerichtet hatten, gab es nichts misszuverstehen; der Lauf zitterte kaum einen Meter von seinem Kopf entfernt. Mac erstarrte.

»*Anglais*«, sagte er, nicht sicher, ob seine Nationalität die Dinge besser oder schlimmer machte.

Zu seiner Erleichterung senkte sich das Gewehr etwas, und einer der Männer sagte auf Englisch mit starkem französischem Akzent: »Wer sind Sie?«

»Squadron Leader James Mackenzie. Und Sergeant David Renshaw.« Dai drohte ihm vom Rücken zu rutschen. Mac beugte sich vor und zog ihn wieder höher, wobei er schon befürchtete, dass seine Bewegung den Mann zu einem erneuten Anlegen des Gewehrs veranlassen würde. Doch der Mann blickte ihn lediglich argwöhnisch an.

»Was Sie wollen 'ier?«

»Wir versuchen, Ihr Land von den verdammten Hunnen zu befreien«, gab Mac zurück. »Wir mussten eine Notlandung machen. Mein Sergeant ist schwer verletzt. Ich glaube nicht, dass ich ihn noch viel weiter tragen kann.«

Wenigstens wurde jetzt das Gewehr ganz gesenkt. Die beiden Männer umkreisten Mac, musterten Dai und betrachteten sein zerschmettertes Bein.

»Sie warten ’ier«, sagte der Jüngere der beiden. Er sprach in schnellem Französisch mit seinem Begleiter und lief dann über das Feld davon. Mac wartete, stützte dabei immer noch Dai und schaute den älteren Mann an, der wieder das Gewehr erhoben hatte, da er offenbar Angst hatte, mit zwei Fremden allein zu sein, auch wenn sie behaupteten, Engländer zu sein. Er trug eine Jacke aus grobem Tuch, offenbar über seinem Flanellnachthemd. Der Saum des Nachthemds hing über seinen Hosenbund herab. Das runzlige, wettergegerbte Gesicht und das zerzauste Haar weckten bei Mac die Vermutung, dass er der Bauer war, auf dessen Land sie gelandet waren. Wahrscheinlich hatte er das Flugzeug über dem Feld kreisen sehen oder war vom Dröhnen der Motoren wach geworden, hatte ein Familienmitglied geweckt, sich seine Flinte geschnappt und war herbeigeeilt, um zu untersuchen, was da geschehen war. Mac konnte nur hoffen, dass diese Leute keine Kollaborateure waren. Falls doch, verständigte der jüngere Mann wahrscheinlich just in diesem Moment den örtlichen Kommandanten der Nazis.

Seine Sorge legte sich ein wenig, als der Jüngere nach wenigen Minuten mit einer Holzkonstruktion wiederkam, die aussah wie ein Teil eines Weidezauns. Er legte das Teil auf den Boden und bedeutete Mac, er solle Dai darauflegen.

»Wir ihn tragen zum ’aus«, sagte er.

Noch nie hatte Mac Worte gehört, die ihm willkommener gewesen wären. Aber selbst wenn es im Augenblick so aussah, als seien sie unter Freunden, war ihm klar, dass sie nach wie vor in Gefahr waren.

Wenn Mac sich später an jene Nacht erinnerte, kam sie ihm vor wie ein Albtraum. Er und Dai wurden zuerst zu einer Scheune gebracht. Dort versteckte man sie in einer Höhle zwischen

Strohballen, die eigens zu diesem Zwecke geschaffen zu sein schien. Und vielleicht war sie das ja auch; vielleicht hatte der Bauer genau für eine solche Eventualität Vorkehrungen getroffen; vielleicht war das Versteck vor ihnen auch schon von anderen benutzt worden. Der jüngere Mann, der Yves hieß, erklärte in relativ gut verständlichem Englisch, dass es noch zu gefährlich sei, sie ins Haus zu bringen. Die ganze Gegend sei noch von Nazis besetzt, und falls jemand das Flugzeug hatte landen sehen – was mehr als wahrscheinlich war, es sei denn, alle wären auf ihrem Posten eingeschlafen –, dann würden die Nazis nun die Umgebung durchkämmen und nach Überlebenden suchen.

Mac nickte; er hatte verstanden: Falls man Dai und ihn hier entdecken sollte, würden der Bauer und seine Familie höchstwahrscheinlich erschossen. Doch es war keine besonders schöne Erfahrung, neben dem bewusstlosen Dai in der engen Höhle zwischen den Strohballen eingekeilt zu sitzen, während ein Ballen nach dem anderen wieder vor die Lücke gesetzt wurde.

»Wenn es ist sicher, wir kommen wieder und bringen Essen und Wasser und einen Arzt für Ihren Freund«, flüsterte Yves, ehe er den letzten Strohballen wieder an seinen Platz schichtete. Dann war Mac von Dunkelheit umgeben, und alle Geräusche klangen nur noch gedämpft. Es war, so dachte Mac, wie in einem Sarg aus Stroh.

Dai kam immer mal wieder kurz zu sich, murmelte etwas und schlug um sich. Mac vermutete, dass er ziemlich viel Blut verloren hatte. Vielleicht hätte er ihn besser beim Flugzeug lassen sollen. Wenn die Nazis ihn dort gefunden hätten, wäre Dai zwar in Kriegsgefangenschaft geraten, aber immerhin hätte man ihn dort medizinisch versorgt. Aber so würde es vermutlich Stunden dauern, ehe Yves und sein Vater einen Arzt für ihn holen konnten, und selbst dann hätte der Arzt nur begrenzte Möglichkeiten, etwas für ihn zu tun. Er vermutete, dass Dai operiert werden musste. Er sollte besser im Krankenhaus liegen und nicht in einem Gefängnis aus Strohballen. Aber Mac konnte im Augenblick nichts für ihn tun, außer es dem Jungen so bequem wie möglich zu machen. Wenigstens waren sie beide noch am Leben.

Mac begab sich in eine halbwegs bequeme Bauchlage, legte den Kopf auf die Arme und versuchte, ein bisschen Schlaf zu bekommen.

Mac und Dai verbrachten zwei Tage und zwei Nächte in der Scheune, ehe Jacques, der Bauer, es für sicher genug hielt, dass die beiden Männer ihr Versteck verlassen konnten. Immerhin durfte er zwischendurch ab und zu mal für ein paar Minuten ins Freie, um die Glieder auszustrecken und frische Luft zu atmen, während der Bauer und seine Familie von Aussichtspunkten am Rande des Hofs Wache hielten. Sie brachten auch Essen, dicke Stücke Käse und Brot, Wasser, starken Kaffee und sogar einen Krug Landwein. Verständlicherweise war die Familie ziemlich nervös; das forscheste Familienmitglied war Jacques' Tochter Anne-Louise, ein hübsches junges Mädchen, das furchtlos über die Deutschen herzog.

»Pah! Ich mir lasse doch von denen nicht einschüchtern!«, erklärte sie, als Mac seiner Sorge darüber Ausdruck verlieh, was wohl mit der Familie geschehen würde, wenn die Deutschen herausfanden, dass sie alliierten Fliegern Unterschlupf gewährten. »Ich will mir selbst und Frankreich treu bleiben. Ihr kämpft für uns – und deshalb werden wir uns kümmern um euch, bis wir finden eine Möglischkeit, wie ihr wieder könnt nach 'ause zurückkehren.« Mac bewunderte ihre Courage, aber ihr tollkühner Wagemut bereitete ihm Sorge.

Auch Dais Zustand bereitete ihm zunehmend Sorge. Ein Arzt namens René Sambussi war aus dem Dorf zu ihnen in die Scheune geschmuggelt worden, doch wie Mac schon befürchtet hatte, konnte er nur wenig für ihn tun, außer ihm die Wunde zu verbinden und Schmerzmittel zu verabreichen. Macs Französisch war nicht gerade fließend, aber immerhin konnte er sich aus dem Geschnatter des Arztes zusammenreimen, dass das Bein möglicherweise amputiert werden müsse. Anne-Louise bestätigte das.

»Er 'at Angst, dass die Bein schlimmer wird«, sagte sie. »Wenn sie wird schlimmer ...«

»Wundbrand«, sagte Mac ernst.

Sie standen auf dem Hof vor der Scheune; die warme Septembersonne hatte den Boden unter ihren Füßen zu einer rissigen Lehmdecke gebrannt, aber Mac erschien es dort wie der Himmel auf Erden, verglichen mit der stickigen Luft in der Scheune, wo jeder Atemzug nur abgestandene Luft brachte und der Strohstaub ihm Augen, Nase und Kehle reizte.

»Papa glaubt, die Deutschen, sie 'aben jetzt aufgegeben, nach Sie zu suchen«, sagte Anne-Louise. »Heute, wenn es ist dunkel, wir können Sie 'olen ins 'aus. Aber wir müssen immer noch sein vorsichtig. Die Deutschen, sie suchen immer. Suchen, suchen ... immerzu.« Ihr Tonfall war verbittert, ihr kleines rundes Gesicht zeigte deutlich, wie sehr sie den Feind hasste.

Mac blickte in die Sonne und presste die Kiefer aufeinander. Es gefiel ihm ganz und gar nicht, diese braven Menschen in Gefahr zu bringen, indem er hierblieb. Er konnte sich gut vorstellen, wie die Deutschen die Gegend durchkämmten und einsame Bauernhöfe durchsuchten in der Hoffnung, einen Jagdflieger oder die Crew eines beschädigten Bombers zu finden, der es gelungen war, mit dem Fallschirm abzuspringen und zu fliehen. Mac war von Natur aus ein Einzelgänger, der sich am liebsten auf sich selbst verließ. Sein Instinkt drängte ihn, so schnell wie möglich die Rückkehr nach Hause zu versuchen. Doch er musste auch an Dai denken. Mac fühlte sich für den jungen Mann verantwortlich, und Dai war nicht transportfähig. Obwohl er lieber heute als morgen aufgebrochen wäre, hielt Mac es für seine Pflicht, bei Dai zu bleiben, und er hoffte, dass er ihn mit Unterstützung der Résistance auf einer der geheimen Fluchtrouten aus Frankreich bringen konnte. Er wusste, dass es Flugzeuge gab, die nachts im Schutz der Dunkelheit in Frankreich landeten, um abgeschossene britische Flieger einzusammeln, und dieser Ort war, soweit er es beurteilen konnte, die ideale Stelle für ein solches Vorhaben. Noch hatte er nicht herausfinden können, ob es in der Nähe eine Zelle der Résistance gab, die in Funkkontakt mit London stand, doch im Moment war das seine einzige Hoffnung.

Am Abend kamen Jacques und Yves, um sie zu holen, und zu dritt gelang es ihnen, Dai ins Haus zu transportieren und in eine winzige Dachkammer hochzutragen, die man nur über eine Leiter erreichen konnte. Dort waren ein paar behelfsmäßige Betten aufgestellt worden, und Dai, der kaum mehr bei Bewusstsein war, wurde auf eines davon gelegt. Mac ging nach unten und aß zum ersten Mal gemeinsam mit der Familie Abendbrot. Doch obwohl es einen leckeren, herzhaften Eintopf gab, hatte er nur wenig Appetit. Er war viel zu unruhig, lauschte nervös auf jedes Geräusch, und die Sorge um den jungen Mann auf dem Dachboden schlug ihm auf den Magen.

Ich wünschte, diese verdammte Messerschmitt hätte mich gleich richtig erledigt, dachte er. Es war das erste Mal, dass ihm überhaupt ein solcher Gedanke kam, und es sollte auch das letzte Mal sein. Doch in diesem Moment schien es ihm wirklich so, als wäre es besser für alle gewesen, wenn die Beau in Flammen aufgegangen und abgestürzt wäre. Wenigstens wären Dai dann seine Qualen erspart geblieben – und die Aussicht darauf, den Rest seines Lebens als Krüppel verbringen zu müssen, falls er durch irgendein Wunder überlebte. Wenigstens wäre dann diese grundanständige französische Familie nicht in der Gefahr, gefoltert und erschossen zu werden, weil sie ihnen Unterschlupf gewährt hatte. Und ihm selbst wäre zumindest das gottverdammte Dilemma erspart geblieben, ob er gehen oder bleiben solle.

In jener einen Nacht jedenfalls, in der niedrigen, karg möblierten Küche eines französischen Bauernhauses, die von einer einzigen Öllampe erhellt wurde und nach Fleisch und Kräutern duftete, wünschte sich Mac, dass alles vorbei sein möge. Denn er sah keinen Ausweg, der nicht in einer Katastrophe für sie alle enden würde.

Dai ging es schlechter. Er war ins Delirium gefallen, er redete vor sich hin und schrie auf, und Mac hatte Angst, dass sein Lärmen sie verraten würde, sollte ein Deutscher ins Haus kommen. Glücklicherweise kam kein Deutscher. Nur Dr. Sambussi kam, schüttelte den Kopf und gab missbilligende Schnalzlaute von sich. Mac war klar, dass der Arzt genauso besorgt war wie er; schließlich hatte man ihm ebenfalls eine große Verantwortung aufgeladen.

Doch es sollte nicht so bleiben. Am dritten Tag, geschwächt durch den Blutverlust und gezeichnet vom Fieber, starb Dai. Als es vorbei war, stand Mac neben dem behelfsmäßigen Bett, betrachtete das erschreckend junge Gesicht, das im Tod endlich friedlich aussah, und weinte. Er allein trug die Schuld an Dais Tod. Wäre er geschickt genug gewesen, der Me 109 auszuweichen, die sie getroffen hatte, hätte er es geschafft, die Beau bis in die Schweiz zu steuern, hätte er Dai den Deutschen überlassen, dann hätte der junge Mann nicht sterben müssen. Er hatte versagt. Sein Schuldgefühl und der heftige Schmerz darüber, diesen jungen Menschen in der Blüte seiner Jahre zu verlieren, zerrissen ihn. Er hatte schon viele Männer sterben sehen und hatte es hingenommen als Preis, der im Kampf um die Freiheit gezahlt werden musste. Doch das hier war etwas anderes. Das Schicksal dieses einen jungen Mannes hätte er ändern können, und er hatte es nicht getan. Mac glaubte, dass er sich niemals vergeben könnte.

Aber nun bestand wenigstens keinerlei Notwendigkeit mehr für ihn, Jacques und seine Familie durch seine Anwesenheit auf dem Hof zu gefährden. Mac beschloss, so schnell wie möglich weiterzuziehen.

Als Mac Jacques und seiner Familie zum ersten Mal von seinen Plänen erzählte, in die Schweiz zu fliehen, wirkte der Bauer erleichtert, wohingegen Yves und Anne-Louise ihr Bestes versuchten, ihn davon abzubringen. Vor allem Anne-Louise beharrte darauf, dass er noch bleiben solle. Mac schob das darauf, dass sie so gern mit der Gefahr spielte. Dass sie mehr als nur ein Auge auf ihn geworfen hatte, kam ihm gar nicht in den Sinn.

»Man wird Sie fangen!«, warnte sie ihn. »Niemals man wird Sie halten für einen Franzosen. Sie sprechen die Sprache nicht gut.«

»Ich hätte in der Schule besser aufpassen sollen«, erwiderte Mac reuig und erinnerte sich an die zahllosen Unterrichtsstunden, in denen er aus dem Fenster gestarrt und die Minuten gezählt hatte, bis er endlich zum Kricketspielen gehen konnte.

»*Oui*, das hätten Sie. Ich – ich habe 'art gearbeitet in meine Englischstunden. Das 'at mich viel genützt!«

»Ihr Englisch ist sehr gut«, stimmte Mac ihr zu und bemerkte gar nicht, wie sich ihre Wangen vor Freude und Verlegenheit röteten. »Sie bringen mich in Verlegenheit. Aber ich muss versuchen, nach Hause zu kommen, und ich kann Sie und Ihre Familie nicht noch länger in Gefahr bringen.«

»Bald wir machen wieder Kontakt mit London. Warten Sie bis dann!«

»Das kann ich nicht. Außerdem ist es für Ihre Leute im Moment nicht sicher. Sie müssen erst mal in Deckung bleiben.«

Die örtliche Zelle der Résistance hatte vor ein paar Monaten einen schweren Rückschlag erlitten, hatte sie ihm erzählt. Die Deutschen hatten Funksprüche verfolgt und dadurch die abgelegene Hütte entdeckt, in der die Funkanlage versteckt war, und der Mann, auf dessen Grund die Hütte stand, war verhaftet worden. Der Rest der Widerstandszelle hielt sich nun versteckt und hoffte, dass der Mann unter Folter keine Namen verraten würde; bis jetzt waren sie noch nicht in der Lage gewesen, das beschlagnahmte Funkgerät zu ersetzen.

»Also gut, wenn Sie so wild entschlossen sind …«, sagte Anne-Louise resigniert. »Sie werden bessere Kleidung brauchen. Ihre ist nicht gut.«

»Sie ist bestens.«

»Nein, nein … sie ist … Ach, Sie wissen schon!«

Als sie Mac ins Haus gebracht hatten, hatte die Familie ihm ein Hemd und ein paar Hosen herausgesucht und seine Uniform in einem Laubfeuer auf dem Feld verbrannt. Aber sowohl Jacques als auch Yves waren beide kleiner und stämmiger als Mac. Während das Hemd noch einigermaßen passte, waren die Hosen an der Taille viel zu weit und hingen an seinem Hintern herab wie ein Sack, wohingegen die Aufschläge ein gutes Stück oberhalb seines Knöchels endeten, so dass man seine Fliegerstiefel sehen konnte. Er sträubte sich dagegen, sich von seinen Stiefeln zu trennen, vor allem, da die Schuhe, die Yves ihm gebracht hatte, alle mindestens eine Nummer zu klein für ihn waren. Wenn er sich zu Fuß in die Schweiz aufmachte, wollte er wenigstens bequeme Schuhe tragen.

Sie holten ein Maßband und maßen seine Figur, während sie die ganze Zeit über in schnellem Französisch miteinander plapperten, und am nächsten Tag tauchte eine Hose aus dichtem, strapazierfähigem Baumwollgewebe auf. Als er sie anprobierte, stellte Mac zu seiner Erleichterung fest, dass er die Hosenträger auf die gewohnte Länge herunterlassen konnte. Mit einer alten Jacke von Jacques und einer schwarzen Baskenmütze auf dem Kopf konnte Mac auf den ersten Blick durchaus als Franzose durchgehen.

Als Nächstes mussten sie seine Marschroute bestimmen. Yves und Anne-Louise brüteten über Landkarten, sowohl über ihren eigenen, die sie aus Telefonbüchern gerissen hatten, wie auch über Macs Fluchtkarte aus seinem Überlebenspaket, und stellten eine Liste der Dörfer auf, die Mac durchqueren musste. Aus den Tiefen eines Schrankes beförderte Yves einen Rucksack hervor, der nicht nach militärischer Ausrüstung aussah. Mac packte eine Plastikflasche mit Wasser, seinen Beutel und das Überlebenspaket, einen Laib Brot sowie Käse und Fleisch hinein, die Anne-Louise für ihn in fettdichtes Papier gewickelt hatte. Nun brauchte er nur noch zu warten, bis es dunkel genug war, damit er sich gefahrlos auf den Weg machen konnte.

Zum Abschied versammelte sich die ganze Familie auf der Treppe des Hauses.

»Ich werde Ihnen nie vergelten können, was Sie für mich getan haben«, sagte Mac, und obwohl sie vielleicht nicht jedes Wort verstanden hatten, hatte er seine Dankbarkeit wohl deutlich genug übermittelt.

Yves zuckte mit den Schultern. »Für unsere Freunde wir tun, was wir können.«

In der Nachtluft hörte man plötzlich das Dröhnen schwerer Flugzeugmotoren. Mac blinzelte in den Himmel hinauf; in dieser Nacht waren keine Sterne zu sehen, nur das Mondlicht schimmerte an einer Stelle hinter der dichten Wolkendecke hervor. Im schwachen Licht des Mondes konnte er die Umrisse eines Bomberverbands und die ihn begleitenden Jagdflugzeuge erkennen. Er fragte sich, welches Ziel sie in dieser Nacht haben mochten, und hoffte inständig, dass es nicht zu einem Luftkampf genau über ihm käme, sollten sie von der Luftwaffe verfolgt werden. Falls noch ein Flugzeug abstürzte und man im unbeständigen Licht des Mondes die Fallschirme heruntergehen sah, würde es in der ganzen Gegend bald nur so von Deutschen wimmeln.

»Ich mache mich jetzt lieber auf den Weg.« Er schulterte seinen Rucksack.

»*Bonne chance!*« Yves verabschiedete sich mit einer kräftigen Umarmung und küsste ihn auf beide Wangen, und die anderen taten es ihm nach. Mac, der diese Form von Körperkontakt nicht gewohnt war, zuckte innerlich zurück, schaffte es aber, seine Zurückhaltung zu überwinden, und klopfte ihnen auf die Schultern. Auf keinen Fall wollte er diese brave, anständige Familie verprellen, die ihm das Leben gerettet hatte.

Er durchschritt den Innenhof, wandte sich um und blickte zurück. Sie standen alle noch da und winkten ihm zu, doch Mac musste jetzt an Dai denken, der eigentlich mit ihm hätte gehen sollen, aber nun niemals nach Hause zurückkehren würde. Irgendjemand würde seiner Familie die schlechte Nachricht überbringen müssen; Mac hielt das für seine Aufgabe.

Die ersten Zeilen aus einem Gedicht von Rupert Brooke, das er vor langer Zeit in der Schule gelernt hatte, kamen ihm in den Sinn:

Wenn ich denn sterbe, denk nur dies von mir:
Es gibt dann in der Fremde einen Winkel
Der immer England ist.[6]

Auch wenn das Gedicht während des Ersten Weltkriegs geschrieben worden war, so besaß es jetzt immer noch die gleiche Aktualität.

Ihm wurde die Kehle eng, und seine Augen brannten. *Lebwohl, Dai …*

Der Bomberverband und seine Eskorte waren jetzt genau über ihm. Es konnte nicht mehr lange dauern, bis die Luftwaffe in großer Zahl erscheinen würde, um sie anzugreifen. Mac fragte sich, wie viele andere junge Männer, die voller Elan in diese Flugzeuge gestiegen waren, in dieser Nacht nicht wieder nach Hause zurückkehren würden. Widerstrebend wandte er den Blick ab und machte sich auf den Weg in Richtung Schweiz.

[6] R. Brooke: Der Soldat, üb. von J. Utz/H. Meller; in: Englische und amerikanische Dichtung Bd. 3. Hrsg. von Horst Meller und Klaus Reichert. München (C.H. Beck) 2000.

Was ihm auf der Karte gar nicht so weit erschienen war, entpuppte sich in Wahrheit als ein langer Fußmarsch, und erst nach mehr als einer Woche befand sich Mac in unmittelbarer Nähe der Schweizer Grenze. Die erste Nacht und den Großteil des nächsten Tages über ging Mac ohne Pause vierzehn Stunden über abgelegene Straßen und Feldwege; aufrecht gehalten wurde er dabei von den Benzedrintabletten aus seinem Überlebenspaket und seiner zähen Entschlossenheit. Von Zeit zu Zeit blieb er stehen und überprüfte seine Route mithilfe der Karten, die er in seiner Tasche zusammengefaltet hatte, und einem Kompass, den Anne-Louise ihm in den Aufschlag der alten Jacke ihres Vaters eingenäht hatte. Er hatte noch einen weiteren Kompass, zwei Hosenknöpfe, die man zusammenstecken konnte und die er aus seiner Uniform gerettet hatte, bevor Jacques sie verbrannte, doch der andere Kompass ließ sich einfacher ablesen, vor allem, wenn seine Augen vor Müdigkeit schmerzten und die Sonne ihn blendete.

Die erste Nacht seines langen Marsches verbrachte er unter einer Hecke, die zweite in einem Heuhaufen. Inzwischen taten ihm nicht nur die Beine weh, sondern sein ganzer Körper schmerzte, und seine Füße fühlten sich an, als stünden sie in Flammen. Als er sich aus dem Heuhaufen erheben wollte, konnte er sich kaum noch bewegen; seine Muskeln versagten ihm den Dienst. Er massierte sich die Beine, wagte aber nicht, sich die Stiefel auszuziehen und die Blasen zu versorgen, die vermutlich inzwischen aufgegangen waren und bluteten, denn er befürchtete, dass er die Stiefel danach nicht wieder würde anziehen können.

Während er ganz langsam, Schritt für Schritt, losmarschierte, kehrte allmählich wieder Leben in seine Beine. Der Schmerz in Waden und Oberschenkeln war zwar kaum auszuhalten, doch wenigstens konnte er wieder einen Fuß vor den anderen setzen. Neben der Straße floss ein kleiner Bach entlang. Mac spritzte sich Wasser in sein staubiges Gesicht, das von der ständigen Sonnenbestrahlung brannte, rieb sich über die rauen Bartstoppeln, die sich in den letzten Tagen gebildet hatten, und füllte seine Flasche wieder auf. Er wusste, dass er sie nicht einfach an einem Dorfbrunnen füllen konnte, denn nichts würde ihn leichter als Engländer verraten. Die Franzosen benutzten Wasser nur zum Waschen, sie tranken ausschließlich Wein.

In der Nachmittagshitze kam er an einem abgelegenen Häuschen vorbei. Auf der angrenzenden Wiese lagen ein paar Kühe gemächlich wiederkäuend im spärlichen Schatten der Bäume, einige Hühner gackerten im Staub vor dem Haus herum. Mac beschloss, das Risiko einzugehen und an die Tür zu klopfen. Er musste sich dringend irgendwo ausruhen und etwas essen. Er bezweifelte, dass er noch viel länger gehen könnte, wenn er nicht eine Pause einlegte.

Er hatte Glück. Die Hausbewohner, zwei ältere Damen, waren der Besatzungsmacht genauso feindlich gesonnen wie Anne-Louise. Sie nahmen ihn in ihr Haus auf, gaben ihm etwas zu essen, machten Wasser warm, damit er sich waschen konnte, und brachten ihm eine Flasche reinen Alkohol, mit dem er sich die schmerzenden Beine einreiben konnte. Zum ersten Mal seit Beginn seines Marsches wagte Mac es, sich die Stiefel auszuziehen und seine blutenden Füße zu versorgen.

Erst nach drei Tagen verließ er diese abgelegene Zuflucht. Es war nicht leicht gewesen, sich mit den Frauen zu verständigen, da sie kein Wort Englisch sprachen, aber viele Worte waren auch nicht nötig gewesen. Sie konnten ihm begreiflich machen, welche Route er einschlagen musste, und er marschierte weiter, ausgeruht und in optimistischer Stimmung über die Loyalität und den Nationalstolz der Einwohner in diesem Teil Frankreichs. Im nächsten Dorf vertraute er sich einer dicken, alten, ganz in Schwarz gekleideten Frau an, die dösend in der Nachmittagssonne vor ihrem Haus saß. Sie wies ihm den Weg zum Pfarrer des Dorfes, einem drahtigen kleinen Mann und strammen Patrioten. Er hieß Mac in seinem Haus willkommen, versorgte ihn mit nahrhafter Kost und gutem Wein und erlaubte ihm, ein paar Tage in einem seiner vielen Zimmer zu bleiben.

Mac fühlte sich inzwischen etwas sicherer. Nachts flogen keine Bomberverbände mehr über ihm am Himmel vorbei, und weniger deutsche Patrouillen waren unterwegs, um nach abgestürzten Piloten zu suchen. In einigen Tagen würde er in der Schweiz sein. Doch er blieb weiterhin vorsichtig. Während er voranschritt, riss er die Namen der Dörfer, durch die er gegangen war, von dem Zettel, auf dem die Details seiner Marschroute standen. Falls er gefangen genommen wurde, wollte er nicht den Zorn der Deutschen auf diejenigen lenken, die ihm unterwegs geholfen hatten.

Erst auf der letzten Etappe seines Weges begegnete Mac dem Feind. Unweit der Grenze wollte er gerade ein flaches Tal durchqueren, als er zwei deutsche Wachtposten entdeckte, die zwischen ihm und der sicheren Schweiz standen. Sofort war er auf der Hut, jeder Nerv war zum Zerreißen gespannt. Er blickte sich nach einer Deckung um, doch weit und breit war nichts Geeignetes in Sicht, und er musste feststellen, dass die Wachtposten ihn schon entdeckt hatten. Mac wich seitwärts in ein Weizenfeld aus und rannte im Zickzack über die Stoppeln; das Blut hämmerte ihm im Kopf, und seine Beine schienen weich wie Gummi. Vor sich, vielleicht vierhundert Meter entfernt, konnte er Männer – offenbar Schweizer Wachtposten – mit gespreizten Beinen auf der Straße stehen sehen. Sie starrten wie hypnotisiert in seine Richtung. So nah – so verflucht nah! Doch die Deutschen würden ihn wahrscheinlich einholen, das war ihm klar. Sie waren nicht die letzten zehn Tage von morgens bis abends marschiert; ihre Füße waren nicht überzogen mit aufgeplatzten, blutenden Blasen von scheuernden Stiefeln. Als er das andere Ende des Weizenfeldes erreicht hatte, riskierte Mac einen Blick über die Schulter. Einer der Deutschen taumelte ein bisschen, doch der andere, ein paar Meter weiter vorn, rannte so zielstrebig und verbissen wie ein Leichtathlet auf der Zielgeraden.

Nur noch dreihundert Meter, die ihn von der Freiheit trennten. Keuchend, ohne sich des brennenden Schmerzes in seinen Füßen und der scharfen Seitenstiche überhaupt bewusst zu sein, brachte Mac seine letzten Kraftreserven auf und rannte weiter. Vor sich konnte er ein Bauernhaus sehen, bestimmt gehörte es dem Bauern, durch dessen Weizenfeld er gerade gerannt war. Mac sprang über einen Graben und drängte durch eine Hecke. Zweige schlugen ihm gegen Gesicht und Hände und kratzten ihm die Haut blutig, doch er bemerkte es kaum. Sein Bewusstsein war ganz darauf konzentriert, das Bauernhaus zu erreichen, bevor die Deutschen ihn einholten.

Eine Kugel pfiff an seinem Ohr vorbei. Erst später wurde ihm klar, dass die Deutschen ihn ganz leicht in den Rücken hätten schießen können, wenn sie es gewollt hätten. Vielleicht gab es auch auf Feindesseite ein paar Männer, die es nicht über sich brachten, kaltblütig einen unbewaffneten Mann niederzuschießen – einen Mann, der Soldat war genau wie sie, auch wenn er auf der anderen Seite stand. Vielleicht war der Schuss nur eine Warnung gewesen, und sie hatten auf den natürlichen menschlichen Instinkt gebaut, sich in einer solchen Situation in Deckung zu begeben. Vielleicht wollten sie bloß beweisen können, dass sie ihre Pflicht getan hatten, wenn sie sich vor ihrem Vorgesetzten verantworten mussten. Auf jeden Fall ging ihr Schuss ins Leere, und Mac war ihnen ewig dankbar dafür.

Draußen vor dem Bauernhaus reinigte ein Mann irgendein landwirtschaftliches Gerät. Er blickte überrascht und erschreckt auf, als Mac auf ihn zugestürmt kam, hielt die Hand vor die Augen, um die Sonne abzuschirmen, und konnte kaum glauben, welches Bild sich ihm da bot. Keuchend rannte Mac auf ihn zu.

»Schweiz?«

Der Mann nickte, sein wettergegerbtes Gesicht blickte verständnislos drein.

Eine Woge der Erleichterung schlug über Mac zusammen

und schien den letzten Rest seiner Kraft mit sich fortzuspülen. Seine Beine drohten ihm zu versagen, seine Wirbelsäule sank in sich zusammen. Es kostete ihn eine enorme Anstrengung, überhaupt noch den Kopf zu drehen, um zu schauen, was seine Verfolger taten. Das Blut pochte ihm hinter den Augen und trübte seine Sicht, so dass ein schwarzer Schleier über der sonnigen Landschaft zu hängen schien. Die Deutschen hatten kurz vor der Grenze angehalten, ein paar Hundert Meter von ihm entfernt. Einer beugte sich vor, um wieder zu Atem zu kommen; der andere hatte die Hände in die Hüften gestemmt und blickte einfach nur zu ihm hinüber. Mac hob zitternd die Hand, die Deutschen erwiderten die Geste; es war, als winkten sie einander über die Grenze hinweg zu. Dann gaben Macs Knie unter ihm nach, und er sank völlig erschöpft zu Boden. Er hatte es geschafft. Er war in der Schweiz.

Es sollte fast ein Jahr dauern, bis Mac die Schweiz wieder verlassen konnte. Nachdem er von den neutralen Schweizern verhört worden war, teilte man ihm mit, dass man ihn nicht als zu internierenden Kriegsteilnehmer, sondern als *evadé*, als entflohenen Kriegsgefangenen, betrachten würde, da er beim Überqueren der Grenze Zivilkleidung getragen hatte. Das hatte zur Folge, dass man ihn nicht etwa in eines der gefürchteten Kriegsgefangenenlager schickte, sondern ihn in einem Hotel in einem Skigebiet oberhalb des Genfer Sees einquartierte. Das Leben dort war relativ entspannt und angenehm – man gestattete Mac zu schwimmen, zu segeln und sogar Skifahren zu lernen. Das Essen war gut und wurde ergänzt durch die Rote-Kreuz-Pakete, die von Zeit zu Zeit eintrafen. Sein Zimmer war komfortabel. Doch er durfte die Schweiz nicht verlassen und ärgerte sich über diesen erzwungenen Aufenthalt.

Ein paar Evadés verließen das Land, indem sie von der Schweizer Regierung gegen deutsche Piloten ausgetauscht wurden – die Schweizer waren bestrebt, ihre ungewollten Gäste wieder loszuwerden –, doch Mac war nicht unter ihnen, obwohl er die ausgetauschten Soldaten bat, Nachrichten von ihm an Nancy und seine Familie zu übermitteln, wenn sie nach England zurückkehrten.

Erst als die französisch-schweizerische Grenze von der 5. US-Armee befreit wurde und er schon überlegte, einfach abzuhauen und die Grenze auf eigene Faust zu überqueren, erfuhr er, dass sein Name auf einer Liste von Militärangehörigen stand, die in ihr Heimatland zurückgeschickt werden sollten. Nur gut, dass ich nicht allein losgezogen bin, dachte er später; sonst wäre ich womöglich gefangen genommen und in eines der Kriegsgefangenenlager geschickt worden. Selbst wenn ich es bis nach Hause geschafft hätte, hätte man mich womöglich vor ein Militärgericht gestellt, weil ich internationales Recht gebrochen habe.

Doch unter den gegebenen Umständen wurde Mac zurück nach London geschickt, wo er noch weiter verhört wurde, einen kurzen Zwangsurlaub nehmen musste und dann wieder in den Militärdienst zurückgeschickt wurde.

Die Deutschen hatten begonnen, London mit Marschflugkörpern zu bombardieren, und Mac saß wieder in einem Kampfflugzeug und versuchte sein Bestes, sie abzufangen, ehe sie ihre furchtbare Zerstörungskraft bei der Zivilbevölkerung entfalten konnten.

Seine Zwangspause war vorbei, und er war froh darüber. Doch den unangenehmen Neuigkeiten, die ihn bei seiner Rückkehr erwarteten, konnte er nicht aus dem Wege gehen.

Nancy hatte Joe geheiratet und war nach Amerika zurückgekehrt. Es hieß, sie sei schwanger. Macs Magen machte einen Satz, als der Kommandant ganz beiläufig die Schwangerschaft erwähnte. Mein Gott, offenbar hatte er nicht so gut aufgepasst, wie er gedacht hatte. Und als sie ihn gebraucht hatte, war er nicht für sie da gewesen. Allein gelassen und verängstigt, hatte sie Zuflucht bei diesem verdammten amerikanischen Freund gesucht. Das Baby war inzwischen vermutlich längst geboren – es musste etwa sechs Monate alt sein. Und er konnte nichts tun.

Verzweiflung legte sich über Mac wie der feuchtkalte graue Londoner Nebel. Er konzentrierte sich ganz auf das Fliegen und versuchte zu vergessen.

V

Nancy starrte ihn mit weit aufgerissenen Augen an.

»Mein Gott, Mac. Das ist ja kaum zu glauben …« Sie stockte und schüttelte den Kopf.

Er ergriff ihre Hand und hielt sie fest. »Nancy, es tut mir so furchtbar leid, dass ich nicht für dich da war, als du mich gebraucht hast.«

Sie zuckte resigniert mit den Achseln und verzog das Gesicht. »Du konntest ja auch nichts dafür. Außerdem hättest du ohnehin nichts tun können.«

»Aber ich hätte da sein sollen.«

Sie zuckte wieder mit den Achseln. »Wenn du da gewesen wärst, wäre es gar nicht passiert.«

»Was?« Er runzelte die Stirn und betrachtete sie verwundert. Dann sah er, wie sich ihre Augen mit Tränen füllten.

»Mac, es tut mir so leid … Ich war einfach vollkommen fertig. Ich dachte, du wärst tot …«

Plötzlich hatte er einen Klotz im Magen, ein unklares Gefühl der Enge, das er lieber nicht weiter analysieren wollte. »Ich weiß, dass du in einer Zwangslage warst«, sagte er und klammerte sich an die einzig mögliche Erklärung, an die Vermutung, die er sich zurechtgelegt hatte, als er erfuhr, dass sie Joe geheiratet hatte. »Schwanger, allein im Ausland … Ich bin derjenige, der sich Vorwürfe machen muss, Nancy. Ich hätte besser aufpassen sollen.«

Er bemerkte, wie sie hörbar nach Luft schnappte. Eine

Träne löste sich aus ihrem Auge und lief ihr über das Gesicht. Dann wandte sie den Kopf ab, als könne sie es nicht ertragen, ihm in die Augen zu sehen.

»Nancy, es ist schon gut«, sagte er. »Jetzt bin ich ja hier. Ich möchte, dass du mit mir nach England zurückkehrst.«

Ihr Kopf schnellte zurück, wie bei einer Marionette, an deren Faden jemand gezogen hatte.

»Judy ...?«

»Judy ... Sie ist nicht mehr da.« Er brachte es noch immer nicht über sich, das Wort »gestorben« auszusprechen; ausgerechnet er, der schon so viel vom Tod gesehen hatte und nüchtern und leidenschaftslos darüber hatte sprechen können, selbst wenn ihn das vergeudete Leben jedes Mal wieder geschmerzt hatte. Es fiel ihm schwer, überhaupt zu akzeptieren, dass Judy tot war, dass sie schließlich einer Lungenentzündung erlegen war. Bis zum Schluss hatte er an ihrer Bettkante gesessen, und er war dankbar, dass er bei ihr hatte sein können. Wenn sie während seines Aufenthalts in der Schweiz gestorben wäre, hätte er einmal mehr das Gefühl gehabt, er hätte sie im Stich gelassen. Er hatte ihr die Hand gehalten, ihre angestrengten, rasselnden Atemzüge gehört und gewusst, dass ihr Tod unausweichlich war, weil ihr geschwächter, regloser Körper diesen Belastungen nicht standhalten konnte. Er hatte tröstende Worte geflüstert, die sie, wie er wusste, nicht hören konnte. Er war Zeuge ihrer letzten gequälten Minuten geworden und hatte den Frieden erlebt, der darauf folgte. Er war hinter ihrem Sarg hergeschritten, ohne dass er ihren Tod glauben konnte. Er hatte sie schon vor langer Zeit verloren, so dass es ihm immer noch so vorkam, als ruhe sie dort bloß schlafend – genau wie sie immer noch in seinem Herzen ruhte, eine schöne Frau, die ewig jung bleiben würde, die bloß in einem anderen Zustand, auf einer anderen Ebene weiterexistierte. Doch wie unwirklich es ihm auch erscheinen mochte – Judy lebte nicht mehr. Und Mac, der weiß Gott nicht zu Phantastereien neigte, hatte sich schon in dunklen Nächten gefragt, ob das Wesen von Judy, das in diesem schlafenden Körper weitergelebt hatte, wohl entschieden hatte, dass die Zeit reif sei, ihn freizugeben. Ihm zuliebe, der Frau, die er liebte, und ihrem gemeinsamen Kind zuliebe.

Die tragische Ironie war nur, dass Nancy jetzt mit jemand anderem verheiratet war.

»Ich weiß, dass alles verkehrt gelaufen ist«, sagte er jetzt. »Und so, wie sich die Dinge entwickelt haben, sieht es fast so aus, als hätte es nicht sollen sein. Aber ich bin hier, weil ich gern mit dir zusammen sein möchte – ich kann an gar nichts anderes mehr denken. Es wird nicht leicht sein, für niemanden, das ist mir klar. Aber ich kann dich auch nicht einfach gehen lassen.« Sein Blick blieb an John hängen, der ganz vertieft darin war, die Handtasche seiner Mutter auszuräumen. »Und ihn kann ich auch nicht einfach gehen lassen. Können wir nicht wenigstens versuchen, eine Lösung zu finden?«

Nancy brachte kein Wort heraus, Tränen schnürten ihr die Kehle zu, die Hoffnungslosigkeit des Ganzen und die ungeheuerliche Beichte, die sie ihm noch machen musste, erstickten sie fast. Und wie so oft, wenn sie sich in die Enge getrieben fühlte, bestand ihre Notwehr in einer aufbrausenden Reaktion.

»Du hast vielleicht Nerven, Mac! Du wolltest Judy nicht wegen mir verlassen, aber trotzdem erwartest du von mir, dass ich Joe einfach sitzen lasse! Nur weil du jetzt plötzlich frei und ungebunden bist!«

»Nancy …« Er stockte, denn plötzlich wurde ihm bewusst, wie selbstsüchtig er erscheinen musste. Ja, zum Teufel, er verhielt sich wirklich selbstsüchtig. Joe war ein anständiger Kerl; er liebte Nancy und hatte sich um sie gekümmert, als es Mac nicht möglich war. Joe war bereit gewesen, Nancy zu heiraten, obwohl sie … Was zum Teufel tat er da eigentlich? Er erwartete von ihr, dass sie Joe verließ und ihm das Herz brach. Wie konnte er ihr das aufbürden? Das ging eigentlich vollkommen gegen seine Natur, gegen alle seine Prinzipien. Und dennoch …

Und dennoch konnte er sie nicht aufgeben. Er liebte sie viel zu sehr. Sie war ein Teil von ihm; gehörte zu jedem Atemzug, den er tat. Er konnte sie weder aus seinem Kopf noch aus seinem Herzen verdrängen. Hätte er annehmen müssen, dass sie anders fühlte als er, hätte er sich wieder aus dem Staub gemacht. Doch tief in seinem Innern wusste er, dass sie ganz genauso empfand. Sie war ihm seelenverwandt, und das Kind, das da auf dem Boden spielte, war sein Sohn. Die Stärke seiner Gefühle verdrängte seinen angeborenen Sinn dafür, was fair und was richtig und falsch war. Und er war bereit, um sie zu kämpfen, wie hoch der Preis auch immer sein mochte, und ungeachtet der möglichen Folgen.

»Nancy … Es ist nicht leicht, das weiß ich. Aber …«

»Das könnte ich Joe niemals antun«, sagte Nancy und schüttelte verzweifelt den Kopf. »Ach Gott, Mac, du weißt doch, was ich für dich empfinde. Aber das heißt doch nicht, dass ich Joe nicht liebe. So laufen die Dinge nicht. Er ist ein wunderbarer Mann. Ich könnte ihm niemals so wehtun. Das könnte ich einfach nicht.«

Mac blickte wieder zu John herab. »Und unser Kind? Findest du nicht, dass er die Chance haben sollte, bei seinem richtigen Vater aufzuwachsen?«

Nancy zog die Luft ein. Ihr Gesicht verzerrte sich, und sie presste die Hände vor den Mund.

»Was ist?«, fragte er, plötzlich unsicher geworden. Er packte sie an den Armen. »Was ist denn?«

»Es ist nicht dein Kind.« Die Worte, die sie sich mühsam abgerungen hatte, hingen misstönend und unheilvoll zwischen ihnen.

Mac war plötzlich ganz still geworden; jede Sehne in seinem Körper war angespannt, während das Körnchen der Unsicherheit explodierte wie eine Granate im Nachthimmel, blendend hell strahlte es an, was er nicht hatte sehen wollen. Er kniff die Augen zusammen, seine Arme sanken herab. Wieder flackerte die Granate auf, erstarb dann und ließ nur Dunkelheit zurück.

»Er ist nicht dein Sohn«, sagte sie wieder, diesmal leiser, mit zitternder Stimme. »Er ist Joes Kind. Ich hatte gedacht, du wärst tot, Mac. Joe kam mich besuchen, und ich … wir …«

Wut. Plötzlich verwandelte sich der betäubende Schmerz in Wut.

»Du hast ja nicht viel Zeit verloren.« Er wandte sich ab und brachte es nicht mehr über sich, sie anzuschauen.

»Ach, Mac, bitte …« Sie packte ihn am Arm. »Bitte versteh das doch! Ich stand völlig neben mir … Ich wusste gar nicht, was ich tat …«

»Ach, verschone mich doch damit. Natürlich wusstest du das! Er hat dich doch nicht vergewaltigt, oder?«

»Nein.«

»Wenn er das getan hat, dann schlage ich ihm den Schädel ein!«

»Er hat mich nicht vergewaltigt. Aber ich …« Sie stockte, sie fand nicht die richtigen Worte, um zu erklären, dass sie wie wahnsinnig vor Trauer gewesen war und Joe ihr eine Zuflucht geboten hatte, wenn auch nur kurz. Leben statt Tod. Trost und Liebe, Balsam für ihre gequälte Seele. »Er war so gut zu mir«, flüsterte sie. »Er war immer gut zu mir. Und ich habe das so dringend gebraucht.«

»Na, in diesem Fall solltest du wohl besser bei dem bleiben, was du brauchst, oder?« Er drehte sich zu ihr um. »Ich hoffe bloß, du bist damit zufrieden.«

John, der sich über die lauten Stimmen erschreckt hatte, ließ jetzt Nancys Handtasche liegen und robbte über den Boden zu ihr hin. Er packte sie weinend am Rock, ein eindringliches, schnappendes Heulen, das sich beinahe wie »Ma-ma« anhörte. Zum ersten und einzigen Mal in ihrem Leben ging Nancy nicht darauf ein.

»Mac, sei bitte nicht so!«

Er schnaubte wütend. »Was erwartest du denn von mir? Und in drei Teufels Namen – bring endlich dieses Kind zum Schweigen!«

Nun war sie ebenfalls wütend. »Ach, jetzt ist er auf einmal ›dieses Kind‹, was? Mach ihn nicht dafür verantwortlich, Mac. Er kann nichts dafür.«

»Das habe ich auch nie behauptet.«

»Dann hör bitte auf, so zu schreien! Du machst ihm Angst.«

»Keine Sorge! Ich werde ihm nicht mehr lange Angst machen.« Er begab sich Richtung Tür, während er die Autoschlüssel seines Leihwagens aus der Tasche zog. »Seht zu, wie ihr klarkommt!«

Nancy lief hinter ihm her. »Mac, geh doch nicht so! Bitte geh doch nicht so!«

Er blieb stehen. »Nancy, du bist mit jemand anderem verheiratet. Du hast ein Kind von ihm.« Er nickte ärgerlich zu John hinüber, als ob er ihn hasste, und strebte zur Tür.

»Aber ich wollte doch nie, dass es so kommt! Ich habe immer nur dich gewollt.«

John klammerte sich an ihrem Rock fest; sie ignorierte ihn. Sie hasste sich selbst dafür, aber sie konnte nicht anders. Wenn Mac jetzt zur Tür hinausging … *Oh Gott, bitte lass ihn nicht gehen!* »Ich liebe dich!«, rief sie.

Sie sah sein Zögern. Ein kurzes Aufflackern der Unsicherheit in seiner entschlossenen Haltung.

»Mac, bitte! Ich weiß, dass du verletzt bist. Ich weiß … dass es schlimm ist. Nur bitte, geh nicht so!« Er wandte ihr immer noch den Rücken zu. Seine Schultern sanken nach vorn, während er den Atem in einem langen gequälten Seufzer ausstieß. »Bitte bleib noch, ein bisschen nur. Lass es mich erklären!«

»Was gibt es da noch zu erklären?« Er klang jetzt eher resigniert als wütend.

Sie fand keine Worte mehr. Sie legte ihm die Arme um die Taille, lehnte die tränenfeuchte Wange an seinen Rücken und sog seinen Duft ein. Sie spürte seine kräftige Brust und seinen Herzschlag unter ihren Händen. Ihr ganzes Sein empörte sich über die himmelschreiende Ungerechtigkeit und ihren Verlust. Es gab für sie beide keine Zukunft, das war ihr auch ohne langes Nachdenken klar, und dieses trostlose Eingeständnis legte sich wie ein dumpfer Schmerz über sie. Ihr Herz war erfüllt von einer traurigen Verzweiflung, vollkommen anders als die Trauer, die sie vorher empfunden hatte, als sie ihn für tot hielt. Ja, viel schlimmer noch, denn als sie ihn für tot gehalten hatte, war ihr nichts anderes übrig geblieben, als sich damit abzufinden, ihre Trennung zu akzeptieren. Aber nun … Das war die reinste Hölle. Zu wissen, dass sie jetzt hätten zusammen sein können, wenn sie nicht so schwach gewesen wäre … Die Arme um ihn zu legen in dem Wissen, dass er wieder fortgehen würde und sie ihn gehen lassen musste.

Aber bitte nicht so. Nicht im Zorn. Das konnte sie nicht ertragen. Und nicht so bald. Nur ein bisschen Zeit mit ihm – war das denn zu viel verlangt? Es war mehr, als sie verdient hatte. Aber sollte ihre letzte Erinnerung an ihn denn die an einen unnachgiebigen, abweisenden Rücken sein? An seine Verbitterung und an den eisigen Zorn über ihren Verrat? Nancy graute davor, doch ihr Schmerz war zu stark, als dass sie noch hätte Tränen finden können.

»Ach, Nancy.« Mühsam brachte er ihren Namen heraus.

Er sollte jetzt besser gehen und sie in Ruhe lassen. Das sagte ihm sein natürlicher Sinn für Tugend und Moral; das sagte ihm auch der Abscheu, den er verspürte, wenn er sie sich mit einem anderen Mann vorstellte. Sein Empfinden sagte ihm, dass er alles nur noch schlimmer machen würde, wenn er blieb. Er sollte besser gehen, ohne sich noch einmal umzublicken, ohne auch nur einen Blick auf das Gesicht dieser Verführerin zu richten. Das Rauschen des Blutes in seinen Ohren sollte ihn taub machen für ihre Sirenenstimme. Sie hatte ihn betrogen, und wenn er blieb, würde sie auch noch ihren Ehemann betrügen, so viel war klar. Er sollte sie hassen, weil sie eine solche Macht über ihn besaß, aber er schaffte es nicht. Stattdessen hasste er sich selbst dafür, dass er es zuließ. Aber er konnte auch nicht einfach fortgehen. Gott steh ihm bei, fortgehen konnte er nicht.

»Ach Gott, Nancy!«, sagte er verzweifelt.

Er wandte sich um und legte die Arme um sie. Einen Moment lang vergrub sie das Gesicht an seiner Brust, überwältigt von ihren Gefühlen und der puren Freude darüber, ihn noch einmal so nahe zu spüren, wo sie doch nicht damit gerechnet hatte, ihn je wiederzusehen. Als aus der knisternden Spannung zwischen ihnen Funken entstanden wie bei der Berührung zweier blanker Drähte, überkam sie eine Art schuldbewusstes Entsetzen. Plötzlich konnte sie genau nachempfinden, wie Mac sich an jenem Abend gefühlt hatte, als er aus ihrer Wohnung geflohen war, weil er es nicht über sich bringen konnte, den Rubikon zu überqueren und Judy zu betrügen. Jetzt war sie Joes Frau, das durfte sie einfach nicht tun. Und schon gar nicht vor Joes Sohn.

Sie zuckte zurück, Unsicherheit und Schuldbewusstsein standen ihr ins Gesicht geschrieben.

»Mac … Wir dürfen das nicht. Ich kann nicht.«

»Okay«, sagte er mit rauer Stimme.

»Aber geh nicht. Bitte! Noch nicht.«

Schon als sie das sagte, war ihr klar, wie töricht es war. Sie konnte nicht ewig stark bleiben und ihm widerstehen. Wie schwer es ihr auch fiel, sie musste ihn fortschicken. Aber das brachte sie einfach nicht fertig.

Nur noch ein bisschen. Nur noch ein paar Minuten, und dann würde sie sich für immer von ihm verabschieden. Das würde sie wirklich …

Doch dieses Versprechen konnte sie natürlich nicht einhalten.

Sie hatte John sein Abendbrot gemacht; Fleisch und Gemüse, fein püriert, so wie er es immer noch mochte, gefolgt von einer reifen Banane. Sie hatte ihm die Windel gewechselt und ihm seinen Schlafanzug angezogen, es jedoch immer noch hinausgezögert, ihn zu Bett zu bringen. Nun allerdings war er auf dem Sofa eingeschlafen, die Arme um den Teddybär geschlungen, den Dorothy ihm gestrickt hatte. Er rührte sich kaum, als Nancy ihn mitsamt seinem Teddybär auf den Arm nahm.

»Er ist völlig erschöpft!«

Mac blickte sie liebevoll an. Sein zärtlicher Blick versetzte ihr einen Stich. Sie trug John ins Schlafzimmer, legte ihn vorsichtig in sein Gitterbett und deckte ihn mit einer leichten Decke zu. Sie berührte mit dem Finger erst ihre Lippen und dann seine Stirn. »Schlaf gut, mein Kleiner.«

Als sie ins Wohnzimmer zurückkehrte, wartete Mac auf sie. Ohne ein Wort zu sagen, nahm er sie in die Arme. »Komm her, Nancy!«

Der Atem stockte ihr in der Kehle, wieder nagten Schuldgefühle an ihr. Doch die quälende Sehnsucht und das glühende Verlangen in ihrem Blut waren einfach zu stark. Wie eine Lawine brach es über ihr zusammen, sie wurde einfach willenlos mitgerissen, hin und her geworfen, bis ihr der Atem wegblieb und sie nicht mehr wusste, wo oben und unten war. Und sie spürte, dass es Mac nicht anders erging. Seine Skrupel waren wie weggeblasen – genau wie ihre Entschlossenheit, Joe treu zu bleiben. Alle guten Vorsätze blieben auf der Strecke, wurden schwach und ausgehöhlt durch ihr verzweifeltes Verlangen nach einander.

Sie küssten sich, umklammerten einander und schwebten in einer Welt, in der es nichts gab außer ihnen beiden und der überwältigend großen Liebe, die sie miteinander teilten.

War ihnen immer nur ein kurzes, verstohlenes Zwischenspiel vergönnt, bei dem überbordende Liebe mit quälenden Schuldgefühlen einherging? Bei dem der Abschied stets schon in der Luft hing, sie wie ein schwerer Duft umfing und Empfindungen wachrief, die nicht von dieser Welt waren, unerreichbar für die Sinne, unfassbar für den Verstand und doch allgegenwärtig? Bei dem ein Gefühl von Unwirklichkeit, eine vage Ahnung dessen, was hätte sein können, allem einen traumartigen Charakter verlieh?

Mac wusste genau wie Nancy, dass es nicht sein konnte, jedenfalls nicht im Augenblick. Er hätte John ebenso bereitwillig wie Nancy mit zurück nach England genommen. Er hätte ihn großgezogen und geliebt wie sein eigenes Kind – schließlich war er Nancys Kind, und das reichte ihm. Aber Nancy hatte deutlich gemacht, dass sie das Joe niemals antun würde, und er wusste auch, dass sie niemals allein mit ihm gehen und John zurücklassen würde. Er war sich nicht einmal sicher, ob er das gewollt hätte, denn wenn sie das tun könnte, wäre sie nicht die Frau, für die er sie hielt.

Mac wurde von abgrundtiefer Verzweiflung überwältigt. Selbst in seinen dunkelsten Tagen in seinem Versteck in Frankreich hatte er sich nicht so schlecht gefühlt wie jetzt. Es gab keinen Ausweg für sie. Überhaupt keinen.

Es war Abend. Sie lagen eng umschlungen auf dem Sofa, das Nancy als Bett für Mac hergerichtet hatte. Sie waren übereingekommen, dass er diese eine Nacht bleiben durfte, aber keinesfalls länger, damit die Nachbarn nicht wegen des fremden Autos in der Auffahrt misstrauisch wurden. Nancy wusste schon tief in ihrem Herzen, dass sie Joe Macs Besuch beichten würde; sie hätte es nicht über sich gebracht, ihm das zu verheimlichen. Aber sie wollte es ihm erzählen, wenn sie es für richtig hielt, und nicht durch eine anzügliche Bemerkung Tilly Jacobsons dazu gezwungen werden. Obwohl niemand sonst im Haus war, wäre es Nancy komisch vorgekommen, Mac in Dorothys Bett schlafen zu lassen, und auf keinen Fall konnte sie ihn in dem

Bett schlafen lassen, das sie mit Joe teilte. Das wäre zu weit gegangen.

Seine Finger glitten jetzt durch ihr Haar und tasteten es ab, als wollten sie sich seine Struktur einprägen. Doch das war gar nicht nötig. Alles an Nancy hatte er ohnehin längst in seinem Herzen gespeichert.

»Morgen muss ich dann wohl gehen«, sagte er.

Ein rasiermesserscharfer Schmerz ging durch ihren Bauch. »Sprich nicht davon. Noch nicht.«

»Bist du wirklich sicher, dass du nicht mit mir kommen willst?« Er hasste sich für diese Frage, doch sie war heraus, ehe er es verhindern konnte.

»Mac, du weißt doch, dass ich das nicht kann.« Er konnte die Tränen in ihrer Stimme hören. »Das kommt einfach nicht in Frage. Vielleicht eines Tages …« Sie musste das sagen, musste einfach an die Möglichkeit glauben, dass sich irgendwann in ferner Zukunft die Dinge ändern würden und sie zusammen sein könnten. Andernfalls hätte sie nicht die nötige Stärke aufbringen können zu bleiben. »Du weißt, dass ich dich immer lieben werde.«

»Wirklich?«

»Das weißt du doch. Wirst du mich denn immer lieben?«

»Ja.«

»Sag es. Bitte Mac, sprich es aus! Für mich.«

»Ich werde dich immer lieben. Komm her.«

Lippen und Hände und Körper. Nah und näher. Aber niemals nahe genug, oh nein, das nie. Herzen, die sich berührten. Seelen, die sich berührten. Wie sollte man sagen »Ich liebe dich«? Mit jedem Pulsschlag, jedem Zentimeter empfindsamer Haut. Nicht genug. Niemals genug.

»Ich kann mich nicht von dir verabschieden, Mac. Das bringe ich einfach nicht über mich.«

»Dann komm mit mir.«

»Das kann ich auch nicht.« Schweigen, drückend vor Sehnsucht und Verzweiflung. »Ach, warum musstest du in dieser Nacht bloß fliegen? Warum hast du dich von diesem verdammten Deutschen abschießen lassen?«

»Ich kann dir versichern, dass ich das nicht absichtlich gemacht habe.«

Wieder Schweigen.

»Ich bin einfach so verdammt durcheinander.« Den Tränen nahe.

»Weine nicht, Nancy! Nicht heute Nacht.«

»Ich kann nicht anders.«

»Das kannst du. Und du weißt, dass ich für dich da sein werde, jederzeit. Wann immer du deine Meinung änderst.«

»Ich weiß.« Schlucken. Ein Kuss. Zärtlichkeiten.

»Ich bringe es wirklich nicht fertig, mich von dir zu verabschieden. Morgen Vormittag muss ich ins Krankenhaus, um Dorothy zu besuchen. Sie wird sich sonst wundern, was mit mir los ist. Mac ...« Ihre Stimme überschlug sich, sie kämpfte gegen die Tränen an. »Bitte sei einfach nicht mehr da, wenn ich wiederkomme. Okay?«

»Wenn du es so willst.«

»Natürlich will ich es nicht. Aber wir haben keine andere Wahl. Du musst gehen. Ich muss bleiben. Und ich bringe es nicht fertig, mich von dir zu verabschieden.«

»Okay, dann machen wir es so.«

Eine einzige, kostbare Nacht. Nancy schlief auf dem Sofa, in Macs Arme geschmiegt. Als John um fünf Uhr morgens aufwachte, ging sie zu ihm, nachdem sie Mac zugedeckt hatte. Sie fütterte John und betrachtete den schlafenden Mac. Sie machte ihm Frühstück, Pfannkuchen und Ahornsirup. Ganz mechanisch. Nur die täglichen, mechanischen Verrichtungen erlaubten ihr, das zu überstehen.

Um halb elf waren sie und John bereit für ihren Besuch im Krankenhaus. Sie küsste Mac ein letztes Mal und ging dann. Ihr Herz war ein einziger brennender Schmerz. Erstickte Tränen schnürten ihr die Kehle zu. *Ich liebe dich. Ich werde dich immer lieben. Ich werde dich nie vergessen. Nie.*

Die Straßenbahn. Das Krankenhaus. Dorothy, die redete und jammerte. Alles geschah hinter einem dunklen Schleier, in einem undurchlässigen Nebel aus Schmerz und Elend. Als sie nach Hause zurückkehrte, stand das Auto nicht mehr in der Auffahrt. Das Haus war leer. Mac war fort.

Wenige Wochen später merkte Nancy, dass sie schwanger war. Neun Monate später kam Ellen zur Welt.

Siebter Teil

Gegenwart

I

Zum ersten Mal seit vielen, vielen Jahren sind die Costellos wieder vereint. Alle sitzen sie um den Esstisch in Nancys Haus, ihrem gemeinsamen Zuhause. Ihre Kinder, Ellen und Ritchie, ihre geliebte Enkelin Sarah. Die Einzige, die fehlt, ist Ellens ältere Tochter Belinda, aber Belinda ist für Nancy fast wie eine Fremde, ein Gesicht auf einem Foto, ein Name auf einer Weihnachts- oder Geburtstagskarte. Nancy weiß, dass Belinda Ellen besonders nahesteht; vielleicht ist das auch der Grund dafür, dass sie nie so viel Zeit in Florida verbracht hat wie Sarah und kein so enges Verhältnis zu Nancy aufgebaut hat. Sie hat sich darin von ihrer Mutter leiten lassen. Nancy bedauert es zwar, dass sie nie die Chance hatte, Belinda wirklich kennenzulernen, aber daran lässt sich nichts mehr ändern. Wenigstens sind alle, die ihr nahestehen, nun hier versammelt.

Eigentlich sollte es ein Grund zum Feiern sein, denkt Nancy. Eigentlich sollte ich stolz und glücklich sein. Stattdessen überwiegt ein Gefühl der Beklommenheit. Meine Gedanken kreisen nur darum, dass ich ihnen endlich die Wahrheit sagen und die Dinge richtigstellen muss, solange es noch möglich ist – und die Zeit, die mir bleibt, ist kürzer, als ich gehofft habe. Ich bin es ihnen schuldig, vor allem Ellen. Aber wie wird Ellen es aufnehmen, wenn sie erfährt, dass ihr ganzes Leben auf einer Lüge basiert hat? Dass ihr Vater nicht Joe war, den sie verehrt und bewundert hat, sondern ein Fremder. Dass sie nicht der Mensch ist, für den sie sich immer gehalten hat. Die Grundfesten ihrer

Welt werden ins Wanken geraten, und sie wird sich selbst wieder neu zusammensetzen müssen, Stück für Stück.

Nancy hält es durchaus für möglich, dass Ellen sich dann vollständig von ihr abwenden wird. Schon Ellens Vermutung, dass John das Ergebnis einer verbotenen Beziehung war und ihr und Ritchie als Bruder aufgezwungen wurde, hatte schließlich ausgereicht, um sich von ihrer Mutter zu entfremden. Die Offenbarung der Wahrheit wird Ellen sicherlich weder verstehen noch vergeben können. Vermutlich wird Ellen jede Form von Untreue und Betrug missbilligen, so wie sie veranlagt ist. Für Ellen gibt es nur Schwarz oder Weiß – keinerlei Grautöne. Wie wird sie erst empfinden, wenn sie die Wahrheit erfährt?

Nancys einziger Trost ist die Tatsache, dass dieselbe Sicherheit, die Ellen so unbeugsam in moralischen Fragen macht, ihr zugleich ein starkes Selbstbewusstsein verleiht. Ellen ist von Natur aus unabhängig, bodenständig und selbstsicher. Nancy betet darum, dass diese Eigenschaften ihrer Tochter helfen werden, die Wahrheit zu verkraften; dennoch schaudert ihr jedes Mal, wenn sie sich vorzustellen versucht, wie schockiert und verzweifelt Ellen sein wird. Ellen hat auch etwas Verletzliches an sich, auch wenn sie es gut zu verbergen weiß.

Aber Nancy ist bewusst, dass es nun kein Zurück mehr gibt; nicht, seit sie Ellen angerufen und sie gebeten hat, nach Florida zu kommen. Vielleicht war dieser Punkt sogar schon erreicht, als sie Sarah gebeten hat, nach Mac zu suchen. Es ist Zeit für die Wahrheit; sie hat genug von Täuschungen und Halbwahrheiten, und viel Zeit bleibt ihr nicht mehr. Aber sie freut sich nicht darauf. Nein, sie freut sich ganz und gar nicht darauf.

Nach ihrem Gespräch mit Sarah hat Nancy Ellen selbst angerufen, entschuldigend, aber dennoch bestimmt.

»Ich muss unbedingt mit dir reden, Ellen. Ich weiß, es ist viel verlangt, und ich würde zu dir kommen, wenn ich es könnte, aber das schaffe ich nicht mehr. Außerdem möchte ich mit dir und Ritchie gemeinsam reden. Wenn du es dir nur zeitlich einrichten kannst, dann bezahle ich dir auch gern den Flug.«

»Das ist nicht nötig, Mum.« Ellen klang ein wenig beleidigt; das Letzte, was Nancy beabsichtigt hatte.

»Das würde ich aber gern«, sagte sie.

»Das wirst du auf keinen Fall tun.«

»Aber du kommst?«

»Lass mich erst mal mit Bob reden. Ich rufe dich dann zurück.«

»Es ist sehr wichtig, Ellen.«

»Ich rufe dich so schnell wie möglich zurück, das verspreche ich dir.«

»Na gut.« Nancy legte den Hörer auf die Gabel. Ihre Hand zitterte ein bisschen, und das nicht bloß wegen der Arthritis. Sie starrte ihre Hand einen Moment an, seufzte tief und wandte sich Sarah zu.

»Sie will mit deinem Vater sprechen und mich danach zurückrufen.«

Sarah lächelte schwach. Wann hätte Mum je Dad um Rat gefragt? Sie traf ihre eigenen Entscheidungen und stellte ihn dann vor vollendete Tatsachen. Ihm blieb nicht viel anderes übrig, als zuzustimmen.

»Denkst du, sie wird kommen?«, fragte Nancy besorgt.

Sarah nickte zuversichtlicher, als sie war.

»Ich glaube schon, Grandma.«

Ellen fand Bob im Hobbyraum, wo er seine Golfzeitschriften durchblätterte. Er blickte auf, als sie hereinkam. »Wer war denn am Telefon?«

»Mom.« Sie hockte sich auf die Sesselkante ihm gegenüber, die Beine ordentlich angezogen und die Hände über den Knien verschränkt. »Sie will, dass ich nach Florida komme.«

»Ich finde auch, dass du hinfahren solltest. Es ist schon so lange her, seit du sie das letzte Mal gesehen hast, Ellen, und sie wird immer älter.«

»Ich weiß.« Sie blickte auf ihre Hände herunter und schob den Ehering am Finger auf und ab. »Ich weiß, dass ich hinfahren sollte. Ich weiß bloß nicht, ob ich das überstehe.«

»Ach, Ellen!« Er klang leicht gereizt wie immer, wenn er sich einer Sache gegenübersah, mit der er nicht umgehen konnte. Ellen brauchte ihm nicht zu erklären, warum sie nicht in ihre Heimat reisen wollte. Sie hatte ihm schon vor langer Zeit alles erzählt; damals, als sie einander noch alles anvertraut hatten. Damals war sie oft in tiefe Depressionen versunken. Sie konnten von den merkwürdigsten Dingen ausgelöst werden, die vordergründig überhaupt nichts mit dem zu tun hatten, was passiert war: ein falsches Wort, eine Rock 'n' Roll-Melodie im Radio, ein gemeinsamer Witz, der plötzlich ein düsteres Gefühl freisetzte. Ihr Gesicht veränderte sich dann, als sei ein Licht in ihr erloschen und als kämpfe sie mit ihren inneren Dämonen. Bob hatte verstanden, dass sie unter dem Tod ihres Bruders litt und sich Vorwürfe machte, weil sie glaubte, dass sowohl sie, als auch Ritchie und ihre Mutter daran eine Mitschuld trugen. Aber das hatte es für ihn nicht leichter gemacht. Er wusste trotzdem nie, wie er sie trösten sollte, und sein unbeholfener Rat, sie solle »versuchen es zu vergessen«, schien alles nur noch zu verschlimmern.

Glücklicherweise waren diese Stimmungstiefs im Laufe der Jahre immer seltener geworden, und die Zeiten, in denen er Ellen hinter der verschlossenen Badezimmertür schluchzen hörte, gehörten irgendwann der Vergangenheit an. Doch er hatte mitbekommen, dass ihr Verhalten sich wieder in diese Richtung veränderte, seit Sarah ihr von dem Vorhaben erzählt hatte, diesen Mac zu finden. Er hatte es am schrillen Ton ihrer Stimme gehört, bemerkte, dass sie vor sich hingrübelte und sich immer mehr zurückzog. Er hatte gespürt, dass sie ungeduldiger auf ihn und die Welt im Allgemeinen reagierte, und hatte die

Tränen gesehen, die ihr ohne ersichtlichen Grund in die Augen traten. Zwar war sie streng genommen nicht zusammengebrochen, jedenfalls nicht, soweit er es mitbekommen hatte. Aber er hatte mehrmals beobachtet, wie sie um Fassung rang, und das gipfelte normalerweise darin, dass sie sich eine Beschäftigung suchte, bei der sie allein war, wie Betten beziehen oder die Rosen im Garten zurückschneiden. Jedenfalls hatte Bob Sarah und Nancy im Stillen schon dafür verflucht, dass sie Ellens Dämonen wieder geweckt hatten, und auch sich selbst, weil er nicht wusste, wie er ihr helfen sollte.

»Nimm die Dinge doch ein bisschen leichter, Liebes!«, hatte er lahm gesagt. »Du quälst dich zu sehr.«

Und Ellen hatte, wie es nun einmal ihre Art war, ungeduldig mit den Achseln gezuckt, erwidert, dass alles in Ordnung sei, und genauso weitergemacht wie zuvor. Die Ellen, die sich der Welt zeigte, war zäh, tüchtig und perfektionistisch, eine Frau, die mit allem spielend fertig wurde. Nur er kannte die andere Ellen, die in sich eine Verletzung trug, die sie anderen niemals zeigte und die sie jahrelang vor sich selbst zu verleugnen suchte.

Ihm war klar, dass sich hinter der harten Schale die Seele eines Mädchens verbarg, dessen Welt zusammengebrochen war, ein Mädchen, das nicht bloß einen geliebten Bruder, sondern seine gesamte Familie verloren hatte. Er wusste, dass Ellen ein zutiefst verletzlicher Mensch war, wie heftig sie es auch verleugnen mochte. Er betrachtete sie, während sie, angespannt bis zum Äußersten, an ihrem Ehering herumspielte und mit ihren Dämonen und ihrem Gewissen rang, und er fühlte sich vollkommen hilflos.

»Wahrscheinlich will sie mit mir über John sprechen«, sagte sie, ohne aufzublicken. »Ich nehme an, Sarah hat ihr inzwischen erzählt, dass ich weiß, dass Mac sein Vater war.«

Bob schob die Füße in seine Pantoffeln.

»Vielleicht möchte sie dir das erklären.«

»Das nehme ich doch stark an«, schnaubte Ellen. »Ich weiß allerdings nicht, ob ich das überhaupt hören will.«

»Aber wenn es ihr so wichtig ist … Findest du nicht, dass du ihr dann wenigstens die Gelegenheit dazu geben solltest? Ich weiß, dass es nicht einfach für dich ist, Liebling, aber sie ist doch deine Mutter. Ich finde wirklich, du solltest ihr ein bisschen entgegenkommen und deinen Frieden mit ihr schließen. Wenn du das nicht tust, dann wirst du dir bestimmt Vorwürfe machen, wenn ihr etwas zustößt.«

Wenn ihr etwas zustößt. Nicht *falls* ihr etwas zustoßen sollte. Ein Muskel in Ellens Magen zog sich zusammen. Egal was Nancy getan oder nicht getan hatte, sie *war* ihre Mutter, und sie war auch eine gute Mutter gewesen. Ellen hatte viele glückliche Erinnerungen an ihre Kindheit, wenn sie sich nur mal bemühte, sie hervorzukramen. Die schönen Erinnerungen waren bloß überlagert von dem, was später geschehen war. Und dass ihre Mutter John den anderen Kindern vorgezogen hatte – wovon Ellen nach wie vor fest überzeugt war –, hieß noch lange nicht, dass sie Ellen und Ritchie nicht ebenfalls geliebt hatte.

Ja, sie würde ihre Mutter schon gern sehen. Für Ritchie galt das allerdings nicht. Ihm hatte sie nie verziehen, denn ihrer Meinung nach war er verantwortlich für Johns Tod. Nie hatte sie die schrecklichen Dinge vergessen können, die er am Abend vor Johns Tod gesagt hatte.

»Ich glaube, wenn ich Ritchie nicht begegnen müsste, könnte ich mich gerade noch überwinden hinzufahren«, sagte sie.

Auch diesmal brauchte Bob keine weiteren Erklärungen. »Vielleicht musst du ihn ja gar nicht treffen«, meinte er.

Ellen schnalzte missbilligend. »Wie sollte das gehen? Wie kann ich denn nach Varna fahren, ohne Ritchie über den Weg zu laufen? Schließlich wohnt er bei Mom, seit er und Mary-Lyn sich getrennt haben. Er führt die Firma.«

»Ach, Ellen, ich weiß gar nicht, was ich dir raten soll …« Bob seufzte.

»Ritchie wird auf alle Fälle da sein, denn sie will uns beide gemeinsam sprechen.«

Bob sagte eine Zeit lang nichts. In der Stille konnte er hören, wie Ellen ein wenig hyperventilierte.

»Vielleicht will sie ja auch gar nicht über dieses Thema mit euch sprechen«, sagte er schließlich nachdenklich. »Vielleicht geht es um etwas ganz anderes.«

»Was sollte das denn sein?«

»Ich habe keine Ahnung, Ellen. Aber ich finde wirklich, du solltest hinfliegen.«

Sie schwieg, kaute auf ihrer Lippe herum und drehte immer wieder den goldenen Armreif an ihrem Handgelenk.

»Würde es dir helfen, wenn ich dich begleite?«, fragte Bob.

Einen Moment lang dachte er, sie würde sein Angebot ablehnen, aus Stolz und Angst, sich eine Blöße zu geben. Dann sah er, wie ihre Lippen zitterten.

»Ach, Bob – würdest du das tun?«

»Aber selbstverständlich. Wenn du das möchtest.«

Sie war wieder das Mädchen von einundzwanzig Jahren, und ihre Welt lag in Trümmern. Das Halbdunkel im Hobbyraum verbarg die Falten, die beinahe siebzig Lenze in sein Gesicht gegraben hatten, und über dem Bund seiner ausgebeulten Jeans fand sich nicht die Spur eines Bauchs. Für sie war er plötzlich wieder der gutaussehende junge Mann in frisch gebügeltem Hemd und Twillhosen; ein Ritter ohne Furcht und Tadel, an dessen Schulter sie sich ausgeweint hatte und der sie aus dem Albtraum ihres Lebens in Florida gerettet und nach England gebracht hatte. Der ihr einen neuen Start ermöglicht, ihr zwei reizende Töchter geschenkt und trotz all ihrer Fehler stets zu ihr gehalten hatte. In diesem Moment wurde Ellen von Liebe überwältigt.

»Oh Bob, vielen Dank!«, sagte sie.

Ellen rief ihre Mutter zurück, während Bob im Internet nach Flügen suchte. Sie nahm das tragbare Telefon mit ins Arbeitszimmer und blickte über seine Schulter hinweg auf den Bildschirm.

»Da gibt es einen, der Freitagmorgen von Heathrow geht«, meinte Bob.

»Hast du gehört, Mom. Freitag?«

»Ja, das klingt doch gut.«

»Okay, dann buchen wir dort Plätze. Ich rufe dich noch mal an und sage dir die genauen Daten.«

Wir.

»Bob kommt auch mit?«, fragte Nancy verwundert.

»Ja. Er ist doch jetzt in Rente und hat Zeit. Natürlich nur, wenn du einverstanden bist.«

»Aber natürlich. Ich freue mich, ihn mal wiederzusehen.« Noch jemand, der meine Beichte hören wird, dachte Nancy. Aber immerhin eine Unterstützung für Ellen. Das würde sie brauchen. »Wenn ihr einen Anschlussflug nach Fort Myers bucht, können wir euch dort abholen. Oder, falls Ritchie Zeit hat, könnte er auch nach Miami rüberfliegen und euch abholen.«

Ellens Magen krampfte sich zusammen.

»Nein, lass mal. Mach es nicht unnötig kompliziert. Wir kommen schon allein nach Fort Myers.«

»Okay. Dann sehen wir uns am Freitag.« Eine winzige Pause. »Danke, Ellen.«

»Ach, Mom, sei doch nicht albern!«

Nancy fand, dass Beschäftigung die beste Möglichkeit war, um die Nerven zu beruhigen, und es gab zweifellos noch jede Menge zu tun. Sarah hatte bisher immer im alten Kinderzimmer ihrer Mutter geschlafen, jetzt bot sie an, in das kleine Gästezimmer umzuziehen. Also mussten zwei Betten frisch bezogen, zwei Zimmer gereinigt und aufgeräumt werden. Nini, das philippinische Dienstmädchen, das zweimal in der Woche für ein paar Stunden kam, erledigte zwar den Großteil der Arbeit, aber Nancy hielt es für nötig, sie genauer als sonst zu überwachen. Sie wollte sichergehen, dass alles perfekt war, wenn Ellen zum ersten Mal nach langer Zeit wiederkehrte.

Dann gab es noch das Übernahmeangebot, um das sie sich kümmern musste. Sarah hatte sie nach Fort Myers gefahren, wo sie sich mit Roscoe Feldman, dem Chef von Wings West, getroffen hatte, und danach hatte Nancy noch ihre Anwälte in Varna aufgesucht. Matthew Pitt kümmerte sich schon seit Jahren um all ihre Angelegenheiten und war nicht nur ihr Rechtsbeistand, sondern auch ein Freund geworden. Sie vertraute ihm bedingungslos und wusste, dass sie ihm ihre Angelegenheiten ruhig überlassen konnte. Aber diese Sache war ihr zu wichtig, um sie gänzlich an jemand anderen zu delegieren. Sie wollte gern persönlich den Mann kennenlernen, dem sie die Firma anvertrauen wollte, die sie und Joe gemeinsam aufgebaut hatten, und sie wollte sicherstellen, dass im Falle einer Übernahme für Ritchies Zukunft gesorgt war. Eine satte Einmalzahlung, die man investieren konnte, und ein regelmäßiges Gehalt, das ihm bis zu seiner Rente garantiert war. Auf weniger wollte sie sich nicht einlassen.

Es war allerdings nicht leicht gewesen, ihre Forderungen durchzusetzen.

»Wissen Sie, wenn ich die Sache einfach aussitzen würde, stünden die Chancen wahrscheinlich gut, dass Varna Aviation pleite gehen würde und ich die Firma für 'n Appel und 'n Ei aufkaufen könnte, und dann gäbe es auch keine weiteren Verpflichtungen für mich«, hatte Feldman gesagt, als sie ihm ihre Bedingungen unterbreitet hatte.

»Und warum machen Sie das dann nicht einfach?«, hatte Nancy bissig erwidert, fest entschlossen, sich nicht einschüchtern zu lassen.

»Wahrscheinlich gefällt's mir besser, die Firma zu übernehmen, solange sie noch läuft. Aber Ihr Sohn … Na ja … Was das angeht, habe ich doch meine Zweifel.«

Nancy erwiderte entschlossen seinen Blick. »Ich würde doch denken, dass ein erfahrener Pilot wie Ritchie ein Gewinn für Sie ist, vor allem, wenn er bestens vertraut mit den Vorgängen bei Varna ist.«

»Nicht, wenn er schon ein Alter erreicht hat, in dem er ein Topgehalt erwartet. Und auch nicht, wenn er einen solchen Ruf mitbringt wie Ihr Sohn, wenn Sie mir meine Offenheit verzeihen.«

Nancy kochte. »Ritchie fliegt praktisch schon von Kindesbeinen an – und das unfallfrei!«

Roscoe wickelte ein Kaugummi aus, schob es sich in den Mund und kaute darauf herum, während er Nancy kritisch anblickte.

»Seine Fähigkeiten als Pilot stelle ich auch gar nicht in Frage, sondern sein Urteilsvermögen. Soweit ich sehen kann, ist es mit Varna Aviation bergab gegangen, seit er die Firma führt. Unter der Leitung Ihres Mannes war die Firma ein gut gehendes, profitables Unternehmen.«

»Die Zeiten ändern sich«, erwiderte Nancy knapp. »Heute sind die Umstände für kleine, unabhängige Firmen nicht mehr so günstig. Man braucht genügend Kapital im Rücken, um expandieren zu können. Entweder man wächst, oder man stirbt. Das muss ich Ihnen doch wohl nicht sagen, Mr. Feldman.«

Er grinste. Hier hatte er keine nette alte Dame vor sich; das war eine Frau, die ein Auge fürs Geschäft hatte und fest entschlossen war, sich nicht unterbuttern zu lassen.

»Ich bin mir auch nicht sicher, ob ich viel von der Gesellschaft halte, in der sich Ihr Sohn bewegt«, sagte er und beäugte sie prüfend.

»Und was zum Teufel geht Sie das an?«, fragte sie. »Solange Ritchie seine Arbeit gut erledigt, wüsste ich nicht, was sein Privatleben Sie angehen sollte.« Sie begann ihre Unterlagen zusammenzuräumen. »Es war nett, Sie kennenzulernen, Mr. Feldman, aber ich glaube, wir verschwenden hier beide unsere Zeit.«

»Halt, jetzt warten Sie mal!« Feldman schob sein Kaugummi in eine Wange, wo es eine Auswölbung bildete wie bei einem Hamster. »Ich habe nicht gesagt, dass ich Ihren Sohn nicht übernehmen werde. Ich sehe doch, wie viel Ihnen das bedeutet.«

»Vor allem bedeutet es Ritchie viel. Varna Aviation war sein Ein und Alles. Und ich möchte nicht mit ansehen, wie er auf die Straße gesetzt wird.«

»Okay.« Seine Kiefer bewegten das Kaugummi wieder rhythmisch auf und ab. »Ich merke schon, dass Sie in diesem Punkt nicht nachgeben werden. Wenn ich Ritchie übernehme, werden Sie sich mein Angebot aber durch den Kopf gehen lassen, oder?«

»Und Monica Rivers.«

»Einverstanden. Nach allem, was ich gehört habe, ist sie wirklich ein Gewinn für das Unternehmen.« Offenbar hatte er seine Hausaufgaben gemacht; Nancy hätte auch nichts anderes erwartet. Der Mann gefiel ihr; er war offen und geradeheraus. »Und Ritchie?«, drängte sie ihn.

»Sie verhandeln hart, Mrs. Costello.« Er seufzte. »Aber nur unter einer Bedingung. Wenn Ritchie aus der Reihe tanzt, ist er draußen. Abgemacht?«

Nancy zögerte. Wenn sie erst mal ihr Wort gegeben hatte, dann war das Geschäft so gut wie abgeschlossen, was sie betraf. Die Schriftsätze waren zwar vielleicht noch nicht erstellt, aber das war bloß eine Formalität. Wenn sie jetzt zustimmte, dann hätte sie nach ihrem eigenen Verständnis den Rubikon überschritten. Es wäre das Ende einer Ära. Die Firma, die Joe aufgebaut hatte, von einem einzigen Düngeflugzeug hin zu einer ganzen Flotte von ein- und zweimotorigen Maschinen mit eigenem Firmenlogo, wäre weg. Verschluckt von Wings West. Obwohl sie wusste, dass es der einzig richtige Weg war, schmerzte sie die Entscheidung.

Ich kümmere mich um alle unerledigten Dinge in meinem Leben, dachte Nancy. Ich räume ein letztes Mal auf, ehe ich gehe. Und wenn das stimmt, was der Arzt mir letzte Woche eröffnet hat, wenn die durchgeführten Tests tatsächlich meine waren und nicht mit denen von jemand anderem verwechselt wurden, dann tue ich es keinen Moment zu früh.

Sie streckte Roscoe ihre knotige, leicht geschwollene Hand über den Tisch entgegen. »Abgemacht.«

»Es ist schön, mit Ihnen ins Geschäft zu kommen, Mrs. Costello.«

»Und mit Ihnen. Mr. Feldman. Mein Anwalt wird sich mit Ihnen in Verbindung setzen.«

Sarah wartete im Auto auf sie. Sie blickte ihre Großmutter erwartungsvoll an.

»Ja, mein Schatz, ich habe es getan«, sagte Nancy und seufzte.

»Bist du dir sicher, dass es das Richtige ist?«

»Natürlich. Wie ich schon zu Mr. Feldman sagte, für die kleinen Firmen gibt es heute keinen Platz mehr. Und Ritchie ist einfach nicht der Typ, der eine Expansion stemmen kann. Würde John noch leben, dann übernähme Varna Aviation jetzt vielleicht Wings West und nicht umgekehrt, aber so wie die Dinge stehen … Na ja, man muss den Tatsachen eben ins Auge sehen.«

»Ritchie wird ziemlich verärgert sein.«

»Das weiß ich auch. Aber er kann sich glücklich schätzen, dass er nicht arbeitslos wird. Alles in allem ist es noch ein ziemlich gutes Geschäft. Ich glaube, dass Roscoe Feldman Varna Aviation unbedingt haben möchte. Und er will es jetzt. So viel hat er schon zugegeben. Wenn er einfach abgewartet hätte, hätte er die Firma wahrscheinlich für sehr viel weniger Geld bekommen, so wie sich die Dinge entwickeln. Doch aus irgendeinem Grund will er nicht warten.« Sie zögerte. »Und auch ich kann nicht länger warten.«

»Ach, Grandma, fang doch nicht wieder damit an! Du hast doch noch viele Jahre vor dir.«

Nancy blickte Sarah von der Seite an. Das war noch ein Thema, über das sie mit Sarah reden sollte. Aber sie wollte es nicht, noch nicht. Sie musste erst selbst mit der Tatsache klarkommen, dass ihr sehr viel weniger Zeit blieb, als sie erwartet hatte, und sich mit der Erkenntnis einrichten, dass es von nun an nur noch bergab ging.

»Komm, Sarah«, sagte sie stattdessen. »Fahren wir nach Varna zurück.«

Sie mühte sich ab, ihren Sicherheitsgurt zu befestigen; Sarah beugte sich hinüber und half ihr.

»Wohin, Grandma? Nach Hause oder zu deinem Anwalt?«

Nancy hob entschlossen das Kinn. »Zuerst zu meinem Anwalt. Lass uns alles Nötige in die Wege leiten, ehe Ritchie die Chance hat, für neue Unruhe zu sorgen.« Sie lächelte dünn. »Falls er das nicht schon längst getan hat – und es nur deshalb so still um ihn geworden ist.«

Als Nancy Ritchie allerdings erzählte, was sie getan hatte, war sie freudig überrascht, ja dankbar über seine Reaktion.

»Das war's dann wohl.« Er schien sich damit abgefunden zu haben und klang beinahe ein wenig erleichtert.

»Ich habe dafür gesorgt, dass du weiterhin dort arbeiten kannst, Ritchie, jedenfalls so lange du willst. Und das muss noch nicht mal lange sein, wenn wir das Kapital gut investieren. Und wenn du dir nicht noch mal wieder einfallen lässt zu heiraten.«

Er warf ihr einen schiefen Blick zu.

»Ich weiß … du versöhnst dich gerade wieder mit Mary-Lyn. Monica hat es mir erzählt. Sie ist allerdings eine ziemlich anspruchsvolle Frau, Ritchie.«

»Als ob ich das nicht selbst wüsste. Aber der Unterhalt, den ich ihr jetzt zahlen muss, ist auch nicht gerade gering.«

»Das ist allerdings kein guter Grund, dich wieder mit ihr einzulassen.«

»Billige mir doch ein bisschen mehr gesunden Menschenverstand zu, Mum!«

»Also?«

»Um die Wahrheit zu sagen, wir verstehen uns gut.«

»Und warum habt ihr euch dann getrennt?«

»Keine Ahnung, ehrlich gesagt. Wahrscheinlich habe ich zu viel gearbeitet. Und Mary-Lyn hat sich in der Rolle der Strohwitwe nicht wohlgefühlt.«

»Aber jetzt wirst du mehr Zeit mit ihr verbringen können, wenn du willst.«

»Ja, klar.«

Nancy war überaus erleichtert, dass es keinen Riesenkrach mit Ritchie gab, wunderte sich aber trotzdem ein wenig über seinen Sinneswandel. Vielleicht war es so, wie sie vermutet hatte, und er war zu der Einsicht gelangt, dass es Wichtigeres im Leben gab als den Kampf um eine angeschlagene Firma. Aber etwas war trotzdem komisch an seinem Verhalten, auch wenn sie nicht genau benennen konnte, was. Er war immer so verdammt entschlossen gewesen, sich zu beweisen; so schnell klein beizugeben entsprach überhaupt nicht seiner Natur.

Doch vielleicht bildete sie sich das auch bloß ein. Sei einfach dankbar, dass du dir um eine Sache weniger Gedanken machen musst!, sagte sie sich. Denn mit Ellens und Bobs bevorstehender Ankunft hatte sie schon genug um die Ohren.

Wie geplant holte Sarah ihre Eltern in Fort Myers ab; glücklicherweise hatte Ritchie einen neuen eifrigen Schüler, der unbedingt jeden Tag nach seiner Arbeit bei der Stadtverwaltung eine Flugstunde nehmen wollte, um seine Lizenz so schnell wie möglich zu bekommen.

Während sie auf ihre Eltern wartete, zerbrach Sarah sich den Kopf darüber, was Nancy wohl Ellen erzählen wollte und warum sie darauf bestanden hatte, es ihr und Ritchie gemeinsam mitzuteilen. Irgendwie hing es vermutlich mit den Andeutungen zusammen, die Chris ihr gegenüber gemacht hatte, aber Nancy hatte jede weitere Erklärung verweigert. »Deine Mutter und Ritchie müssen es als Erste erfahren«, war alles, was sie sagte. Und: »Ich hoffe bloß, sie nimmt es nicht zu schwer.«

Sarah hoffte das ebenfalls von ganzem Herzen. Sie wünschte sich, dass der Bruch zwischen ihrer Mutter und ihrer Großmutter durch den Besuch wieder gekittet wurde. Aber es war nicht zu übersehen, dass Nancy sich Sorgen machte. Sie war ein wenig verschlossen und gedankenverloren und verhielt sich nervöser, als Sarah sie je erlebt hatte. Das verhieß nichts Gutes. Doch obwohl Sarah sich die verschiedensten Möglichkeiten durch den Kopf gehen ließ, ergab keine von ihnen einen Sinn, vor allem, wenn man bedachte, dass Sarah ihrer Großmutter erzählt hatte, dass Ellen längst wusste, dass John Macs Sohn war. Und anders konnte es doch gar nicht sein ... oder? Wenn man Nancys Leben auf einer Zeitachse betrachtete, kam doch gar nichts anderes in Frage.

Doch da war noch irgendetwas, und Chris Mackenzie wusste darüber Bescheid. Sarah versuchte sich an seine genauen Worte zu erinnern, aber es gelang ihr nicht.

Allerdings konnte sie ihn immer noch genau vor sich sehen, groß, gutaussehend, das dunkle Haar von silbrigen Strähnen durchzogen und getupft von herabgefallenen Rosenblättern. Sie musste zugeben, dass er sie ziemlich beeindruckt hatte. Mehr als jeder andere Mann seit langem. Schade, dass sie ihn wohl kaum wiedersehen würde. Gloucestershire lag zwar gar nicht allzu weit von Bristol entfernt, eigentlich nur einen Katzensprung. Doch es war unwahrscheinlich, dass sich ihre Wege noch mal kreuzen würden, es sei denn, einer von ihnen bemühte sich darum, und sie konnte schließlich nicht einfach so vor seiner Tür aufkreuzen.

Natürlich gab es immer noch den Segelflugverein. »Vielleicht treffen wir uns da ja mal«, hatte er gesagt. War das eine Aufforderung gewesen, eine indirekte Einladung? Sarah musste über sich selbst grinsen. *Bist du etwa schon so verzweifelt, Mädchen?* Aber hier ging es gar nicht um ihre andere Obsession, die Sehnsucht nach einem Kind. Hier ging es bloß um Chris als Mann. Obwohl er sich als Vater ihres Kindes bestimmt ganz gut machen würde, wenn sie es recht bedachte ...

Hör auf, Sarah. Lass es!

Aber es gab ja immer noch das Fliegerkreuz. Er hatte gesagt, dass er stolz sein würde, es entgegenzunehmen, sofern das Nancys Wunsch sei. Na, das wäre doch der perfekte Vorwand, ihn wiederzutreffen! Sarahs Stimmung hellte sich gleich auf. Doch schon kreisten ihre Gedanken wieder um Nancy.

Ein Flugzeug war im Gegenanflug und drehte in den Queranflug. Sarah blickte auf die Uhr. Das konnte wirklich gut Mums Flugzeug sein. Sie beobachtete, wie es eine letzte Kurve zog, langsam weiter sank und sich zur Landebahn hin ausrichtete. Sarah betrachtete das Flugzeug fasziniert. Gott, wie sehr sie Flugzeuge liebte! Die Nase hob sich jetzt, als der Pilot abfing, und einen Moment lang hing das Flugzeug in der Luft wie ein Raubvogel und sank dann wieder, immer weiter, bis die Räder die Landebahn ganz sanft berührten – fast wie ein Kuss. Sarah atmete tief aus und merkte, dass sie jede Sekunde dieses Anflugs und der Landung mit dem Piloten durchlebt hatte.

Die langsam drehenden Propeller glitzerten silbern im Sonnenlicht, während die Maschine auf die Flughafengebäude zurollte. Ja, das ist die Maschine mit meiner Mutter, dachte sie, als sie das Logo von American Airlines sah.

Sie schloss die Fenster des Autos, verriegelte es und machte sich auf den Weg in die Ankunftshalle, um ihre Eltern zu begrüßen.

11

Zu Hause. Sie war zu Hause. Dort, wo sie geboren und aufgewachsen war und die ersten einundzwanzig Jahre ihres Lebens verbracht hatte. Trotzdem fühlte Ellen sich merkwürdig fehl am Platze. Vieles war noch so, wie sie es in Erinnerung hatte, und dennoch war alles auf subtile Weise verändert – als betrachte sie es durch ein Prisma. Die Straßen, die einander im rechten Winkel kreuzten und ein Gitternetz formten, das Sonnenlicht, das schräg durch die Bäume am Straßenrand fiel. Die harten Schatten auf den Bürgersteigen; Straßen mit Geschäften, Cafétische unter Sonnenschirmen, die Drogerie, die Bowlingbahn. Eine Vielzahl von Erinnerungen war mit jedem dieser Eindrücke verbunden, aber die Erinnerungen schienen zu einem anderen Menschen zu gehören. Ein anderer Mensch in einem anderen Leben.

Moms Haus, aber die Tür war blau gestrichen. *Blau?* Sie war immer weiß gewesen. Mom, die lächelnd im Eingang stand und cremefarbene Leinenhosen mit einem fröhlich gemusterten, lockeren Blusenblazer trug. Nancy hatte immer schon gern weite Blusen getragen, sie musste den Schrank voll davon haben, alle aus Seide. Ellen konnte sich noch daran erinnern, wie sie die Schranktür geöffnet und ihr Gesicht in den Blusen vergraben hatte; sie hatten immer leicht nach dem Parfum geduftet, das Nancy früher benutzt hatte. Coco. Nahm sie immer noch Coco, oder war sie zu etwas Blumigerem übergegangen, einem Lavendel- oder Rosenwasserduft? Unwahrscheinlich.

Nancy würde niemals dem Stereotyp entsprechen, das man landläufig mit alten Frauen verbindet. Wahrscheinlich gestand sie sich nicht einmal selbst ein, dass sie alt war.

Aber, ach Gott, sie ist so klein! War sie immer schon so klein? Als Ellen ihre Mutter umarmte, war sie entsetzt darüber, wie zerbrechlich sich Nancy anfühlte. Ihre Knochen waren wie Vogelknochen, das Fleisch ihrer Arme war zu einer schlaffen Gänsehaut verwelkt, und sie schien keine Brüste mehr zu haben. »Mom …« Ellen versagte die Stimme; Schuldgefühle überkamen sie. Sie hätte sich mit ihrem Besuch nicht so lange Zeit lassen dürfen. So schwer es ihr auch fiel – sie hätte schon viel eher kommen sollen.

»Ach, Ellen, es ist so schön, dich zu sehen!«

Nancys Stimme hatte sich überhaupt nicht verändert, aber das wusste Ellen schon. Wenn sie mit ihrer Mutter telefonierte, hörte Nancy sich genauso wie immer an, und deshalb war es Ellen leichtgefallen, sich einzubilden, dass sich an ihrer Mutter auch sonst nichts verändert hatte. Aber das hatte es. Oh doch, das hatte es.

»Und auch Bob ist da!« Nancy küsste ihren Schwiegersohn auf die Wange. Ellen bemerkte, wie geschwollen Nancys Hände waren, als sie sie auf Bobs Armen ruhen ließ, während er sich zu ihr herabbeugte.

»Kommt rein! Möchtet ihr eine Tasse Tee oder lieber was Stärkeres? Und bestimmt wollt ihr euch frischmachen. Tut euch keinen Zwang an – sagt mir, was ihr zuerst wollt. Ich habe dein altes Zimmer für dich hergerichtet, Liebling. Sarah hat es sonst benutzt, aber sie ist jetzt in das kleine Gästezimmer umgezogen.«

Sie entschieden sich für Tee und den Möhrenkuchen, den Nancy gebacken hatte, obwohl Sarah ihre Hilfe angeboten hatte. »So alt bin ich auch noch nicht, dass ich keinen Möhrenkuchen mehr zusammenrühren könnte«, hatte Nancy gesagt.

Ellen kam das Wohnzimmer genauso unwirklich vor wie die

Straßen von Varna, zwar vertraut, aber irgendwie kleiner und leicht verändert. Und das komische Gefühl hielt an, als sie in ihr Schlafzimmer hinaufging. Bob hatte die Koffer schon hinaufgetragen und war wieder hinuntergegangen, um noch eine Tasse Tee zu trinken. Ellen wollte sich gern umziehen; ihr Hemdblusenkleid war von der Reise zerknittert, und sie sehnte sich nach frischer, dünnerer Kleidung. Außerdem brauchte sie ein paar Minuten Zeit, um sich zu sammeln. Sie wusste nicht, was sie eigentlich erwartet hatte, als sie ihr altes Zimmer nach so langer Zeit wieder betrat – vielleicht, dass Sarah dort ihre Spuren hinterlassen hatte, weil sie es ja schon seit Jahren benutzte. Doch als sie es betrat, glaubte sie sich in die Vergangenheit zurückversetzt. Vor den Fenstern hingen noch dieselben Vorhänge, obwohl sie inzwischen schmale, verblichene Streifen an den Stellen aufwiesen, wo das Sonnenlicht durch die Jalousien gefallen war. Über dem Bett lag noch dieselbe blaue Patchworkdecke, die Ellen sich selbst hatte aussuchen dürfen, als es Zeit war, den kindlichen, fröhlich mit Seifenblasen gemusterten Überwurf durch etwas Erwachseneres zu ersetzen. Auf der Kommode stand noch immer die Familie von Porzellanhasen, und darüber hing die Rosette, die sie damals für den dritten Platz beim Turnier des Pony-Clubs gewonnen hatte. Einige ihrer Bücher standen immer noch auf dem Regal neben dem Bett; allerdings wurden sie gestützt von einem Stapel moderner Taschenbücher, die wahrscheinlich Sarah dort hatte stehen lassen – ein paar Romane von Philippa Gregory, *Corellis Mandoline* von Louis de Bernières, Sebastian Faulks' *Gesang vom großen Feuer.* Ellen griff nach einem ihrer eigenen alten Bücher, *Die Sommerinsel* von Sloan Wilson, und während sie es durchblätterte, fiel ein Foto von James Dean heraus, das sie mal aus einer Zeitschrift ausgeschnitten hatte.

Grotesk. Es war einfach grotesk. Es war, als sei sie in die Vergangenheit zurückversetzt worden, in ein anderes Leben, von dem sie sich kaum mehr vorstellen konnte, das es einmal ihr eigenes gewesen war.

Ellen betrachtete das Bett; dasselbe Kopfbrett, eine neue Matratze – jedenfalls hoffte sie das. Schon damals war ihre Matratze ein bisschen klumpig und unbequem gewesen, obwohl sie noch viel zu jung und biegsam gewesen war, um sich daran zu stören. Sie war viel mehr froh gewesen, dass sie ein Doppelbett hatte im Gegensatz zu ihren Brüdern, die Einzelbetten bekommen hatten, nachdem sie aus ihren Stockbetten herausgewachsen waren. Sie konnte sich noch gut daran erinnern, wie sie sonntags morgens in diesem Bett gelegen, *Betty und ihre Schwestern* gelesen hatte und dabei weinen musste, weil Jo am Ende nicht ihren Laurie, sondern diesen hässlichen alten Professor abkriegt. Und dabei hatte Ellen gehofft, dass ihre Mutter ihr eine halbe Grapefruit hinaufbringen würde, über Nacht eingezuckert und mit einem Schlag Sahne garniert, wie sie es manchmal tat. Ach, der Geschmack dieser Grapefruits! Sie konnte ihn immer noch genau auf der Zunge spüren. Und dieses Bett hatte so viele ihrer Stimmungen miterlebt und war Zeuge gewesen, wie sie vor dem Schlafengehen darum gebetet hatte, dass sie hübsch und *beliebt* werden möge. »Bitte, lieber Gott, mach, dass ich hübsch und *beliebt* werde.« Und dann hatte sie sich besorgt gefragt, ob sie wohl je von einem Jungen ausgeführt würde. »Bitte, lieber Gott, mach, dass mich *irgendjemand* bittet, mit ihm auszugehen. *Egal wer*, ich will bloß nicht die Einzige in der Klasse sein, die noch nie von einem Jungen eingeladen wurde. Außer vielleicht von Fatty Lennox mit seiner schrecklichen Akne.« Und dann war sie außer sich vor Freude gewesen, als Ken Kelsey gefragt hatte, ob sie mit ihm zum Frühjahrsball gehen wolle … Ach nein, an dieser Stelle wollte sie sich lieber nicht weiter erinnern.

Ellen trat ans Fenster und wanderte noch weiter zurück in der Zeit, während sie den Baum betrachtete, der vor ihrem Fenster stand. Er warf noch immer seinen Schatten und ließ nur wenig Licht durch das Astwerk dringen. Als kleines Mädchen hatte sie allerlei Phantasiegeschichten um diesen Baum gesponnen. Mal war er ein Schiff, das über den Ozean segelte, und sie saß ganz allein auf den Rahen oder im Krähennest – ein Krähennest schien genau das zu sein, was man in einem Baum finden konnte. Oder sie stellte sich vor, dass man in ein anderes Land kam, wenn man bis in die Spitze des Baumes kletterte und über das Blätterdach hinaussah; kein Land in den Wolken, wie in dem Märchen von Hans und der Bohnenranke, sondern eher eine Art zweites Narnia. Sie würde es entdecken und dann John und Ritchie dorthin mitnehmen, und sie wären Prinz John, Prinz Ritchie und Prinzessin Ellen.

Plötzlich überkam sie eine tiefe Traurigkeit, Trauer um diese lang verschwundenen Kinder. John war tot, sie selbst alt und verbittert geworden. Und Ritchie …

Ellen riss sich zusammen. Sie musste diese Sache hier irgendwie überstehen, und dabei half es auch nicht weiter, sich an die glücklichen Zeiten zu erinnern. Denn im Rückblick, mit dem Wissen, wie sich alles entwickelt hatte, waren die Erinnerungen einfach zu traurig.

Sie streifte ihr zerknittertes Hemdblusenkleid ab und warf es in den Wäschekorb. Nur mit BH und Unterhose bekleidet, packte sie ein paar Kleidungsstücke aus und hängte sie ordentlich im Wandschrank auf, stapelte Unterwäsche in einer Schublade und stellte ihre Toilettenartikel auf die Kommode. Sie legte ihr Nachthemd – ein schlichtes Modell aus Baumwolljersey im T-Shirt-Stil – auf eines der Kopfkissen und Bobs Schlafanzug auf das andere. Dann reihte sie ihre Schuhe paarweise geordnet in einer Ecke an der Wand auf. Typisch Ellen. Indem sie zu ihrer üblichen Effizienz und Ordnung zurückkehrte, fühlte sie sich gleich besser. Sie hätte gern geduscht, aber Mom wunderte sich wahrscheinlich jetzt schon, was sie so lange machte. Die Dusche würde noch ein bisschen warten müssen. Ellen zog sich ein Baumwoll-T-Shirt und Shorts an, schob die Füße in ein paar sommerliche Slipper, bürstete sich die Haare und legte ein bisschen Lipgloss auf. Dann ging sie wieder nach unten, gerüstet für fast alles, wie sie glaubte.

Monica blickte auf, als ein Schatten auf ihren Schreibtisch fiel.

»Officer Vesty!«

»Roy, nennen Sie mich doch Roy.«

»Roy.« Sie spürte, wie sich törichterweise eine Röte in ihrem Nacken bildete und von dort weiter aufwärts verbreitete. »Was machen Sie denn hier? Haben Sie herausgefunden, wer bei Nancy Costello eingebrochen ist?«

»Nein, leider nicht. Schön wär's, wenn wir diesen Übeltäter so schnell finden würden.« Er fummelte an seinem Pistolenhalfter herum und rückte es sich auf der Hüfte zurecht.

»Ich hoffe bloß, dass Sie ihm ordentlich die Hölle heiß machen, wenn Sie ihn finden«, sagte Monica. »Es ist wirklich traurig, wenn eine Frau in Nancys Alter in ihrem eigenen Haus nicht mehr sicher sein kann.«

»Kann man wohl sagen.« Offensichtlich waren Roy Vestys Gedanken aber nicht mit Nancy beschäftigt. Er verlagerte sein nicht unbeträchtliches Gewicht von einem Fuß auf den anderen.

»Zum Glück hat sie jetzt ihre Familie bei sich«, sagte Monica, die es für nötig hielt, die Stille zu füllen. »Sarah ist schon seit fast einer Woche hier, und ihre Tochter und ihr Schwiegersohn sind gestern eingetroffen. Ich denke, genau das braucht sie jetzt – Gesellschaft.«

»Bestimmt.«

»Ja …« Monica rollte ihren Bürostuhl ein Stück vom Schreibtisch zurück, so dass sie dem Polizisten ins Gesicht schauen konnte, ohne sich den Hals zu verrenken, wurde sich aber gleich darauf unangenehm bewusst darüber, dass ihre breiten Oberschenkel, die aus den zerknitterten Shorts quollen, nun allzu deutlich sichtbar waren, und rollte den Stuhl rasch wieder zurück.

»Was kann ich für Sie tun, Officer Vesty?«

Roy. Er hatte ihr doch gesagt, sie solle ihn Roy nennen. Doch alte Gewohnheiten kann man nicht so leicht ablegen, und diesmal korrigierte er sie nicht. Er stand bloß da und schien sich irgendwie unbehaglich zu fühlen. Verdammt – er schaffte es doch tatsächlich, dass *sie* sich ebenfalls unbehaglich fühlte!

»Möchten Sie vielleicht einen Kaffee?«, schlug sie vor.

»Ein Kaffee wäre schön. Wenn es nicht zu viel Mühe macht.«

»Das macht gar keine Mühe.«

Sie schob den Stuhl wieder zurück und schaffte es, gleichzeitig aufzustehen. Wenn sie stand, sahen ihre Beine ganz okay aus. Jedenfalls nicht ganz übel, weil ihre Shorts dann die Speckfalten einigermaßen bedeckten. Ach Gott, sie sollte sich lieber mal eine Diät verordnen. Das würde sie auch. Aber nicht heute. Nicht ehe sie die Schachtel mit Krispy Kreme Doughnuts aufgegessen hätte, die sie heute auf dem Weg zur Arbeit gekauft hatte. In der Packung waren noch zwei; vielleicht hätte Officer Vesty auch gern einen. Er sah zwar eher so aus, als ob er deftiges Essen bevorzugte, aber zu einen Krispy Kreme Doughnut konnte niemand nein sagen, und einer würde ihren Hüften nicht so sehr schaden wie zwei …

»Möchten Sie vielleicht einen Doughnut?«, fragte sie, als sie mit den Kaffeebechern zurückkam.

»Danke, aber …«

»Ich esse einen«, sagte sie, noch ehe er ablehnen konnte.

»Na ja, wenn das so ist …«

Sie holte die Doughnuts aus der Schublade, öffnete die Schachtel und stellte sie zwischen Computer und Telefon auf den Schreibtisch.

»Greifen Sie zu!« Sie nahm einen Doughnut, und der lockere Puderzucker krümelte auf ihr rotes T-Shirt. Schnell klopfte sie den Zucker ab und fragte sich, wie sie das überhaupt hatte vorschlagen können; wie zum Teufel sollte sie einen Krispy Kreme Doughnut essen, ohne sich zu bekleckern; und warum war sie bloß so nervös? Ach, jetzt war es zu spät. Officer Vesty hatte schon in seinen Doughnut gebissen. Einer mit Puddingfüllung. In seinem Mundwinkel hing ein wenig Pudding.

»Das ist ja mal eine seltene Leckerei«, sagte er, vor sich hin mampfend.

»Für mich gar nicht so selten. Wie Sie sehen können.«

»Meine verstorbene Frau hat mir nicht erlaubt, Krispy Kreme Doughnuts zu essen. Sie meinte immer, die wären schlecht für mich. Sie hat gesagt, ich würde noch an einem Herzinfarkt sterben, bevor ich meine wohlverdiente Pension bekomme. Eigentlich komisch. Jetzt hat es sie erwischt, und ich lebe immer noch.«

»Ja, man muss das Leben genießen, solange es noch geht.«

»Na ja«, sagte er, während er sie anerkennend musterte. »Ihnen scheinen die Doughnuts jedenfalls nicht geschadet zu haben.«

Monica hatte nicht vor, ihm zu widersprechen.

»Was ist noch mal mit Ihrem Mann passiert?«, erkundigte sich Officer Vesty. »Hatte er einen Herzinfarkt?«

»Hirnblutung, nur dass sie irgendeinen anderen hochtrabenden Namen dafür hatten. Aber das war es eigentlich. Eine Hirnblutung.«

Officer Vesty schüttelte den Kopf. »Ein Jammer.«

Monica lachte. »Wenn uns einer so reden hört! Es heißt ja immer, Gin macht einen rührselig, aber ich habe noch nie gehört, dass Krispy Kreme Doughnuts auch diese Wirkung haben.«

»Das Leben steckt voller Überraschungen.« Er grinste ebenfalls. Ein nettes Grinsen, dachte sie, voller Schalk – wie das eines kleinen Jungen. Und in Kombination mit seinem Boxergesicht und der Nase, die aussah, als wäre sie schon mehr als einmal unsanft mit einer fremden Faust zusammengestoßen, wirkte es durchaus anziehend.

»Roy …«, sagte sie, und diesmal kam ihr sein Vorname ganz von allein über die Lippen, doch ehe sie weitersprechen konnte, schaltete sich sein Funkgerät knisternd ein. Er warf ihr einen entschuldigenden Blick zu, ging in Richtung Tür und wandte ihr den Rücken zu, während er sprach. Monica verspürte ein plötzliches Bedauern. Wahrscheinlich würde er jetzt irgendwohin gerufen. Gerade, als sie begonnen hatte, sich gut mit ihm zu unterhalten.

Und wirklich wandte er sich ihr einen Moment später wieder mit einem resignierten Gesichtsausdruck zu.

»Ich fürchte, die Pflicht ruft.«

»Etwas Ernstes?« Sie konnte ihre angeborene Neugier nicht verbergen.

»Na ja, so richtig ernst wohl eher nicht. Irgendein Tourist hat es anscheinend fertiggebracht, mit seinem Auto in Annie Oberns Auslage zu fahren, und Annie schreit jetzt Zeter und Mordio. Sie meint, er hat ihr das halbe Inventar zerstört. Ich sage ihr ja schon die ganze Zeit, dass ihre Verkaufsständer auf dem Bürgersteig im Wege sind, aber sie wollte ja nicht hören.«

Annie Obern betrieb einen Souvenirladen auf der Haupteinkaufsstraße von Varna und hatte mehrere Ständer mit ausgefallenen Handtäschchen, Sonnenhüten und Sandalen draußen vor dem Laden stehen, wo die Leute sie nicht übersehen konnten. Monica wusste das, denn sie war selbst einmal in einen der Ständer gelaufen, als sie nicht aufgepasst hatte.

»Wahrscheinlich hat es seinem Auto auch nicht besonders gutgetan«, sagte Monica. »Da wird wohl sein Selbstbehalt bei der Versicherung für draufgehn.«

Officer Vesty trank den letzten Schluck Kaffee aus und wandte sich in Richtung Tür, doch dann drehte er sich noch einmal um.

»Vielleicht hätten Sie ja Lust, mal abends auszugehen. Auf einen Drink oder einen Happen zu essen?«, fragte er unvermittelt.

Obwohl sie noch vor zehn Minuten den wahren Grund für seinen Besuch geahnt hatte, brachte seine Einladung Monica jetzt aus dem Gleichgewicht. Plötzlich war sie wieder nervös und unsicher.

»Ähm … Na ja …«

»Sie können ruhig nein sagen.« Officer Vesty rieb sich den Hals unter dem Kragen seines Uniformhemdes, er hatte sich schon halb zum Gehen gewandt.

»Aber nicht doch, vielen Dank«, sagte Monica. »Ich komme sehr gern mit.«

»Wirklich?«

»Ja, sehr gern.«

»Wie wäre es dann mit heute Abend?«

»Heute Abend passt mir gut.«

»Okay, dann hole ich Sie ab … so gegen halb acht?«

»Prima.«

»Bis später dann.«

Er fragte sie nicht nach ihrer Adresse. Aber er wusste ja, wo sie wohnte. Schließlich hatte er vor etlichen Jahren Russell bei ihr zu Hause abgesetzt, als dieser zu viel getrunken hatte.

Monica sah, wie seine massige Gestalt nach draußen verschwand, griff nach dem Rest ihres Krispy Kreme Doughnuts, hielt dann aber auf halbem Wege zum Mund kurzentschlossen inne und zielte stattdessen auf den Mülleimer. Der Doughnut traf sein Ziel und verschwand außer Sicht – und mit ihm das letzte Stück Versuchung. Monica zog die Tastatur wieder zu sich heran und lächelte.

Allmählich gingen Nancy die Nerven durch. Bisher war alles gutgegangen. Bisher hatten sie erfolgreich die Frage umschifft, warum sie Ellen gebeten hatte, nach Florida zu kommen. Nancy wunderte sich, dass Ellen sie noch nicht danach gefragt hatte; eigentlich hatte sie beinahe damit gerechnet, dass Ellen sie gleich nach ihrem Eintreffen nach dem Grund für die Einladung fragen würde, und hatte sich darauf vorbereitet, ihr ebenso wie schon Sarah zu erklären, dass sie mit ihr und Ritchie gemeinsam sprechen müsse und das erst am Samstagabend geschehen könne. Doch Ellen hatte nichts gesagt. Trotzdem lag eine unbehagliche Stimmung in der Luft, und Nancy vermutete, dass Ellen sich vor der Aussprache genauso fürchtete wie sie selbst.

Während sie Tomaten für einen Salat in Scheiben schnitt, blickte sie durch die offene Terrassentür nach draußen. Sarah, Ellen und Bob saßen am Tisch neben dem Pool und nippten an ihren Drinks. Sie hatten angeboten, ihr bei der Vorbereitung des Lunches zu helfen – jedenfalls Ellen und Sarah –, aber sie hatte sie aus der Küche gescheucht und gesagt, dass sie das allein tun wolle.

Sie fand, dass Ellen müde aussah. Langstreckenflüge waren kein Vergnügen, wenn man älter wurde, das wusste sie aus eigener Erfahrung. Und Ellen war zweifellos älter geworden. Nancy war entsetzt darüber gewesen, wie viel älter Ellen aussah. Es war natürlich dumm, aber sie hatte sich Ellen immer so vorgestellt, wie sie früher gewesen war – na ja, mit Mitte dreißig vielleicht. Es hatte ihr einen ziemlichen Schock versetzt, stattdessen eine ältere Frau mit grauen Strähnen im Haar, Fältchen im Gesicht und schlaffer Haut unter einer ehemals straffen, wohlgeformten Kinnpartie zu sehen und zu wissen, dass diese Frau ihre Tochter war. Das war doch wohl unmöglich! Mein Baby? Aber mein Baby ist fast sechzig Jahre alt. Sich das einzugestehen hatte Nancy das eigene Alter schärfer vor Augen geführt als sämtliche ihrer alltäglichen Gebrechen oder das alternde Gesicht, das ihr aus dem Spiegel entgegensah, ja, sogar schärfer als die unerfreuliche Nachricht, die der Arzt ihr erst vor ein paar Tagen eröffnet hatte. *Mein Baby wird alt. Wie alt bin ich dann erst?* Doch Ellen sah immer noch gut aus. Sie hatte sich gut gehalten. Und … vielleicht liegt es ja auch in den Genen, dachte Nancy und lächelte vor sich hin, ehe dieser Gedanke sie plötzlich wieder unangenehm an das Gespräch erinnerte, das vor ihr lag.

Wie um alles in der Welt sollte sie es Ellen bloß beibringen? In stillen Momenten war Nancy das Gespräch im Geiste immer wieder durchgegangen und hatte sich verschiedene Möglichkeiten überlegt, wie sie das Thema anschneiden konnte, doch keine war ihr richtig erschienen. Sobald sie sich den Augenblick vorstellte, an dem es kein Zurück mehr gab und sie die Täuschung zerstören musste, auf der Ellens Leben gründete, wurde ihr angst und bange. Es war ihre eigene Schuld, sie konnte niemand anderen dafür verantwortlich machen. Einen Teil der Schuld hätte sie zwar Joe geben können, weil er nicht gewollt hatte, dass Ellen es erfuhr, doch das würde sie nicht tun, es sei denn, man fragte sie ausdrücklich nach Joes Rolle. Die Jahre des Schweigens waren ein Netz, das sie selbst gesponnen hatte; die Entscheidung, die Wahrheit zu verheimlichen, war der Biss, mit dem die Spinne ihre Beute lähmte. Und indem sie die Wahrheit verschwiegen hatte, hatte sie nur das ursprüngliche Unrecht verstärkt. Sie hätte so tapfer sein und es schon vor Jahren zugeben sollen, statt sich selbst vorzumachen, dass sie nur schwieg, um andere zu schützen. Tatsächlich hatte sie damit die Dinge nur noch schlimmer gemacht.

Ach, Ellen. Nancy schob ein Handgelenk über das andere, hackte auf die Tomate ein und blutete innerlich über den Schmerz, den sie ihrer Tochter bald bereiten musste. Aber Ellen war stark, oder etwa nicht? Sie war schließlich auch Macs Tochter. Und sie hatte Bob. Nicht zum ersten Mal dankte Nancy Gott dafür, dass Bob ebenfalls mitgekommen war. Er tat Ellen gut, immer schon. Sie waren zwar sehr verschieden, aber ihre Persönlichkeiten ergänzten einander perfekt. Bob verfügte über einen gesunden Pragmatismus, der Ellen ein Rettungsanker sein konnte, wenn sie es nur zuließ. Nancy hatte mit angesehen, wie Ellen sich ihm in den dunklen Tagen nach Johns Tod zuwandte. Sie hatte zwar nicht gewollt, dass ihre Tochter ans andere Ende der Welt flog und sich dort ein Leben aufbaute, schon gar nicht so kurz nachdem sie ihren geliebten Sohn verloren hatte, doch sie hatte sich gesagt, dass dieser Neuanfang Ellens Rettung sein würde, und sie hatte Recht behalten. Und wenn Bob ihr damals schon eine Stütze gewesen war, wie viel mehr würde er es erst jetzt sein, nachdem sie einander durch vierzig Jahre Ehe verbunden waren.

Komischerweise hätte Nancy am liebsten Bob die Wahrheit offenbart und es ihm überlassen, Ellen zu informieren. Es würde ihr leichter fallen, ihren törichten Fehltritt gegenüber jemandem zuzugeben, der nicht ihr eigenes Fleisch und Blut und deshalb nicht persönlich betroffen war. Er würde sie auch nicht verurteilen, jedenfalls nahm sie das an. Er würde einfach die Tatsachen akzeptieren und sich davon nicht groß beeinflussen lassen. Doch das konnte sie nicht tun, sie durfte es sich nicht so leicht machen.

Und Sarah? Würde Sarah sie verurteilen? Es betraf auch sie. Sie würde ebenso schockiert sein zu erfahren, dass Joe gar nicht ihr Großvater gewesen war. Würde sie sich ebenfalls zurückziehen und hintergangen fühlen? Bis jetzt war sie Nancy eine unglaubliche Stütze gewesen, aber würde die ganze Wahrheit vielleicht zu viel für sie sein? Nancy hoffte es nicht. Sie glaubte nicht, dass sie es ertragen könnte, wenn sich Sarah ebenfalls gegen sie wenden würde. Nichtsdestotrotz war sie fest entschlossen, weder um Verständnis noch um Vergebung zu bitten, noch Entschuldigungsversuche zu unternehmen. Sie würde ihnen lediglich erzählen, was passiert war, und hoffen, dass sie damit fertig wurden – zu ihrem eigenen Besten.

Nur noch wenige Stunden, mehr Zeit blieb ihr nicht. Ritchie hatte versprochen, zum Abendessen nach Hause zu kommen; heute Abend würden sie alle beisammen sein. Nur noch wenige Stunden, und es wäre so weit. Nach all den Jahren würde die Wahrheit endlich ans Licht kommen. Und es gäbe kein Zurück.

III

Alle sitzen sie um den Tisch herum, und bisher ist kein Wort darüber verloren worden, warum sie sich eigentlich hier versammelt haben. Doch in der Luft liegt eine fast greifbare Spannung. Nancy spürt sie auf der Haut und in ihren Adern prickeln und kann sie an Ellens zusammengepressten Lippen und in Ritchies mürrischem Gesicht ablesen. Sogar Sarah wirkt nervös, obwohl sie ihr Bestes tut, fröhlich und locker zu erscheinen. Nur Bob benimmt sich wie immer. Er hat sich das Essen schmecken lassen – Hähnchen mit frittierten Maisbällchen, gefolgt von Apple Pie – und seinen Teller leer gegessen, im Gegensatz zu den Frauen, die eine ganze Menge liegenlassen haben. Nun ist er ein bisschen schläfrig. Kein Wunder, denn nach seiner inneren Uhr ist längst Schlafenszeit.

Er steht vom Tisch auf, streckt sich und tritt ans Fenster.

»Sieht aus, als ob sich da draußen ein Gewitter zusammenbraut.«

Nicht nur draußen, denkt Nancy. Hier drinnen ebenfalls.

»Ich kann mich noch gut erinnern, dass die Gewitter hier ein ziemliches Schauspiel sind.«

Noch während er das sagt, flackert der erste Blitz über den Himmel und erhellt das Zimmer, in dem es schon seit einigen Minuten dunkler geworden ist, ohne dass es jemand gemerkt hat. Gleich darauf klatschen schwere Regentropfen gegen die Scheiben.

»Lass uns noch eben den Tisch abräumen, Mom.« Ellen

steht ebenfalls auf und schiebt die Überreste der Mahlzeit von den Tellern, rasch und effizient wie immer.

Nancy legt ihr eine Hand auf den Arm. »Nein, lass das doch stehen, Schatz.«

Ellen ignoriert ihren Einwurf und stapelt die Teller aufeinander. »Bringen wir es lieber gleich hinter uns. Ich mag so ein Durcheinander nicht.«

Doch Nancy hat schon lange genug gewartet. Sie kann sich nicht vorstellen, jetzt den Tisch ab- und die Spülmaschine einzuräumen und dann noch die Gläser separat im Waschbecken zu spülen, so wie Ellen es immer tun will, und dabei die ganze Zeit an das denken zu müssen, was sie ihnen gleich sagen wird. Sie will es endlich hinter sich bringen. Und wenn Ellen sich nach Nancys Geständnis immer noch mit dem schmutzigen Geschirr abplagen will, dann ist das ihre Sache.

»Bitte, Ellen, lass das doch. Ich muss mit euch reden. Gehen wir doch ins Wohnzimmer.«

»Mom.« Ellen lässt klappernd ein paar Gabeln auf den obersten Teller fallen. »Müssen wir wirklich diese Unterhaltung führen?« Sie hebt entschlossen den Tellerstapel empor.

Ein Donnerschlag scheint über das ganze Haus hinwegzurollen.

»Ja, Ellen. Ich fürchte, das müssen wir.«

»Warum? Wir wissen doch sowieso schon, was du uns sagen willst.«

Einen Moment lang ist Nancy sprachlos. »Das wisst ihr schon?«

»Ja, Mom, wir wissen es.« Ellen holt zu ihrem vermeintlichen Gnadenstoß aus. »Schon seit ich dreizehn bin, weiß ich, dass John nicht Dads Sohn war. Dass er unehelich war. Und Ritchie weiß das auch. Können wir es also bitte dabei bewenden lassen?«

Nancy spürt nur sehr wenig, so als sei sie in sich zusammengeschrumpft. Sie merkt, dass sie zu zittern begonnen hat. Das war es also. All ihre mühsam einstudierten Eröffnungssätze sind sinnlos geworden.

»Ellen«, sagt sie sehr ruhig, aber fest. »Das Problem ist, dass ihr vollkommen falsch liegt.«

Ellen donnert die Teller so fest auf den Tisch zurück, dass ein Weinglas emporhüpft.

»Falsch? Wie meinst du das – wir liegen falsch? Willst du mir jetzt weismachen, dass du kein Kind von diesem Mann bekommen hast, den Sarah für dich suchen sollte? Ich weiß nämlich genau, dass es stimmt. Ich habe vor langer Zeit einen Brief entdeckt, den er dir geschrieben hat. Es hat also keinen Sinn, es zu leugnen.«

»Ich leugne das auch gar nicht«, sagt Nancy würdevoll. »Ich versuche bloß, die Dinge richtigzustellen.«

»Du leugnest also nicht, dass John das Kind von diesem Mac war. Was bitte soll es dann, die ganze Geschichte wieder aufzurühren? Wirklich, Mom, ich möchte gar nichts von deiner schmutzigen Affäre hören. Tut mir leid, aber ich will nichts davon wissen. Und dass du auch noch versucht hast, ihn nach so vielen Jahren wiederzufinden … und dazu auch noch Sarah eingespannt hast … Also ehrlich! Mom, ich habe den Eindruck, dass du von allen guten Geistern verlassen bist.«

»Ellen, beruhige dich …« Bob wirkt verlegen, ja beunruhigt. Dieses Gespräch wird in Tränen enden. Ellens Tränen. Noch mehr Schuldgefühle, noch mehr Reue – und er wird mal wieder die Scherben aufkehren müssen.

»Nein, Bob, ich werde mich nicht so leicht beruhigen«, fährt Ellen ihn an. »Würdest du etwa ruhig bleiben, wenn deine Mutter jahrelang die Tatsache vor dir verheimlicht hätte, dass dein Bruder ein uneheliches Kind ist, und sich dann auf einmal entschließt, ihr Herz auszuschütten, weil ihr gerade der Sinn danach steht? Würdest du da ruhig bleiben?«

»Ellen, bitte …«

»Also, ich kann das jedenfalls nicht so einfach hinnehmen.

Tut mir leid. Nichts gegen John. Ich habe ihn über alles geliebt, auch als ich wusste, dass er nicht mein richtiger Bruder war. Ich habe ihn so sehr geliebt! Und er könnte heute immer noch leben, wenn Mom von Anfang an ehrlich gewesen wäre, wenn sie ihn nicht bevorzugt hätte, weil er ein heimliches Kind der Liebe war. Das stimmt doch, Mom, oder? Du hast ihn uns vorgezogen. Jedes Mal, wenn du ihn angeschaut hast, hast du in ihm deinen Liebhaber gesehen.«

»Nein, Ellen, das stimmt nicht.« Nancy ist vollkommen schockiert und erschüttert. »Wie konntet ihr nur so etwas denken?«

»Das hast du! Du hast ihn angeschaut und seinen Vater gesehen!«

»Ellen … Johns Vater war Joe.«

»Aber … du hast doch gesagt …« Nun stockt Ellen mitten im Satz; zum ersten Mal ist ihre Gewissheit ins Wanken geraten. »Du hast doch gesagt, du streitest nicht ab, dass du ein uneheliches Kind mit diesem Mann hast. Du hast es doch nicht abgestritten.«

»Bitte, Ellen, setz dich!«

»Nein, ich will mich nicht setzen. Ich will wissen, was du meinst.«

Ein weiterer Blitz erhellt das Zimmer: Ellen, durchdrungen von einem Zorn, der schon den Großteil ihres Erwachsenenlebens in ihr gekocht hat, aber gleichzeitig irritiert; Sarah, die eine Serviette zwischen ihren Fingern knüddelt und nur möchte, dass ihre Mutter aufhört und dieses schreckliche Gespräch endlich vorüber ist; Nancy, eine kleine, resolute Gestalt, die sich stählt, die Worte auszusprechen, die die Illusion für immer zerstören werden.

»Ich habe ein Kind von Mac bekommen, Ellen«, sagt sie sehr leise, aber bestimmt. »Aber es war nicht John. Wie ich bereits gesagt habe, Joe war Johns Vater.«

»Aber … wer dann …?« Ellen wirft einen besorgten Blick

auf Ritchie, der während des ganzen Streitgesprächs geschwiegen hat.

Und dann spricht Nancy aus, wovor sie sich schon die ganze Zeit gefürchtet hat.

»Du, Ellen. Du warst es. Deshalb musste ich es dir auch sagen. Nicht John war Macs Sohn. Du bist seine Tochter.«

Alle Farbe ist aus Ellens Gesicht gewichen. Obwohl sie sich nicht setzen wollte, als Ellen es ihr geraten hat, sitzt sie nun. Sie hat sich auf einen Stuhl fallen lassen, als trügen ihre Beine sie nicht länger. Im Zimmer herrscht völlige Stille, die nur von einem weiteren Donnergrollen unterbrochen wird. Dann sagt Ritchie: »Mein Gott!« Niemand beachtet ihn; alle sind selbst viel zu fassungslos. Bob tritt zu Ellen und legt den Arm um sie, doch sie schüttelt ihn wieder ab. Ihre ganze Körpersprache spiegelt die Tatsache, dass sie die Wahrheit nicht anerkennen will.

»So etwas Albernes habe ich ja noch nie gehört!« Ihre Stimme klingt schrill, beinahe hysterisch.

»Liebling, es tut mir so leid. Ich weiß, ich hätte es dir längst sagen sollen. Aber wir, dein Vater und ich, wir hatten beschlossen …«

»Mein *Vater*? *Ihn* meinst du wohl? Diesen *Mac*?« Sie speit den Namen voller Verachtung aus.

»Nein, Liebling. Joe.«

»Er hat es gewusst?«

»Natürlich hat er es gewusst. Du glaubst doch nicht, dass ich es vor ihm hätte verheimlichen können, oder?«

»Ich wüsste nicht, wieso nicht. Du hast es schließlich auch vor uns anderen verheimlicht. Und er hat damit leben können? Dass du … dass ich …« Ellen hält inne, unfähig, die Untreue und den Verrat ihrer Mutter in Worte zu fassen.

»Ja«, sagt Nancy leise, obwohl sie sich selbst eingestehen muss, dass es nicht immer ganz leicht gewesen war.

Als sie es ihm gestand, hätte es ihn beinahe zerstört und fast das Ende ihrer Ehe bedeutet. Sie hatte keinen Moment lang in Erwägung gezogen, ihn zu täuschen, obwohl sie es leicht hätte tun können. Joe war oft genug von seiner Arbeit als Fluglehrer in Tampa heimgekehrt, so dass es für sie gut möglich gewesen wäre, so zu tun, als sei er der Vater des Babys, mit dem sie schwanger war. Wenn sie die Daten ein wenig hin- und hergeschoben und so getan hätte, als sei Ellen ein wenig zu früh oder zu spät zur Welt gekommen, hätte er es nie zu erfahren brauchen. Doch Nancy brachte es nicht über sich, ihn zu hintergehen. Sie konnte sich nicht vorstellen, mit ihm ein Leben zu teilen, das auf einer Lüge basierte. Obwohl sie bei Ellen genau das getan hatte.

Aber natürlich war das nicht das Gleiche, ganz und gar nicht. Joe war ihr Ehemann, und zwischen Mann und Frau durfte es keine Geheimnisse geben. Ellen dagegen war ihr Kind, und der Urinstinkt jeder Mutter ist es, ihr Kind zu schützen, ihm Geborgenheit und eine sichere, stabile Umgebung zu bieten, in der es aufwachsen kann. Und Joes Wünsche mussten ebenfalls berücksichtigt werden. Sie hatte ihn so sehr verletzt, nicht bloß sein Herz, sondern auch seinen Stolz. Er hätte es nicht ertragen können, dass irgendjemand sonst davon erfuhr, dass er seiner Frau nicht genügt hatte, dass nicht er der Vater ihres Kindes war. Ihrer Kinder.

Als sie ihm ihren Fehltritt gestand, hatte er praktisch sofort gefragt, ob John überhaupt sein Sohn sei.

»Joe, das weißt du doch!«, hatte sie empört erwidert.

Und der neue, abweisende, zornige Joe hatte zurückgeknurrt: »Wie kann ich mir denn da sicher sein? Woher soll ich wissen, dass du mir das nicht nur erzählt hast, damit ich dich heirate, als du dachtest, dass dieser Schweinehund tot sei?«

Mit Engelszungen hatte sie auf ihn eingeredet. Das Wichtigste in diesem Augenblick war doch, dass er wusste, dass John wirklich sein Kind war; das konnte sie ihm nicht auch noch entreißen. Und endlich hatte sie ihn entweder überzeugt oder er hatte es sich selbst noch einmal ausgerechnet; jedenfalls deutete er nie wieder an, John könne nicht sein Sohn sein. Er wendete sein Wissen sogar gegen sie.

»Wahrscheinlich möchtest du ja am liebsten, dass ich dich vor die Tür setze, damit du mit deinem Liebhaber durchbrennen kannst? Aber das wird nicht passieren, Nancy. Und wenn du gehst, dann gehst du auf jeden Fall allein. Wenn du zu diesem verfluchten Mac willst, kann ich dich nicht davon abhalten. Aber ich sag's dir gleich: Meinen Sohn wird er nicht bekommen!«

Sie hatte es schon geahnt. Sie hatte geahnt, dass ihr diese Möglichkeit gar nicht bleiben würde. Und merkwürdigerweise war sie sogar erleichtert, dass ihr zumindest diese Entscheidung abgenommen wurde. Trotz der überwältigenden Leidenschaft, die sie für Mac empfand, liebte sie auch Joe, liebte ihr gemeinsames Leben. Sie fühlte sich nicht in der Lage, sich zwischen den beiden Männern zu entscheiden, zwischen zwei so verschiedenen Formen der Liebe, die sie für die beiden empfand. Und Joes starrköpfiges Beharren, dass John auf jeden Fall bei ihm bleiben werde, bedeutete für sie, dass ihr die Entscheidung abgenommen wurde.

Aber wie konnte es zwischen ihr und Joe je wieder so werden wie vorher? Sie hatte gewusst, dass er furchtbar verletzt und wütend sein würde. Dass es eine schreckliche Auseinandersetzung geben würde. Doch was nun kam, war schlimmer als alles, was sie sich vorgestellt hatte. Das war ein Joe, den sie nicht kannte, der Dinge sagte, die sie aus seinem Mund niemals erwartet hätte.

»Am besten, du lässt es wegmachen!«, schleuderte er ihr entgegen.

»*Was?*«

»Lass das Baby wegmachen!«

»Oh, nein!« Nancy war verzweifelt, aber wild entschlossen.

»Ich habe schon ein Baby wegmachen lassen. Noch mal werde ich das nicht tun!«

John warf ihr einen angewiderten Blick zu, der Bände sprach. Als sie ihm vor langer Zeit von William Eagle, der Vergewaltigung und der Engelmacherin erzählt hatte, hatte er verständnisvoll und mitfühlend reagiert. Aber nun hielt er ihr vor, was er wusste.

»Ach, weißt du, Schatz – letzten Endes bist du doch nicht besser als eine läufige Hündin!«

Bei dieser Anschuldigung schnappte sie entsetzt nach Luft, schlug sich die Hand vor den Mund, und Tränen schossen ihr in die Augen.

»Das ist nicht fair, Joe«, sagte sie, doch sie wusste, dass er von seiner Warte aus Recht hatte. William Eagle war nicht ihre Schuld gewesen, doch indem sie mit Mac geschlafen hatte, hatte sie sich jeden Anspruch auf Joes Verständnis gründlich verscherzt. Wenn sie sich an ihr ungehemmtes Liebesspiel erinnerte, fragte sie sich, ob sie beide das Ergebnis unbewusst gewollt hatten, schob den Gedanken jedoch beiseite. Er war zu schmerzhaft und bereitete ihr zu starke Schuldgefühle.

Wie hatte es nur so weit kommen können? Sie musste flüchtig an die vielen Mädchen denken, die in Kriegszeiten, als die Moral außer Kraft gesetzt schien, »herumgeschlafen« hatten und ungestraft davongekommen waren.

»Wahrscheinlich bin ich bloß viel zu fruchtbar!«, hatte sie verbittert gesagt.

Joe schnaubte. »So kann man es natürlich auch formulieren!«

Sie richtete die Schultern entschlossen auf. »Aber ich werde weder dieses Baby wegmachen lassen noch John verlassen. Und Joe …« – sie zögerte, während ihr Tränen in die Augen stiegen –, »… auch dich will ich nicht verlassen. Ich weiß, dass ich dir furchtbar wehgetan habe. Was ich getan habe, ist nicht zu entschuldigen, aber ich liebe dich. Ich liebe dich wirklich.«

Er sagte nichts und wich ihrem Blick aus. Sie legte zaghaft

die Hand auf seinen Arm. »Also, was sollen wir jetzt tun?«, fragte sie verzweifelt.

Er schüttelte sie mit kalter Verachtung ab. »Was *du* tust, Liebchen, ist deine Sache. Ich bin nicht dein Hüter. Aber ich kann dir sagen, was ich tun werde. Wenn ich zu Hause bin – was nicht mehr so oft vorkommen wird, außer um John zu sehen –, werde ich draußen im Wohnwagen wohnen!«

Nancy war entsetzt. Um sich zu erholen, war Dorothy nach ihrer Entlassung aus dem Krankenhaus zu Verwandten im Norden Floridas gefahren, so dass Nancy und Joe nun allein im Haus waren. Wäre Dorothy noch bei uns gewesen, hätte Joe sicherlich einen so drastischen Schritt niemals vorgeschlagen, dachte Nancy. Er hätte nicht gewollt, dass Dorothy davon erfuhr. Aber wenn Dorothy hier gewesen wäre, wäre die Sache gar nicht erst passiert.

»Ach, Joe, bitte!«, flehte sie. Sie wollte ihren Konflikt so schnell wie möglich beilegen, aber wie sollte das geschehen, wenn sie gar keinen Kontakt miteinander hatten?

Doch Joe gab nicht nach. Er suchte seine Sachen zusammen und räumte sie in den Wohnwagen, und Nancy versuchte sich einzureden, dass es vielleicht vorerst das Beste war. Joe war zutiefst verletzt. Er musste sich irgendwo verkriechen. Er brauchte Zeit. Allerdings war sie sich nicht sicher, ob Zeit allein reichte, ihn dazu zu bringen, dass er ihr verzieh. Und ob sie seine Vergebung überhaupt verdient hatte.

Joes feindselige Haltung dauerte während Nancys gesamter Schwangerschaft an; während ihr Körper anschwoll, brachte er es kaum über sich, sie anzublicken, geschweige denn mit ihr zu reden oder sie zu berühren. Er wandte seine ganze Aufmerksamkeit John zu, spielte mit ihm auf dem Boden, hielt seine Hand, während er das Gleichgewicht zu halten versuchte und seine ersten tapsigen Schritte machte, oder blies für ihn Seifenblasen mit einer Tonpfeife und einer Schale Seifenwasser. Wenn Nancy versuchte mitzumachen, nahm er den Jungen einfach auf den Arm, marschierte davon und ignorierte sie. Mittlerweile schenkte er ihr nicht einmal mehr wütende Blicke, es war schlichtweg, als existiere sie gar nicht.

Der Wandel in seiner Haltung vollzog sich so allmählich, dass es kaum spürbar war. Es gab keine plötzliche Bekehrung auf dem Weg nach Damaskus, kein einzelnes Ereignis, das seinen Herzenswandel auslöste. Vielleicht wurde der Dammbruch von der enormen Anstrengung ausgelöst, mit der Nancy ihm zeigte, wie viel ihr an ihm lag, obwohl er sie immer wieder zurückwies. Vielleicht lag es auch an Ellen; an der Tatsache, dass sie ein Mädchen war und daher keinerlei Bedrohung für Johns Vormachtstellung bedeutete, obwohl sie schon von Anfang an ein entschlossenes kleines Wesen war. Oder vielleicht lag es einfach nur daran, dass Joe Nancy viel zu sehr liebte, um die Mauer aus Schweigen und Feindseligkeit zwischen ihnen lange aufrechtzuerhalten. Nancy sollte es nie erfahren; sie fragte auch nicht. Sie merkte bloß, dass Joe allmählich weicher wurde und hinnahm, was geschehen war.

Niemand außer ihnen beiden wusste, dass Ellen nicht Joes Kind war; und soweit sie sehen konnte, hegte auch niemand den Verdacht. Der einzige andere Mensch, der die Wahrheit kannte, war Mac – Nancy hatte es für richtig gehalten, ihm zu schreiben und ihn von der Situation in Kenntnis zu setzen –, und er war in England. Er hatte ihr zurückgeschrieben und Nancy angefleht, Joe zu verlassen, aber sie hatte ihm mitgeteilt, dass sie sich entschieden habe, und ihn gebeten, ihren Entschluss zu akzeptieren. Sie rechnete nicht damit, wieder von ihm zu hören.

Niemand verspürt die Notwendigkeit, einem Baby ins Ohr zu flüstern, dass der Mann, der seine Wiege wiegt oder den Kinderwagen schiebt, nicht wirklich sein Vater ist. Ellen hörte, wie John seinen Vater »Daddy« rief, und als sie sprechen lernte, tat sie es ihm nach. Zu diesem Zeitpunkt diskutierten Nancy und Joe nicht darüber, ob sie Ellen die Wahrheit sagen sollten, und später gab Joe zu verstehen, dass er es für das Beste für alle Beteiligten hielt, wenn sie es nicht erfuhr. Obwohl Nancy den Verdacht hatte, dass sein Widerwille, die Wahrheit zuzugeben, zum größten Teil in seinem Stolz begründet war, diskutierte sie nicht mit ihm. Joes Wunsch hatte Vorrang; er war schließlich schon genug verletzt worden. Als Ellen dann älter wurde, beschäftigte Nancy diese Frage schon manchmal, aber sie versuchte es zu verdrängen. Sie waren Geschwister, eine Familie: John, Ellen und später Ritchie, und Nancy wollte nicht, dass Ellen sich ausgeschlossen fühlte, fehl am Platze. Und selbst wenn Joe zugestimmt hätte, war irgendwie nie der richtige Zeitpunkt da, es ihr zu sagen. Wie auch? Wie setzt man sich mit einem Kind hin und erklärt ihm, dass der Mann, den es für seinen Vater hält, keineswegs sein Vater ist? Dass es zu einem Fremden gehört, dem es nie begegnet ist? So waren die Jahre vergangen; die Täuschung wurde aufrechterhalten und setzte sich immer unverrückbarer fest.

Erst jetzt ist Nancy bewusst geworden, wie falsch es von ihr war, dabei immer weiter mitzumachen. Und sie fragt sich, ob sie mit ihrer Beichte einen weiteren Fehler begangen hat und das Geheimnis besser mit ins Grab genommen hätte.

»Ellen, es tut mir so leid«, sagt sie wieder. »Aber bitte, Liebling, bitte versuch doch zu verstehen, wie es war! Es war nicht bloß eine dumme Affäre. Dein Vater und ich haben einander sehr geliebt. Ich hatte geglaubt, er wäre tot, und …«

»Hör auf, Mom. Ich will das nicht hören!« Ellen ist wieder aufgesprungen und zittert. »Wenn ich mir vorstelle, dass ich den ganzen Weg nach Florida gekommen bin, um mir das anzuhören!« Dann fährt sie Bob an. »Such mir einen Flug, Bob! Ich fliege nach Hause!«

»Ellen …«

»Ich meine es ernst. Ich will keinen von euch je wiedersehen!«

»Mum, bitte, red doch nicht so!« Sarah ist genauso schockiert wie alle anderen, doch bisher hat sie noch nicht die Gelegenheit gehabt, darüber nachzudenken, welche Folgen das Ganze für sie hat und ob sich auch für sie alles ändert. Sie möchte bloß, dass dieser schreckliche Streit aufhört, und ist nicht nur erschüttert über die Reaktion ihrer Mutter, sondern macht sich auch Sorgen um Nancy.

»Das gilt auch für dich, Sarah!«, faucht Ellen sie an. »Du steckst doch mit ihr unter einer Decke. Wie konntest du nur? Ich will auch dich nicht mehr sehen!« Sie wendet sich Richtung Tür, stößt aber dagegen, weil ihr die Tränen in den Augen stehen, auch wenn sie den Kopf hoch erhoben hält. Sie reißt die Tür auf und stürmt aus dem Zimmer.

Sarah springt ebenfalls auf und will ihr hinterherlaufen. Bob hält sie am Arm fest. Er gibt ihr wortlos, allein durch ein entschlossenes Kopfschütteln zu verstehen, sie solle ihre Mutter in Ruhe lassen.

»Aber Dad, ich muss …«

»Überlass das mir!«

Dann ist er ebenfalls verschwunden, seine schweren, bedächtigen Schritte auf der Treppe folgen dem Geklapper von Ellens Sandalen. Hilflos blickt Sarah hinter ihnen her.

Ritchie rutscht unruhig hin und her. »Ich brauche jetzt erst mal einen Drink.« Er geht zur Anrichte, holt eine Flasche Jack Daniels heraus und füllt drei Gläser. »Wollt ihr auch einen?« Er hält zwei Gläser empor.

»Grandma?«

Nancy nickt, sagt aber kein Wort. Sie sieht plötzlich sehr klein aus, so als habe Ellens Angriff ihren Körper schrumpfen lassen. Doch ihr Rückgrat ist immer noch so gerade, als hätte sie einen Besenstiel verschluckt, ihr Kinn entschlossen vorgereckt. Sarah reicht ihr das Glas, sie nippt an ihrem Whisky und setzt sich hin.

»Es musste sein, Sarah.«

Ritchie hat sein erstes Glas geleert und schenkt sich ein zweites ein. Dann klopft er seine Taschen nach Zigaretten ab. »Ich geh mal nach draußen eine rauchen.«

»Rauch ruhig hier drinnen, Ritchie. Draußen schüttet es.« Nancys Stimme klingt überraschend normal. Wie kann sie bloß so ruhig, so beherrscht bleiben, fragt Sarah sich.

Ritchie tritt ans Fenster und blickt hinaus. Das Gewitter ist noch nicht abgezogen; Blitze zucken und Donner grollt, doch der Regen prasselt nicht mehr herunter.

»Ich glaube, es hat aufgehört zu regnen.« Er geht nach draußen, das Glas in der einen, die Zigaretten in der anderen Hand.

Nun sind nur noch Nancy und Sarah im Zimmer.

»Ach, Grandma!«, sagt Sarah verzweifelt.

Nancy blickt ihrer Enkelin in die Augen.

»Es tut mir so leid, Sarah, dass ich dich da mit reinziehen musste. Aber jetzt verstehst du auch, warum ich es zuerst deiner Mutter sagen musste.«

»Ich weiß nicht, ob es so klug war, es ihr überhaupt zu sagen.«

»Ich auch nicht. Aber nun ist es passiert. Ich hoffe bloß, dass sie sich damit abfinden wird, wenn sie Zeit gehabt hat, sich an die Vorstellung zu gewöhnen.«

»Sie hätte nicht so reden dürfen!«

»Sie stand unter Schock. Und sie steht immer noch unter Schock. Außerdem kennst du doch deine Mutter …«

»Ja, allerdings!«

Nancy legt die Hand auf Sarahs Hand, die auf dem Tisch liegt. »Und wie fühlst du dich, Sarah?«

»Na ja.« Sarah lacht unsicher. »Wahrscheinlich sollte ich mich glücklich schätzen, das Endprodukt einer so großen Liebe zu sein. Eigentlich eine ziemlich romantische Vorstellung.« Sie hält inne und fügt dann bedauernd hinzu: »Allerdings sind damit wohl meine Chancen bei Chris Mackenzie dahin, oder?«

Nancy runzelt verständnislos die Stirn.

»Ich fand ihn ziemlich nett. Ein Glück, dass ich noch rechtzeitig erfahren habe, dass er mein Onkel ist.« Sie lacht wieder, aber es ist ein bitteres Lachen.

»Ach, Sarah …« Plötzlich ist es mit Nancys Selbstbeherrschung vorbei; am liebsten würde sie losheulen. Sie hatte gedacht, dass sie auf alles gefasst wäre; aber dass sie nun auch noch Sarahs heimliche Wunschträume zerstört haben soll, ist zu viel. Es mag zwar eine Kleinigkeit sein, verglichen mit den vernichtenden Wahrheiten, die sie heute offenbart hat, aber trotzdem ist es die eine Sache, die das Maß voll macht.

»Es tut mir so furchtbar leid …« Wie oft kann ich das eigentlich noch sagen, und macht es überhaupt einen Unterschied? »Kannst du mir je verzeihen?«

»Ach, Grandma!« Sarah lässt das Glas los und umfasst Nancys Hand. »Ich habe, weiß Gott, auch Fehler gemacht. Wir sind doch alle bloß Menschen. Auch du.« Sie lächelt, ein wenig matt, aber erfüllt von der Liebe und Zärtlichkeit, die sie für diese außergewöhnliche Frau, ihre Großmutter, empfindet. »Meine Güte, Grandma, du musst mich doch so gut kennen, dass du weißt, dass ich dir das nicht verübele. Ich bin für dich da, das weißt du doch. Solange du mich brauchst.«

»Ach, Sarah«, sagt Nancy voller Gefühl. »Ich danke Gott, dass es dich gibt.«

Ellen wirft einen Blick auf den Wecker, der auf dem Nachttisch steht. Halb zwei nachts. Sie muss offenbar doch ein bisschen geschlafen haben, obwohl sie nicht damit gerechnet hat. Wahrscheinlich hat der Bourbon, den Bob ihr gebracht hat, ihr den Rest gegeben; kein Wunder, da sie so wenig gegessen hat und sonst kaum Alkohol trinkt. Der Bourbon und die Erschöpfung, die auf heftiges Weinen folgt. Aber jetzt ist sie hellwach; ihre Gedanken kreisen unaufhörlich und lassen ihr keine Ruhe. Und Bob schnarcht. Nicht die fürchterlichen grunzenden, schnaufenden Töne, die er manchmal von sich gibt, sondern ein gleichmäßiges, leises Sägen, bei dem man schon auf den nächsten Ton wartet. Es erinnert sie wieder daran, warum sie zu Hause separate Schlafzimmer haben. Er rührt sich nicht, als Ellen die Decke beiseiteschiebt und aus dem Bett schlüpft. Wie kann er nach allem, was passiert ist, bloß so tief und fest schlafen? Aber eigentlich gibt es ja kaum etwas, was Bob vom Schlafen abhält.

Ellen macht die Schlafzimmertür auf und lauscht. Kein Geräusch ist im Haus zu hören, und soweit sie sehen kann, sind alle Lichter aus. Sie zieht die Tür hinter sich zu und schleicht barfuß die Treppe hinunter. Der Esstisch ist abgeräumt worden; die Überreste der Mahlzeit sind zwar in die Küche getragen worden, doch dort stapeln sich die schmutzigen Teller auf der Ablage, und auch die fettigen Pfannen stehen immer noch auf dem Herd. Ellen überlegt einen Moment, ob sie abwaschen soll, lässt es dann aber. Stattdessen schließt sie die Küchentür auf und tritt in den Garten hinaus.

Das Gewitter ist inzwischen vorbeigezogen. Die Nacht ist ruhig und warm, es riecht angenehm frisch nach dem Regen. Dieser Geruch ruft undeutliche Erinnerungen an glücklichere Zeiten bei ihr hervor, keine klaren Bilder, eher eine Art allgemeine Stimmung. Ellen würde am liebsten wieder losweinen. Sie überquert die Terrasse, geht am Pool vorbei in Richtung Rasen. Gehen, einfach nur gehen. Die Arme hat sie schützend um sich geschlungen, aber nicht etwa, weil ihr kalt wäre, obwohl sie nur ihr Nachthemd trägt. Das regennasse Gras fühlt sich unter ihren nackten Füßen kühl an. Als sie den Gartenzaun erreicht hat, fängt sie an zu weinen. Nicht der fast hysterische Heulkrampf, der ihrem Wutausbruch gefolgt ist, sondern ein dumpfer Schmerz in ihrer Kehle, ein zitterndes Kinn und Tränen, die sich in ihren Augen sammeln.

Der erste Schock ist jetzt vorüber und hat eine unsägliche Traurigkeit hinterlassen. Vielleicht wird sie der Schock irgendwann wieder packen, doch im Augenblick ist sie wie betäubt, erschöpft von der Wut und den Tränen. Sie fühlt sich eher beraubt als vertrieben; alles, was sie immer für selbstverständlich gehalten hat, ist ihr entrissen worden. Das Fundament, auf dem ihr ganzes Leben ruhte. Joe war nicht ihr Vater. Aber er war es doch, er war es! Sie erinnert sich noch an seine sanfte, freundliche Art, seine Geduld, seinen Stolz. Es war Joe, der sie auf den Schultern getragen hatte, wenn ihre kleinen Beine müde wurden; Joe, der ihr die Tränen mit seinem großen Taschentuch getrocknet hat, das immer nach Tabak und Flugbenzin roch. Joe, der vor Stolz strahlte, als sie oben auf der Bühne ihr Schulabschlusszeugnis entgegennahm. Er war nicht ihr Vater, aber er hatte alles getan, was ein Vater tut. Er hatte gewusst, dass sie nicht seine Tochter war, doch irgendwann hatte das keine Rolle mehr für ihn gespielt. Vielleicht war es am Ende auch egal. Was zählte, war, dass er für sie da gewesen war, wann immer sie ihn brauchte. Das enge Band zwischen ihnen ließ sich nicht leugnen, das hatte es wirklich gegeben. Sie konnte sich eigentlich glücklich schätzen. Wenn er sie abgelehnt hätte, hätte es ganz anders für sie ausgehen können. Sie wäre bei so vielem zu kurz gekommen.

Es hatte wirklich etwas von tragischer Ironie. Die ganze Zeit über hatte sie geglaubt, John sei das Kuckucksei, und dabei war sie selbst es gewesen.

»Ellen?«

Sie hat niemanden kommen hören. Sie dreht sich um und sieht Nancy dort stehen, ein wenig zaghaft und unsicher, so als rechne sie damit, dass Ellen gleich die nächste Schimpftirade gegen sie loslässt. Ellen seufzt. Darüber ist sie jetzt hinweg.

»Ich habe dich vom Fenster aus gesehen. Schatz, du bist barfuß, und das Gras ist so nass …«

»Ist schon gut, Mom. Ich bin nicht mehr zehn Jahre alt.«

»Ja, das stimmt.« *Aber ich bin immer noch deine Mutter.* Nancy spricht den Satz nicht aus, aber das braucht sie auch nicht.

»Ich konnte nicht schlafen«, sagt Ellen.

»Ich auch nicht.« Nancy trägt einen bunt gemusterten Seidenkimono, an den sich Ellen noch gut erinnern kann. Diesen Kimono hat sie immer getragen, wenn sie Pfannkuchen zum Frühstück machte. Hübsch. Sie war so hübsch gewesen. Jetzt sieht sie winzig und zerbrechlich aus. Und unsicher. Völlig verunsichert.

»Mom …« Ellen zögert. »Ich glaube, ich habe einiges gesagt, was ich besser nicht gesagt hätte.«

»Kein Wunder. Ich weiß, dass das ein furchtbarer Schock für dich war, Schatz. Wir hätten es dir schon vor Jahren sagen sollen, aber irgendwie haben wir gedacht, dass du es nicht unbedingt erfahren müsstest. Du hast Joe liebgehabt, und er hat dich liebgehabt, sehr sogar. Er war immer so stolz auf dich. Ich glaube, irgendwann hat er selbst vergessen, dass er nicht dein leiblicher Vater war. Du warst seine Tochter, und das war alles, was zählte. Aber als er tot war und nicht mehr darunter leiden konnte … vielleicht hätte ich es dir da sagen sollen.« Sie schwieg einen Moment und verlor sich in ihren Gedanken. »Allerdings wäre es mir immer noch wie ein Verrat an Joe vorgekommen.«

»Aber warum hast du es mir dann jetzt erzählt?«

»Weil ich erkannt habe, dass ich euch die Wahrheit schuldig bin. Nicht nur dir, sondern auch Sarah. Und vermutlich hat sie das genauso schwer getroffen wie dich. Sie hat Joe auch vergöttert. Aber sie muss wissen, wer sie ist und von wem sie abstammt – genau wie du.«

Sie schweigen längere Zeit, zwei geisterhafte Gestalten im weichen Mondlicht. Dann fragt Ellen: »Wie war er, mein richtiger Vater?«

Plötzlich ist Nancy zum Weinen zumute, aber diesmal vor Erleichterung.

»Er war ein wunderbarer Mensch, mein Schatz. Du wärst stolz auf ihn gewesen, wenn du ihn gekannt hättest.« Sie zögert und kommt dann zu einem Entschluss. »Warum holen wir uns nicht etwas zu trinken und setzen uns auf die Terrasse? Dann erzähle ich dir von ihm.«

Zu ihrer Erleichterung nickt Ellen. »Setz du dich schon mal hin, Mom! Ich mache die Drinks.«

»Gut«, stimmt Nancy zu. Sie fühlt sich plötzlich unsäglich erschöpft, aber wagt langsam zu hoffen, dass vielleicht doch noch alles zu einem guten Ende kommt. Sie haben noch einen langen Weg vor sich, aber immerhin tun sie nun die ersten Schritte.

»Im Kühlschrank ist Milch, und Kakao und Malzpulver sind in der Anrichte«, sagt sie. »Und falls dir eher nach einem Gläschen zumute ist, findest du auch noch etwas Jack Daniels in der Flasche – das heißt, falls Ritchie ihn nicht inzwischen ausgetrunken hat … Obwohl ich das eigentlich nicht glaube, denn er hat morgen einen langen Flug vor sich, und übermorgen muss er nach Houston, wenn ich mich nicht täusche.«

Aber Ellen möchte jetzt nicht über Ritchie sprechen. »Ich mache uns etwas zu trinken, Mom«, sagt sie und verschwindet in der Küche.

Sie unterhalten sich fast eine Stunde; Nancy erzählt Ellen Sachen, die sie ihr noch nie zuvor erzählt hat. Über England. Die ATA. Mac. Voller Enthusiasmus fängt sie an; sie möchte Mac gern gerecht werden, damit seine Tochter erkennt, was für ein Mann er wirklich war. Tapfer, ehrenhaft, nicht etwa ein Hallodri, der sie ausgenutzt hat, so wie Joe ihn wahrscheinlich immer gesehen hatte.

Doch bald verliert sie sich in ihren Erinnerungen; sie muss sogar lachen, als sie ein paar Episoden erzählt – zum Beispiel, wie sie sich mit dem Flugzeug überschlagen hat, als sie ihm zum ersten Mal begegnet ist. All die schönen Momente, die sie inmitten von Gefahr und Bedrohung miteinander geteilt haben.

»Das hättest du mir längst erzählen sollen, Mom«, sagt Ellen.

»Ich weiß. Du hättest ihn treffen können. Du lebst gar nicht so weit von seinem letzten Wohnsitz entfernt. Aber nun ist es zu spät. Ich wünschte, wir hätten diese Unterhaltung schon vor ein paar Jahren geführt. Vielleicht hätten wir das auch, wenn ich mich nicht zu alt gefühlt hätte, um noch über den Atlantik zu fliegen. Und du … Tja … Ich hatte den Eindruck, dass du nie nach Florida kommen wolltest.« Sie zögert. »Warum, Ellen? Warum wolltest du nie nach Hause? Ich verstehe einfach nicht, warum du nie hierher zurückkehren wolltest.«

Sie spürt, wie Ellen sich versteift. Die gelöste Stimmung, die noch vor ein paar Minuten herrschte, ist plötzlich wie weggeblasen.

»Ist es wegen der Sache mit John?«, fragt Nancy.

»Ja.« Ellen ist angespannt; ein steifer Draht scheint von den Tiefen ihres Magens bis hinauf in ihre Kehle zu reichen, so dass ihr das Atmen schwerfällt. Plötzlich fragt sie sich, ob ihre Mutter genau weiß, was sie weiß, ja, es vielleicht schon die ganze Zeit über gewusst hat. Wieso sollte sie sonst eine solche Frage stellen?

Aber Nancy fährt fort: »Ellen, ich weiß, dass du große Stücke auf John gehalten hast. Das haben wir alle.«

»*Du* hast es auf jeden Fall. Du hast ihn abgöttisch verehrt. Deshalb war ich mir ja auch so sicher, dass er dein uneheliches Kind war.« Ihre Stimme hat plötzlich einen frostigen Klang. »Warum hast du ihn so bevorzugt, Mom?«

»Ich habe ihn nicht bevorzugt«, protestiert Nancy. »Ich habe keinen von euch bevorzugt. Ihr alle wart meine Kinder, und ich habe euch alle gleich liebgehabt.«

»Nein, das stimmt nicht. Du hast ihn bevorzugt. Es war so, als ob er in deinen Augen überhaupt nie etwas falsch machen konnte.«

Nancy lächelt schwach. »Vielleicht kam es euch so vor, weil er nie viel falsch gemacht hat. Er war immer ein einfaches Kind. Du warst manchmal stur und trotzig, und Ritchie … Nun ja, ihm sind die Dinge nie so leichtgefallen wie John. Wir haben unser Bestes getan, haben versucht, ihm zu helfen, dass er nachziehen konnte – besonders Joe hat sich immer darum bemüht. Aber es war zwecklos. John war in so vielen Dingen begabt, und Ritchie war es nicht – und auf die Dauer lässt sich daran wohl nicht viel ändern. Ritchie hatte einen großen Minderwertigkeitskomplex, was John betraf. Eigentlich hat er das immer noch.«

Nancy rückt auf ihrem Stuhl hin und her und bindet die Schärpe ihres Kimonos wieder zu, die sich gelockert hat. »Und als John dann so jung gestorben ist … Na ja … Ritchie hat einfach immer dieses Idealbild vor Augen, dem er gerecht werden will, und das hat ihm das Leben furchtbar schwergemacht. Was wirklich schade ist, weil er eigentlich viele gute Seiten hat. Doch bei allem, was er angefangen hat, musste er das Gefühl haben, dass John es besser geschafft hätte. Nimm nur mal die Firma. Ritchie hat sein Äußerstes gegeben, aber die Zeiten haben sich geändert; es gibt keinen Platz mehr für kleine Unternehmen wie unseres. Die Zeiten waren einfach anders, als wir noch in einer Baracke mit ein paar kleinen Flugzeugen gearbeitet haben. Heutzutage haben uns die großen Firmen eine Menge unserer lukrativen Verträge mit dem Frachtgeschäft weggeschnappt. Es gibt auch nicht mehr so viel Briefpost, jetzt, wo alle Welt mit dem Internet arbeitet, und wir haben bloß noch gelegentlich Aufträge, die zudem nicht viel Gewinn abwerfen. Und was übrig bleibt, geht in die Overhead-Kosten. Es ist gar nicht gesagt, dass John die Firma viel profitabler hätte führen können als Ritchie. Tatsächlich glaube ich, dass er eher Schadensbegrenzung betrieben und die Firma schon längst verkauft hätte. Aber so sieht Ritchie es nicht. Er glaubt, er hätte wieder mal versagt. Dass er mich und seinen Dad enttäuscht hätte. Er denkt, dass ich ihm die Schuld gebe, und nichts, was ich sage, kann daran was ändern. Er meint, dass wir jetzt nicht in Schwierigkeiten wären, wenn John die Firma geführt hätte. Nichts kann ihn davon abbringen.«

Ellen seufzt. »Vielleicht hast du Recht. Aber Ritchie hat sich auch in anderen Bereichen seines Lebens nicht gerade mit Ruhm bekleckert, oder? Drei gescheiterte Ehen können seinem Selbstbewusstsein auch nicht gutgetan haben.«

»Das stimmt, er hat Fehler gemacht«, sagt Nancy bedauernd.

»Er denkt sich doch mit Sicherheit, dass John, wenn er noch leben würde, auch im privaten Bereich Erfolg gehabt hätte, während er versagt hat.«

»Das weißt du doch gar nicht«, sagt Nancy.

»Nein, aber ich kann eine begründete Vermutung wagen. John hätte bestimmt nicht drei Exfrauen, die ihm das letzte Hemd ausziehen, darauf möchte ich wetten. Er wäre mit einer netten Frau verheiratet, hätte zwei oder drei wohlgeratene Kinder und ein eigenes Häuschen.«

»Das glaube ich kaum«, sagt Nancy. Ihre Stimme klingt nachdenklich, beinahe wehmütig.

»Aber natürlich hätte er das.«

»Nein, Frau und Kinder eher nicht«, sagt Nancy.

Ellen runzelt verwundert die Stirn. Nancy klingt nicht so, als würde sie vor sich hin theoretisieren, eher so, als rede sie über Tatsachen.

»Wie meinst du das, Mom?«

Nancy schweigt einen Moment. Dann seufzt sie und blickt Ellen in die Augen.

»Die Wahrheit ist, Ellen«, noch eine Pause, »die Wahrheit ist, dass John schwul war.«

»Was?« Ellen traut ihren Ohren kaum. *»John? Schwul?«* Ihre Stimme ist eindringlich. »Mom, ich glaube, da hast du was falsch verstanden.«

»Keineswegs.«

»Wie kommst du darauf, dass er *schwul* war?«

»Ich weiß es, Ellen.«

»Aber … er hatte doch Freundinnen. Die Mädchen sind ihm doch in Scharen nachgelaufen.«

»Ja, das sind sie.« Nancy lächelt ein wehmütiges, trauriges Lächeln. »Er konnte es ganz gut verbergen, das gebe ich zu. Es wundert mich nicht, dass du keinerlei Verdacht hattest. Sein Vater hat auch nichts geahnt, Gott sei Dank. Es hätte Joe umgebracht, wenn er das vermutet hätte. Die Enttäuschung … die Schande … Damals galt es noch als Schande. Die Leute hatten nicht so freizügige Ansichten wie heute. Allerdings hätte es Joe heutzutage ganz genauso geschmerzt. Ich glaube nicht, dass er sich je damit hätte abfinden können, dass sein Sohn eine … Na ja, du kannst dir schon vorstellen, was für einen Ausdruck er benutzt hätte. John wusste das. Er wusste, dass es seinem Vater das Herz brechen würde. Das war einer der Gründe, warum er es für sich behielt.«

Er hatte es für sich behalten. Noch mehr Geheimnisse. Hört das denn in dieser Familie gar nicht mehr auf?

»Ich kann es einfach nicht glauben«, sagt Ellen, obwohl das bloß ihre Art ist auszudrücken, wie schockiert sie ist. Sie weiß, dass Nancy keinen Grund hat zu lügen. »John … schwul. Wann hast du das erfahren?«

»Ganz sicher erst, als er schon tot war. Ich hatte schon einige Zeit den Verdacht. Ich weiß auch nicht, warum – mütterliche Intuition, nehme ich an.« Sie hält inne und überlegt. »Vielleicht hattest du Recht, Ellen. Vielleicht habe ich ihn ein bisschen anders behandelt als dich und Ritchie. Wahrscheinlich habe ich immer schon geahnt, dass er anders war, irgendwie besonders … Ach, ich weiß nicht, wie ich es ausdrücken soll. Ich glaube, ich habe intuitiv gespürt, dass er ganz besonders viel Verständnis brauchte, irgendetwas, was jenseits meiner Erfahrung lag. Trotz seines Erfolgs bei allem, was er tat – und, mein Gott, er war wirklich gut in allem, was er anging –, hatte ich immer das Gefühl, dass ihn irgendetwas quälte. Er hatte eine Verwundbarkeit, die ich mir nicht erklären konnte. Ich kann es nicht begründen, aber ich glaube, dass ich es insgeheim geahnt habe, noch ehe er es selbst wusste.

Er hat es sich lange nicht eingestanden. Er wollte sich einreden, dass er in Wahrheit gar nicht so empfand, dass er nicht anders war als die anderen. Er hatte seine Freundinnen und hat versucht, sich mit ihnen so zu benehmen, wie er es für ›normal‹ hielt. Er konnte sich nicht erklären, warum es ihm nicht richtig vorkam, warum es für ihn nicht funktionierte. Und dann ist er nach Vietnam gegangen.

Nancy hält wieder inne, umklammert den leeren Becher, der vor ihr auf dem Tisch steht, bemüht, ihre Gedanken und Gefühle zu ordnen. Diesmal unterbricht Ellen sie nicht. Sie wartet still und geduldig ab.

»In Vietnam hat er jemanden kennengelernt«, fährt Nancy schließlich fort. »Sie … haben sich ineinander verliebt. Und John hat auf einmal gemerkt, was ihm bis dahin im Leben gefehlt hatte. Er hatte eine Lüge gelebt und versucht, das, wonach er suchte, bei Mädchen zu finden. Nun wurde ihm klar, dass er tiefe Gefühle nur für einen anderen Mann empfinden konnte.«

»Oh Gott!« Ellen zittert; ihr Magen scheint in die Tiefe gesackt zu sein. Ihr Bruder, John, der Goldjunge, hat nicht bloß sein sexuelles Verlangen mit einem anderen Mann befriedigt, sondern sich sogar in einen Mann verliebt. Obwohl sie sich immer für aufgeschlossen und tolerant gehalten hat, muss sie sich eingestehen, dass sie zutiefst erschüttert ist. Die Tatsache, dass John in einen anderen Mann verliebt war – auch wenn sie von ihrer Mutter noch so nüchtern vorgetragen wird –, berührt irgendein primitives, urzeitliches Tabu, das tief in ihrer Psyche vergraben liegt und für das sie sich sehr schämt.

»Du weißt, dass Vietnam die Hölle war. Es war eine Hölle für jeden, der dort gekämpft hat, und viele Männer sind nie darüber hinweggekommen. Selbst die, die körperlich unversehrt heimkehrten, tragen immer noch seelische Verletzungen. Aber für John war es eine ganz besondere Hölle. Du weißt ja, wie die meisten jungen Männer sich Erleichterung vom Terror des Krieges zu verschaffen versuchten. Die Anzahl amerikanischer Babys, die zurückgelassen wurden, ist Beweis genug. Die Soldaten gingen in die Freudenhäuser von Saigon und hurten und tranken. Sie bezahlten für Frauen in den Städten, wo es Bordelle gab, und in den Dörfern, wo es keine gab, nahmen sie sich die Frauen einfach. John wollte das nicht, aber er wollte seine anders geartete sexuelle Orientierung auch nicht an die große Glocke hängen. Er wusste schon, was für eine Behandlung er von all diesen Machos und Frauenhelden erwarten konnte, sollten sie Wind von der Wahrheit bekommen – Spott und Ablehnung. Also machte er mit, obwohl es eine Tortur für ihn war, die ihn innerlich zerriss. Und dann verliebte er sich. Damon Jameson, so hieß er.«

Ellen bemüht sich um einen ruhigen Ton. »Und was ist dann passiert? Hatten sie ein Coming-out?«

Nancy schüttelt den Kopf. »Ich glaube nicht. Nicht so, wie sie es wahrscheinlich heute hätten. Sie waren ziemlich diskret. Aber ich nehme an, ein paar andere haben schon Verdacht geschöpft. Vor allem hinterher, als sie sahen, wie schwer John es genommen hat.«

»Was hat er schwer genommen?«

Nancy dreht den Becher in ihren Händen. »Er wurde getötet. Damon Jameson. Die Vietkong haben ihren Stützpunkt unter Beschuss genommen, und Damon wurde getroffen. Er starb in Johns Armen.«

Sie blickt Ellen in die Augen. »Das hat John den Rest gegeben«, sagt sie bloß. »Das war der Grund dafür, dass er es nicht fertigbrachte, nach Vietnam zurückzukehren. Er trauerte um Damon und konnte sich ein Leben ohne ihn nicht vorstellen. Das und die Homosexualität. Denn obwohl er glaubte, dass er inzwischen damit klarkam, schämte er sich tief in seinem Innern immer noch. Und er wusste genau, wie man ihn behandeln würde: mit Verachtung und Abscheu. Zusammen mit Damon hatte er das Gefühl gehabt, sie könnten das gemeinsam durchstehen. Ohne ihn dagegen … Nun fand John das Leben wohl nicht mehr lebenswert. Und ich glaube, dass ihn auch seine Erlebnisse in diesem schrecklichen Krieg kaputtgemacht haben.«

»Mom.« Ellen fällt das Atmen schwer. »Was sagst du denn da?«

»Ich erzähle dir nur, was vor vielen Jahren geschehen ist«, erwidert Nancy. »Manches davon hat er mir selbst bei seinem letzten Heimaturlaub erzählt, hier in diesem Garten. Wir haben bis tief in die Nacht geredet, genau wie wir beide jetzt. Und der Rest … Nun, den Rest hat er in seinem Abschiedsbrief geschrieben.«

»Abschiedsbrief?«

»Ja. Er ist nicht mehr da. Ich habe ihn zerstört, gleich nachdem ich ihn in seinem Zimmer gefunden und gelesen hatte. Ich wollte nicht, dass Joe ihn sah; die Wahrheit hätte ihn umgebracht. Auch John wollte nicht, dass sein Vater es erfuhr. Der Brief war an mich adressiert; er war nur für meine Augen bestimmt. Deshalb habe ich ihn zerrissen und verbrannt, obwohl es mir das Herz zerrissen hat, den letzten Brief zu zerstören, den John mir geschrieben hatte. Und ich habe Joe genau wie jeden anderen in dem Glauben gelassen, dass der Flugzeugabsturz ein Unfall war.«

»Oh Gott!« Ellen hat das Gefühl, gleich ohnmächtig zu werden. Das Blut hämmert in ihren Schläfen, alles scheint plötzlich ganz weit weg zu sein. Die ganzen Jahre über hat sie Ritchie dafür verantwortlich gemacht, dass Johns Maschine nicht flugtauglich war, hat sogar den düsteren Verdacht gehegt, dass sein Tod gar kein Unfall war. Aber jetzt … »Mom?« Ihre Stimme ist nur noch ein Flüstern, und Nancys Antwort hallt geisterhaft, wie ein körperloses Echo, in den Schluchten ihrer Seele wider.

»Natürlich war es kein Unfall«, sagt Nancy. »John war ein viel zu guter Pilot. Er hat dieses Flugzeug absichtlich ins Meer hinabgesteuert, Ellen. Er hatte genug. Er hat sein Leben auf die Weise beendet, wie es ihm am besten erschien. Er wusste genau, was er tat, als er an diesem Tag mit dem Flugzeug startete. Und er hat es durchgezogen. John hat sich das Leben genommen, Ellen. Jetzt weißt du alles.«

Nun ja, nicht alles, fügt Nancy in Gedanken hinzu. Die Diagnose des Arztes bleibt noch mein Geheimnis. Aber das kann warten. Das kann ich Ellen nicht auch noch aufbürden. Nicht heute Nacht.

Nancy sitzt ruhig in ihrem Schlafzimmer und denkt über die Zukunft nach. Sie freut sich nicht auf das Ende; vor allen Dingen nicht, seit sie weiß, wie sie sterben wird. Mit den Schmerzen werde ich wohl noch fertig werden, denkt sie. Was mir die größte Sorge bereitet, ist der Verlust meiner Würde. So schwach zu werden, dass ich vollkommen abhängig von anderen bin. Wenn nicht dieser verdammte Einbruch gewesen wäre und Ritchie darauf bestanden hätte, dass ich mich gründlich vom Arzt untersuchen lasse, hätte ich es womöglich nie erfahren. Die Krankheit hätte einfach still und heimlich meinen Körper in Besitz genommen. Aber wenigstens habe ich durch das Wissen eine Form von Kontrolle erlangt. Wenigstens kann ich dem, was kommen wird, entschlossen entgegentreten. Und ich werde dem Ende entgegentreten können, weil ich endlich das getan habe, was ich schon vor vielen Jahren hätte tun sollen. Weil ich Ellen und Ritchie die Wahrheit gesagt habe.

Ein nachdenkliches Lächeln spielt um Nancys Mundwinkel. Sie hat das Richtige getan. Ellen und sie haben Frieden geschlossen. Nun kann sie beruhigt und zufrieden sterben.

IV

Als Monica ins Büro von Varna Aviation kommt, ist Ritchie schon da. Sie ist ein bisschen spät dran, was ganz und gar untypisch für sie ist, und hat auch einen leichten Kater. Reumütig denkt sie, dass sie wohl am Vorabend ein Gläschen Wein zu viel getrunken hat, aber schließlich kommt das nur äußerst selten mal vor – und außerdem hat sie sich bestens amüsiert. Officer Vesty – Roy, sie muss sich endlich angewöhnen, ihn Roy zu nennen – hat sie in das neue italienische Restaurant auf der Main Street ausgeführt, gleich neben Annie Oberns Souvenirladen. Sie haben sich köstlich amüsiert, als sie Annies verbogenen Verkaufsständer sahen – den, den der Tourist mit seinem Auto umgefahren hatte –, und das sogar noch, bevor sie sich über die Flasche Chianti hermachten, die Roy bestellt hatte. Roy erzählte ihr, dass Annie ein Riesengeschrei um den Ständer gemacht habe, und zu allem Überfluss sei der Tourist auch noch Japaner gewesen, was die Kommunikation zusätzlich erschwert habe. Roy hatte jedenfalls ziemliche Mühe, den Vorfall zu klären und den Streit der beiden zu schlichten.

Das Essen war wirklich gut, und Monica musste den Großteil des Chianti trinken, denn Roy war mit dem Auto da und konnte es sich nicht leisten, mit Alkohol am Steuer erwischt zu werden. Es wäre doch eine Schande gewesen, den guten Wein verkommen zu lassen. Außerdem hatte Monica sich noch einen Schlummertrunk genehmigt, nachdem Roy sie nach Hause gebracht hatte und noch auf einen Kaffee mitgekommen war.

Vielleicht war das auch der Grund dafür, dass der Abend dann noch richtig kuschelig geworden war. Vielleicht aber hätte sie ihm so oder so gestattet, intim zu werden. Sie mochte ihn sehr gern, und sie fühlte sich wohl in seiner Gegenwart, jetzt, wo sie über die anfängliche Verlegenheit hinweg waren. Sie waren beide nicht gebunden, niemandem Rechenschaft schuldig und schließlich alt genug, um ein bisschen zu schnackseln, wenn ihnen danach war. Und es war ihnen danach gewesen. Allerdings musste Monica an diesem Morgen für den Schlafmangel büßen. Aber das war es wert gewesen.

»Du bist aber heute früh dran, Ritchie«, sagt sie jetzt gut gelaunt, obwohl ihr der Kopf dröhnt.

»Ja, ich muss doch heute noch in die Karibik.«

»Ach ja, richtig.« Ihre Stimmung verdüstert sich ein wenig. »Ritchie, das ist aber das letzte Mal, oder?«

»Ja, das weißt du doch. Ich muss morgen bloß noch den Anschlussflug nach Houston hinter mich bringen, und damit ist die Sache gegessen. Ich hab dem Boss schon gesagt, dass wir kurz vor dem Ende stehen; dass bald Wings West kommt, und dann heißt es: *Big brother is watching me.*«

»Und das ist auch gut so.« Sie bedauert zwar ebenso wie Ritchie, dass es Varna Aviation als eigenes Unternehmen bald nicht mehr geben wird, aber gleichzeitig ist sie erleichtert. Solange Wings West sich an seinen Teil des Vertrags hält, werden Ritchie und sie einen sicheren Arbeitsplatz haben und keinen Grund mehr, sich Sorgen zu machen. Keine dieser verdammten Flüge mehr für Dexter Connelly. Keine Möglichkeit mehr, irgendwas in der Richtung zu tun.

Ritchie führt das Bordbuch und holt sich dann einen Kaffee aus dem Automaten.

»Und wie geht es zu Hause?«, erkundigt Monica sich. »Verstehen Ellen und Nancy sich einigermaßen?«

Ritchie schnaubt. »Gestern Abend gab es einen ziemlichen Eklat!«

»Tatsächlich?« Trotz ihres Katers gewinnt Monicas angeborene Neugier die Oberhand.

»Das kann man wohl sagen.« Aber dabei belässt Ritchie es, er hat keine Lust, die Einzelheiten zu erläutern. Ein paar Sachen sind einfach zu persönlich, auch wenn Monica praktisch zur Familie gehört. Und er muss zugeben, dass ihn die ganze Geschichte ziemlich erschüttert hat. Wer hätte das gedacht – dass Mom sich von einem Engländer hat schwängern lassen, als sie schon mit Dad verheiratet war. Wäre John unehelich gewesen, wie Ritchie immer geglaubt hatte, hätte er es ja noch verstanden. So was konnte passieren, vor allem im Krieg. Aber später, als sie schon verheiratet, zurück in Florida und John auch schon geboren war – das passte einfach nicht ins Bild. Er wollte im Moment lieber nicht weiter darüber nachdenken, geschweige denn mit Monica darüber reden.

Aus Ellen wurde er auch nicht richtig schlau. Früher einmal hatten sie einander sehr nahe gestanden, doch Johns Tod hatte ihre gute Beziehung zerstört. Er wusste, dass sie ihn für seinen Tod verantwortlich machte, und er konnte das gut verstehen. Verdammt, er hatte sich selbst die Schuld gegeben, war im Geiste immer wieder die Flugvorbereitungen durchgegangen und hatte sich gefragt, ob er irgendetwas versäumt hatte, obwohl er eigentlich ganz sicher war, dass er seine Arbeit gründlich gemacht hatte. Er hatte immer gehofft, dass Ellens Haltung ihm gegenüber im Laufe der Zeit wieder freundlicher würde – allerdings vergeblich. Nun, das war wohl nicht zu ändern. Doch er konnte wirklich nicht verstehen, warum sie sich auch Mom gegenüber so kratzbürstig und explosiv verhielt. Dazu bestand gar kein Grund, soweit er es beurteilen konnte. Vielleicht hatte sie ihre komische Art ja von ihrem Vater. Er hatte immer geglaubt, dass John, das Glückskind, so anders sei, weil er einen anderen Vater hatte. Doch anscheinend hatte er falsch gelegen. John und er hatten dieselben Erbanlagen besessen.

Ritchie trinkt seinen Kaffee aus und schüttelt ein wenig verwundert den Kopf. Wer weiß, vielleicht trägt er es ja trotz allem in sich, genauso gut wie John zu sein. Er blickt auf seine Uhr.

»Monica, kannst du bitte später Mary-Lyn für mich anrufen? Sie wird noch nicht wach sein. Sag ihr, dass ich sie heute Abend treffe, okay?«

»Okay«, erwidert Monica. Zum ersten Mal schaut sie nicht gequält drein, als er den Namen seiner Exfrau erwähnt. Darüber ist er froh. Er hatte schon den Eindruck, dass Monica mehr für ihn übrig habe, als er erwidern kann, und deshalb ein schlechtes Gewissen gehabt. Monica ist eine nette Frau. Er mag sie wirklich gern, auch wenn sie ihn manchmal zur Schnecke macht. Aber er steht einfach nicht auf sie. Er kennt sie schon viel zu lange und zu gut. Und, um ehrlich zu sein, ist ihm ihr Hintern auch zu dick.

Ritchie zieht seine Fliegersonnenbrille über die Augen, stopft das Bordbuch in die Fliegertasche und wirft sie über die Schulter. Dann geht er nach draußen, um die letzten Checks an der Beech Baron vorzunehmen.

Er ist froh darüber, dass die Sache mit Dexter Connelly mehr oder weniger durch ist. Mal abgesehen von dem Risiko, das er eingeht, traut er dem Kerl nicht über den Weg. Schon gar nicht seit dem Einbruch in Moms Haus. Und er vermutet, dass Connelly ihm ebenfalls misstraut. Das würde auch erklären, warum er auf den Flug nach Houston morgen einen seiner Kumpane mitschicken will. Nein, Connelly ist ein gefährlicher Mann, und Ritchie wünscht, er wäre nicht so blöd gewesen, sich auf seine gefährlichen Machenschaften einzulassen. Und das Schlimmste daran ist, dass seine Mutter mit hineingezogen wurde.

Gott sei Dank ist die Sache fast vorbei. Bloß noch ein letzter Flug zu den Karibischen Inseln und einer morgen nach Houston, und das war's. Dann wird Wings West das Zepter übernehmen, und die wollen nichts mit Connelly zu tun haben.

Ritchie steigt in die Beech ein, schnallt sich an und startet die Motoren.

Ellen schläft immer noch tief und fest, als Bob aufsteht. Ihm ist so, als habe sie in der Nacht das Bett verlassen. Einmal ist er wach geworden, hat gemerkt, dass ihre Seite des Bettes leer war, und vermutet, dass sie Schlafschwierigkeiten hatte. Möglich, dass sein Schnarchen sie wach gehalten hatte. So wie sie sich zu Hause immer darüber beschwerte, hätte man meinen können, dass er auf seiner Seite des Bettes eine Rave-Party abhielt, oder wie auch immer die heutige Jugend das nennt. Er hatte sich gefragt, ob sie sich vielleicht unten auf die Couch gelegt hatte, um seinem Schnarchen zu entgehen, hatte kurz mit dem Gedanken gespielt, herunterzugehen und ihr anzubieten, dass er auf der Couch schlafen könne. Doch vielleicht war sie auch nur auf die Toilette gegangen. Er wollte noch fünf Minuten abwarten.

Doch nach fünf Minuten war er schon wieder eingeschlafen, und als er das nächste Mal aufwachte, lag sie zusammengerollt neben ihm, den Hintern an seiner Hüfte, und atmete tief und gleichmäßig – ja, sie schnarchte sogar selbst ein bisschen. Er wusste gar nicht, warum sie sich so über sein Schnarchen aufregte; ihn störte es gar nicht, ihre Geräusche zu hören. Er hatte es vermisst, seit sie auf getrennten Schlafzimmern bestanden hatte, hatte auch die Wärme ihres Körpers neben sich vermisst und den Duft ihrer Haare auf dem Kopfkissen. Na ja, *c'est la vie.*

Er beschließt, sie lieber nicht zu wecken. Sie hatte gestern Abend ein ziemlich traumatisches Erlebnis und war wirklich aufgebracht. Besser, sie schläft sich aus.

Er geht nach unten. Sarah und Nancy sind beide schon auf, Ritchie ist offenbar schon zur Arbeit gegangen. Nancy sieht müde aus, sie sitzt mit dunklen Ringen unter den Augen am Tisch und lässt Sarah das Frühstück zubereiten.

Es ist ihm peinlich, dass Ellen am Vorabend eine solche Szene gemacht hat. Er kann gut verstehen, dass sie erschüttert war, doch trotzdem hätte sie ein wenig mehr Verständnis für ihre Mutter aufbringen können.

»Morgen«, sagt er, bemüht, möglichst normal zu klingen.

»Morgen, Bob.« Dafür, dass Nancy so müde aussieht, klingt sie ziemlich aufgekratzt. »Schläft Ellen noch?«

»Ja.«

»Das wundert mich nicht. Wir hatten gestern noch eine ziemlich lange Nacht. Nein, nein, alles okay«, winkt sie ab, als sie sein besorgtes Gesicht sieht. »Es war ganz gut. Wir haben endlich ein paar Dinge geklärt.«

»Das ist schön.« Er weiß nicht, was er sagen soll. Aber er will nicht aufdringlich sein. Ellen wird ihm schon alles erzählen, wenn sie dazu bereit ist.

»Möchtest du Frühstück, Dad?«, fragt Sarah und wendet sich vom Herd zu ihm um.

»Was gibt es denn?«

»Wie wär's mit Spiegeleiern, *sunny side up*?«

»Das klingt gut.« Er lächelt.

Sunny side up. Er hofft inständig, dass das nicht nur für die Eier gilt und der gesamte Tag nach dem guten Frühstück eine sonnige Seite haben wird.

Ellen kommt langsam zu sich. Draußen ist helllichter Tag, und sie liegt allein im Bett. Sie blickt auf die Uhr. Beinahe zehn. Sie kann es kaum glauben. Wann hat sie zum letzten Mal bis kurz vor zehn geschlafen? Aber schließlich ist sie auch erst bei Tagesanbruch schlafen gegangen. Sie setzt sich auf, und plötzlich ist alles wieder da, alles, was Mom ihr in der letzten Nacht erzählt hat. Sie lässt sich wieder zurück ins Kissen sinken und versucht, ihre Gedanken zu ordnen und einen Zugang zu finden. Sie kann es nicht. Es ist einfach zu viel, um es auf einmal zu begreifen. Sie ist sich nicht einmal klar darüber, was sie eigentlich selbst fühlt, so viele widersprüchliche Emotionen wirbeln in ihr herum.

Doch eine ist stärker als alle anderen: das schlechte Gewissen. Schuldgefühle liegen ihr schwer im Magen wie eine Mahlzeit, die man abends zu spät gegessen hat. Am liebsten würde sie sich ganz klein machen, davonlaufen und sich verstecken, so sehr schämt sie sich. All die Jahre hat sie Ritchie für Johns Tod verantwortlich gemacht, und er hatte überhaupt nichts damit zu tun. Sie hat sich von ihrer Familie losgesagt, weil sie sich ihrer Sache so sicher war, dabei hatte sie vollkommen Unrecht. Ritchie traf keinerlei Schuld. John hat sich selbst das Leben genommen. Weil …

Sie verspürt einen Stich in der Brust und sinkt in sich zusammen. *John, ach, John! So sehr hast du dich gequält, und wir haben nichts davon gewusst. Warst so unglücklich, dass du dir selbst das Leben genommen hast. So viel zum Goldjungen, auf dem alle Erwartungen ruhten.* Vielleicht war das ja auch ein Teil des Problems und er hatte geahnt, dass er den hohen Erwartungen nicht gerecht werden konnte. Ach, John, John …

Ellen schiebt die Bettdecke beiseite, sie kann ihre Last nicht länger ertragen. Sie tappt zum Fenster und zieht die Vorhänge zurück. Um diese Tageszeit steht die Sonne jenseits des Hauses, so dass das Gebäude einen langen Schatten auf den Rasen wirft, und der Baum vor dem Fenster wirkt wie eine einzige dunkelgrüne Masse und hat noch nicht die filigrane Struktur, die er später am Tag erhält. Ellen blickt nach draußen, ihr Herz, ja ihr ganzes Wesen schmerzt, wenn sie an die Seelenqualen ihres lange verlorenen Bruders denkt und sich eingestehen muss, dass sie nichts tun konnte, um ihm zu helfen.

Sie sieht ihn jetzt im Schatten auf der Wiese stehen, genau wie sie ihn schon vor zwei Tagen, als sie ankam, in jedem Winkel des Hauses sehen konnte. Sie sah ihn hinten im Garten, wo er ihr Fahrrad reparierte, er pumpte die Reifen auf und ölte die Kette. Sie sah ihn aus dem Badezimmer kommen, ein Handtuch um die Hüften gewickelt, das blonde Haar dunkel, weil es noch feucht von der Dusche war. Sie hörte ihn, wie er die Rock 'n' Roll-Songs mitsang, die er so geliebt hatte: Bill Haley, Little Richard, Elvis. Jetzt sieht sie ihn den Rasen mähen; er trägt rote Laufshorts und ein schwarzes ärmelloses T-Shirt. In der Morgensonne leuchtet der Flaum seiner blonden Haare auf Armen und Brust golden. Ach, John! … Einsam und allein hast du gelitten, und wir haben nichts davon gewusst. Du hast so sehr gelitten – und wir haben nicht das Leiseste geahnt.

Geheimnisse. Plötzlich bleckt Ellen die Zähne, eine verzweifelte Grimasse, die an ein wildes Tier erinnert.

So viele Geheimnisse! Und alle haben sich an der Vertuschung beteiligt. Ihre Mutter. Ihr Vater. John. Sie selbst. Und wohin hat es geführt? Hierhin, in diese Situation. Eine Familie, die durch Geheimnisse entzweit wird. Ritchie, so scheint es, ist der Einzige, der kein Geheimnis hat. All seine Fehler sind deutlich sichtbar; er ist der Einzige, der sie nicht verbirgt. Eigentlich paradox. Wenn man die Fehler eines Menschen kennt, gibt es wenigstens keine unliebsamen Überraschungen. Man nimmt ihn, wie er ist, oder lässt es bleiben. Und der Mensch, dem sie die meiste Schuld gegeben hat, hat sich als der Einzige erwiesen, der nichts zu verbergen hat.

Wie konnte es bloß so weit kommen? Wahrscheinlich lag es an der Art, wie man früher mit vielen Dingen umgegangen ist. Alle legten so großen Wert auf Anstand und den äußeren Schein. Als es noch verhältnismäßig enge Moralvorstellungen gab, wagte niemand, sich ihnen zu widersetzen. Ihre und die vorhergehende Generation machten sich über die Doppelmoral der Viktorianer lustig, die die Beine ihrer Konzertflügel bedeckten, weil sie den Anblick für unschicklich hielten, während sie sich hinter verschlossenen Türen ihren liederlichen Ausschweifungen hingaben. Doch sie unterschieden sich gar nicht so sehr voneinander. Die menschliche Natur ändert sich nicht, nur die Einstellungen dazu. Heutzutage kann man als Alleinerziehende so viele Kinder haben, wie man will, und niemanden schert es. Man kann hoch erhobenen Hauptes schwul sein, Kinder adoptieren und sogar heiraten. Noch vor einer Generation wäre das undenkbar gewesen, eine Schande.

So hatten sich im Namen der Wohlanständigkeit die Geheimnisse aufgetürmt und waren zwanghaft vor dem Tageslicht verborgen worden. Sie hatten vor sich hin gegärt und schließlich einen Verdacht hervorgebracht, der sich durch die dunklen Ecken des Geistes nagte und sich von Lügen und Halbwahrheiten nährte.

Schritte auf der Treppe; die Schlafzimmertür wird leise geöffnet.

»Ellen? Ach, du bist doch schon wach.«

Bob. Sie dreht sich zu ihm hin und sieht die verlässliche Person, die immer noch die Konstante ihres Lebens ist. Zwischen ihnen gibt es keine Geheimnisse. Er kennt sie durch und durch, mit all ihren Fehlern, und liebt sie wunderbarerweise immer noch. Und sie kennt ihn. Während der letzten Jahre hat die Tatsache, dass sie ihn so gut kennt, ihr Unzufriedenheit bereitet: Seine Gewohnheiten, seine Reaktionen – alles ist ihr schon so vertraut, dass sie fast mit Verachtung darauf herabgeblickt hat. Jetzt erkennt sie, dass diese Vertrautheit einen sicheren Hafen bedeutet. Vielleicht sind sie nicht immer mit dem einverstanden, was der andere tut; vielleicht mögen sie sogar bestimmte Züge des anderen nicht besonders, aber wenn es hart auf hart kommt, werden sie einander hundertprozentig unterstützen. Das ist die Folge aus vierzig Jahren des Zusammenlebens, aus Höhen und Tiefen, aus schlechten und guten Zeiten, die geteilt und gemeinsam durchgestanden wurden. Vielleicht ist es so auch für Nancy und Joe gewesen. Bestimmt war es so. Auch wenn sie noch so viele Geheimnisse vor dem Rest ihrer Familie hatten, voreinander hatten sie offenbar keine gehabt. Das, was ihnen anfänglich an romantischer Verliebtheit gefehlt hatte, wurde wettgemacht durch die Bereitschaft zusammenzuarbeiten, bis die Liebe und der gegenseitige Respekt die Einigkeit wachsen ließen, die Ellen immer zwischen ihnen gespürt hatte.

»Alles in Ordnung, mein Liebling?«

Sie schaut Bob an, der im Türrahmen steht und sich um sie sorgt, und denkt, dass sie sehr viel Glück gehabt hat. Vielleicht ist die große Leidenschaft zwischen ihnen mittlerweile vorüber, aber immerhin haben sie sie einmal empfunden. Anders als Nancy, deren größte Leidenschaft einem Mann galt, der niemals der ihre werden konnte. Sie und Bob haben glückliche Zeiten miteinander verbracht, und obwohl Leidenschaft und Überschwang inzwischen nachgelassen haben, haben sie sich in etwas äußerst Wertvolles verwandelt. Etwas, was sie in ihrem Leben nicht mehr missen möchte. Etwas, von dem sie sich nicht einmal sicher ist, ob sie es verdient hat.

»Ja, alles okay. Ich glaube, ich habe noch immer einen kleinen Schock, aber sonst ist alles okay.«

Und sie lächelt ihn an, ein bisschen matt, aber entschlossen. Sie hat bei einigen Leuten einiges wiedergutzumachen. Und damit wird sie gleich anfangen. Am ersten Tag vom Rest ihres Lebens.

V

Gegen fünf Uhr nachmittags kehrt Ritchie von seinem Flug zurück. Er landet, bindet die Beech für die Nacht fest und geht ins Büro. Monica ist noch da, packt aber gerade ihre Sachen zusammen, um nach Hause zu gehen – ungewöhnlich früh für sie. Sie vermeidet es, ihm irgendwelche Fragen über seinen Flug zu stellen, und er vermutet, dass sie nicht mehr damit zu tun haben will als unbedingt nötig.

»Gibt's noch irgendwas Wichtiges, was ich wissen müsste?«, fragt er sie.

»Jemand hat wegen des Fluges nach Houston morgen angerufen. Die Gesprächsnotiz liegt auf deinem Schreibtisch.«

Ritchie holt sich eine Tasse Kaffee. »Kannst du mir nicht einfach erzählen, worum es geht?«

»Irgendwas über deinen Passagier – er wird nun doch nicht mitfliegen. Und sie wollen, dass du erst ein paar Stunden später losfliegst. Am Vormittag statt am frühen Morgen. Wie gesagt, liegt alles auf deinem Tisch.«

»Okay.« Ritchie weiß nicht recht, was er davon halten soll. Vielleicht hat Dexter Connelly sich am Ende doch entschieden, ihm zu trauen. Aber er versteht nicht, warum sie die Abflugzeit geändert haben, und ist nicht besonders glücklich darüber. Er würde die Geschichte lieber so schnell wie möglich hinter sich bringen. Andererseits kommt eine spätere Abflugzeit seinen persönlichen Plänen besser entgegen; er hat heute Abend mehr Zeit, wenn er nicht in aller Herrgottsfrühe aufstehen muss.

»Hast du Mary-Lyn für mich angerufen?«, fragt er Monica.

»Ich habe es versucht. Zwei- oder dreimal, aber ich habe sie nicht erreicht. Bloß ihren Anrufbeantworter.«

Ritchie verzieht das Gesicht. Er hofft nur, dass sie nicht wieder ihre alten Tricks versucht. Er bemüht sich sehr, seine Ehe wieder zu kitten, und er möchte Mary-Lyn heute Abend wirklich gern treffen. Außerdem hat er keine große Lust, einen weiteren Abend bei seiner Familie zu verbringen und zuzusehen, wie sie sich gegenseitig zerfleischen.

»Ich habe ihr eine Nachricht hinterlassen«, sagt Monica. »Ich denke, sie wird dich zurückrufen, wenn sie Zeit hat.«

»Aber klar.«

Monica macht sich auf den Weg, und Ritchie versucht selbst, noch einmal bei Mary-Lyn anzurufen. Er hat mehr Glück als Monica, sie geht beinahe sofort ans Telefon.

»Ich hab mir gedacht, wir könnten vielleicht einen Ausflug nach Miami machen«, sagt er. »Uns ein bisschen amüsieren. Und wenn wir Lust haben, können wir auch dort übernachten. Ich muss morgen erst am späten Vormittag wieder arbeiten.«

Er hält die Luft an, und zu seiner Freude ist Mary-Lyn einverstanden.

Ritchie lächelt vor sich hin, während er das Büro abschließt. Die Dinge scheinen sich wirklich zum Guten zu wenden.

Monica und Roy sitzen unten an der Marina vor einer der kleinen Bars und schauen den Booten zu, die in den Yachthafen steuern. Die Sonne versinkt und überzieht das Meer mit einem tiefroten Schein. Sie haben sich ein gutes Essen schmecken lassen – Red Snapper mit Pommes frites –, und Monica kann ihr Glück kaum fassen. Zwei Abende in Folge brauchte sie sich kein Essen zu kochen und es mutterseelenallein zu verzehren. Allerdings wirkt Roy an diesem Abend irgendwie komisch, aber sie könnte nicht genau sagen, was anders ist. Es kommt ihr so vor, als beschäftige ihn irgendetwas, was er aber nicht ausspricht. Noch nicht. Sie hofft bloß, dass er keine kalten Füße bekommen hat. Womöglich ist es ihm in der letzten Nacht zu schnell zu weit gegangen. Falls er gerade seinen Mut zusammennimmt, um ihr zu eröffnen, dass sie die Sache lieber beenden sollten, wäre sie am Boden zerstört. Es tut einfach so verdammt gut, mit einem Mann zusammen zu sein, den sie wirklich mag und der sie ebenfalls zu mögen scheint.

»Dein Chef«, sagt Roy unvermittelt, »der führt doch eine ordentliche Firma, oder?«

Auf einmal sind ihre Nerven zum Zerreißen gespannt. »Wie meinst du das?«

Roy rutscht verlegen auf seinem Stuhl hin und her. »Er dreht doch keine krummen Dinger, oder?«

»Ritchie?« Nun ist sie wirklich nervös, ihre Stimme klingt ein wenig zu schrill. »Natürlich nicht! Wie kommst du denn darauf?«

Roy trinkt einen großen Schluck Bier, offensichtlich ist ihm unbehaglich zumute. »Nur so …«

Monicas Beunruhigung wird immer größer, und ihre Kehle wird eng. Dieses Gespräch hat eine höchst seltsame Wendung genommen. Schließlich ist Roy Polizist mit Leib und Seele. Das Schnüffeln liegt ihm im Blut. Könnte es sein, dass er einen Verdacht über Ritchies Machenschaften hat? Hat er sich womöglich bloß deshalb an sie herangemacht, weil er sie aushorchen will? Sie kann sich eigentlich nicht vorstellen, dass sie naiv genug ist, auf so etwas hereinzufallen, aber – zum Teufel! – irgendetwas stimmt hier nicht.

»Ritchie ist in Ordnung«, sagt sie. »Er hat seine Marotten, aber er hat ein gutes Herz.« Als Charakterreferenz ist diese Äußerung kaum angemessen, aber mehr bringt Monica im Moment nicht über die Lippen nach allem, was sie weiß. Sie wird Roy nicht anlügen; das wäre kein guter Anfang für ihre Beziehung.

Roy trinkt noch einen Schluck Bier und wirkt ein wenig entspannter. »Dann ist es ja gut.«

Monica denkt, sie sollte das Thema lieber auf sich beruhen lassen, doch das kann sie nicht.

»Warum fragst du?«

»Ach … Ich hab da bloß was läuten hören, was mir ein bisschen Sorgen macht.«

»Was denn?«

Ein langes Schweigen. Offenbar kämpft Roy mit seinem Gewissen. Dann sagt er: »Eigentlich sollte ich dir das wohl lieber nicht erzählen, aber in den letzten Tagen haben die Jungs von der Drogenpolizei hier herumgeschnüffelt. Drugs Enforcement Agency, du weißt schon. Die haben sich in den Kopf gesetzt, dass hier irgendwas Illegales läuft.« Er schweigt einen Moment, und sie wartet ab. »Drogenschmuggel«, sagt er dann.

Monicas Herz scheint einen Moment lang auszusetzen, dann klopft es sehr schnell und unregelmäßig weiter. Plötzlich ist ihr ganz übel. »Drogenschmuggel?«, wiederholt sie fast unhörbar.

»Scheint so. Meinen die jedenfalls. Ausgemachter Blödsinn, wenn du mich fragst. Ich kann mir nicht vorstellen, wer Drogen nach Varna schmuggeln sollte. Und selbst wenn, dann bestimmt nicht in einer anständigen, gut geführten Firma wie Varna Aviation. Nancy würde so etwas doch niemals billigen.«

»Nein, das würde sie ganz bestimmt nicht«, sagt Monica voller Überzeugung, froh darüber, dass sie wenigstens einer Ansicht entschieden beipflichten kann.

Roy leert sein Glas. »Nein, ich glaube, die verschwenden bloß ihre Zeit, wenn sie Varna beobachten.« Er blickt Monica in die Augen. »Das bleibt aber bitte unter uns. Mein Job könnte auf dem Spiel stehen, wenn rauskommt, was ich dir gerade erzählt habe. Mein lockeres Mundwerk könnte mich noch die Dienstmarke kosten!«

Irgendetwas in seinem Blick ist schwer zu deuten, aber sie glaubt zu wissen, was der Grund ist. Roy will sie warnen. Er kann nicht mit Sicherheit sagen, ob Varna Aviation Drogen schmuggelt, aber er weiß, dass die Firma unter Verdacht steht und beobachtet wird. Und er möchte nicht, dass sie da reingezogen wird. Sie bedeutet ihm immerhin so viel, dass er seinen Job riskiert, indem er ihr vertrauliche Informationen verrät.

Sie sitzen einen Moment schweigend da, bevor Roy sagt: »Warum nimmst du dir morgen nicht einfach frei? Ich habe morgen auch frei. Vielleicht könnten wir einen Ausflug zu den Everglades machen und Alligatoren beobachten?«

Der Themenwechsel kann Monica keine Sekunde lang täuschen. Kaum hat er seinen Vorschlag gemacht, kreisen ihr die Gedanken im Kopf und ihre Kehle wird trocken. Oh, Gott, irgendwas wird morgen passieren. Entweder auf dem Flughafen von Varna oder in Houston – vielleicht sogar an beiden Orten.

»Also, was hältst du davon?«, drängt Roy sie.

»Ja«, erwidert sie mit schwacher Stimme. »Warum nicht.«

»Prima.« Roy lässt die Schultern entspannt hängen, schiebt seinen Stuhl zurück und nickt zu ihrem Glas hin. »Noch einen Drink?«

»Wenn wir morgen schon früh rausmüssen und den ganzen Tag unterwegs sind, würde ich heute lieber mal früh zu Bett gehen, wenn es dir nichts ausmacht«, sagt sie.

»Oh.« Er sieht ein bisschen überrascht aus.

»Gestern ist es auch ziemlich spät geworden. Eine Frau braucht auch mal ihren Schönheitsschlaf.«

»Na ja, wenn du meinst. Obwohl du in meinen Augen noch ganz prima aussiehst!«

»Danke für das Kompliment.«

Doch die gute Stimmung des Abends ist vorüber. Monica macht sich furchtbare Sorgen.

Sie muss irgendetwas tun, weiß aber nicht, was. Sie möchte Roy nicht in Schwierigkeiten bringen, weil er ihr offensichtlich von einer verdeckten Ermittlung erzählt hat. Aber sie kann auch Ritchie nicht in die Falle tappen lassen. Natürlich hätte er das, was er getan hat, niemals tun dürfen. Er hätte sich nie auf solche Geschäfte einlassen dürfen. Hatte sie ihm das nicht gesagt? Aber in seiner Verzweiflung hat er es trotzdem getan. Und nun bereut er es selbst. Verdammt, sie hat doch mit eigenen Augen gesehen, wie erleichtert er darüber ist, dass es einen Ausweg aus den Schwierigkeiten gibt, in die er sich selbst gebracht hat. So erleichtert, dass er sich sogar mit dem Firmenverkauf an Wings West abgefunden hat. Er ist kein schlechter Mensch, bloß ziemlich töricht. Wenn er erwischt wird, muss er garantiert ins Gefängnis. Dann ist er erledigt. Und Nancy … Ach Gott, es wird Nancy umbringen, wenn er ins Gefängnis muss.

Monica läuft unruhig in ihrem Haus hin und her, außer sich vor Sorge, unschlüssig, wie sie sich verhalten soll. Außer Ritchie zu warnen, kann sie kaum etwas tun. Sie kann nicht zum Flughafen fahren und das Zeug selbst verschwinden lassen, und wenn das, was Roy ihr erzählt hat, stimmt, dann steht der Flugplatz wahrscheinlich längst unter Beobachtung und jede ungewöhnliche Aktivität würde sofort auffallen.

So gern sie Ritchies Hintern retten würde, will sie sich doch auf keinen Fall mit hineinziehen lassen. Sie hat ihn gern, ja, fühlt sich sogar ein wenig verantwortlich für ihn, aber sie ist nicht so vernarrt, dass sie den Kopf für ihn hinhalten würde. Vor allem nicht, weil er genau wusste, dass das, was er tat, falsch war; schließlich hat sie ihn selbst gewarnt.

Monica nimmt das Telefon und tippt die Nummer von Ritchies Handy ein. Sie wird ihn warnen, ohne Roy zu erwähnen. Sie wird ihn warnen, so gut sie kann, und dann muss er sehen, wie er da rauskommt.

Aber Ritchie geht nicht ans Telefon. Noch nicht mal seine Mailbox meldet sich. Und bei Mary-Lyn kann sie es nicht versuchen, weil sie deren Nummer gar nicht hat. Sie steht im Adressbuch im Büro, denn Monica hat bisher noch keinerlei Grund gehabt, Ritchies Exfrau von zu Hause aus anzurufen. Aber wenn Ritchies Handy ausgeschaltet ist, dann ist Mary-

Lyns wahrscheinlich ebenfalls nicht an. Bestimmt sind sie irgendwohin ausgegangen und wollen nicht gestört werden.

Ihr kommt der Gedanke, dass sie vielleicht zu Hause sind, besser gesagt, in dem ehemals gemeinsamen Haus, in dem Mary-Lyn noch wohnt. Diese Nummer hat Monica zwar auch nicht, aber Nancy hat sie bestimmt. Sie nimmt wieder das Telefon und wählt Nancys Nummer. Es klingelt ziemlich lange, und sie will gerade wieder auflegen, als Nancy drangeht. Sie scheint überrascht, Monicas Stimme zu hören.

»Wir sitzen alle draußen am Pool. Haben Sie schon lange läuten lassen?«

»Noch nicht lange«, schwindelt Monica. »Es tut mir wirklich leid, dass ich Sie stören muss, Nancy, aber ich versuche Ritchie zu erreichen. Sie wissen nicht zufällig, wo er ist?«

»Doch – ausnahmsweise weiß ich das wirklich mal. Er ist mit Mary-Lyn nach Miami gefahren. Er hat mir gesagt, dass ich heute Abend nicht mehr mit ihm rechnen soll. Ich vermute, dass er morgen früh von dort aus direkt zum Flugplatz fahren will. Er hat einen Flug nach Houston, hat er mir gesagt.«

Monicas Mut sinkt gegen null. »Sie wissen nicht zufällig, wo die beiden übernachten wollen?«

»Nein, tut mir leid. Ist es denn etwas Wichtiges? Kann ich Ihnen vielleicht weiterhelfen?«

Monica steht kurz davor, in Verzweiflungstränen auszubrechen. »Nein, aber ich muss wirklich dringend mit ihm sprechen. Wenn er anruft …«

»Ich glaube kaum, dass er das tut.«

»Aber wenn doch … oder wenn er morgen früh nach Hause kommt, um sich umzuziehen …« Ihre Stimmung hellt sich auf; begierig greift sie nach jedem Strohhalm. »Er kommt doch bestimmt nach Hause, um sich umzuziehen, oder? Sein Flug nach Houston ist nicht so früh … Sie haben die Abflugzeit verlegt. Er startet jetzt erst um halb zwölf. Sagen Sie ihm bitte, dass er mich anrufen soll, ehe er irgendwohin geht?«

Sie hält inne, da ihr plötzlich siedendheiß einfällt, dass sie am nächsten Morgen gar nicht erreichbar ist – oder jedenfalls wird sie nicht allein sein. Roy will sie um neun Uhr morgens abholen, damit sie die Fahrt zu den Everglades zurücklegen können, solange es noch halbwegs kühl ist. Vor Roy kann sie unmöglich über diese Geschichte reden. Er darf nicht erfahren, dass sie seine Warnung an Ritchie weitergeleitet hat.

»Ach, verdammt«, sagt sie. »Das hat keinen Zweck.« Sie denkt verzweifelt nach. »Können Sie ihm bitte eine Nachricht von mir geben?« Eigentlich möchte Monica Nancy nicht als Übermittlerin nutzen, aber etwas anderes bleibt ihr im Moment nicht übrig.

»Was für eine Nachricht?« Nancy klingt verwundert.

Gute Frage. Was für eine Nachricht?

»Sagen Sie ihm, er soll den Flug nach Houston absagen. Und sagen Sie ihm, dass er die Beech stehen lassen soll. Er darf damit nirgendwohin fliegen. Er darf sie nicht mal aufschließen. Er soll sie einfach da stehen lassen, bis ich mit ihm geredet habe und er die Möglichkeit hatte, mit Dexter Connelly Kontakt aufzunehmen.«

»Monica«, sagt Nancy. »Was reden Sie denn da eigentlich?«

»Er darf die Beech nicht vom Fleck bewegen. Nicht einmal in die Nähe gehen!«

»Aber wieso? Und was hat Dexter Connelly damit zu tun?«

»Nancy, das kann und will ich Ihnen nicht sagen. Glauben Sie mir, davon erfahren Sie besser nichts. Aber wenn Ritchie morgen versuchen sollte, mit der Beech irgendwohin zu fliegen, landet er wahrscheinlich im Knast.«

»Was?«

Monica ist jetzt ziemlich aufgelöst; sie hat schon weit mehr gesagt, als sie eigentlich wollte.

»Ach, verdammt Nancy, tut mir leid, aber das Ganze ist ein ziemlicher Mist.«

»Ja, aber *was* denn?«

»Nancy, das kann ich Ihnen nicht sagen. Da müssen Sie Ritchie fragen«, erwidert Monica mit kläglicher Stimme.

»Aber ich frage *Sie*!« Nancys Stimme klingt plötzlich sehr bestimmt, fast gebieterisch. »Wenn Ritchie sich mit Dexter Connelly eingelassen hat, möchte ich erfahren, was da los ist. Und Sie werden es mir auf der Stelle erzählen, oder Sie sind gefeuert!«

Monica umklammert den Hörer und starrt verzweifelt gen Himmel. Jetzt hat sie sich in eine Sackgasse manövriert, und es gibt kein Entkommen. Sie möchte Nancy nicht mit hineinziehen; sie will nicht, dass sie sich Sorgen macht. Nancy ist eine alte Frau; sie sollte diese Geschichte nicht auch noch aufgebürdet bekommen. Aber zum Teufel, es ist ihre Firma, und Ritchie ist ihr Sohn. Sie hat das Recht, es zu erfahren; und besser, sie hört es jetzt von Monica, als dass sie den Schock ihres Lebens kriegt, wenn die Drogenpolizei bei ihr anklopft oder gar die Tür aufbricht. Ach Gott, wie soll sie bloß anfangen?

»Ich warte, Monica«, sagt Nancy streng.

Monica holt tief Luft und erzählt ihr alles.

Längere Zeit herrscht Schweigen am anderen Ende der Leitung. Dann sagt Nancy resigniert: »Wie konnte er bloß so verdammt blöd sein?«

Monica merkt, wie sie Ritchie aus alter Gewohnheit sofort verteidigt.

»Er hat gedacht, dass die Firma untergeht, Nancy. Er hat bloß verzweifelt versucht, sie zu retten. Er wollte Sie nicht enttäuschen.«

»Und er glaubt, dass es keine Enttäuschung für mich ist, wenn er Drogen schmuggelt?«

»Er hat es eben als einen Ausweg betrachtet, Nancy.«

Nancy schnaubt. »Das kann ich mir vorstellen. Aber ich wundere mich über Sie, Monica, dass Sie dabei mitgemacht haben.«

»Ich habe es keineswegs stillschweigend hingenommen,

Nancy, wenn Sie das glauben sollten. Aber ich habe es auch nicht geschafft, ihn davon abzuhalten. Ich weiß nur, dass wir beide erleichtert waren, als Sie den Vertrag mit Wings West unterschrieben haben.«

»Das wird Ritchie jetzt auch nichts nutzen«, sagt Nancy.

»Es tut mir wirklich sehr leid, Nancy, dass ich Ihnen das auflade. Aber ich wusste mir einfach keinen Rat.«

»Ich bin froh, dass Sie es mir erzählt haben. Wenigstens bin ich jetzt im Bilde.«

Stimmen im Hintergrund rufen nach Nancy und fragen, wer am Telefon ist. Wer hält sie denn da auf?

»Ich komme gleich«, ruft Nancy zurück, ihr Tonfall verrät nichts von ihrer momentanen Gefühlslage. Und zu Monica: »Ich muss jetzt Schluss machen, Monica.«

»Aber was sollen wir bloß tun?«

Und Nancy antwortet so energisch und tatkräftig wie eh und je: »Sie, Monica, werden gar nichts tun und auch nichts sagen. Überhaupt nichts. Es tut mir bloß leid, dass mein Sohn Sie da mit reingezogen hat, und ich bin Ihnen dankbar, dass Sie es mir erzählt haben. Gehen Sie jetzt zu Bett, versuchen Sie ein bisschen Schlaf zu bekommen und machen dann morgen genau das, was Sie vorgehabt haben.«

»Aber …«

»Monica«, sagt Nancy. »Überlassen Sie den Rest einfach mir. Ich kümmere mich darum.«

Alle im Haus schlafen noch, als Nancy sich still und heimlich hinausschleicht; niemand hört sie. Rosige Morgendämmerung überzieht den Himmel. Sie holt ihr Auto aus der Garage und fährt zum Flugplatz.

Auf der Straße vor dem Flugplatz parkt ein unbekanntes Auto, was ihr einen Moment lang Sorgen bereitet. Hält die Drogenpolizei den Flugplatz etwa rund um die Uhr unter Beobachtung? Doch als sie an dem Auto vorbeifährt, sieht sie, dass der Mann hinter dem Steuer anscheinend schläft, und atmet auf. Fast hat sie ein wenig Mitleid mit ihm. Falls er wirklich ein Polizist in Zivil ist und während seines Einsatzes eingedöst ist, wird er sich dafür vor seinen Vorgesetzten verantworten müssen. Aber so kann sie unbemerkt auf den Flugplatz gehen und dankt ihrem Schicksal dafür.

Sie fährt um das Bürogebäude von Varna Aviation herum und stellt das Auto dort ab, wo man es von der Straße aus nicht sehen kann, schließt die Eingangstür auf und geht hinein. Kurz darauf kommt sie mit den Schlüsseln für die Beech wieder heraus und klettert mühsam ins Cockpit. Sie wagt es nicht, Zeit mit dem Magnetcheck zu vertun. Falls der Mann im Auto tatsächlich Polizist ist, soll ihn das Motorengeräusch nicht vorzeitig aufwecken. Sie rollt zur Startbahn, dann gibt sie Vollgas und hält die Beech mit den Bremsen fest, während die Motoren hochlaufen, und starrt dabei angestrengt auf den Drehzahlmesser, weil ihre Augen nicht mehr so gut sind. Aber sie kann die richtige Drehzahl sowieso mehr oder weniger am Klang der Motoren hören. Obwohl sie schon jahrelang nicht mehr geflogen ist, gibt es ein paar Dinge, die man einfach nicht vergisst.

Okay – es ist so weit. Sie lässt die Bremsen los, und die Beech schießt vorwärts und nimmt Fahrt auf. Sie blickt wieder auf das Instrumentenbrett und wartet auf den magischen Moment um zu … rotieren. Die Nase hebt sich, die Räder haben sich vom Boden gelöst. Sie verändert den Anstellwinkel hin zu einem sanften Steigflug und sieht, wie das Gras neben der Startbahn sich langsam immer weiter entfernt. Plötzlich breitet sich ein Gefühl grenzenloser Erleichterung und Freude in ihr aus.

Nancy fühlt sich wohl, das Fliegen macht ihr tatsächlich Spaß. Ja, es ist zwar eine furchtbare körperliche Anstrengung, da ihre Hände so steif und nutzlos sind und die Schmerzen ihr wie Feuer durch die Handgelenke bis in die Arme emporschießen. Ja, es tut ihr auch in der Seele weh, dass es überhaupt so weit gekommen ist. Dass Ritchie so verdammt dumm und unverantwortlich handeln konnte. Aber natürlich ist das wieder mal typisch für Ritchie. Immer hat er verzweifelt versucht, etwas richtig zu machen, und dabei gar nicht gemerkt, dass er alles falsch gemacht hat. So war es schon immer; Urteilsvermögen hat noch nie zu seinen Stärken gehört. Sollte es ihr gelingen, ihm wieder eine weiße Weste zu verschaffen, damit er einen Neuanfang versuchen kann, kann sie nur hoffen, dass Ritchie beim nächsten Mal mehr Verstand zeigt. Vielleicht wird Ellen ihm die Sache mit John erzählen. Vielleicht hilft es Ritchie, wenn er erfährt, dass John gar nicht so perfekt war, wie alle dachten, und er überwindet endlich seinen Minderwertigkeitskomplex. Vielleicht gelingt ihm dann ein Neuanfang – bei Wings West ebenso wie bei Mary-Lyn.

Sie hofft bloß, dass er sich nicht die Schuld an dem geben wird, was sie jetzt vorhat. Sie hat einen Brief hinterlassen, in dem sie erklärt, was der Arzt ihr letzte Woche mitgeteilt hat: dass sie Krebs hat und ihr noch maximal sechs Monate bleiben; dass sie sich nun, nachdem sie endlich alle Dinge richtiggestellt hat, dazu entschlossen hat, ihrem Leben lieber ein rasches Ende zu bereiten, auf eine Art und Weise, die ihr gefällt, statt unter Schmerzen und abhängig von anderen dahinzuvegetieren. Die illegale Drogenfracht an Bord hat sie mit keinem Wort erwähnt. Sie hofft, dass Monica Ritchie gegenüber nicht verraten wird, dass sie, Nancy, von den Drogen erfahren hat und auch wusste, dass man das Flugzeug durchsucht hätte, sobald Ritchie eingestiegen wäre. Aber falls Monica es dennoch erwähnen sollte, hat Nancy ausdrücklich betont, dass niemand über ihren Entschluss traurig sein soll; sie möchte die Dinge auf ihre Weise zu Ende bringen. Es ist ihr freier Entschluss, sich das Sterben zu erleichtern. Und sie hat noch hinzugefügt, dass sie alle sehr lieb hat und dass dieser Weg besser ist als ein langer, quälender Abschied.

Und so ist es auch. Seltsamerweise ist sie beinahe froh darüber, dass sie zu dieser Entscheidung gezwungen wurde. Es ist einfach so verdammt schön, wieder auf dem linken Sitz eines Flugzeugs zu sitzen, kleine Korrekturen zu machen, ein wenig in die Querlage zu gehen und zu sehen, wie sich der Horizont neigt, die Nase zu heben und die Reaktion in der Magengrube zu spüren. Sie nimmt Kurs auf den Golf von Mexiko und steigt bis auf zweitausend Fuß. Das ist hoch genug. Heute will sie nicht in den Wolken spielen. Sie muss ihr Vorhaben zu Ende bringen, solange ihr noch genug Kraft in den schmerzenden Handgelenken bleibt. Und allein, dass sie überhaupt wieder fliegt, reicht ihr schon. Es ist gar nicht nötig, irgendwelche Flugkunststücke zu machen. Es reicht ihr schon, ein letztes Mal hier oben zu sein, in der weiten Stille des Himmels.

Während sie in konstanter Höhe über das Meer fliegt, erfüllt sie ein Gefühl des Friedens, ein Gefühl der Richtigkeit, als ob genau das ihre ursprüngliche Bestimmung sei. Es ist bei weitem besser, dass es so endet, als langsam zu einem nutzlosen Wrack zu verfallen, einem Schatten ihrer selbst. Und sie ist bereit dazu. Schon vor dieser unabwendbaren Prognose hatte sie sich müde gefühlt, so als hätte sie genug. Der Tod selbst schreckt sie nicht. Die Menschen, die sie geliebt hat – Mac, Joe, John –, sind schon vor ihr gegangen und erwarten sie. Sie ist bereit, ihnen nachzureisen. Mit Ellen hat sie, Gott sei Dank, Frieden geschlossen. Sie hat all ihre Angelegenheiten geordnet. Und diese eine letzte Sache kann sie noch für Ritchie tun. Es wird nicht den geringsten Beweis gegen ihn geben, dafür wird sie sorgen. Und erreichen wird sie das, indem sie dem Beispiel ihres geliebten John folgt.

Nancys Blick, der auf den Horizont gerichtet ist, verschwimmt, und einen Moment lang fühlt sie sich vollkommen eins mit ihrem lange verlorenen Sohn. Die Aussicht, die sie vor sich sieht, ist auch die letzte Aussicht, die er hatte. Nur die Tageszeit ist eine andere, der Himmel ist mit rosaroten Streifen überzogen, die aquamarinblaue Dünung unter ihr hat eine dunklere Farbe als das Meer, über das er geflogen ist. Ach, John, mein lieber John, hast du wohl das gleiche empfunden wie ich? Den erlösenden Frieden, der auf die quälende Unentschlossenheit folgt? Die Bereitschaft, ganz und gar anzunehmen, dass bald alles vorbei sein wird?

Dann denkt sie an Sarah und nimmt sich einen Moment, um Wärme und Dankbarkeit für alles zu empfinden, was Sarah für sie war. Sie betet, dass ihre Enkelin noch das Glück und die Zufriedenheit finden wird, die ihr bisher versagt blieben.

Sie denkt an Joe, den lieben Joe, der sie so sehr geliebt hat, dass er bereit war, ihr allen Schmerz zu vergeben, den sie ihm zugefügt hat, und sie hofft, dass sie ihm am Ende doch noch das Glück schenken konnte, dass er so sehr verdient hatte. Irgendetwas in ihr wird ganz weich, als sie an ihn denkt. Ihnen war etwas ganz Besonderes vergönnt: Indem sie die schlechten Zeiten gemeinsam durchstanden, bauten sie die Basis für eine sehr enge Beziehung auf. Es war genau, wie sie es schon vor langer Zeit einmal gesagt hatte: Dass sie Mac liebte, bedeutete nicht etwa, dass sie Joe nicht liebte. Sie liebte Joe sogar sehr, bloß auf eine andere Art. Mac war ein ferner Traum; Joe wurde die Wirklichkeit, ihr langjähriger Ehemann, der Vater ihrer Kinder. Gemeinsam bauten sie die Firma auf. Sie ist überzeugt davon, dass Joe von all ihren Angehörigen wohl am besten verstehen könnte, warum sie diesen Schritt geht. Für Ritchie und für den guten Ruf ihres anderen »Babys«, für Varna Aviation.

Sie denkt an Mac. Ach Gott, wann hätte sie mal nicht an Mac gedacht? Er sitzt jetzt neben ihr, auf dem rechten Sitz, sein markantes Gesicht umrahmt vom Kragen der Fliegerjacke; er blickt sie an, eine Augenbraue leicht hochgezogen.

»Ich schlage vor, Sie werfen mal einen Blick auf den Höhenmesser, Miss Kelly!«

»In diesem Flugzeug riecht's ja wie in einem französischen Bordell!«

»Komm mit mir nach England, Nancy.«

»Liebst du mich, Mac?«

»Das weißt du doch.«

»Sag es. Bitte, Mac, sprich es aus!«

»Ich liebe dich, Nancy.«

Sie ist jetzt weit draußen über dem Golf von Mexiko. Weit, weit draußen.

Es ist Zeit. Zeit zu tun, was sie tun muss.

Nancy steigt noch tausend Fuß höher, nur um ganz sicher zu gehen. Dann senkt sie die Nase des Flugzeugs, bis sie auf das Wasser zeigt. Das Steuerhorn zittert protestierend in ihren Händen. Nancy sammelt all ihre schwindende Kraft, um es nach vorn zu drücken. Das Wasser rast auf sie zu, ihr ist schwindlig, ganz schwindlig. Aber sie ist entschlossen. Und zufrieden.

Was für ein Leben hat sie doch gehabt! Und nun, am Ende, das tun zu können ist ein Segen, ein Geschenk Gottes.

Und dann, noch ehe sie Zeit hat, es richtig zu merken, ist alles vorbei. Die Beech prallt auf das Wasser, zerschellt und ist verschwunden. Nichts bleibt, nur das Auf und Ab des Meeres und der Himmel am Horizont, der sich mit der Morgendämmerung silbrig färbt.

VI

Gloucestershire, England

»Bist du dir sicher, Mum?«

Sarah, die am Steuer sitzt, wendet ihren Blick kurz von der Straße ab und schaut zu Ellen auf dem Beifahrersitz hinüber. Es ist nun nicht mehr weit bis zu der Abzweigung nach Monkshaven, in die Siedlung, die entlang der Sackgasse gebaut ist. Sind sie erst einmal auf diese Straße abgebogen, gibt es keine Möglichkeit mehr zu wenden, ohne dass sie an Chris Mackenzies Haus vorbeifahren.

Ellen ist ein wenig blass, findet Sarah, aber immerhin signalisiert ihr Mund Entschlossenheit.

»Ziemlich sicher, Sarah. Bringen wir es einfach hinter uns!«

Es ist inzwischen drei Wochen her, seit sie aus Florida zurückgekehrt sind, und der erste, betäubende Schock über Nancys Tod hat sich in tiefe Trauer verwandelt. Sarah kann immer noch kaum glauben, dass sie ihre geliebte Großmutter nie wiedersehen wird. Ellen war zwar ebenso schockiert über Nancys Ende, ist aber trotzdem aufrichtig dankbar, dass sie nach Florida gekommen war und Frieden mit ihrer Mutter geschlossen hatte.

Ellen wünschte bloß, dass Nancy das Wissen um ihre tödliche Krankheit mit ihr hätte teilen können. Es war ein furchtbarer Schock, als sie Nancys Brief auf der Küchenanrichte entdeckte und zu ihrem Entsetzen las, dass ihre Mutter das Haus in der Absicht verlassen hatte, sich das Leben zu nehmen. Auch den Grund dafür teilte Nancy mit. Warum, ach warum nur hatte Nancy ihr das trotz ihrer neu entdeckten Vertrautheit nicht eher erzählt? Sie hätte schon eine Möglichkeit gefunden, Nancy die letzten Monate so angenehm wie möglich zu gestalten, und ihr erlaubt, in Würde zu sterben. Ellen wäre gern bereit gewesen, zeitweise nach Florida zu ziehen, um ihre Mutter zu pflegen. Es hätte ihr die Chance gegeben, das nachzuholen, was sie in den Jahren der Entfremdung versäumt hatte, und das enge Verhältnis wiederherzustellen, das sie einmal hatten. Und dennoch konnte Ellen ihre Mutter verstehen. Es war typisch für Nancy, dass sie ihr Schicksal selbst in die Hand nehmen wollte und sich nicht als passives Opfer dieser grausamen Krankheit fügte.

Und als sei Nancys Freitod nicht schon schockierend genug gewesen, hatten sich kurz darauf weitere Schreckensmeldungen gehäuft. Zuerst die Polizisten, die vor der Tür standen und ziemlich deutlich machten, dass sie weniger an Nancy als an einem verschwundenen Flugzeug interessiert waren, das sie unter Beobachtung hatten. Und dann tauchte noch die völlig aufgelöste Monica mit einer wirren Geschichte auf, die Ellen die Haare zu Berge stehen ließ. Laut Monica waren Drogen in dem Flugzeug gewesen, mit dem Nancy geflogen war. Drogen, die angeblich Ritchie geschmuggelt hatte, und Monica hatte Nancy am Abend zuvor angerufen und sie gewarnt, dass es an diesem Morgen eine Razzia geben würde.

»Das ist alles meine Schuld!«, heulte Monica. »Sie hat gesagt, ich solle ihr den Rest überlassen, und das habe ich auch. Aber ich konnte doch nicht ahnen, was sie vorhatte! Wenn ich das geahnt hätte, hätte ich ihr doch nie gesagt, was ich wusste! Nie!«

»Monica, sie hat das getan, weil sie Krebs im Endstadium hatte«, sagte Ellen. »Sie hat einen Abschiedsbrief hinterlassen. Hier, lesen Sie ihn ruhig!«

Monica schüttelte verzweifelt den Kopf. »Vielleicht schreibt sie das. Aber ich kenne Nancy. Ich weiß es genau. Ach, ich hatte schon die ganze Zeit das ungute Gefühl, dass irgendwas nicht in Ordnung war. Ich war mit Roy unterwegs zu den Everglades, und ich wusste einfach, dass irgendwas nicht stimmte. Sie hat versucht, die Beweise zu vernichten, bestimmt hat sie das! Wenn ihre Krankheit der einzige Grund gewesen wäre, dann hätte sie doch niemals die Beech genommen! Sie hätte sich in eine der Cessnas gesetzt! Oh, mein Gott! Oh, Nancy!«

Bis ins Mark erschüttert, fragte Ellen Monica nach allen Einzelheiten aus. Dabei wurde ihr klar, dass Nancy tatsächlich noch ein anderes Motiv gehabt hatte. Ellen hatte keinerlei Grund, Monica nicht zu glauben, und sie konnte sich noch erinnern, dass Nancy sehr still geworden war, nachdem sie am Vorabend den Anruf entgegengenommen hatte. Außerdem fand Ellen, dass Ritchie seltsam reagiert hatte, als er nach seiner Rückkehr aus Miami erfuhr, was passiert war. Er war verzweifelt, ja untröstlich, doch da war noch etwas anderes, was sie nicht genau benennen konnte. »Die Beech!«, hatte er gesagt. »Sie hat die verfluchte Beech genommen!« Sie hatte nicht verstanden, was er meinte, und hatte ihn auch nicht weiter gefragt, da sie selbst viel zu betroffen war. Sie hatte sein Verhalten als eine Art paradoxe Reaktion auf den Schock und den schrecklichen Verlust gedeutet. Doch nach Monicas Erzählung begann sie zu verstehen, und ihr Zorn über Ritchie flammte erneut auf: Wie hatte er sich bloß auf so etwas einlassen können? Doch gleichzeitig ahnte sie, dass es ihn vernichten würde, wenn er den wirklichen Grund erfuhr, der hinter der Tat seiner Mutter steckte.

»Um Gottes willen, Monica, erzählen Sie Ritchie bloß nicht, was Sie mir gerade erzählt haben«, sagte sie. »Wenn Mom das für ihn getan hat, dann darf er es auf keinen Fall erfahren. Wir müssen ihn in dem Glauben lassen, dass sie die Beech bloß zufällig genommen hat. Mom hätte es so gewollt.«

Monica war einverstanden.

Was für eine tragische Ironie es doch ist, dachte Ellen, dass ich Ritchie jahrelang für etwas verantwortlich gemacht habe, für das er gar nichts konnte, und ich ihn jetzt schütze, wo ich von seiner Schuld an Mums Tod weiß!

Aber wie sie schon Monica gesagt hatte: Ihre Mutter hätte es so gewollt. Nancy war nicht mehr da; nun war es Ellens Aufgabe, dafür zu sorgen, dass ihre Wünsche erfüllt wurden und Ritchie die Chance erhielt, einen Neuanfang zu versuchen, sowohl beruflich bei Wings West, als auch privat bei Mary-Lyn.

Sie waren nicht leicht gewesen, diese letzten Tage in Florida. Ihre Trauer wurde von unterschwelligen Spannungen begleitet, und täglich warteten sie auf Neuigkeiten über das Flugzeugwrack. Doch es gab keine. Die Beech – und mit ihr Nancy – blieben spurlos verschwunden. Schließlich reisten Ellen, Bob und Sarah nach England zurück und versprachen Ritchie, dass sie in etwa einem Monat wiederkämen und ihm dabei helfen würden, Nancys Sachen auszusortieren, denn das so kurz nach ihrem Tode zu tun, wäre ihnen respektlos erschienen.

Trotzdem nahmen sie ein paar Dinge mit. Ellen wählte einige Andenken aus, die von besonderem Erinnerungswert für sie waren: Die Porzellankaninchen aus ihrem Zimmer (die Rosette ließ sie allerdings hängen), ein paar Fotos und einige Schmuckstücke ihrer Mutter. Den Ehering, den Nancy hatte entfernen lassen, als ihre Finger zu stark geschwollen waren, um ihn weiterhin zu tragen, gab sie Sarah. Sarah packte die Fotografien ein, die Nancy ihr aus ihrer Zeit bei der ATA gezeigt hatte, das blau eingebundene Tagebuch und einige noch ältere Tagebücher, die sie entdeckt hatte: Schulhefte, in denen Nancy ihre Jugendjahre festgehalten hatte. Und natürlich das Distinguished Flying Cross.

Sie hatten lang und breit diskutiert, was mit dem Orden geschehen sollte. Sarah wusste inzwischen natürlich, warum Chris Mackenzie ihn nicht hatte annehmen wollen. Im Gegensatz zu ihnen hatte er gewusst, dass Ellen Macs Tochter war und sie, Sarah, seine Enkelin. Doch die Tatsache blieb bestehen, dass Chris als Macs Sohn den gleichen Anspruch darauf hatte, und es schien Nancys Wunsch gewesen zu sein, dass er ihn bekam.

Nachdem Nancy Ellen die Wahrheit über ihre Herkunft offenbart hatte, war der Orden nicht weiter erwähnt worden, und in Ermangelung neuer Anweisungen hielt es Sarah nur für richtig, Nancys ursprünglichem Wunsch nachzukommen und das Kreuz Macs Familie in England zurückzugeben. Und Ellen stimmte ihr zu, obwohl der Orden gemäß Nancys Testament wahrscheinlich rechtmäßig ihr gehört hätte. In ihrem Testament hatte Nancy verfügt, dass – abgesehen von einer Hinterlassenschaft für Sarah – ihr gesamter Besitz zu gleichen Teilen zwischen Ellen und Ritchie aufgeteilt werden sollte. Doch Ellen hatte nicht das Gefühl, dass ihr das Kreuz zustand. Sie war schon in Tränen ausgebrochen, als sie erfahren hatte, dass Ritchie und sie als Haupterben bestimmt waren.

»Die ganzen Jahre über bin ich nie gekommen, um sie zu besuchen, ja, ich habe kaum mal mit ihr telefoniert, und trotzdem hat sie mir die Hälfte von allem hinterlassen. Warum hat sie das nur getan?«

»Weil du immer noch ihre Tochter bist, Mum. Und weil sie dich liebgehabt hat.«

»Ich habe das gar nicht verdient. Du bist diejenige, die das besser bekommen sollte. Schließlich bist du immer für sie da gewesen …«

»Und sie hat mich ja auch bedacht. Sie hat mir ebenfalls eine schöne Erbschaft hinterlassen. Ich habe gar nicht damit gerechnet – und mehr möchte ich bestimmt nicht haben.«

»Na ja, du wirst es auf jeden Fall bekommen«, sagte Ellen hartnäckig. »Wenn das Testament durch ist, dann werde ich dir das Geld geben.«

»Das wirst du nicht tun. Du kannst mich immer noch in deinem Testament bedenken, wenn die Zeit gekommen ist. Obwohl ich natürlich hoffe, dass das noch lange dauern wird. Und bis dahin gönne dir selbst etwas davon. Mach das, was du immer schon tun wolltest! All die Dinge, bei denen du das Gefühl hattest, du könntest sie nicht tun, weil es nicht dein eigenes Geld war, das du ausgegeben hast.«

»Dein Vater hat mich nie davon abgehalten, etwas für mich auszugeben«, sagte Ellen entrüstet zu Bobs Verteidigung.

»Nein, aber es ist trotzdem nicht das gleiche«, erwiderte Sarah. »Dieses Geld ist ganz allein deins, zu deiner freien Verfügung. So wäre es Grandmas Wunsch gewesen. Und ihrem Wunsch nachzukommen ist jetzt das Wichtigste.«

Und damit waren sie wieder bei Macs Distinguished Flying Cross.

»Ich weiß, dass er es ursprünglich für dich bestimmt hatte«, sagte Sarah, »aber vermutlich hat er da auch noch nicht geahnt, dass er mal einen Sohn in England haben würde. Ich denke, es wäre richtig, es wenigstens mit Chris zu besprechen, jetzt, wo wir alle Fakten kennen.«

Also rief Sarah Chris an und vereinbarte ein Treffen mit ihm. Sie ging am Telefon nicht in die Einzelheiten, sondern erwähnte nur so viel, dass Nancy gestorben sei.

»Ich würde dich gern begleiten«, sagte Ellen.

Sarah war überrascht. Ellen hatte sich so sehr dagegen gesträubt, dass sie versuchte, Macs Familie ausfindig zu machen. Doch inzwischen hatte sich natürlich alles geändert. Chris Mackenzie war jetzt nicht mehr irgendein Fremder. Nun ja, ein Fremder war er schon noch, aber er war auch Ellens Bruder.

»Ich finde, ich sollte ihn kennenlernen«, sagte Ellen.

»Bist du sicher?«

»Sarah«, sagte Ellen mit einer Spur ihrer alten Schroffheit. »Ich glaube, ich bin alt genug, meine eigenen Entscheidungen zu treffen.«

Und deshalb sind sie nun auf dem Weg zu Chris Mackenzie.

Sie haben die Abzweigung erreicht, die in einer Sackgasse

endet. Noch anderthalb Meilen, ein paar Minuten nur, und dann sind sie bei Chris Mackenzies Haus. Und obwohl sie es niemals zugeben würde, ist Sarah ebenso nervös wie ihre Mutter.

»Ich muss dich was fragen, Monica«, sagt Roy.

Sie haben ein gemütliches Frühstück in Monicas Garten eingenommen, Eier mit Schinken und einen starken Kaffee – doch keine Spur von Krispy Kreme Doughnuts. Roy hat die letzte Nacht bei ihr verbracht, und Monica konnte kaum glauben, wie schön es war, nach so vielen Jahren wieder das Bett mit jemandem zu teilen; aufzuwachen und Roys Kopf mit den kurz geschorenen Haaren auf dem Kopfkissen neben sich zu sehen. Ihr ist warm und zufrieden zumute, doch seine Bemerkung und sein ernster Blick lassen ihr das Herz in die Magengrube sinken. Ach Gott, denkt sie, jetzt wird er mich gleich fragen, ob ich Ritchie und Nancy von der geplanten Razzia der Drogenpolizei bei Varna Aviation erzählt habe.

Vielleicht ist es verwunderlich, dass sie zu diesem Schluss kommt, denn inzwischen sind schon drei Wochen vergangen, seit Nancy die Beech mit ihrer Drogenladung ins Meer gesteuert hat, und in der ganzen Zeit hat Roy kein Wort darüber verloren, außer dass er gleich zu Beginn gesagt hat: »Jammerschade um Nancy Costello.« Doch andererseits findet sie es schon komisch, dass er nicht mehr zu dem Thema gesagt hat. Es schien fast so, als wolle er das Thema vermeiden, und sie ist sich ziemlich sicher, dass sie den Grund dafür kennt. Und das hat ihr schon die ganze Zeit über Sorgen bereitet. Er war so nett, ihr im Vertrauen von der geplanten Drogenrazzia zu erzählen, weil er vermeiden wollte, dass sie mit hineingezogen wird, und sie hat sein Vertrauen missbraucht. Obwohl er ihr ganz deutlich gesagt hatte, dass sein Job auf dem Spiel stände, wenn sie die Information nicht für sich behielte, hat sie es weitererzählt. Wegen ihr ist die ganze Ermittlung in die Hose gegangen. Auch wenn sie bisher noch nicht gehört hat, dass man ihn zur Rechenschaft gezogen hat, hat sie immer noch furchtbare Angst, dass das geschehen könnte. Früher oder später werden die Behörden ahnen, dass es eine undichte Stelle gegeben hat. Man wird versuchen herauszufinden, wer da geredet hat. Und es wird bestimmt nicht lange dauern, bis sie zwei und zwei zusammenzählen. Verdammt, er hat schließlich kein Geheimnis daraus gemacht, dass er sich mit ihr trifft, und sie arbeitet bei Varna Aviation. Wenn die Polizei sich noch nicht mal das zusammenreimen kann, dann dürfte sie wohl kaum in der Lage sein, Verbrechen aufzuklären.

Doch Roy hat nichts dergleichen erwähnt. Bis jetzt.

»Ich muss dich was fragen, Monica.« Er bringt es nicht fertig, sie anzuschauen, während er das sagt. Verlegen rutscht er auf seinem Stuhl hin und her, und auch sie fühlt sich äußerst unbehaglich.

Was wird er bloß von ihr halten, da sie ihn so enttäuscht hat? Kein Zweifel, das wird das Ende ihrer Beziehung sein. Ein Polizist kann kein Verhältnis mit einer Frau haben, die ihre große Klappe nicht halten kann, falls ihm mal versehentlich etwas Vertrauliches rausrutscht. Deshalb hat er wahrscheinlich bis jetzt auch noch nichts gesagt; er weiß genau, dass es das Aus für ihre Beziehung bedeuten wird. Aber jetzt ... Aus der Sache zwischen ihnen ist was Ernsteres geworden, und jetzt will er, dass die Karten offen auf den Tisch gelegt werden.

Hat sie oder hat sie nicht? Und wenn ja – dann gute Nacht, Monica.

Ihr ist ganz schlecht, so niedergeschlagen fühlt sie sich, und sie weiß genau, wie traurig sie erst sein wird, wenn er zur Tür hinausgeht. Wie sehr sie ihn vermissen wird. Die ganzen Jahre über hat sie auf jemanden wie ihn gewartet, und jetzt, wo alles zum Greifen nahe scheint, landet sie wieder unsanft auf dem Hintern. Allein. Monica, die gar nicht so lustige Witwe.

Aber auf keinen Fall wird sie lügen. Er würde es merken, und außerdem ist es nicht ihre Art. Sie wird ganz offen mit ihm sein. Eine Beziehung, die nicht auf Offenheit basiert, ist keinen Pfifferling wert. Und sie wird es ihm leicht machen.

»Du brauchst mich gar nicht zu fragen, Roy«, sagt sie.

»Nein?« Er sieht ein bisschen bestürzt aus.

»Nein, brauchst du nicht. Ich sage es dir einfach rundheraus. Ich war es, die Nancy die Sache mit der Drogenpolizei gesteckt hat. Und ich denke, deshalb hat sie auch die Beech genommen und im Meer versenkt. Damit sie keine Beweise gegen Ritchie haben. Ich weiß, ich hätte das nicht tun dürfen. Du hast es mir im Vertrauen gesagt, und ich hätte lieber die Klappe halten sollen. Ich weiß, dass du deswegen Ärger kriegen kannst, und es tut mir wirklich leid. Aber ich konnte nicht zulassen, dass sie Varna Aviation kaputtmachen, nicht nach all den Jahren, die ich dort gearbeitet habe. Und mir war klar, dass Nancy das nicht überlebt hätte: wenn man ihren Namen durch den Dreck gezogen hätte und Ritchie ins Gefängnis gekommen wäre und …« Sie hält inne, als ihr bewusst wird, wie absurd ihr letzter Satz ist. »Na ja, so oder so hat sie es nicht überlebt«, sagt sie trocken und ein wenig traurig. »Aber ich hätte auch nie gedacht, dass sie so etwas tun könnte. Wahrscheinlich hat sie geglaubt, es sei der einzige Ausweg. Wie auch immer, mir ist jedenfalls klar, dass ich dich enttäuscht habe, und das tut mir wirklich leid. Und wenn du mit mir Schluss machen willst und deine Karriere retten willst, falls das noch möglich ist, dann kann ich das gut verstehen.«

Roy starrt sie an. Ein kaum wahrnehmbares Lächeln spielt um seine Mundwinkel, doch sie kann nicht verstehen, warum.

»Bist du fertig?«, fragt er.

»Womit fertig?«

»Mit deiner Beichte. Ja glaubst du etwa, ich wüsste nicht längst, dass du es gewesen bist, Monica? Hältst du mich für einen so schlechten Polizisten?«

»Nein, für einen sehr guten. Und deshalb wäre es auch eine Schande, wenn du wegen mir deine Dienstmarke abgeben musst.«

»Ich werde meine Marke nicht verlieren.«

»Nein?«

»Nein. Die Jungs von der Drogenpolizei, die an dem Fall dran sind, wissen genau, dass Dexter Connelly hinter der Sache steckt. Und sie vermuten, dass der Grund für die verpatzte Razzia ein korrupter Polizist in Varna ist – vielleicht sogar mehrere, die für Connelly arbeiten. Sie wissen ganz gut, dass Connelly hinter diesem Geschäft steht, und sie wollen bloß ihn schnappen. Aber irgendjemand gibt ihm ständig Tipps. Er ist immer einen Schritt voraus. Auch diesmal, vermute ich. Sie haben doch ganz kurzfristig die Abflugzeit nach Houston geändert, oder?«

»Ja, das stimmt«, erwidert Monica, verwundert, dass er darüber Bescheid weiß.

»Und sie haben ihren Mann zurückgezogen, der eigentlich mit Ritchie fliegen sollte. Kein Zweifel, die wollten, dass er allein den Kopf hinhält. Ein gerissener Haufen, Connelly und seine Kumpane. Und indem sie einen Insider bei der Polizei für sich arbeiten lassen, gehen sie sicher, dass sie nicht erwischt werden. Keine Sorge, Schatz, die suchen nicht nach jemandem, der Kontakt zu Leuten wie dir hat! Im Augenblick läuft gerade eine Riesenuntersuchung, um rauszufinden, wer sich da von Connelly bestechen lässt – und das ist auch gut so, wenn du mich fragst. Ich habe überhaupt kein Verständnis für korrupte Polizisten. Wenn sie rausfinden, wer Connelly die Tipps gegeben hat, dann werden Köpfe rollen, und das ist auch höchste Zeit.«

»Oh!« Monica hat es einen Moment die Sprache verschlagen, so erleichtert ist sie.

»Und ich kann dir auch nicht verdenken, was du getan hast, also glaub nicht, dass ich dir böse bin«, fährt Roy fort. »Auch ich hätte nicht gern dabei zugesehen, wie Nancys guter Name durch den Schmutz gezogen wird. Als ich dir von der Razzia erzählt habe, habe ich mir schon gedacht, dass du Ritchie warnen würdest. Allerdings wusste ich nicht, was er daran noch hätte ändern können. Ich hätte nie erwartet, dass Nancy die Dinge auf diese Weise löst. Und das tut mir wirklich leid.«

Er hält inne und starrt traurig vor sich hin. Er hatte großen Respekt vor Nancy Costello. Jeder in Varna hatte das, und er mag sich gar nicht vorstellen, dass sie jetzt auf dem Meeresgrund im Golf von Mexiko liegt.

»Ja, dann hab ich dich wohl falsch verstanden, Roy«, sagt Monica, froh darüber, dass sich ihre Befürchtung nicht bestätigt hat. »Aber wenn du mich nicht fragen wolltest, ob ich die Informationen über die Drogenrazzia ausgeplaudert habe – was wolltest du mich dann fragen?«

Roy blickt plötzlich wieder verlegen drein und rutscht auf seinem Stuhl hin und her. Dann blickt er ihr in die Augen. »Um ehrlich zu sein, Monica, wollte ich dich fragen, ob du mich nicht vielleicht heiraten willst.«

Chris Mackenzie muss gehört haben, wie das Auto die Straße entlangkam; er steht im Eingang, als Sarah auf den Stellplatz neben dem Weg fährt. Ihre Kehle schnürt sich zu. Ach Gott, er ist so attraktiv. Diesmal hat er allerdings keine Rosenblätter im Haar; die Rosen über dem Eingang sind mehr oder weniger verblüht; nur noch ein paar weiße Stellen leuchten zwischen den schütteren Blättern auf. Doch sein Anblick löst das gleiche Ziehen in ihrer Magengrube aus, das sie schon bei ihrem letzten Besuch empfunden hat.

Stell dich nicht so blöd an, Sarah! Er ist dein Onkel.

Diesmal streicht ihm ein Hund um die Beine, ein Golden Retriever. Er folgt ihm bis ans Tor und bleibt ihm dicht auf den Fersen, mit wachsam erhobenem Kopf und wedelndem Schwanz. Sarah und Ellen steigen aus dem Auto und gehen auf ihn zu.

»Hallo, habt ihr es also geschafft!« Er lächelt ungezwungen. Sarah beneidet ihn um seine Fassung und wünscht, ihr Magen wäre etwas weniger verkrampft.

Sie wendet sich halb zu Ellen um. »Das ist meine Mutter, Ellen. Mum, das ist Chris Mackenzie.«

Chris streckt ihr die Hand entgegen, und nach einem kurzen Zögern ergreift Ellen sie. Eine komische Art für Bruder und Schwester, sich zu begrüßen, findet Ellen. Aber andererseits sind sie einander völlig fremd.

»Schön, dich kennenzulernen, Ellen«, sagt Chris.

»Ja.« Ihre Stimme ist zurückhaltend, sie klingt herb und kühl.

»Kommt doch herein. Keine Angst wegen Polly. Sie ist sehr freundlich.«

»Ich kann mich gar nicht daran erinnern, dass ich beim letzten Mal hier einen Hund gesehen habe«, sagt Sarah, verzweifelt bemüht, die verlegene Stimmung zu durchbrechen.

»Nein? Wahrscheinlich sind die Jungs von nebenan mit ihr spazieren gewesen. Das machen sie sonntags öfter mal. Ihnen macht es Spaß, und dann brauche ich es nicht zu tun. Allerdings sind sie dieses Wochenende nicht da, deshalb muss ich mich heute um Pollys Auslauf kümmern.«

»Ah ja.«

»Letztes Mal haben wir im Garten gesessen, nicht wahr? Ich weiß nicht, ob es heute warm genug dazu ist. Der Wind ist ziemlich kalt.«

»Ja, das stimmt.«

»Dann bleiben wir vielleicht besser hier drinnen.« Mit »hier drinnen« meint er eine Wohnküche, durch die Sarah bei ihrem letzten Besuch gegangen ist, ohne besonders viel davon wahrzunehmen. Jetzt sieht sie, dass die Küche mehr oder weniger zweigeteilt ist: ein gemütlicher Wohnbereich mit einem großen Kiefernholztisch und Stühlen, einem Ofen, einem Fernseher und einem Sofa, das mit einem Überwurf mit aztekisch anmutendem Druckmuster bedeckt ist, und davon abgeteilt der mit Schiefer geflieste Küchenbereich um die Kochinsel. Töpfe und Pfannen hängen von einem Gestell, der Herd ist in eine Granitarbeitsplatte eingelassen, und unter dem mehrfach unterteilten Fenster glänzt eine Edelstahlspüle.

»Wir könnten auch ins Wohnzimmer gehen, aber …«

»Hier ist es wunderbar.«

»Dann setzt euch doch bitte! Ich mache uns einen Tee, das Wasser hat gerade gekocht.«

Sarah und Ellen setzen sich an den Tisch, auf dem die *Sunday Times* in einem unordentlichen Haufen liegt. Der Kulturteil liegt obenauf, offenbar hat er gerade die Seite mit Rezensionen von Biographien gelesen. Sarah hat von ihrem Stuhl Blick auf den Holzofen. Auf den Regalen rechts und links davon stehen Fotos, doch aus dieser Entfernung kann sie die Motive nicht erkennen. Sie kramt das Kästchen mit Macs Distinguished Flying Cross aus ihrer Tasche und legt es vor sich auf den Tisch.

Chris kommt mit den Teebechern zurück, dann geht er noch mal in die Küche und holt seinen eigenen Becher und eine Keksdose. Darin liegt ein Päckchen Schokoladenkekse, immer noch in Folie gepackt. Er schiebt die diversen Teile der *Sunday Times* beiseite und stellt die Dose in die Mitte des Tisches.

»Ihr könnt euch auch gern Kekse nehmen.«

»Für mich nicht, danke«, sagt Ellen.

Sarah verbirgt ein Lächeln. Sie kann sich nicht erinnern, wann sie ihre Mutter zum letzen Mal ein Plätzchen hat essen sehen. Polly taucht hinter der Kochinsel auf und setzt sich erwartungsvoll neben ihr Herrchen. Er bricht einen halben Keks ab und gibt ihn ihr.

»So, jetzt leg dich drüben hin, Polly. Ich will nicht, dass du hier alles vollsabberst.« Der Hund zögert noch und starrt ihn mit feuchten Augen an. »Nein, das reicht. Geh und leg dich drüben hin.«

Widerstrebend gehorcht die Hündin. Sie legt sich auf den Kaminvorleger, die Schnauze zwischen den Vorderpfoten. Doch ihre Augen sind immer noch hoffnungsvoll auf die Keksdose gerichtet.

»Also«, sagt Chris und blickt von Sarah zu Ellen und wieder zurück.

»Ich glaube, Sarah hat dir schon am Telefon erzählt, dass Nancy von uns gegangen ist«, beginnt Ellen.

Sarah schaudert bei diesem Ausdruck. *Von uns gegangen.* Das kommt der Wahrheit zwar sehr nahe, aber Chris wird es nicht so sehen. Er wird es als Euphemismus verstehen, und Ärzte verwenden keine Euphemismen, wenn es um den Tod geht, oder? Deshalb ist Sarah der Ausdruck irgendwie peinlich.

»Das Flugzeug, das sie geflogen hat, ist ins Meer gestürzt«, sagt sie.

Chris schaut sie ungläubig an. »Sie ist selbst geflogen?«

»Ja. Sie hat eine Beechcraft Baron vom Flugplatz genommen …«

»Wir wussten nicht, was sie vorhatte«, sagt Ellen verteidigend. »Wenn wir es geahnt hätten, hätten wir sie natürlich aufgehalten.«

»Na ja … In ihrem Alter … Kein Wunder, dass sie einen Unfall hatte.«

»Es war kein Unfall«, sagt Sarah mit scharfer Stimme. Sie spürt Ellens warnenden Blick, doch das ist ihr egal. Es wäre Nancy ein Graus gewesen, wenn irgendjemand gedacht hätte, dass sie einen Fehler gemacht hätte oder nicht in der Lage gewesen sei, ein Flugzeug zu steuern. Denn das konnte sie immer noch. Sie hatte genau das getan, was sie wollte, und dafür hatte sie Anerkennung verdient. »Sie ist gestorben, als sie es für richtig hielt, und dabei tat sie das, was ihr am meisten Spaß machte«, fährt Sarah fort.

Chris runzelt die Stirn. »Willst du damit sagen …?«

»Sie hat sich das Leben genommen, ja«, erwidert Sarah. »Und sie hat es so getan wie …« *So getan wie John*, hat sie sagen wollen. Doch dann wird ihr klar, dass das einen Schritt zu weit ginge. Was mit John passiert ist, geht Chris nichts an, wie sie jetzt weiß. Sie müssen ihm nichts von John erzählen. »… so, wie sie es für richtig hielt«, beendet sie ihren Satz stattdessen.

»Oh, das tut mir sehr leid«, sagt Chris. Und dann fügt er nachdenklich hinzu: »Nancy war eine bemerkenswerte Frau. Es muss ein furchtbarer Schock für euch gewesen sein.«

»Das war es auch. Aber wenigstens müssen wir jetzt nicht dabei zusehen, wie sie immer schwächer wird und allmählich ihre Fähigkeiten verliert. Sie hatte gerade erfahren, dass sie an einem nicht operablen Tumor litt.«

»Das tut mir sehr leid«, erwidert Chris.

»Ja, wir sind alle sehr traurig. Aber letztendlich ist sie so gestorben, wie sie es gewollt hat.«

Sie schweigen einen Augenblick. Die Hündin, die gleich gemerkt hat, dass die Aufmerksamkeit nicht mehr ihr gilt, rührt sich und richtet ihren Blick begehrlich auf die Kekse. Chris bedeutet ihr mit einer entschlossenen Handbewegung, liegen zu bleiben. »Hattet ihr denn noch die Gelegenheit, mit ihr zu sprechen?«, erkundigt er sich.

»Ja, das hatten wir.« Sarah blickt Ellen fragend an. *Willst du übernehmen, Mum?*

Ellen will. »Ich habe erfahren, dass ich völlig falsch gelegen habe. Ich hatte immer geglaubt, dass John der Sohn deines Vaters sei. Nancy zufolge hatte ich aber Unrecht. Es scheint vielmehr so zu sein, dass ich seine Tochter bin.«

Chris nickt zufrieden. »Ich bin froh, dass sie es dir erzählt hat.«

»Du wusstest es?«

»Ja, ich habe es immer gewusst. In unserer Familie hatten wir keinerlei Geheimnisse. Das wollte mein Vater nicht. Aber als Sarah mich besucht hat und mir klar wurde, dass sie die Wahrheit nicht kennt … Nun, da war ich in einer Zwickmühle. Ich fand nicht, dass es mir zustand, sie aufzuklären.«

»Ja.« Ellen lacht, ein wenig schrill und verlegen. »Das heißt dann wohl, dass du mein Bruder bist.«

Chris wirkt fast ebenso verlegen. »Ja, vermutlich könnte man das so sagen.«

»Und das bringt uns wieder zu dem Fliegerkreuz deines Vaters«, sagt Sarah. Sie möchte möglichst schnell zu den praktischen Fragen übergehen, denn das Gefühl, das Chris bei ihr hervorruft, verursacht ihr Unbehagen; sie würde lieber nicht weiter über ihre verwandtschaftliche Beziehung sprechen. Sie schiebt ihm das Kästchen zu und klappt den Deckel auf. Licht fällt auf das silberne Lilienkreuz und lässt es matt in seinem Bett aus dunkelblauem Samt glänzen. »Wir hatten nicht mehr die Gelegenheit, Nancy zu fragen, wer es nun bekommen soll.«

»Aber ich finde, du solltest es bekommen«, sagt Ellen. »Mac war zwar vielleicht mein Vater, aber ich habe ihn nie kennengelernt. Du dagegen hast ihn gekannt. Und damals, als er es Nancy schickte, um es an ihr gemeinsames Kind weiterzugeben, hat er nicht geahnt, dass er noch einen Sohn bekommen würde. Wenn er das gewusst hätte, dann hätte er bestimmt gewollt, dass du es bekommst, Chris.«

»Moment mal …« Chris wirkt ein wenig verlegen.

»Bitte«, drängt Ellen. »Du bist sein Sohn. Es gehört dir.«

»Nein, streng genommen nicht.« Chris schüttelt den Kopf. »Nein, denn ich bin nicht Macs leiblicher Sohn.«

»Aber … du hast doch gesagt …«

»Ich habe ihn immer als meinen Vater betrachtet. Habe ihn immer ›Dad‹ gerufen. Und das war er auch, so gut wie mein eigener Vater. Ich war noch ein Baby, als er und meine Mutter heirateten. Mein leiblicher Vater hatte einen tödlichen Unfall, er ist beim Bergsteigen ums Leben gekommen, bevor ich geboren wurde. Aber Mac war nicht mein biologischer Vater, von daher bin ich wohl auch nicht dein leiblicher Bruder, Ellen.«

»Oh.« Zum ersten Mal fehlen Ellen die Worte.

Sarah dagegen – Sarahs Herz hat einen regelrechten Freudensprung gemacht. Sie hat noch nicht alles verarbeitet, sie weiß bloß, dass sie plötzlich unglaublich froh und erleichtert ist.

»Meine Mutter und mein Vater haben keine weiteren Kinder bekommen«, fährt Chris fort. »Meine Mutter hatte bei meiner Geburt irgendwelche Komplikationen, soviel ich verstanden habe. Also bist du, Ellen, wenn ich es richtig überblicke, Macs einziges Kind.«

»Aber …« Ellen weiß nicht mehr weiter. »Du hast ihn doch wie einen Vater betrachtet. Ich finde immer noch …« Offenbar denkt sie daran, wie sie selbst für Joe empfunden hat.

»Nein, das kann ich nicht annehmen«, erwidert Chris. »Er hat es für dich bestimmt.«

Ellen zieht das Kästchen zu sich heran und starrt das Fliegerkreuz an. Sie berührt es vorsichtig, fast ehrfürchtig, und hebt es empor, so dass es auf ihrem Zeige- und Mittelfinger ruht. Würde Sarah ihre Mutter nicht so gut kennen, könnte sie fast glauben, dass sie Tränen in den Augen hätte. Mum und weinen? Niemals!

Dann legt Ellen den Orden wieder auf das Samtkissen zurück und schiebt ihn über den Tisch zu Sarah hin.

»Ich finde, du solltest ihn haben, Sarah. Falls du damit einverstanden bist, Chris.«

»Mum … nein!«

»Doch. Er war dein Großvater, und du … Nun, wir würden jetzt hier nicht zusammensitzen, wenn du nicht gewesen wärst, stimmt's? Du hast Nancy immer so nahegestanden. Ich denke, es wäre in ihrem Sinn gewesen, dass du es bekommst.«

»Mum.« Jetzt füllen sich Sarahs Augen mit Tränen.

»Da bin ich mit deiner Mutter einer Meinung«, sagt Chris. »Du solltest es bekommen, Sarah.« Sein Blick ist warm und herzlich, doch die Frage, ob er für sie genauso empfinden könnte wie sie für ihn, liegt ihr im Moment so fern wie nie. »Du siehst ihm übrigens auch ähnlich«, fügt er mit einem Lächeln hinzu.

»Tatsächlich?« Sarah hat immer gedacht, sie sehe Nancy ähnlich.

»Ein bisschen, ja. Ich kann eindeutig eine Ähnlichkeit feststellen. Deine Augen, die Art und Weise, wie du aussiehst, wenn …« Er hält inne und grinst.

»Wenn was?«

»Egal. Irgendwas ist da, was du von ihm geerbt hast. Und ich finde, deine Mutter hat Recht. Du solltest sein Distinguished Flying Cross bekommen.«

»Eines Tages wird es sowieso dir gehören«, fügt Ellen hinzu.

»Ach, Mum, sag doch nicht so etwas …«

»Also kannst du es genauso gut jetzt bekommen.«

Sarah schluckt. »Na ja, wenn ihr das beide so wollt.«

»Ja.«

»Ganz bestimmt.«

»In diesem Fall«, Sarahs Finger schließen sich über dem Kästchen, »in diesem Fall nehme ich es gern. Ich werde es in Ehren halten. Und vielen Dank.«

Sie bleiben noch ein bisschen, aber nicht mehr sehr lange. Ellen möchte Chris' »Gastfreundschaft nicht überstrapazieren«, wie sie es ausdrückt. Aber das hält sie trotzdem nicht davon ab, ihm etliche Fragen zu stellen, um so viel wie möglich über ihn und seine Familie herauszubekommen. Sarah sind ihre direkten Fragen furchtbar peinlich.

»Bist du verheiratet, Chris?«

»Nicht mehr. Es hat leider nicht funktioniert.«

»Kommt sie aus dieser Gegend, deine Exfrau?«

»Nein, aus London. Aber inzwischen lebt sie in Holland. Sie hat wieder geheiratet, einen Chemieingenieur. Er arbeitet für eine Firma, die ihren Hauptsitz in Amsterdam hat.«

»Habt ihr Kinder?«

»Nein. Irgendwie war nie der richtige Zeitpunkt dafür.«

»Und hast du vor, in Gloucestershire wohnen zu bleiben?«

»Keine Frage. Hier ist der ideale Ort, um Wurzeln zu schlagen.« Er fängt Sarahs Blick auf und lächelt. Sarah erwidert sein Lächeln, wendet sich dann aber rasch ab, denn sie spürt, wie ihre Wangen rot werden.

»Mum, wie konntest du nur?«, fragt sie Ellen, als sie wieder im Auto sitzen und nach Hause fahren. »Wie konntest du ihm bloß so viele persönliche Fragen stellen?«

»Warum denn nicht? Außerdem waren sie gar nicht so persönlich. Ich bin mir sicher, dass es ihn nicht gestört hat.«

»Vielleicht nicht. Aber ... na ja – schließlich hat sich ja rausgestellt, dass er noch nicht mal dein richtiger Bruder ist.«

»Umso besser, oder?«, erwidert Ellen schelmisch. »In Anbetracht der Tatsache, dass du an ihm Gefallen gefunden hast – und er an dir!«

»Mum!« Sarahs Gesicht ist jetzt nicht nur leicht errötet, sondern feuerrot.

»Aber das hast du doch, oder?«

»Ja«, gibt Sarah zu.

»Und er schien ganz wild darauf, Telefonnummern auszutauschen.«

»Aber doch nur, damit wir alle in Kontakt bleiben.«

»Meinst du wirklich?« Ellen lächelt. »Meinst du wirklich, er möchte mit *mir* in Kontakt bleiben? Ehrlich gesagt glaube ich kaum, dass das der Grund ist.«

»Mum, du bist einfach unverbesserlich.«

»Es ist wirklich an der Zeit, Sarah, dass du endlich einen netten Mann findest und eine Familie gründest.«

Ihr läuft ein prickelndes Gefühl über den Rücken, wenn sie nur an Chris denkt. *»Mum! Hör auf!«* Doch tief in sich spürt sie wieder ein aufgeregtes Flattern; das Gefühl, am Rande eines Abgrunds zu stehen, und die verrückte Hoffnung, dass irgendetwas ganz Besonderes gleich um die Ecke wartet und nichts wieder so sein wird wie vorher. Es könnte der Anfang vom Glück sein – trotz allem, was geschehen ist. Natürlich ist es noch viel zu früh, um Voraussagen für die Zukunft zu treffen, doch sie hat das seltsame Gefühl, dass irgendetwas zwischen ihnen geschehen wird.

Hatte Nancy sich auch so gefühlt, als sie Mac zum ersten Mal begegnete? Als sie kopfüber in einem Flugzeug saß und plötzlich einen Mann in einer abgewetzten Lederjacke und Fliegerstiefeln vor sich sah? Sarah stellt es sich jedenfalls so vor.

Der Unterschied ist nur, dass es für Nancy und Mac zu viele Hindernisse gab, die sie überwinden mussten. Zu viele andere Menschen, denen sie Treue schuldeten. Ihre Liebe war nicht dazu bestimmt, sich zu erfüllen. Doch sie und Chris ... Es gibt nichts, was sie davon abhalten könnte, zusammen zu sein, falls sie sich dazu entschließen sollten.

Plötzlich verspürt Sarah den starken Wunsch, mit Nancy zu reden und ihr von Chris zu erzählen. Aber braucht sie das überhaupt? Sie hat das komische Gefühl, dass Nancy längst Bescheid weiß. Dass sie gerade ihr reizendes Lächeln lächelt und sich über die Aussicht freut, dass ihre Enkelin sich in Macs Stiefsohn verlieben könnte.

»Nun, das Kapitel wäre jedenfalls schon mal erledigt«, sagt Ellen. Ihre Gedanken haben sich offenbar weiterbewegt, und sie grübelt jetzt nicht mehr darüber nach, ob aus der Begegnung mit Chris eine Romanze für ihre ungebundene Tochter werden könnte.

»Ja.«

Doch ein neues hat gerade begonnen. Sarah kann es spüren.

Mit Sicherheit werden sie auch ihre Fehler machen, aber eines weiß Sarah genau: In diesem neuen Kapitel wird es keinerlei Geheimnisse geben. Keine Täuschungen, keine Lügen. Es besteht keinerlei Notwendigkeit dazu.

»Lass uns nach Hause fahren, Sarah.«

Sarah blickt Ellen an und spürt ein Gefühl der Zuneigung und Wärme für ihre Mutter in sich aufsteigen. Die ganze Geschichte hat auch ihr Verhältnis zueinander verändert. Sie sind einander ebenbürtig geworden. Sarah hat gesehen, welchen

Schmerz Ellen all die Jahre mit sich herumgeschleppt hat, und kann mit ihr fühlen. Eines ist sicher: Sie wird nicht zulassen, dass sie sich einander so entfremden, wie es bei Nancy und Ellen der Fall war.

»Okay, Mum«, sagt sie, während sie auf die Autobahn abbiegt. »Fahren wir nach Hause!«

DANKSAGUNG

Wo soll ich bloß beginnen, all jenen zu danken, die dieses Buch möglich gemacht haben?

Zuallererst geht mein Dank an Jo Frank, die früher einmal meine Lektorin war und mir den Vorschlag machte, ich solle doch eine Familiensaga schreiben, die sich über mehrere Generationen erstreckt. Sie hat die ersten Kapitel gelesen, mich beraten und ermutigt und mich mit meiner wunderbaren Agentin Sheila Crowley von AP Watt bekannt gemacht. Als Zweites geht mein Dank an Marion Donaldson von Headline, die eine ausgezeichnete – und sehr taktvolle – Lektorin ist.

Aber »Dance with Wings« hätte ich niemals ohne die Hilfe zahlreicher Experten schreiben können.

Ann Wood Kelly war eine der amerikanischen Pilotinnen, die zwischen 1942 und 1945 für die RAF Flugzeuge überführten. Ihren Namen habe ich auf einer Website entdeckt – dem Himmel sei Dank für das Internet! Ich habe ihr eine E-Mail geschickt und innerhalb weniger Stunden eine Antwort erhalten, in der sie mir etliche Kontakte in England nannte. Leider ist Ann im Jahre 2006 im Alter von achtundachtzig Jahren gestorben, aber ich stelle mir gern vor, dass sie mir beim Schreiben des Buches über die Schulter geschaut und mich in die richtige Richtung gestupst hat.

Einer der Kontakte, die Ann mir vermittelt hat, war Richard Poad, ein ehemaliger Flugkapitän von British Airways, der heute das Museum der Air Transport Auxiliary in Maidenhead leitet. Er hat mir großzügig seine Zeit und sein Fachwissen zur Verfügung gestellt und mich nach meinem Museumsbesuch mit einem Stapel Bücher und einer CD versorgt. Sollte ich dennoch irgendwelche Fehler gemacht haben, dann ist das sicherlich nicht Richards Schuld, sondern ausschließlich meine eigene.

Beim Schreiben habe ich mir ein paar wahre Begebenheiten »ausgeborgt« und in meine Geschichte verwoben; ich hoffe, dass mir das die echten Protagonisten vergeben und mir ein wenig dichterische Freiheit bei der Ausschmückung ihrer Heldentaten zugestehen.

Da ich einige Abschnitte aus der Perspektive von Amerikanern schreiben musste, sah ich mich vor ein paar sprachliche Schwierigkeiten gestellt. Ich bat meine Freundin Sharon Haigh um Hilfe, die damals Präsidentin meines Rotary Clubs war. Sharon stammt aus Ohio; sie hat das gesamte Manuskript gelesen und etwaige Fehler in den Amerikanismen korrigiert. Sie telefonierte sogar mit ihrer Schwester, Nancy Hughes, in den USA, um sich bei allen fraglichen Stellen nochmals zu vergewissern, denn inzwischen lebt Sharon auch schon so lange in England, dass sie sich bei manchen Ausdrücken selbst nicht mehr sicher war, ob sie nun englisch oder amerikanisch sind.

Mein herzlicher Dank geht auch an das Team von Headline, das unermüdlich gearbeitet hat und mir gleichzeitig stets das Gefühl gab, etwas ganz Besonderes zu sein. Hier muss ich vor allem Yvonne Holland erwähnen, die wahrscheinlich eine der besten Lektorinnen ist, mit denen ich je gearbeitet habe. Ihre Gründlichkeit, gepaart mit Verständnis und Offenheit, haben mir meine Arbeit bei diesem so notwendigen Prozess der Endredaktion sehr erleichtert. Mein Mann Terry und meine beiden Töchter Terri und Suzanne waren mir wie immer eine große Stütze, und meine Enkel, Tabitha, Barnaby, Daniel und Amelia Rose, haben stets Sonne und Fröhlichkeit in mein Leben gebracht, auch wenn sie mich manchmal von der vor mir liegenden Arbeit abgelenkt haben!

Und zu guter Letzt geht ein ganz besonderer Dank an meine jüngste Enkelin, deren Namen ich mir für das Buch ausleihen durfte.

Der dritte Band der fesselnden SPIEGEL-Bestseller-Saga

Marie Lamballe
CAFÉ ENGEL
Töchter der Hoffnung
Roman
DEU
496 Seiten
ISBN 978-3-404-17917-6

Wiesbaden, 1959. Im Café Engel führt nun Tochter Hilde die Geschäfte und bringt frischen Wind in das Traditionshaus. Als wahrer Glücksfall entpuppt sich der neue Konditor, dessen verführerische Tortenkreationen immer mehr Gäste ins Café locken. Doch Hilde und ihre Cousine Luisa müssen um ihr persönliches Glück bangen: Während Hildes Jean-Jacques neuerdings viel Zeit mit der hübschen Französin verbringt, die auf seinem Weingut aushilft, scheint Luisas Ehemann Fritz irgendetwas vor ihr zu verheimlichen. Als plötzlich ein Brief eintrifft, der alte Wunden aus Kriegszeiten aufreißt, ist jeder in der Familie gefordert. Es geht um die Existenz des Café Engel …

Lübbe

Die Ruhrpott-Saga geht weiter

Eva Völler
EIN GEFÜHL VON HOFFNUNG
Roman
DEU
448 Seiten
ISBN 978-3-7857-2694-5

Im Ruhrgebiet des Jahres 1959 rauchen noch überall die Schlote, aber die Kohlekrise hat bereits eingesetzt, und unruhige Zeiten werfen ihre Schatten voraus. Die junge Buchhändlerin Inge wohnt immer noch in Oma Mines Siedlungshäuschen, ebenso wie ihre 17-jährige Schwester Bärbel, die mit ihrem rebellischen Verhalten häufig für Ärger sorgt. Schon lange steht fest, dass Inge in diesem Jahr endlich ihren Jugendfreund heiraten und eigene Wege gehen wird. Ein wohlgeordnetes Leben liegt vor ihr. Doch dann bahnen sich Konflikte an, die den Zusammenhalt in der Familie auf eine harte Probe stellen …

Lübbe

Eine junge Frau setzt sich durch, Freundschaft in schweren Zeiten und eine große Liebe

Fenja Lüders
DER GLANZ DER NEUEN ZEIT
Speicherstadt-Saga
DEU
381 Seiten
ISBN 978-3-7325-8159-7

Hamburg in den 20er Jahren: Nachdem der Krieg seine verheerende Spur überall auf der Welt hinterlassen hat, laufen die Geschäfte der Kaffeeimportfirma Kopmann & Deharde nur schleppend wieder an. Mina muss sich etwas einfallen lassen, um die Firma zu retten. Denn mittlerweile hat sie die Zügel in der Hand - wenn auch in aller Heimlichkeit. Ihr Mann Frederik vergnügt sich derweil in Berlin und macht Spielschulden. Da taucht ein alter Freund aus der Vergangenheit auf, und Mina muss sich fragen, wem ihre Loyalität gilt ...

Die Speicherstadt-Saga geht weiter: Band 2 der großen Familiensaga

Bastei Lübbe